高等数学全程指导

同济八版 上册

王学理 编著

东北大学出版社
·沈 阳·

图书在版编目（CIP）数据

高等数学全程指导：同济八版. 上册 / 王学理编著.
沈阳：东北大学出版社，2025. 5. -- ISBN 978-7-5517-3817-0

Ⅰ. O13

中国国家版本馆 CIP 数据核字第 2025XW8598 号

出 版 者：东北大学出版社
地址：沈阳市和平区文化路三号巷 11 号
邮编：110819
电话：024-83683655（总编室）
024-83687331（营销部）
网址：http://press.neu.edu.cn
印 刷 者：辽宁一诺广告印务有限公司
发 行 者：东北大学出版社
幅面尺寸：170 mm×240 mm
印　　张：20
字　　数：632 千字
出版时间：2025 年 5 月第 1 版
印刷时间：2025 年 5 月第 1 次印刷
责任编辑：潘佳宁
责任校对：郎　坤
封面设计：潘正一
责任出版：魏　巍

ISBN 978-7-5517-3817-0　　　　定　价：45.00 元

前言

同济大学主编的第八版《高等数学》是目前国内公认最好的“高等数学”教材之一，并被国内各高校广泛地使用. 为了帮助广大学生学好同济八版《高等数学》，笔者编写出这套《高等数学全程指导》. 对于刚刚走入大学校门的新生来说，对大学自主学习方式不太适应，加之高等数学概念的抽象和运算的繁杂，往往使他们感到力不从心. 编写本书的目的恰恰在于让学生熟悉教材，尽快完成学习方法和思维方式的转变，对“高等数学”的学习进行全程指导，力求取得“用时少，成绩高”之效果.

本书以同济八版《高等数学》为蓝本，章节安排与其完全一致，可同步使用. 每章均包括三部分内容：

1. **主要内容** 包括主要定义、主要结论和结论补充三项，结论补充给出了作者由多年教学经验总结出的行之有效的计算公式与方法.

2. **典型例题** 将所涉及的内容，尤其是重点内容进行系统归类，然后，通过相当数量的例题演示向学生介绍解题方法和运算技巧.

3. **习题全解** 对教材中的全部习题给出详细解答，有些题还给出多种解法，意在学生遇有疑难之时助一臂之力，起到课下辅导的作用.

本书还配备了10套期末测试模拟试题，上学期5套，下学期5套，供学生期末考试前复习、演练使用.

本书为上册，适用于使用同济八版《高等数学（上册）》的理工科院校的本科生，对其他“高等数学”学习者也有一定的参考价值.

由于笔者水平所限，加之时间仓促，书中难免会有疏漏和缺憾. 若能得到读者的批评与同人的指教，那正是我所热切渴望的.

王学理

2025年3月

目　录

第一章　函数与极限

一、主要内容

（一）主要定义

1. 具有某种特定性质的事物的总体称为集合(简称集)，组成这个集合的事物称为该集合的元素(简称元).

2. 设 X, Y 是两个非空集合，若存在一个法则 f，使得对 X 中每个元素 x，按法则 f，在 Y 中有唯一确定的元素 y 与之对应，则称 f 为从 X 到 Y 的映射，记作

$$f: X\to Y,$$

其中 y 称为元素 x(在映射 f 下)的像，并记作 $f(x)$，即

$$y=f(x),$$

而元素 x 称为元素 y(在映射 f 下)的一个原像.

3. 设数集 $D\subset\mathbf{R}$，则称映射 $f: D\to\mathbf{R}$ 为定义在 D 上的函数，通常简记为 $y=f(x)$，$x\in D$.

4. 若存在 $M>0$，使得 $|f(x)|\leqslant M$ 对一切 $x\in D$ 都成立，则称函数 $f(x)$ 在 D 上有界. 如果这样的 M 不存在，就称 $f(x)$ 在 D 上无界.

5. $\forall\varepsilon>0$，$\exists N>0$，使得当 $n>N$ 时，恒有 $|x_n-a|<\varepsilon$，则称 a 为数列 $\{x_n\}$ 的极限(也称数列 $\{x_n\}$ 收敛于 a)，记作 $\lim\limits_{n\to\infty}x_n=a$.

极限不存在时，则称 $\{x_n\}$ 发散.

6. $\forall\varepsilon>0$，$\exists\delta>0$，使得当 $0<|x-x_0|<\delta$ 时，恒有 $|f(x)-A|<\varepsilon$，则称 A 为 $f(x)$ 当 $x\to x_0$ 时的极限，记作 $\lim\limits_{x\to x_0}f(x)=A$.

注　在此定义中，$0<|x-x_0|<\delta$ 改为 $x_0-\delta<x<x_0$，A 称为 $f(x)$ 当 $x\to x_0-0$ 时的左极限，记作

$$\lim_{x\to x_0-0}f(x)=A，或 f(x_0-0)=A.$$

类似地可以定义右极限 $f(x_0+0)$.

7. $\forall\varepsilon>0$，$\exists X>0$，当 $|x|>X$ 时，恒有 $|f(x)-A|<\varepsilon$，则称 A 为 $f(x)$ 当 $x\to\infty$ 时的极限，记作 $\lim\limits_{x\to\infty}f(x)=A$.

读者可以自己给出 $\lim\limits_{x\to+\infty}f(x)=A$ 和 $\lim\limits_{x\to-\infty}f(x)=A$ 的定义.

8. $\forall M>0$，$\exists\delta>0$，当 $0<|x-x_0|<\delta$ 时，恒有 $|f(x)|>M$，则称 $f(x)$ 是当 $x\to x_0$ 时的无穷大量，记作 $\lim\limits_{x\to x_0}f(x)=\infty$. 无穷大量简称为无穷大.

读者可以自己给出 $\lim\limits_{x\to\infty}f(x)=\infty$ 等的定义，

注　当 $x\to x_0$ 和 $x\to\infty$ 结论都成立时，以后简记作“lim”. 以 0 为极限的量称为无穷小量. 无穷小量简称为无穷小.

9. 若 $\lim\alpha(x)=\lim\beta(x)=0$，且 $\lim\dfrac{\alpha(x)}{\beta(x)}=0$，则称 $\alpha(x)$ 是 $\beta(x)$ 的高阶无穷小，记作 $\alpha(x)=o(\beta(x))$；若 $\lim\dfrac{\alpha(x)}{\beta(x)}=\infty$，称 $\alpha(x)$ 是 $\beta(x)$ 的低阶无穷小；若 $\lim\dfrac{\alpha(x)}{\beta(x)}=c\ (c\neq0)$，则称 $\alpha(x)$ 是 $\beta(x)$ 的同阶无穷小，记作 $\alpha(x)=O(\beta(x))$，当 $c=1$ 时，称 $\alpha(x)$ 是 $\beta(x)$ 的等价无穷小，记作 $\alpha(x)\sim\beta(x)$.

10. 函数最简单性态.

(1) $f(x)=f(-x)$, $x\in(-l,l)$, 称$f(x)$为偶函数;

(2) $f(x)=-f(-x)$, $x\in(-l,l)$, 称$f(x)$为奇函数;

(3) $f(x+T)=f(x)$, $x\in(-\infty,+\infty)$, 称$f(x)$为周期函数, 使等式成立之最小的正T值称为周期;

(4) $\forall x_1, x_2\in D$, 当$x_1>x_2$时有$f(x_1)>f(x_2)$, 则称$f(x)$为D上的单调增加函数. 类似地可以定义单调减少函数.

11. 若$y=f(x)$在x_0的某邻域内有定义,且有$\lim\limits_{\Delta x\to 0}\Delta y=0$, 此处$\Delta y=f(x_0+\Delta x)-f(x_0)$, 则称$f(x)$在$x_0$处连续.

若记$\Delta x=x-x_0$, 则连续的定义可以写成$\lim\limits_{x\to x_0}f(x)=f(x_0)$. 不连续时称为间断.

12. 若$f(x)$在x_0的某邻域内有定义(x_0可以除外), 则具有下列条件之一者即为间断:

(1) $f(x)$在x_0处无定义;

(2) $\lim\limits_{x\to x_0}f(x)$不存在;

(3) $\lim\limits_{x\to x_0}f(x)\neq f(x_0)$.

x_0称为间断点, 具有左、右极限的间断点称为第一类间断点, 否则称为第二类间断点, 极限存在的间断点称为可去间断点.

13. 符号函数 $y=\operatorname{sgn}x=\begin{cases}1, & x>0,\\ 0, & x=0,\\ -1, & x<0.\end{cases}$

14. 邻域 $U(a,\delta)=\{x\mid |x-a|<\delta,\ \delta>0\}$,

去心邻域$\mathring{U}(a,\delta)=\{x\mid 0<|x-a|<\delta,\ \delta>0\}$.

15. 基本初等函数与初等函数.幂函数、指数函数、对数函数、三角函数与反三角函数称为基本初等函数; 由常数和基本初等函数经过有限次四则运算及复合而得到的, 且可用一个式子表示的函数称为初等函数.

16. 取整函数.设x为任一实数, 不超过x的最大整数称为x的取整函数, 记为$[x]$.

17. 双曲函数.双曲正弦函数为$\operatorname{sh}x=\dfrac{1}{2}(e^x-e^{-x})$, 双曲余弦函数为$\operatorname{ch}x=\dfrac{1}{2}(e^x+e^{-x})$, 双曲正切函数为$\operatorname{th}x=\dfrac{e^x-e^{-x}}{e^x+e^{-x}}$.

(二) 主要结论

1. 若$\lim f(x)=A$, $\lim g(x)=B$, 则有

$$\lim[f(x)+g(x)]=A+B,\ \lim[f(x)g(x)]=AB,\ \lim\frac{f(x)}{g(x)}=\frac{A}{B}\quad(B\neq 0).$$

2. 极限存在准则.

Ⅰ 单调有界数列必有极限;

Ⅱ 若$x_n\leqslant y_n\leqslant z_n$, 且$\lim\limits_{n\to\infty}x_n=\lim\limits_{n\to\infty}z_n=a$, 则$\lim\limits_{n\to\infty}y_n=a$.

注 准则Ⅱ亦称夹逼准则, 对于函数也成立.

3. 在同一过程中的有界变量与无穷小的乘积是无穷小; 有限个无穷小的和是无穷小.

注 (1) 等价无穷小具有传递性: 设α,β,γ为同一过程的无穷小, 若$\alpha\sim\beta$, $\beta\sim\gamma$, 则$\alpha\sim\gamma$;

(2) 等价无穷小在求极限过程中可以进行如下替换: 在同一极限过程中, 若$\alpha\sim\tilde{\alpha}$, $\beta\sim\tilde{\beta}$, 且$\lim\dfrac{\tilde{\alpha}}{\tilde{\beta}}$存在, 则$\lim\dfrac{\alpha}{\beta}=\lim\dfrac{\tilde{\alpha}}{\tilde{\beta}}$.

4. $\lim f(x)=A$的充分必要条件是$f(x)=A+\alpha(x)$, 此处$\lim\alpha(x)=0$.

5. 两个重要极限　$\lim\limits_{x\to 0}\frac{\sin x}{x}=1$，$\lim\limits_{x\to\infty}\left(1+\frac{1}{x}\right)^x=e$.

6. 若在$\mathring{U}(x,\delta)$内$f(x)\geqslant 0[f(x)\leqslant 0]$，且$\lim\limits_{x\to x_0}f(x)=A$，那么$A\geqslant 0(A\leqslant 0)$.

7. 若$\lim\limits_{x\to x_0}f(x)=A$，且$A>0(A<0)$，则必有$U(\hat{x},\delta)$使在此邻域中$f(x)>0(f(x)<0)$.

注　若$A=f(x_0)$，则$f(x)$在x_0处连续，此时结论亦真.

8. 若极限存在，则其值必然唯一.

9. 基本初等函数在其定义域上是连续的. 初等函数在其定义区间上连续.

10. 闭区间上连续函数必然有下列性质：

(1) 有最大值与最小值；

(2) 有界；

(3) 满足介值定理(任取介于最大值与最小值之间的数，必有与之相等的函数值)；

(4) 满足零点定理，若$f(x)$在$[a,b]$上连续，且$f(a)f(b)<0$，则必有$\xi\in(a,b)$，使$f(\xi)=0$.

(三) 结论补充

1. 若$\lim\varphi(x)=0$，则$\lim\frac{\sin\varphi(x)}{\varphi(x)}=1$.

2. 若$\lim\varphi(x)=\infty$，则$\lim\left[1+\frac{1}{\varphi(x)}\right]^{\varphi(x)}=e$.

3. 若$\lim\varphi(x)=0$，则$\lim[1+\varphi(x)]^{\frac{1}{\varphi(x)}}=e$.

注　以上三条中的$\varphi(x)\neq 0$.

4. $a>0$时，$\lim\limits_{n\to\infty}\sqrt[n]{a}=1$.

5. $\lim\limits_{n\to\infty}\sqrt[n]{n}=1$.

6. 当$x\to 0$时，$x\sim\sin x\sim\tan x\sim\arcsin x\sim\arctan x\sim e^x-1\sim\ln(1+x)\sim\sqrt{1+x}-\sqrt{1-x}$，$1-\cos x\sim\frac{1}{2}x^2$，

$\sqrt[n]{1+x}-1\sim\frac{1}{n}x$，$x-\sin x\sim\frac{1}{6}x^3$，$a^x-1\sim x\ln a$　$(a>0, a\neq 1)$.

7. 若

$$\lim\alpha(x)=\lim\beta(x)=\lim A(x)=\lim B(x)=0,$$

且

$$\alpha(x)\sim A(x),\ \beta(x)\sim B(x),$$

则有

$$\lim[1+\alpha(x)]^{\frac{1}{\beta(x)}}=\lim[1+A(x)]^{\frac{1}{B(x)}}=e^{\lim\frac{A(x)}{B(x)}}.$$

注　分母$\beta(x)$，$B(x)$不能取0.

8. 不为零的无穷小的倒数为无穷大，无穷大的倒数为无穷小.

9. $$\lim_{x\to\infty}\frac{a_0x^m+a_1x^{m-1}+a_2x^{m-2}+\cdots+a_m}{b_0x^n+b_1x^{n-1}+b_2x^{n-2}+\cdots+b_n}=\begin{cases}\frac{a_0}{b_0}, & n=m,\\ 0, & n>m,\\ \infty, & n<m.\end{cases}$$

10. $\lim\limits_{x\to\infty}\left(\frac{ax+b}{ax+c}\right)^{hx+k}=e^{\frac{(b-c)h}{a}}$.

11. 设$\lim g(x)=B\neq 0$，则有

$$\lim[f(x)\cdot g(x)]=B\lim f(x),\ \lim\frac{f(x)}{g(x)}=\frac{1}{B}\lim f(x).$$

12. 海涅(Heine)定理　$\lim\limits_{x\to a}f(x)=b$的充要条件是对任意数列$\{u_n\}$ $(u_n\neq a, n=1,2,\cdots)$，当

$\lim\limits_{n\to\infty}u_n=a$ 时，有 $\lim\limits_{n\to\infty}f(u_n)=b$.

13. 在同一极限过程中，若 $f(x)=o(g(x))$，则 $f(x)+g(x)\sim g(x)$.

14. 设 $y=f(x)$ 是连续函数，则 $y=|f(x)|$ 也是连续函数.

15. 若 $f(x)$ 与 $g(x)$ 都是连续函数，则

$$\varphi(x)=\min\{f(x),\ g(x)\},\ \psi(x)=\max\{f(x),\ g(x)\}$$

也都是连续函数.

二、典型例题

(一) 函数简单性态

1. 函数的定义域

【例 1-1】 求 $f(x)=\sqrt{2+x-x^2}+\arcsin\left(\lg\dfrac{x}{10}\right)$ 的定义域.

【解】 由 $\begin{cases}2+x-x^2\geqslant 0,\\ \left|\lg\dfrac{x}{10}\right|\leqslant 1,\end{cases}$ 得 $\begin{cases}(2-x)(1+x)\geqslant 0,\\ -1\leqslant\lg\dfrac{x}{10}\leqslant 1.\end{cases}$

从 $(2-x)(1+x)\geqslant 0$，得 $\quad -1\leqslant x\leqslant 2$;

从 $-1\leqslant\lg\dfrac{x}{10}\leqslant 1$，得 $\quad 1\leqslant x\leqslant 10^2=100.$

x 的取值范围，即函数的定义域为 $[1,\ 2]$.

【例 1-2】 设 $f(x)$ 的定义域为 $(0,\ 1)$，求 $F(x)=f(x-a)+f(x+a)$ 的定义域 $(a>0)$.

【解】 $f(x-a)$ 的定义域为 $0<x-a<1$，即 $a<x<1+a$；而 $f(x+a)$ 的定义域为 $0<x+a<1$，即

$$-a<x<1-a.$$

解不等式组 $\begin{cases}a<x<1+a,\\ -a<x<1-a,\end{cases}$

得 $a<x<1-a$，此时应有 $a<1-a$，即 $a<\dfrac{1}{2}$.

综上可知，当 $a<\dfrac{1}{2}$ 时，$F(x)$ 的定义域为 $x\in(a,\ 1-a)$；而当 $a\geqslant\dfrac{1}{2}$ 时，对任何 x，$F(x)$ 无意义.

2. 函数的求法

【例 1-3】 已知 $f(x)=\begin{cases}1+x, & x<0,\\ 1, & x\geqslant 0,\end{cases}$ 求 $f[f(x)]$.

【解】 $f[f(x)]=\begin{cases}1+f(x), & f(x)<0;\\ 1, & f(x)\geqslant 0.\end{cases}$

先求 $f(x)\geqslant 0$ 及 $f(x)<0$ 的区域. 由 $f(x)\geqslant 0$，得 $1+x\geqslant 0$，于是 $x\geqslant -1$；由 $f(x)<0$，得 $1+x<0$，于是 $x<-1$. 所以

$$f[f(x)]=\begin{cases}1+f(x), & x<-1,\\ 1, & x\geqslant -1.\end{cases}$$

又当 $x<-1$ 时，$f(x)=1+x$，故

$$f[f(x)]=\begin{cases}2+x, & x<-1,\\ 1, & x\geqslant -1.\end{cases}$$

【例 1-4】 欲做一容积为 300 m^3 的无盖金属圆柱桶，桶底单位造价是桶壁单位造价的 2 倍，给出桶的总造价与半径的函数关系.

【解】 设周围单位造价为 a，则底面单位造价为 $2a$，设底面半径为 r，高为 h，则由已知条件有 $\pi r^2 h=300$. 设总造价为 y，则

$$y=2a\pi r^2+a\cdot 2\pi rh=2a\pi r^2+2a\pi r\cdot\frac{300}{\pi r^2}=2a\pi r^2+\frac{600a}{r},\ r\in(0,+\infty).$$

【例 1-5】 设 $f(x)=ax^2+bx+2$，且 $f(x+1)-f(x)=2x-1$，求 $f(x)$.

【解】 由 $f(x+1)-f(x)=2x-1$，得

$$a[(x+1)^2-x^2]+b[(x+1)-x]+(2-2)=2x-1,$$

即

$$2ax+(a+b)=2x-1.$$

对比系数，得 $a=1$，$b=-2$，故 $f(x)=x^2-2x+2$.

3. 函数的最简单性态

【例 1-6】 证明 $f(x)=\log_a(x+\sqrt{x^2+1})$ 是奇函数.

【证】 $f(-x)=\log_a(-x+\sqrt{(-x)^2+1})=\log_a\dfrac{(-x+\sqrt{x^2+1})(x+\sqrt{x^2+1})}{x+\sqrt{x^2+1}}$，

化简后得

$$f(-x)=-\log_a(x+\sqrt{x^2+1})=-f(x).$$

证毕.

【例 1-7】 求 $f(x)=[x]-x+3\left(\dfrac{x}{3}-\left[\dfrac{x}{3}\right]\right)$ 的周期.

【解】 记 $\varphi(x)=[x]-x$，则

$$\varphi(x+1)=[x+1]-(x+1)=1+[x]-x-1=[x]-x=\varphi(x),$$

$\varphi(x)$ 以 1 为周期.

记 $\psi(x)=\dfrac{x}{3}-\left[\dfrac{x}{3}\right]$，则

$$\psi(x+3)=\frac{x+3}{3}-\left[\frac{x+3}{3}\right]=\left(\frac{x}{3}+1\right)-\left[\frac{x}{3}+1\right]=\frac{x}{3}+1-\left[\frac{x}{3}\right]-1=\frac{x}{3}-\left[\frac{x}{3}\right]=\psi(x),$$

$\psi(x)$ 以 3 为周期.

因此 $f(x)=[x]-x+3\left(\dfrac{x}{3}-\left[\dfrac{x}{3}\right]\right)$ 必以 3 为周期.

（二）函数的连续性

1. 函数间断点的判定

【例 1-8】 讨论函数 $f(x)=\dfrac{1}{1-e^{\frac{x}{x-1}}}$ 的间断点类型.

【解】 当 $x=1$ 时，函数无定义，当 $x=0$ 时，函数也无定义，而函数在 $x=0$，$x=1$ 附近有定义. 故 $x=0$，$x=1$ 是函数的间断点. 有

$$\lim_{x\to+0}f(x)=\lim_{x\to+0}\frac{1}{1-e^{\frac{x}{x-1}}}=+\infty,$$

则 $x=0$ 是 $f(x)$ 的无穷间断点，属于第二类间断点；

$$\lim_{x\to1+0}f(x)=\lim_{x\to1+0}\frac{1}{1-e^{\frac{x}{x-1}}}=0,\ \lim_{x\to1-0}f(x)=\lim_{x\to1-0}\frac{1}{1-e^{\frac{x}{x-1}}}=1,$$

则 $x=1$ 是 $f(x)$ 的跳跃间断点，属于第一类间断点.

【例 1-9】 设 $f(x)=\lim\limits_{t\to x}\left(\dfrac{\sin t}{\sin x}\right)^{\frac{x}{\sin t-\sin x}}$，讨论 $f(x)$ 在 $x=0$ 处的间断点类型.

【解】 $f(x)=\exp\lim\limits_{t\to x}\left(\dfrac{\sin t}{\sin x}-1\right)\cdot\dfrac{x}{\sin t-\sin x}=\exp\lim\limits_{t\to x}\dfrac{\sin t-\sin x}{\sin x}\cdot\dfrac{x}{\sin t-\sin x}=e^{\frac{x}{\sin x}}$,

$$\lim_{x\to 0}e^{\frac{x}{\sin x}}=e,$$

则 $x=0$ 是 $f(x)$ 的可去间断点，属于第一类间断点.

2. 利用连续性确定常数

【例 1-10】 设

$$f(x)=\begin{cases}x, & x<1,\\ a, & x\geqslant 1,\end{cases}\quad g(x)=\begin{cases}b, & x<0,\\ x+2, & x\geqslant 0.\end{cases}$$

若使 $f(x)+g(x)$ 在 $(-\infty,+\infty)$ 内连续，求 a，b 的值.

【解】 令 $F(x)=f(x)+g(x)$，则

$$F(x)=f(x)+g(x)=\begin{cases}x+b, & x<0,\\ 2x+2, & 0\leqslant x<1,\\ x+2+a, & x\geqslant 1.\end{cases}$$

从而有

$$\lim_{x\to -0}F(x)=\lim_{x\to -0}(x+b)=b,\ \lim_{x\to +0}F(x)=\lim_{x\to +0}(2x+2)=2;$$

$$\lim_{x\to 1-0}F(x)=\lim_{x\to 1-0}(2x+2)=4,\ \lim_{x\to 1+0}F(x)=\lim_{x\to 1+0}(x+2+a)=3+a.$$

若使 $F(x)$ 连续，必有 $a=1$，$b=2$.

【例 1-11】 设

$$f(x)=\begin{cases}\dfrac{x^4+ax+b}{(x-1)(x+2)}, & x\neq 1,\ x\neq -2,\\ 2, & x=1\end{cases}$$

在 $x=1$ 处连续，试求 a，b 的值.

【解】 $f(x)$ 在 $x=1$ 处连续，必有 $\lim\limits_{x\to 1}f(x)=f(1)$，即

$$\lim_{x\to 1}\frac{x^4+ax+b}{x^2-x-2}=2,$$

而

$$\lim_{x\to 1}\frac{x^4+ax+b}{x^2+x-2}=\lim_{x\to 1}\frac{4x^3+a}{2x+1}=\frac{4+a}{3}=2,$$

即 $a=2$.

又必有 $\lim\limits_{x\to 1}(x^4+2x+b)=0$，故 $b=-3$.

总之，当 $a=2$，$b=-3$ 时，$f(x)$ 在 $x=1$ 处连续.

【例 1-12】 设

$$f(x)=\begin{cases}x^{\alpha}\sin\dfrac{1}{x}, & x>0,\\ e^{x}+\beta, & x\leqslant 0,\end{cases}$$

试讨论 $f(x)$ 在 $x=0$ 处的连续性.

【解】 $f(0)=1+\beta$，$\lim\limits_{x\to +0}f(x)=\lim\limits_{x\to +0}x^{\alpha}\sin\dfrac{1}{x}$.

此极限值当 $\alpha>0$ 时为 0，当 $\alpha\leqslant 0$ 时不存在．故 $\alpha>0$，$\beta=-1$ 时，$f(x)$ 在 $x=0$ 处连续；当 $\alpha>0$，$\beta\neq -1$ 时，$x=0$ 为 $f(x)$ 的跳跃间断点；当 $\alpha\leqslant 0$，β 为任意实数时，$x=0$ 为 $f(x)$ 的振荡间断点.

3. 其　他

【例 1-13】 举例说明初等函数在其定义域内未必连续.

【解】 初等函数在其定义域内不一定连续，例如

$$f(x)=\sqrt{\sin x}+\sqrt{-\sin x}$$

是初等函数，而其定义域为离散点集

$$\{x\mid x=n\pi,\ n=0,\ \pm1,\ \pm2,\ \cdots\},$$

它处处间断.

【例 1-14】 举例说明两个间断函数的和函数不一定间断.

【解】 试看反例，取

$$f(x)=\begin{cases}1, & x>0,\\ -1, & x\leqslant 0,\end{cases}\quad g(x)=\begin{cases}-1, & x>0,\\ 1, & x\leqslant 0.\end{cases}$$

显然，它们在 $x=0$ 处都间断. 但是 $f(x)+g(x)=0$ 却在 $x=0$ 处连续. 实际上，两个不连续的函数相加、相减、相乘后，可能连续，也可能不连续.

【例 1-15】 对于任意正实数 x_1，x_2，都有

$$f(x_1x_2)=f(x_1)+f(x_2),$$

$f(x)$ 在 $x=1$ 处连续，试证 $f(x)$ 在任一点 $x_0(x_0>0)$ 处连续.

【证】 设 $x_1=1$，x_2 为任意正数，则有

$$f(x_2)=f(1\cdot x_2)=f(1)+f(x_2),$$

故 $f(1)=0$. 又由题设 $f(x)$ 在 $x=1$ 处连续，有

$$\lim_{\Delta x\to 0}f(1+\Delta x)=f(1)=0,$$

于是 $$\lim_{\Delta x\to 0}f(x_0+\Delta x)=\lim_{\Delta x\to 0}f\left[x_0\left(1+\frac{\Delta x}{x_0}\right)\right]=f(x_0)+\lim_{\Delta x\to 0}f\left(1+\frac{\Delta x}{x_0}\right)=f(x_0)+f(1)=f(x_0).$$

证毕.

【例 1-16】 若 $f(x)$ 在 $[a,+\infty)$ 上连续，$\lim\limits_{x\to+\infty}f(x)=A$ 存在，试证 $f(x)$ 在 $[a,+\infty)$ 上有界.

【证】 取 $\varepsilon=1$，存在 X，当 $x>X$ 时，有 $|f(x)-A|<1$. 而此时

$$|f(x)|=|f(x)-A+A|\leqslant|f(x)-A|+|A|<1+|A|.$$

当 $x\in[a,X]$ 时，$f(x)$ 连续 . 闭区间上连续函数一定有界，必有 $k>0$，使 $x\in[a,X]$ 时，有

$$|f(x)|\leqslant k.$$

对任何 $x\in[a,+\infty)$，取 $M=\max\{k,1\}$，有

$$|f(x)|\leqslant M.$$

证得 $f(x)$ 在 $[a,+\infty)$ 上有界.

(三) 介值定理的应用

【例 1-17】 证明方程 $x^5+x-1=0$ 至少有一个正根.

【证】 存在性：令 $f(x)=x^5+x-1$，则显然

$$f(0)=-1<0,\ f(1)=1>0.$$

由零点定理，$f(x)=0$ 在 $(0,1)$ 内至少有一个根.

【例 1-18】 设 $f(x)$ 在 $[0,n]$ 上连续，$f(0)=f(n)$. 试证必有 $\xi\in(0,n)$，使 $f(\xi+1)=f(\xi)$.

【证】 令 $F(x)=f(x+1)-f(x)$，故 $F(x)$ 在 $[0,n-1]$ 上连续. 而

$$F(0)=f(1)-f(0),\ F(1)=f(2)-f(1),\ \cdots,\ F(n-1)=f(n)-f(n-1).$$

于是 $$\sum_{k=0}^{n-1}F(k)=f(n)-f(0)=0.$$

设 m，M 分别为 $F(x)$ 在 $[0,n-1]$ 上的最小值与最大值，则

$$m\leqslant\frac{1}{n}\sum_{k=0}^{n-1}F(k)\leqslant M.$$

由介值定理，必有 $\xi\in(0,n-1)\subset(0,n)$，使

$$F(\xi)=\frac{1}{n}\sum_{k=0}^{n-1}F(k)=\frac{1}{n}[f(n)-f(0)]=0.$$

而
$$F(\xi)=f(\xi+1)-f(\xi),$$
即
$$f(\xi+1)=f(\xi)\quad \xi\in(0,n).$$

【例 1-19】 证明方程

$$\frac{a_1}{x-\lambda_1}+\frac{a_2}{x-\lambda_2}+\frac{a_3}{x-\lambda_3}=0$$

有分别包含在区间(λ_1,λ_2)与(λ_2,λ_3)内的两个实根，其中$a_1>0$, $a_2>0$, $a_3>0$, $\lambda_1<\lambda_2<\lambda_3$.

【证】 显然$x\neq\lambda_1,\lambda_2,\lambda_3$. 用因式$(x-\lambda_1)(x-\lambda_2)(x-\lambda_3)$乘方程两端，得

$$a_1(x-\lambda_2)(x-\lambda_3)+a_2(x-\lambda_1)(x-\lambda_3)+a_3(x-\lambda_1)(x-\lambda_2)=0.$$

设
$$f(x)=a_1(x-\lambda_2)(x-\lambda_3)+a_2(x-\lambda_1)(x-\lambda_3)+a_3(x-\lambda_1)(x-\lambda_2),$$
$$\lim_{x\to\lambda_1+0}f(x)=a_1(\lambda_1-\lambda_2)(\lambda_1-\lambda_3)>0,$$
$$\lim_{x\to\lambda_2}f(x)=a_2(\lambda_2-\lambda_1)(\lambda_2-\lambda_3)<0,$$
$$\lim_{x\to\lambda_3-0}f(x)=a_3(\lambda_3-\lambda_1)(\lambda_3-\lambda_2)>0.$$

由零点定理，$f(x)$在(λ_1,λ_2)，(λ_2,λ_3)区间上至少各有一个零点，原方程在上述区间内分别有实根.

【例 1-20】 设有三次方程$f(x)=x^3-3ax+2b=0$，其中$a>0$, $b^2<a^3$. 证明方程$f(x)=0$有三个实根.

【证】 由$a>0$, $b^2<a^3$，得

$$-a\sqrt{a}<b<a\sqrt{a},$$

故
$$x^3-3ax-2a\sqrt{a}<f(x)<x^3-3ax+2a\sqrt{a},$$
或
$$(x+\sqrt{a})^2(x-2\sqrt{a})<f(x)<(x-\sqrt{a})^2(x+2\sqrt{a}),$$
得
$$f(-2\sqrt{a})<0,\ f(-\sqrt{a})>0,\ f(\sqrt{a})<0,\ f(2\sqrt{a})>0.$$

故$f(x)=0$有三个实根.

【例 1-21】 设$f(x)$在$[0,a]$上连续，$f(0)=f(a)=0$，当$0<x<a$时，$f(x)>0$，l为$(0,a)$内任一点，试证在$(0,a)$内至少存在一点ξ，使$f(\xi)=f(\xi+l)$.

【证】 $f(x)$在$[0,a]$上连续，则$f(x+l)$在$[-l,a-l]$上连续. 若记

$$F(x)=f(x)-f(x+l),$$

则$F(x)$在$[0,a-l]$上连续.

由于$f(0)=f(a)=0$，故

$$F(0)=-f(l),\ F(a-l)=f(a-l).$$

又$l\in(0,a)$，故$a-l\in(0,a)$，于是$f(a-l)>0$.

总之
$$F(0)=-f(l)<0,\ F(a-l)=f(a-l)>0.$$

由零点定理，$F(x)$在$(0,a-l)$内存在零点.

$\exists\xi\in(0,a-l)\subset(0,a)$，使$F(\xi)=0$，即$\exists\xi\in(0,a)$，使对任何$l\in(0,a)$，有

$$f(\xi)=f(\xi+l).$$

(四) 极　限

1. 用代数方法求极限

【例 1-22】 求$\lim\limits_{x\to-\infty}\dfrac{\sqrt{4x^2+x-1}+x+1}{\sqrt{x^2+\sin x}}$.

【解】 原式$=\lim\limits_{x\to-\infty}\dfrac{-2x\sqrt{1+\dfrac{1}{4x}-\dfrac{1}{4x^2}}+x+1}{-x\sqrt{1+\dfrac{\sin x}{x^2}}}=\lim\limits_{x\to-\infty}\dfrac{2\sqrt{1+\dfrac{1}{4x}-\dfrac{1}{4x^2}}-1-\dfrac{1}{x}}{\sqrt{1+\dfrac{1}{x^2}\sin x}}=2-1=1.$

【例 1-23】 求$\lim\limits_{n\to\infty}\dfrac{n^3\left(1+\dfrac{1}{2}+\dfrac{1}{2^2}+\cdots+\dfrac{1}{2^n}\right)}{(n+1)+2(n+2)+\cdots+n(n+n)}$.

【解】 原式$=\lim\limits_{n\to\infty}\dfrac{n^3\left(1+\dfrac{1}{2}+\dfrac{1}{2^2}+\cdots+\dfrac{1}{2^n}\right)}{n(1+2+3+\cdots+n)+(1+2^2+3^2+\cdots+n^2)}=\lim\limits_{n\to\infty}\dfrac{\dfrac{n^3\left[1-\left(\dfrac{1}{2}\right)^{n+1}\right]}{1-\dfrac{1}{2}}}{n\cdot\dfrac{n(n+1)}{2}+\dfrac{n(n+1)(2n+1)}{6}}$

$$=\frac{2}{\dfrac{1}{2}+\dfrac{1}{3}}=\frac{12}{5}.$$

【例 1-24】 求$\lim\limits_{n\to\infty}[(1+x)(1+x^2)(1+x^4)\cdots(1+x^{2^n})]$　$(|x|<1)$.

【解】 此题应设法变形，否则很难计算. 可乘以因子$\dfrac{1-x}{1-x}$.

原式$=\lim\limits_{n\to\infty}\dfrac{(1-x)(1+x)(1+x^2)(1+x^4)\cdots(1+x^{2^n})}{1-x}=\lim\limits_{n\to\infty}\dfrac{(1-x^{2^n})(1+x^{2^n})}{1-x}=\lim\limits_{n\to\infty}\dfrac{1-x^{2^{n+1}}}{1-x}=\dfrac{1}{1-x}.$

【例 1-25】 设$x_n=\left(1+\dfrac{1}{2^2}\right)\left(1+\dfrac{1}{2^4}\right)\cdots\left(1+\dfrac{1}{2^{2n}}\right)$，求$\lim\limits_{n\to\infty}x_n$.

【解】
$$\left(1-\frac{1}{2^2}\right)x_n=\left(1-\frac{1}{2^4}\right)\left(1+\frac{1}{2^4}\right)\cdots\left(1+\frac{1}{2^{2n}}\right)=1-\frac{1}{2^{2n+1}},$$
$$\lim_{n\to\infty}x_n=\lim_{n\to\infty}\frac{4}{3}\left(1-\frac{1}{2^{2n+1}}\right)=\frac{4}{3}.$$

【例 1-26】 求$\lim\limits_{x\to0}\left(\dfrac{2+e^{\frac{1}{x}}}{1+e^{\frac{2}{x}}}+\dfrac{x}{|x|}\right)$.

【解】 当$x\to-0$时，$\dfrac{2+e^{\frac{1}{x}}}{1+e^{\frac{2}{x}}}\to2$，$\dfrac{x}{|x|}\to-1$，$\lim\limits_{x\to-0}\left(\dfrac{2+e^{\frac{1}{x}}}{1+e^{\frac{2}{x}}}+\dfrac{x}{|x|}\right)=2-1=1$；

类似地有
$$\lim_{x\to+0}\left(\frac{2+e^{\frac{1}{x}}}{1+e^{\frac{2}{x}}}\right)=0,\ \lim_{x\to+0}\frac{x}{|x|}=1,\ \lim_{x\to+0}\left(\frac{2+e^{\frac{1}{x}}}{1+e^{\frac{2}{x}}}+\frac{x}{|x|}\right)=0+1=1.$$

故
$$\lim_{x\to0}\left(\frac{2+e^{\frac{1}{x}}}{1+e^{\frac{2}{x}}}+\frac{x}{|x|}\right)=1.$$

【例 1-27】 利用不等式$\ln(1+n)<1+\dfrac{1}{2}+\dfrac{1}{3}+\cdots+\dfrac{1}{n}<1+\ln n$，求$\lim\limits_{n\to\infty}\dfrac{\sum\limits_{k=1}^{n}\dfrac{1}{k}}{\ln n}$.

【解】 因为
$$\sum_{k=1}^{n}\frac{1}{k}=1+\frac{1}{2}+\frac{1}{3}+\frac{1}{4}+\cdots+\frac{1}{n},\ \ln(1+n)<1+\frac{1}{2}+\frac{1}{3}+\cdots+\frac{1}{n}<1+\ln n,$$

所以
$$\frac{\ln(1+n)}{\ln n}<\frac{\sum\limits_{k=1}^{n}\frac{1}{k}}{\ln n}<\frac{1+\ln n}{\ln n}=1+\frac{1}{\ln n}.$$

又
$$\lim_{n\to\infty}\left(1+\frac{1}{\ln n}\right)=1,$$

所以

$$\lim_{n\to\infty}\frac{\ln(1+n)}{\ln n}=\lim_{n\to\infty}\frac{\ln n\left(1+\frac{1}{n}\right)}{\ln n}=\lim_{n\to\infty}\frac{\ln n+\ln\left(1+\frac{1}{n}\right)}{\ln n}=1+\lim_{n\to\infty}\frac{\ln\left(1+\frac{1}{n}\right)}{\ln n}=1.$$

故，原式=1.

【例 1-28】 设 $x_n=1+\frac{1}{1+2}+\frac{1}{1+2+3}+\cdots+\frac{1}{1+2+\cdots+n}$，求 $\lim\limits_{n\to\infty}x_n$.

【解】
$$1+2+\cdots+n=\frac{n(n+1)}{2},\ \frac{1}{n(n+1)}=\frac{1}{n}-\frac{1}{n+1},$$

$$x_n=1+\frac{2}{2\times3}+\frac{2}{3\times4}+\cdots+\frac{2}{n(n+1)}=1+2\left[\left(\frac{1}{2}-\frac{1}{3}\right)+\left(\frac{1}{3}-\frac{1}{4}\right)+\cdots+\left(\frac{1}{n}-\frac{1}{n+1}\right)\right]=2-\frac{2}{n+1},$$

故
$$\lim_{n\to\infty}x_n=\lim_{n\to\infty}\left(2-\frac{2}{n+1}\right)=2.$$

2. 利用定义和准则研讨极限

【例 1-29】 证明 $\lim\limits_{x\to3}\frac{x-3}{x}=0$.

【证法 1】 由于 $x\to3$，不妨设 $|x-3|<1$，故
$$\left|\frac{x-3}{x}\right|<\frac{|x-3|}{2}.$$
$\forall\varepsilon>0$，取 $\delta=\min\{1,2\varepsilon\}$，则当 $0<|x-3|<\delta$ 时，恒有
$$\left|\frac{x-3}{x}\right|<\frac{1}{2}|x-3|<\frac{1}{2}\cdot\delta\leqslant\frac{1}{2}\cdot2\varepsilon=\varepsilon.\text{故}$$
$$\lim_{x\to3}\frac{x-3}{x}=0.$$

【证法 2】 由于 $\left|\frac{x}{x-3}\right|=\left|1+\frac{3}{x-3}\right|\geqslant\frac{3}{|x-3|}-1$，只要
$$\frac{3}{|x-3|}-1>\frac{1}{\varepsilon},$$
即
$$\frac{3}{|x-3|}>1+\frac{1}{\varepsilon}=\frac{1+\varepsilon}{\varepsilon},\ |x-3|<\frac{3\varepsilon}{1+\varepsilon},$$
就有
$$\left|\frac{x-3}{x}\right|<\varepsilon.$$
故 $\forall\varepsilon>0$，取 $\delta=\frac{3\varepsilon}{1+\varepsilon}$，当 $0<|x-3|<\delta$ 时，就有 $\left|\frac{x}{x-3}\right|<\varepsilon$.故
$$\lim_{x\to3}\frac{x-3}{x}=0.$$

【例 1-30】 求 $\lim\limits_{n\to\infty}\sqrt[n]{n}$.

【解】 令 $\sqrt[n]{n}=1+h_n(h_n>0)$，则
$$n=(1+h_n)^n=1+nh_n+\frac{n(n-1)}{2}h_n^2+\cdots+h_n^n>\frac{n(n-1)}{2}h_n^2,$$

即
$$0<h_n<\sqrt{\frac{2}{n-1}}.$$

令 $n\to\infty$，则 $h_n\to 0$，故 $\lim\limits_{n\to\infty}\sqrt[n]{n}=1$.

【例 1-31】 求 $\lim\limits_{x\to 0}x\left[\frac{2}{x}\right]$.

【解】 由于 $\frac{2}{x}-1<\left[\frac{2}{x}\right]<\frac{2}{x}$，故 $2-x<x\left[\frac{2}{x}\right]<2$，或 $2-x>\left[\frac{2}{x}\right]>2$. 由夹逼准则，显然有
$$\lim_{x\to 0}x\left[\frac{2}{x}\right]=2.$$

【例 1-32】 求 $\lim\limits_{n\to\infty}\left(\frac{1}{\sqrt{n^6+n}}+\frac{2^2}{\sqrt{n^6+2n}}+\cdots+\frac{n^2}{\sqrt{n^6+n^2}}\right)$.

【解】
$$\frac{1}{\sqrt{n^6+n^2}}\leqslant\frac{1}{\sqrt{n^6+kn}}\leqslant\frac{1}{\sqrt{n^6+n}}\quad(k=1,\ 2,\ \cdots,\ n),$$

故
$$\sum_{k=1}^{n}\frac{k^2}{\sqrt{n^6+n^2}}\leqslant\sum_{k=1}^{n}\frac{k^2}{\sqrt{n^6+kn}}\leqslant\sum_{k=1}^{n}\frac{k^2}{\sqrt{n^6+n}}.$$

而 $\lim\limits_{n\to\infty}\sum\limits_{k=1}^{n}\frac{k^2}{\sqrt{n^6+n^2}}=\lim\limits_{n\to\infty}\frac{n(n+1)(2n+1)}{6\sqrt{n^6+n^2}}=\frac{1}{3}$，$\lim\limits_{n\to\infty}\sum\limits_{k=1}^{n}\frac{k^2}{\sqrt{n^6+n}}=\lim\limits_{n\to\infty}\frac{n(n+1)(2n+1)}{6\sqrt{n^6+n}}=\frac{1}{3}$，

由夹逼准则，原式 $=\frac{1}{3}$.

3. 利用两个重要极限求极限

【例 1-33】 求 $\lim\limits_{x\to\infty}\left(\frac{2x+3}{2x+1}\right)^{x+1}$.

【解】 原式 $=\lim\limits_{x\to\infty}\left(1+\frac{2}{2x+1}\right)^{\frac{2x+1}{2}+\frac{1}{2}}=\left[\lim\limits_{x\to\infty}\left(1+\frac{2}{2x+1}\right)^{\frac{2x+1}{2}}\right]\cdot\left[\lim\limits_{x\to\infty}\left(1+\frac{2}{2x+1}\right)^{\frac{1}{2}}\right]=\mathrm{e}\cdot 1=\mathrm{e}$.

注　此题若用公式
$$\lim_{x\to\infty}\left(\frac{ax+b}{ax+c}\right)^{hx+k}=\mathrm{e}^{\frac{(b-c)h}{a}},$$

有
$$a=2,\ b=3,\ c=1,\ h=1,\ k=1.$$

立刻得到
$$\text{原式}=\mathrm{e}^{\frac{(3-1)\times 1}{2}}=\mathrm{e}.$$

【例 1-34】 求 $\lim\limits_{x\to 1}\left(\frac{2x}{x+1}\right)^{\frac{4x}{x-1}}$.

【解】 原式 $=\lim\limits_{x\to 1}\left[\left(1+\frac{x-1}{x+1}\right)^{\frac{x+1}{x-1}}\right]^{\frac{4x}{x+1}}=\left[\lim\limits_{x\to 1}\left(1+\frac{x-1}{x+1}\right)^{\frac{x+1}{x-1}}\right]^{\lim\limits_{x\to 1}\frac{4x}{x+1}}=\mathrm{e}^2$.

【例 1-35】 求 $\lim\limits_{x\to+\infty}[(x+2)\ln(x+2)-2(x+1)\ln(x+1)+x\ln x]$.

【解】 原式 $=\lim\limits_{x\to+\infty}\left[\ln\left(1+\frac{1}{1+x}\right)^{x+1}-\ln\left(1+\frac{1}{x}\right)^{x}+\ln\frac{x+2}{x+1}\right]=\ln\mathrm{e}-\ln\mathrm{e}+\ln 1=0$.

【例 1-36】 求 $\lim\limits_{n\to\infty}\left(1+\frac{1}{n}+\frac{1}{n^2}\right)^{2n}$.

【解】 由
$$\lim_{n\to\infty}\left(\frac{1}{n}+\frac{1}{n^2}\right)=0,\ \lim_{n\to\infty}\left(\frac{1}{n}+\frac{1}{n^2}\right)\cdot 2n=\lim_{n\to\infty}\frac{2n(n+1)}{n^2}=2,$$

$$原式=\lim_{n\to\infty}\left(1+\frac{1}{n}+\frac{1}{n^2}\right)^{\frac{1}{\frac{1}{n}+\frac{1}{n^2}}\cdot\left(\frac{1}{n}+\frac{1}{n^2}\right)\cdot 2n}=\left[\lim_{n\to\infty}\left(1+\frac{1}{n}+\frac{1}{n^2}\right)^{\frac{1}{\frac{1}{n}+\frac{1}{n^2}}}\right]^{\left[\lim\limits_{n\to\infty}\left(\frac{1}{n}+\frac{1}{n^2}\right)\cdot 2n\right]}=e^2.$$

或

$$原式=\exp\lim_{n\to\infty}\left(\frac{1}{n}+\frac{1}{n^2}\right)\cdot 2n=e^2.$$

4. 利用等价替换求极限

【例 1-37】 求$\lim\limits_{x\to1}\dfrac{\ln(1+\sqrt[3]{x-1})}{\arcsin2\sqrt[3]{x^2-1}}$.

【解】 当$x\to1$时，$\sqrt[3]{x-1}\to0$，$2\sqrt[3]{x^2-1}\to0$，故

$$\ln(1+\sqrt[3]{x-1})\sim\sqrt[3]{x-1},\ \arcsin2\sqrt[3]{x^2-1}\sim2\sqrt[3]{x^2-1}.$$

$$原式=\lim_{x\to1}\frac{\sqrt[3]{x-1}}{2\sqrt[3]{x^2-1}}=\lim_{x\to1}\frac{1}{2\sqrt[3]{x+1}}=\frac{1}{2\sqrt[3]{2}}.$$

注 此题若不利用等价无穷小替换，解起来则很麻烦.

【例 1-38】 求$\lim\limits_{x\to0}\dfrac{\sqrt{1+x\sin x}-1}{e^{x^2}-1}$.

【解】 这是$\dfrac{0}{0}$型，当$x\to0$时，$x\sin x\to0$. 故

$$\sqrt{1+x\sin x}-1\sim\frac{1}{2}x\sin x\sim\frac{1}{2}x^2,\ e^{x^2}-1\sim x^2.$$

$$原式=\lim_{x\to0}\frac{\frac{1}{2}x^2}{x^2}=\frac{1}{2}.$$

【例 1-39】 求$\lim\limits_{x\to1}[1+\tan(x-1)]^{\frac{1}{\ln x}}$.

【解】 原式$=\lim\limits_{x\to1}[1+\tan(x-1)]^{\frac{1}{\ln[1+(x-1)]}}=\lim\limits_{x\to1}[1+(x-1)]^{\frac{1}{x-1}}=e$.

注 这里使用了前面结论补充中的一些公式，利用这些公式可以简化许多计算，例如

(1) $\lim\limits_{x\to0}(1-\sin x)^{\frac{1}{x}}=\lim\limits_{x\to0}(1-x)^{\frac{1}{x}}=e^{-1}$;

(2) $\lim\limits_{x\to0}(1+x)^{\cot x}=\lim\limits_{x\to0}(1+x)^{\frac{1}{\tan x}}=e^{\lim\limits_{x\to0}\frac{x}{\tan x}}=e$;

(3) $\lim\limits_{x\to0}\left(\dfrac{\sin x}{x}\right)^{\frac{1}{x^2}}=\lim\limits_{x\to0}\left[\left(1+\dfrac{\sin x-x}{x}\right)^{\frac{x}{\sin x-x}}\right]^{\frac{\sin x-x}{x^3}}=e^{-\frac{1}{6}}$ $\left(\lim\limits_{x\to0}\dfrac{\sin x-x}{x}=0,\ x-\sin x\sim\dfrac{1}{6}x^3\right)$.

【例 1-40】 求$\lim\limits_{x\to0}\dfrac{\ln(\sin^2x+e^x)-x}{\ln(e^{2x}-x^2)-2x}$.

【解】 $$原式=\lim_{x\to0}\frac{\ln(\sin^2x+e^x)-\ln e^x}{\ln(e^{2x}-x^2)-\ln e^{2x}}=\lim_{x\to0}\frac{\ln\left(1+\frac{\sin^2x}{e^x}\right)}{\ln\left(1-\frac{x^2}{e^{2x}}\right)}=\lim_{x\to0}\frac{\frac{\sin^2x}{e^x}}{\frac{-x^2}{e^{2x}}}=-\lim_{x\to0}\frac{\sin^2x}{x^2}\cdot e^x=-1.$$

【例 1-41】 求$\lim\limits_{x\to\infty}x^2(a^{\frac{1}{x}}-a^{\frac{1}{x+1}})$ $(a>0)$.

【解】 $$原式=\lim_{x\to\infty}a^{\frac{1}{x+1}}\cdot\lim_{x\to\infty}\frac{a^{\frac{1}{x(x+1)}}-1}{\frac{1}{x^2}}=\lim_{x\to\infty}\frac{\frac{1}{x(x+1)}\cdot\ln a}{\frac{1}{x^2}}=\lim_{x\to\infty}\frac{x^2}{x(x+1)}\ln a=\ln a.$$

5. 确定极限式中的常数

【例 1-42】　已知 $\lim\limits_{x\to+\infty}(5x-\sqrt{ax^2-bx+c})=2$，求 a 与 b 的值.

【解】　$\lim\limits_{x\to+\infty}(5x-\sqrt{ax^2-bx+c})=\lim\limits_{x\to+\infty}\dfrac{(5x-\sqrt{ax^2-bx+c})(5x+\sqrt{ax^2-bx+c})}{5x+\sqrt{ax^2-bx+c}}$

$$=\lim_{x\to+\infty}\frac{25x^2-(ax^2-bx+c)}{5x+\sqrt{ax^2-bx+c}}=\lim_{x\to+\infty}\frac{(25-a)x^2+bx-c}{5x+\sqrt{ax^2-bx+c}}=\lim_{x\to+\infty}\frac{(25-a)x+b-\dfrac{c}{x}}{5+\sqrt{a-\dfrac{b}{x}+\dfrac{c}{x^2}}}=2.$$

故
$$\begin{cases}25-a=0,\\ \dfrac{b}{5+\sqrt{a}}=2.\end{cases}$$

解得 $a=25$，$b=20$.

【例 1-43】　设 $\lim\limits_{x\to-1}\dfrac{x^3-ax^2-x+4}{x+1}$ 具有极限 l，试求 a 和 l 的值.

【解】　由于 $\lim\limits_{x\to-1}(x+1)=0$，极限 $\lim\limits_{x\to-1}\dfrac{x^3-ax^2-x+4}{x+1}$ 存在，故必有

$$\lim_{x\to-1}(x^3-ax^2-x+4)=0.$$

于是有 $4-a=0$，即 $a=4$，将 $a=4$ 代回原极限式，有

$$\lim_{x\to-1}\frac{x^3-4x^2-x+4}{x+1}=\lim_{x\to-1}\frac{(x-4)(x-1)(x+1)}{x+1}=\lim_{x\to-1}(x-4)(x-1)=10.$$

解得 $l=10$.

【例 1-44】　已知 $\lim\limits_{x\to1}\dfrac{x^2+ax+b}{1-x}=5$，求 a，b 的值.

【解】　由于分母极限为零，故分子极限必为零. x^2+ax+b 必含有因子 $(1-x)$，故可设

$$x^2+ax+b=(x-1)(x-k),$$

由
$$\lim_{x\to1}\frac{x^2+ax+b}{1-x}=5,$$

得
$$\lim_{x\to1}\frac{(x-1)(x-k)}{1-x}=5.$$

消去 $(1-x)$，得 $\lim\limits_{x\to1}(x-k)=-5$，推出 $k=6$.因此

$$x^2+ax+b=(x-1)(x-6)=x^2-7x+6,$$

对比系数，可得 $a=-7$，$b=6$.

【例 1-45】　设
$$f(x)=\begin{cases}\dfrac{\sin x}{2x}, & x<0,\\ (1+ax)^{\frac{1}{x}}, & x>0,\end{cases}$$

试确定 a，使 $\lim\limits_{x\to0}f(x)$ 存在.

【解】　$\lim\limits_{x\to-0}f(x)=\lim\limits_{x\to-0}\dfrac{\sin x}{2x}=\dfrac{1}{2}$，　$\lim\limits_{x\to+0}f(x)=\lim\limits_{x\to+0}(1+ax)^{\frac{1}{x}}=\mathrm{e}^a$.

令 $\dfrac{1}{2}=\mathrm{e}^a$，则 $a=\ln\dfrac{1}{2}=-\ln2$.　当 $a=-\ln2$ 时，$\lim\limits_{x\to0}f(x)$ 存在.

三、习题全解

习题 1-1 映射与函数

1. 求下列函数的自然定义域:

(1) $y=\sqrt{3x+2}$;　(2) $y=\dfrac{1}{1-x^2}$;　(3) $y=\dfrac{1}{x}-\sqrt{1-x^2}$;

(4) $y=\dfrac{1}{\sqrt{4-x^2}}$;　(5) $y=\sin\sqrt{x}$;　(6) $y=\tan(x+1)$;

(7) $y=\arcsin(x-3)$;　(8) $y=\sqrt{3-x}+\arctan\dfrac{1}{x}$;　(9) $y=\ln(x+1)$;

(10) $y=e^{\frac{1}{x}}$.

【解】 (1) $3x+2\geqslant 0\Rightarrow x\geqslant -\dfrac{2}{3}$, 定义域为$\left[-\dfrac{2}{3},+\infty\right)$;

(2) $1-x^2\neq 0\Rightarrow x\neq\pm 1$, 定义域为$(-\infty,-1)\cup(-1,1)\cup(1,+\infty)$;

(3) $x\neq 0$ 且 $1-x^2\geqslant 0\Rightarrow x\neq 0$ 且 $|x|\leqslant 1$, 定义域为$[-1,0)\cup(0,1]$;

(4) $4-x^2>0\Rightarrow |x|<2$, 定义域为$(-2,2)$;

(5) $x\geqslant 0$, 定义域为$[0,+\infty)$;

(6) $x+1\neq k\pi+\dfrac{\pi}{2}\ (k\in\mathbf{Z})\Rightarrow x\neq k\pi+\dfrac{\pi}{2}-1\ (k\in\mathbf{Z})$, 定义域为

$$\left[x\,|\,x\in\mathbf{R}\text{ 且 }x\neq\left(k+\frac{1}{2}\right)\pi-1,\ k\in\mathbf{Z}\right];$$

(7) $|x-3|\leqslant 1\Rightarrow 2\leqslant x\leqslant 4$, 定义域为$[2,4]$;

(8) $x\neq 0$ 且 $3-x\geqslant 0\Rightarrow x\neq 0$ 且 $x\leqslant 3$, 定义域为$(-\infty,0)\cup(0,3]$;

(9) $x+1>0\Rightarrow x>-1$, 定义域为$(-1,+\infty)$;

(10) $x\neq 0$, 定义域为$(-\infty,0)\cup(0,+\infty)$.

2. 下列各题中, 函数$f(x)$和$g(x)$是否相同? 为什么?

(1) $f(x)=\lg x^2$, $g(x)=2\lg x$;　(2) $f(x)=x$, $g(x)=\sqrt{x^2}$;

(3) $f(x)=\sqrt[3]{x^4-x^3}$, $g(x)=x\sqrt[3]{x-1}$;　(4) $f(x)=1$, $g(x)=\sec^2x-\tan^2x$.

【解】 (1) 不相同, 因为两个函数的定义域不同;

(2) 不相同. 因为值域不同. $f(x)$的值域为$\mathbf{R}$, $g(x)$的值域为$(0,+\infty)$;

(3) 相同. 两个函数的定义域和值域都相同, 且对应法则也相同;

(4) 不相同. 因为定义域不同.

3. 设
$$\varphi(x)=\begin{cases}|\sin x|, & |x|<\dfrac{\pi}{3},\\ 0, & |x|\geqslant\dfrac{\pi}{3},\end{cases}$$
求$\varphi\left(\dfrac{\pi}{6}\right)$, $\varphi\left(\dfrac{\pi}{4}\right)$, $\varphi\left(-\dfrac{\pi}{4}\right)$, $\varphi(-2)$, 并作出函数$y=\varphi(x)$的图形.

【解】
$$\varphi\left(\frac{\pi}{6}\right)=\left|\sin\frac{\pi}{6}\right|=\frac{1}{2},\ \varphi\left(\frac{\pi}{4}\right)=\left|\sin\frac{\pi}{4}\right|=\frac{\sqrt{2}}{2},$$

$$\varphi\left(-\frac{\pi}{4}\right)=\left|\sin\left(-\frac{\pi}{4}\right)\right|=\frac{\sqrt{2}}{2},\ \varphi(-2)=0.$$

$y=\varphi(x)$的图形如图 1-1 所示.

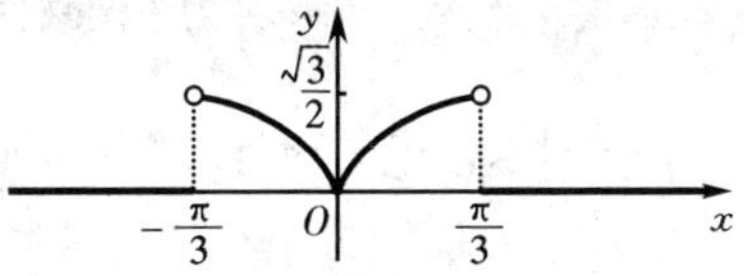

图 1-1

4. 讨论下列函数的有界性.

(1)$f(x)=\dfrac{x}{1+x^2}$;　　(2)$f(x)=\dfrac{1+x^2}{1+x^4}$.

【解】 (1)由 $1+x^2\geqslant 2x$ 知$\dfrac{x}{1+x^2}\leqslant\dfrac{1}{2}$, 又 $1+x^2\geqslant -2x$, 得$\dfrac{x}{1+x^2}\geqslant -\dfrac{1}{2}$, 故

$$-\frac{1}{2}\leqslant f(x)\leqslant\frac{1}{2},$$

即$f(x)$在$(-\infty,+\infty)$内有界.

(2)因为$f(x)>0$, $1+x^2\geqslant 1$, 所以

$$1+x^2\leqslant(1+x^2)^2\leqslant(1+x^2)^2+(1-x^2)^2=2(1+x^4),$$

$$0<f(x)=\frac{1+x^2}{1+x^4}\leqslant 2,$$

故$f(x)$在$(-\infty,+\infty)$内有界.

5. 试证下列函数在指定区间内的单调性:

(1) $y=\dfrac{x}{1-x}$　$(-\infty,1)$;　(2) $y=x+\ln x$　$(0,+\infty)$.

【证】 (1) 设 $x_1, x_2\in(-\infty,1)$且 $x_1<x_2$, 则

$$f(x_1)-f(x_2)=\frac{x_1}{1-x_1}-\frac{x_2}{1-x_2}=\frac{x_1-x_2}{(1-x_1)(1-x_2)}<0,$$

即$f(x_1)<f(x_2)$, $f(x)$在$(-\infty,1)$上单调增加;

(2) 设 $x_1, x_2\in(0,+\infty)$ 且 $x_1<x_2$, 则

$$f(x_1)-f(x_2)=x_1+\ln x_1-(x_2+\ln x_2)=(x_1-x_2)+\ln\frac{x_1}{x_2}<0,$$

即$f(x_1)<f(x_2)$, $f(x)$在$(0,+\infty)$上单调增加.

6. 讨论下列函数的单调性:

(1)$f(x)=ax^2+bx+c$, 其中 $a, b, c\in\mathbf{R}$, $a\neq 0$;

(2)$f(x)=\dfrac{ax+b}{cx+d}$, 其中 $a, b, c, d\in\mathbf{R}$, $c>0$.

【解】 (1)当 $a>0$ 时, 抛物线 $y=f(x)$ 的开口向上, 顶点为$\left(-\dfrac{b}{2a},\dfrac{4ac-b^2}{4a}\right)$, $f(x)$在$\left(-\infty,-\dfrac{b}{2a}\right)$内单调减少, 在$\left(-\dfrac{b}{2a},+\infty\right)$内单调增加.

当 $a<0$ 时, 抛物线 $y=f(x)$的开口向下, $f(x)$在$\left(-\infty,-\dfrac{b}{2a}\right)$内单调增加, 在$\left(-\dfrac{b}{2a},+\infty\right)$内单调减少.

(2)$f(x)=\frac{a}{c}+\frac{b-\frac{ad}{c}}{cx+d}$.

当$b>\frac{ad}{c}$时,$f(x)$分别在$\left(-\infty, -\frac{d}{c}\right)$及$\left(-\frac{d}{c}, +\infty\right)$内单调减少;

当$b<\frac{ad}{c}$时,$f(x)$分别在$\left(-\infty, -\frac{d}{c}\right)$及$\left(-\frac{d}{c}, +\infty\right)$内单调增加;

当$b=\frac{ad}{c}$时,$f(x)\equiv\frac{a}{c}$,没有单调性.

7. 设$f(x)$为定义在$(-l, l)$内的奇函数,若$f(x)$在$(0, l)$内单调增加,证明:$f(x)$在$(-l, 0)$内也单调增加.

【证】 设$x_1, x_2\in(-l, 0)$且$x_1<x_2$,则有$-x_1, -x_2\in(0, l)$,且$-x_2<-x_1$.

由$f(x)$在$(0, l)$内单调增加可得

$$f(-x_2)<f(-x_1),$$

因为$f(x)$在$(-l, l)$内是奇函数,所以

$$f(-x_2)=-f(x_2), f(-x_1)=-f(x_1), -f(x_2)<-f(x_1),$$

从而$f(x_1)<f(x_2)$. 故$f(x)$在$(-l, 0)$内也单调增加.

8. 设下面所考虑的函数都是定义在区间$(-l, l)$上的. 证明:

(1) 两个偶函数的和是偶函数,两个奇函数的和是奇函数.

(2) 两个偶函数的乘积是偶函数,两个奇函数的乘积是偶函数,偶函数与奇函数的乘积是奇函数.

【证】 (1) 设$f_1(x)$, $f_2(x)$均为偶函数,即$f_1(-x)=f_1(x)$, $f_2(-x)=f_2(x)$. 令

$$F(x)=f_1(x)+f_2(x),$$

则

$$F(-x)=f_1(-x)+f_2(-x)=f_1(x)+f_2(x)=F(x),$$

故$F(x)$为偶函数.

设$g_1(x)$, $g_2(x)$均为奇函数,即$g_1(-x)=-g_1(x)$, $g_2(-x)=-g_2(x)$. 令$G(x)=g_1(x)+g_2(x)$,则

$$G(-x)=g_1(-x)+g_2(-x)=-g_1(x)-g_2(x)=-G(x),$$

故$G(x)$为奇函数.

(2) 设$f_1(x)$, $f_2(x)$均为偶函数,即$f_1(-x)=f_1(x)$, $f_2(-x)=f_2(x)$. 令$F(x)=f_1(x)\cdot f_2(x)$,则

$$F(-x)=f_1(-x)\cdot f_2(-x)=f_1(x)\cdot f_2(x)=F(x),$$

故$F(x)$为偶函数.

设$g_1(-x)=-g_1(x)$, $g_2(-x)=-g_2(x)$. 令$G(x)=g_1(x)\cdot g_2(x)$,则

$$G(-x)=g_1(-x)\cdot g_2(-x)=[-g_1(x)]\cdot[-g_2(x)]=G(x),$$

故$G(x)$为偶函数.

设$f(-x)=f(x)$, $g(-x)=-g(x)$. 令$H(x)=f(x)\cdot g(x)$,则

$$H(-x)=f(-x)\cdot g(-x)=f(x)\cdot[-g(x)]=-f(x)g(x)=-H(x),$$

故$H(x)$为奇函数.

9. 下列函数中,哪些是偶函数,哪些是奇函数,哪些既非偶函数又非奇函数?

(1) $y=x^2(1-x^2)$;　(2) $y=3x^2-x^3$;　(3) $y=\frac{1-x^2}{1+x^2}$;

(4) $y=x(x-1)(x+1)$;　(5) $y=\sin x-\cos x+1$;　(6) $y=\frac{a^x+a^{-x}}{2}$ $(a>0, a\neq1)$.

【解】 (1) $f(-x)=(-x)^2[1-(-x)^2]=x^2(1-x^2)=f(x)$,故$f(x)$为偶函数;

(2) $f(-x)=3(-x)^2-(-x)^3=3x^2+x^3$,故$f(x)$既非偶函数又非奇函数;

(3) $f(-x)=\frac{1-(-x)^2}{1+(-x)^2}=\frac{1-x^2}{1+x^2}=f(x)$，故$f(x)$为偶函数；

(4) $f(-x)=(-x)(-x-1)(-x+1)=-x(x+1)(x-1)=-f(x)$，故$f(x)$为奇函数；

(5) $f(-x)=\sin(-x)-\cos(-x)+1=-\sin x-\cos x+1$，故$f(x)$既非偶函数又非奇函数；

(6) $f(-x)=\frac{1}{2}(a^{-x}+a^{x})=f(x)$，故$f(x)$为偶函数.

10. 下列各函数中哪些是周期函数？对于周期函数，指出其周期：

(1) $y=\cos(x-2)$；　(2) $y=\cos 4x$；　(3) $y=1+\sin\pi x$；

(4) $y=x\cos x$；　(5) $y=\sin^2 x$.

【解】 (1) 是周期函数，周期为2π；

(2) 是周期函数，周期为$\frac{\pi}{2}$；

(3) 是周期函数，周期为2；

(4) 不是周期函数；

(5) $y=\frac{1}{2}-\frac{1}{2}\cos 2x$，是周期函数，周期为$\pi$.

11. 求下列函数的反函数：

(1) $y=\sqrt[3]{x+1}$；　(2) $y=\frac{1-x}{1+x}$；　(3) $y=\frac{ax+b}{cx+d}\ (ad-bc\neq 0)$；

(4) $y=2\sin 3x\ \left(-\frac{\pi}{6}\leqslant x\leqslant\frac{\pi}{6}\right)$；　(5) $y=1+\ln(x+2)$；　(6) $y=\frac{2^x}{2^x+1}$.

【解】 (1) $x=y^3-1$，反函数为$y=x^3-1$；

(2) $x=\frac{1-y}{1+y}$，反函数为$y=\frac{1-x}{1+x}$；

(3) $x=\frac{b-dy}{cy-a}$，反函数为$y=\frac{b-dx}{cx-a}$；

(4) $x=\frac{1}{3}\arcsin\frac{y}{2}$，反函数为$y=\frac{1}{3}\arcsin\frac{x}{2}$；

(5) $x=e^{y-1}-2$，反函数为$y=e^{x-1}-2$；

(6) $2^x=\frac{y}{1-y}\Rightarrow x=\log_2\frac{y}{1-y}$，反函数为$y=\log_2\frac{x}{1-x}$.

12. 在下列各题中，求由所给函数构成的复合函数，并求这函数分别对应于给定自变量值x_1和x_2的函数值：

(1) $y=u^2$，$u=\sin x$，$x_1=\frac{\pi}{6}$，$x_2=\frac{\pi}{3}$；　(2) $y=\sin u$，$u=2x$，$x_1=\frac{\pi}{8}$，$x_2=\frac{\pi}{4}$；

(3) $y=\sqrt{u}$，$u=1+x^2$，$x_1=1$，$x_2=2$；　(4) $y=e^u$，$u=x^2$，$x_1=0$，$x_2=1$；

(5) $y=u^2$，$u=e^x$，$x_1=1$，$x_2=-1$.

【解】 (1) $y=\sin^2 x$，$y_1=\frac{1}{4}$，$y_2=\frac{3}{4}$；　(2) $y=\sin 2x$，$y_1=\frac{\sqrt{2}}{2}$，$y_2=1$；

(3) $y=\sqrt{1+x^2}$，$y_1=\sqrt{2}$，$y_2=\sqrt{5}$；　(4) $y=e^{x^2}$，$y_1=1$，$y_2=e$；

(5) $y=e^{2x}$，$y_1=e^2$，$y_2=\frac{1}{e^2}$.

13. 设$f(x)$的定义域$D=[0,1]$，求下列各函数的定义域：

(1) $f(x^2)$；　(2) $f(\sin x)$；

(3) $f(x+a)\ (a>0)$；　(4) $f(x+a)+f(x-a)\ (a>0)$.

【解】 (1) $0\leqslant x^2\leqslant 1 \Rightarrow |x|\leqslant 1$，定义域为$[-1, 1]$；

(2) $0\leqslant \sin x\leqslant 1 \Rightarrow 2k\pi\leqslant x\leqslant 2k\pi+\pi\ (k\in\mathbf{Z})$，定义域为$\bigcup\limits_{k\in\mathbf{Z}}[2k\pi, (2k+1)\pi]$；

(3) $0\leqslant x+a\leqslant 1 \Rightarrow -a\leqslant x\leqslant 1-a$，定义域为$[-a, 1-a]$；

(4) $0\leqslant x+a\leqslant 1$ 且 $0\leqslant x-a\leqslant 1 \Rightarrow$ 若 $0<a\leqslant\dfrac{1}{2}$，则 $D=[a, 1-a]$；若$a>\dfrac{1}{2}$，定义域为空集.

14. 设 $f(x)=\begin{cases}1, & |x|<1,\\ 0, & |x|=1,\\ -1, & |x|>1,\end{cases}$ $g(x)=e^x$，

求$f[g(x)]$和$g[f(x)]$，并作出这两个函数的图形.

【解】 $f[g(x)]=\begin{cases}1, & |e^x|<1,\\ 0, & |e^x|=1,\\ -1, & |e^x|>1,\end{cases}$

即 $$f[g(x)]=\begin{cases}1, & x<0,\\ 0, & x=0,\\ -1, & x>0,\end{cases}$$

图形如图 1-2 所示.

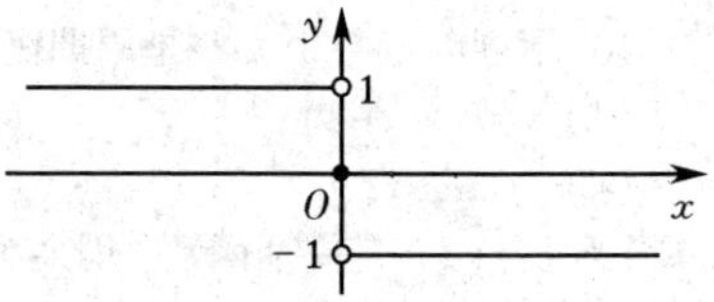

图 1-2

$$g[f(x)]=\begin{cases}e, & |x|<1,\\ 1, & |x|=1,\\ e^{-1}, & |x|>1,\end{cases}$$

图形如图 1-3 所示.

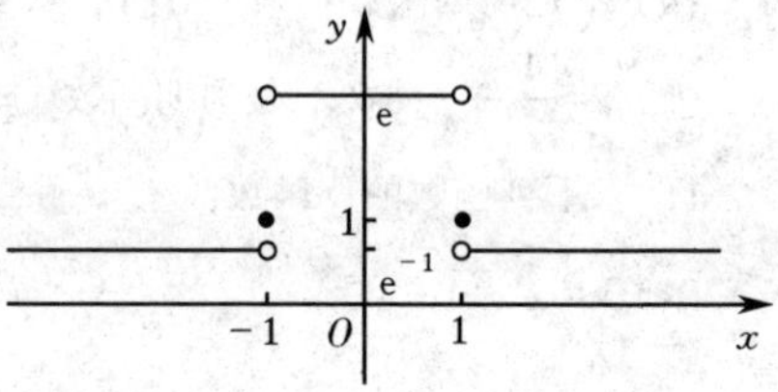

图 1-3

15. 已知水渠的横断面为等腰梯形，斜角 $\varphi=40°$(见图 1-4). 当过水断面 $ABCD$ 的面积为定值 S_0 时，求湿周 $L(L=AB+BC+CD)$ 与水深 h 之间的函数关系式，并指明其定义域.

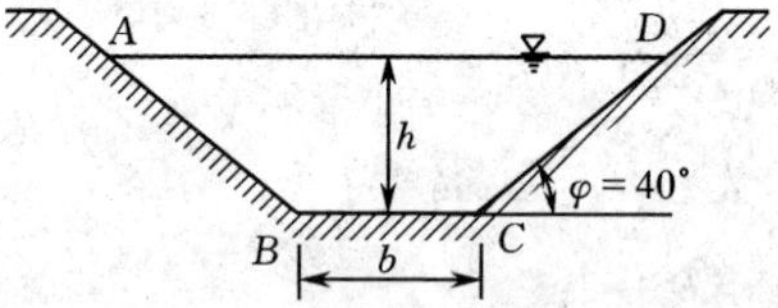

图 1-4

【解】 如图 1-4 所示，由三角关系得 $AB=CD=\dfrac{h}{\sin 40°}$，又由梯形面积

$$\frac{1}{2}h(BC+BC+2h\cot 40°)=S_0$$

得 $$BC=\frac{S_0}{h}-h\cot 40°,$$

故 $$L=AB+BC+CD=\frac{S_0}{h}+\frac{2-\cos 40°}{\sin 40°}h.$$

自变量 h 的取值范围由 $$\begin{cases}h>0,\\ \dfrac{S_0}{h}-h\cot 40°>0\end{cases}$$

确定，故定义域为 $0<h<\sqrt{S_0\tan 40°}$.

16. 设 xOy 平面上有正方形 $D=\{(x, y)|0\leqslant x\leqslant 1, 0\leqslant y\leqslant 1\}$ 及直线 l：$x+y=t\quad(t\geqslant 0)$. 若 $S(t)$ 表示正方形 D 位于直线 l 左下方部分的面积，试求 $S(t)$ 与 t 之间的函数关系.

【解】　当$0\leqslant t\leqslant 1$时，$S(t)=\frac{1}{2}t^2$；当$1<t\leqslant 2$时，如图1-5所示，

$$S(t)=1-\frac{1}{2}(2-t)^2=-\frac{1}{2}t^2+2t-1;$$

当$t>2$时，$S(t)=1$.总之

$$S(t)=\begin{cases}\frac{1}{2}t^2, & 0\leqslant t\leqslant 1,\\ -\frac{1}{2}t^2+2t-1, & 1<t\leqslant 2,\\ 1, & t>2.\end{cases}$$

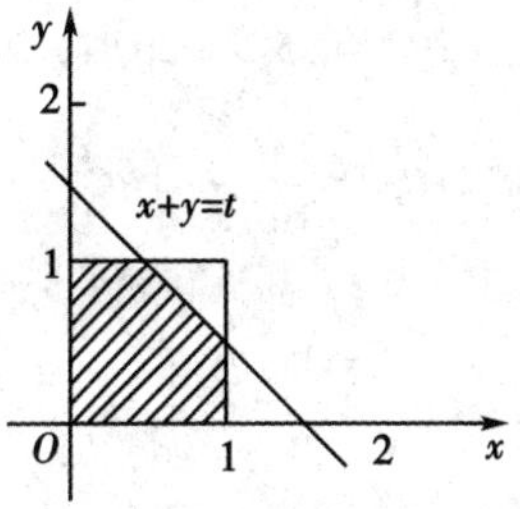

图 1-5

17. 求联系华氏温度(用F表示)和摄氏温度(用C表示)的转换公式，并求：

(1) 90 ℉的等价摄氏温度和-5 ℃的等价华氏温度；

(2) 是否存在一个温度值，使华氏温度计和摄氏温度计的读数是一样的？如果存在，那么该温度值是多少？

【解】　设$F=mC+b$，其中m，b为常数.

因为$F=32$ ℉，相当于$C=0$ ℃，$F=212$ ℉，相当于$C=100$ ℃，于是

$$b=32,\ m=\frac{212-32}{100}=1.8.$$

故
$$F=1.8C+32\quad 或\quad C=\frac{5}{9}(F-32).$$

(1) $F=90$ ℉，　$C=\frac{5}{9}\times(90-32)\approx 32.2$ ℃；　$C=-5$ ℃，　$F=1.8\times(-5)+32=23$ ℉；

(2) 设温度值t符合题意，则有　　$t=1.8t+32$，　$t=-40$，

即-40 ℉恰好也是-40 ℃.

18. 已知Rt$\triangle ABC$中，直角边AC、BC的长度分别为20、15，动点P从C出发，沿三角形边界按$C\to B\to A$方向移动；动点Q从C出发,沿三角形边界按$C\to A\to B$方向移动，移动到两动点相遇时为止，且点Q移动的速度是点P移动的速度的2倍. 设动点P移动的距离为x，$\triangle CPQ$的面积为y，试求y与x之间的函数关系.

【解】　由$|AC|=20$，$|BC|=15$得$|AB|=\sqrt{20^2+15^2}=25$.

设动点P移动的距离为S_P，Q移动的距离为S_Q,则$S_P=x$,$S_Q=2x$，又$S_P+S_Q=20+15+25$，则$3x=60$，故$x=20$(两点相遇时对应的值),因此所求函数的定义域为[0，20].

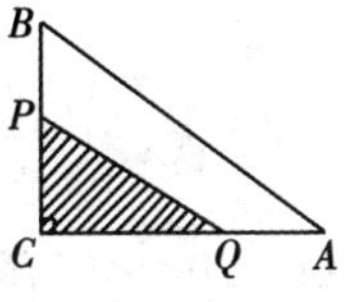

图 1-6

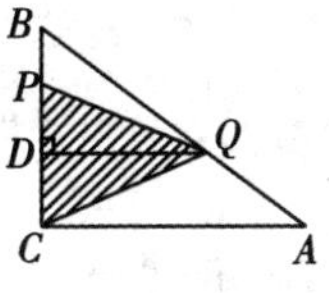

图 1-7

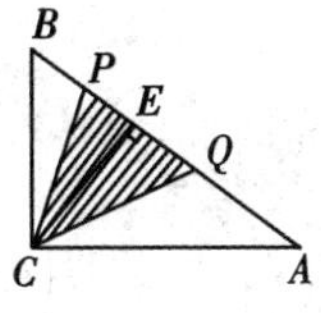

图 1-8

(1)当$0<x<10$时，如图1-6所示，$|CP|=x$，$|CQ|=2x$，于是$y=x^2$.

(2)当$10\leqslant x\leqslant 15$时，如图1-7所示，$|CP|=x$，$|AQ|=2x-20$，且

$$\frac{|QD|}{20}=\frac{|BQ|}{25}=\frac{45-2x}{25}\quad (因为\triangle ACB\backsim\triangle QDB).$$

所以$|QD|=\frac{4}{5}(45-2x)$，故$y=\frac{1}{2}x\cdot|QD|=-\frac{4}{5}x^2+18x$.

(3)当 $15<x\leqslant 20$ 时，如图 1-8 所示，$|BP|=x-15$，$|AQ|=2x-20$，$|PQ|=60-3x$，$\dfrac{|CE|}{|BC|}=\dfrac{|AC|}{|AB|}$，所以 $|CE|=\dfrac{|AC|}{|AB|}\cdot|BC|=12$. 从而得 $y=\dfrac{1}{2}|PQ|\cdot|CE|=-18x+360$，故

$$y=\begin{cases}x^2, & 0\leqslant x<10,\\ -\dfrac{4}{5}x^2+18x, & 10\leqslant x\leqslant 15,\\ -18x+360, & 15<x\leqslant 20.\end{cases}$$

习题 1-2　数列的极限

1. 下列各题中，哪些数列收敛，哪些数列发散？对于收敛数列，通过观察数列 $\{x_n\}$ 的变化趋势，写出它们的极限.

(1) $\left\{\dfrac{1}{2^n}\right\}$；　(2) $\left\{(-1)^n\dfrac{1}{n}\right\}$；　(3) $\left\{2+\dfrac{1}{n^2}\right\}$；

(4) $\left\{\dfrac{n-1}{n+1}\right\}$；　(5) $\{n(-1)^n\}$；　(6) $\left\{\dfrac{2^n-1}{3^n}\right\}$；

(7) $\left\{n-\dfrac{1}{n}\right\}$；　(8) $\left\{[(-1)^n+1]\dfrac{n+1}{n}\right\}$.

【解】 (1) 收敛于 0；(2) 收敛于 0；(3) 收敛于 2；(4) 收敛于 1；(5) 发散，(6) 收敛于 0；(7) 发散；(8) 发散.

2. (1)数列的有界性是数列收敛的什么条件？

(2)无界数列是否一定发散？

(3)有界数列是否一定收敛？

【解】 (1)必要条件；

(2)一定发散；

(3)未必收敛，如 $\{(-1)^n\}$ 有界，但发散.

3. 下列关于数列 $\{x_n\}$ 的极限是 a 的定义，哪些是对的，哪些是错的？如果是对的，试说明理由；如果是错的，试给出一个反例.

(1)对于任意给定的 $\varepsilon>0$，存在 $N\in\mathbf{N}_+$，当 $n>N$ 时，不等式 $x_n-a<\varepsilon$ 成立；

(2)对于任意给定的 $\varepsilon>0$，存在 $N\in\mathbf{N}_+$，当 $n>N$ 时，有无穷多项 x_n，使不等式 $|x_n-a|<\varepsilon$ 成立；

(3)对于任意给定的 $\varepsilon>0$，存在 $N\in\mathbf{N}_+$，当 $n>N$ 时，不等式 $|x_n-a|<c\varepsilon$ 成立，其中 c 为某个正常数；

(4)对于任意给定的 $m\in\mathbf{N}_+$，存在 $N\in\mathbf{N}_+$，当 $n>N$ 时，不等式 $|x_n-a|<\dfrac{1}{m}$ 成立.

【解】 (1)错误. 例如，数列 $\left\{(-1)^n+\dfrac{1}{n}\right\}$，取 $a=1$，对任给的 $0<\varepsilon<1$，存在 $N=\left[\dfrac{1}{\varepsilon}\right]$，当 $n>N$ 时有 $x_n-a=(-1)^n+\dfrac{1}{n}-1\leqslant\dfrac{1}{n}<\varepsilon$，但 $\left\{(-1)^n+\dfrac{1}{n}\right\}$ 的极限不存在；

(2)错误. 例如，数列 $x_n=\begin{cases}3n, & 当\ n=2k-1,\\ 1-\dfrac{1}{4n}, & 当\ n=2k,\end{cases}$　$k\in\mathbf{N}_+$，$a=1$.

$\forall\varepsilon>0\left(设\ \varepsilon<\dfrac{1}{2}\right)$，$\exists N=\left[\dfrac{1}{\varepsilon}\right]$，当 $n>N$ 且 n 为偶数时有 $|x_n-a|=\dfrac{1}{4n}<\dfrac{1}{n}<\varepsilon$ 成立，但 $\{x_n\}$ 的极限不存在；

(3)正确. $\forall\varepsilon>0$, 取$\frac{1}{c}\varepsilon>0$, 由条件知$\exists N\in\mathbf{N}_+$, 当$n>N$时, 有$|x_n-a|<c\cdot\frac{1}{c}\varepsilon=\varepsilon$成立;

(4)正确. $\forall\varepsilon>0$, 取$m\in\mathbf{N}_+$, 使$\frac{1}{m}<\varepsilon$, 由条件知, $\exists N\in\mathbf{N}_+$, 当$n>N$时有$|x_n-a|<\frac{1}{m}<\varepsilon$成立.

*4. 设数列$\{x_n\}$的一般项$x_n=\frac{1}{n}\cos\frac{n\pi}{2}$. 求$\lim\limits_{n\to\infty}x_n$的值. 求出$N$, 使当$n>N$时, x_n与其极限之差的绝对值小于正数ε. 当$\varepsilon=0.001$时, 求出数N.

【解】 $\lim\limits_{n\to\infty}x_n=0$, 其证明如下:

$$|x_n-0|=\left|\frac{1}{n}\cos\frac{n}{2}\pi\right|\leqslant\frac{1}{n}.$$

对$\forall\varepsilon>0$, 要使$|x_n-0|<\varepsilon$, 只要$\frac{1}{n}<\varepsilon$, 即$n>\frac{1}{\varepsilon}$. 取$N=\left[\frac{1}{\varepsilon}\right]$, 当$n>N$时, $|x_n-0|<\varepsilon$成立.

当$\varepsilon=0.001$时, $N=1000$.

*5. 根据数列极限的定义证明:

(1) $\lim\limits_{n\to\infty}\frac{1}{n^2}=0$.

【证】 $\left|\frac{1}{n^2}-0\right|=\frac{1}{n^2}$.

对$\forall\varepsilon>0$, 只要$\frac{1}{n^2}<\varepsilon$, 即$n>\sqrt{\frac{1}{\varepsilon}}$. 取$N=\left[\sqrt{\frac{1}{\varepsilon}}\right]$, 当$n>N$时, 有$\left|\frac{1}{n^2}-0\right|<\varepsilon$, 即

$$\lim_{n\to\infty}\frac{1}{n^2}=0.$$

(2) $\lim\limits_{n\to\infty}\frac{3n+1}{2n+1}=\frac{3}{2}$.

【证】 $\left|\frac{3n+1}{2n+1}-\frac{3}{2}\right|=\left|\frac{-1}{2(2n+1)}\right|=\frac{1}{4n+2}<\frac{1}{n}$.

对$\forall\varepsilon>0$, 取$N=\frac{1}{\varepsilon}$, 只要$n>N$, 就有$\left|\frac{3n+1}{2n+1}-\frac{3}{2}\right|<\varepsilon$.

(3) $\lim\limits_{n\to\infty}\frac{\sqrt{n^2+a^2}}{n}=1$.

【证】 由于
$$\left|\frac{\sqrt{n^2+a^2}}{n}-1\right|=\left|\frac{\sqrt{n^2+a^2}-n}{n}\right|\leqslant\frac{n+|a|-n}{n}=\frac{|a|}{n},$$

故$\forall\varepsilon>0$, 取$N=\left[\frac{|n|}{\varepsilon}\right]$, 当$n>N$时, 恒有$\frac{|a|}{n}<\frac{|a|}{N}<\frac{|a|}{\frac{|a|}{\varepsilon}}=\varepsilon$,即

$$\left|\frac{\sqrt{n^2+a^2}}{n}-1\right|<\varepsilon,$$

最后得
$$\lim_{n\to\infty}\frac{\sqrt{n^2+a^2}}{n}=1.$$

(4) $\lim\limits_{n\to\infty}0.\underbrace{999\cdots9}_{n个}=1$.

【证】 $|0.\underbrace{999\cdots9}_{n个}-1|=\frac{1}{10^n}$.

对$\forall\varepsilon>0$, 只要$\dfrac{1}{10^n}<\varepsilon$, 即$n>\lg\dfrac{1}{\varepsilon}$. 取$N=\left[\lg\dfrac{1}{\varepsilon}\right]$, 当$n>N$时, 有$|\underbrace{0.999\cdots9}_{n个}-1|<\varepsilon$, 即

$$\lim_{n\to\infty}\underbrace{0.999\cdots9}_{n个}=1.$$

*6. 若$\lim\limits_{n\to\infty}u_n=a$, 证明: $\lim\limits_{n\to\infty}|u_n|=|a|$. 并举例说明: 如果数列$\{|u_n|\}$有极限, 但数列$\{u_n\}$未必有极限.

【证】 $||u_n|-|a||\leqslant|u_n-a|$.

对$\forall\varepsilon>0$, 只要使$|u_n-a|<\varepsilon$即可.

由$\lim\limits_{n\to\infty}u_n=a$可知, 对$\varepsilon>0$, $\exists N$, 当$n>N$时, $|u_n-a|<\varepsilon$成立, 从而$||u_n|-|a||<\varepsilon$, 即

$$\lim_{n\to\infty}|u_n|=|a|.$$

反之, 未必成立. 例如$u_n=(-1)^n$. 显然

$$\lim_{n\to\infty}|u_n|=\lim_{n\to\infty}1=1,$$

但$\lim\limits_{n\to\infty}u_n$不存在.

*7. 设数列$\{x_n\}$有界, 又$\lim\limits_{n\to\infty}y_n=0$, 证明: $\lim\limits_{n\to\infty}x_ny_n=0$.

【证】 因为$\{x_n\}$有界, 所以存在数$M\geqslant0$, 使$|x_n|\leqslant M$.

又$\lim\limits_{n\to\infty}y_n=0$, 对$\forall\varepsilon>0$, $\exists N$, 当$n>N$时, $|y_n|<\dfrac{\varepsilon}{M}$, 于是

$$|x_ny_n-0|=|x_n||y_n|<M\cdot\frac{\varepsilon}{M}=\varepsilon,$$

故$\lim\limits_{n\to\infty}x_ny_n=0$.

*8. 对于数列$\{x_n\}$, 若$x_{2k-1}\to a\ (k\to\infty)$, $x_{2k}\to a\ (k\to\infty)$, 证明: $x_n\to a\ (n\to\infty)$.

【证】 对$\forall\varepsilon>0$, 因为$x_{2k-1}\to a$, 所以$\exists N_1$, 当$2k-1>2N_1-1$时, 有$|x_{2k-1}-a|<\varepsilon$成立; 又因为$x_{2k}\to a$, 所以$\exists N_2$, 当$2k>2N_2$时, $|x_{2k}-a|<\varepsilon$成立. 取$N=\max\{2N_1-1, 2N_2\}$, 则当$n>N$时, $|x_n-a|<\varepsilon$成立. 因此, $\lim\limits_{n\to\infty}x_n=a$.

习题 1-3 函数的极限

1. 对图 1-9 所示的函数$f(x)$, 求下列极限. 如极限不存在, 说明理由.

(1) $\lim\limits_{x\to-2}f(x)$; (2) $\lim\limits_{x\to-1}f(x)$; (3) $\lim\limits_{x\to0}f(x)$.

【解】 (1) $\lim\limits_{x\to-2}f(x)=0$;

(2) $\lim\limits_{x\to-1}f(x)=-1$;

(3) $\lim\limits_{x\to0}f(x)$不存在, 因为$f(0^+)\neq f(0^-)$.

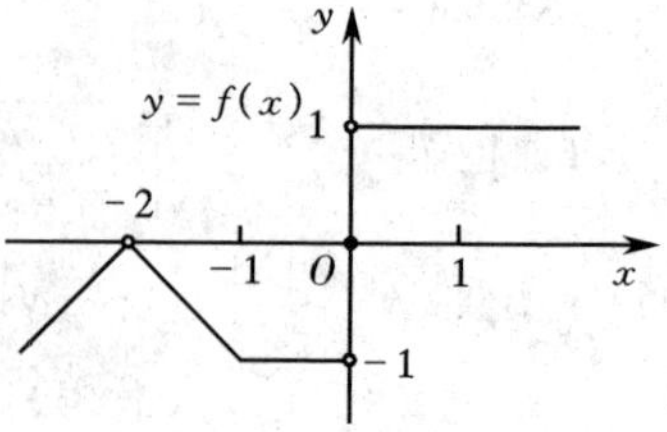

图 1-9

2. 对图 1-10 所示的函数$f(x)$, 下列陈述中哪些是对的, 哪些是错的?

(1) $\lim\limits_{x\to0}f(x)$不存在;

(2) $\lim\limits_{x\to0}f(x)=0$;

(3) $\lim\limits_{x\to0}f(x)=1$;

(4) $\lim\limits_{x\to1}f(x)=0$;

(5) $\lim\limits_{x\to1}f(x)$不存在;

(6) 对每个$x_0\in(-1, 1)$, $\lim\limits_{x\to x_0}f(x)$存在.

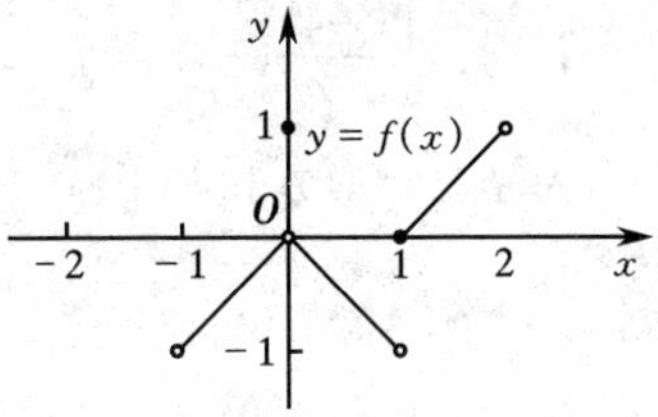

图 1-10

【解】 (1) 错. $\lim\limits_{x\to 0}f(x)$存在与否与$f(0)$的值无关;

(2) 对. 因为$f(0^+)=f(0^-)=0$;

(3) 错. $\lim\limits_{x\to 0}f(x)$的值与$f(0)$的值无关;

(4) 错. $f(1^+)=0$, 但$f(1^-)=-1$, 故 $\lim\limits_{x\to 1}f(x)$不存在;

(5) 对. 因为$f(1^-)\neq f(1^+)$;

(6) 对.

3. 对图 1-11 所示的函数, 下列陈述中哪些是对的, 哪些是错的?

(1) $\lim\limits_{x\to -1^+}f(x)=1$;　　(2) $\lim\limits_{x\to -1^-}f(x)$不存在;

(3) $\lim\limits_{x\to 0}f(x)=0$;　　(4) $\lim\limits_{x\to 0}f(x)=1$;

(5) $\lim\limits_{x\to 1^-}f(x)=1$;　　(6) $\lim\limits_{x\to 1^+}f(x)=0$;

(7) $\lim\limits_{x\to 2^-}f(x)=0$;　　(8) $\lim\limits_{x\to 2}f(x)=0$.

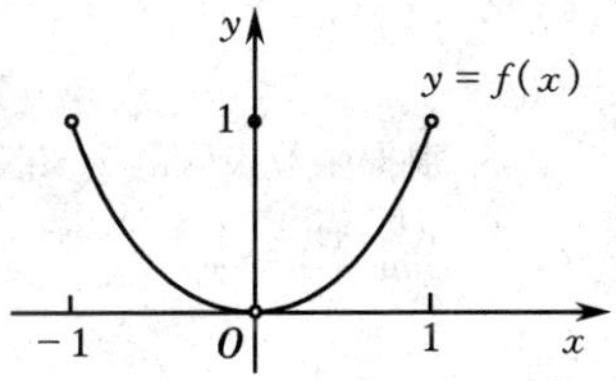

图 1-11

【解】 (1) 对;

(2) 对. 因为当$x<-1$时, $f(x)$无定义;

(3) 对. 因为$f(0^+)=f(0^-)=0$;

(4) 错. $\lim\limits_{x\to 0}f(x)$的值与$f(0)$的值无关;

(5) 对;

(6) 对;

(7) 对;

(8) 错. 因为当$x>2$时, $f(x)$无定义, $f(2^+)$不存在.

4. 求$f(x)=\dfrac{x}{x}$, $\varphi(x)=\dfrac{|x|}{x}$当$x\to 0$时的左、右极限, 并说明它们在$x\to 0$时的极限是否存在.

【解】 $\lim\limits_{x\to 0^+}f(x)=\lim\limits_{x\to 0^+}\dfrac{x}{x}=1$, $\lim\limits_{x\to 0^-}f(x)=\lim\limits_{x\to 0^-}\dfrac{x}{x}=1$. 故 $\lim\limits_{x\to 0}f(x)=1$.

$\lim\limits_{x\to 0^+}\varphi(x)=\lim\limits_{x\to 0^+}\dfrac{x}{x}=1$, $\lim\limits_{x\to 0^-}\varphi(x)=\dfrac{-x}{x}=-1$. 因为$\lim\limits_{x\to 0^+}\varphi(x)\neq\lim\limits_{x\to 0^-}\varphi(x)$, 故 $\lim\limits_{x\to 0}\varphi(x)$不存在.

*5. 根据函数极限的定义证明:

(1) $\lim\limits_{x\to 3}(3x-1)=8$.

【证】 $\forall\,\varepsilon>0$, 取$\delta=\dfrac{\varepsilon}{3}$, 当$0<|x-3|<\delta$时, 恒有

$$|(3x-1)-8|=3|x-3|<3\cdot\delta=3\cdot\frac{\varepsilon}{3}=\varepsilon,$$

故
$$\lim_{x\to 3}(3x-1)=8.$$

(2) $\lim\limits_{x\to 2}(5x+2)=12$.

【证】 $|(5x+2)-12|=5|x-2|$.

对$\forall\,\varepsilon>0$, 只要$5|x-2|<\varepsilon$, 即$|x-2|<\dfrac{\varepsilon}{5}$. 取$\delta=\dfrac{\varepsilon}{5}$, 当$0<|x-2|<\delta$时, 有$|(5x+2)-12|<\varepsilon$, 故

$$\lim_{x\to 2}(5x+2)=12.$$

(3) $\lim\limits_{x\to -2}\dfrac{x^2-4}{x+2}=-4$.

【证】 $\left|\frac{x^2-4}{x+2}-(-4)\right|=|x+2|$.

对$\forall\varepsilon>0$，只要$|x+2|<\varepsilon$. 取$\delta=\varepsilon$，当$0<|x-(-2)|<\varepsilon$时，有$\left|\frac{x^2-4}{x+2}-(-4)\right|<\varepsilon$，故

$$\lim_{x\to-2}\frac{x^2-4}{x+2}=-4.$$

(4) $\lim\limits_{x\to-\frac{1}{2}}\frac{1-4x^2}{2x+1}=2$.

【证】 $\left|\frac{1-4x^2}{2x+1}-2\right|=2\left|x+\frac{1}{2}\right|$.

对$\forall\varepsilon>0$，只要$2\left|x+\frac{1}{2}\right|<\varepsilon$，即$\left|x+\frac{1}{2}\right|<\frac{\varepsilon}{2}$. 取$\delta=\frac{\varepsilon}{2}$，当$0<\left|x-\left(-\frac{1}{2}\right)\right|<\varepsilon$时，有$\left|\frac{1-4x^2}{2x+1}-2\right|<\varepsilon$，故

$$\lim_{x\to-\frac{1}{2}}\frac{1-4x^2}{2x+1}=2.$$

*6. 根据函数极限的定义证明：

(1) $\lim\limits_{x\to\infty}\frac{1+x^3}{2x^3}=\frac{1}{2}$.

【证】 $\left|\frac{1+x^3}{2x^3}-\frac{1}{2}\right|=\frac{1}{2|x|^3}$.

对$\forall\varepsilon>0$，只要$\frac{1}{2|x|^3}<\varepsilon$，即$|x|>\sqrt[3]{\frac{1}{2\varepsilon}}$. 取$X=\frac{1}{\sqrt[3]{2\varepsilon}}$，当$|x|>X$时，有$\left|\frac{1+x^3}{2x^3}-\frac{1}{2}\right|<\varepsilon$，故

$$\lim_{x\to\infty}\frac{1+x^3}{2x^3}=\frac{1}{2}.$$

(2) $\lim\limits_{x\to+\infty}\frac{\sin x}{\sqrt{x}}=0$.

【证】 $\left|\frac{\sin x}{\sqrt{x}}-0\right|=\left|\frac{\sin x}{\sqrt{x}}\right|\leqslant\frac{1}{\sqrt{x}}$.

对$\forall\varepsilon>0$，只要$\frac{1}{\sqrt{x}}<\varepsilon$，即$x>\frac{1}{\varepsilon^2}$. 取$X=\frac{1}{\varepsilon^2}$，当$x>X$时，有$\left|\frac{\sin x}{\sqrt{x}}-0\right|<\varepsilon$，故

$$\lim_{x\to+\infty}\frac{\sin x}{\sqrt{x}}=0.$$

*7. 当$x\to2$时，$y=x^2\to4$. 问δ等于多少，使当$|x-2|<\delta$时，$|y-4|<0.001$？

【解】 由于$x\to2$，不妨设$|x-2|<1$，即$1<x<3$.

$$|x^2-4|=|x-2|\,|x+2|<5|x-2|<0.001.$$

取$\delta=\frac{0.001}{5}=0.0002$，当$0<|x-2|<\delta$时，有

$$|x^2-4|<0.001.$$

*8. 当$x\to\infty$时，$y=\frac{x^2-1}{x^2+3}\to1$. 问$X$等于多少，使当$|x|>X$时，$|y-1|<0.01$？

【解】 $\left|\frac{x^2-1}{x^2+3}-1\right|=\frac{4}{x^2+3}$.

要使 $|y-1|<0.01$，只需 $\frac{4}{x^2+3}<\frac{4}{x^2}<0.01$，即 $x\geqslant 20$，取 $X=20$，当 $|x|>X$ 时，有 $|y-1|<0.01$.

*9. 证明函数 $f(x)=|x|$ 当 $x\to 0$ 时极限为零.

【证】　$||x|-0|=|x|$.

对 $\forall \varepsilon>0$，只要 $|x|<\varepsilon$. 取 $\delta=\varepsilon$，当 $0<|x-0|<\delta$ 时，有 $||x|-0|<\varepsilon$，即

$$\lim_{x\to 0}|x|=0.$$

*10. 证明：若 $x\to+\infty$ 及 $x\to-\infty$ 时，函数 $f(x)$ 的极限都存在且都等于 A，则 $\lim\limits_{x\to\infty}f(x)=A$.

【证】　对 $\forall \varepsilon>0$，因为 $\lim\limits_{x\to+\infty}f(x)=A$，$\exists X_1>0$，当 $x>X_1$ 时，$|f(x)-A|<\varepsilon$ 成立；又因为 $\lim\limits_{x\to-\infty}f(x)=A$，所以 $\exists X_2>0$，当 $x<-X_2$ 时，$|f(x)-A|<\varepsilon$ 成立. 取 $X=\max\{X_1, X_2\}$，当 $|x|>X$ 时，有 $|f(x)-A|<\varepsilon$ 成立，从而

$$\lim_{x\to\infty}f(x)=A.$$

*11. 根据极限定义证明：函数 $f(x)$ 当 $x\to x_0$ 时极限存在的充分必要条件是左极限、右极限各自存在并且相等.

【证】　必要性：

因为 $\lim\limits_{x\to x_0}f(x)=A$，所以对 $\forall \varepsilon>0$，$\exists \delta$，当 $0<|x-x_0|<\delta$ 时，$|f(x)-A|<\varepsilon$ 总成立.

特别地，当 $x_0<x<x_0+\delta$ 时，$|f(x)-A|<\varepsilon$ 成立，故 $\lim\limits_{x\to x_0^+}f(x)=A$.

当 $x_0-\delta<x<x_0$ 时，$|f(x)-A|<\varepsilon$ 成立，故 $\lim\limits_{x\to x_0^-}f(x)=A$.

充分性：

对 $\forall \varepsilon>0$，因为 $\lim\limits_{x\to x_0^+}f(x)=A$，$\exists \delta_1$，当 $x_0<x<x_0+\delta_1$ 时，有 $|f(x)-A|<\varepsilon$.

又因为 $\lim\limits_{x\to x_0^-}f(x)=A$，$\exists \delta_2$，当 $x_0-\delta_2<x<x_0$ 时，有 $|f(x)-A|<\varepsilon$.

取 $\delta=\min\{\delta_1, \delta_2\}$，当 $0<|x-x_0|<\delta$ 时，有 $|f(x)-A|<\varepsilon$，故

$$\lim_{x\to x_0}f(x)=A.$$

*12. 试给出 $x\to\infty$ 时函数极限的局部有界性定理，并加以证明.

【证】　如果 $\lim\limits_{x\to\infty}f(x)=A$，那么存在常数 $M>0$ 和 $X>0$，使得当 $|x|>X$ 时，$|f(x)|<M$.

因为 $\lim\limits_{x\to\infty}f(x)=A$，对 $\varepsilon=1$，$\exists X>0$，当 $|x|>X$ 时，$|f(x)-A|<1$，从而

$$|f(x)|<|A|+1,$$

取 $M=|A|+1$，则定理成立.

习题 1-4　无穷小与无穷大

1. 两个无穷小的商是否一定是无穷小？举例说明之.

【解】　不一定.

例如：$\alpha(x)=x$，$\beta(x)=2x$. 当 $x\to 0$ 时，$\alpha(x)$，$\beta(x)$ 均为无穷小，而

$$\lim_{x\to 0}\frac{\alpha(x)}{\beta(x)}=\lim_{x\to 0}\frac{x}{2x}=\lim_{x\to 0}\frac{1}{2}=\frac{1}{2}.$$

*2. 根据定义证明:

(1) $y=\dfrac{x^2-9}{x+3}$为当$x\to3$时的无穷小.

【证】 $\left|\dfrac{x^2-9}{x+3}-0\right|=|x-3|$.

对$\forall\varepsilon>0$, 取$\delta=\varepsilon$, 当$0<|x-3|<\delta$时, 有$\left|\dfrac{x^2-9}{x+3}-0\right|<\varepsilon$, 即

$$\lim_{x\to3}\frac{x^2-9}{x+3}=0.$$

(2) $y=x\sin\dfrac{1}{x}$为当$x\to0$时的无穷小.

【证】 $\left|x\sin\dfrac{1}{x}-0\right|=\left|x\sin\dfrac{1}{x}\right|\leqslant|x|$.

对$\forall\varepsilon>0$, 取$\delta=\varepsilon$, 当$0<|x-0|<\delta$时, 有$\left|x\sin\dfrac{1}{x}-0\right|<\varepsilon$, 即

$$\lim_{x\to0}x\sin\frac{1}{x}=0.$$

3. 根据定义证明: 函数$y=\dfrac{1+2x}{x}$为当$x\to0$时的无穷大. 问x应满足什么条件, 能使$|y|>10^4$?

【证】 $\left|\dfrac{1+2x}{x}\right|=\left|\dfrac{1}{x}+2\right|\geqslant\dfrac{1}{|x|}-2$.

对$\forall M>0$, 只要$\dfrac{1}{|x|}-2>M$, 即$|x|<\dfrac{1}{M+2}$. 取$\delta=\dfrac{1}{M+2}$, 当$0<|x-0|<\delta$时, 有

$$\left|\frac{1+2x}{x}\right|>M,$$

故当$x\to0$时, $\dfrac{1+2x}{x}$为无穷大量.

令$M=10^4$, $\delta=\dfrac{1}{10^4+2}$, 所以当$0<|x|<\dfrac{1}{10^4+2}$时, 有$\left|\dfrac{1+2x}{x}\right|>10^4$.

4. 求下列极限并说明理由:

(1) $\lim\limits_{x\to\infty}\dfrac{2x+1}{x}$; (2) $\lim\limits_{x\to0}\dfrac{1-x^2}{1-x}$.

【解】 (1) 因为$\dfrac{2x+1}{x}=2+\dfrac{1}{x}$, 当$x\to\infty$时, $\dfrac{1}{x}$为无穷小. 因此$\lim\limits_{x\to\infty}\dfrac{2x+1}{x}=2$;

(2) $\dfrac{1-x^2}{1-x}=1+x$. 当$x\to0$时, x为无穷小, 因此$\lim\limits_{x\to0}\dfrac{1-x^2}{1-x}=1$.

5. 根据函数极限或无穷大定义, 填写下表:

	$f(x)\to A$	$f(x)\to\infty$	$f(x)\to+\infty$	$f(x)\to-\infty$
$x\to x_0$	$\forall\varepsilon>0$, $\exists\delta>0$, 使当$0<\lvert x-x_0\rvert<\delta$时, 即有$\lvert f(x)-A\rvert<\varepsilon$			
$x\to x_0^+$				
$x\to x_0^-$				

表(续)

	$f(x)\to A$	$f(x)\to\infty$	$f(x)\to+\infty$	$f(x)\to-\infty$
$x\to\infty$		$\forall M>0$, $\exists X>0$, 使当 $\lvert x\rvert>X$ 时, 即有 $\lvert f(x)\rvert>M$		
$x\to+\infty$				
$x\to-\infty$				

【解】

	$f(x)\to A$	$f(x)\to\infty$	$f(x)\to+\infty$	$f(x)\to-\infty$
$x\to x_0$	$\forall\varepsilon>0,\exists\delta>0$,使当 $0<\lvert x-x_0\rvert<\delta$ 时,即有 $\lvert f(x)-A\rvert<\varepsilon$	$\forall M>0,\exists\delta>0$,使当 $0<\lvert x-x_0\rvert<\delta$ 时,即有 $\lvert f(x)\rvert>M$	$\forall M>0,\exists\delta>0$,使当 $0<\lvert x-x_0\rvert<\delta$ 时,即有 $f(x)>M$	$\forall M>0,\exists\delta>0$,使当 $0<\lvert x-x_0\rvert<\delta$ 时,即有 $f(x)<-M$
$x\to x_{0^+}$	$\forall\varepsilon>0,\exists\delta>0$,使当 $0<x-x_0<\delta$ 时,即有 $\lvert f(x)-A\rvert<\varepsilon$	$\forall M>0,\exists\delta>0$,使当 $0<x-x_0<\delta$ 时,即有 $\lvert f(x)\rvert>M$	$\forall M>0,\exists\delta>0$,使当 $0<x-x_0<\delta$ 时,即有 $f(x)>M$	$\forall M>0,\exists\delta>0$,使当 $0<x-x_0<\delta$ 时,即有 $f(x)<-M$
$x\to x_{0^-}$	$\forall\varepsilon>0,\exists\delta>0$,使当 $0>x-x_0>-\delta$ 时,即有 $\lvert f(x)-A\rvert<\varepsilon$	$\forall M>0,\exists\delta>0$,使当 $0>x-x_0>-\delta$ 时,即有 $\lvert f(x)\rvert>M$	$\forall M>0,\exists\delta>0$,使当 $0>x-x_0>-\delta$ 时,即有 $f(x)>M$	$\forall M>0,\exists\delta>0$,使当 $0>x-x_0>-\delta$ 时,即有 $\lvert f(x)\rvert<-M$
$x\to\infty$	$\forall\varepsilon>0,\exists X>0$,使当 $\lvert x\rvert>X$ 时,即有 $\lvert f(x)-A\rvert<\varepsilon$	$\forall M>0,\exists X>0$,使当 $\lvert x\rvert>X$ 时,即有 $\lvert f(x)\rvert>M$	$\forall M>0,\exists X>0$,使当 $\lvert x\rvert>X$ 时,即有 $f(x)>M$	$\forall M>0,\exists X>0$,使当 $\lvert x\rvert>X$ 时,即有 $f(x)<-M$
$x\to+\infty$	$\forall\varepsilon>0,\exists X>0$,使当 $x>X$ 时,即有 $\lvert f(x)-A\rvert<\varepsilon$	$\forall M>0,\exists X>0$,使当 $x>X$ 时,即有 $\lvert f(x)\rvert>M$	$\forall M>0,\exists X>0$,使当 $x>X$ 时,即有 $f(x)>M$	$\forall M>0,\exists X>0$,使当 $x>X$ 时,即有 $f(x)<-M$
$x\to-\infty$	$\forall\varepsilon>0,\exists X>0$,使当 $x<-X$ 时,即有 $\lvert f(x)-A\rvert<\varepsilon$	$\forall M>0,\exists X>0$,使当 $x<-X$ 时,即有 $\lvert f(x)\rvert>M$	$\forall M>0,\exists X>0$,使当 $x<-X$ 时,即有 $f(x)>M$	$\forall M>0,\exists X>0$,使当 $x<-X$ 时,即有 $f(x)<-M$

6. 函数 $y=x\cos x$ 在 $(-\infty, +\infty)$ 内是否有界? 这个函数是否为 $x\to+\infty$ 时的无穷大? 为什么?

【解】 对 $\forall M>0$, 在区间 $(0, 1]$ 内, 总能找到 $x=2k\pi$ $(k=0, \pm1, \pm2, \cdots)$, 得到

$$\lvert x\cos x\rvert=\lvert 2k\pi\cos 2k\pi\rvert=\lvert 2k\pi\rvert>M,$$

只需 $\lvert k\rvert>\dfrac{M}{2\pi}$ 即可, 所以无界.

另外，取 $x=2k\pi+\dfrac{\pi}{2}$ （$k=0$, ±1, ±2, $\cdots$），有 $y(x)=0$.

所以，当 $k\to\infty$ 时，$x\to\infty$，而 y 不是无穷大.

*7. 证明：函数 $y=\dfrac{1}{x}\sin\dfrac{1}{x}$ 在区间 $(0,1]$ 上无界，但这函数不是 $x\to0^+$ 时的无穷大.

【证】 对 $\forall M>0$, 在区间 $(0,1]$ 内，总能找到

$$x_n=\frac{1}{2n\pi+\dfrac{\pi}{2}}\quad(n=0,1,2,\cdots),$$

使得

$$y(x_n)=2n\pi+\frac{\pi}{2}>M,$$

只需 $n>\dfrac{M-\dfrac{\pi}{2}}{2\pi}$，所以 $y=\dfrac{1}{x}\sin\dfrac{1}{x}$ 无界.

另取 $x_n=\dfrac{1}{2n\pi}$ （$n=1$, 2, 3, $\cdots$），则 $y(x_n)=0$.

所以，当 $n\to+\infty$ 时，$x_n\to0^+$，y 不是无穷大.

8. 求函数 $f(x)=\dfrac{4}{2-x^2}$ 的图形的渐近线.

【解】 $y=0$ 是水平渐近线；$x=\sqrt{2}$ 和 $x=-\sqrt{2}$ 是铅直渐近线.

习题 1-5　极限运算法则

1. 计算下列极限：

(1) $\lim\limits_{x\to2}\dfrac{x^2+5}{x-3}$；　(2) $\lim\limits_{x\to\sqrt{3}}\dfrac{x^2-3}{x^2+1}$；　(3) $\lim\limits_{x\to1}\dfrac{x^2-2x+1}{x^2-1}$；

(4) $\lim\limits_{x\to0}\dfrac{4x^3-2x^2+x}{3x^2+2x}$；　(5) $\lim\limits_{h\to0}\dfrac{(x+h)^2-x^2}{h}$；　(6) $\lim\limits_{x\to\infty}\left(2-\dfrac{1}{x}+\dfrac{1}{x^2}\right)$；

(7) $\lim\limits_{x\to\infty}\dfrac{x^2-1}{2x^2-x-1}$；　(8) $\lim\limits_{x\to\infty}\dfrac{x^2+x}{x^4-3x^2+1}$；　(9) $\lim\limits_{x\to4}\dfrac{x^2-6x+8}{x^2-5x+4}$；

(10) $\lim\limits_{x\to\infty}\left(1+\dfrac{1}{x}\right)\left(2-\dfrac{1}{x^2}\right)$；　(11) $\lim\limits_{n\to\infty}\left(1+\dfrac{1}{2}+\dfrac{1}{4}+\cdots+\dfrac{1}{2^n}\right)$；　(12) $\lim\limits_{n\to\infty}\dfrac{1+2+3+\cdots+(n-1)}{n^2}$；

(13) $\lim\limits_{n\to\infty}\dfrac{(n+1)(n+2)(n+3)}{5n^3}$；　(14) $\lim\limits_{x\to1}\left(\dfrac{1}{1-x}-\dfrac{3}{1-x^3}\right)$.

【解】 (1) $\lim\limits_{x\to2}\dfrac{x^2+5}{x-3}=\dfrac{2^2+5}{2-3}=-9$；　(2) $\lim\limits_{x\to\sqrt{3}}\dfrac{x^2-3}{x^2+1}=\dfrac{3-3}{3+1}=0$；

(3) $\lim\limits_{x\to1}\dfrac{x^2-2x+1}{x^2-1}=\lim\limits_{x\to1}\dfrac{(x-1)^2}{(x-1)(x+1)}=\lim\limits_{x\to1}\dfrac{x-1}{x+1}=0$；

(4) $\lim\limits_{x\to0}\dfrac{4x^3-2x^2+x}{3x^2+2x}=\lim\limits_{x\to0}\dfrac{x(4x^2-2x+1)}{x(3x+2)}=\lim\limits_{x\to0}\dfrac{4x^2-2x+1}{3x+2}=\dfrac{1}{2}$；

(5) $\lim\limits_{h\to0}\dfrac{(x+h)^2-x^2}{h}=\lim\limits_{h\to0}\dfrac{2hx+h^2}{h}=2x$；　(6) $\lim\limits_{x\to\infty}\left(2-\dfrac{1}{x}+\dfrac{1}{x^2}\right)=2$；

(7) $\lim\limits_{x\to\infty}\dfrac{x^2-1}{2x^2-x-1}=\dfrac{1}{2}$；　(8) $\lim\limits_{x\to\infty}\dfrac{x^2+x}{x^4-3x^2+1}=0$；

(9) $\lim\limits_{x\to4}\dfrac{x^2-6x+8}{x^2-5x+4}=\lim\limits_{x\to4}\dfrac{(x-4)(x-2)}{(x-4)(x-1)}=\lim\limits_{x\to4}\dfrac{x-2}{x-1}=\dfrac{2}{3}$；

(10) $\lim\limits_{x\to\infty}\left(1+\dfrac{1}{x}\right)\left(2-\dfrac{1}{x^2}\right)=\lim\limits_{x\to\infty}\left(1+\dfrac{1}{x}\right)\cdot\lim\limits_{x\to\infty}\left(2-\dfrac{1}{x^2}\right)=1\times2=2$；

(11) $\lim\limits_{n\to\infty}\left(1+\dfrac{1}{2}+\dfrac{1}{4}+\cdots+\dfrac{1}{2^n}\right)=\lim\limits_{n\to\infty}\dfrac{1-2^{\frac{1}{n+1}}}{1-\dfrac{1}{2}}=2$；

(12) $\lim\limits_{n\to\infty}\dfrac{1+2+3+\cdots+(n-1)}{n^2}=\lim\limits_{n\to\infty}\dfrac{\dfrac{1}{2}n(n-1)}{n^2}=\dfrac{1}{2}$；

(13) $\lim\limits_{n\to\infty}\dfrac{(n+1)(n+2)(n+3)}{5n^3}=\lim\limits_{n\to\infty}\dfrac{1}{5}\left(1+\dfrac{1}{n}\right)\left(1+\dfrac{2}{n}\right)\left(1+\dfrac{3}{n}\right)=\dfrac{1}{5}$；

(14) $\lim\limits_{x\to1}\left(\dfrac{1}{1-x}-\dfrac{3}{1-x^3}\right)=\lim\limits_{x\to1}\dfrac{(x-1)(x+2)}{(1-x)(1+x+x^2)}=\lim\limits_{x\to1}\dfrac{-(x+2)}{1+x+x^2}=-1.$

2. 计算下列极限：

(1) $\lim\limits_{x\to2}\dfrac{x^3+2x^2}{(x-2)^2}$；　　(2) $\lim\limits_{x\to\infty}\dfrac{x^2}{2x+1}$；　　(3) $\lim\limits_{x\to\infty}(2x^3-x+1)$.

【解】 (1) 因为 $\lim\limits_{x\to2}\dfrac{(x-2)^2}{x^3+2x^2}=0$，所以 $\lim\limits_{x\to2}\dfrac{x^3+2x^2}{(x-2)^2}=\infty$；

(2) 因为 $\lim\limits_{x\to\infty}\dfrac{2x+1}{x^2}=\lim\limits_{x\to\infty}\left(\dfrac{2}{x}+\dfrac{1}{x^2}\right)=0$，所以 $\lim\limits_{x\to\infty}\dfrac{x^2}{2x+1}=\infty$；

(3) 因为 $\lim\limits_{x\to\infty}\dfrac{1}{2x^3-x+1}=0$，所以 $\lim\limits_{x\to\infty}(2x^3-x+1)=\infty$.

3. 计算下列极限：

(1) $\lim\limits_{x\to0}x^2\sin\dfrac{1}{x}$；　　(2) $\lim\limits_{x\to\infty}\dfrac{\arctan x}{x}$.

【解】 (1) 因为 $\lim\limits_{x\to0}x^2=0$，而 $\left|\sin\dfrac{1}{x}\right|\leqslant1$，所以 $\lim\limits_{x\to0}x^2\sin\dfrac{1}{x}=0$；

(2) 因为 $\lim\limits_{x\to\infty}\dfrac{1}{x}=0$，而 $|\arctan x|<\dfrac{\pi}{2}$，所以 $\lim\limits_{x\to\infty}\dfrac{\arctan x}{x}=0$.

4. 设 $\{a_n\}$，$\{b_n\}$，$\{c_n\}$ 均为非负数列，且 $\lim\limits_{n\to\infty}a_n=0$，$\lim\limits_{n\to\infty}b_n=1$，$\lim\limits_{n\to\infty}c_n=\infty$. 下列陈述中哪些是对的，哪些是错的？如果是对的，说明理由；如果是错的，试给出一个反例.

(1) $a_n<b_n$，$n\in\mathbf{N}_+$；　(2) $b_n<c_n$，$n\in\mathbf{N}_+$；　(3) $\lim\limits_{n\to\infty}a_nc_n$ 不存在；　(4) $\lim\limits_{n\to\infty}b_nc_n$ 不存在.

【解】 (1) 错. 例如 $a_n=\dfrac{1}{n}$，$b_n=\dfrac{n}{n+1}$，$n\in\mathbf{N}_+$，当 $n=1$ 时，$a_1=1>\dfrac{1}{2}=b_1$，故对任意 $n\in\mathbf{N}_+$，$a_n<b_n$ 不成立；

(2) 错. 例如 $b_n=\dfrac{n}{n+1}$，$c_n=(-1)^n n$，$n\in\mathbf{N}_+$. 当 n 为奇数时，$b_n<c_n$ 不成立；

(3) 错. 例如 $a_n=\dfrac{1}{n^2}$，$c_n=n$，$n\in\mathbf{N}_+$. $\lim\limits_{n\to\infty}a_nc_n=0$；

(4) 对. 若 $\lim\limits_{n\to\infty}b_nc_n$ 存在，则 $\lim\limits_{n\to\infty}c_n=\lim\limits_{n\to\infty}(b_nc_n)\cdot\lim\limits_{n\to\infty}\dfrac{1}{b_n}$ 也存在，与已知条件矛盾.

5. 下列陈述中，哪些是对的，哪些是错的？如果是对的，说明理由；如果是错的，试给出一个反例.

(1) 如果 $\lim\limits_{x\to x_0}f(x)$存在，但 $\lim\limits_{x\to x_0}g(x)$不存在，那么 $\lim\limits_{x\to x_0}[f(x)+g(x)]$不存在；

(2) 如果 $\lim\limits_{x\to x_0}f(x)$和 $\lim\limits_{x\to x_0}g(x)$都不存在，那么 $\lim\limits_{x\to x_0}[f(x)+g(x)]$不存在；

(3) 如果 $\lim\limits_{x\to x_0}f(x)$存在，但 $\lim\limits_{x\to x_0}g(x)$不存在，那么 $\lim\limits_{x\to x_0}[f(x)\cdot g(x)]$不存在；

(4) 如果$\lim\limits_{x\to x_0}f(x)$和$\lim\limits_{x\to x_0}g(x)$都不存在，那么$\lim\limits_{x\to x_0}[f(x)g(x)]$也不存在.

【解】 (1) 对. 因为若 $\lim\limits_{x\to x_0}[f(x)+g(x)]$存在，则 $\lim\limits_{x\to x_0}g(x)=\lim\limits_{x\to x_0}[f(x)+g(x)]-\lim\limits_{x\to x_0}f(x)$也存在，与已知条件矛盾；

(2) 错. 例如$f(x)=\operatorname{sgn}x$，$g(x)=-\operatorname{sgn}x$ 在 $x\to 0$ 时的极限都不存在，但$f(x)+g(x)\equiv 0$ 在 $x\to 0$ 时的极限存在；

(3) 错. 例如 $\lim\limits_{x\to 0}x=0$，$\lim\limits_{x\to 0}\sin\dfrac{1}{x}$不存在，但 $\lim\limits_{x\to 0}x\sin\dfrac{1}{x}=0$；

(4) 错 . 取$f(x)=g(x)=\operatorname{sgn}x$，当$x\to 0$ 时，两极限都不存在，但是$\lim\limits_{x\to 0}[f(x)g(x)]=1$.

6. 设有收敛数列$\{x_n\}$和$\{y_n\}$，若从某项起，有 $x_n\geqslant y_n(n\geqslant N,N\in\mathbf{N}_+)$，且$\lim\limits_{n\to\infty}x_n=A$，$\lim\limits_{n\to\infty}y_n=B$. 证明:$A\geqslant B$.

【证】 令 $z_n=x_n-y_n$，则当$n\geqslant N$时，$z_n\geqslant 0$，

$$\lim_{n\to\infty}z_n=\lim_{n\to\infty}(x_n-y_n)=\lim_{n\to\infty}x_n-\lim_{n\to\infty}y_n=A-B,$$

由第三节定理 3′推论有$\lim\limits_{n\to\infty}z_n\geqslant 0$，即 $A-B\geqslant 0$，$A\geqslant B$.

7. 证明本节定理 3 中的(2).

注 该结论为：如果 $\lim f(x)=A$，$\lim g(x)=B$，那么

$$\lim[f(x)\cdot g(x)]=\lim f(x)\cdot\lim g(x)=A\cdot B.$$

【证】 因为 $\lim f(x)=A$，$\lim g(x)=B$，由上节定理 1，有

$$f(x)=A+\alpha,\ g(x)=B+\beta,$$

其中 α，β 都是无穷小，于是

$$f(x)g(x)=(A+\alpha)(B+\beta)=AB+(A\beta+B\alpha+\alpha\beta),$$

由本节定理 2 推论 1 和推论 2，$A\beta$，$B\alpha$，$\alpha\beta$ 都是无穷小，再由本节定理 1，$(A\alpha+B\beta+\alpha\beta)$也是无穷小，由上节定理 1，得

$$\lim f(x)g(x)=AB=\lim f(x)\cdot\lim g(x).$$

习题 1-6 极限存在准则 两个重要极限

1. 计算下列极限：

(1) $\lim\limits_{x\to 0}\dfrac{\sin\omega x}{x}$； (2) $\lim\limits_{x\to 0}\dfrac{\tan 3x}{x}$； (3) $\lim\limits_{x\to 0}\dfrac{\sin 2x}{\sin 5x}$；

(4) $\lim\limits_{x\to 0}x\cot x$； (5) $\lim\limits_{x\to 0}\dfrac{1-\cos 2x}{x\sin x}$； (6) $\lim\limits_{n\to\infty}2^n\sin\dfrac{x}{2^n}$ (x 为不等于零的常数，$n\in\mathbf{N}_+$).

【解】 (1)$\lim\limits_{x\to 0}\dfrac{\sin\omega x}{x}=\lim\limits_{x\to 0}\dfrac{\sin\omega x}{\omega x}\cdot\omega=\omega$； (2)$\lim\limits_{x\to 0}\dfrac{\tan 3x}{x}=\lim\limits_{x\to 0}\dfrac{\sin 3x}{3x}\cdot\dfrac{3}{\cos 3x}=3$；

(3)$\lim\limits_{x\to 0}\dfrac{\sin 2x}{\sin 5x}=\lim\limits_{x\to 0}\dfrac{\sin 2x/2x}{\sin 5x/5x}\cdot\dfrac{2}{5}=\dfrac{2}{5}$； (4)$\lim\limits_{x\to 0}x\cot x=\lim\limits_{x\to 0}\dfrac{x}{\sin x}\cdot\cos x=1$；

(5)**【解法 1】** $\lim\limits_{x\to 0}\dfrac{1-\cos 2x}{x\sin x}=\lim\limits_{x\to 0}\dfrac{2\sin^2 x}{x\sin x}=\lim\limits_{x\to 0}\dfrac{2\sin x}{x}=2$；

【解法 2】 $\lim\limits_{x\to0}\dfrac{1-\cos2x}{x\sin x}=\lim\limits_{x\to0}\dfrac{\frac{1}{2}(2x)^2}{x^2}=2$;

(6) $\lim\limits_{n\to\infty}2^n\sin\dfrac{x}{2^n}=\lim\limits_{n\to\infty}\dfrac{\sin\frac{x}{2^n}}{\frac{x}{2^n}}\cdot x=x.$

2. 计算下列极限:

(1) $\lim\limits_{x\to0}(1-x)^{\frac{1}{x}}$;　　(2) $\lim\limits_{x\to0}(1+2x)^{\frac{1}{x}}$;

(3) $\lim\limits_{x\to\infty}\left(\dfrac{1+x}{x}\right)^{2x}$;　　(4) $\lim\limits_{x\to\infty}\left(1-\dfrac{1}{x}\right)^{kx}$ (k 为正整数).

【解】 (1) $\lim\limits_{x\to0}(1-x)^{\frac{1}{x}}=\lim\limits_{x\to0}[1+(-x)]^{\frac{1}{-x}\cdot(-1)}=e^{-1}=\dfrac{1}{e}$;

(2) $\lim\limits_{x\to0}(1+2x)^{\frac{1}{x}}=\lim\limits_{x\to0}(1+2x)^{\frac{1}{2x}\cdot2}=e^2$;

(3) $\lim\limits_{x\to\infty}\left(\dfrac{1+x}{x}\right)^{2x}=\lim\limits_{x\to\infty}\left[\left(1+\dfrac{1}{x}\right)^x\right]^2=e^2$;

(4) $\lim\limits_{x\to\infty}\left(1-\dfrac{1}{x}\right)^{kx}=\lim\limits_{x\to\infty}\left[\left(1+\dfrac{1}{-x}\right)^{-x}\right]^{-k}=e^{-k}$.

*3. 根据函数极限的定义, 证明极限存在的准则 Ⅰ′.

准则 Ⅰ′　如果

$$(1)\ g(x)\leqslant f(x)\leqslant h(x),\ x\in\mathring{U}(x_0, r);$$
$$(2)\ \lim_{x\to x_0}g(x)=A,\ \lim_{x\to x_0}h(x)=A.$$

那么 $\lim\limits_{x\to x_0}f(x)$ 存在, 且等于 A.

【证】 对两种情况分别讨论.

若 $\lim\limits_{x\to x_0}g(x)=\lim\limits_{x\to x_0}h(x)=A$.

对 $\forall\varepsilon>0$, $\exists\delta_1$, 当 $0<|x-x_0|<\delta_1$ 时, 有 $|g(x)-A|<\varepsilon$, 即

$$A-\varepsilon<g(x)<A+\varepsilon.$$

$\exists\delta_2$, 当 $0<|x-x_0|<\delta_2$ 时, 有 $|h(x)-A|<\varepsilon$, 即

$$A-\varepsilon<h(x)<A+\varepsilon.$$

由题设, 当 $0<|x-x_0|<\gamma$ 时, 有

$$g(x)\leqslant f(x)\leqslant h(x).$$

令 $\delta=\min\{\delta_1, \delta_2, \gamma\}$, 当 $0<|x-x_0|<\delta$ 时, 有 $A-\varepsilon<g(x)\leqslant f(x)\leqslant h(x)<A+\varepsilon$, 即

$$|f(x)-A|<\varepsilon,$$

所以
$$\lim_{x\to x_0}f(x)=A.$$

若 $\lim\limits_{x\to\infty}g(x)=\lim\limits_{x\to\infty}h(x)=A$.

对 $\forall\varepsilon>0$, $\exists X_1>0$, 当 $|x|>X_1$ 时, 有 $|g(x)-A|<\varepsilon$, 即

$$A-\varepsilon<g(x)<A+\varepsilon.$$

$\exists X_2>0$, 当 $|x|>X_2$ 时, 有 $|h(x)-A|<\varepsilon$, 即

$$A-\varepsilon<h(x)<A+\varepsilon.$$

由题设, 当 $|x|>M$ 时, 有

$$g(x)\leqslant f(x)\leqslant h(x).$$

令 $X=\max\{X_1, X_2, M\}$，当 $|x|>X$ 时，有 $A-\varepsilon<g(x)\leqslant f(x)\leqslant h(x)<A+\varepsilon$，即

$$|f(x)-A|<\varepsilon,$$

所以

$$\lim_{x\to\infty}f(x)=A.$$

4. 利用极限存在准则证明：

(1) $\lim\limits_{n\to\infty}\sqrt{1+\frac{1}{n}}=1.$

【证】 因为 $1<\sqrt{1+\frac{1}{n}}<1+\frac{1}{n}$，而且 $\lim\limits_{n\to\infty}\left(1+\frac{1}{n}\right)=1$，所以 $\lim\limits_{n\to\infty}\sqrt{1+\frac{1}{n}}=1.$

(2) $\lim\limits_{n\to\infty}n\left(\frac{1}{n^2+\pi}+\frac{1}{n^2+2\pi}+\cdots+\frac{1}{n^2+n\pi}\right)=1.$

【证】 因为 $\frac{1}{n^2+\pi}>\frac{1}{n^2+2\pi}>\cdots>\frac{1}{n^2+n\pi}$，所以

$$n\cdot\frac{n}{n^2+n\pi}<n\left(\frac{1}{n^2+\pi}+\frac{1}{n^2+2\pi}+\cdots+\frac{1}{n^2+n\pi}\right)<n\cdot\frac{n}{n^2+\pi},$$

而

$$\lim_{n\to\infty}n\cdot\frac{n}{n^2+n\pi}=\lim_{n\to\infty}\frac{1}{1+\frac{\pi}{n}}=1,\ \lim_{n\to\infty}n\cdot\frac{n}{n^2+\pi}=\lim_{n\to\infty}\frac{1}{1+\frac{\pi}{n^2}}=1,$$

所以

$$\lim_{n\to\infty}n\left(\frac{1}{n^2+\pi}+\frac{1}{n^2+2\pi}+\cdots+\frac{1}{n^2+n\pi}\right)=1$$

(3) $\lim\limits_{x\to 0}\sqrt[n]{1+x}=1.$

【证】 因为

$$1-|x|\leqslant\sqrt[n]{1+x}\leqslant 1+|x|,$$

而

$$\lim_{x\to 0}(1-|x|)=\lim_{x\to 0}(1+|x|)=1,$$

所以

$$\lim_{x\to 0}\sqrt[n]{1+x}=1.$$

(4) $\lim\limits_{x\to 0^+}x\left[\frac{1}{x}\right]=1.$

【证】 当 $x\in(0, 1)$ 时，有 $\frac{1}{x}-1\leqslant\left[\frac{1}{x}\right]\leqslant\frac{1}{x}$，而

$$\lim_{x\to 0^+}x\left(\frac{1}{x}-1\right)=1,\ \lim_{x\to 0^+}x\cdot\frac{1}{x}=1,$$

所以

$$\lim_{x\to 0^+}x\cdot\left[\frac{1}{x}\right]=1.$$

5. 设数列 $\{x_n\}$ 满足：$x_1=\sqrt{2}$，$x_{n+1}=\sqrt{2+x_n}$ $(n\in\mathbf{N}_+)$. 证明 $\lim\limits_{n\to\infty}x_n$ 存在，并求此极限.

【证】 先证数列 $\{x_n\}$ 有界：

$n=1$ 时，$x_1=\sqrt{2}<2$；假定 $n=k$ 时，$x_k<2$，当 $n=k+1$ 时，$x_{k+1}=\sqrt{2+x_k}<\sqrt{2+2}=2$，故

$$x_n<2\ (n\in\mathbf{N}_+).$$

再证数列 $\{x_n\}$ 单调增加：

因

$$x_{n+1}-x_n=\sqrt{2+x_n}-x_n=\frac{2+x_n-x_n^2}{\sqrt{2+x_n}+x_n}=\frac{(2-x_n)(x_n+1)}{\sqrt{2+x_n}+x_n},$$

由 $0<x_n<2$，得 $x_{n+1}-x_n>0$，即 $x_{n+1}>x_n$ $(n\in\mathbf{N}_+)$.

由单调有界准则，即知 $\lim\limits_{n\to\infty}x_n$ 存在.

记$\lim\limits_{n\to\infty}x_n=a$，由 $x_{n+1}=\sqrt{2+x_n}$，得 $x_{n+1}^2=2+x_n$.两端同时取极限得

$$a^2=2+a\Rightarrow a^2-a-2=0\Rightarrow a_1=2,\ a_2=-1(\text{舍去}).$$

即$\lim\limits_{n\to\infty}x_n=2$.

注 本题的求解过程分成两步，第一步是证明数列$\{x_n\}$单调有界，从而保证数列的极限存在；第二步是在递推公式两端同时取极限，得出一个含有极限值 a 的方程，再通过解方程求得极限值 a.注意：只有在证明数列极限存在的前提下，才能采用第二步的方法求得极限值.否则，直接利用第二步，有时会导出错误的结果.

6. 设数列$\{x_n\}$满足：$x_1\in(0,\pi)$，$x_{n+1}=\sin x_n\ (n\in\mathbf{N}_+)$.证明$\lim\limits_{x\to\infty}x_n$存在，并求此极限.

【证】 先用数学归纳法证明$\{x_n\}$单调减少且有下界.

由 $0<x_1<\pi$，得 $0<x_2=\sin x_1<x_1<\pi$.设 $0<x_n<\pi$，则 $0<x_{n+1}=\sin x_n<x_n<\pi$.所以$\{x_n\}$单调减少且有下界，故$\lim\limits_{n\to\infty}x_n$ 存在.

记 $a=\lim\limits_{n\to\infty}x_n$，由 $x_{n+1}=\sin x_n$ 两端取极限得 $a=\sin a$，所以 $a=0$，即$\lim\limits_{n\to\infty}x_n=0$.

习题 1-7 无穷小的比较

1. 当 $x\to0$ 时，$2x-x^2$ 与 x^2-x^3 相比，哪一个是高阶无穷小？

【解】 因为

$$\lim_{x\to0}\frac{2x-x^2}{x^2-x^3}=\lim_{x\to0}\frac{2-x}{x-x^2}=\infty,$$

所以 x^2-x^3 是高阶无穷小.

2. 当 $x\to0$ 时，$(1-\cos x)^2$ 与 $\sin^2x$ 相比，哪一个是高阶无穷小？

【解】 $\lim\limits_{x\to0}(1-\cos x)^2=0$，$\lim\limits_{x\to0}\sin^2x=0$. 又

$$\lim_{x\to0}=\frac{(1-\cos x)^2}{\sin^2x}=\lim_{x\to0}\frac{\left(\frac{1}{2}x^2\right)^2}{x^2}=0,$$

故当 $x\to0$ 时，$(1-\cos x)^2$ 是比 $\sin^2x$ 高阶的无穷小.

3. 当 $x\to1$ 时，无穷小 $1-x$ 和(1) $1-x^3$，(2) $\frac{1}{2}(1-x^2)$是否同阶？是否等价？

【解】 $\lim\limits_{x\to1}\frac{1-x^3}{1-x}=\lim\limits_{x\to1}(1+x+x^2)=3$，故 $1-x^3$ 与 $1-x$ 同阶，但不等价.

$\lim\limits_{x\to1}\frac{\frac{1}{2}(1-x^2)}{1-x}=\lim\limits_{x\to1}\frac{1}{2}(1+x)=1$，故$\frac{1}{2}(1-x^2)$与 $1-x$ 是等价无穷小.

4. 证明：当 $x\to0$ 时，有

(1) $\arctan x\sim x$.

【证】 (1) 令 $y=\arctan x$，则 $x=\tan y$. 当 $x\to0$ 时，$y\to0$，故$\lim\limits_{x\to0}\frac{x}{\arctan x}=\lim\limits_{y\to0}\frac{\tan y}{y}=1$，所以

$$\arctan x\sim x\ (x\to0).$$

(2) $\sec x-1\sim\frac{x^2}{2}$.

【证】 $\lim\limits_{x\to0}\frac{\sec x-1}{\frac{1}{2}x^2}=\lim\limits_{x\to0}\frac{1-\cos x}{\frac{1}{2}x^2\cdot\cos x}=\lim\limits_{x\to0}\frac{1}{\cos x}\cdot\frac{\frac{1}{2}x^2}{\frac{1}{2}x^2}=1$，所以

$$\sec x-1\sim\frac{1}{2}x^2\quad(x\to0).$$

5. 利用等价无穷小的性质，求下列极限：

(1) $\lim\limits_{x\to0}\dfrac{\tan3x}{2x}$.

【解】 当 $x\to0$ 时，$\tan3x\sim3x$，所以$\lim\limits_{x\to0}\dfrac{\tan3x}{2x}=\lim\limits_{x\to0}\dfrac{3x}{2x}=\dfrac{3}{2}$.

(2) $\lim\limits_{x\to0}\dfrac{\sin(x^n)}{(\sin x)^m}$ （n，m 为正整数）.

【解】 当 $x\to0$ 时，$\sin(x^n)\sim x^n$，$\sin x\sim x$，所以

$$\lim_{x\to0}\frac{\sin(x^n)}{(\sin x)^m}=\lim_{x\to0}\frac{x^n}{x^m}=\lim_{x\to0}x^{n-m}=\begin{cases}0, & n>m,\\ 1, & n=m,\\ \infty, & n<m.\end{cases}$$

(3) $\lim\limits_{x\to0}\dfrac{\tan x-\sin x}{\sin^3x}$.

【解】 当 $x\to0$ 时，$1-\cos x\sim\dfrac{1}{2}x^2$，$\sin x\sim x$，所以

$$\lim_{x\to0}\frac{\tan x-\sin x}{\sin^3x}=\lim_{x\to0}\frac{\sin x\left(\dfrac{1}{\cos x}-1\right)}{\sin^3x}=\lim_{x\to0}\frac{1-\cos x}{x^2\cos x}=\lim_{x\to0}\frac{\dfrac{1}{2}x^2}{x^2\cos x}=\frac{1}{2}.$$

(4) $\lim\limits_{x\to0}\dfrac{\sin x-\tan x}{(\sqrt[3]{1+x^2}-1)(\sqrt{1+\sin x}-1)}$.

【解】

$$\lim_{x\to0}\frac{\sin x-\tan x}{(\sqrt[3]{1+x^2}-1)(\sqrt{1+\sin x}-1)}=\lim_{x\to0}\frac{\tan x(\cos x-1)(\sqrt[3]{(1+x^2)^2}+\sqrt[3]{1+x^2}+1)(\sqrt{1+\sin x}+1)}{x^2\cdot\sin x}$$

$$=\lim_{x\to0}\frac{x\cdot\left(-\dfrac{1}{2}x^2\right)\cdot3\cdot2}{x^2\cdot x}=-3.$$

6. 证明无穷小的等价关系具有下列性质：

(1) $\alpha\sim\alpha$(自反性)；

(2) 若 $\alpha\sim\beta$，则 $\beta\sim\alpha$(对称性)；

(3) 若 $\alpha\sim\beta$，$\beta\sim\gamma$，则 $\alpha\sim\gamma$(传递性).

【证】 (1) 因为 $\lim\dfrac{\alpha}{\alpha}=1$，所以 $\alpha\sim\alpha$；

(2) 因为 $\lim\dfrac{\beta}{\alpha}=\lim\dfrac{1}{\dfrac{\alpha}{\beta}}=1$，所以 $\beta\sim\alpha$；

(3) 因为 $\lim\dfrac{\gamma}{\alpha}=\lim\dfrac{\beta}{\alpha}\cdot\dfrac{\gamma}{\beta}=1$，所以 $\gamma\sim\alpha$.

习题 1-8 函数的连续性与间断点

1. 设 $y=f(x)$ 的图形如图 1-12 所示，试指出 $f(x)$ 的全部间断点，并对可去间断点补充或修改函数值的定义，使它成为连续点.

【解】 $x=-1$, 0, 1, 2, 3 均为$f(x)$的间断点，除 $x=0$ 外它们均为$f(x)$的可去间断点. 补充定义 $f(-1)=f(2)=f(3)=0$，修改定义使$f(1)=2$，则它们均成为 $f(x)$ 的连续点.

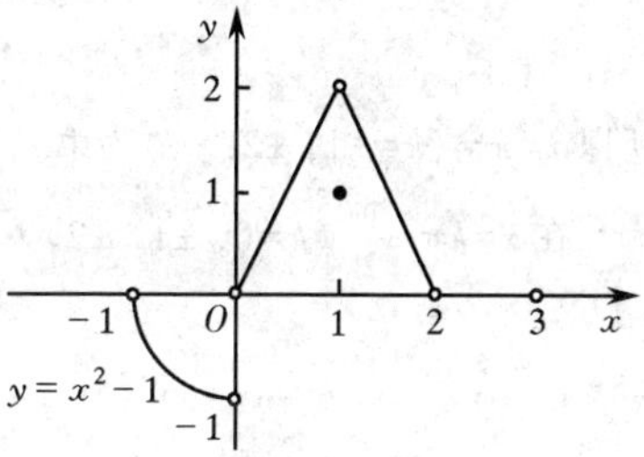

图 1-12

2. 研究下列函数的连续性，并画出函数的图形：

(1) $f(x)=\begin{cases} x^2, & 0\leqslant x\leqslant 1, \\ 2-x, & 1<x\leqslant 2. \end{cases}$

【解】 $f(x)$在$[0,1)$，$(1,2]$上是初等函数，显然连续.

在 $x=1$ 处，$f(1)=1$，且

$$\lim_{x\to 1^-}f(x)=\lim_{x\to 1^-}x^2=1,\ \lim_{x\to 1^+}f(x)=\lim_{x\to 1^+}(2-x)=1,$$

则$f(x)$在 $x=1$ 处也连续，从而$f(x)$在$[0,2]$上连续. 图形如图 1-13 所示.

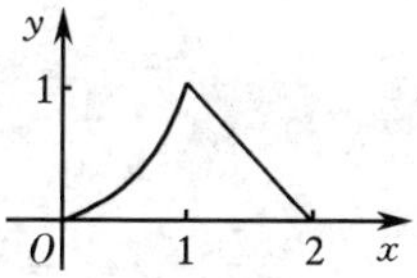

图 1-13

(2) $f(x)=\begin{cases} x, & -1\leqslant x\leqslant 1, \\ 1, & x<-1 \text{ 或 } x>1. \end{cases}$

【解】 $f(x)$在区间$(-\infty,-1)$，$(-1,1)$，$(1,+\infty)$内均连续.

在 $x=-1$ 处，$f(-1)=-1$，且

$$\lim_{x\to -1^-}f(x)=\lim_{x\to -1^-}1=1,\ \lim_{x\to -1^+}f(x)=\lim_{x\to -1^+}x=-1,$$

则$f(x)$在 $x=-1$ 处间断.

在 $x=1$ 处，$f(1)=1$，且

$$\lim_{x\to 1^-}f(x)=\lim_{x\to 1^-}x=1,\ \lim_{x\to 1^+}f(x)=\lim_{x\to 1^+}1=1,$$

则$f(x)$在 $x=1$ 处连续. 图形如图 1-14 所示.

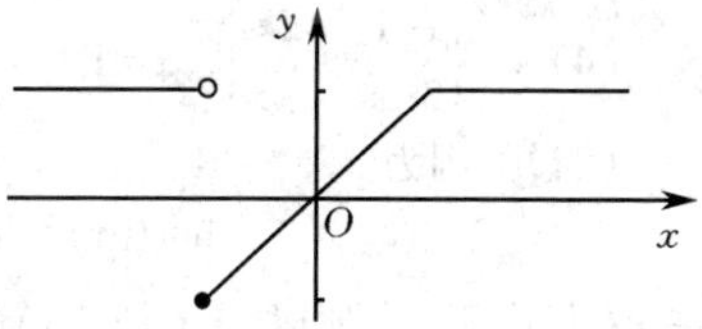

图 1-14

3. 下列函数在指出的点处间断，说明这些间断点属于哪一类. 如果是可去间断点，则补充或改变函数的定义使它连续：

(1) $y=\dfrac{x^2-1}{x^2-3x+2}$，$x=1$，$x=2$.

【解】 在 $x=1$ 处，因为

$$\lim_{x\to 1}\frac{x^2-1}{x^2-3x+2}=\lim_{x\to 1}\frac{(x-1)(x+1)}{(x-1)(x-2)}=\lim_{x\to 1}\frac{x+1}{x-2}=-2,$$

所以 $x=1$ 为第一类可去间断点，补充定义

$$f_1(x)=\begin{cases}\dfrac{x^2-1}{x^2-3x+2}, & x\neq 1,2, \\ -2, & x=1,\end{cases}$$

$f_1(x)$在 $x=1$ 处连续.

在 $x=2$ 处，因为

$$\lim_{x\to 2}\frac{x^2-1}{x^2-3x+2}=\infty,$$

所以 $x=2$ 为第二类间断点.

(2) $y=\dfrac{x}{\tan x}$，$x=k\pi$，$x=k\pi+\dfrac{\pi}{2}$ $(k=0,\pm1,\pm2,\cdots)$.

【解】 在 $x=0$ 处，因为

$$\lim_{x\to 0}\frac{x}{\tan x}=\lim_{x\to 0}\frac{x}{x}=1,$$

所以 $x=0$ 为第一类可去间断点，补充定义

$$f_1(x)=\begin{cases}\dfrac{x}{\tan x}, & x\neq k\pi,\ k\pi+\dfrac{\pi}{2}\ (k=0,\pm1,\pm2,\cdots), \\ 0, & x=0,\end{cases}$$

$f_1(x)$在 $x=0$ 处连续.

在 $x=k\pi$ $(k=\pm1,\pm2,\cdots)$，因为

$$\lim_{x\to k\pi}\frac{x}{\tan x}=\infty,$$

所以 $x=k\pi$ ($k=\pm1, \pm2, \cdots$)为第二类间断点.

在 $x=k\pi+\frac{\pi}{2}$ ($k=0, \pm1, \pm2, \cdots$), 因为

$$\lim_{x\to k\pi+\frac{\pi}{2}}\frac{x}{\tan x}=0,$$

所以 $x=k\pi+\frac{\pi}{2}$ ($k=0, \pm1, \pm2, \cdots$)为第一类可去间断点, 补充定义

$$f_2(x)=\begin{cases}\dfrac{x}{\tan x}, & x\neq k\pi,\ k\pi+\dfrac{\pi}{2},\\ 0, & x=k\pi+\dfrac{\pi}{2},\end{cases}$$

则 $f_2(x)$ 在 $x=k\pi+\frac{\pi}{2}$ ($k=0, \pm1, \pm2, \cdots$)处连续.

(3) $y=\cos^2\frac{1}{x}$, $x=0$.

【解】 因为 $\lim\limits_{x\to0}\cos^2\frac{1}{x}$ 不存在, 所以 $x=0$ 为函数的第二类间断点.

(4) $y=\begin{cases}x-1, & x\leqslant1,\\ 3-x, & x>1,\end{cases}$ $x=1$.

【解】 因为

$$\lim_{x\to1^-}f(x)=\lim_{x\to1^-}(x-1)=0,\ \lim_{x\to1^+}f(x)=\lim_{x\to1^+}(3-x)=2,$$

左、右极限不等, 所以 $x=1$ 是 $f(x)$ 的第一类间断点.

4. 讨论函数 $f(x)=\lim\limits_{n\to\infty}\frac{1-x^{2n}}{1+x^{2n}}x$ ($n\in\mathbf{N}_+$)的连续性, 若有间断点, 则判别其类型.

【解】 $f(x)=\lim\limits_{n\to\infty}\dfrac{1-x^{2n}}{1+x^{2n}}x=\begin{cases}-x, & |x|>1,\\ 0, & |x|=1,\\ x, & |x|<1.\end{cases}$

在 $x=-1$ 处, 因为

$$\lim_{x\to-1^-}f(x)=\lim_{x\to-1^-}(-x)=1,\ \lim_{x\to-1^+}f(x)=\lim_{x\to-1^+}x=-1,$$

左、右极限不等, 所以 $x=-1$ 为 $f(x)$ 的第一类间断点.

在 $x=1$ 处, 因为

$$\lim_{x\to1^-}f(x)=\lim_{x\to1^-}x=1,\ \lim_{x\to1^+}f(x)=\lim_{x\to1^+}(-x)=-1,$$

左、右极限不等, 所以 $x=1$ 为 $f(x)$ 的第一类间断点.

5. 下列陈述中, 哪些是对的, 哪些是错的? 如果是对的, 说明理由; 如果是错的, 试给出一个反例.

(1) 如果函数 $f(x)$ 在 a 连续, 那么 $|f(x)|$ 也在 a 连续;

(2) 如果函数 $|f(x)|$ 在 a 连续, 那么 $f(x)$ 也在 a 连续.

【解】 (1) 对. 因为

$$\big||f(x)|-|a|\big|\leqslant|f(x)-a|\to0\quad(x\to a),$$

所以 $|f(x)|$ 也在 a 连续;

(2) 错. 例如 $f(x)=\begin{cases}1, & x\geqslant0,\\ -1, & x<0,\end{cases}$

则 $|f(x)|$ 在 $a=0$ 处连续，而 $f(x)$ 在 $a=0$ 处不连续.

*6.证明：若函数 $f(x)$ 在点 x_0 连续且 $f(x_0)\neq 0$，则存在 x_0 的某一邻域 $U(x_0)$，当 $x\in U(x_0)$ 时，$f(x)\neq 0$.

【证】 若 $f(x_0)>0$，因为 $f(x)$ 在 x_0 连续，取 $\varepsilon=\frac{1}{2}f(x_0)>0$，$\exists\delta>0$，当 $x\in U(x_0,\delta)$ 时，有 $|f(x)-f(x_0)|<\frac{1}{2}f(x_0)$，即 $0<\frac{1}{2}f(x_0)<f(x)<\frac{3}{2}f(x_0)$；

若 $f(x_0)<0$，因为 $f(x)$ 在 x_0 连续，取 $\varepsilon=-\frac{1}{2}f(x_0)>0$，$\exists\delta>0$，当 $x\in U(x_0,\delta)$ 时，有 $|f(x)-f(x_0)|<-\frac{1}{2}f(x_0)$，即 $\frac{3}{2}f(x_0)<f(x)<\frac{1}{2}f(x_0)<0$.

因此，不论 $f(x_0)>0$ 或 $f(x_0)<0$，总存在 x_0 的某一邻域 $U(x_0)$，当 $x\in U(x_0)$ 时，$f(x)\neq 0$.

*7. 设

$$f(x)=\begin{cases}x, & x\in\mathbf{Q},\\ 0, & x\in\mathbf{R}\backslash\mathbf{Q},\end{cases}$$

证明：(1) $f(x)$ 在 $x=0$ 连续；

(2) $f(x)$ 在非零的 x 处都不连续.

【证】 (1) $\forall\varepsilon>0$，取 $\delta=\varepsilon$，则当 $|x-0|=|x|<\delta$ 时，

$$|f(x)-f(0)|=|f(x)|\leqslant|x|<\varepsilon,$$

故 $\lim\limits_{x\to0}f(x)=f(0)$，即 $f(x)$ 在 $x=0$ 连续.

(2) $\forall x_0\neq0$，$f(x)$ 在 x_0 不连续.

若 $x_0=r\neq0$，$r\in\mathbf{Q}$，则 $f(x_0)=f(r)=r$.

分别取一有理数列 $\{r_n\}$：$r_n\to r(n\to\infty)$，$r_n\neq r$；取一无理数列 $\{s_n\}$：$s_n\to r(n\to\infty)$，则

$$\lim_{n\to\infty}f(r_n)=\lim_{n\to\infty}r_n=r,\ \lim_{n\to\infty}f(s_n)=\lim_{n\to\infty}0=0,$$

而 $r\neq0$，由函数极限与数列极限的关系知 $\lim\limits_{x\to r}f(x)$ 不存在，故 $f(x)$ 在 r 处不连续.

若 $x_0=s$，$s\in\mathbf{R}\backslash\mathbf{Q}$. 同理可证：$f(x_0)=f(s)=0$，但 $\lim\limits_{x\to s}f(x)$ 不存在，故 $f(x)$ 在 s 处不连续.

8. 设 $f(x)$ 对任意实数 x,y，有 $f(x+y)=f(x)+f(y)$，且 $f(x)$ 在 $x=0$ 处连续，证明：$f(x)$ 在 $\mathbf{R}$ 上连续.

【证】 由 $f(x+y)=f(x)+f(y)$，有 $f(x)=f(x)+f(0)$，得 $f(0)=0$.

又 $f(x)$ 在 $x=0$ 处连续，故 $\lim\limits_{\Delta x\to0}f(\Delta x)=f(0)=0$.

对任意 $x_0\in\mathbf{R}$，由 $f(x_0+\Delta x)=f(x_0)+f(\Delta x)$，得 $\lim\limits_{\Delta x\to0}f(x_0+\Delta x)=\lim\limits_{\Delta x\to0}f(x_0)+\lim\limits_{\Delta x\to0}f(\Delta x)=f(x_0)+0=f(x_0)$，即 $f(x)$ 在 x_0 处连续，从而 $f(x)$ 在 $\mathbf{R}$ 上连续.

习题 1-9　连续函数的运算与初等函数的连续性

1. 求函数 $f(x)=\frac{x^3+3x^2-x-3}{x^2+x-6}$ 的连续区间，并求极限 $\lim\limits_{x\to0}f(x)$，$\lim\limits_{x\to-3}f(x)$ 及 $\lim\limits_{x\to2}f(x)$.

【解】 $f(x)$ 在 $x_1=-3$，$x_2=2$ 处无意义，所以这两个点为间断点，此外函数处处连续，连续区间为 $(-\infty,-3)$，$(-3,2)$，$(2,+\infty)$.

因为

$$f(x)=\frac{x^3+3x^2-x-3}{x^2+x-6}=\frac{(x^2-1)(x+3)}{(x+3)(x-2)}=\frac{x^2-1}{x-2},$$

所以

$$\lim_{x\to0}f(x)=\frac{1}{2},\ \lim_{x\to-3}f(x)=-\frac{8}{5},\ \lim_{x\to2}f(x)=\infty.$$

2. 设函数 $f(x)$ 与 $g(x)$ 在点 x_0 连续，证明函数

$$\varphi(x)=\max\{f(x),g(x)\},\ \psi(x)=\min\{f(x),g(x)\}$$

在点 x_0 也连续.

【证】 $\varphi(x)=\max\{f(x),g(x)\}=\frac{1}{2}[f(x)+g(x)+|f(x)-g(x)|]$,

$$\lim_{x\to x_0}f(x)=f(x_0),\ \lim_{x\to x_0}g(x)=f(x_0).$$

又

$$\varphi(x)=\frac{1}{2}[f(x)+g(x)+|f(x)-g(x)|],\ \psi(x)=\frac{1}{2}[f(x)+g(x)-|f(x)-g(x)|],$$

$$\lim_{x\to x_0}\varphi(x)=\frac{1}{2}[f(x_0)+g(x_0)+|f(x_0)-g(x_0)|]=\varphi(x_0),$$

$$\lim_{x\to x_0}\psi(x)=\frac{1}{2}[f(x_0)+g(x_0)-|f(x_0)-g(x_0)|]=\psi(x_0),$$

所以 $\varphi(x)$, $\psi(x)$ 在 $x=x_0$ 也连续.

3. 求下列极限:

(1) $\lim\limits_{x\to 0}\sqrt{x^2-2x+5}$.

【解】 $\lim\limits_{x\to 0}\sqrt{x^2-2x+5}=\sqrt{5}$.

(2) $\lim\limits_{\alpha\to\frac{\pi}{4}}(\sin 2\alpha)^3$.

【解】 $\lim\limits_{\alpha\to\frac{\pi}{4}}(\sin 2\alpha)^3=\left(\sin\frac{\pi}{2}\right)^3=1$.

(3) $\lim\limits_{x\to\frac{\pi}{6}}\ln(2\cos 2x)$.

【解】 $\lim\limits_{x\to\frac{\pi}{6}}\ln(2\cos 2x)=\ln\left(2\cos 2\times\frac{\pi}{6}\right)=0$.

(4) $\lim\limits_{x\to 0}\frac{\sqrt{x+1}-1}{x}$.

【解法 1】 $\lim\limits_{x\to 0}\frac{\sqrt{x+1}-1}{x}=\lim\limits_{x\to 0}\frac{x+1-1}{x(\sqrt{x+1}+1)}=\frac{1}{2}$.

【解法 2】 $\lim\limits_{x\to 0}\frac{\sqrt{x+1}-1}{x}=\lim\limits_{x\to 0}\frac{\frac{1}{2}x}{x}=\frac{1}{2}$.

(5) $\lim\limits_{x\to 1}\frac{\sqrt{5x-4}-\sqrt{x}}{x-1}$.

【解】 $\lim\limits_{x\to 1}\frac{\sqrt{5x-4}-\sqrt{x}}{x-1}=\lim\limits_{x\to 1}\frac{4(x-1)}{(x-1)(\sqrt{5x-4}+\sqrt{x})}=\lim\limits_{x\to 1}\frac{4}{\sqrt{5x-4}+\sqrt{x}}=2$.

(6) $\lim\limits_{x\to\alpha}\frac{\sin x-\sin\alpha}{x-\alpha}$.

【解】 $\lim\limits_{x\to\alpha}\frac{\sin x-\sin\alpha}{x-\alpha}=\lim\limits_{x\to\alpha}\frac{2\sin\frac{x-\alpha}{2}\cos\frac{x+\alpha}{2}}{x-\alpha}=\lim\limits_{x\to\alpha}\cos\frac{x+\alpha}{2}=\cos\alpha$.

(7) $\lim\limits_{x\to+\infty}(\sqrt{x^2+x}-\sqrt{x^2-x})$.

【解】 $\lim\limits_{x\to+\infty}(\sqrt{x^2+x}-\sqrt{x^2-x})=\lim\limits_{x\to+\infty}\frac{2x}{\sqrt{x^2+x}+\sqrt{x^2-x}}=\lim\limits_{x\to+\infty}\frac{2}{\sqrt{1+\frac{1}{x}}+\sqrt{1-\frac{1}{x}}}=1$.

(8) $\lim\limits_{x\to0}\dfrac{\left(1-\dfrac{1}{2}x^2\right)^{\frac{2}{3}}-1}{x\ln(1+x)}$.

【解】 原式$=\lim\limits_{x\to0}\dfrac{\dfrac{2}{3}\left(-\dfrac{1}{2}x^2\right)}{x^2}=-\dfrac{1}{3}$.

4. 求下列极限：

(1) $\lim\limits_{x\to\infty}e^{\frac{1}{x}}$.

【解】 $\lim\limits_{x\to\infty}e^{\frac{1}{x}}=e^{\lim\limits_{x\to\infty}\frac{1}{x}}=e^0=1$.

(2) $\lim\limits_{x\to0}\ln\dfrac{\sin x}{x}$.

【解】 $\lim\limits_{x\to0}\ln\dfrac{\sin x}{x}=\ln\left(\lim\limits_{x\to0}\dfrac{\sin x}{x}\right)=\ln1=0$.

(3) $\lim\limits_{x\to\infty}\left(1+\dfrac{1}{x}\right)^{\frac{x}{2}}$.

【解】 $\lim\limits_{x\to\infty}\left(1+\dfrac{1}{x}\right)^{\frac{x}{2}}=\left[\lim\limits_{x\to\infty}\left(1+\dfrac{1}{x}\right)^x\right]^{\frac{1}{2}}=e^{\frac{1}{2}}=\sqrt{e}$.

(4) $\lim\limits_{x\to0}(1+3\tan^2x)^{\cot^2x}$.

【解法 1】 $\lim\limits_{x\to0}(1+3\tan^2x)^{\cot^2x}=\lim\limits_{x\to0}(1+3\tan^2x)^{\frac{1}{\tan^2x}}=\left[\lim\limits_{x\to0}(1+3\tan^2x)^{\frac{1}{3\tan^2x}}\right]^3=e^3$;

【解法 2】 $\lim\limits_{x\to0}(1+3\tan^2x)^{\cot^2x}=\lim\limits_{x\to0}(1+3\tan^2x)^{\frac{1}{\tan^2x}}=\lim\limits_{x\to0}(1+3x^2)^{\frac{1}{x^2}}=e^3$.

注 请读者证明此种替换的正确性.

(5) $\lim\limits_{x\to\infty}\left(\dfrac{3+x}{6+x}\right)^{\frac{x-1}{2}}$.

【解】 $\lim\limits_{x\to\infty}\left(\dfrac{3+x}{6+x}\right)^{\frac{x-1}{2}}=\lim\limits_{x\to\infty}\left(1+\dfrac{-3}{6+x}\right)^{\frac{x-1}{2}}=\lim\limits_{x\to\infty}\left(1+\dfrac{-3}{6+x}\right)^{\frac{x+6}{2}}\cdot\left(1+\dfrac{-3}{6+x}\right)^{-\frac{7}{2}}$

$=\left[\lim\limits_{x\to\infty}\left(1+\dfrac{-3}{6+x}\right)^{\frac{x+6}{-3}}\right]^{-\frac{3}{2}}\cdot\lim\limits_{x\to\infty}\left(1+\dfrac{-3}{6+x}\right)^{-\frac{7}{2}}=e^{-\frac{3}{2}}$.

(6) $\lim\limits_{x\to0}\dfrac{\sqrt{1+\tan x}-\sqrt{1+\sin x}}{x\sqrt{1+\sin^2x}-x}$.

【解】

$$\lim\limits_{x\to0}\frac{\sqrt{1+\tan x}-\sqrt{1+\sin x}}{x\sqrt{1+\sin^2x}-x}=\lim\limits_{x\to0}\frac{(\tan x-\sin x)(\sqrt{1+\sin^2x}+1)}{x\cdot\sin^2x(\sqrt{1+\tan x}+\sqrt{1+\sin x})}=\lim\limits_{x\to0}\frac{\tan x(1-\cos x)}{x\cdot x^2}=\lim\limits_{x\to0}\frac{x\cdot\frac{1}{2}x^2}{x^3}=\frac{1}{2}.$$

(7) $\lim\limits_{x\to e}\dfrac{\ln x-1}{x-e}$.

【解】 令 $s=x-e$，则

$$\text{原式}=\lim\limits_{s\to0}\frac{\ln(e+s)-\ln e}{s}=\lim\limits_{s\to0}\frac{\ln\left(1+\frac{s}{e}\right)}{s}=\lim\limits_{s\to0}\frac{\frac{s}{e}}{s}=\frac{1}{e}.$$

(8) $\lim\limits_{x\to0}\dfrac{e^{3x}-e^{2x}-e^x+1}{\sqrt[3]{(1-x)(1+x)}-1}$.

【解】 原式 $=\lim\limits_{x\to0}\dfrac{(e^{2x}-1)(e^x-1)}{(1-x^2)^{\frac{1}{3}}-1}=\lim\limits_{x\to0}\dfrac{2x\cdot x}{-\dfrac{1}{3}x^2}=-6$.

(9) $\lim\limits_{x\to\infty}x(e^{\frac{1}{2x}}-1)$.

【解】 原式 $=\lim\limits_{x\to\infty}\dfrac{e^{\frac{1}{2x}}-1}{\dfrac{1}{x}}=\lim\limits_{x\to\infty}\dfrac{\dfrac{1}{2x}}{\dfrac{1}{x}}=\dfrac{1}{2}$.

(10) $\lim\limits_{x\to1}\dfrac{x^2-1}{x-1}e^{\frac{1}{x-1}}$.

【解】 $\lim\limits_{x\to1^+}\dfrac{x^2-1}{x-1}e^{\frac{1}{x-1}}=\lim\limits_{x\to1^+}(x+1)e^{\frac{1}{x-1}}=+\infty$，而 $\lim\limits_{x\to0^-}\dfrac{x^2-1}{x-1}e^{\frac{1}{x-1}}=\lim\limits_{x\to1^-}(x+1)e^{\frac{1}{x-1}}=0$，故原极限不存在.

5. 设 $f(x)$ 在 $\mathbf{R}$ 上连续，且 $f(x)\neq0$，$\varphi(x)$ 在 $\mathbf{R}$ 上有定义，且有间断点，则下列陈述中，哪些是对的，哪些是错的？如果是对的，说明理由；如果是错的，试给出一个反例.

(1) $\varphi[f(x)]$ 必有间断点；　　(2) $[\varphi(x)]^2$ 必有间断点；

(3) $f[\varphi(x)]$ 未必有间断点；　　(4) $\dfrac{\varphi(x)}{f(x)}$ 必有间断点.

【解】 (1) 错. 可取 $\varphi(x)=\operatorname{sgn}x$, $f(x)=e^x$，则 $\varphi[f(x)]\equiv1$ 在 $\mathbf{R}$ 上处处连续；

(2) 错. 例如取 $\varphi(x)=\begin{cases}1, & x\in\mathbf{Q},\\ -1, & x\in\mathbf{Q}^C,\end{cases}$ 而 $[\varphi(x)]^2\equiv1$ 在 $\mathbf{R}$ 上处处连续；

(3) 对. 取 $\varphi(x)$ 同(2)，$f(x)=|x|+1$，则 $f[\varphi(x)]\equiv2$ 在 $\mathbf{R}$ 上处处连续；

(4) 对. 因为 $F(x)=\dfrac{\varphi(x)}{f(x)}$ 在 $\mathbf{R}$ 上处处连续，则 $\varphi(x)=F(x)\cdot f(x)$ 也在 $\mathbf{R}$ 上处处连续. 矛盾.

6. 设函数
$$f(x)=\begin{cases}e^x, & x<0,\\ a+x, & x\geqslant0.\end{cases}$$
应当怎样选择数 a，使得 $f(x)$ 成为在 $(-\infty,+\infty)$ 内的连续函数.

【解】 在 $x=0$ 处，$f(0)=a$，且
$$\lim_{x\to0^-}f(x)=\lim_{x\to0^-}e^x=1,\ \lim_{x\to0^+}f(x)=\lim_{x\to0^+}(a+x)=a,$$
所以，当 $a=1$ 时，$f(x)$ 在 $x=0$ 处连续，从而保证在 $(-\infty,+\infty)$ 内连续.

习题 1-10　闭区间上连续函数的性质

1. 假设函数 $f(x)$ 在闭区间 $[0,1]$ 上连续，并且对 $[0,1]$ 上任一点 x，有 $0\leqslant f(x)\leqslant1$. 试证明 $[0,1]$ 中必有一点 c，使 $f(c)=c$　(c 称为函数 $f(x)$ 的不动点).

【证】 设 $F(x)=f(x)-x$，则 $F(0)=f(0)\geqslant0$，$F(1)=f(1)-1\leqslant0$. 由零点定理，可知当 $F(0)>0$，且 $F(1)<0$ 时，有 $c\in(0,1)$ 使 $F(c)=0$，即 $f(c)=c$. 若 $F(0)=0$ 或 $F(1)=0$，则 $x=0$ 或 $x=c$ 就是不动点.

2. 证明方程 $x^5-3x=1$ 至少有一个根介于 1 和 2 之间.

【证】 设 $f(x)=x^5-3x-1$. $f(1)=-3$，$f(2)=25$，且 $f(x)$ 在 $[1,2]$ 上连续，由零点定理，$\exists\xi\in(1,2)$，使得 $f(\xi)=0$，即方程 $x^5-3x=1$ 至少有一个根介于 1 和 2 之间.

3. 证明方程 $x=a\sin x+b$，其中 $a>0$，$b>0$，至少有一个正根，并且它不超过 $a+b$.

【证】 令 $f(x)=x-a\sin x-b$，则 $f(0)=-b<0$，$f(a+b)=a[1-\sin(a+b)]\geqslant 0$. 若 $f(a+b)=0$，则 $x=a+b$ 就是原方程的根；否则，$f(a+b)>0$. 由介值定理，有 $\xi\in(0, a+b)$，使 $f(\xi)=0$. 因此原方程有一个根介于 0 与 $a+b$ 之间.

任取 $\varepsilon_0>0$，都有 $f(a+b+\varepsilon_0)=a[1-\sin(a+b+\varepsilon_0)]+\varepsilon_0>0$，这说明当 $x>a+b$ 后，$f(x)$ 无零点，原方程的根不超过 $a+b$.

4. 证明任一最高次幂的指数为奇数的代数方程

$$a_0x^{2n+1}+a_1x^{2n}+\cdots+a_{2n}x+a_{2n+1}=0$$

至少有一实根，其中 a_0，a_1，…，a_{2n+1} 均为常数，$n\in\mathbf{N}$.

【证】 令 $f(x)=a_0x^{2n+1}+a_1x^{2n}+\cdots+a_{2n+1}x+a_{2n+1}$，其中 $a_0\neq 0$，不妨设 $a_0>0$，则必存在充分大的正数 x_1，使 $f(x_1)>0$，而 $f(-x_1)<0$，又 $f(x)$ 是连续函数，故由零点定理知必存在一点 $c\in(-x_1, x_1)$，使 $f(c)=0$，即方程 $f(x)=0$ 至少有一个实根.

5. 证明方程 $x^3+2x^2-4x-1=0$ 有三个实根.

【证】 设 $f(x)=x^3+2x^2-4x-1$，$f(x)$ 在 $(-\infty, +\infty)$ 内连续，根据零点定理，只需在 $f(x)$ 的连续区间 $(-\infty, +\infty)$ 内找出三个子区间，并使 $f(x)$ 在每个子区间的两端异号. 为此，取 -4，-1，0，2 这四个点，计算 $f(-4)=-17<0$，$f(-1)=4>0$，$f(0)=-1<0$，$f(2)=7>0$，得 $f(-4)\cdot f(-1)<0$，$f(-1)\cdot f(0)<0$，$f(0)\cdot f(2)<0$，由零点定理知，在 $(-4, -1)$，$(-1, 0)$，$(0, 2)$ 内各有 $f(x)$ 的一个零点，即方程 $f(x)=0$ 有三个实根.

6. 若 $f(x)$ 在 $[a, b]$ 上连续，$a<x_1<x_2<\cdots<x_n<b(n\geqslant 3)$，则在 (x_1, x_n) 内至少有一点 ξ，使

$$f(\xi)=\frac{f(x_1)+f(x_2)+\cdots+f(x_n)}{n}.$$

【证】 因为 $f(x)$ 在 $[a, b]$ 上连续，$[x_1, x_n]\subset[a, b]$，所以 $f(x)$ 在 $[x_1, x_n]$ 上连续. 设

$$M=\max_{x_1\leqslant x\leqslant x_n} f(x),\ m=\min_{x_1\leqslant x\leqslant x_n} f(x),$$

则

$$m\leqslant f(x_i)\leqslant M\quad(i=1, 2, \cdots, n),$$

从而

$$nm\leqslant\sum_{i=1}^{n} f(x_i)\leqslant nM,\ m\leqslant\frac{1}{n}\sum_{i=1}^{n} f(x_i)\leqslant M,$$

由介值定理，$\exists\xi\in(x_1, x_n)$，使得

$$f(\xi)=\frac{1}{n}\sum_{i=1}^{n} f(x_i).$$

*7. 设函数 $f(x)$ 对于闭区间 $[a, b]$ 上的任意两点 x，y，恒有 $|f(x)-f(y)|\leqslant L|x-y|$，其中 L 为正常数，且 $f(a)\cdot f(b)<0$. 证明：至少有一点 $\xi\in(a, b)$，使得 $f(\xi)=0$.

【证】 设 x_0 是 $[a, b]$ 上任意一点，$x\in(a, b)$，则

$$|f(x)-f(x_0)|\leqslant L|x-x_0|.$$

对 $\forall\varepsilon>0$，取 $\delta=\frac{\varepsilon}{L}$，当 $|x-x_0|<\delta$ 时，有

$$|f(x)-f(x_0)|<L\cdot\frac{\varepsilon}{L}=\varepsilon,$$

所以 $f(x)$ 在 x_0 处连续，从而 $f(x)$ 在 $[a, b]$ 内连续.

又 $f(a)\cdot f(b)<0$，由零点定理，至少存在一点 $\xi\in(a, b)$，使得 $f(\xi)=0$.

*8. 证明：若 $f(x)$ 在 $(-\infty, +\infty)$ 内连续，且 $\lim\limits_{x\to\infty}f(x)$ 存在，则 $f(x)$ 必在 $(-\infty, +\infty)$ 内有界.

【证】 设 $\lim\limits_{x\to\infty}f(x)=A$，则对 $\varepsilon=1$，$\exists X$，当 $|x|>X$ 时，有 $|f(x)-A|<1$，而

$$|f(x)|=|f(x)-A+A|\leqslant|f(x)-A|+|A|<1+|A|.$$

因为 $f(x)$ 在 $(-\infty, +\infty)$ 内连续，则在闭区间 $[-X, X]$ 上，$f(x)$ 也连续. 从而存在 M_1，当 $|x|\leqslant$

X 时，有 $|f(x)|<M_1$.

取 $M=\max\{|A|+1, M_1\}$，当 $x\in(-\infty,+\infty)$ 时，有

$$|f(x)|<M.$$

*9. 在什么条件下，(a, b) 内的连续函数 $f(x)$ 为一致连续？

【解】 如果 $\lim\limits_{x\to a^+}f(x)$，$\lim\limits_{x\to b^-}f(x)$ 都存在，那么 $f(x)$ 在 (a, b) 内一致连续. 因为补充定义

$$f(a)=\lim_{x\to a^+}f(x), f(b)=\lim_{x\to b^-}f(x),$$

所以 $f(x)$ 在 $[a, b]$ 上连续. 由一致连续性定理，$f(x)$ 在 $[a, b]$ 上一致连续，从而 $f(x)$ 在 (a, b) 内一致连续.

总习题一

1. 在“充分”、“必要”和“充分必要”三者中选择一个正确的填入下列空格内：

(1) 数列 $\{x_n\}$ 有界是数列 $\{x_n\}$ 收敛的______条件. 数列 $\{x_n\}$ 收敛是数列 $\{x_n\}$ 有界的______条件.

【解】 应填必要；充分.因为由数列收敛的性质可知，收敛数列一定有界. 但有界数列不一定收敛. 例如，$x_n=(-1)^n$ 有界，但数列 $\{(-1)^n\}$ 发散.

(2) $f(x)$ 在 x_0 的某一去心邻域内有界是 $\lim\limits_{x\to x_0}f(x)$ 存在的______条件. $\lim\limits_{x\to x_0}f(x)$ 存在是 $f(x)$ 在 x_0 的某一去心邻域内有界的______条件.

【解】 应填必要；充分.因为由函数极限的局部有界性可知，若 $\lim\limits_{x\to x_0}f(x)$ 存在，则 $f(x)$ 在某一去心邻域内有界；但若 $f(x)$ 在某一去心邻域内有界，则 $\lim\limits_{x\to x_0}f(x)$ 不一定存在.

(3) $f(x)$ 在 x_0 的某一去心邻域内无界是 $\lim\limits_{x\to x_0}f(x)=\infty$ 的______条件. $\lim\limits_{x\to x_0}f(x)=\infty$ 是 $f(x)$ 在 x_0 的某一去心邻域内无界的______条件.

【解】 应填必要；充分.由无穷大的定义知，若 $\lim\limits_{x\to x_0}f(x)=\infty$，则 $f(x)$ 在 x_0 的某一去心邻域内，有 $|f(x)|>M$（M 为任意给定的数），所以 $f(x)$ 无界. 但反过来不一定成立. 例如，$f(x)=\dfrac{1}{x}\sin\dfrac{1}{x}$ 在 $x=0$ 处无界，但极限不存在.

(4) $f(x)$ 当 $x\to x_0$ 时的右极限 $f(x_0^+)$ 及左极限 $f(x_0^-)$ 都存在且相等是 $\lim\limits_{x\to x_0}f(x)$ 存在的______条件.

【解】 应填充分必要.

2. 已知函数 $f(x)=\begin{cases}(\cos x)^{-x^2}, & 0<|x|<\dfrac{\pi}{2},\\ a, & x=0\end{cases}$ 在 $x=0$ 处连续，则 $a=$________.

【解】 $a=f(0)=\lim\limits_{x\to 0}f(x)=\lim\limits_{x\to 0}(\cos x)^{-x^2}=1$.

3. 以下两题中给出了四个结论，从中选出一个正确的结论：

(1) 设 $f(x)=2^x+3^x-2$，则当 $x\to 0$ 时，有(　　).

A. $f(x)$ 与 x 是等价无穷小　　B. $f(x)$ 与 x 同阶但非等价无穷小

C. $f(x)$ 是比 x 高阶的无穷小　　D. $f(x)$ 是比 x 低阶的无穷小

【解】 应选择 B. 因为

$$\lim_{x\to 0}\frac{f(x)}{x}=\lim_{x\to 0}\frac{2^x+3^x-2}{x}=\lim_{x\to 0}\left(\frac{2^x-1}{x}+\frac{3^x-1}{x}\right)=\ln2+\ln3=\ln6.$$

(2) 设

$$f(x)=\frac{e^{\frac{1}{x}}-1}{e^{\frac{1}{x}}+1},$$

则 $x=0$ 是 $f(x)$ 的(　　).

A. 可去间断点　　B. 跳跃间断点　　C. 第二类间断点　　D. 连续点

【解】 $f(0^-)=\lim\limits_{x\to0^-}f(x)=-1$, $f(0^+)=\lim\limits_{x\to0^+}f(x)=1$. 因为 $f(0^+)$, $f(0^-)$ 均存在, 但 $f(0^+)\neq f(0^-)$, 所以 $x=0$ 是 $f(x)$ 的跳跃间断点.故选 B.

4. 设 $f(x)$ 的定义域是 $[0, 1]$, 求下列函数的定义域:

(1) $f(e^x)$;　　(2) $f(\ln x)$;　　(3) $f(\arctan x)$;　　(4) $f(\cos x)$.

【解】 (1) $0\leqslant e^x\leqslant1\Rightarrow x\leqslant0$, 函数的定义域为 $(-\infty, 0)$;

(2) $0\leqslant\ln x\leqslant1\Rightarrow1\leqslant x\leqslant e$, 函数的定义域为 $[1, e]$;

(3) $0\leqslant\arctan x\leqslant1\Rightarrow0\leqslant x\leqslant\tan1$, 函数的定义域为 $[0, \tan1]$;

(4) $0\leqslant\cos x\leqslant1\Rightarrow2k\pi-\dfrac{\pi}{2}\leqslant x\leqslant2k\pi+\dfrac{\pi}{2}$ $(k\in\mathbf{Z})$, 函数的定义域为

$$\left[2k\pi-\frac{\pi}{2}, 2k\pi+\frac{\pi}{2}\right], k\in\mathbf{Z}.$$

5. 设
$$f(x)=\begin{cases}0, & x\leqslant0,\\ x, & x>0,\end{cases}\quad g(x)=\begin{cases}0, & x\leqslant0,\\ -x^2, & x>0,\end{cases}$$
求 $f[f(x)]$, $g[g(x)]$, $f[g(x)]$, $g[f(x)]$.

【解】 $f[f(x)]=f(x)=\begin{cases}0, & x\leqslant0,\\ x, & x>0;\end{cases}$ $g[g(x)]=0$;

$f[g(x)]=0$; $g[f(x)]=g(x)=\begin{cases}0, & x\leqslant0,\\ -x^2, & x>0.\end{cases}$

6. 利用 $y=\sin x$ 的图形作出下列函数的图形:

(1) $y=|\sin x|$;　　(2) $y=\sin|x|$;　　(3) $y=2\sin\dfrac{x}{2}$.

【解】 (1) $y=|\sin x|$ 的图形是将 $\sin x<0$ 的部分作关于 $y=0$ 的对称图形, 而其余部分不变得到的, 如图 1-15 所示;

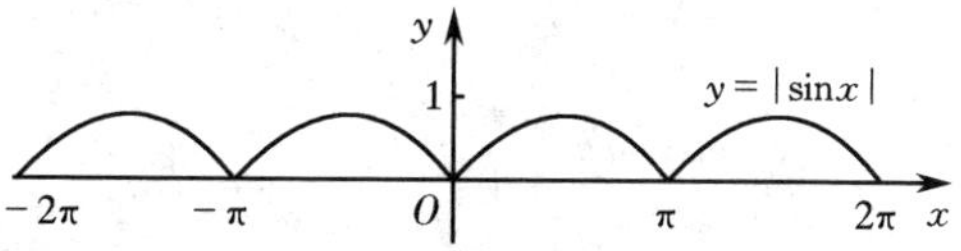

图 1-15

(2) $y=\sin|x|$ 的图形关于 y 轴对称, 即 $-x$ 与 x 有相同的 y 值. 如图 1-16 所示;

(3) $y=2\sin\dfrac{x}{2}$ 的图形是把 $y=\sin x$ 的图形振幅变为 2, 周期变为 4π. 如图 1-17 所示.

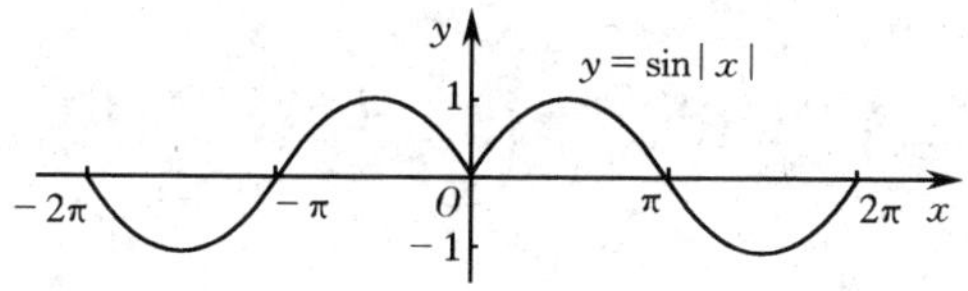

图 1-16

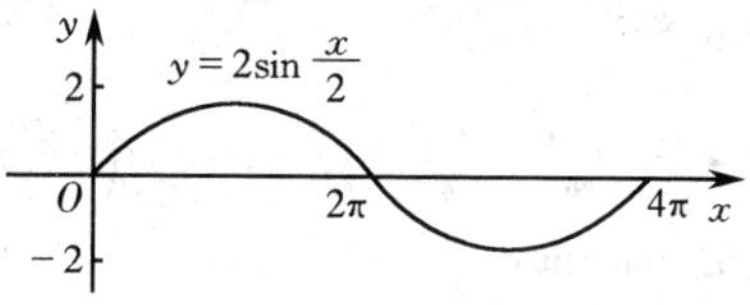

图 1-17

7. 把半径为 R 的一圆形铁皮, 自中心处剪去中心角为 α 的一扇形后围成一无底圆锥. 试建立这圆锥的体积 V 与角 α 间的函数关系.

【解】 设圆锥的半径为 r, 高为 h, 则

$$2\pi r=2\pi R-\alpha R,\ r=R-\frac{\alpha}{2\pi}R.$$

圆锥体积为

$$V=\frac{1}{3}\pi r^2\cdot h=\frac{1}{3}\pi R^2\left(1-\frac{\alpha}{2\pi}\right)^2\cdot\sqrt{R^2-r^2}=\frac{R^3}{24\pi^2}(2\pi-\alpha)^2\cdot\sqrt{4\pi^2\alpha-\alpha^2}\quad(0<\alpha<2\pi).$$

*8. 根据函数极限的定义证明$\lim\limits_{x\to3}\frac{x^2-x-6}{x-3}=5$.

【证】 $\left|\frac{x^2-x-6}{x-3}-5\right|=|x-3|$.

对$\forall\varepsilon>0$，取$\delta=\varepsilon$，当$0<|x-3|<\delta$时，有$\left|\frac{x^2-x-6}{x-3}-5\right|<\varepsilon$，所以

$$\lim_{x\to3}\frac{x^2-x-6}{x-3}=5.$$

9. 求下列极限：

(1) $\lim\limits_{x\to1}\frac{x^2-x+1}{(x-1)^2}$.

【解】 $\lim\limits_{x\to1}\frac{x^2-x+1}{(x-1)^2}=\infty$.

(2) $\lim\limits_{x\to+\infty}x(\sqrt{x^2+1}-x)$.

【解】 $\lim\limits_{x\to+\infty}x(\sqrt{x^2+1}-x)=\lim\limits_{x\to+\infty}\frac{x}{\sqrt{x^2+1}+x}=\lim\limits_{x\to+\infty}\frac{1}{\sqrt{1+\frac{1}{x^2}}+1}=\frac{1}{2}$.

(3) $\lim\limits_{x\to\infty}\left(\frac{2x+3}{2x+1}\right)^{x+1}$.

【解】 $\lim\limits_{x\to\infty}\left(\frac{2x+3}{2x+1}\right)^{x+1}=\lim\limits_{x\to\infty}\left(1+\frac{2}{2x+1}\right)^{x+1}=\lim\limits_{x\to\infty}\left(1+\frac{1}{x+\frac{1}{2}}\right)^{x+\frac{1}{2}}\cdot\left(1+\frac{1}{x+\frac{1}{2}}\right)^{\frac{1}{2}}=\mathrm{e}\cdot1=\mathrm{e}$.

(4) $\lim\limits_{x\to0}\frac{\tan x-\sin x}{x^3}$.

【解】 $\lim\limits_{x\to0}\frac{\tan x-\sin x}{x^3}=\lim\limits_{x\to0}\frac{\tan x(1-\cos x)}{x^3}=\lim\limits_{x\to0}\frac{x\cdot\frac{1}{2}x^2}{x^3}=\frac{1}{2}$.

(5) $\lim\limits_{x\to0}\left(\frac{a^x+b^x+c^x}{3}\right)^{\frac{1}{x}}$ $(a>0,\ a\neq1;\ b>0,\ b\neq1;\ c>0,\ c\neq1)$.

【解】 $\lim\limits_{x\to0}\left(\frac{a^x+b^x+c^x}{3}\right)^{\frac{1}{x}}=\exp\lim\limits_{x\to0}\left(\frac{a^x+b^x+c^x}{3}-1\right)\cdot\frac{1}{x}=\frac{1}{3}\exp\lim\limits_{x\to0}\left(\frac{a^x-1}{x}+\frac{b^x-1}{x}+\frac{c^x-1}{x}\right)=\sqrt[3]{abc}$.

(6) $\lim\limits_{x\to\frac{\pi}{2}}(\sin x)^{\tan x}$.

【解】

$$\lim_{x\to\frac{\pi}{2}}(\sin x)^{\tan x}=\lim_{x\to\frac{\pi}{2}}[1+(\sin x-1)]^{\tan x}=\lim_{x\to\frac{\pi}{2}}\left\{[1+(\sin x-1)]^{\frac{1}{\sin x-1}}\right\}^{\tan x(\sin x-1)}$$

$$=\mathrm{e}^{\lim\limits_{x\to\frac{\pi}{2}}\tan x(\sin x-1)}\xlongequal{x=\frac{\pi}{2}-t}\mathrm{e}^{\lim\limits_{t\to0}\tan\left(\frac{\pi}{2}-t\right)\left[\sin\left(\frac{\pi}{2}-t\right)-1\right]}=\mathrm{e}^{\lim\limits_{t\to0}\frac{\cos t-1}{\tan t}}=\mathrm{e}^{\lim\limits_{t\to0}\frac{-\frac{1}{2}t^2}{t}}=\mathrm{e}^0=1.$$

(7) $\lim\limits_{x\to a}\frac{\ln x-\ln a}{x-a}$ $(a>0)$.

【解】 令$x-a=t$，则

$$原式=\lim_{t\to0}\frac{\ln\left(1+\frac{t}{a}\right)}{t}=\lim_{t\to0}\frac{\frac{t}{a}}{t}=\frac{1}{a}.$$

(8) $\lim\limits_{x\to0}\dfrac{x\tan x}{\sqrt{1-x^2}-1}$.

【解】 原式$=\lim\limits_{x\to0}\dfrac{x\cdot x}{-\frac{1}{2}x^2}=-2$.

10. 设
$$f(x)=\begin{cases}x\sin\dfrac{1}{x}, & x>0,\\ a+x^2, & x\leqslant0,\end{cases}$$
要使 $f(x)$ 在 $(-\infty,+\infty)$ 内连续，应当怎样选择数 a？

【解】 $f(x)$ 在 $(-\infty,+\infty)$ 内连续，则在 $x=0$ 处 $f(x)$ 连续. 因为
$$f(0)=a,\ \lim_{x\to0^-}f(x)=\lim_{x\to0^-}(a+x^2)=a,\ \lim_{x\to0^+}f(x)=\lim_{x\to0^+}x\sin\frac{1}{x}=0,$$
所以
$$a=0.$$

11. 设 $f(x)=\lim\limits_{n\to\infty}\dfrac{1+x}{1+x^{2n}}$，求 $f(x)$ 的间断点，并说明间断点所属类型.

【解】 $f(x)=\lim\limits_{n\to\infty}\dfrac{1+x}{1+x^{2n}}=\begin{cases}1+x, & 当|x|<1时,\\ 0, & 当x=-1或|x|>1时,\\ 1, & 当x=1时.\end{cases}$

显然 $x=\pm1$ 是分段点，由于 $f((-1)^-)=f((-1)^+)=f(-1)=0$，所以 $x=-1$ 是连续点；而 $f(1^-)=2$，$f(1^+)=0$，于是 $x=1$ 是 $f(x)$ 的第一类间断点，且为跳跃间断点.

12. 证明
$$\lim_{n\to\infty}\left(\frac{1}{\sqrt{n^2+1}}+\frac{1}{\sqrt{n^2+2}}+\cdots+\frac{1}{\sqrt{n^2+n}}\right)=1.$$

【证】 因为
$$\frac{1}{\sqrt{n^2+n}}\leqslant\frac{1}{\sqrt{n^2+i}}\leqslant\frac{1}{\sqrt{n^2+1}}\quad(i=1,2,\cdots,n),\qquad \frac{n}{\sqrt{n^2+n}}\leqslant\sum_{i=1}^{n}\frac{1}{\sqrt{n^2+i}}\leqslant\frac{n}{\sqrt{n^2+1}},$$
而
$$\lim_{n\to\infty}\frac{n}{\sqrt{n^2+n}}=1,\ \lim_{n\to\infty}\frac{n}{\sqrt{n^2+1}}=1,$$
所以
$$\lim_{n\to\infty}\left(\frac{1}{\sqrt{n^2+1}}+\frac{1}{\sqrt{n^2+2}}+\cdots+\frac{1}{\sqrt{n^2+n}}\right)=1.$$

13. 证明方程 $\sin x+x+1=0$ 在开区间 $\left(-\dfrac{\pi}{2},\dfrac{\pi}{2}\right)$ 内至少有一个根.

【证】 设 $f(x)=\sin x+x+1$.

显然，$f(x)$ 在 $\left[-\dfrac{\pi}{2},\dfrac{\pi}{2}\right]$ 上连续. $f\left(-\dfrac{\pi}{2}\right)=-\dfrac{\pi}{2}<0$，$f\left(\dfrac{\pi}{2}\right)=2+\dfrac{\pi}{2}>0$，由零点定理，存在 $\xi\in\left(-\dfrac{\pi}{2},\dfrac{\pi}{2}\right)$，使得 $f(\xi)=0$，则 ξ 就是方程 $\sin x+x+1=0$ 的根.

14. 如果存在直线 L：$y=kx+b$，使得当 $x\to\infty$（或 $x\to+\infty$，$x\to-\infty$）时，曲线 $y=f(x)$ 上的动点 $M(x,y)$ 到直线 L 的距离 $d(M,L)\to0$，则称 L 为曲线 $y=f(x)$ 的渐近线. 当直线 L 的斜率 $k\neq0$ 时，称 L 为斜渐近线.

(1) 证明：直线 L：$y=kx+b$ 为曲线 $y=f(x)$ 的渐近线的充分必要条件是

$$k=\lim_{\substack{x\to\infty\\ \left(\substack{x\to+\infty\\ x\to-\infty}\right)}}\frac{f(x)}{x},\ b=\lim_{\substack{x\to\infty\\ \left(\substack{x\to+\infty\\ x\to-\infty}\right)}}[f(x)-kx];$$

(2) 求曲线 $y=(2x-1)\mathrm{e}^{\frac{1}{x}}$ 的斜渐近线.

(3) 求曲线 $y=x\ln\left(\mathrm{e}+\dfrac{1}{x}\right)$ 的渐近线.

【证】 (1) 必要性:

已知 $y=kx+b$ 是曲线 $y=f(x)$ 的渐近线. 设 $(x,f(x))$ 是曲线上任一点, 到直线 L 的距离为

$$d=\frac{|kx-f(x)+b|}{\sqrt{1+k^2}},$$

则有 $\lim\limits_{x\to\infty}d=0$, 故 $\lim\limits_{x\to\infty}[kx-f(x)+b]=0$, 从而

$$b=\lim_{x\to\infty}[f(x)-kx],\lim_{x\to\infty}\left[\frac{f(x)}{x}-k\right]=0,$$

则
$$k=\lim_{x\to\infty}\frac{f(x)}{x}.$$

充分性:

由 $\lim\limits_{x\to\infty}[f(x)-kx]=b$ 知 $\lim\limits_{x\to\infty}[f(x)-kx-b]=0$, 则

$$\lim_{x\to\infty}d=\lim_{x\to\infty}\frac{|kx-f(x)+b|}{\sqrt{1+k^2}}=0,$$

故 $y=kx+b$ 是 $y=f(x)$ 的渐近线;

(2)因为
$$\lim_{x\to\infty}\frac{f(x)}{x}=\lim_{x\to\infty}\frac{(2x-1)\mathrm{e}^{\frac{1}{x}}}{x}=2=k,$$

$$\lim_{x\to\infty}[(2x-1)\mathrm{e}^{\frac{1}{x}}-2x]=\lim_{x\to\infty}[2x(\mathrm{e}^{\frac{1}{x}}-1)-\mathrm{e}^{\frac{1}{x}}]=\lim_{x\to\infty}\left(2x\cdot\frac{1}{x}-1\right)=1,$$

故斜渐近线为 $y=2x+1$.

(3)因为 $\lim\limits_{x\to\left(-\frac{1}{\mathrm{e}}\right)^+}x\ln\left(\mathrm{e}+\dfrac{1}{x}\right)=+\infty$, 故曲线有铅直渐近线 $x=-\dfrac{1}{\mathrm{e}}$.

又因为 $x\to\infty$ 时, $y=x\ln\left(\mathrm{e}+\dfrac{1}{x}\right)\to\infty$, 所以曲线没有水平渐近线.

又
$$k=\lim_{x\to\infty}\frac{y}{x}=\lim_{x\to\infty}\frac{x\ln\left(\mathrm{e}+\frac{1}{x}\right)}{x}=1,$$

$$b=\lim_{x\to\infty}(y-kx)=\lim_{x\to\infty}\left[x\ln\left(\mathrm{e}+\frac{1}{x}\right)-x\right]=\lim_{x\to\infty}\frac{\ln\left(1+\frac{1}{\mathrm{e}x}\right)}{\frac{1}{x}}=\frac{1}{\mathrm{e}},$$

所以, 曲线有斜渐近线 $y=x+\dfrac{1}{\mathrm{e}}$.

第二章　导数与微分

一、主要内容

（一）主要定义

1. 设$f(x)$在x_0的某邻域内有定义，则$f(x)$在x_0处的导数定义为

$$f'(x_0)=\lim_{\Delta x\to 0}\frac{f(x_0+\Delta x)-f(x_0)}{\Delta x}.$$

令$x=x_0+\Delta x$，则

$$f'(x_0)=\lim_{x\to x_0}\frac{f(x)-f(x_0)}{x-x_0}.$$

2. 设$f(x)$在x_0点的左邻域内有定义，则$f(x)$在x_0处的左导数$f_-'(x_0)$定义为

$$f_-'(x_0)=\lim_{\Delta x\to -0}\frac{f(x_0+\Delta x)-f(x_0)}{\Delta x}.$$

类似地可以定义右导数$f_+'(x_0)$.

3. 若$f(x)$在x_0的某邻域内有定义，且$\Delta y=A\Delta x+o(\Delta x)$成立，其中$A$是不依赖于$\Delta x$的常数，则称$f(x)$在$x_0$处可微分，称$A\Delta x$为$f(x)$在$x_0$处的微分，记作$\mathrm{d}y$.

注　可以证明　$A=f'(x_0)$，即$\mathrm{d}y=f'(x_0)\Delta x$.

4. $y=f(x)$，当$f'(x)$连续时，称$f(x)$连续可导或连续可微.

（二）主要结论

1. $f(x)$在x_0处可导的充要条件是$f_-'(x_0)$与$f_+'(x_0)$存在且相等.

2. $f(x)$在x_0处可微的充要条件是$f(x)$在该点可导.

3. 当所给函数可导时，有：

（1）$(u+v)'=u'+v'$.　（2）$(Cu)'=Cu'$.

（3）$(uv)'=u'v+uv'$.　（4）$\left(\dfrac{u}{v}\right)'=\dfrac{u'v-uv'}{v^2}$.

（5）$y=f(u)$，$u=\varphi(x)$，则　$\dfrac{\mathrm{d}y}{\mathrm{d}x}=f'(u)\varphi'(x)$.

（6）$y=f(x)$，$x=\varphi(y)$，则　$f'(x)=\dfrac{1}{\varphi'(y)}$　$[\varphi'(y)\neq 0]$.

（7）$(uv)^{(n)}=\sum\limits_{k=0}^{n}\mathrm{C}_n^k u^{(n-k)}v^{(k)}$　（莱布尼茨公式）.

4. 基本求导公式.

（1）$(C)'=0$.　（2）$(x^{\mu})'=\mu x^{\mu-1}$.　（3）$(\sin x)'=\cos x$.

（4）$(\cos x)'=-\sin x$.　（5）$(\tan x)'=\sec^2 x$.　（6）$(\cot x)'=-\csc^2 x$.

（7）$(\sec x)'=\sec x\tan x$.　（8）$(\csc x)'=-\csc x\cot x$.

（9）$(a^x)'=a^x\ln a$　$(a>0)$，特别地，$(\mathrm{e}^x)'=\mathrm{e}^x$.

（10）$(\ln|x|)'=\dfrac{1}{x}$.　（11）$(\log_a x)'=\dfrac{1}{x\ln a}$　$(a>0,\ a\neq 1)$.

(12) $(\arcsin x)'=\dfrac{1}{\sqrt{1-x^2}}$.　　(13) $(\arccos x)'=-\dfrac{1}{\sqrt{1-x^2}}$.

(14) $(\arctan x)'=\dfrac{1}{1+x^2}$.　　(15) $(\text{arccot}\,x)'=-\dfrac{1}{1+x^2}$.

(16) $\begin{cases}x=\varphi(t),\\ y=\psi(t),\end{cases}\dfrac{dy}{dx}=\dfrac{\psi'(t)}{\varphi'(t)},\ \dfrac{d^2y}{dx^2}=\dfrac{d}{dt}\left(\dfrac{\psi'(t)}{\varphi'(t)}\right)\cdot\dfrac{1}{\varphi'(t)}$.

(三) 结论补充

1. $y=f(u)$, $u=\varphi(x)$, 则

$$dy=f'(u)\varphi'(x)dx=f'(u)du.$$

此性质称为微分形式不变性.

2. 利用$f(x)\approx f(0)+f'(0)x$, 当$|x|$较小时, 有以下近似公式:

(1) $\sqrt[n]{1+x}\approx 1+\dfrac{1}{n}x$.　　(2) $\sin x\approx x$.

(3) $\tan x\approx x$.　　(4) $e^x\approx 1+x$.

(5) $\ln(1+x)\approx x$.

3. 可导的偶函数的导函数是奇函数; 可导的奇函数的导函数是偶函数.

4. $y=\varphi(x)^{\psi(x)}$, $\varphi(x)>0$, $\varphi'(x)$, $\psi'(x)$存在, 则

$$\frac{dy}{dx}=\varphi(x)^{\psi(x)}\left[\psi'(x)\ln\varphi(x)+\frac{\psi(x)\varphi'(x)}{\varphi(x)}\right].$$

5. $f'(x)-f(x)=e^x[e^{-x}f(x)]'$.

6. 若$f(x)$在$[x_0, x_0+\delta]$上连续, 在$(x_0, x_0+\delta)$内可导, 且

$$\lim_{x\to x_0+0}f'(x)=A$$

存在, 则

$$f_+'(x_0)=A.$$

7. 导函数介值定理[达布(Darboux)定理]　$f(x)$在$[a, b]$上可导, μ为介于$f_+'(a)$和$f_-'(b)$之间的任一值, 则$\exists\xi\in(a, b)$, 使$f'(\xi)=\mu$.

8. 设$f(x)$可导, 且$F(x)=|f(x)|$, 则

(1) 当$f(x_0)\neq 0$时, $F(x)$在x_0处可导, 且

$$F'(x_0)=\frac{f(x_0)}{|f(x_0)|}\cdot f'(x_0).$$

(2) 当$f(x_0)=0$时, $F(x)$在x_0处可导的充分必要条件是$f'(x_0)=0$.

9. 若$f(x)$在x_0处连续, 则$|f(x)|$在x_0处也连续.

10. $f(x)$在$x=0$处连续, 且$\lim\limits_{x\to 0}\dfrac{f(x)}{x}=A$存在, 则$f'(0)=A$.

二、典型例题

(一) 求导运算

1. 按定义求导

【例 2-1】　设$f'(x_0)$存在, $\lim\limits_{h\to 0}\dfrac{f(x_0)-f(x_0+2h)}{6h}=3$, 求$f'(x_0)$.

【解】 $\lim\limits_{h\to 0}\dfrac{f(x_0)-f(x_0+2h)}{6h}=-\dfrac{1}{3}\lim\limits_{h\to 0}\dfrac{f(x_0+2h)-f(x_0)}{2h}=-\dfrac{1}{3}f'(x_0)$.

令 $-\dfrac{1}{3}f'(x_0)=3$，得 $f'(x_0)=-9$.

【例 2-2】 $f(x)=(x-a)\varphi(x)$，$\varphi(x)$ 在 $x=a$ 处连续，求 $f'(a)$.

【解】 $f'(a)=\lim\limits_{x\to a}\dfrac{f(x)-f(a)}{x-a}=\lim\limits_{x\to a}\dfrac{(x-a)\varphi(x)-0}{x-a}=\lim\limits_{x\to a}\varphi(x)=\varphi(a)$.

注 此题不能使用乘积的求导公式，因为 $\varphi'(a)$ 的存在性得不到保证.

【例 2-3】 $f(x)=x(x-1)(x-2)\cdots(x-2004)$，求 $f'(0)$.

【解】 $f'(0)=\lim\limits_{x\to 0}\dfrac{f(x)-f(0)}{x-0}=\lim\limits_{x\to 0}\dfrac{x(x-1)(x-2)\cdots(x-2004)}{x}$

$=\lim\limits_{x\to 0}(x-1)(x-2)\cdots(x-2004)=(-1)(-2)\cdots(-2004)=2004!$.

【例 2-4】 设

$$f(x)=\begin{cases} e^{\sin 5x}-1, & x\neq 0, \\ 0, & x=0, \end{cases}$$

求 $f'(0)$.

【解】 $f'(0)=\lim\limits_{x\to 0}\dfrac{f(x)-f(0)}{x-0}=\lim\limits_{x\to 0}\dfrac{e^{\sin 5x}-1}{x}=\lim\limits_{x\to 0}\dfrac{\sin 5x}{x}=5$.

【例 2-5】 设 $f'(t)$ 存在，$a\neq 0$，求

$$\lim_{x\to 0}\frac{1}{x}\left[f\left(t+\frac{x}{a}\right)-f\left(t-\frac{x}{a}\right)\right].$$

【解】

$$原式=\lim_{x\to 0}\left[\frac{1}{a}\cdot\frac{f\left(t+\dfrac{x}{a}\right)-f(t)}{\dfrac{x}{a}}+\frac{1}{a}\cdot\frac{f\left(t-\dfrac{x}{a}\right)-f(t)}{-\dfrac{x}{a}}\right]=\frac{1}{a}f'(t)+\frac{1}{a}f'(t)=\frac{2}{a}f'(t).$$

2. 复合函数求导数

【例 2-6】 $y=x^{a^a}+a^{x^a}+a^{a^x}(a>0)$，求 y'.

【解】 $y_1=x^{a^a}$ 是幂函数；$y_2=a^{x^a}$ 是复合形式的指数函数；$y=a^{a^x}$ 也是复合形式的指数函数，但复合过程不同.

$y'=a^a x^{a^a-1}+(a^{x^a}\ln a)(x^a)'+(a^{a^x}\ln a)(a^x)'=a^a x^{a^a-1}+(a^{x^a}\ln a)(ax^{a-1})+(a^{a^x}\ln a)(a^x\ln a)$

$=a^a x^{a^a-1}+ax^{a-1}a^{x^a}\ln a+a^x a^{a^x}\ln^2 a$.

【例 2-7】 $y=\sqrt{x+\sqrt{x+\sqrt{x}}}$，求 y'.

【解】 $y'=\dfrac{1}{2\sqrt{x+\sqrt{x+\sqrt{x}}}}\cdot\left(x+\sqrt{x+\sqrt{x}}\right)'$

$=\dfrac{1}{2\sqrt{x+\sqrt{x+\sqrt{x}}}}\cdot\left[1+\dfrac{1}{2\sqrt{x+\sqrt{x}}}\cdot\left(1+\dfrac{1}{2\sqrt{x}}\right)\right]=\dfrac{1+2\sqrt{x}+4\sqrt{x}\cdot\sqrt{x+\sqrt{x}}}{8\sqrt{x}\cdot\sqrt{x+\sqrt{x}}\cdot\sqrt{x+\sqrt{x+\sqrt{x}}}}$.

【例 2-8】 $y=(\arccos x)^2\left[\ln^2(\arccos x)-\ln(\arccos x)+\dfrac{1}{2}\right]$ $(|x|<1)$，求 $\dfrac{dy}{dx}$.

【解】 引入中间变量 $u=\arccos x$，则

$y=u^2\left(\ln^2 u-\ln u+\dfrac{1}{2}\right)$，

$$\frac{dy}{dx}=\frac{dy}{du}\cdot\frac{du}{dx}=\left[2u\left(\ln^2u-\ln u+\frac{1}{2}\right)+u^2\left(\frac{2\ln u}{u}-\frac{1}{u}\right)\right]\cdot\left(-\frac{1}{\sqrt{1-x^2}}\right)=2u\ln^2u\cdot\left(-\frac{1}{\sqrt{1-x^2}}\right)$$
$$=-\frac{2}{\sqrt{1-x^2}}\arccos x\cdot\ln^2(\arccos x)\quad(|x|<1).$$

3. 参数式函数与隐函数求导

【例 2-9】 $x=1-t^2$，$y=t-t^3$，求$\frac{d^3y}{dx^3}$.

【解】 $\frac{dy}{dx}=\frac{(t-t^3)'}{(1-t^2)'}=\frac{1-3t^2}{-2t}=-\frac{1}{2t}+\frac{3t}{2}$,

$$\frac{d^2y}{dx^2}=\frac{d}{dt}\left(\frac{dy}{dx}\right)\cdot\frac{1}{\frac{dx}{dt}}=\left(-\frac{1}{2t}+\frac{3t}{2}\right)'\cdot\frac{1}{(1-t^2)'}=\left(\frac{1}{2t^2}+\frac{3}{2}\right)\left(-\frac{1}{2t}\right)=-\frac{1}{4t^3}-\frac{3}{4t}.$$

类似地

$$\frac{d^3y}{dx^3}=\left(-\frac{1}{4t^3}-\frac{3}{4t}\right)'\cdot\left(-\frac{1}{2t}\right)=-\frac{3}{8t^5}(1+t^2).$$

【例 2-10】 $y=\left(1+\frac{1}{x}\right)^x$，求 $y'\left(\frac{1}{2}\right)$.

【解】 $\ln y=x[\ln(1+x)-\ln x]$,

$$\frac{1}{y}y'=[\ln(1+x)-\ln x]+x\left(\frac{1}{1+x}-\frac{1}{x}\right),$$
$$y'=\left(1+\frac{1}{x}\right)^x\left(\ln\frac{1+x}{x}-\frac{1}{1+x}\right),$$
$$y'\left(\frac{1}{2}\right)=\left(1+\frac{1}{\frac{1}{2}}\right)^{\frac{1}{2}}\left(\ln\frac{1+\frac{1}{2}}{\frac{1}{2}}-\frac{1}{1+\frac{1}{2}}\right)=\sqrt{3}\left(\ln 3-\frac{2}{3}\right).$$

【例 2-11】 设 $y=y(x)$是由方程 $x^y=y^x$ 所确定的函数，$x>0$，$y>0$，求$\frac{dy}{dx}$.

【解】 将 $x^y=y^x$ 两边取对数，有 $y\ln x=x\ln y$，则

$$y'\ln x+y\cdot\frac{1}{x}=\ln y+\frac{x}{y}y',$$

解出

$$\frac{dy}{dx}=\frac{y(x\ln y-y)}{x(y\ln x-x)}.$$

【例 2-12】 设 $y=y(x)$由方程组$\begin{cases}x=3t^2+2t+3,\\ e^y\sin t-y+1=0\end{cases}$确定，求$\left.\frac{d^2y}{dx^2}\right|_{t=0}$.

【解】 $\frac{dx}{dt}=6t+2$，$e^y\frac{dy}{dt}\cdot\sin t+e^y\cos t-\frac{dy}{dt}=0$，$\frac{dy}{dt}=\frac{e^y\cos t}{1-e^y\sin t}=\frac{e^y\cos t}{2-y}$.

当 $t=0$ 时，$y=1$，$\left.\frac{dy}{dt}\right|_{t=0}=e$. 所以

$$\frac{dy}{dx}=\frac{e^y\cos t}{(2-y)(6t+2)},$$
$$\frac{d^2y}{dx^2}=\frac{d}{dt}\left[\frac{e^y\cos t}{(2-y)(6t+2)}\right]\cdot\frac{1}{6t+2}$$

$$=\frac{\left(e^{y}\frac{dy}{dt}\cdot\cos t-e^{y}\sin t\right)(2-y)(6t+2)-e^{y}\cos t\cdot\left[6(2-y)-\frac{dy}{dt}(6t+2)\right]}{(2-y)^{2}(6t+2)^{3}}.$$

将 $t=0$, $\frac{dy}{dt}=e$, $y=1$ 代入上式得

$$\left.\frac{d^{2}y}{dx^{2}}\right|_{t=0}=\frac{2e^{2}-3e}{4}.$$

4. n 阶导数

【例 2-13】 $y=x\ln x$, 求 $y^{(n)}$.

【解】 $y'=\ln x+1$, $y''=\frac{1}{x}$, $y'''=(-1)^{3}\frac{1}{x^{2}}$, $y^{(4)}=(-1)^{4}\frac{2!}{x^{3}}$.

设
$$y^{(k)}=(-1)^{k}\frac{(k-2)!}{x^{k-1}},$$

则
$$y^{(k+1)}=\left[(-1)^{k}\cdot\frac{(k-2)!}{x^{k-1}}\right]'=(-1)^{k+1}\cdot\frac{(k-1)!}{x^{k}},$$

故
$$y^{(n)}=\begin{cases}1+\ln x, & n=1,\\ (-1)^{n}\cdot\frac{(n-2)!}{x^{n-1}}, & n\geq 2.\end{cases}$$

【例 2-14】 求 $y^{(n)}$, 已知 $y=\frac{1}{x^{2}-3x+2}$.

【解】 若直接求导，很难找出一般规律，也就很难得到 y 的 n 阶导数的表达式.

注意到
$$y=\frac{1}{x^{2}-3x+2}=\frac{1}{x-2}-\frac{1}{x-1}=(x-2)^{-1}-(x-1)^{-1},$$

则
$$y'=(-1)(x-2)^{-2}+(-1)^{2}(x-1)^{-2},$$
$$y''=(-1)^{2}\cdot 2\cdot(x-2)^{-3}+(-1)^{3}\cdot 2\cdot(x-1)^{-3},$$
$$y'''=(-1)^{3}\cdot 2\cdot 3(x-2)^{-4}+(-1)^{4}\cdot 2\cdot 3\cdot(x-1)^{-4},$$
…………

设
$$y^{(k)}=(-1)^{k}k!\left[(x-2)^{-(k+1)}-(x-1)^{-(k+1)}\right],$$

则
$$y^{(k+1)}=\{(-1)^{k}k!\left[(x-2)^{-(k+1)}-(x-1)^{-(k+1)}\right]\}'=\{(-1)^{k+1}(k+1)!\left[(x-2)^{-(k+2)}-(x-1)^{-(k+2)}\right]\},$$

故
$$y^{(n)}=(-1)^{n}n!\left[\frac{1}{(x-2)^{n+1}}-\frac{1}{(x-1)^{n+1}}\right].$$

【例 2-15】 已知
$$f(x)=\begin{cases}e^{-\frac{1}{x^{2}}}, & x\neq 0,\\ 0, & x=0,\end{cases}$$
试证 $f(x)$ 在 $x=0$ 处有任意阶导数.

【证】 $\lim\limits_{x\to 0}f(x)=\lim\limits_{x\to 0}e^{-\frac{1}{x^{2}}}=0=f(0)$, 故 $f(0)$ 在 $x=0$ 处连续，有

$$f'(0)=\lim_{x\to 0}\frac{e^{-\frac{1}{x^{2}}}-0}{x-0}\xlongequal{t=\frac{1}{x}}\lim_{t\to\infty}\frac{t}{e^{t^{2}}}=0.$$

当 $x\neq 0$ 时，

$$f'(x)=\frac{2e^{-\frac{1}{x^{2}}}}{x^{3}},\ f''(0)=\lim_{x\to 0}\frac{\frac{2e^{-\frac{1}{x^{2}}}}{x^{3}}}{x}=\lim_{x\to 0}\frac{2e^{-\frac{1}{x^{2}}}}{x^{4}}=0.$$

设$f^{(n)}(0)=0$, $x\neq 0$时, $f^{(n)}(x)$必是形如$\frac{Ce^{-\frac{1}{x^2}}}{x^k}$的有限项之和, 此处$C$为常数, $k\in\mathbf{N}$. 而$\lim\limits_{x\to 0}\frac{Ce^{-\frac{1}{x^2}}}{x^{k+1}}=0$, 故

$$f^{(n+1)}(0)=\lim_{x\to 0}\frac{f^{(n)}(x)-f^{(n)}(0)}{x}=\lim_{x\to 0}\frac{f^{(n)}(x)}{x}=0.$$

可见$f(x)$在$x=0$处存在任意阶导数, 且

$$f^{(n)}(0)=0\quad(n=1,\ 2,\ \cdots).$$

(二) 利用可导性确定常数

【例 2-16】 设
$$f(x)=\begin{cases}\ln(1+x)+2, & x\geqslant 0,\\ ax+b, & x<0,\end{cases}$$
选择适当的a, b, 使$f(x)$在$x=0$处可导.

【解】 由可导必连续可知, 若$f(x)$在x_0处可导, 首先有

$$\lim_{x\to -0}f(x)=\lim_{x\to +0}f(x),$$

即
$$\lim_{x\to -0}(ax+b)=\lim_{x\to +0}[\ln(1+x)+2],$$
因此可得$b=2$.

当$x\neq 0$时,
$$f'(x)=\begin{cases}\dfrac{1}{1+x}, & x>0,\\ a, & x<0.\end{cases}$$
由"结论补充"之6, 有

$$f'_-(0)=\lim_{x\to -0}a=a,\ f'_+(0)=\lim_{x\to +0}\frac{1}{1+x}=1,$$

从而得$a=1$. 即当$a=1$, $b=2$时, $f(x)$在$x=0$处可导.

【例 2-17】 设
$$f(x)=\begin{cases}ax^2+bx+c, & x<0,\\ \ln(1+x), & x\geqslant 0,\end{cases}$$
a, b, c取何值时$f''(0)$存在?

【解】 $f''(0)$存在, $f'(0)$必存在, $f(x)$在$x=0$处必连续.

由$f(x)$在$x=0$处连续, 应有

$$\lim_{x\to 0}f(x)=f(0)=0,$$

显然可得
$$c=0.$$

$f'(0)$存在, 应有
$$f_+'(0)=f_-'(0),$$
而

$$f'_+(0)=\lim_{x\to +0}\frac{\ln(1+x)-0}{x}=1,\ f'_-(0)=\lim_{x\to -0}\frac{ax^2+bx-0}{x}=b,$$

故$b=1$, 因此有$f'(0)=1$, 故

$$f'(x)=\begin{cases}2ax+1, & x<0,\\ \dfrac{1}{1+x}, & x\geqslant 0.\end{cases}$$

再由$f''(0)$存在, 应有
$$f''_+(0)=f''_-(0),$$

而
$$f''_+(0)=\lim_{x\to +0}\frac{\frac{1}{1+x}-1}{x}=-1,\ f''_-(0)=\lim_{x\to -0}\frac{2ax+1-1}{x}=2a,$$

从而$2a=-1$, 即$a=-\frac{1}{2}$, 故$a=-\frac{1}{2}$, $b=1$, $c=0$时$f''(0)$存在.

（三）导数与微分的简单应用

【例 2-18】 求曲线

$$\begin{cases} x=2t+3+\arctan t, \\ y=2-3t+\ln(1+t^2) \end{cases}$$

在 $x=3$ 处的切线方程.

【解】 $x=3$ 时，$t=0$，$y=2$.

$$\left.\frac{\mathrm{d}y}{\mathrm{d}x}\right|_{t=0}=\left.\frac{2t-3(1+t^2)}{2t^2+3}\right|_{t=0}=-1.$$

所求切线方程为

$$y-2=-(x-3),$$

即

$$x+y=5.$$

【例 2-19】 一等边三角形的高 x 以 0.05 m/s 的速度增加．求当 $x=8$ m 时，三角形面积的变化率.

【解】 设三角形面积为 $A(x)$，则依题意可知

$$A(x)=\frac{\sqrt{3}}{3}x^2,\ \frac{\mathrm{d}A}{\mathrm{d}t}=\frac{\mathrm{d}A}{\mathrm{d}x}\cdot\frac{\mathrm{d}x}{\mathrm{d}t}=\frac{2\sqrt{3}}{3}x\cdot\frac{\mathrm{d}x}{\mathrm{d}t}.$$

令 $\frac{\mathrm{d}x}{\mathrm{d}t}=0.05$，$x=8$，得

$$\frac{\mathrm{d}A}{\mathrm{d}t}=\frac{4\sqrt{3}}{15}\ (\mathrm{m}^2/\mathrm{s}).$$

当等边三角形的高 x 为 8 m 时，三角形面积的变化率为 $\frac{4\sqrt{3}}{15}$ m^2/s.

【例 2-20】 一正圆锥体的底面半径以 5 cm/s 的速度增加，高以 24 cm/s 的速度减少，求当半径为 30 cm，高为 70 cm 时圆锥体体积的变化率.

【解】 设底面半径为 r，高为 h，则

$$V=\frac{1}{3}\pi r^2h,$$

$$\frac{\mathrm{d}V}{\mathrm{d}t}=\frac{1}{3}\pi\cdot 2r\cdot\frac{\mathrm{d}r}{\mathrm{d}t}\cdot h+\frac{1}{3}\pi r^2\cdot\frac{\mathrm{d}h}{\mathrm{d}t},$$

将 $\frac{\mathrm{d}r}{\mathrm{d}t}=5$，$\frac{\mathrm{d}h}{\mathrm{d}t}=-24$，$r=30$，$h=70$ 代入上式得

$$\frac{\mathrm{d}V}{\mathrm{d}t}=-200\pi\ (\mathrm{cm}^3/\mathrm{s}).$$

【例 2-21】 一个高度为 10 m 的正圆锥体通过增加底面半径的方式改变体积，在底面半径达到 5 m 时，它要以多少增长率才能使圆锥体的体积以20 m^3/min的速度增长？

【解】 设底面半径为 r，体积为 V，则

$$V=\frac{1}{3}\pi r^2\cdot 10=\frac{10}{3}\pi r^2,$$

于是

$$\frac{\mathrm{d}V}{\mathrm{d}t}=\frac{10}{3}\pi\cdot 2r\cdot\frac{\mathrm{d}r}{\mathrm{d}t}.$$

令 $r=5$，$\frac{\mathrm{d}V}{\mathrm{d}t}=20$，得

$$\frac{\mathrm{d}V}{\mathrm{d}t}=\frac{3}{5\pi}\ (\mathrm{m}^3/\mathrm{min}).$$

(四) 其　他

【例 2-22】 设$f(x)$二阶连续可导，且$f(0)=f'(0)=0$, $f''(0)=6$，试求$\lim\limits_{x\to0}\dfrac{f(\sin^2x)}{x^4}$.

【解】 $\lim\limits_{x\to0}\dfrac{f(\sin^2x)}{x^4}=\lim\limits_{x\to0}\dfrac{f'(\sin^2x)\cdot\sin2x}{4x^3}=\lim\limits_{x\to0}\dfrac{f'(\sin^2x)\cdot\sin2x}{2\sin^2x\cdot2x}$

$$=\frac{1}{2}\lim_{x\to0}\frac{f'(\sin^2x)-f'(0)}{\sin^2x}=\frac{1}{2}f''(0)=\frac{6}{2}=3.$$

【例 2-23】 设$f(a)\neq0$, $f'(a)$存在，求$\lim\limits_{n\to\infty}\left[\dfrac{f\left(a+\frac{1}{n}\right)}{f\left(a-\frac{1}{n}\right)}\right]^n$.

【解】 原式属于1^∞型的极限.

$$\lim_{n\to\infty}\left[\frac{f\left(a+\frac{1}{n}\right)}{f\left(a-\frac{1}{n}\right)}\right]^n=\exp\lim_{n\to\infty}\frac{\ln f\left(a+\frac{1}{n}\right)-\ln f\left(a-\frac{1}{n}\right)}{\frac{1}{n}}$$

$$=\exp\lim_{n\to\infty}n\left\{\left[\ln f\left(a+\frac{1}{n}\right)-\ln f(a)\right]-\left[\ln f\left(a-\frac{1}{n}\right)-\ln f(a)\right]\right\}$$

$$=\exp\lim_{x\to+\infty}x\left\{\left[\ln f\left(a+\frac{1}{x}\right)-\ln f(a)\right]-\left[\ln f\left(a-\frac{1}{x}\right)-\ln f(a)\right]\right\}$$

$$=e^{2\frac{d}{dx}[\ln f(x)]}\Big|_{x=a}=e^{\frac{2f'(a)}{f(a)}}.$$

【例 2-24】 下面的说法对吗？为什么？

$y=f(x)$在x_0处可导，那么该函数就必在x_0的某个小邻域内连续.

【证】 这种说法是错误的，请看下面的例子：

$$f(x)=\begin{cases}x^2, & x\text{ 为有理数},\\ -x^2, & x\text{ 为无理数},\end{cases}$$

当x为有理数时，$\lim\limits_{x\to0}\dfrac{f(x)-f(0)}{x}=\lim\limits_{x\to0}\dfrac{x^2}{x}=0$;

当x为无理数时，$\lim\limits_{x\to0}\dfrac{f(x)-f(0)}{x}=\lim\limits_{x\to0}\dfrac{-x^2}{x}=0$.

故$f'(0)=0$，但此函数只在$x=0$处可导，在其他任何点都间断，当然也就不存在任何$x=0$的邻域，使$f(x)$在该邻域内连续.

【例 2-25】 设$f(x)$在$x=x_0$处可导，则

$$\lim_{h\to0}\frac{f(x_0+h)-f(x_0-h)}{h}\overset{x=x_0-h}{=\!=\!=}\lim_{h\to0}\frac{f(x+2h)-f(x)}{2h}\cdot2=2\lim_{h\to0}f'(x)=2\lim_{h\to0}f'(x_0-h)=2f'(x_0).$$

试指出运算错误所在.

【解】 错误发生在两处. 一是$f'(x_0-h)$是否存在，条件没有说明；二是$\lim\limits_{h\to0}f'(x_0-h)=f'(x_0)$要用到$f(x)$在$x_0$处连续可导的条件，而此条件更没有. 正确的做法是

$$\lim_{h\to0}\frac{f(x_0+h)-f(x_0-h)}{h}=\lim_{h\to0}\left[\frac{f(x_0+h)-f(x_0)}{h}+\frac{f(x_0-h)-f(x_0)}{-h}\right]=\lim_{h\to0}\frac{f(x_0+h)-f(x_0)}{h}+\lim_{h\to0}\frac{f(x_0-h)-f(x_0)}{-h}$$

$$=f'(x_0)+f'(x_0)=2f'(x_0).$$

【例 2-26】 若$f(x)$在$x=x_0$处可导，$g(x)$在$x=x_0$处不可导，$f(x)g(x)$在$x=x_0$处一定不可导吗？

【解】 不一定．现举反例如下：

设
$$f(x)=x,\ g(x)=\begin{cases} x\sin\dfrac{1}{x}, & x\neq 0,\\ 0, & x=0, \end{cases}$$
显然$f(x)$在$x=0$处可导，$g(x)$在$x=0$处不可导．

但是
$$f(x)g(x)=\begin{cases} x^2\sin\dfrac{1}{x}, & x\neq 0,\\ 0, & x=0 \end{cases}$$
却在$x=0$处可导．

【例 2-27】 讨论函数
$$f(x)=\begin{cases} x\arctan\dfrac{1}{x}, & x\neq 0,\\ 0, & x=0 \end{cases}$$
在$x=0$处的连续性与可微性．

【解】 由于
$$\lim_{x\to 0}x=0,\ \left|\arctan\frac{1}{x}\right|\leqslant\frac{\pi}{2}\ \left(\arctan\frac{1}{x}\text{有界}\right),$$
又
$$\lim_{x\to 0}f(x)=\lim_{x\to 0}x\arctan\frac{1}{x}=0=f(0),$$
故$f(x)$在$x=0$处连续．

$$\lim_{x\to 0}\frac{f(x)-f(0)}{x-0}=\lim_{x\to 0}\frac{x\arctan\dfrac{1}{x}}{x}=\lim_{x\to 0}\arctan\frac{1}{x},$$不存在．这是因为
$$\lim_{x\to +0}\arctan\frac{1}{x}=\frac{\pi}{2},\ \lim_{x\to -0}\arctan\frac{1}{x}=-\frac{\pi}{2}.$$
故$f(x)$在$x=0$处不可微．

【例 2-28】 已知$x=t-\ln(1+t^2)$，$y=\arctan t$，试问x，y取何值时$\dfrac{\mathrm{d}y}{\mathrm{d}x}$不存在？

【解】 当$t\neq 1$时，
$$\frac{\mathrm{d}y}{\mathrm{d}x}=\frac{\dfrac{1}{1+t^2}}{1-\dfrac{2t}{1+t^2}}=\frac{1}{(1-t)^2};$$
当$t=1$时，$\dfrac{\mathrm{d}y}{\mathrm{d}x}$不存在．此时$x=1-\ln 2$，$y=\dfrac{\pi}{4}$．

【例 2-29】 试证明$f(x)=|x|\cdot\sin x$在$x=0$处二阶导数不存在．

【证】 $\displaystyle\lim_{x\to 0}\frac{f(x)-f(0)}{x-0}=\lim_{x\to 0}\frac{|x|\cdot\sin x}{x}=0$，即
$$f'(0)=0,$$
从而可得
$$f'(x)=\begin{cases} \sin x+x\cos x, & x>0,\\ 0, & x=0,\\ -\sin x-x\cos x, & x<0, \end{cases}$$
而
$$\lim_{x\to +0}\frac{f'(x)-f'(0)}{x-0}=\lim_{x\to +0}\frac{\sin x+x\cos x}{x}=1,$$
$$\lim_{x\to -0}\frac{f'(x)-f'(0)}{x-0}=\lim_{x\to -0}\frac{\sin x+x\cos x}{x}=-1.$$
因此，$f''_-(0)\neq f''_+(0)$，即$f(x)$在$x=0$处二阶导数不存在．

【例 2-30】 设 n 为非负整数,

$$f(x)=\begin{cases} x^n\sin\dfrac{1}{x}, & x\neq 0, \\ 0, & x=0 \end{cases}$$

在何条件下

(1) 在 $x=0$ 处连续;

(2) 在 $x=0$ 处可微分;

(3) 在 $x=0$ 处其导函数连续?

【解】 (1) 要使 $\lim\limits_{x\to 0}f(x)=\lim\limits_{x\to 0}x^n\sin\dfrac{1}{x}=f(0)=0$, 当且仅当 $n>0$.

(2) 要使 $\lim\limits_{x\to 0}\dfrac{f(x)-f(0)}{x-0}=\lim\limits_{x\to 0}x^{n-1}\sin\dfrac{1}{x}$ 存在, 当且仅当 $n>1$, 而此时 $\lim\limits_{x\to 0}\dfrac{f(x)-f(0)}{x-0}=0$.

(3) 当 $x\neq 0$ 时, $f'(x)=nx^{n-1}\sin\dfrac{1}{x}-x^{n-2}\cos\dfrac{1}{x}$, $f'(0)=0$, 要使 $\lim\limits_{x\to 0}f'(x)=0$, 当且仅当 $n>2$.

三、习题全解

习题 2-1 导数概念

1. 设物体绕定轴旋转, 在时间间隔 $[0, t]$ 内转过角度 θ, 从而转角 θ 是 t 的函数: $\theta=\theta(t)$. 如果旋转是匀速的, 那么称 $\omega=\dfrac{\theta}{t}$ 为该物体旋转的角速度. 如果旋转是非匀速的, 应怎样确定该物体在时刻 t_0 的角速度?

【解】 $\lim\limits_{t\to t_0}\dfrac{\theta(t)-\theta(t_0)}{t-t_0}=\dfrac{\mathrm{d}\theta}{\mathrm{d}t}\Big|_{t=t_0}$.

2. 当物体的温度高于周围介质的温度时, 物体就不断冷却. 若物体的温度 T 与时间 t 的函数关系为 $T=T(t)$, 应怎样确定该物体在时刻 t 的冷却速度?

【解】 $\lim\limits_{\Delta t\to 0}\dfrac{T(t+\Delta t)-T(t)}{\Delta t}=\dfrac{\mathrm{d}T}{\mathrm{d}t}$.

3. 设某工厂生产 x 件产品的成本为

$$C(x)=2000+100x-0.1x^2(\text{元}),$$

这函数 $C(x)$ 称为成本函数, 成本函数 $C(x)$ 的导数 $C'(x)$ 在经济学中称为边际成本. 试求

(1) 当生产 100 件产品时的边际成本;

(2) 生产第 101 件产品时的成本, 并与(1)中求得的边际成本作比较, 说明边际成本的实际意义.

【解】 (1) $C'(x)=100-0.2x$, $C'(100)=80$(元/件);

(2) $C(101)-C(100)=79.9$(元).

生产第 101 件产品的成本是 79.9 元, 与前者比较可知, 边际成本 $C'(x)$ 的实际意义是近似表达产量达到 x 单位时, 再增加一个单位产品所需要的成本.

4. 设函数 $f(x)=\dfrac{(x-1)(x-2)\cdots(x-n)}{(x+1)(x+2)\cdots(x+n)}$, 求 $f'(1)$.

【解】 $f'(1)=\lim\limits_{x\to 1}\dfrac{f(x)-f(1)}{x-1}=\dfrac{(1-2)(1-3)\cdots(1-n)}{(1+1)(1+2)\cdots(1+n)}=\dfrac{(-1)^{n-1}}{n(n+1)}$.

5. 证明$(\cos x)'=-\sin x$.

【证】 设$f(x)=\cos x$，则

$$f'(x)=\lim_{\Delta x\to 0}\frac{f(x+\Delta x)-f(x)}{\Delta x}=\lim_{\Delta x\to 0}\frac{\cos(x+\Delta x)-\cos x}{\Delta x}$$

$$=\lim_{\Delta x\to 0}\frac{-2\sin\frac{\Delta x}{2}\sin\left(x+\frac{\Delta x}{2}\right)}{\Delta x}=-\lim_{\Delta x\to 0}\frac{\sin\frac{\Delta x}{2}}{\frac{\Delta x}{2}}\cdot\sin\left(x+\frac{\Delta x}{2}\right)=-\sin x,$$

所以

$$(\cos x)'=-\sin x.$$

6. 下列各题中均假定$f'(x_0)$存在，按照导数定义观察下列极限，指出A表示什么：

(1) $\lim\limits_{\Delta x\to 0}\dfrac{f(x_0-\Delta x)-f(x_0)}{\Delta x}=A$；　(2) $\lim\limits_{x\to 0}\dfrac{f(x)}{x}=A$，其中$f(0)=0$，且$f'(0)$存在；

(3) $\lim\limits_{h\to 0}\dfrac{f(x_0+h)-f(x_0-h)}{h}=A$.

【解】 (1) $A=-f'(x_0)$；(2) $A=f'(0)$；(3) $A=2f'(x_0)$.

以下两题中给出了四个结论，从中选出一个正确的结论：

7. 设

$$f(x)=\begin{cases}\dfrac{2}{3}x^3, & x\leqslant 1,\\ x^2, & x>1,\end{cases}$$

则$f(x)$在$x=1$处(　　).

A. 左、右导数都存在　　B. 左导数存在，右导数不存在

C. 左导数不存在，右导数存在　　D. 左、右导数都不存在

【解】 $f'_-(1)=\lim\limits_{x\to 1-0}\dfrac{\frac{2}{3}x^3-\frac{2}{3}}{x-1}=\lim\limits_{x\to 1-0}\dfrac{2}{3}(x^2+x+1)=2$；$f'_+(1)=\lim\limits_{x\to 1+0}\dfrac{x^2-\frac{2}{3}}{x-1}=\infty$.

故应选择B.

8. 设$f(x)$可导，$F(x)=f(x)(1+|\sin x|)$，则$f(0)=0$是$F(x)$在$x=0$处可导的(　　).

A. 充分必要条件　　B. 充分条件但非必要条件

C. 必要条件但非充分条件　　D. 既非充分条件又非必要条件

【解】 $F'_+(0)=\lim\limits_{x\to 0^+}\dfrac{f(x)(1+\sin x)-f(0)}{x}=\lim\limits_{x\to 0^+}\left[\dfrac{f(x)-f(0)}{x-0}+f(x)\dfrac{\sin x}{x}\right]=f'(0)+f(0)$,

$F'_-(0)=\lim\limits_{x\to 0^-}\dfrac{f(x)(1-\sin x)-f(0)}{x}=\lim\limits_{x\to 0^-}\left[\dfrac{f(x)-f(0)}{x-0}-f(x)\dfrac{\sin x}{x}\right]=f'(0)-f(0)$,

故应选择A.

9. 求下列函数的导数：

(1) $y=x^4$；　(2) $y=\sqrt[3]{x^2}$；　(3) $y=x^{1.6}$；　(4) $y=\dfrac{1}{\sqrt{x}}$；

(5) $y=\dfrac{1}{x^2}$；　(6) $y=x^3\sqrt[5]{x}$；　(7) $y=\dfrac{x^2\sqrt[3]{x^2}}{\sqrt{x^5}}$.

【解】 (1) $y'=4x^3$；　(2) $y'=(x^{\frac{2}{3}})'=\dfrac{2}{3}x^{-\frac{1}{3}}=\dfrac{2}{3\sqrt[3]{x}}$；

(3) $y'=1.6x^{0.6}$；　(4) $y'=(x^{-\frac{1}{2}})'=-\dfrac{1}{2}x^{-\frac{3}{2}}=-\dfrac{1}{2x\sqrt{x}}$；

(5) $y'=(x^{-2})'=-2x^{-3}=-\dfrac{2}{x^3}$；　(6) $y'=(x^{3+\frac{1}{5}})'=\dfrac{16}{5}x^{\frac{11}{5}}=\dfrac{16}{5}x^2\sqrt[5]{x}$；

(7) $y'=(x^{2+\frac{2}{3}-\frac{5}{2}})'=\frac{1}{6}x^{-\frac{5}{6}}$.

10. 已知物体的运动规律为 $s=t^3$ m, 求这物体在 $t=2$ s 时的速度.

【解】 $v=\frac{\mathrm{d}s}{\mathrm{d}t}=3t^2$, $v\big|_{t=2}=3\times2^2=12$ (m/s).

11. 试证明:

(1)设 $f(x)$ 为可导的奇函数,则 $f'(x)$ 为偶函数;

(2)设 $f(x)$ 为可导的偶函数,则 $f'(x)$ 为奇函数;

(3)设 $f(x)$ 为偶函数, 且 $f'(0)$ 存在, 则 $f'(0)=0$.

【证】 (1) $f(x)$ 为奇函数, 则 $f(-x)=-f(x)$, 又 $f(x)$ 可导,故有

$$f'(x)=\lim_{\Delta x\to0}\frac{f(x+\Delta x)-f(x)}{\Delta x}=\lim_{\Delta x\to0}\frac{-f(-x-\Delta x)+f(-x)}{\Delta x}=\lim_{-\Delta x\to0}\frac{f(-x+(-\Delta x))-f(-x)}{-\Delta x}=f'(-x),$$

即 $f'(x)$ 为偶函数.

(2) $f(x)$ 为偶函数, 则 $f(-x)=f(x)$, 又 $f(x)$ 可导, 故有

$$f'(x)=\lim_{\Delta x\to0}\frac{f(x+\Delta x)-f(x)}{\Delta x}=\lim_{\Delta x\to0}\frac{f(-x-\Delta x)-f(-x)}{\Delta x}=-\lim_{-\Delta x\to0}\frac{f[(-x+(-\Delta x)]-f(-x)}{-\Delta x}=-f'(-x),$$

即 $f'(x)$ 为奇函数.

(3)因为 $f(x)$ 为偶函数, 且 $f'(0)$ 存在, 由(2)知 $f'(0)=-f'(0)$, 所以 $f'(0)=0$.

12. 求曲线 $y=\sin x$ 在具有下列横坐标的各点处切线的斜率:

$$x=\frac{2}{3}\pi;\quad x=\pi.$$

【解】 $y'=\cos x$, $k_1=y'\big|_{x=\frac{2}{3}\pi}=\cos\frac{2}{3}\pi=-\frac{1}{2}$, $k_2=y'\big|_{x=\pi}=\cos\pi=-1$.

13. 求曲线 $y=\cos x$ 上点 $\left(\frac{\pi}{3},\frac{1}{2}\right)$ 处的切线方程和法线方程.

【解】 $y'=-\sin x$.

在点 $\left(\frac{\pi}{3},\frac{1}{2}\right)$ 处, $k_{切}=y'\big|_{x=\frac{\pi}{3}}=-\frac{\sqrt{3}}{2}$, 切线方程为

$$y-\frac{1}{2}=-\frac{\sqrt{3}}{2}\left(x-\frac{\pi}{3}\right),$$

即 $$\frac{\sqrt{3}}{2}x+y-\frac{1}{2}-\frac{\sqrt{3}}{6}\pi=0.$$

法线方程为 $$y-\frac{1}{2}=\frac{2}{\sqrt{3}}\left(x-\frac{\pi}{3}\right),$$

即 $$\frac{2\sqrt{3}}{3}x-y+\frac{1}{2}-\frac{2}{9}\sqrt{3}\pi=0.$$

14. 求曲线 $y=\mathrm{e}^x$ 在点(0, 1)处的切线方程.

【解】 $y'=\mathrm{e}^x$.

在点(0, 1)处, $k_{切}=y'\big|_{x=0}=1$, 切线方程为

$$y-1=1\cdot(x-0),$$

即 $$x-y+1=0.$$

15. 在抛物线 $y=x^2$ 上取横坐标为 $x_1=1$ 及 $x_2=3$ 的两点, 作过这两点的割线. 问该抛物线上哪

一点的切线平行于这条割线?

【解】 $x_1=1$, $y_1=1$, $x_2=3$, $y_2=9$, 则割线的斜率为

$$k=\frac{9-1}{3-1}=\frac{8}{2}=4,$$

$$y'=2x.$$

设抛物线上点(x_0, y_0)处的切线平行于割线, 则 $2x_0=4$, 即 $x_0=2$, 从而 $y_0=4$. 点(2, 4)处的切线平行于割线.

16. 讨论下列函数在 $x=0$ 处的连续性与可导性.

(1) $y=|\sin x|$.

【解】 $\lim\limits_{x\to0^-}y=\lim\limits_{x\to0^-}(-\sin x)=0$, $\lim\limits_{x\to0^+}y=\lim\limits_{x\to0^-}\sin x=0$, 所以

$$\lim_{x\to0^-}y=\lim_{x\to0^+}y=y(0)=0,$$

函数在 $x=0$ 处连续.

$$f_-'(0)=\lim_{x\to0^-}\frac{y(x)-y(0)}{x-0}=\lim_{x\to0^-}\frac{-\sin x-0}{x-0}=-1,\ f_+'(0)=\lim_{x\to0^+}\frac{y(x)-y(0)}{x-0}=\lim_{x\to0^+}\frac{\sin x-0}{x-0}=1.$$

$f_-'(0)\neq f_+'(0)$, 函数在 $x=0$ 处不可导.

(2) $y=\begin{cases}x^2\sin\dfrac{1}{x}, & x\neq0,\\ 0, & x=0.\end{cases}$

【解】 因为

$$\lim_{x\to0}x^2\sin\frac{1}{x}=0=f(0),$$

故在 $x=0$ 处, 函数连续.

$$f'(0)=\lim_{x\to0}\frac{f(x)-f(0)}{x-0}=\lim_{x\to0}\frac{x^2\sin\frac{1}{x}}{x}=\lim_{x\to0}x\sin\frac{1}{x}=0,$$

故在 $x=0$ 处, 函数可导.

17. 设函数

$$f(x)=\begin{cases}x^2, & x\leqslant1,\\ ax+b, & x>1.\end{cases}$$

为了使函数 $f(x)$ 在 $x=1$ 处连续且可导, a, b 应取什么值?

【解】 $f(x)$ 在 $x=1$ 处连续, 且

$$f(1)=1,\ \lim_{x\to1^-}f(x)=\lim_{x\to1^-}x^2=1,\ \lim_{x\to1^+}f(x)=\lim_{x\to1^+}(ax+b)=a+b,$$

从而有

$$a+b=1.$$

$f(x)$ 在 $x=1$ 处可导.

$$f_-'(1)=\lim_{x\to1^-}\frac{f(x)-f(1)}{x-1}=\lim_{x\to1}\frac{x^2-1}{x-1}=2,\quad f_+'(1)=\lim_{x\to1^+}\frac{f(x)-f(1)}{x-1}=\lim_{x\to1}\frac{ax+b-1}{x-1}=a,$$

得

$$a=2,\ b=-1.$$

注: 求 a 的另一方法是令 $\lim\limits_{x\to1+0}(ax+b)'=\lim\limits_{x\to1-0}(x^2)'$, 得 $a=2$.

18. 已知 $f(x)=\begin{cases}-x, & x<0,\\ x^2, & x\geqslant0,\end{cases}$ 求 $f_+'(0)$ 及 $f_-'(0)$, 又 $f'(0)$ 是否存在?

【解】 $f_+'(0)=\lim\limits_{x\to0^+}\dfrac{f(x)-f(0)}{x-0}=\lim\limits_{x\to0^+}\dfrac{x^2}{x}=0$, $f_-'(0)=\lim\limits_{x\to0^-}\dfrac{f(x)-f(0)}{x-0}=\lim\limits_{x\to0^-}\dfrac{-x}{x}=-1$,

因而 $f'(0)$ 不存在.

19. 已知$f(x)=\begin{cases}\sin x, & x<0,\\ x, & x\geqslant 0,\end{cases}$求$f'(x)$.

【解】 当$x\neq 0$时,

$$f'(x)=\begin{cases}\cos x, & x<0,\\ 1, & x>0.\end{cases}$$

当$x=0$时,

$$f'_-(0)=\lim_{x\to 0^-}\frac{f(x)-f(0)}{x-0}=\lim_{x\to 0^-}\frac{\sin x}{x}=1,\ f'_+(0)=\lim_{x\to 0^+}\frac{f(x)-f(0)}{x-0}=\lim_{x\to 0^+}\frac{x}{x}=1,$$

故$f'(0)=1$. 于是

$$f'(x)=\begin{cases}\cos x, & x<0,\\ 1, & x\geqslant 0.\end{cases}$$

20. 证明:双曲线$xy=a^2$上任一点处的切线与两坐标轴构成的三角形的面积都等于$2a^2$.

【证】 设(x_0,y_0)是双曲线上任一点,则

$$\left.\frac{\mathrm{d}y}{\mathrm{d}x}\right|_{x=x_0}=-\frac{a^2}{x_0^2},$$

过点(x_0,y_0)的切线方程为

$$y-y_0=-\frac{a^2}{x_0^2}(x-x_0).$$

令$x=0$,得$y=\frac{2a^2}{x_0}$;令$y=0$,得$x=2x_0$.

所构成的三角形面积为

$$S=\frac{1}{2}|x|\cdot|y|=\frac{1}{2}\cdot\frac{2a^2}{|x_0|}\cdot 2|x_0|=2a^2.$$

习题 2-2 函数的求导法则

1. 推导余切函数及余割函数的导数公式:

$$(\cot x)'=-\csc^2 x;\quad (\csc x)'=-\csc x\cdot\cot x.$$

【解】 $(\cot x)'=\left(\frac{\cos x}{\sin x}\right)'=\frac{(\cos x)'\sin x-\cos x(\sin x)'}{\sin^2 x}=\frac{-(\sin^2 x+\cos^2 x)}{\sin^2 x}=-\csc^2 x;$

$(\csc x)'=\left(\frac{1}{\sin x}\right)'=\frac{-(\sin x)'}{\sin^2 x}=-\frac{\cos x}{\sin^2 x}=-\csc x\cdot\cot x.$

2. 求下列函数的导数:

(1) $y=x^3+\frac{7}{x^4}-\frac{2}{x}+12$; (2) $y=5x^3-2^x+3e^x$;

(3) $y=2\tan x+\sec x-1$; (4) $y=\sin x\cdot\cos x$;

(5) $y=x^2\ln x$; (6) $y=3e^x\cos x$;

(7) $y=\frac{\ln x}{x}$; (8) $y=\frac{e^x}{x^2}+\ln 3$;

(9) $y=x^2\ln x\cos x$; (10) $s=\frac{1+\sin t}{1+\cos t}$.

【解】 (1) $y'=3x^2-\frac{28}{x^5}+\frac{2}{x^2}$;

(2) $y'=15x^2-2^x\ln 2+3e^x$;

(3) $y'=2\sec^2 x+\sec x\cdot\tan x$;

(4) $y'=(\sin x)'\cos x+\sin x\cdot(\cos x)'=\cos^2x-\sin^2x=\cos 2x$;

(5) $y'=2x\ln x+x^2\cdot\dfrac{1}{x}=2x\ln x+x$;

(6) $y'=3(e^x\cos x-e^x\sin x)=3e^x(\cos x-\sin x)$;

(7) $y'=\dfrac{\frac{1}{x}\cdot x-\ln x}{x^2}=\dfrac{1-\ln x}{x^2}$;

(8) $y'=\dfrac{e^x\cdot x^2-e^x\cdot 2x}{x^4}=\dfrac{e^x(x-2)}{x^3}$;

(9) $y'=2x\ln x\cos x+x^2\cdot\dfrac{1}{x}\cos x+x^2\cdot\ln x\cdot(-\sin x)=2x\ln x\cos x+x\cos x-x^2\ln x\sin x$;

(10) $s'=\dfrac{\cos t(1+\cos t)-(1+\sin t)(-\sin t)}{(1+\cos t)^2}=\dfrac{\cos t+\sin t+1}{(1+\cos t)^2}$.

3. 求下列函数在给定点处的导数：

(1) $y=\sin x-\cos x$，求$y'|_{x=\frac{\pi}{6}}$和$y'|_{x=\frac{\pi}{4}}$.

【解】 $y'=\cos x+\sin x, y'|_{x=\frac{\pi}{6}}=\cos\dfrac{\pi}{6}+\sin\dfrac{\pi}{6}=\dfrac{\sqrt{3}}{2}+\dfrac{1}{2}$，$y'|_{x=\frac{\pi}{4}}=\cos\dfrac{\pi}{4}+\sin\dfrac{\pi}{4}=\dfrac{\sqrt{2}}{2}+\dfrac{\sqrt{2}}{2}=\sqrt{2}$.

(2) $\rho=\theta\sin\theta+\dfrac{1}{2}\cos\theta$，求$\left.\dfrac{d\rho}{d\theta}\right|_{\theta=\frac{\pi}{4}}$.

【解】 $\dfrac{d\rho}{d\theta}=\sin\theta+\theta\cdot\cos\theta-\dfrac{1}{2}\sin\theta$，$\left.\dfrac{d\rho}{d\theta}\right|_{\theta=\frac{\pi}{4}}=\sin\dfrac{\pi}{4}+\dfrac{\pi}{4}\cos\dfrac{\pi}{4}-\dfrac{1}{2}\sin\dfrac{\pi}{4}=\dfrac{\sqrt{2}}{4}\left(1+\dfrac{\pi}{2}\right)$.

(3) $f(x)=\dfrac{3}{5-x}+\dfrac{x^2}{5}$，求$f'(0)$和$f'(2)$.

【解】 $f'(x)=\dfrac{3}{(5-x)^2}+\dfrac{2}{5}x$，$f'(0)=\dfrac{3}{25}$，$f'(2)=\dfrac{1}{3}+\dfrac{4}{5}=\dfrac{17}{15}$.

4. 以初速 v_0 竖直上抛的物体，其上升高度 s 与时间 t 的关系是 $s=v_0t-\dfrac{1}{2}gt^2$. 求：

(1) 该物体的速度 $v(t)$；

(2) 该物体达到最高点的时刻.

【解】 (1) $v(t)=\dfrac{ds}{dt}=v_0-gt$；(2) 物体达到最高点 $v(t)=0$，则 $t=\dfrac{v_0}{g}$.

5. 求曲线 $y=2\sin x+x^2$ 上横坐标为 $x=0$ 的点处的切线方程和法线方程.

【解】 当 $x=0$ 时，$y=0$，　$y'=2\cos x+2x$，$k_{切}=y'|_{x=0}=2$.

切线方程为　$y-0=2(x-0)$，即 $y=2x$；

法线方程为　$y-0=-\dfrac{1}{2}(x-0)$，即 $y=-\dfrac{1}{2}x$.

6. 求下列函数的导数：

(1) $y=(2x+5)^4$；　(2) $y=\cos(4-3x)$；　(3) $y=e^{-3x^2}$；

(4) $y=\ln(1+x^2)$；　(5) $y=\sin^2x$；　(6) $y=\sqrt{a^2-x^2}$；

(7) $y=\tan(x^2)$；　(8) $y=\arctan(e^x)$；　(9) $y=(\arcsin x)^2$；

(10) $y=\ln\cos x$.

【解】 (1) $y'=4(2x+5)^3\cdot 2=8(2x+5)^3$；　(2) $y'=-\sin(4-3x)\cdot(-3)=3\sin(4-3x)$；

(3) $y'=e^{-3x^2}\cdot(-3\cdot 2x)=-6xe^{-3x^2}$；　(4) $y'=\dfrac{2x}{1+x^2}$；

(5) $y'=2\sin x\cdot\cos x=\sin 2x$;　　(6) $y'=\dfrac{-2x}{2\sqrt{a^2-x^2}}=\dfrac{-x}{\sqrt{a^2-x^2}}$;

(7) $y'=\sec^2(x^2)\cdot 2x=2x\sec^2(x^2)$;　　(8) $y'=\dfrac{e^x}{1+(e^x)^2}=\dfrac{e^x}{1+e^{2x}}$;

(9) $y'=2(\arcsin x)\cdot\dfrac{1}{\sqrt{1-x^2}}$;　　(10) $y'=\dfrac{1}{\cos x}\cdot(-\sin x)=-\tan x$.

7. 求下列函数的导数:

(1) $y=\arcsin(1-2x)$;　　(2) $y=\dfrac{1}{\sqrt{1-x^2}}$;　　(3) $y=e^{-\frac{x}{2}}\cos 3x$;

(4) $y=\arccos\dfrac{1}{x}$;　　(5) $y=\dfrac{1-\ln x}{1+\ln x}$;　　(6) $y=\dfrac{\sin 2x}{x}$;

(7) $y=\arcsin\sqrt{x}$;　　(8) $y=\ln(x+\sqrt{a^2+x^2})$;　　(9) $y=\ln(\sec x+\tan x)$;

(10) $y=\ln(\csc x-\cot x)$.

【解】 (1) $y'=\dfrac{-2}{\sqrt{1-(1-2x)^2}}=\dfrac{-1}{\sqrt{x-x^2}}$;

(2) $y'=\dfrac{-(\sqrt{1-x^2})'}{1-x^2}=\dfrac{x}{\sqrt{(1-x^2)^3}}$;

(3) $y'=(e^{-\frac{x}{2}})'\cos 3x+e^{-\frac{x}{2}}\cdot(\cos 3x)'$

$$=e^{-\frac{x}{2}}\cdot\left(-\frac{1}{2}\right)\cdot\cos 3x+e^{-\frac{x}{2}}\cdot(-\sin 3x)\cdot 3=-e^{-\frac{x}{2}}\left(\frac{1}{2}\cos 3x+3\sin 3x\right);$$

(4) $y'=-\dfrac{-\dfrac{1}{x^2}}{\sqrt{1-\dfrac{1}{x^2}}}=\dfrac{|x|}{x^2\sqrt{x^2-1}}$;

(5) $y'=\dfrac{-\dfrac{1}{x}(1+\ln x)-(1-\ln x)\cdot\dfrac{1}{x}}{(1+\ln x)^2}=\dfrac{-2}{x(1+\ln x)^2}$;

(6) $y'=\dfrac{2\cos 2x\cdot x-\sin 2x}{x^2}=\dfrac{2x\cos 2x-\sin 2x}{x^2}$;

(7) $y'=\dfrac{1}{\sqrt{1-x}}\cdot\dfrac{1}{2\sqrt{x}}=\dfrac{1}{2\sqrt{x(1-x)}}$;

(8) $y'=\dfrac{1}{x+\sqrt{a^2+x^2}}\cdot\left(1+\dfrac{2x}{2\sqrt{a^2+x^2}}\right)=\dfrac{1}{\sqrt{a^2+x^2}}$;

(9) $y'=\dfrac{\sec x\tan x+\sec^2 x}{\sec x+\tan x}=\sec x$;

(10) $y'=\dfrac{-\csc x\cot x+\csc^2 x}{\csc x-\cot x}=\csc x$.

8. 求下列函数的导数:

(1) $y=\left(\arcsin\dfrac{x}{2}\right)^2$;　　(2) $y=\ln\tan\dfrac{x}{2}$;　　(3) $y=\sqrt{1+\ln^2 x}$;

(4) $y=e^{\arctan\sqrt{x}}$;　　(5) $y=\sin^n x\cos nx$;　　(6) $y=\arctan\dfrac{x+1}{x-1}$;

(7) $y=\dfrac{\arcsin x}{\arccos x}$；　(8) $y=\ln\ln\ln x$；　(9) $y=\dfrac{\sqrt{1+x}-\sqrt{1-x}}{\sqrt{1+x}+\sqrt{1-x}}$；

(10) $y=\arcsin\sqrt{\dfrac{1-x}{1+x}}$.

【解】 (1) $y'=2\left(\arcsin\dfrac{x}{2}\right)\cdot\dfrac{1}{\sqrt{1-\left(\dfrac{x}{2}\right)^2}}\cdot\dfrac{1}{2}=\left(\arcsin\dfrac{x}{2}\right)\cdot\dfrac{2}{\sqrt{4-x^2}}$；

(2) $y'=\dfrac{1}{\tan\dfrac{x}{2}}\cdot\sec^2\dfrac{x}{2}\cdot\dfrac{1}{2}=\dfrac{1}{\sin x}=\csc x$；

(3) $y'=\dfrac{1}{2\sqrt{1+\ln^2 x}}\cdot 2\ln x\cdot\dfrac{1}{x}=\dfrac{\ln x}{x\sqrt{1+\ln^2 x}}$；

(4) $y'=e^{\arctan\sqrt{x}}\cdot\dfrac{1}{1+(\sqrt{x})^2}\cdot\dfrac{1}{2\sqrt{x}}=\dfrac{1}{2\sqrt{x}(1+x)}e^{\arctan\sqrt{x}}$；

(5) $y'=n\sin^{n-1}x\cdot\cos x\cdot\cos nx+\sin^n x\cdot(-\sin nx)\cdot n=n\sin^{n-1}x\cos(n+1)x$；

(6) $y'=\dfrac{1}{1+\left(\dfrac{x+1}{x-1}\right)^2}\cdot\dfrac{x-1-(x+1)}{(x-1)^2}=-\dfrac{1}{x^2+1}$；

(7) $y'=\dfrac{\dfrac{1}{\sqrt{1-x^2}}\arccos x-\arcsin x\cdot\left(-\dfrac{1}{\sqrt{1-x^2}}\right)}{(\arccos x)^2}=\dfrac{\arccos x+\arcsin x}{\sqrt{1-x^2}(\arccos x)^2}=\dfrac{\pi}{2\sqrt{1-x^2}(\arccos x)^2}$；

(8) $y'=\dfrac{1}{\ln\ln x}\cdot\dfrac{1}{\ln x}\cdot\dfrac{1}{x}=\dfrac{1}{x\ln x\cdot\ln\ln x}$；

(9) $y=\dfrac{\sqrt{1+x}-\sqrt{1-x}}{\sqrt{1+x}+\sqrt{1-x}}=\dfrac{(\sqrt{1+x}-\sqrt{1-x})^2}{(\sqrt{1+x}+\sqrt{1-x})(\sqrt{1+x}-\sqrt{1-x})}=\dfrac{1}{x}-\dfrac{\sqrt{1-x^2}}{x}$，

$$y'=\left(\frac{1}{x}\right)'-\left(\frac{\sqrt{1-x^2}}{x}\right)'=-\frac{1}{x^2}-\frac{\dfrac{-x}{\sqrt{1-x^2}}\cdot x-\sqrt{1-x^2}}{x^2}=-\frac{1}{x^2}+\frac{1}{x^2\sqrt{1-x^2}};$$

(10) $y'=\dfrac{1}{\sqrt{1-\dfrac{1-x}{1+x}}}\cdot\dfrac{1}{2\sqrt{\dfrac{1-x}{1+x}}}\cdot\left(\dfrac{1-x}{1+x}\right)'=\sqrt{\dfrac{1+x}{2x}}\cdot\dfrac{1}{2}\sqrt{\dfrac{1+x}{1-x}}\cdot\dfrac{-(1+x)-(1-x)}{(1+x)^2}$

$=-\dfrac{1}{(1+x)\sqrt{2x(1-x)}}$.

9. 设函数 $f(x)$ 和 $g(x)$ 可导，且 $f^2(x)+g^2(x)\neq 0$，试求函数 $y=\sqrt{f^2(x)+g^2(x)}$ 的导数.

【解】 $y'=\dfrac{1}{2\sqrt{f^2(x)+g^2(x)}}[(f^2(x))'+(g^2(x))']=\dfrac{f(x)f'(x)+g(x)g'(x)}{\sqrt{f^2(x)+g^2(x)}}$.

10. 设 $f(x)$ 可导，求下列函数 y 的导数 $\dfrac{dy}{dx}$：

(1) $y=f(x^2)$.

【解】 $\dfrac{dy}{dx}=f'(x^2)\cdot(x^2)'=2xf'(x^2)$.

(2) $y=f(\sin^2 x)+f(\cos^2 x)$.

【解】 $\frac{dy}{dx}=f'(\sin^2 x)(\sin^2 x)'+f'(\cos^2 x)(\cos^2 x)'$

$=f'(\sin^2 x)\cdot 2\sin x\cos x+f'(\cos^2 x)\cdot 2\cos x\cdot(-\sin x)=\sin 2x[f'(\sin^2 x)-f'(\cos^2 x)].$

(3) $y=\frac{f(e^x)}{e^{f(x)}}$.

【解】

$$y'=\frac{f'(e^x)e^x e^{f(x)}-f(e^x)e^{f(x)}f'(x)}{[e^{f(x)}]^2}=\frac{e^x f'(e^x)-f'(x)f(e^x)}{e^{f(x)}}.$$

11. 求下列函数的导数:

(1) $y=e^{-x}(x^2-2x+3)$; (2) $y=\sin^2 x\cdot\sin(x^2)$; (3) $y=\left(\arctan\frac{x}{2}\right)^2$;

(4) $y=\frac{\ln x}{x^n}$; (5) $y=\frac{e^t-e^{-t}}{e^t+e^{-t}}$; (6) $y=\ln\cos\frac{1}{x}$;

(7) $y=e^{-\sin^2\frac{1}{x}}$; (8) $y=\sqrt{x+\sqrt{x}}$; (9) $y=x\arcsin\frac{x}{2}+\sqrt{4-x^2}$;

(10) $y=\arcsin\frac{2t}{1+t^2}$.

【解】

(1) $y'=(e^{-x})'(x^2-2x+3)+e^{-x}(x^2-2x+3)'=-e^{-x}(x^2-2x+3)+e^{-x}(2x-2)=e^{-x}(-x^2+4x-5)$;

(2) $y'=(\sin^2 x)'\sin(x^2)+\sin^2 x(\sin(x^2))'=2\sin x\cos x\cdot\sin(x^2)+\sin^2 x\cdot\cos(x^2)\cdot 2x$

$=\sin 2x\cdot\sin(x^2)+\sin^2 x\cdot\cos(x^2)\cdot 2x$;

(3) $y'=2\left(\arctan\frac{x}{2}\right)\cdot\left(\arctan\frac{x}{2}\right)'=2\arctan\frac{x}{2}\cdot\frac{1}{1+\left(\frac{x}{2}\right)^2}\cdot\frac{1}{2}=\frac{4\arctan\frac{x}{2}}{4+x^2}$;

(4) $y'=\frac{(\ln x)'\cdot x^n-(\ln x)\cdot(x^n)'}{(x^n)^2}=\frac{\frac{1}{x}\cdot x^n-nx^{n-1}\cdot\ln x}{x^{2n}}=\frac{1-n\ln x}{x^{n+1}}$;

(5) $y'=(\operatorname{th}t)'=\frac{1}{\operatorname{ch}^2 t}$;

(6) $y'=\frac{1}{\cos\frac{1}{x}}\left(\cos\frac{1}{x}\right)'=\frac{-1}{\cos\frac{1}{x}}\cdot\sin\frac{1}{x}\cdot\left(\frac{1}{x}\right)'=-\tan\frac{1}{x}\cdot\left(-\frac{1}{x^2}\right)=\frac{\tan\frac{1}{x}}{x^2}$;

(7) $y'=e^{-\sin^2\frac{1}{x}}\cdot\left(-\sin^2\frac{1}{x}\right)'=e^{-\sin^2\frac{1}{x}}\left(-2\sin\frac{1}{x}\right)\left(\sin\frac{1}{x}\right)'$

$=e^{-\sin^2\frac{1}{x}}\cdot\left(-2\sin\frac{1}{x}\cos\frac{1}{x}\right)\cdot\left(-\frac{1}{x^2}\right)=\frac{\sin\frac{2}{x}}{x^2}e^{-\sin^2\frac{1}{x}}$;

(8) $y'=\frac{1}{2\sqrt{x+\sqrt{x}}}(x+\sqrt{x})'=\frac{1}{2\sqrt{x+\sqrt{x}}}\left(1+\frac{1}{2\sqrt{x}}\right)=\frac{2\sqrt{x}+1}{4\sqrt{x}\sqrt{x+\sqrt{x}}}$;

$$(9)y'=\arcsin\frac{x}{2}+x\cdot\frac{\frac{1}{2}}{\sqrt{1-\left(\frac{x}{2}\right)^2}}+\frac{-2x}{2\sqrt{4-x^2}}=\arcsin\frac{x}{2};$$

$$(10)y'=\frac{1}{\sqrt{1-\left(\frac{2t}{1+t^2}\right)^2}}\cdot\left(\frac{2t}{1+t^2}\right)'=\begin{cases}\frac{2}{1+t^2}, & t^2<1,\\ -\frac{2}{1+t^2}, & t^2>1.\end{cases}$$

*12. 求下列函数的导数：

(1) $y=\mathrm{ch}(\mathrm{sh}x)$；　(2) $y=\mathrm{sh}x\cdot e^{\mathrm{ch}x}$；　(3) $y=\mathrm{th}(\ln x)$；

(4) $y=\mathrm{sh}^3x+\mathrm{ch}^2x$；　(5) $y=\mathrm{th}(1-x^2)$；　(6) $y=\mathrm{arsh}(x^2+1)$；

(7) $y=\mathrm{arch}(e^{2x})$；　(8) $y=\arctan(\mathrm{th}x)$；　(9) $y=\ln\mathrm{ch}x+\frac{1}{2\mathrm{ch}^2x}$；

(10) $y=\mathrm{ch}^2\left(\frac{x-1}{x+1}\right)$.

【解】 (1) $y'=\mathrm{sh}(\mathrm{sh}x)\cdot(\mathrm{sh}x)'=\mathrm{sh}(\mathrm{sh}x)\cdot\mathrm{ch}x$；

(2) $y'=\mathrm{ch}x\cdot e^{\mathrm{ch}x}+\mathrm{sh}x\cdot e^{\mathrm{ch}x}\cdot\mathrm{sh}x=e^{\mathrm{ch}x}(\mathrm{ch}x+\mathrm{sh}^2x)$；

$$(3)y'=\frac{1}{\mathrm{ch}^2(\ln x)}\cdot(\ln x)'=\frac{1}{x\mathrm{ch}^2(\ln x)};$$

$$(4)y'=3\mathrm{sh}^2x(\mathrm{sh}x)'+2\mathrm{ch}x\cdot(\mathrm{ch}x)'=3\mathrm{sh}^2x\cdot\mathrm{ch}x+2\mathrm{ch}x\cdot\mathrm{sh}x$$
$$=\mathrm{sh}x\cdot\mathrm{ch}x(3\mathrm{sh}x+2);$$

$$(5)y'=\frac{1}{\mathrm{ch}^2(1-x^2)}\cdot(1-x^2)'=-\frac{2x}{\mathrm{ch}^2(1-x^2)};$$

$$(6)y'=\frac{1}{\sqrt{1+(x^2+1)^2}}\cdot(x^2+1)'=\frac{2x}{\sqrt{x^4+2x^2+2}};$$

$$(7)y'=\frac{1}{\sqrt{(e^{2x})^2-1}}(e^{2x})'=\frac{2e^{2x}}{\sqrt{e^{4x}-1}};$$

$$(8)y'=\frac{1}{1+\mathrm{th}^2x}\cdot(\mathrm{th}x)'=\frac{1}{(1+\mathrm{th}^2x)\mathrm{ch}^2x}=\frac{1}{\mathrm{ch}^2x+\mathrm{sh}^2x}=\frac{1}{1+2\mathrm{sh}^2x};$$

$$(9)y'=\frac{1}{\mathrm{ch}x}(\mathrm{ch}x)'+\frac{1}{2}\cdot\frac{-2\mathrm{ch}x\mathrm{sh}x}{\mathrm{ch}^4x}=\frac{\mathrm{sh}x}{\mathrm{ch}x}-\frac{\mathrm{sh}x}{\mathrm{ch}^3x}=\frac{\mathrm{sh}x(\mathrm{ch}^2x-1)}{\mathrm{ch}^3x}=\frac{\mathrm{sh}^3x}{\mathrm{ch}^3x}=\mathrm{th}^3x;$$

$$(10)y'=2\mathrm{ch}\frac{x-1}{x+1}\cdot\left(\mathrm{ch}\frac{x-1}{x+1}\right)'=2\mathrm{ch}\frac{x-1}{x+1}\cdot\mathrm{sh}\frac{x-1}{x+1}\cdot\left(\frac{x-1}{x+1}\right)'$$
$$=2\mathrm{ch}\frac{x-1}{x+1}\mathrm{sh}\frac{x-1}{x+1}\cdot\frac{x+1-(x-1)}{(x+1)^2}=\frac{2}{(x+1)^2}\mathrm{sh}\frac{2(x-1)}{x+1}.$$

13. 设函数$f(x)$和$g(x)$均在点x_0的某邻域内有定义，$f(x)$在x_0处可导，$f(x_0)=0$，$g(x)$在x_0处连续，试讨论$f(x)g(x)$在x_0处可导性.

【解】 $\lim\limits_{x\to x_0}\frac{f(x)g(x)-f(x_0)g(x_0)}{x-x_0}=\lim\limits_{x\to x_0}\frac{f(x)}{x-x_0}g(x)=\lim\limits_{x\to x_0}\frac{f(x)-f(x_0)}{x-x_0}\cdot\lim\limits_{x\to x_0}g(x)=f'(x_0)g(x_0)$，

由上述运算可知$f(x)g(x)$在x_0处可导.

14. 设$f(x)$满足下列条件：

(1) $f(x+y)=f(x)f(y)$，对一切x，$y\in\mathbf{R}$；

(2) $f(x)$在$x=0$处可导.

试证明$f(x)$在$\mathbf{R}$上处处可导，且$f'(x)=f(x)\cdot f'(0)$.

【证】 显然$f(x)\equiv 0$满足题意.若$f(x)$不恒等于零,则在(1)中令$y=0$, 得$f(x)=f(x)\cdot f(0)$,可知$f(0)=1$.故

$$\begin{aligned}f'(x)&=\lim_{\Delta x\to 0}\frac{f(x+\Delta x)-f(x)}{\Delta x}=\lim_{\Delta x\to 0}\frac{f(x)f(\Delta x)-f(x)}{\Delta x}\\&=\lim_{\Delta x\to 0}\left[f(x)\cdot\frac{f(\Delta x)-1}{\Delta x}\right]=f(x)\cdot\lim_{\Delta x\to 0}\frac{f(0+\Delta x)-f(0)}{\Delta x}\\&=f(x)\cdot f'(0).\end{aligned}$$

习题 2-3 高阶导数

1. 求下列函数的二阶导数:

(1) $y=2x^2+\ln x$; (2) $y=e^{2x-1}$; (3) $y=x\cos x$;

(4) $y=e^{-t}\sin t$; (5) $y=\sqrt{a^2-x^2}$; (6) $y=\ln(1-x^2)$;

(7) $y=\tan x$; (8) $y=\dfrac{1}{x^3+1}$; (9) $y=(1+x^2)\arctan x$;

(10) $y=\dfrac{e^x}{x}$; (11) $y=xe^{x^2}$; (12) $y=\ln(x+\sqrt{1+x^2})$.

【解】 (1)$y'=4x+\dfrac{1}{x}$, $y''=4-\dfrac{1}{x^2}$;

(2)$y'=e^{2x-1}\cdot 2=2e^{2x-1}$, $y''=4e^{2x-1}$;

(3)$y'=\cos x-x\sin x$, $y''=-\sin x-\sin x-x\cos x=-2\sin x-x\cos x$;

(4)$y'=-e^{-t}\sin t+e^{-t}\cos t$,

$y''=-[e^{-t}\cdot(-1)\sin t+e^{-t}\cos t]-e^{-t}\cos t-e^{-t}\sin t=-2e^{-t}\cos t$;

(5)$y'=\dfrac{-2x}{2\sqrt{a^2-x^2}}=\dfrac{-x}{\sqrt{a^2-x^2}}$, $y''=-\dfrac{\sqrt{a^2-x^2}-x\cdot\dfrac{-x}{\sqrt{a^2-x^2}}}{a^2-x^2}=-\dfrac{a^2}{(a^2-x^2)^{3/2}}$;

(6)$y'=\dfrac{-2x}{1-x^2}$, $y''=\dfrac{-2[1-x^2-x\cdot(-2x)]}{(1-x^2)^2}=-\dfrac{2(1+x^2)}{(1-x^2)^2}$;

(7)$y'=\sec^2 x$, $y''=2\sec x\cdot\sec x\tan x=2\sec^2 x\cdot\tan x$;

(8)$y'=\dfrac{-3x^2}{(x^3+1)^2}$, $y''=-3\cdot\dfrac{2x(x^3+1)^2-x^2\cdot 2(x^3+1)^2\cdot 3x^2}{(x^3+1)^4}=\dfrac{6(2x^4-x)}{(x^3+1)^3}$;

(9)$y'=2x\arctan x+(1+x^2)\cdot\dfrac{1}{1+x^2}=2x\arctan x$, $y''=2\arctan x+\dfrac{2x}{1+x^2}$;

(10)$y'=\dfrac{e^x\cdot x-e^x\cdot 1}{x^2}=\dfrac{e^x(x-1)}{x^2}$, $y''=\dfrac{[e^x(x-1)+e^x]x^2-e^x(x-1)\cdot 2x}{x^4}=\dfrac{e^x(x^2-2x+2)}{x^3}$;

(11)$y'=e^{x^2}+x\cdot e^{x^2}\cdot 2x=(1+2x^2)e^{x^2}$, $y''=4xe^{x^2}+(1+2x^2)e^{x^2}\cdot 2x=2x(3+2x^2)e^{x^2}$;

(12)$y'=\dfrac{1}{x+\sqrt{1+x^2}}\left(1+\dfrac{2x}{2\sqrt{1+x^2}}\right)=\dfrac{1}{\sqrt{1+x^2}}$, $y''=\dfrac{-\dfrac{x}{\sqrt{1+x^2}}}{1+x^2}=-\dfrac{x}{(1+x^2)^{3/2}}$.

2. 设$f(x)=(x+10)^6$, 求$f'''(2)$.

【解】 $f'(x)=6(x+10)^5$, $f''(x)=6\times 5\times(x+10)^4$,

$f'''(x)=6\times 5\times 4\times(x+10)^3$, $f'''(2)=6\times 5\times 4\times(2+10)^3=207360$.

3. 设$f''(x)$存在, 求下列函数y的二阶导数$\dfrac{d^2y}{dx^2}$:

(1) $y=f(x^2)$；(2) $y=\ln[f(x)]$.

【解】 (1) $\frac{dy}{dx}=2xf'(x^2)$，$\frac{d^2y}{dx^2}=2f'(x^2)+2x\cdot f''(x^2)\cdot 2x=2f'(x^2)+4x^2f''(x^2)$；

(2) $\frac{dy}{dx}=\frac{f'(x)}{f(x)}$，$\frac{d^2y}{dx^2}=\frac{f''(x)\cdot f(x)-f'(x)\cdot f'(x)}{f^2(x)}=\frac{f''(x)f(x)-f'^2(x)}{f^2(x)}$.

4. 试从$\frac{dx}{dy}=\frac{1}{y'}$导出：

(1) $\frac{d^2x}{dy^2}=-\frac{y''}{(y')^3}$；　　(2) $\frac{d^3x}{dy^3}=\frac{3(y'')^2-y'y'''}{(y')^5}$.

【证】 (1) $\frac{d^2x}{dy^2}=\frac{d\left(\frac{1}{y'}\right)}{dy}=\frac{d\left(\frac{1}{y'}\right)}{dx}\cdot\frac{dx}{dy}=\frac{-y''}{y'^2}\cdot\frac{1}{y'}=-\frac{y''}{y'^3}$；

(2) $\frac{d^3x}{dy^3}=\frac{d}{dy}\left(-\frac{y''}{y'^3}\right)=-\frac{d}{dx}\left(\frac{y''}{y'^3}\right)\cdot\frac{dx}{dy}=-\frac{y'''\cdot y'^3-y''\cdot 3y'^2\cdot y''}{y'^6}\cdot\frac{1}{y'}=\frac{3(y'')^2-y'y'''}{(y')^5}$.

5. 已知物体的运动规律为 $s=A\sin\omega t$（A，ω 是常数），求物体运动的加速度，并验证：

$$\frac{d^2s}{dt^2}+\omega^2s=0.$$

【解】 $\frac{ds}{dt}=A\cos\omega t\cdot\omega=A\omega\cdot\cos\omega t$，

$\frac{d^2s}{dt^2}=A\omega\cdot(-\sin\omega t)\cdot\omega=-A\omega^2\sin\omega t$，　$\frac{d^2s}{dt^2}+\omega^2s=-A\omega^2\sin\omega t+\omega^2\cdot A\sin\omega t=0$.

6. 密度大的陨石进入大气层后，它距地心 s km 时的速度与$\sqrt{s}$成反比，试证陨石的加速度 a 与 s^2 成反比.

【证】 $v=\frac{ds}{dt}=\frac{k}{\sqrt{s}}$，其中 k 为比例系数，则加速度

$$a=\frac{d^2s}{dt^2}=\frac{d}{ds}\left(\frac{k}{\sqrt{s}}\right)\cdot\frac{ds}{dt}=-\frac{1}{2}\cdot\frac{k}{s^{\frac{3}{2}}}\cdot\frac{k}{\sqrt{s}}=-\frac{k^2}{2s^2}.$$

可见陨星的加速度与 s^2 成反比.

7. 假设质点沿 x 轴运动的速度为$\frac{dx}{dt}=f(x)$，试求质点运动的加速度.

【解】 $a=\frac{d^2x}{dt^2}=f'(x)f(x)$.

8. 设函数$f(x)=\begin{cases}e^x\cos x, & x\leqslant 0,\\ ax^2+bx+c, & x>0,\end{cases}$试选择常数 a，b，c，使$f(x)$具有二阶导数.

【解】 显然，当 $x<0$，$x>0$ 时，$f(x)$具有二阶导数.

$f(x)$在 $x=0$ 处连续，即$\lim\limits_{x\to0^+}f(x)=\lim\limits_{x\to0^-}f(x)=f(0)$. 由$\lim\limits_{x\to0^+}(ax^2+bx+c)=\lim\limits_{x\to0^-}e^x\cos x=1$，得 $c=1$.

$f(x)$在 $x=0$ 处可导，即$f'_-(0)=f'_+(0)$，因为

$$f'_-(0)=\lim_{x\to0^-}\frac{f(x)-f(0)}{x-0}=\lim_{x\to0^-}\frac{e^x\cos x-1}{x}=\lim_{x\to0^-}\left(\frac{e^x-1}{x}\cos x+\frac{\cos x-1}{x}\right)=1,$$

$$f'_+(0)=\lim_{x\to0^+}\frac{f(x)-f(0)}{x-0}=\lim_{x\to0^+}\frac{ax^2+bx+c-1}{x}=b,$$

故 $b=1$.

$f(x)$在 $x=0$ 处二阶可导，即$f''_-(0)=f''_+(0)$，因为

$$f''_-(0)=\lim_{x\to0^-}\frac{f'(x)-f'(0)}{x-0}=\lim_{x\to0^-}\frac{e^x\cos x-e^x\sin x-1}{x}=\lim_{x\to0^-}\left(\frac{e^x\cos x-1}{x}-\frac{e^x\sin x}{x}\right)=1-1=0,$$

$$f''_+(0)=\lim_{x\to0^+}\frac{f'(x)-f'(0)}{x-0}=\lim_{x\to0^+}\frac{2ax+b-1}{x}=2a,$$

故 $a=0$.

9. 求下列函数所指定阶的导数:

(1) $y=e^x\cos x$, 求 $y^{(4)}$.

【解】 利用莱布尼茨公式,有

$$y^{(4)}=(e^x\cos x)^{(4)}$$
$$=(e^x)^{(4)}\cos x+4(e^x)'''(\cos x)'+\frac{4\cdot3}{2!}(e^x)''(\cos x)''+\frac{4\times3\times2}{3!}(e^x)(\cos x)'''+e^x(\cos x)^{(4)}$$
$$=e^x\cos x-4e^x\sin x+6e^x(-\cos x)+4e^x\sin x+e^x\cos x=-4e^x\cos x.$$

(2) $y=x^2\sin 2x$, 求 $y^{(50)}$.

【解】 $(x^2)'=2x$, $(x^2)''=2$, $(x^2)^{(n)}=0\quad(n\geqslant3)$,

$$(\sin 2x)^{(n)}=2^n\sin\left(2+\frac{n\pi}{2}\right),$$

由莱布尼茨公式,有

$$y^{(50)}=(x^2\sin2x)^{(50)}=x^2(\sin2x)^{(50)}+50\times(x^2)'\sin(2x)^{(49)}+\frac{50\cdot49}{2!}\cdot(x^2)''(\sin2x)^{(48)}$$
$$=2^{50}\cdot x^2\cdot\sin\left(2x+\frac{50\pi}{2}\right)+100\times2^{49}\cdot x\sin\left(2x+\frac{49\pi}{2}\right)+\frac{50\times49}{2}\times2\times2^{48}\cdot\sin\left(2x+\frac{48\pi}{2}\right)$$
$$=2^{50}\left(-x^2\sin2x+50x\cos2x+\frac{1225}{2}\sin2x\right).$$

*10. 求下列函数的 n 阶导数的一般表达式:

(1) $y=x^n+a_1x^{n-1}+a_2x^{n-2}+\cdots+a_{n-1}x+a_n$ (a_1, a_2, $\cdots$, a_n 都是常数).

【解】 $y'=nx^{n-1}+a_1(n-1)x^{n-2}+\cdots+a_{n-1}$,

$y''=n(n-1)x^{n-2}+a_1(n-1)(n-2)x^{n-3}+a_{n-2}$,

…………

$y^{(n)}=n!$.

(2) $y=\sin^2x$.

【解】 $y=\frac{1}{2}(1-\cos2x)$, $y^{(n)}=-\frac{1}{2}\cos\left(2x+\frac{n\pi}{2}\right)\cdot2^n=-2^{n-1}\cos\left(2x+\frac{n\pi}{2}\right)$.

(3) $y=x\ln x$.

【解】 $y'=1+\ln x$, $y''=x^{-1}$, $y'''=-x^{-2}$, $\cdots$ $y^{(n)}=\frac{(-1)^{n-2}(n-2)!}{x^{n-1}}\quad(n\geqslant2)$.

总之
$$y^{(n)}=\begin{cases}1+\ln x, & n=1,\\(-1)^{n-2}(n-2)!\ x^{1-n}, & n\geqslant2.\end{cases}$$

(4) $y=xe^x$.

【解】 $y'=(1+x)e^x$, $y''=(2+x)e^x$, $\cdots$.

设 $y^{(k)}=(k+x)e^x$, 则

$$y^{(k+1)}=(k+x)'e^x+(k+x)(e^x)'=[x+(k+1)]e^x,$$

故
$$y^{(n)}=(n+x)e^x.$$

*11. 求函数 $f(x)=x^2\ln(1+x)$ 在 $x=0$ 处的 n 阶导数 $f^{(n)}(0)(n\geqslant3)$.

【解】　记 $u=\ln(1+x)$，$v=x^2$. 利用莱布尼茨公式可求

$$u^{(n)}=\frac{(-1)^{n-1}(n-1)!}{(1+x)^n}\quad (n=1,\ 2,\ \cdots).$$

同理
$$v'=2x,\ v''=2,\ v^{(n)}=0\quad (n\geqslant 3).$$

故 $f^{(n)}(x)=\dfrac{(-1)^{n-1}(n-1)!}{(1+x)^n}\cdot x^2+n\cdot\dfrac{(-1)^{n-2}(n-2)!}{(1+x)^{n-1}}\cdot 2x+\dfrac{n(n-1)}{2}\cdot\dfrac{(-1)^{n-3}(n-3)!}{(1+x)^{n-2}}\cdot 2\quad (n\geqslant 3)$,

$f^{(n)}(0)=\dfrac{(-1)^{n-1}n!}{n-2}\quad (n\geqslant 3)$.

习题 2-4　隐函数及由参数方程所确定的函数的导数　相关变化率

1. 求由下列方程所确定的隐函数 y 的导数 $\dfrac{dy}{dx}$：

(1) $y^2-2xy+9=0$.

【解】　方程两边对 x 求导，得 $2yy'-2y-2xy'=0$，从而

$$y'=\frac{2y}{2y-2x}=\frac{y}{y-x}.$$

(2) $x^3+y^3-3axy=0$.

【解】　方程两边对 x 求导，得 $3x^2+3y^2\cdot y'-3ay-3axy'=0$，从而

$$y'=\frac{ay-x^2}{y^2-ax}.$$

(3) $xy=e^{x+y}$.

【解】　方程两边对 x 求导，得 $y+xy'=e^{x+y}\cdot(1+y')$，从而

$$y'=\frac{e^{x+y}-y}{x-e^{x+y}}=\frac{xy-y}{x-xy}.$$

(4) $y=1-xe^y$.

【解】　方程两边对 x 求导，得 $y'=-e^y-xe^y\cdot y'$，从而

$$y'=-\frac{e^y}{1+xe^y}=\frac{e^y}{y-2}.$$

2. 求曲线 $x^{\frac{2}{3}}+y^{\frac{2}{3}}=a^{\frac{2}{3}}$ 在点 $\left(\dfrac{\sqrt{2}}{4}a,\ \dfrac{\sqrt{2}}{4}a\right)$ 处的切线方程和法线方程.

【解】　方程两边对 x 求导，得 $\dfrac{2}{3}x^{-\frac{1}{3}}+\dfrac{2}{3}y^{-\frac{1}{3}}\cdot y'=0$，从而

$$y'=-\sqrt[3]{\frac{y}{x}}.$$

在点 $\left(\dfrac{\sqrt{2}}{4}a,\ \dfrac{\sqrt{2}}{4}a\right)$ 处的切线斜率　$k=y'\Big|_{x=\frac{\sqrt{2}}{4}a}=-1.$

切线方程为
$$y-\frac{\sqrt{2}}{4}a=-\left(x-\frac{\sqrt{2}}{4}a\right),$$

即
$$x+y-\frac{\sqrt{2}}{2}a=0.$$

法线方程为
$$y-\frac{\sqrt{2}}{4}a=x-\frac{\sqrt{2}}{4}a,$$

即
$$x-y=0.$$

3. 设曲线 C 的方程为 $x^2y-xy^2=2$，试找出 C 上有水平切线和铅直切线的点.

【解】 方程两端分别为对 x 求导，得

$$2xy+x^2y'-y^2-2xyy'=0,$$

令 $y'=0$，得 $2xy-y^2=0$，结合曲线 C 的方程 $x^2y-xy^2=2$，得 $x=-1$，$y=-2$，可知曲线 C 上点$(-1,-2)$处有水平切线.

当 $2xy-x^2=0$，结合曲线 C 的方程 $x^2y-xy^2=2$，得 $x=2$，$y=1$，可知曲线 C 上的点$(2,1)$处有铅直切线.

4. 求由下列方程所确定的隐函数 y 的二阶导数$\dfrac{d^2y}{dx^2}$:

(1) $b^2x^2+a^2y^2=a^2b^2$.

【解】 方程两边对 x 求导，得 $2b^2x+2a^2yy'=0$，从而

$$y'=-\frac{b^2x}{a^2y},\ y''=-\frac{b^2}{a^2}\cdot\frac{y-xy'}{y^2}=-\frac{b^2}{a^2}\cdot\frac{a^2y^2+b^2x^2}{a^2y^3}=-\frac{b^4}{a^2y^3}.$$

(2) $y=\tan(x+y)$.

【解】 方程两边对 x 求导，得 $y'=\sec^2(x+y)(1+y')$，从而

$$y'=\frac{\sec^2(x+y)}{1-\sec^2(x+y)}=\frac{\sec^2(x+y)}{-\tan^2(x+y)}=-\csc^2(x+y),$$

$$y''=2\csc(x+y)\cdot\csc(x+y)\cdot\cot(x+y)(1+y')=2\csc^2(x+y)\cdot\cot(x+y)[1-\csc^2(x+y)]$$
$$=-2\csc^2(x+y)\cdot\cot^3(x+y).$$

(3) $y=1+xe^y$.

【解】 方程两边对 x 求导，得 $y'=e^y+xe^y\cdot y'$，从而

$$y'=\frac{e^y}{1-xe^y}=\frac{e^y}{2-y},\ y''=\frac{e^y\cdot y'(2-y)-e^y\cdot(-y')}{(2-y)^2}=\frac{3-y}{(2-y)^2}\cdot e^y\cdot y'=\frac{(3-y)e^{2y}}{(2-y)^3}.$$

(4) $y-2x=(x-y)\ln(x-y)$.

【解】 应用隐函数的求导方法，得

$$y'-2=(1-y')\ln(x-y)+(x-y)\frac{1-y'}{x-y},$$

即

$$y'[\ln(x-y)+2]=\ln(x-y)+3, \qquad ①$$

于是

$$y'=\frac{\ln(x-y)+3}{\ln(x-y)+2}, \qquad ②$$

在①式两端分别对 x 求导，得

$$y''[\ln(x-y)+2]+y'\frac{1-y'}{x-y}=\frac{1-y'}{x-y},$$

即 $y''[\ln(x-y)+2]=\dfrac{(1-y')^2}{x-y}$，将②式代入，得 $y''=\dfrac{1}{[\ln(x-y)+2]^3(x-y)}$，其中 $y=y(x)$ 是由方程 $y-2x=(x-y)\ln(x-y)$ 所确定的隐函数.

5. 用对数求导法求下列函数的导数:

(1) $y=\left(\dfrac{x}{1+x}\right)^x$.

【解】 $\ln y=x[\ln x-\ln(1+x)]$.两边对 x 求导，得

$$\frac{1}{y}\cdot y'=\ln x-\ln(1+x)+x\left(\frac{1}{x}-\frac{1}{1+x}\right),\quad y'=y\left(\ln\frac{x}{1+x}+\frac{1}{1+x}\right)=\left(\frac{x}{1+x}\right)^x\left(\ln\frac{x}{1+x}+\frac{1}{1+x}\right).$$

（2）$y=\sqrt[5]{\dfrac{x-5}{\sqrt[5]{x^2+2}}}$.

【解】 $\ln y=\dfrac{1}{5}\ln(x-5)-\dfrac{1}{25}\ln(x^2+2)$.两边对 x 求导，得

$$\frac{1}{y}y'=\frac{1}{5}\cdot\frac{1}{x-5}-\frac{1}{25}\cdot\frac{2x}{x^2+2},\quad y'=y\cdot\frac{1}{5}\left[\frac{1}{x-5}-\frac{2x}{5(x^2+2)}\right]=\frac{1}{5}\sqrt[5]{\frac{x-5}{\sqrt[5]{x^2+2}}}\left[\frac{1}{x-5}-\frac{2x}{5(x^2+2)}\right].$$

（3）$y=\dfrac{\sqrt{x+2}(3-x)^4}{(x+1)^5}$.

【解】 $\ln y=\dfrac{1}{2}\ln(x+2)+4\ln(3-x)-5\ln(x+1)$.两边对 x 求导，得

$$\frac{1}{y}\cdot y'=\frac{1}{2(x+2)}+\frac{-4}{3-x}-\frac{5}{x+1},$$

从而
$$y'=\frac{\sqrt{x+2}(3-x)^4}{(x+1)^5}\left[\frac{1}{2(x+2)}-\frac{4}{3-x}-\frac{5}{x+1}\right].$$

（4）$y=\sqrt{x\sin x\sqrt{1-e^x}}$.

【解】 $\ln y=\dfrac{1}{2}\ln x+\dfrac{1}{2}\ln\sin x+\dfrac{1}{4}\ln(1-e^x)$.两边对 x 求导，得

$$\frac{1}{y}\cdot y'=\frac{1}{2x}+\frac{\cos x}{2\sin x}+\frac{-e^x}{4(1-e^x)},$$

从而
$$y'=\sqrt{x\sin x\sqrt{1-e^x}}\left[\frac{1}{2x}+\frac{1}{2}\cot x+\frac{e^x}{4(e^x-1)}\right].$$

6. 求下列参数方程所确定的函数的导数$\dfrac{dy}{dx}$：

（1）$\begin{cases}x=at^2,\\y=bt^3.\end{cases}$

【解】 $\dfrac{dy}{dx}=\dfrac{\frac{dy}{dt}}{\frac{dx}{dt}}=\dfrac{3bt^2}{2at}=\dfrac{3b}{2a}t$.

（2）$\begin{cases}x=\theta(1-\sin\theta),\\y=\theta\cos\theta.\end{cases}$

【解】 $\dfrac{dy}{dx}=\dfrac{\frac{dy}{dt}}{\frac{dx}{dt}}=\dfrac{\cos\theta-\theta\sin\theta}{1-\sin\theta+\theta(-\cos\theta)}=\dfrac{\cos\theta-\theta\sin\theta}{1-\sin\theta-\theta\cos\theta}$.

7. 已知$\begin{cases}x=e^t\sin t,\\y=e^t\cos t.\end{cases}$求当 $t=\dfrac{\pi}{3}$时$\dfrac{dy}{dx}$的值.

【解】 $\dfrac{dy}{dx}=\dfrac{\frac{dy}{dt}}{\frac{dx}{dt}}=\dfrac{e^t\cos t-e^t\sin t}{e^t\sin t+e^t\cos t}=\dfrac{\cos t-\sin t}{\sin t+\cos t}$，　$\left.\dfrac{dy}{dx}\right|_{t=\frac{\pi}{3}}=\dfrac{\cos\frac{\pi}{3}-\sin\frac{\pi}{3}}{\sin\frac{\pi}{3}+\cos\frac{\pi}{3}}=\dfrac{1-\sqrt{3}}{1+\sqrt{3}}=\sqrt{3}-2$.

8. 写出下列曲线在所给参数值相应的点处的切线方程和法线方程：

（1）$\begin{cases}x=\sin t,\\y=\cos 2t,\end{cases}$在 $t=\dfrac{\pi}{4}$处.

【解】 $\frac{dy}{dx}=\frac{-2\sin 2t}{\cos t}$.

在 $t=\frac{\pi}{4}$处，$x=\frac{\sqrt{2}}{2}$，$y=0$.

$$k_{切}=\left.\frac{dy}{dx}\right|_{t=\frac{\pi}{4}}=-2\sqrt{2}.$$

切线方程为
$$y-0=-2\sqrt{2}\left(x-\frac{\sqrt{2}}{2}\right),$$
即
$$2\sqrt{2}x+y-2=0.$$
法线方程为
$$y-0=\frac{1}{2\sqrt{2}}\left(x-\frac{\sqrt{2}}{2}\right),$$
即
$$x-2\sqrt{2}y-\frac{\sqrt{2}}{2}=0.$$

(2) $\begin{cases}x=\frac{3at}{1+t^2},\\ y=\frac{3at^2}{1+t^2},\end{cases}$ 在 $t=2$ 处.

【解】 $\frac{dy}{dx}=\frac{\left(\frac{3at^2}{1+t^2}\right)'}{\left(\frac{3at}{1+t^2}\right)'}=\frac{2t}{1-t^2}$.

在 $t=2$ 处，$x=\frac{6}{5}a$，$y=\frac{12}{5}a$.

$$k_{切}=\left.\frac{dy}{dx}\right|_{t=2}=-\frac{4}{3}.$$

切线方程为
$$y-\frac{12}{5}a=-\frac{4}{3}\left(x-\frac{6}{5}a\right),$$
即
$$4x+3y-12a=0.$$
法线方程为
$$y-\frac{12}{5}a=\frac{3}{4}\left(x-\frac{6}{5}a\right),$$
即
$$3x-4y+6a=0.$$

9. 求下列参数方程所确定的函数的二阶导数$\frac{d^2y}{dx^2}$:

(1) $\begin{cases}x=\frac{t^2}{2},\\ y=1-t.\end{cases}$

【解】 $\frac{dy}{dx}=\frac{(1-t)'}{\left(\frac{t^2}{2}\right)'}=\frac{-1}{t}=-\frac{1}{t}$，$\frac{d^2y}{dx^2}=\frac{\left(-\frac{1}{t}\right)'}{\left(\frac{1}{2}t^2\right)'}=\frac{\frac{1}{t^2}}{t}=\frac{1}{t^3}$.

(2) $\begin{cases}x=a\cos t,\\ y=b\sin t.\end{cases}$

【解】 $\frac{dy}{dx}=\frac{b\cos t}{-a\sin t}=-\frac{b}{a}\cot t$，$\frac{d^2y}{dx^2}=\frac{-\frac{b}{a}(-\csc^2 t)}{-a\sin t}=-\frac{b}{a^2\sin^3 t}$.

(3) $\begin{cases}x=3\mathrm{e}^{-t},\\ y=2\mathrm{e}^{t}.\end{cases}$

【解】 $\dfrac{\mathrm{d}y}{\mathrm{d}x}=\dfrac{2\mathrm{e}^{t}}{-3\mathrm{e}^{-t}}=-\dfrac{2}{3}\mathrm{e}^{2t}$，$\dfrac{\mathrm{d}^2y}{\mathrm{d}x^2}=\dfrac{-\dfrac{2}{3}\mathrm{e}^{2t}\cdot 2}{-3\mathrm{e}^{-t}}=\dfrac{4}{9}\mathrm{e}^{3t}$.

(4) $\begin{cases}x=f'(t),\\ y=tf'(t)-f(y),\end{cases}$ 设$f''(t)$存在且不为零.

【解】 $\dfrac{\mathrm{d}y}{\mathrm{d}x}=\dfrac{f'(t)+tf''(t)-f'(t)}{f''(t)}=t$，$\dfrac{\mathrm{d}^2y}{\mathrm{d}x^2}=\dfrac{1}{f''(t)}$.

*10. 求下列参数方程所确定的函数的三阶导数$\dfrac{\mathrm{d}^3y}{\mathrm{d}x^3}$：

(1) $\begin{cases}x=1-t^2,\\ y=t-t^3.\end{cases}$

【解】 $\dfrac{\mathrm{d}y}{\mathrm{d}x}=\dfrac{1-3t^2}{-2t}$，$\dfrac{\mathrm{d}^2y}{\mathrm{d}x^2}=\dfrac{\left(\dfrac{1-3t^2}{-2t}\right)'}{-2t}=-\dfrac{1}{4}\left(\dfrac{1}{t^3}+\dfrac{3}{t}\right)$，$\dfrac{\mathrm{d}^3y}{\mathrm{d}x^3}=\dfrac{-\dfrac{1}{4}\left(\dfrac{1}{t^3}+\dfrac{3}{t}\right)'}{-2t}=-\dfrac{3}{8t^5}(1+t^2)$.

(2) $\begin{cases}x=\ln(1+t^2),\\ y=t-\arctan t.\end{cases}$

【解】 $\dfrac{\mathrm{d}y}{\mathrm{d}x}=\dfrac{(t-\arctan t)'}{[\ln(1+t^2)]'}=\dfrac{t}{2}$，$\dfrac{\mathrm{d}^2y}{\mathrm{d}x^2}=\dfrac{\left(\dfrac{t}{2}\right)'}{[\ln(1+t^2)]'}=\dfrac{1}{4}\left(\dfrac{1}{t}+t\right)$，$\dfrac{\mathrm{d}^3y}{\mathrm{d}x^3}=\dfrac{\dfrac{1}{4}\left(\dfrac{1}{t}+t\right)'}{[\ln(1+t^2)]'}=\dfrac{t^4-1}{8t^3}$.

11. 落在平静水面上的石头，产生同心波纹. 若最外一圈波半径的增大率总是 6 m/s，问在2 s末扰动水面面积的增大率为多少？

【解】 设最外一圈波的半径 $r=r(t)$，相应圆面积为 $S=S(t)$，则

$$S(t)=\pi r^2,\ \frac{\mathrm{d}S}{\mathrm{d}t}=2\pi r\cdot\frac{\mathrm{d}r}{\mathrm{d}t}.$$

当 $t=2$ 时，$r=6\times2=12$，$\dfrac{\mathrm{d}r}{\mathrm{d}t}=6$，则

$$\frac{\mathrm{d}S}{\mathrm{d}t}=2\pi\times12\times6=144\pi\ (\mathrm{m}^2/\mathrm{s}).$$

12. 注水入深 8 m、上顶直径 8 m 的正圆锥形容器中，其速率为 4 m^3/min. 当水深为 5 m 时，其表面上升的速率为多少？

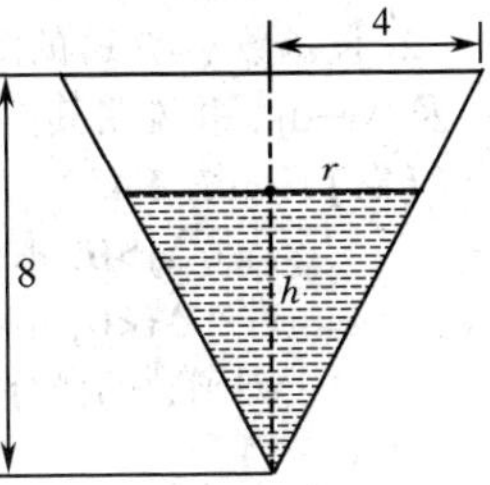

图 2-1

【解】 设在 t 时刻容器中的水深为 h，水的容积为 V，如图 2-1 所示. 由相似三角形的性质得

$$r=\frac{h}{2},$$

于是 $$V=\frac{1}{3}\pi r^2\cdot h=\frac{\pi}{12}h^3,\quad V'_t=\frac{\pi}{12}\cdot3h^2\cdot\frac{\mathrm{d}h}{\mathrm{d}t}=\frac{\pi}{4}h^2\cdot\frac{\mathrm{d}h}{\mathrm{d}t}.$$

当 $h=5$ 时，$V'_t=4$，得

$$\frac{\mathrm{d}h}{\mathrm{d}t}=\frac{16}{25\pi}\ (\mathrm{m}/\mathrm{min}).$$

13. 溶液自深 18 cm、顶直径 12 cm 的正圆锥形漏斗中漏入一直径为 10 cm 的圆柱形筒中. 开始时漏斗中盛满了溶液. 已知当溶液在漏斗中深为 12 cm 时，其表面下降的速率为 1 cm/min. 问此时圆柱形筒中溶液表面上升的速率为多少？

【解】 如图 2-2 所示，设在 t 时刻漏斗中的水深为 $y=y(t)$，圆柱形筒中水深为 $h=h(t)$.

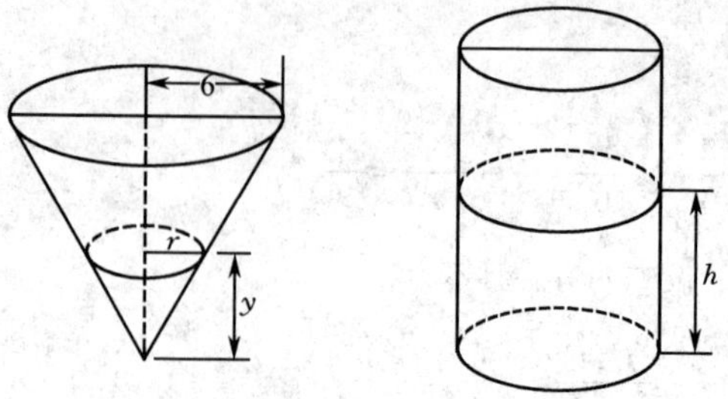

图 2-2

建立 $y(t)$ 与 $h(t)$ 的关系式:

$$\frac{1}{3}\cdot 6^2\pi\cdot 18-\frac{1}{3}\pi r^2 y=5^2\pi h,$$

其中$\frac{r}{6}=\frac{y}{18}$, 即 $r=\frac{1}{3}y$, 则

$$\frac{1}{3}\cdot 6^2\pi\cdot 18-\frac{\pi}{27}y^3=25\pi h,$$

两边对 t 求导, 得
$$-\frac{1}{9}y^2\cdot y'_t=25h'_t.$$

当 $y=12$ 时, $y'_t=-1$, 得

$$h'_t=-\frac{12^2\times(-1)}{9\times 25}=\frac{16}{25}\ (\text{cm/min}).$$

习题 2-5　函数的微分

1. 已知 $y=x^3-x$, 计算在 $x=2$ 处当 Δx 分别等于 1, 0.1, 0.01时的 Δy 及 $\mathrm{d}y$.

【解】 $\Delta y=(2+\Delta x)^3-(2+\Delta x)-(2^3-2)=11\Delta x+6\Delta x^2+\Delta x^3$,

$\mathrm{d}y=y'\big|_{x=2}\Delta x=11\Delta x.$

当 $\Delta x=1$ 时, $\Delta y=18$, $\mathrm{d}y=11$;

当 $\Delta x=0.1$ 时, $\Delta y=1.161$, $\mathrm{d}y=1.1$;

当 $\Delta x=0.01$ 时, $\Delta y=0.110\,601$, $\mathrm{d}y=0.11$.

2. 设函数 $y=f(x)$ 的图形如图 2-3, 试在图 2-3(a), (b), (c), (d)中分别标出在点 x_0 的 $\mathrm{d}y$, Δy 及 $\Delta y-\mathrm{d}y$, 并说明其正负.

【解】 如图 2-4.

(a) $\Delta y>0$, $\mathrm{d}y>0$, $\Delta y-\mathrm{d}y>0$, (b) $\Delta y>0$, $\mathrm{d}y>0$, $\Delta y-\mathrm{d}y<0$,

(c) $\Delta y<0$, $\mathrm{d}y<0$, $\Delta y-\mathrm{d}y<0$, (d) $\Delta y<0$, $\mathrm{d}y<0$, $\Delta y-\mathrm{d}y>0$.

3. 求下列函数的微分:

(1) $y=\frac{1}{x}+2\sqrt{x}$.

【解】 $y'=-\frac{1}{x^2}+\frac{1}{\sqrt{x}}$, $\mathrm{d}y=\left(-\frac{1}{x^2}+\frac{1}{\sqrt{x}}\right)\mathrm{d}x$.

(2) $y=x\sin 2x$.

【解】 $\mathrm{d}y=\sin 2x\mathrm{d}x+x\cdot\cos 2x\cdot 2\mathrm{d}x=(\sin 2x+2x\cos 2x)\mathrm{d}x$.

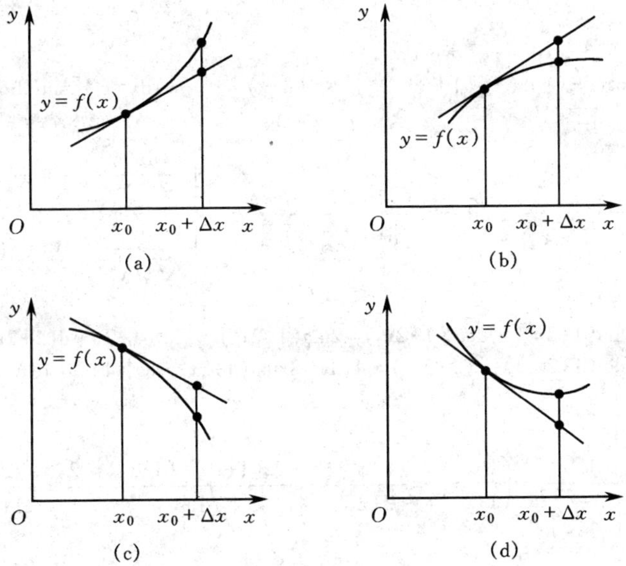

图 2-3

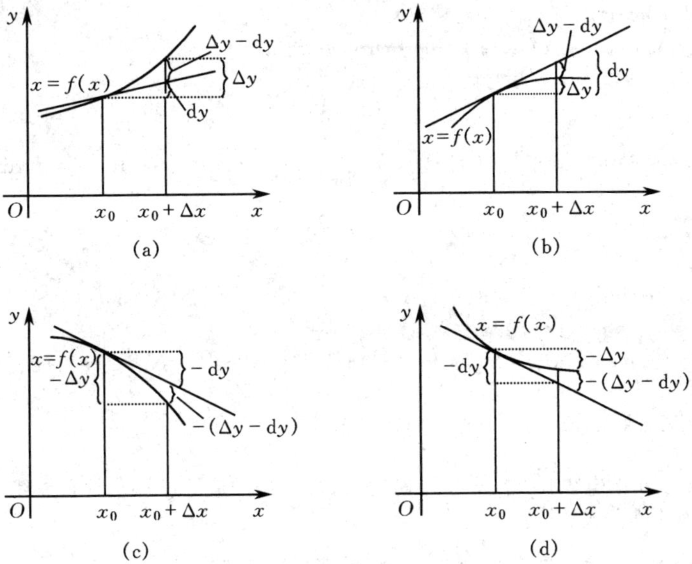

图 2-4

(3) $y=\dfrac{x}{\sqrt{x^2+1}}$.

【解】 $\mathrm{d}y=\dfrac{\sqrt{x^2+1}\,\mathrm{d}x-x\mathrm{d}\sqrt{x^2+1}}{x^2+1}=\dfrac{\sqrt{x^2+1}\,\mathrm{d}x-x\cdot\dfrac{x}{\sqrt{x^2+1}}\mathrm{d}x}{x^2+1}=\dfrac{1}{(x^2+1)^{3/2}}\mathrm{d}x.$

(4) $y=\ln^2(1-x)$.

【解】 $\mathrm{d}y=2\ln(1-x)\cdot\mathrm{d}\ln(1-x)=2\ln(1-x)\cdot\dfrac{-1}{1-x}\mathrm{d}x=-\dfrac{2\ln(1-x)}{1-x}\mathrm{d}x.$

(5) $y=x^2\mathrm{e}^{2x}$.

【解】 $dy=e^{2x}dx^2+x^2de^{2x}=e^{2x}\cdot 2xdx+x^2e^{2x}\cdot 2dx=2x(1+x)e^{2x}dx$.

(6) $y=e^{-x}\cos(3-x)$.

【解】 $dy=\cos(3-x)de^{-x}+e^{-x}d\cos(3-x)$

$=\cos(3-x)\cdot(-e^{-x})dx+e^{-x}\cdot[-\sin(3-x)]\cdot(-1)dx=e^{-x}[\sin(3-x)-\cos(3-x)]dx$.

(7) $y=\arcsin\sqrt{1-x^2}$.

【解】 $$dy=\frac{1}{\sqrt{1-(1-x^2)}}d\sqrt{1-x^2}=\frac{1}{|x|}\cdot\frac{-2x}{2\sqrt{1-x^2}}dx=\begin{cases}\dfrac{dx}{\sqrt{1-x^2}}, & -1<x<0,\\ -\dfrac{dx}{\sqrt{1-x^2}}, & 0<x<1.\end{cases}$$

(8) $y=\tan^2(1+2x^2)$.

【解】 $dy=2\tan(1+2x^2)\cdot d\tan(1+2x^2)=2\tan(1+2x^2)\cdot\sec^2(1+2x^2)d(1+2x^2)$

$=2\tan(1+2x^2)\sec^2(1+2x^2)\cdot 4xdx=8x\tan(1+2x^2)\sec^2(1+2x^2)dx$.

(9) $y=\arctan\dfrac{1-x^2}{1+x^2}$.

【解】 $$y'=\frac{1}{1+\left(\dfrac{1-x^2}{1+x^2}\right)^2}\cdot\left(\frac{1-x^2}{1+x^2}\right)'=\frac{(1+x^2)^2}{2+2x^4}\cdot\frac{-2x(1+x^2)-(1-x^2)\cdot 2x}{(1+x^2)^2}=-\frac{2x}{1+x^4},$$

$$dy=-\frac{2x}{1+x^4}dx.$$

(10) $s=A\sin(\omega t+\varphi)$ (A, ω, φ 是常数).

【解】 $ds=A\cos(\omega t+\varphi)d(\omega t+\varphi)=A\omega\cdot\cos(\omega t+\varphi)dt$.

4. 将适当的函数填入下列括号内，使等式成立：

(1) d( )$=2dx$; (2) d( )$=3xdx$; (3) d( )$=\cos t dt$;

(4) d( )$=\sin\omega x dx$ $(\omega\neq 0)$; (5) d( )$=\dfrac{1}{1+x}dx$; (6) d( )$=e^{-2x}dx$;

(7) d( )$=\dfrac{1}{\sqrt{x}}dx$; (8) d( )$=\sec^2 3xdx$.

【解】 (1) $2x+C$; (2) $\dfrac{3}{2}x^2+C$; (3) $\sin t+C$;

(4) $-\dfrac{1}{\omega}\cos\omega x+C$; (5) $\ln(1+x)+C$; (6) $-\dfrac{1}{2}e^{-2x}+C$;

(7) $2\sqrt{x}+C$; (8) $\dfrac{1}{3}\tan 3x+C$.

5. 如图 2-5 所示的电缆$\overset{\frown}{AOB}$的长为 s，跨度为 $2l$，电缆的最低点 O 与杆顶连线 AB 的距离为 f，则电缆长度可按下面公式计算：

$$s=2l\left(1+\frac{2f^2}{3l^2}\right),$$

当 f 变化了 Δf 时，电缆长的变化约为多少？

【解】 $ds=2l\cdot\dfrac{4f}{3l^2}df=\dfrac{8f}{3l}df$, $\Delta s\approx ds=\dfrac{8f}{3l}\Delta f$.

6. 设扇形的圆心角 $\alpha=60°$，半径 $R=100$ cm(见图 2-6). 如果 R 不变，α 减少 $30'$，问扇形面积大约改变了多少？又如果 α 不变，R 增加 1 cm，问扇形面积大约改变了多少？

【解】 扇形面积 $S=\dfrac{1}{2}\alpha R^2$. 当 R 不变时，

$$\Delta S\approx dS=\frac{1}{2}R^2\cdot\Delta\alpha=\frac{1}{2}\times100^2\times\left(-\frac{\pi}{360}\right)\approx-43.63\ (\text{cm}^2).$$

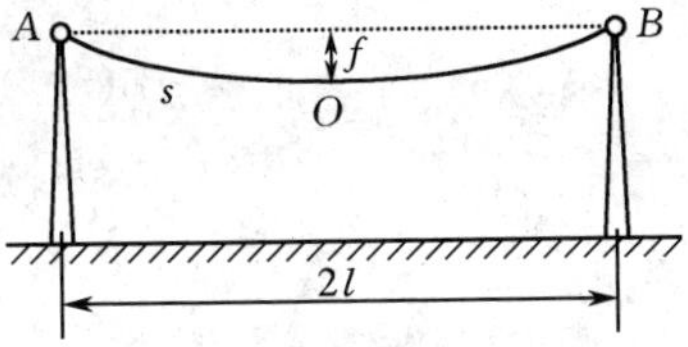

图 2-5

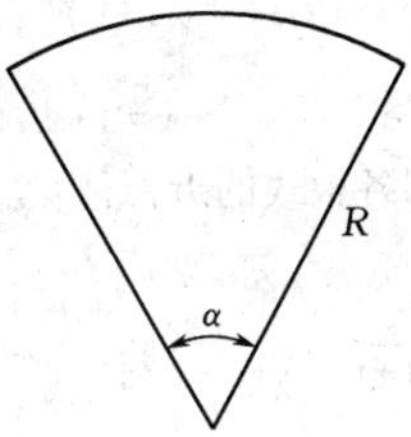

图 2-6

当 α 不变时,

$$\Delta S \approx \mathrm{d}S = \alpha R \cdot \mathrm{d}R = \frac{\pi}{3} \times 100 \times 1 \approx 104.72\ (\mathrm{cm}^2).$$

7. 计算下列三角函数值的近似值:

(1) cos29°.

【解】 令 $f(x)=\cos x$, $f'(x)=-\sin x$.

$$\cos 29° = \cos\left(\frac{\pi}{6}-\frac{\pi}{180}\right) \approx \cos\frac{\pi}{6}+\left(-\sin\frac{\pi}{6}\right)\cdot\left(-\frac{\pi}{180}\right)=\frac{\sqrt{3}}{2}+\frac{\pi}{360}\approx 0.8747.$$

(2) tan136°.

【解】 令 $f(x)=\tan x$, $f'(x)=\sec^2 x$.

$$\tan 136° = \tan\left(\frac{3}{4}\pi+\frac{\pi}{180}\right) \approx \tan\frac{3}{4}\pi+\sec^2\frac{3}{4}\pi\cdot\frac{\pi}{180}=-1+2\times\frac{\pi}{180}\approx -0.9651.$$

8. 计算下列反三角函数值的近似值:

(1) arcsin0.5002.

【解】 设 $f(x)=\arcsin x$, $f'(x)=\frac{1}{\sqrt{1-x^2}}$,　$\arcsin(x+\Delta x)\approx \arcsin x+\frac{1}{\sqrt{1-x^2}}\cdot\Delta x$,

$$\arcsin 0.5002=\arcsin(0.5+0.0002)=\arcsin 0.5+\frac{1}{\sqrt{1-0.5^2}}\times 0.0002\approx 30°47'.$$

(2) arccos0.4995.

【解】 令 $f(x)=\arccos x$, $f'(x)=-\frac{1}{\sqrt{1-x^2}}$,　$\arccos(x+\Delta x)\approx \arccos x-\frac{1}{\sqrt{1-x^2}}\cdot\Delta x$,

$$\arccos 0.4995=\arccos(0.5-0.0005)=\arccos 0.5-\frac{1}{\sqrt{1-0.5^2}}\times 0.0005\approx 60°2'.$$

9. 当 $|x|$ 较小时, 证明下列近似公式:

(1) $\tan x\approx x$ (x 是角的弧度值);

(2) $\ln(1+x)\approx x$;

(3) $\sqrt[n]{1+x}\approx 1+\frac{1}{n}x$;

(4) $\mathrm{e}^x\approx 1+x$.

并计算 tan45′和 ln1.002 的近似值.

【证】 (1) $\tan x=\tan(0+x)=\tan 0+(\tan x)'\big|_{x=0}\cdot x=0+\sec^2 x\big|_{x=0}\cdot x=x$,

$$\tan 45'\approx 45'=\frac{\pi}{180}\cdot\frac{3}{4}\approx 0.0131;$$

(2) $\ln(1+x)\approx \ln 1+\frac{1}{x}\Big|_{x=1}\cdot x=0+x=x$,　$\ln 1.002=\ln(1+0.002)\approx 0.002$;

(3) $\sqrt[n]{1+x}\approx\sqrt[n]{1+0}+(\sqrt[n]{1+x})'\big|_{x=0}\cdot x=1+\frac{1}{n}x$;

(4) $e^x\approx e^0+(e^x)'\big|_{x=0}\cdot x=1+x$.

10. 计算下列各根式的近似值:

(1) $\sqrt[3]{996}$.

【解】 由 $\sqrt[n]{1+x}\approx1+\frac{1}{n}x$ 得

$$\sqrt[3]{996}=\sqrt[3]{1000-4}=\sqrt[3]{1000\left(1-\frac{4}{1000}\right)}=10\sqrt[3]{1-\frac{4}{1000}}\approx10\left[1+\frac{1}{3}\times\left(-\frac{4}{1000}\right)\right]\approx9.987.$$

(2) $\sqrt[6]{65}$.

【解】 由 $\sqrt[n]{1+x}\approx1+\frac{1}{n}x$ 得

$$\sqrt[6]{65}=\sqrt[6]{64+1}=\sqrt[6]{64\left(1+\frac{1}{64}\right)}=2\sqrt[6]{1+\frac{1}{64}}\approx2\left(1+\frac{1}{6}\times\frac{1}{64}\right)\approx2.0052.$$

*11. 计算球体体积时,要求精确度在 2%以内. 问这时测量直径 D 的相对误差不能超过多少?

【解】 球的体积 $V=\frac{1}{6}\pi D^3$,$dV=\frac{1}{2}\pi D^2\Delta D$,题设要求精度在 2%以内,所以其相对误差不超过 2%,即要求

$$\left|\frac{dV}{V}\right|=\left|\frac{\frac{1}{2}\pi D^2\Delta D}{\frac{1}{6}\pi D^3}\right|=3\left|\frac{\Delta D}{D}\right|<2\%,$$

即 $\left|\frac{\Delta D}{D}\right|\leqslant0.667\%$,也就是测量直径的相对误差不能超过 0.667%.

12. 某厂生产如图 2-7 所示的扇形板,半径 $R=200$ mm,要求中心角 α 为 55°. 产品检验时,一般用测量弦长 l 的办法来间接测量中心角 α. 如果测量弦长 l 时的误差 $\delta_l=0.1$ mm,问由此而引起的中心角测量误差 δ_α 是多少?

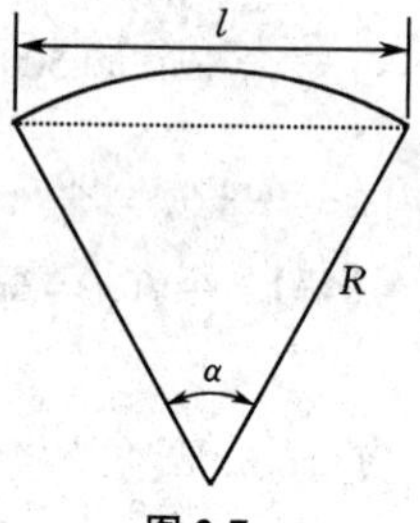

图 2-7

【解】 由图 2-7 得 $\frac{l}{2}=R\sin\frac{\alpha}{2}$,于是 $\alpha=2\arcsin\frac{l}{2R}=2\arcsin\frac{l}{400}$.

当 $\alpha=55°$时,$l=2R\sin\frac{\alpha}{2}=400\sin27.5°\approx184.7$,

$$\delta_\alpha=|\alpha'_l|\delta_l=\left|\frac{2}{\sqrt{1-\left(\frac{l}{400}\right)^2}}\times\frac{1}{400}\right|\times\delta_l.$$

当 $l=184.7$,$\delta_l=0.1$ 时,

$$\delta_\alpha=\frac{2}{\sqrt{1-\left(\frac{184.7}{400}\right)^2}}\times\frac{1}{400}\times0.1\approx0.00056\ (\text{弧度}).$$

总习题二

1. 在"充分"、"必要"和"充分必要"三者中选择一个正确的填入下列空格内:

(1) $f(x)$在点 x_0 可导是$f(x)$在点 x_0 连续的______条件. $f(x)$在点 x_0 连续是$f(x)$在点 x_0 可导

的______条件.

【解】 应填充分；必要. 由函数的可导性与连续性关系可得.

(2) $f(x)$在点 x_0 的左导数$f_-'(x_0)$及右导数$f_+'(x_0)$都存在且相等是$f(x)$在点 x_0 可导的______条件.

【解】 应填充分必要.

由左、右导数的定义和极限存在的充分必要条件可得.

(3) $f(x)$在点 x_0 可导是$f(x)$在点 x_0 可微的______条件.

【解】 应填充分必要.

由可导与可微的定义可得.

2. 设$f(x)=x(x+1)(x+2)\cdots(x+n)$　$(n\geqslant 2)$，则$f'(0)=$________.

【解】 应填 $n!$. 按定义求导即可得到.

3. 下题中给出了四个结论，从中选出一个正确的结论：

设$f(x)$在 $x=a$ 的某个邻域内有定义，则$f(x)$在 $x=a$ 处可导的一个充分条件是(　).

A. $\lim\limits_{h\to+\infty} h\left[f\left(a+\dfrac{1}{h}\right)-f(a)\right]$存在　　B. $\lim\limits_{h\to 0}\dfrac{f(a+2h)-f(a+h)}{h}$存在

C. $\lim\limits_{h\to 0}\dfrac{f(a+h)-f(a-h)}{2h}$存在　　D. $\lim\limits_{h\to 0}\dfrac{f(a)-f(a-h)}{h}$存在

【解】 应选择 D. 因为

A. 只能说$f_+'(a)$存在；　　B. 不能说$f'(a)$一定存在；

C. $\lim\limits_{h\to 0}\left[\dfrac{f(a+h)-f(a)}{2h}-\dfrac{f(a-h)-f(a)}{2h}\right]$只有上述两个极限都存在时，$f'(a)$存在；

D. 满足导数定义.

4. 设有一根细棒，取棒的一端作为原点，棒上任意点的坐标为 x，于是分布在区间$[0, x]$上细棒的质量 m 是 x 的函数 $m=m(x)$. 应怎样确定细棒在点 x_0 处的线密度(对于均匀细棒来说，单位长度细棒的质量叫作这细棒的线密度)？

【解】 对于充分小的 $\Delta x>0$，在区间$[x_0, x_0+\Delta x]$上，棒的质量近似为 $\Delta m=m(x_0+\Delta x)-m(x_0)$，则在点 x_0 处的线密度为

$$\rho(x_0)=\lim_{\Delta x\to 0}\frac{\Delta m}{\Delta x}=\lim_{\Delta x\to 0}\frac{m(x_0+\Delta x)-m(x_0)}{\Delta x}=m'(x_0).$$

5. 根据导数的定义，求 $f(x)=\dfrac{1}{x}$的导数.

【解】

$$\Delta y=f(x+\Delta x)-f(x)=\frac{1}{x+\Delta x}-\frac{1}{x},$$

$$f'(x)=\lim_{\Delta x\to 0}\frac{\Delta y}{\Delta x}=\lim_{\Delta x\to 0}\frac{\dfrac{1}{x+\Delta x}-\dfrac{1}{x}}{\Delta x}=\lim_{\Delta x\to 0}\frac{\dfrac{-\Delta x}{x(x+\Delta x)}}{\Delta x}=\lim_{\Delta x\to 0}\left[-\frac{1}{x(x+\Delta x)}\right]=-\frac{1}{x^2}.$$

6. 求下列函数$f(x)$的$f_-'(0)$及$f_+'(0)$，又$f'(0)$是否存在：

(1) $f(x)=\begin{cases}\sin x, & x<0,\\ \ln(1+x), & x\geqslant 0.\end{cases}$

【解】 $f_-'(0)=\lim\limits_{x\to 0^-}\dfrac{f(x)-f(0)}{x-0}=\lim\limits_{x\to 0^-}\dfrac{\sin x}{x}=1$，$f_+'(0)=\lim\limits_{x\to 0^+}\dfrac{f(x)-f(0)}{x-0}=\lim\limits_{x\to 0^+}\dfrac{\ln(1+x)}{x}=1$，

故$f'(0)$存在，$f'(0)=1$.

(2) $f(x)=\begin{cases}\dfrac{x}{1+e^{\frac{1}{x}}}, & x\neq 0,\\ 0, & x=0.\end{cases}$

【解】 $f'_-(0)=\lim\limits_{x\to0^-}\dfrac{f(x)-f(0)}{x}=\lim\limits_{x\to0^-}\dfrac{\dfrac{x}{1+e^{\frac{1}{x}}}}{x}=\lim\limits_{x\to0^-}\dfrac{1}{1+e^{\frac{1}{x}}}=1$,

$$f'_+(0)=\lim_{x\to0^+}\frac{f(x)-f(0)}{x-0}=\lim_{x\to0^+}\frac{\dfrac{x}{1+e^{\frac{1}{x}}}}{x}=\lim_{x\to0^-}\frac{1}{1+e^{\frac{1}{x}}}=0,$$

因为 $f'_-(0)\neq f_+'(0)$，所以 $f'(0)$ 不存在.

7. 讨论函数

$$f(x)=\begin{cases}x\sin\dfrac{1}{x}, & x\neq0\\ 0, & x=0\end{cases}$$

在 $x=0$ 处的连续性与可导性.

【解】 $f(0)=0$,

$$\lim_{x\to0}f(x)=\lim_{x\to0}x\sin\frac{1}{x}=0,$$

所以 $f(x)$ 在 $x=0$ 处连续.

$$f'(0)=\lim_{x\to0}\frac{f(x)-f(0)}{x}=\lim_{x\to0}\frac{x\sin\dfrac{1}{x}}{x}=\lim_{x\to0}\sin\frac{1}{x},$$

因为 $\lim\limits_{x\to0}\sin\dfrac{1}{x}$ 不存在，所以在 $x=0$ 处不可导.

8. 求下列函数的导数:

(1) $y=\arcsin(\sin x)$.

【解】 $y'=\dfrac{1}{\sqrt{1-\sin^2x}}(\sin x)'=\dfrac{\cos x}{|\cos x|}$.

(2) $y=\arctan\dfrac{1+x}{1-x}$.

【解】 $y'=\dfrac{1}{1+\left(\dfrac{1+x}{1-x}\right)^2}\cdot\left(\dfrac{1+x}{1-x}\right)'=\dfrac{(1-x)^2}{(1-x)^2+(1+x)^2}\cdot\dfrac{(1-x)-(1+x)\cdot(-1)}{(1-x)^2}=\dfrac{1}{1+x^2}$.

(3) $y=\ln\tan\dfrac{x}{2}-\cos x\cdot\ln\tan x$.

【解】 $y'=\dfrac{1}{\tan\dfrac{x}{2}}\left(\tan\dfrac{x}{2}\right)'-(\cos x)'\ln\tan x-\cos x\cdot(\ln\tan x)'$

$$=\frac{1}{\tan\dfrac{x}{2}}\sec^2\frac{x}{2}\cdot\frac{1}{2}+\sin x\ln\tan x-\cos x\cdot\frac{\sec^2x}{\tan x}=\frac{1}{\sin x}+\sin x\cdot\ln\tan x-\frac{1}{\sin x}=\sin x\cdot\ln\tan x.$$

(4) $y=\ln(e^x+\sqrt{1+e^{2x}})$.

【解】 $y'=\dfrac{1}{e^x+\sqrt{1+e^{2x}}}(e^x+\sqrt{1+e^{2x}})'=\dfrac{1}{e^x+\sqrt{1+e^{2x}}}\left(e^x+\dfrac{2e^{2x}}{2\sqrt{1+e^{2x}}}\right)=\dfrac{e^x}{\sqrt{1+e^{2x}}}$.

(5) $y=x^{\frac{1}{x}}\quad(x>0)$.

【解】 取对数

$$\ln y=\frac{1}{x}\ln x,$$

对 x 求导，得 $$\frac{1}{y}\cdot y'=\frac{1-\ln x}{x^2},\ y'=\sqrt[x]{x}\cdot\frac{1-\ln x}{x^2}.$$

9. 求下列函数的二阶导数：

（1）$y=\cos^2x\cdot\ln x$.

【解】 $y'=(\cos^2x)'\ln x+\cos^2x(\ln x)'=2\cos x\cdot(-\sin x)\ln x+\frac{1}{x}\cos^2x=-\sin 2x\ln x+\frac{\cos^2x}{x},$

$$y''=-2\cos 2x\ln x-\sin 2x\cdot\frac{1}{x}+\frac{-2\cos x\sin x\cdot x-\cos^2x}{x^2}$$
$$=-2\cos 2x\cdot\ln x-\frac{\sin 2x}{x}-\frac{\sin 2x}{x}-\frac{1}{x^2}\cos^2x=-2\cos 2x\ln x-\frac{2\sin 2x}{x}-\frac{\cos^2x}{x^2}.$$

（2）$y=\frac{x}{\sqrt{1-x^2}}$.

【解】 $y'=\frac{\sqrt{1-x^2}-x\cdot\frac{-x}{\sqrt{1-x^2}}}{1-x^2}=(1-x^2)^{-\frac{3}{2}}$，　$y''=-\frac{3}{2}(1-x^2)^{-\frac{5}{2}}\cdot(-2x)=\frac{3x}{(1-x^2)^{\frac{5}{2}}}.$

*10. 求下列函数的 n 阶导数：

（1）$y=\sqrt[m]{1+x}$.

【解】 $y=(1+x)^{\frac{1}{m}}$，$y^{(n)}=\frac{1}{m}\left(\frac{1}{m}-1\right)\cdots\left(\frac{1}{m}-n+1\right)(x+1)^{\frac{1}{m}-n}.$

（2）$y=\frac{1-x}{1+x}$.

【解】 $y=\frac{2}{1+x}-1$，$y^{(n)}=\frac{(-1)^n\cdot 2n!}{(1+x)^{n+1}}.$

11. 设函数 $y=y(x)$ 由方程 $e^y+xy=e$ 所确定，求 $y''(0)$.

【解】 方程两边对 x 求导，得 $e^y\cdot y'+y+x\cdot y'=0$，从而

$$y'=-\frac{y}{x+e^y},\ y''=-\frac{y'(x+e^y)-y(1+e^y\cdot y')}{(x+e^y)^2}.$$

当 $x=0$ 时，$y=1$，$y'(0)=-\frac{1}{e}$，$y''(0)=\frac{1}{e^2}.$

12. 设 $y=y(x)$ 是由方程 $\begin{cases}e^x=3t^2+2t+1,\\ t\sin y-y+\frac{\pi}{2}=0\end{cases}$ 所确定，求 $\left.\frac{dy}{dx}\right|_{t=0}$.

【解】 将 $t=0$ 代入方程得 $x=0$，$y=\frac{\pi}{2}$.

将方程两端分别关于 t 求导得

$$e^x\frac{dx}{dt}=6t+2,\ \sin y+t\cos y\frac{dy}{dt}-\frac{dy}{dt}=0,$$

即 $\frac{dx}{dt}=2e^{-x}(3t+1)$，$\frac{dy}{dt}=\frac{\sin y}{1-t\cos y}$，故

$$\frac{dy}{dx}=\frac{\frac{dy}{dt}}{\frac{dx}{dt}}=\frac{e^x\sin y}{2(3t+1)(1-t\cos y)},\ \left.\frac{dy}{dx}\right|_{t=0}=\frac{1}{2}.$$

13. 求下列由参数方程所确定的函数的一阶导数$\frac{dy}{dx}$及二阶导数$\frac{d^2y}{dx^2}$:

(1) $\begin{cases} x=a\cos^3\theta, \\ x=a\sin^3\theta. \end{cases}$

【解】 $\frac{dy}{d\theta}=3a\sin^2\theta\cos\theta$, $\frac{dx}{d\theta}=-3a\cos^2\theta\sin\theta$,

$\frac{dy}{dx}=\frac{dy/d\theta}{dx/d\theta}=-\tan\theta$, $\frac{d^2y}{dx^2}=\frac{-\sec^2\theta}{-3a\cos^2\theta\sin\theta}=\frac{1}{3a}\sec^4\theta\csc\theta$.

(2) $\begin{cases} x=\ln\sqrt{1+t^2}, \\ y=\arctan t. \end{cases}$

【解】 $\frac{dy}{dx}=\frac{\frac{1}{1+t^2}}{\frac{1}{2}\cdot\frac{2t}{1+t^2}}=\frac{1}{t}$, $\frac{d^2y}{dx^2}=\frac{-\frac{1}{t^2}}{\frac{t}{1+t^2}}=-\frac{1+t^2}{t^3}$.

14. 求曲线$\begin{cases} x=2e^t, \\ y=e^{-t} \end{cases}$在$t=0$相应的点处的切线方程及法线方程.

【解】 $\frac{dy}{dx}=\frac{-e^{-t}}{2e^t}=-\frac{1}{2}e^{-2t}$.

当$t=0$时,$x=2$,$y=1$,

$$k_{切}=\frac{dy}{dx}\bigg|_{t=0}=-\frac{1}{2}.$$

切线方程为

$$y-1=-\frac{1}{2}(x-2),$$

即

$$x+2y-4=0.$$

法线方程为

$$y-1=2(x-2),$$

即

$$2x-y-3=0.$$

15. 已知$f(x)$是周期为5的连续函数,它在$x=0$的某邻域内满足关系式

$$f(1+\sin x)-3f(1-\sin x)=8x+o(x),$$

且$f(x)$在$x=1$处可导,求曲线$y=f(x)$在点$(6,f(6))$处的切线方程.

【解】 $f(1)-3f(1)=0$,故$f(1)=0$.

$$\lim_{x\to0}\frac{f(1+\sin x)-3f(1-\sin x)}{x}=\lim_{x\to0}\frac{f(1+\sin x)-3f(1-\sin x)}{\sin x}\cdot\lim_{x\to0}\frac{\sin x}{x}$$

$$=\lim_{x\to0}\frac{f(1+\sin x)-f(1)}{\sin x}+3\lim_{x\to0}\frac{f(1-\sin x)-f(1)}{-\sin x}=4f'(1).$$

$4f'(1)=8$,故$f'(1)=2$.

由于$f(x+5)=f(x)$,于是$f(6)=f(1)=0$,

$$f'(6)=\lim_{x\to0}\frac{f(6+x)-f(6)}{x}=\lim_{x\to0}\frac{f(1+x)-f(1)}{x}=f'(1)=2,$$

因此,曲线$y=f(x)$在点$(6,f(6))$即$(6,0)$处的切线方程为

$$y-0=2(x-6),$$

即$2x-y-12=0$.

16. 当正在高度H飞行的飞机开始向机场跑道下降时,如图2-8所示,从飞机到机场的水平地面距离为L. 假设飞机下降的路径为三次函数$y=ax^3+bx^2+cx+d$的图形,其中$y\big|_{x=-L}=H$,$y\big|_{x=0}=0$. 试确定飞机的降落路径.

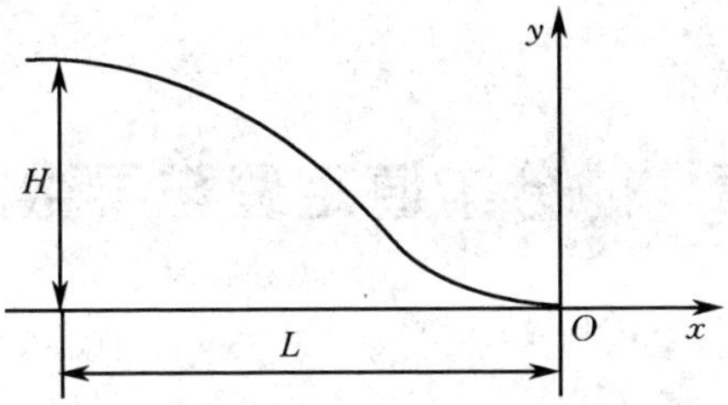

图 2-8

【解】 建立坐标系如图 2-8 所示. 根据题意，可知

$$y\Big|_{x=0}=0\Rightarrow d=0,\quad y\Big|_{x=-L}=H\Rightarrow -aL^3+bL^2-cL=H.$$

为使飞机平稳降落，尚需满足

$$y'\Big|_{x=0}=0\Rightarrow c=0,\ y'\Big|_{x=-L}=0\Rightarrow 3aL^2-2bL=0.$$

解得 $a=\frac{2H}{L^3}$，$b=\frac{3H}{L^2}$. 故飞机的降落路径为

$$y=H\left[2\left(\frac{x}{L}\right)^3+3\left(\frac{x}{L}\right)^2\right].$$

17. 甲船以 6 km/h 的速率向东行驶，乙船以 8 km/h 的速率向南行驶. 在中午 12:00，乙船位于甲船之北 16 km 处. 问下午 1:00 整两船相离的速率为多少？

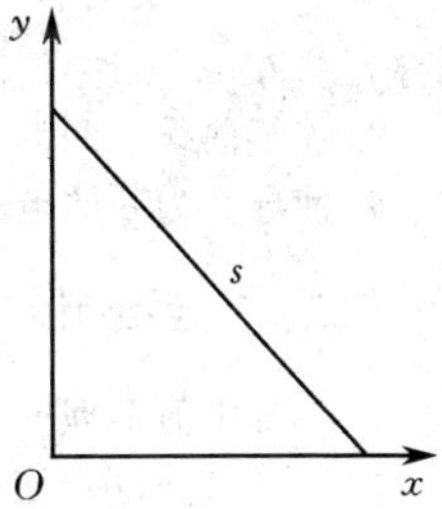

图 2-9

【解】 取甲船 12 点整时位置为坐标原点，东北方向分别为 x 轴，y 轴的正向，如图 2-9 所示.

$$x^2+y^2=s^2,\ 2x\cdot\frac{\mathrm{d}x}{\mathrm{d}t}+2y\cdot\frac{\mathrm{d}y}{\mathrm{d}t}=2d\cdot\frac{\mathrm{d}(s)}{\mathrm{d}t}.$$

当 $t=1$ 时，$x=6$，$x_t{}'=6$，$y=16-8=8$，$y_t{}'=-8$，

$$d=\sqrt{6^2+8^2}=10,\ d_t{}'=\frac{xx_t{}'+yy_t{}'}{d}=\frac{6\times6+8\times(-8)}{10}=-2.8\ (\mathrm{km/h}).$$

18. 利用函数的微分代替函数的增量求 $\sqrt[3]{1.02}$ 的近似值.

【解】 由

$$f(x)\approx f(x_0)+f'(x_0)(x-x_0),$$

令

$$f(x)=\sqrt[3]{x},$$

则

$$f'(x)=\frac{1}{3}x^{-\frac{2}{3}}.$$

$$\sqrt[3]{1.02}=\sqrt[3]{1+0.02}\approx\sqrt[3]{1}+\frac{1}{3}\times1^{-\frac{2}{3}}\times0.02\approx1.007.$$

19. 已知单摆的振动周期 $T=2\pi\sqrt{\frac{l}{g}}$，其中 $g=980\ \mathrm{cm/s^2}$，l 为摆长(单位为 cm). 设原摆长为 20 cm，为使周期 T 增大 0.05 s，摆长约需加长多少？

【解】 $\Delta T\approx\mathrm{d}T=\left(2\pi\sqrt{\frac{l}{g}}\right)_l'\Delta l=\frac{\pi}{\sqrt{gl}}\cdot\Delta l.$

$\Delta T=0.05$，$l=20$ 时，

$$\Delta l\approx\frac{\sqrt{gl}}{\pi}\Delta T=\frac{\sqrt{980\times20}}{\pi}\times0.05\approx2.23\ (\mathrm{cm}).$$

第三章　微分中值定理与导数的应用

一、主要内容

(一) 主要定义

1. 对于函数 $f(x)$ 和点 x_0,若存在 x_0 的某邻域 $U(x_0,\delta)$, 使

$$\forall x \in \mathring{U}(x_0, \delta),$$

都有

$$f(x)<f(x_0),$$

则称 $f(x_0)$ 为 $f(x)$ 的一个极大值, x_0 称为它的极大值点.

类似地, 可以定义极小值的情况.

2. 设 $f(x)$ 在 $[a,b]$ 上连续, 若对于 (a, b) 内任意两点 x_1, x_2, 恒有

$$f\left(\frac{x_1+x_2}{2}\right)<\frac{f(x_1)+f(x_2)}{2},$$

则称 $f(x)$ 在 $[a, b]$ 上的图形是向上凹的(凹弧); 不等式相反时称为向上凸的(凸弧).

3. 连续曲线上凹弧与凸弧的分界点称为曲线的拐点.

4. 使导数为零的点(即方程 $f'(x)=0$ 的实根)叫作函数 $f(x)$ 的驻点.

(二) 主要结论

1. 微分中值定理.

(1) 罗尔(Rolle)定理　$f(x)$ 在 $[a, b]$ 上连续,在 (a, b) 内可微, $f(a)=f(b)$, 则至少存在一点 $\xi\in(a, b)$, 使 $f'(\xi)=0$.

(2) 拉格朗日(Lagrange)定理　设 $f(x)$ 在 $[a, b]$ 上连续,在 (a, b) 内可微, 则至少存在一点 $\xi\in(a, b)$, 使

$$f(b)-f(a)=f'(\xi)(b-a).$$

(3) 柯西(Cauchy)定理　设 $f(x)$ 与 $F(x)$ 在 $[a, b]$ 上连续, 在 (a, b) 内可导, 且 $F'(x)\neq 0$, 则至少存在一点 $\xi\in(a, b)$, 使

$$\frac{f(b)-f(a)}{F(b)-F(a)}=\frac{f'(\xi)}{F'(\xi)}.$$

(4) 泰勒(Taylor)定理　设 $f(x)$ 在 x_0 的某邻域 $U(x_0, \delta)$ 内具有直到 $n+1$ 阶的导数, 则 $\forall x\in U(x_0, \delta)$, 有

$$f(x)=f(x_0)+f'(x_0)(x-x_0)+\frac{1}{2!}f''(x_0)(x-x_0)^2+\cdots+\frac{1}{n!}f^{(n)}(x_0)(x-x_0)^n+R_n(x).$$

其中 $R_n(x)=\dfrac{1}{(n+1)!}f^{(n+1)}(\xi)(x-x_0)^{n+1}$, 称为拉格朗日型余项. 此公式称为 $f(x)$ 的 n 阶泰勒公式.

当 $x_0=0$ 时, 此公式称为麦克劳林(Maclaurin)公式, 读者可自己导出. 余项形式还有柯西型余项

$$R_n(x)=\frac{f^{(n+1)}[x_0+\theta(x-x_0)]}{n!}\cdot(1-\theta)^n(x-x_0)^{n+1}\quad(0<\theta<1)$$

和佩亚诺(Peano)型余项

$$R_n(x)=o(|x-x_0|^n).$$

2. 洛必达(L' Hospital)法则

$\lim f(x)=\lim g(x)=0$(或∞), $\lim\dfrac{f'(x)}{g'(x)}$存在或为∞，则

$$\lim\frac{f(x)}{g(x)}=\lim\frac{f'(x)}{g'(x)}.$$

3. 设$f(x)$在$[a, b]$上连续，在(a, b)内可导，又在(a, b)内，若$f'(x)>0$，则$f(x)$在$[a, b]$上是单调增加的；若$f'(x)<0$，则$f(x)$在$[a, b]$上是单调减少的.

4. 设$f(x)$在x_0处连续，在某去心邻域$\mathring{U}(x_0, \delta)$内可微，当$x$在$\mathring{U}(x_0, \delta)$内从$x_0$左侧经过$x_0$到右侧时，$f'(x)$由正变负，则$f(x_0)$为$f(x)$的一个极大值；若$f'(x)$由负变正，则$f(x_0)$为$f(x)$的一个极小值.(第一充分条件)

5. $f'(x_0)=0$, $f''(x_0)\neq 0$，那么，当$f''(x_0)<0$时，$f(x_0)$为极大值；当$f''(x_0)>0$时，$f(x_0)$为极小值.(第二充分条件)

6. 设$f(x)$在(a, b)内具有二阶导数，则当$f''(x)>0$时，曲线$y=f(x)$在(a, b)内是向上凹的；当$f''(x)<0$时，曲线$y=f(x)$在(a, b)内是向上凸的，$x\in(a, b)$.

7. 设$f(x)$在(a, b)内二阶可导，$x_0\in(a, b)$，$f''(x_0)=0$，且在x_0的左、右二阶导函数变号，则$(x_0, f(x_0))$为曲线$y=f(x)$的拐点.(拐点的第一充分条件)

8. 设$f(x)$在x_0三阶可导，$f''(x_0)=0$，$f'''(x_0)\neq 0$，则$(x_0, f(x_0))$为曲线$y=f(x)$的拐点.(拐点的第二充分条件)

9. 弧微分公式

(1) $\begin{cases}x=\varphi(t)\\ y=\psi(t)\end{cases}$, $ds=\sqrt{\varphi'^2(t)+\psi'^2(t)}\,dt$;

(2) $y=y(x)$, $ds=\sqrt{1+y'^2}\,dx$;

(3) $x=x(y)$, $ds=\sqrt{1+x'^2}\,dy$;

(4) $r=r(\theta)$, $ds=\sqrt{r^2(\theta)+r'^2(\theta)}\,d\theta$;

(5) 空间曲线：$x=\varphi(t)$, $y=\psi(t)$, $z=\omega(t)$, $ds=\sqrt{\varphi'^2(t)+\psi'^2(t)+\omega'^2(t)}\,dt$.

10. 曲率与曲率半径

(1) 曲率 $k=\dfrac{|y''|}{(1+y'^2)^{3/2}}$;

(2) 曲率半径 $\rho=\dfrac{1}{k}$;

(3) 设$y''(x)\neq 0$，则曲线$y=f(x)$在$M(x, y)$点的曲率中心$D(\alpha, \beta)$的坐标为

$$\begin{cases}\alpha=x-\dfrac{y'(1+y'^2)}{y''},\\ \beta=y+\dfrac{1+y'^2}{y''}.\end{cases}$$

(三) 结论补充

1. 设$f(x)$在$[a, b]$上连续，在(a, b)内可导，x_0是$f(x)$在(a, b)内唯一驻点，若x_0是极大值点，则x_0必是$f(x)$于$[a, b]$上的最大值点；若x_0是极小值点，则x_0必是$f(x)$于$[a, b]$上的最小值点.

注　对于开区间、无穷区间、半无穷区间，结论亦真.

2. 设$f(x)$在$[a, b]$上连续，在(a, b)内可导，若在(a, b)内$f'(x)>0$，则a是最小值点，b是最大值点；若在(a, b)内$f'(x)<0$，则a是最大值点，b是最小值点.

3. 设$f(x)$在x_0处具有n阶连续导数，且

$$f'(x_0)=f''(x_0)=\cdots=f^{(n-1)}(x_0)=0,\ f^{(n)}(x_0)\neq 0,$$

则当n为奇数时，$f(x_0)$不是极值；当n为偶数时，$f(x_0)$是极值. 且当$f^{(n)}(x_0)<0$时，$f(x_0)$为极大值；当$f^{(n)}(x_0)>0$时，$f(x_0)$为极小值.

4. 若在x_0的某邻域内，$f(x)$ n阶连续可导，且

$$f'(x_0)=f''(x_0)=\cdots=f^{(k-1)}(x_0)=0,\ f^{(k)}(x_0)\neq 0\quad (k\leqslant n),$$

则当k为偶数时，$(x_0, f(x_0))$不为$y=f(x)$的拐点；当k为奇数时，$(x_0, f(x_0))$为$y=f(x)$的拐点$(k>2)$.

5. 若$a=\lim\limits_{x\to\infty}\dfrac{f(x)}{x}$，$b=\lim\limits_{x\to\infty}[f(x)-ax]$均存在，则$y=ax+b$是$y=f(x)$的斜渐近线.

若$\lim\limits_{x\to c}f(x)=\infty$，则$x=c$为$y=f(x)$的铅直渐近线；

若$\lim\limits_{x\to\infty}f(x)=c$，则$y=c$为$y=f(x)$的水平渐近线.

6. 对于$\dfrac{0}{0}$型未定式，可视分子或分母无穷小的阶数，对分子或分母进行佩亚诺替换，替换公式为

(1) $e^x=1+x+\dfrac{1}{2!}x^2+\cdots+\dfrac{1}{n!}x^n+o(x^n)$；

(2) $\ln(1+x)=x-\dfrac{1}{2}x^2+\dfrac{1}{3}x^3+\cdots+(-1)^n\dfrac{1}{n}x^n+o(x^n)$；

(3) $\sin x=x-\dfrac{1}{3!}x^3+\dfrac{1}{5!}x^5+\cdots+(-1)^n\dfrac{1}{(2n+1)!}x^{2n+1}+o(x^{2n+2})$；

(4) $\cos x=1-\dfrac{1}{2!}x^2+\dfrac{1}{4!}x^4+\cdots+(-1)^n\dfrac{1}{(2n)!}x^{2n}+o(x^{2n+1})$；

(5) $(1+x)^\alpha=1+\alpha x+\dfrac{\alpha(\alpha-1)}{2!}x^2+\cdots+\dfrac{\alpha(\alpha-1)\cdots(\alpha-n+1)}{n!}x^n+o(x^n)$.

7. 设$\lim u(x)=1$，$\lim v(x)=\infty$，则有

$$\lim u(x)^{v(x)}=\exp\lim[u(x)-1]v(x).$$

8. 设$\lim\varphi(x)=0$，$\lim\psi(x)=0$，$\psi(x)\neq 0$，则有

$$\lim[1+\varphi(x)]^{\frac{1}{\psi(x)}}=\exp\lim\frac{\varphi(x)}{\psi(x)}.$$

二、典型例题

(一) 证明题

1. 证明不等式

【例 3-1】 试证$x>-1$时，$e^x\geqslant 1+\ln(1+x)$.

【证】 令$f(x)=e^x-1-\ln(1+x)$，则

$$f'(x)=e^x-\frac{1}{1+x},$$

有

$$f''(x)=e^x+\frac{1}{(1+x)^2}>0.$$

$$f'(0)=0,\ f''(0)=2>0.$$

故$f(0)$为$f(x)$的极小值，也是$f(x)$于$(-1,+\infty)$内的最小值，因此

$$f(x)\geqslant f(0),$$

即

$$e^x\geqslant 1+\ln(1+x).$$

【例 3-2】 证明当$0<x<2$时，$4x\ln x-x^2-2x+4>0$.

【证】 令$f(x)=4x\ln x-x^2-2x+4$，则

$$f'(x)=4\ln x-2x+2.$$

但是$f'(x)$是否在$(0,2)$内恒正不好判断，必须寻找其他依据. 为此，令$f'(x)=0$，得驻点

$$x=1,$$

这是唯一驻点. 而

$$f''(x)=\frac{2(2-x)}{x},\ f''(1)=2>0,$$

故$x=1$是$f(x)$的极小值点.

又当$0<x<2$时，$f''(x)>0$，故曲线$y=f(x)$在$(0,2)$内处处凹，故$x=1$既是极小值点，又是最小值点. 从而在$0<x<2$中，有

$$f(x)>f(1)=1,$$

从而

$$4x\ln x-x^2-2x+4>0.$$

【例 3-3】 证明当$x>0$时，$\ln\left(1+\frac{1}{x}\right)>\frac{1}{1+x}$.

【证】 令$f(x)=\ln\left(1+\frac{1}{x}\right)-\frac{1}{1+x}\quad(x>0)$，则

$$f'(x)=-\frac{1}{x(1+x)^2}<0\quad(x>0),$$

故$f(x)$单调减少.

又

$$\lim_{x\to+\infty}f(x)=\lim_{x\to+\infty}\left[\ln\left(1+\frac{1}{x}\right)-\frac{1}{1+x}\right]=0,$$

$f(x)$单调减少，则$\lim\limits_{x\to+\infty}f(x)=0$的函数必为一正值函数，有$f(x)>0$，即

$$\ln\left(1+\frac{1}{x}\right)>\frac{1}{1+x}\quad(x>0).$$

注 若将$\ln\left(1+\frac{1}{x}\right)$写成$\ln(1+x)-\ln x$，则所证不等式化为

$$\ln(x+1)-\ln x>\frac{1}{1+x}.$$

可令$g(x)=\ln x$，在区间$[x,x+1]$上使用拉格朗日中值定理证明之.

【例 3-4】 试比较e^{π}与π^{e}的大小.

【解】 由于$\pi^e=e^{e\ln\pi}$，问题转化为比较同底数的幂指数e^{π}与$e^{e\ln\pi}$的大小了. 只要证出$\pi>e\ln\pi$即可. 令

$$f(x)=x-e\ln x,$$

则

$$f'(x)=1-\frac{e}{x}=\frac{x-e}{x}.$$

当$x>e$时，$f'(x)>0$，$f(x)$单调增加，而$f(e)=0$，从而此时

$$f(x)>f(e)=0,$$

又$\pi>e$，故$f(\pi)>0$，有$\pi-e\ln\pi>0$，即$\pi>e\ln\pi$. 故

$$e^{\pi}>e^{e\ln\pi}，即\ e^{\pi}>\pi^{e}.$$

【例 3-5】 若$f(x)$二阶可导，且

$$f'(a)=f'(b)=0\quad(a<b),$$

试证明在(a,b)内至少有一点ξ, 使

$$|f''(\xi)|\geqslant\frac{4}{(b-a)^2}|f(b)-f(a)|.$$

【证】 只要证$|f(b)-f(a)|\leqslant\frac{(b-a)^2}{4}|f''(\xi)|\quad \xi\in(a,b)$即可.

二等分区间$[a,b]$为$[a,c]$与$[c,b]$,

$$f(c)=f(a)+(c-a)f'(a)+\frac{1}{2}(c-a)^2f''(\xi_1)\quad \xi_1\in(a,c),$$

$$f(c)=f(b)+(c-b)f'(b)+\frac{1}{2}(c-b)^2f''(\xi_2)\quad \xi_2\in(c,b),$$

上两式相减并取$|f''(\xi)|=\max\{|f''(\xi_1)|,|f''(\xi_2)|\}$, 有

$$|f(b)-f(a)|=\frac{1}{2}\left(\frac{b-a}{2}\right)^2[f''(\xi_1)-f''(\xi_2)]\leqslant\frac{(b-a)^2}{8}[|f''(\xi_1)|+|f''(\xi_2)|]\leqslant\frac{(b-a)^2}{4}|f''(\xi)|.$$

2. 证明等式

【例 3-6】 $f(x)$与$g(x)$在$[a,b]$上连续, 在(a,b)内可微, 且$f(a)=f(b)=0$, 证明存在$\xi\in(a,b)$, 使$f'(\xi)+f(\xi)g'(\xi)=0$.

【证】 要证$f'(\xi)+f(\xi)g'(\xi)=0$, 当然, 若能证出

$$e^{g(\xi)}[f'(\xi)+f(\xi)g'(\xi)]=0$$

即可. 等式的左端正是$F(x)=f(x)e^{g(x)}$在$x=\xi$处的导数.

作辅助函数

$$F(x)=f(x)e^{g(x)}.$$

$$F'(x)=e^{g(x)}[f'(x)+f(x)g'(x)],$$

又 $$F(a)=f(a)e^{g(a)}=0,\ F(b)=f(b)e^{g(b)}=0,$$

由罗尔定理, 有$\xi\in(a,b)$, 使$F'(\xi)=0$, 就是

$$e^{g(\xi)}[f'(\xi)+f(\xi)g'(\xi)]=0.$$

而$e^{g(\xi)}\neq0$, 故 $$f'(\xi)+f(\xi)g'(\xi)=0\quad \xi\in(a,b).$$

【例 3-7】 $f(x)$在$[a,b]$上连续, 在(a,b)内可导$(0<a<b)$, 证明存在$\xi\in(a,b)$, 使得

$$f(b)-f(a)=\xi\left(\ln\frac{b}{a}\right)f'(\xi).$$

【证法 1】 对$f(x)$与$g(x)=\ln x$在$[a,b]$上应用柯西中值定理(条件显然满足), 得

$$\frac{f(b)-f(a)}{\ln b-\ln a}=\frac{f'(\xi)}{1/\xi}\quad \xi\in(a,b).$$

整理即得所证结果, 有

$$f(b)-f(a)=\xi\left(\ln\frac{b}{a}\right)f'(\xi).$$

【证法 2】 令$\varphi(x)=[f(b)-f(a)]\ln x-\left(\ln\frac{a}{b}\right)f(x)$, 容易验证$\varphi(x)$在$[a,b]$上满足罗尔定理诸条件, 故存在$\xi\in(a,b)$, 使$\varphi'(\xi)=0$, 即

$$f(b)-f(a)=\xi\left(\ln\frac{b}{a}\right)f'(\xi)\quad (a<\xi<b).$$

【例 3-8】 设$f(x)$, $g(x)$在$[a,b]$上连续, 在(a,b)内可微, 对于$x\in(a,b)$, $g'(x)\neq0$. 试证在(a,b)内必有ξ, 使

$$\frac{f'(\xi)}{g'(\xi)}=\frac{f(\xi)-f(a)}{g(b)-g(\xi)}.$$

【证】 设
$$\varphi(x)=f(x)-\frac{f(x)-f(a)}{g(b)-g(a)}[g(x)-g(a)],$$
则 $\varphi(x)$ 在 $[a,\ b]$ 上满足罗尔定理的条件，故必有 $\xi\in(a,\ b)$，使 $\varphi'(\xi)=0$. 即
$$f'(\xi)-\frac{1}{g(b)-g(a)}\{f'(\xi)[g(\xi)-g(a)]+g'(\xi)[f(\xi)-f(a)]\}=0,$$
即
$$\frac{f'(\xi)}{g'(\xi)}=\frac{f(\xi)-f(a)}{g(b)-g(\xi)}.$$

（二）洛必达法则

【例 3-9】 求 $\lim\limits_{x\to0}\dfrac{1-x^2-e^{-x^2}}{\sin^4 2x}$.

【解】 这是 $\dfrac{0}{0}$ 型的未定式，若直接使用洛必达法则计算会相当麻烦，且很容易出现错误，而如果先作等价无穷小替换，则会简捷得多.

因为 $\sin^4 2x\sim(2x)^4$，故
$$原式=\lim_{x\to0}\frac{1-x^2-e^{-x^2}}{(2x)^4}=\lim_{x\to0}\frac{-2x+2xe^{-x^2}}{64x^3}=\lim_{x\to0}\frac{-1+e^{-x^2}}{32x^2}=\lim_{x\to0}\frac{-2xe^{-x^2}}{64x}=-\frac{1}{32}.$$

【例 3-10】 求 $\lim\limits_{x\to1}\left(\dfrac{1}{\ln x}-\dfrac{1}{x-1}\right)$.

【解】 这是 $\infty-\infty$ 型未定式，若使用洛必达法则需化为 $\dfrac{0}{0}$ 型或 $\dfrac{\infty}{\infty}$ 型，为此要先通分.
$$\lim_{x\to1}\left(\frac{1}{\ln x}-\frac{1}{x-1}\right)=\lim_{x\to1}\frac{x-1-\ln x}{(x-1)\ln x}=\lim_{x\to1}\frac{1-\frac{1}{x}}{(x-1)/x+\ln x}=\lim_{x\to1}\frac{x-1}{x-1+x\ln x}=\lim_{x\to1}\frac{1}{1+1+\ln x}=\frac{1}{2}.$$

【例 3-11】 求 $\lim\limits_{x\to0}\left(\dfrac{\sin x}{x}\right)^{\frac{1}{x}}$.

【解法 1】 这是 1^∞ 型未定式，需要先取对数.

令 $y=\left(\dfrac{\sin x}{x}\right)^{\frac{1}{x}}$,
$$\ln y=\frac{1}{x}\ln\left(\frac{\sin x}{x}\right),$$
则
$$y=e^{\frac{\ln\frac{\sin x}{x}}{x}}.$$

当 $x\to0$ 时，$\lim\limits_{x\to0}\dfrac{\ln\dfrac{\sin x}{x}}{x}$ 呈 $\dfrac{0}{0}$ 型.
$$\lim_{x\to0}\frac{\ln\dfrac{\sin x}{x}}{x}=\lim_{x\to0}\frac{x}{\sin x}\cdot\frac{x\cos x-\sin x}{x^2}=\lim_{x\to0}\frac{\cos x-x\sin x-\cos x}{2x}=0,$$
则原式 $=e^0=1$.

【解法 2】 注意到
$$\lim_{x\to0}\frac{\sin x-x}{x^2}=\lim_{x\to0}\frac{\cos x-1}{2x}=\lim_{x\to0}\frac{\frac{1}{2}x^2}{2x}=0,\ \lim_{x\to0}\frac{\sin x-x}{x}=\lim_{x\to0}\frac{\cos x-1}{1}=0,$$

故 $$\lim_{x\to0}\left(\frac{\sin x}{x}\right)^{\frac{1}{x}}=\lim_{x\to0}\left[\left(1+\frac{\sin x-x}{x}\right)^{\frac{x}{\sin x-x}}\right]^{\frac{\sin x-x}{x^2}}=e^0=1.$$

【解法 3】 利用结论补充公式之 7，有

$$原式=\exp\lim_{x\to0}\left(\frac{\sin x}{x}-1\right)\cdot\frac{1}{x}=\exp\lim_{x\to0}\frac{\sin x-x}{x^2}=\exp\lim_{x\to0}\frac{\cos x-1}{2x}=e^0=1.$$

【例 3-12】 设 $a>0$，$b>0$，$a\neq1$，$b\neq1$，求 $\lim\limits_{n\to\infty}\left(\dfrac{\sqrt[n]{a}+\sqrt[n]{b}}{2}\right)^n$.

【解法 1】 $$原式=\lim_{n\to\infty}\left(1+\frac{a^{\frac{1}{n}}+b^{\frac{1}{n}}-2}{2}\right)^{\frac{2}{a^{\frac{1}{n}}+b^{\frac{1}{n}}-2}\cdot\frac{(a^{\frac{1}{n}}-1)+(b^{\frac{1}{n}}-1)}{2\cdot\frac{1}{n}}}=e^{\frac{1}{2}(\ln a+\ln b)}=\sqrt{ab}.$$

【解法 2】 因为 $$\lim_{x\to+\infty}\left(\frac{a^{\frac{1}{x}}+b^{\frac{1}{x}}}{2}\right)^x=\exp\lim_{x\to+\infty}\frac{\left(a^{\frac{1}{x}}\ln a+b^{\frac{1}{x}}\ln b\right)\cdot\left(\frac{1}{x}\right)'}{\left(a^{\frac{1}{x}}+b^{\frac{1}{x}}\right)\left(\frac{1}{x}\right)'}=\exp\frac{\ln ab}{2}=\sqrt{ab},$$

故 $$\lim_{n\to\infty}\left(\frac{\sqrt[n]{a}+\sqrt[n]{b}}{2}\right)^n=\lim_{x\to+\infty}\left(\frac{a^{\frac{1}{x}}+b^{\frac{1}{x}}}{2}\right)^x=\sqrt{ab}.$$

(三) 函数性态

【例 3-13】 设 $f(x)$ 在 $[a,+\infty)$ 中二阶可导，且 $f(a)>0$，$f'(a)<0$，又当 $x>a$ 时，$f''(x)<0$，证明方程 $f(x)=0$ 在 $(a,+\infty)$ 内必有且仅有一个实根.

【证】 唯一性：

由 $f''(x)<0$ 知 $f'(x)$ 在 $[a,+\infty)$ 中单调减少，即当 $x>a$ 时，

$$f'(x)<f'(a)<0,$$

得 $f(x)$ 在 $(a,+\infty)$ 单调减少. 方程 $f(x)=0$ 在 $[a,+\infty)$ 最多只有一个实根.

存在性：

在 $\left[a,a-\dfrac{f(a)}{f'(a)}\right]$ 上用拉格朗日中值定理有

$$f\left(a-\frac{f(a)}{f'(a)}\right)-f(a)=f'\left(a-\theta\frac{f(a)}{f'(a)}\right)\left(-\frac{f(a)}{f'(a)}\right)<-f(a)\quad(0<\theta<1),$$

即 $$f\left(a-\frac{f(a)}{f'(a)}\right)<0，又 f(a)>0\ （已知），$$

由介值定理可知 $f(x)=0$ 在 $\left(a,a-\dfrac{f(a)}{f'(a)}\right)$ 必有实根.

故 $f(x)=0$ 在 $(a,+\infty)$ 内有且仅有一个实根.

【例 3-14】 试证方程 $x^2=x\sin x+\cos x$ 恰有两个实根.

【证】 令 $f(x)=x^2-x\sin x-\cos x$，则

$$f'(x)=2x-x\cos x=x(2-\cos x).$$

令 $$f'(x)=0,$$

解得 $$x=0.$$

当 $x<0$ 时，$f'(x)<0$；$x>0$ 时，$f'(x)>0$，即函数分段单调. 又

$$f(-\pi)=f(\pi)=\pi^2+1>0,\ f(0)=-1<0,$$

故必有 $\xi\in(-\pi,0)$ 和 $\eta\in(0,\pi)$ 使

$$f(\xi)=0,\ f(\eta)=0.$$

又由 $f(x)$ 在 $(-\infty,0)$ 和 $(0,+\infty)$ 分段单调，故只有两个实根.

【例 3-15】 设 $\varphi(x)$ 在 $x=0$ 处二阶连续可导，且 $\varphi(0)=0$，$\varphi'(0)\neq 0$，证明曲线 $y=f(x)=(1-\cos x)\varphi(x)$ 在 $x=0$ 处必出现拐点.

【证】 $f''(x)=(1-\cos x)\varphi''(x)+(2\sin x)\varphi'(x)+\varphi(x)\cos x$.

当 $x=0$ 时，$f''(0)=\varphi(0)=0$，又

$$f'''(0)=\lim_{x\to 0}\frac{f''(x)-f''(0)}{x}=\lim_{x\to 0}\frac{f''(x)}{x}=\lim_{x\to 0}\left[\frac{1-\cos x}{x}\varphi''(x)+2\,\frac{\sin x}{x}\varphi'(x)+\frac{\varphi(x)}{x}\cos x\right]=3\varphi'(0)\neq 0,$$

故曲线在 $x=0$ 时必出现拐点.

【例 3-16】 求 $y=x^3-6x^2+9x-4$ 的极值.

【解法 1】 $y'=3x^2-12x+9=3(x-1)(x-3)$，令 $y'=0$，得驻点

$$x_1=1,\ x_2=3.$$

当 $x<1$ 时，$y'>0$；当 $x>1$ 时，$y'<0$；当 $x>3$ 时，$y'>0$；当 $1<x<3$ 时，$y'<0$. 故当 $x=1$ 时，y 取极大值 $y(1)=0$；当 $x=3$ 时，y 取极小值 $y(3)=-4$.

【解法 2】 $y'=3x^2-12x+9=3(x-1)(x-3)$，令 $y'=0$，得驻点

$$x_1=1,\ x_2=3.$$

又

$$y''=6x-12,\ y''(1)=-6<0.\ y''(3)=6>0,$$

故在 $x=1$ 处，y 取极大值

$$y(1)=0;$$

在 $x=3$ 处，y 取极小值

$$y(3)=-4.$$

【例 3-17】 设在 $[a,b]$ 上 $f''(x)>0$. 证明

$$\varphi(x)=\frac{f(x)-f(a)}{x-a}$$

在 $[a,b]$ 上单调增加.

【证】
$$\varphi'(x)=\frac{(x-a)f'(x)-[f(x)-f(a)]}{(x-a)^2}=\frac{(x-a)f'(x)-f'(\xi)(x-a)}{(x-a)^2}$$
$$=\frac{[f'(x)-f'(\xi)](x-a)}{(x-a)^2}\quad(a<\xi<x).$$

由于 $f''(x)>0$，故 $f'(x)$ 在 $[a,b]$ 上单调增加，因此 $f'(x)>f'(\xi)$，故 $\varphi'(x)\geqslant 0$，$\varphi(x)$ 在 $[a,b]$ 上单调增加.

【例 3-18】 作函数 $y=\dfrac{x^3}{(x-1)^2}$ 的图形.

【解】 定义域为 $(-\infty,1)\cup(1,+\infty)$，$x=1$ 为间断点.

$$y'=\frac{x^2(x-3)}{(x-1)^3},\ \text{驻点}\ x_1=0,\ x_2=3.$$

又

$$y''=\frac{6x}{(x-1)^4},\ \text{使}\ y''=0,\ \text{得}\ x=0.$$

因为

$$\lim_{x\to 1}y=\lim_{x\to 1}\frac{x^3}{(x-1)^2}=+\infty,$$

得 $x=1$ 为铅直渐近线. 该函数无水平渐近线. 因为

$$\lim_{x\to\infty}\frac{y(x)}{x}=\lim_{x\to\infty}\frac{x^3}{(x-1)^2x}=1,\ \lim_{x\to\infty}[y(x)-x]=\lim_{x\to\infty}\frac{x^3-x(x-1)^2}{(x-1)^2}=2,$$

所以 $y=x+2$ 是斜渐近线. 函数性态表如下：

函数性态表

x	$(-\infty,0)$	0	$(0,1)$	1	$(1,3)$	3	$(3,+\infty)$
y'	+	0	+		−	0	+
y''	−	0	+		+	9/8	+
y	↗	0	↗		↘	27/4	↗

据表作图如图 3-1 所示.

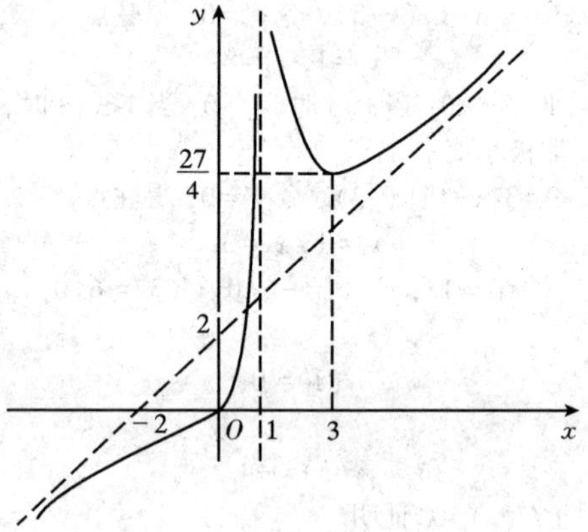

图 3-1

(四) 导数应用

【例 3-19】 求单位球的内接正圆锥体，其体积为最大时的高与体积.

【解】 设球心到锥底面垂线长 x，则圆锥体高为 $1+x(0<x<1)$，锥底面半径为 $\sqrt{1-x^2}$，圆锥体体积为

$$V=\frac{\pi}{3}(\sqrt{1-x^2})^2(1+x)=\frac{\pi}{3}(1-x)(1+x)^2\quad(0<x<1).$$

令 $V'(x)=\frac{\pi}{3}(1+x)(1-3x)=0$，得驻点

$$x=\frac{1}{3}(\text{唯一}),\ V''\left(\frac{1}{3}\right)<0,$$

则
$$V_{\max}=V\left(\frac{1}{3}\right)=\frac{32}{81}\pi,$$

此时高为$\frac{4}{3}$.

【例 3-20】 在曲线 $y=1-x^2(x>0)$ 上求一点 P 的坐标，使曲线在该点处的切线与两坐标轴所围成的三角形面积最小.

【解】 设曲线上点为$(x,1-x^2)$，则该点处的切线为

$$Y=1-2x+x^2,$$

它在两坐标轴上截距分别为

$$1+x^2,\ \frac{1+x^2}{2x},$$

故三角形面积为
$$S=\frac{(1+x)^2}{4x}\quad(x>0).$$

又
$$S'(x)=\frac{(1+x^2)(3x^2-1)}{4x^2},$$
令 $S'(x)=0$，得 $x=\frac{1}{\sqrt{3}}$，且当 $0<x<\frac{1}{\sqrt{3}}$ 时，$S'(x)<0$；当 $x>\frac{1}{\sqrt{3}}$ 时，$S'(x)>0$. 故 $x=\frac{1}{\sqrt{3}}$ 为 $S(x)$ 的最小值点. 所求 P 点的坐标为 $P\left(\frac{1}{\sqrt{3}},\ \frac{2}{3}\right)$.

【例 3-21】 求数列 $\left\{\frac{n^2-2n-12}{\sqrt{e^n}}\right\}$ 的最大项.

【解】 令 $f(x)=e^{-\frac{x}{2}}(x^2-2x-12)\quad(1\leqslant x<+\infty)$，则
$$f'(x)=-\frac{1}{2}e^{-\frac{x}{2}}(x^2-6x-8).$$
令 $f'(x)=0$，得唯一驻点为
$$x=3+\sqrt{17}.$$
当 $1\leqslant x<3+\sqrt{17}$ 时，$f'(x)>0$；当 $3+\sqrt{17}<x<+\infty$ 时，$f'(x)<0$. 故当 $x=3+\sqrt{17}$ 时，$f(x)$ 取得最大值，而
$$7<3+\sqrt{17}<8,\ f(7)=\frac{23}{\sqrt{e^7}},\ f(8)=\frac{36}{\sqrt{e^8}},\ \frac{f(7)}{f(8)}=\frac{23\sqrt{e}}{36}>\frac{37}{36}>1,$$
故 $n=7$ 时，得数列的最大项，其值是 $f(7)=\frac{23}{\sqrt{e^7}}$.

【例 3-22】 曲线 $y=4-x^2$ 与直线 $y=2x+1$ 相交于 A，B 两点，又 C 是曲线弧 $\overset{\frown}{AB}$ 上任一点，求 $\triangle ABC$ 面积的最大值.

【解】 如图 3-2 所示，$\triangle ABC$ 的面积为
$$S(x)=\frac{1}{2}\begin{vmatrix}1 & 3 & 1\\ x & 4-x^2 & 1\\ -3 & -5 & 1\end{vmatrix}=2(-x^2-2x+3).$$
令 $S'(x)=0$，得
$$x=-1,\ S''(-1)=-4<0,$$
故 $S(-1)=8$ 为最大值.

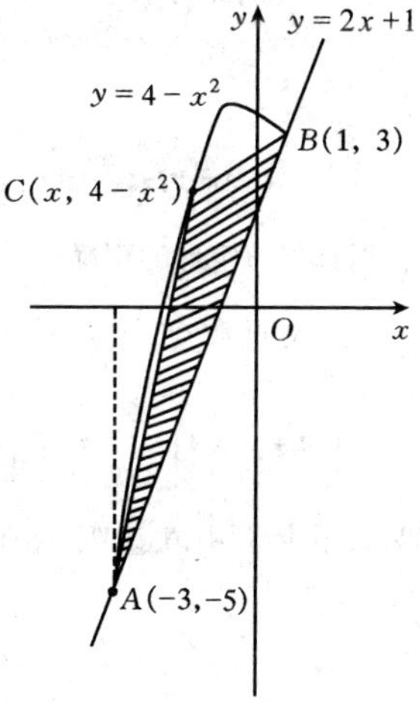

图 3-2

【例 3-23】 在曲线 $y=x^2-x$ 上求一点 P，使 P 点到定点 $A(0,1)$ 的距离最近.

【解】 设 $P(x,\ x^2-x)$，则
$$d^2=x^2+(x^2-x-1)^2.$$
令
$$f(x)=x^2+(x^2-x-1)^2,$$
则
$$f'(x)=2(x-1)^2(2x+1).$$
驻点为
$$x=-\frac{1}{2},\ x=1,$$
进一步判定
$$x=-\frac{1}{2}.$$
即 $P\left(-\frac{1}{2},\ \frac{3}{4}\right)$ 为所求，最近距离为 $d_{\min}=\frac{\sqrt{5}}{4}$.

三、习题全解

习题 3-1　微分中值定理

1. 验证罗尔定理对函数 $y=\ln\sin x$ 在区间 $\left[\frac{\pi}{6},\frac{5\pi}{6}\right]$ 上的正确性.

【证】 $y=\ln\sin x$ 在 $\left[\frac{\pi}{6},\frac{5\pi}{6}\right]$ 上连续，在 $\left(\frac{\pi}{6},\frac{5\pi}{6}\right)$ 内可导，且

$$y\left(\frac{\pi}{6}\right)=y\left(\frac{5}{6}\pi\right)=-\ln 2,$$

则至少有一点 $\xi\in\left(\frac{\pi}{6},\frac{5\pi}{6}\right)$，使得 $y'(\xi)=0$.

由 $y'=\frac{\cos x}{\sin x}=\cot x=0$，得 $x=\frac{\pi}{2}$，而 $\frac{\pi}{2}\in\left(\frac{\pi}{6},\frac{5\pi}{6}\right)$，故取 $\xi=\frac{\pi}{2}$，使 $y'(\xi)=\cot\xi=0$.

2. 验证拉格朗日中值定理对函数 $y=4x^3-5x^2+x-2$ 在区间[0, 1]上的正确性.

【证】 $y=4x^3-5x^2+x-2$ 在[0, 1]上连续，在(0, 1)内可导，由拉格朗日中值定理，至少存在一点 $\xi\in(0,1)$，使得

$$y'(\xi)=\frac{y(1)-y(0)}{1-0}=0.$$

由 $y'(x)=12x^2-10x+1=0$，得 $x=\frac{5\pm\sqrt{13}}{12}$. 取 $\xi=\frac{5\pm\sqrt{13}}{12}\in(0,1)$，使 $y'(\xi)=0$，从而验证了拉格朗日中值定理的正确性.

3. 对函数 $f(x)=\sin x$ 及 $F(x)=x+\cos x$ 在区间 $\left[0,\frac{\pi}{2}\right]$ 上验证柯西中值定理的正确性.

【证】 $f(x)$，$F(x)$ 在 $\left[0,\frac{\pi}{2}\right]$ 上连续，在 $\left(0,\frac{\pi}{2}\right)$ 内可导，且 $F'(x)=1-\sin x$ 在 $\left(0,\frac{\pi}{2}\right)$ 内不为0. 由柯西中值定理，存在一点 $\xi\in\left(0,\frac{\pi}{2}\right)$，使

$$\frac{f'(\xi)}{F'(\xi)}=\frac{f\left(\frac{\pi}{2}\right)-f(0)}{F\left(\frac{\pi}{2}\right)-F(0)}=\frac{\sin\frac{\pi}{2}-\sin 0}{\left(\frac{\pi}{2}+0\right)-(0+1)}=\frac{2}{\pi-2}.$$

由
$$\frac{f'(x)}{F'(x)}=\frac{\cos x}{1-\sin x}=\frac{2}{\pi-2},$$

则
$$\frac{\cos^2\frac{x}{2}-\sin^2\frac{x}{2}}{\left(\cos\frac{x}{2}-\sin\frac{x}{2}\right)^2}=\frac{2}{\pi-2},\quad\frac{1+\tan\frac{x}{2}}{1-\tan\frac{x}{2}}=\frac{2}{\pi-2},\quad\tan\frac{x}{2}=\frac{4-\pi}{\pi},$$

所以
$$x=2n\pi+2\arctan\frac{4-\pi}{\pi}.$$

取 $n=0$，得 $\xi=2\arctan\frac{4-\pi}{\pi}$，而 $0<\frac{4-\pi}{\pi}<1$，故 $0<\xi<\frac{\pi}{2}$，使得 $\frac{f'(\xi)}{F'(\xi)}=\frac{2}{\pi-2}$. 从而验证了柯西中值定理的正确性.

4. 试证明对函数 $y=px^2+qx+r$ 应用拉格朗日中值定理时所求得的点 ξ 总是位于区间的正中间.

【证】 设区间为$[a, b]$，显然，$f(x)$在$[a, b]$上连续，在(a, b)内可导，满足拉格朗日中值定理，则$\exists\xi\in(a, b)$，使得

$$f'(\xi)=\frac{f(b)-f(a)}{b-a},$$

而 $y'=2px+q$，则

$$2p\xi+q=\frac{pb^2+qb+r-(pa^2+qa+r)}{b-a},\ 2p\xi+q=p(b+a)+q,$$

有

$$\xi=\frac{a+b}{2}.$$

得证.

5. 不用求出函数$f(x)=(x-1)(x-2)(x-3)(x-4)$的导数，说明方程$f'(x)=0$有几个实根，并指出它们所在的区间.

【解】 $f(x)$在$[1, 2]$上连续，在$(1, 2)$内可导，且$f(1)=f(2)=0$，由罗尔定理可知

$$\exists\xi_1\in(1, 2)，使f'(\xi_1)=0.$$

同理，　$\exists\xi_2\in(2, 3)$，使$f'(\xi_2)=0$；

$\exists\xi_3\in(3, 4)$，使$f'(\xi_3)=0$.

显然，ξ_1，ξ_2，ξ_3 都是方程$f'(x)=0$的根.

由于方程$f'(x)=0$为三次方程，它只能有三个根，故ξ_1，ξ_2，ξ_3 是方程$f'(x)=0$的全部根.

6. 证明恒等式：$\arcsin x+\arccos x=\frac{\pi}{2}\quad(-1\leqslant x\leqslant 1)$.

【证】 当 $x=\pm 1$ 时，$\arcsin x+\arccos x=\frac{\pi}{2}$. 当 $x\in(-1, 1)$时，令 $f(x)=\arcsin x+\arccos x$. 于是

$$f'(x)=\frac{1}{\sqrt{1-x^2}}-\frac{1}{\sqrt{1-x^2}}=0,$$

故

$$f(x)=C\quad(x\in(-1, 1)).$$

取 $x=0$，得 $C=f(0)=\arcsin 0+\arccos 0=\frac{\pi}{2}$，所以

$$\arcsin x+\arccos x=\frac{\pi}{2}\quad(x\in(-1, 1)),$$

总之

$$\arcsin x+\arccos x=\frac{\pi}{2}\quad(x\in[-1, 1]).$$

7. 若方程 $a_0x^n+a_1x^{n-1}+\cdots+a_{n-1}x=0$ 有一个正根 $x=x_0$，证明方程 $a_0nx^{n-1}+a_1(n-1)x^{n-2}+\cdots+a_{n-1}=0$ 必有一个小于 x_0 的正根.

【证】 设

$$F(x)=a_0x^n+a_1x^{n-1}+\cdots+a_{n-1}x,$$

则

$$F(0)=0,\ F(x_0)=0,$$

$F(x)$在$[0, x_0]$上连续，在$(0, x_0)$内可导. 由罗尔定理，$\exists\xi\in(0, x_0)$，使得 $F'(\xi)=0$，即

$$na_0\xi^{n-1}+(n-1)a_1\xi^{n-2}+\cdots+a_{n-1}=0,$$

ξ 就是方程

$$na_0x^{n-1}+(n-1)a_1x^{n-2}+\cdots+a_{n-1}=0$$

的一个小于 x_0 的正根.

8. 若函数$f(x)$在$[1, 2]$上具有二阶导数，且$f(2)=0$，又 $F(x)=(x-1)^2f(x)$，证明：在$(1, 2)$内至少存在一点 ξ，使 $F''(\xi)=0$.

【证】 $F(1)=F(2)=0$，$F(x)$在$[1, 2]$上满足罗尔定理条件，故在$(1, 2)$内至少存在一点 η，

使 $F'(\eta)=0$.又，$F'(x)=2(x-1)f(x)+(x-1)^2f'(x)$，$F'(1)=0$，$F'(x)$在$[1,\eta]$上满足罗尔定理条件，故在$(1,\eta)\subset(1,2)$内至少存在一点$\xi$，使 $F''(\xi)=0$.

9. 设 $a>b>0$，$n>1$，证明：

$$nb^{n-1}(a-b)<a^n-b^n<na^{n-1}(a-b).$$

【证】 设$f(x)=x^n$，$x\in[b,a]$. 由拉格朗日中值定理有

$$f(a)-f(b)=f'(\xi)(a-b),\ \xi\in(b,a),$$

即
$$a^n-b^n=n\xi^{n-1}(a-b).$$

因为 $b<\xi<a$，则有

$$nb^{n-1}(a-b)<n\xi^{n-1}(a-b)<na^{n-1}(a-b),$$

所以
$$nb^{n-1}(a-b)<a^n-b^n<na^{n-1}(a-b).$$

10. 设 $a>b>0$，证明：

$$\frac{a-b}{a}<\ln\frac{a}{b}<\frac{a-b}{b}.$$

【证】 设$f(x)=\ln x$，

$$f(a)-f(b)=f'(\xi)(a-b)\quad(\xi\in(b,a)),$$

即
$$\ln a-\ln b=\frac{1}{\xi}(a-b).$$

因为 $b<\xi<a$，则有

$$\frac{a-b}{a}<\frac{1}{\xi}(a-b)<\frac{a-b}{b},$$

所以
$$\frac{a-b}{a}<\ln\frac{a}{b}<\frac{a-b}{b}.$$

11. 证明下列不等式：

(1) $|\arctan a-\arctan b|\leqslant|a-b|$.

【证】 设$f(x)=\arctan x$，$x\in[a,b]$.

$f(x)$在$[a,b]$上连续，在(a,b)内可导，由拉格朗日中值定理得

$$f(b)-f(a)=f'(\xi)(b-a)\quad(\xi\in(a,b)),$$

即
$$\arctan b-\arctan a=\frac{1}{1+\xi^2}(b-a),$$

所以
$$|\arctan b-\arctan a|=\frac{1}{1+\xi^2}|b-a|\leqslant|b-a|.$$

(2) 当 $x>1$ 时，$e^x>e\cdot x$.

【证】 设$f(x)=e^x$.

由于$f(x)$在区间$[1,x]$上连续，在$(1,x)$内可导，由拉格朗日中值定理得

$$f(x)-f(1)=f'(\xi)(x-1)\quad(\xi\in(1,x)),$$

从而
$$e^x-e=e^{\xi}(x-1)>e(x-1),$$

所以
$$e^x>ex.$$

12. 证明方程 $x^5+x-1=0$ 只有一个正根.

【证】 设$f(x)=x^5+x-1$，

$$f(0)=-1<0,\ f(1)=1>0.$$

由介值定理可知，至少存在一点$\xi\in(0,1)$，使得$f(\xi)=0$.

显然，ξ为方程 $x^5+x-1=0$ 的一个正根.

假设方程还有一个正根$\xi^*>\xi$，则有

$$f(\xi^*)=f(\xi)=0.$$

由罗尔中值定理，$\exists\eta\in(\xi,\xi^*)$，使得

$$f'(\eta)=0,$$

即
$$4\eta^4+1=0,$$

矛盾. 故原方程只有一个正根.

*13. 设 $f(x)$, $g(x)$ 在 $[a, b]$ 上连续, 在 (a, b) 内可导, 证明在 (a, b) 内有一点 ξ, 使

$$\begin{vmatrix} f(a) & f(b) \\ g(a) & g(b) \end{vmatrix} = (b-a)\begin{vmatrix} f(a) & f'(\xi) \\ g(a) & g'(\xi) \end{vmatrix}.$$

【证】 设
$$\varphi(x)=\begin{vmatrix} f(a) & f(x) \\ g(a) & g(x) \end{vmatrix},$$

故
$$\varphi(x)=f(a)g(x)-g(a)f(x).$$

在区间 $[a, b]$ 上 $\varphi(x)$ 连续, 在 (a, b) 内可导, 则

$$\varphi(b)-\varphi(a)=\varphi'(\xi)(b-a)\quad(\xi\in(a, b)),$$

即
$$\begin{vmatrix} f(a) & f(b) \\ g(a) & g(b) \end{vmatrix} = \begin{vmatrix} f(a) & f'(\xi) \\ g(a) & g'(\xi) \end{vmatrix}(b-a).$$

14. 证明: 若函数 $f(x)$ 在 $(-\infty, +\infty)$ 内满足关系式 $f'(x)=f(x)$, 且 $f(0)=1$, 则 $f(x)=e^x$.

【证】 设 $\varphi(x)=\dfrac{f(x)}{e^x}$, $x\in(-\infty, +\infty)$, 则 $\varphi'(x)=\dfrac{f'(x)e^x-f(x)e^x}{e^{2x}}=\dfrac{f'(x)-f(x)}{e^x}=0$, 故

$$\varphi(x)=\frac{f(x)}{e^x}=C.$$

令 $\varphi(0)=\dfrac{f(0)}{e^0}=1$, 所以 $C=1$, 则有

$$f(x)=e^x.$$

*15. 设函数 $y=f(x)$ 在 $x=0$ 的某邻域内具有 n 阶导数, 且 $f(0)=f'(0)=\cdots=f^{(n-1)}(0)=0$, 试用柯西中值定理证明:

$$\frac{f(x)}{x^n}=\frac{f^{(n)}(\theta x)}{n!}\quad(0<\theta<1).$$

【证】 由柯西中值定理

$$\frac{f(x)}{x^n}=\frac{f(x)-f(0)}{x^n-0}=\frac{f'(\xi_1)}{n\xi_1^{n-1}}\quad(\xi_1 \text{ 在 } 0 \text{ 与 } x \text{ 之间}),$$

$$\frac{f'(\xi_1)}{n\xi_1^{n-1}}=\frac{f'(\xi_1)-f'(0)}{n\xi_1^{n-1}-0}=\frac{f''(\xi_2)}{n(n-1)\xi_2^{n-2}}\quad(\xi_2 \text{ 在 } 0 \text{ 与 } \xi_1 \text{ 之间}),$$

…………

$$\frac{f^{(n-1)}(\xi_{n-1})}{n\cdot(n-1)\cdot\cdots\cdot 2\xi_{n-1}}=\frac{f^{(n-1)}(\xi_{n-1})-f^{(n-1)}(0)}{n\cdot(n-1)\cdot\cdots\cdot 2\xi_{n-1}-0}=\frac{f^{(n)}(\xi_n)}{n!}\quad(\xi_n \text{ 在 } 0 \text{ 与 } \xi_{n-1} \text{ 之间}),$$

所以
$$\frac{f(x)}{x^n}=\frac{f^{(n)}(\xi_n)}{n!}.$$

令 $\xi_n=\theta x(0<\theta<1)$, 则

$$\frac{f(x)}{x^n}=\frac{f^{(n)}(\theta x)}{n!}.$$

习题 3-2　洛必达法则

1. 用洛必达法则求下列极限:

(1) $\lim\limits_{x\to 0}\dfrac{\ln(1+x)}{x}$.

【解】 $\lim\limits_{x\to 0}\dfrac{\ln(1+x)}{x}=\lim\limits_{x\to 0}\dfrac{1}{1+x}=1.$

(2) $\lim\limits_{x\to 0}\dfrac{e^{x}-e^{-x}}{\sin x}.$

【解】 $\lim\limits_{x\to 0}\dfrac{e^{x}-e^{-x}}{\sin x}=\lim\limits_{x\to 0}\dfrac{e^{x}+e^{-x}}{\cos x}=2.$

(3) $\lim\limits_{x\to 0}\dfrac{\tan x-x}{x-\sin x}.$

【解】 原式$=\lim\limits_{x\to 0}\dfrac{\sec^2 x-1}{1-\cos x}=\lim\limits_{x\to 0}\dfrac{\tan^2 x}{\dfrac{1}{2}x^2}=2.$

(4) $\lim\limits_{x\to \pi}\dfrac{\sin 3x}{\tan 5x}.$

【解】 $\lim\limits_{x\to \pi}\dfrac{\sin 3x}{\tan 5x}=\lim\limits_{x\to \pi}\dfrac{3\cos 3x}{5\sec^2 5x}=-\dfrac{3}{5}.$

(5) $\lim\limits_{x\to \frac{\pi}{2}}\dfrac{\ln\sin x}{(\pi-2x)^2}.$

【解】 $\lim\limits_{x\to \frac{\pi}{2}}\dfrac{\ln\sin x}{(\pi-2x)^2}=\lim\limits_{x\to \frac{\pi}{2}}\dfrac{\dfrac{1}{\sin x}\cdot\cos x}{2(\pi-2x)\cdot(-2)}=\lim\limits_{x\to \frac{\pi}{2}}\dfrac{\cos x}{\pi-2x}\cdot\dfrac{1}{-4\sin x}=-\dfrac{1}{4}\lim\limits_{x\to \frac{\pi}{2}}\dfrac{-\sin x}{-2}=-\dfrac{1}{8}.$

(6) $\lim\limits_{x\to a}\dfrac{x^m-a^m}{x^n-a^n}\quad(a\neq 0).$

【解】 $\lim\limits_{x\to a}\dfrac{x^m-a^m}{x^n-a^n}=\lim\limits_{x\to a}\dfrac{mx^{m-1}}{nx^{n-1}}=\dfrac{m}{n}a^{m-n}.$

(7) $\lim\limits_{x\to 0^+}\dfrac{\ln\tan 7x}{\ln\tan 2x}.$

【解】 $\lim\limits_{x\to 0^+}\dfrac{\ln\tan 7x}{\ln\tan 2x}=\lim\limits_{x\to 0^+}\dfrac{\dfrac{1}{\tan 7x}\cdot\sec^2 7x\cdot 7}{\dfrac{1}{\tan 2x}\cdot\sec^2 2x\cdot 2}=\lim\limits_{x\to 0^+}\dfrac{7\sin 4x}{2\sin 14x}=\lim\limits_{x\to 0^+}\dfrac{7\cdot 4\cos 4x}{2\cdot 14\cos 14x}=1.$

(8) $\lim\limits_{x\to \frac{\pi}{2}}\dfrac{\tan x}{\tan 3x}.$

【解】 $\lim\limits_{x\to \frac{\pi}{2}}\dfrac{\tan x}{\tan 3x}=\lim\limits_{x\to \frac{\pi}{2}}\dfrac{\sec^2 x}{3\sec^2 3x}=\lim\limits_{x\to \frac{\pi}{2}}\dfrac{\cos^2 3x}{3\cos^2 x}=\lim\limits_{x\to \frac{\pi}{2}}\dfrac{-2\cos 3x\sin 3x\cdot 3}{-3\cdot 2\cos x\sin x}$

$=\lim\limits_{x\to \frac{\pi}{2}}\dfrac{\sin 6x}{\sin 2x}=\lim\limits_{x\to \frac{\pi}{2}}\dfrac{6\cos 6x}{2\cos 2x}=3\cdot\dfrac{\cos 3\pi}{\cos\pi}=3.$

(9) $\lim\limits_{x\to +\infty}\dfrac{\ln\left(1+\dfrac{1}{x}\right)}{\operatorname{arccot} x}.$

【解】 $\lim\limits_{x\to +\infty}\dfrac{\ln\left(1+\dfrac{1}{x}\right)}{\operatorname{arccot} x}=\lim\limits_{x\to +\infty}\dfrac{\dfrac{1}{x}}{\operatorname{arccot} x}=\lim\limits_{x\to +\infty}\dfrac{-\dfrac{1}{x^2}}{-\dfrac{1}{1+x^2}}=\lim\limits_{x\to +\infty}\dfrac{1+x^2}{x^2}=1.$

(10) $\lim\limits_{x\to 0}\dfrac{\ln(1+x^2)}{\sec x-\cos x}.$

【解】 $\lim\limits_{x\to0}\frac{\ln(1+x^2)}{\sec x-\cos x}=\lim\limits_{x\to0}\frac{x^2}{\sec x-\cos x}=\lim\limits_{x\to0}\frac{2x}{\sec x\tan x+\sin x}=\lim\limits_{x\to0}\frac{2x}{\sin x\left(\frac{1}{\cos^2x}+1\right)}=\lim\limits_{x\to0}\frac{x}{\sin x}\cdot\frac{2\cos^2x}{1+\cos^2x}=1.$

注：若不使用洛必达法则，直接有

$$原式=\lim_{x\to0}\frac{x^2}{1-\cos^2x}=\lim_{x\to0}\frac{x^2}{\sin^2x}=1.$$

(11) $\lim\limits_{x\to0}x\cot2x.$

【解】 $\lim\limits_{x\to0}x\cot2x=\lim\limits_{x\to0}\frac{x}{\tan2x}=\lim\limits_{x\to0}\frac{1}{2\sec^22x}=\frac{1}{2}.$

(12) $\lim\limits_{x\to0}x^2e^{\frac{1}{x^2}}.$

【解】 $\lim\limits_{x\to0}x^2e^{\frac{1}{x^2}}=\lim\limits_{x\to0}\frac{e^{\frac{1}{x^2}}}{\frac{1}{x^2}}\xlongequal{t=\frac{1}{x}}\lim\limits_{t\to\infty}\frac{e^{t^2}}{t^2}=\lim\limits_{t\to\infty}\frac{2t\cdot e^{t^2}}{2t}=\lim\limits_{t\to\infty}e^{t^2}=\infty.$

(13) $\lim\limits_{x\to1}\left(\frac{2}{x^2-1}-\frac{1}{x-1}\right).$

【解】 $\lim\limits_{x\to1}\left(\frac{2}{x^2-1}-\frac{1}{x-1}\right)=\lim\limits_{x\to1}\frac{1-x}{x^2-1}=\lim\limits_{x\to1}\frac{-1}{2x}=-\frac{1}{2}.$

(14) $\lim\limits_{x\to0}(e^x+x)^{\frac{1}{x}}$

【解】 $\lim\limits_{x\to0}(e^x+x)^{\frac{1}{x}}=e^{\lim\limits_{x\to0}\frac{\ln(e^x+x)}{x}}$，由于

$$\lim_{x\to0}\frac{\ln(e^x+x)}{x}=\lim_{x\to0}\frac{\frac{e^x+1}{e^x+x}}{1}=2,$$

故$\lim\limits_{x\to0}(e^x+x)^{\frac{1}{x}}=e^2.$

(15) $\lim\limits_{x\to0^+}x^{\sin x}.$

【解】 设 $y=x^{\sin x}$，取对数，得

$$\ln y=\sin x\cdot\ln x,$$

$$\lim_{x\to0^+}\sin x\ln x=\lim_{x\to0^+}\frac{\ln x}{\csc x}=\lim_{x\to0^+}\frac{\frac{1}{x}}{-\csc x\cot x}=\lim_{x\to0^+}-\frac{\sin^2x}{x\cos x}=0,$$

所以$\lim\limits_{x\to0^+}x^{\sin x}=e^0=1.$

(16) $\lim\limits_{x\to0^+}\left(\frac{1}{x}\right)^{\tan x}.$

【解】 设 $y=\left(\frac{1}{x}\right)^{\tan x}$，取对数，得

$$\ln y=\tan x\cdot\ln\frac{1}{x},$$

$$\lim_{x\to0^+}\ln y=\lim_{x\to0^+}\tan x\cdot\ln\frac{1}{x}=\lim_{x\to0^+}\frac{-\ln x}{\cot x}=\lim_{x\to0^+}\left(-\frac{\frac{1}{x}}{-\csc^2x}\right)=\lim_{x\to0^+}\frac{\sin^2x}{x}=0,$$

所以$\lim\limits_{x\to0^+}\left(\dfrac{1}{x}\right)^{\tan x}=e^0=1.$

2. 验证极限$\lim\limits_{x\to\infty}\dfrac{x+\sin x}{x}$存在，但不能用洛必达法则得出.

【证】 $\lim\limits_{x\to\infty}\dfrac{x+\sin x}{x}=\lim\limits_{x\to\infty}\left(1+\dfrac{1}{x}\sin x\right)=1.$

但$\lim\limits_{x\to\infty}\dfrac{x+\sin x}{x}=\lim\limits_{x\to\infty}(1+\cos x)$不存在. 故不能使用洛必达法则.

3. 验证极限$\lim\limits_{x\to0}\dfrac{x^2\sin\dfrac{1}{x}}{\sin x}$存在，但不能用洛必达法则得出.

【证】 $\lim\limits_{x\to0}\dfrac{x^2\sin\dfrac{1}{x}}{\sin x}=\lim\limits_{x\to0}\dfrac{x}{\sin x}\cdot x\sin\dfrac{1}{x}=0.$

用洛必达法则，有

$$\lim_{x\to0}\frac{x^2\sin\dfrac{1}{x}}{\sin x}=\lim_{x\to0}\frac{2x\sin\dfrac{1}{x}-\cos\dfrac{1}{x}}{\cos x},$$

因为$\lim\limits_{x\to0}\cos\dfrac{1}{x}$不存在，$\lim\limits_{x\to0}\cos x=1$，$\lim\limits_{x\to0}2x\sin\dfrac{1}{x}=0$，所以

$$\lim_{x\to0}\frac{2x\sin\dfrac{1}{x}-\cos\dfrac{1}{x}}{\cos x}$$

不存在. 故不能使用洛必达法则.

*4. 讨论函数

$$f(x)=\begin{cases}\left[\dfrac{(1+x)^{\frac{1}{x}}}{e}\right]^{\frac{1}{x}}, & x>0,\\ e^{-\frac{1}{2}}, & x\leqslant0\end{cases}$$

在点$x=0$处的连续性.

【解】 $f(0)=e^{-\frac{1}{2}}$，　　$\lim\limits_{x\to0^-}f(x)=\lim\limits_{x\to0^-}e^{-\frac{1}{2}}=e^{-\frac{1}{2}}.$

当$x>0$时，

$$\ln f(x)=\frac{1}{x}\left[\frac{1}{x}\ln(1+x)-\ln e\right]=\frac{\ln(1+x)-x}{x^2},$$

$$\lim_{x\to0^+}\ln f(x)=\lim_{x\to0^+}\frac{\ln(1+x)-x}{x^2}=\lim_{x\to0^+}\frac{\dfrac{1}{1+x}-1}{2x}=\lim_{x\to0^+}\frac{-x}{2x(1+x)}=\lim_{x\to0^+}\left[-\frac{1}{2(1+x)}\right]=-\frac{1}{2},$$

则

$$\lim_{x\to0^+}f(x)=e^{-\frac{1}{2}}.$$

故$f(x)$在$x=0$处连续.

习题 3-3　泰勒公式

1. 按$(x-4)$的幂展开多项式$f(x)=x^4-5x^3+x^2-3x+4$.

【解】 $f'(x)=4x^3-15x^2+2x-3$，$f''(x)=12x^2-30x+2$，$f'''(x)=24x-30$，$f^{(4)}(x)=24$，$f^{(5)}(x)=$

$0, f(4)=-56, f'(4)=21, f''(4)=74, f'''(4)=66, f^{(4)}(4)=24.$

所以按$(x-4)$的幂展开的多项式为

$$x^4-5x^3+x^2-3x+4=f(4)+f'(4)(x-4)+\frac{f''(4)}{2!}(x-4)^2+\frac{f'''(4)}{3!}(x-4)^3+\frac{f^{(4)}(4)}{4!}(x-4)^4$$
$$=-56+21(x-4)+37(x-4)^2+11(x-4)^3+(x-4)^4.$$

2. 应用麦克劳林公式，按 x 的幂展开函数$f(x)=(x^2-3x+1)^3$.

【解】 $f(x)$是 x 的 6 次多项式，则当 $n\geqslant 7$ 时，$f^{(n)}(x)=0$. 由麦克劳林公式

$$f(x)=f(0)+f'(0)x+\frac{f''(0)}{2!}x^2+\frac{f'''(0)}{3!}x^3+\frac{f^{(4)}(0)}{4!}x^4+\frac{f^{(5)}(0)}{5!}x^5+\frac{f^{(6)}(0)}{6!}x^6,$$

$f(0)=1, f'(0)=-9, f''(0)=60, f'''(0)=-270,$

$f^{(4)}(0)=720, f^{(5)}(0)=-1\ 080, f^{(6)}(0)=720,$

故
$$f(x)=1-9x+30x^2-45x^3+30x^4-9x^5+x^6.$$

3. 求函数$f(x)=\sqrt{x}$按$(x-4)$的幂展开的带有拉格朗日型余项的 3 阶泰勒公式.

【解】 $f(4)=\sqrt{4}=2, f'(4)=\frac{1}{2}x^{-\frac{1}{2}}\Big|_{x=4}=\frac{1}{4}, f''(4)=-\frac{1}{4}x^{-\frac{3}{2}}\Big|_{x=4}=-\frac{1}{32},$

$f'''(4)=\frac{3}{8}x^{-\frac{5}{2}}\Big|_{x=4}=\frac{3}{256}, f^{(4)}(x)=-\frac{15}{16}x^{-\frac{7}{2}},$

$$\sqrt{x}=f(4)+f'(4)(x-4)+\frac{f''(4)}{2!}(x-4)^2+\frac{f'''(4)}{3!}(x-4)^3+\frac{f^{(4)}(\xi)}{4!}(x-4)^4$$
$$=2+\frac{1}{4}(x-4)-\frac{1}{64}(x-4)^2+\frac{1}{512}(x-4)^3-\frac{15(x-4)^4}{4!\cdot 16\cdot \xi^{7/2}}\quad(\xi\text{ 在 4 与 }x\text{ 之间}).$$

4. 求函数$f(x)=\ln x$ 按$(x-2)$的幂展开的带有佩亚诺型余项的 n 阶泰勒公式.

【解】 $f^{(n)}(x)=\frac{(-1)^{n-1}(n-1)!}{x^n}, f^{(n)}(2)=\frac{(-1)^{n-1}(n-1)!}{2^n},$

$$\ln x=\ln 2+\frac{1}{2}(x-2)-\frac{1}{8}(x-2)^2+\frac{1}{3\cdot 2^3}(x-2)^3+\cdots+(-1)^{n-1}\frac{1}{n2^n}(x-2)^n+o[(x-2)^n].$$

5. 求函数$f(x)=\frac{1}{x}$按$(x+1)$的幂展开的带有拉格朗日型余项的 n 阶泰勒公式.

【解】 $f^{(n)}(x)=\frac{(-1)^n\cdot n!}{x^{n+1}},$

$f^{(n)}(-1)=\frac{(-1)^n n!}{(-1)^{n+1}}=-n!,$

$$\frac{1}{x}=-1-(x+1)-(x+1)^2-\cdots-(x+1)^n+(-1)^{n+1}\frac{1}{\xi^{n+2}}(x+1)^{n+1}\quad(\xi\text{ 在}-1\text{ 与 }x\text{ 之间}).$$

6. 求函数$f(x)=\tan x$ 的带有佩亚诺余项的 3 阶麦克劳林公式.

【解】 因为

$$f(x)=\tan x, f'(x)=\sec^2 x, f''(x)=2\sec^2 x\tan x,$$
$$f'''(x)=4\sec^2 x\tan^2 x+2\sec^4 x,$$
$$f^{(4)}=8\sec^2 x\tan^3 x+8\sec^4 x\tan x+8\sec^4 x\tan x$$
$$=8\sec^2 x\tan^3 x+16\sec^4 x\tan x$$
$$=\frac{8(\sin^2 x+2)\sin x}{\cos^5 x},$$
$$f(0)=0, f'(0)=1, f''(0)=0, f'''(0)=2,$$

故 $f(x)=x+\frac{x^3}{3}+o(x^3).$

7. 求函数$f(x)=xe^x$的带有佩亚诺型余项的n阶麦克劳林公式.

【解】 $f'(x)=e^x+xe^x=(x+1)e^x$,

$f''(x)=e^x+(x+1)e^x=(x+2)e^x$,

…………

$f^{(n)}(x)=(x+n)e^x$,

$f^{(n)}(0)=ne^0=n$.

$$xe^x=f(0)+f'(0)x+\frac{1}{2!}f''(0)x^2+\cdots+\frac{1}{n!}f^{(n)}(0)x^n+o(x^n)=x+x^2+\frac{1}{2!}x^3+\cdots+\frac{1}{(n-1)!}x^n+o(x^n).$$

8. 验证当$0<x\leqslant\frac{1}{2}$时,按公式$e^x\approx1+x+\frac{x^2}{2}+\frac{x^3}{6}$计算$e^x$的近似值时,所产生的误差小于0.01,并求$\sqrt{e}$的近似值,使误差小于0.01.

【解】 $f(x)=e^x$的3阶麦克劳林公式为

$$f(x)=e^x=1+x+\frac{1}{2!}x^2+\frac{1}{3!}x^3+\frac{1}{4!}\cdot e^{\xi}x^4\quad(\xi\text{在}0\text{与}x\text{之间}).$$

误差$R=\frac{1}{4!}e^{\xi}x^4$. 已知$0<x\leqslant\frac{1}{2}$,从而$0<\xi<\frac{1}{2}$.

误差$R\leqslant\frac{1}{4!}e^{\frac{1}{2}}\cdot\left(\frac{1}{2}\right)^4<\frac{1}{4!}3^{\frac{1}{2}}\cdot\left(\frac{1}{2}\right)^4<0.01$.

$$\sqrt{e}=e^{\frac{1}{2}}\approx1+\frac{1}{2}+\frac{1}{2}\left(\frac{1}{2}\right)^2+\frac{1}{6}\left(\frac{1}{2}\right)^3\approx1.645.$$

9. 应用3阶泰勒公式求下列各数的近似值,并估计误差:

(1) $\sqrt[3]{30}$.

【解】 $\sqrt[3]{30}=\sqrt[3]{27+3}=\sqrt[3]{27\left(1+\frac{1}{9}\right)}=3\sqrt[3]{1+\frac{1}{9}}$.

设$f(x)=\sqrt[3]{1+x}$,3阶泰勒公式为

$$f(x)=f(x_0)+f'(x_0)(x-x_0)+\frac{1}{2!}f''(x_0)(x-x_0)^2+\frac{1}{3!}f'''(x_0)(x-x_0)^3+\frac{1}{4!}f^{(4)}(\xi)(x-x_0)^4.$$

取$x_0=0$,则

$$\begin{aligned}\sqrt[3]{1+x}&=1+\frac{1}{3}x+\frac{1}{3}\cdot\left(-\frac{2}{3}\right)\cdot\frac{x^2}{2!}+\frac{1}{3}\cdot\left(-\frac{2}{3}\right)\cdot\left(-\frac{5}{3}\right)\frac{x^3}{3!}+\\&\quad\frac{1}{3}\cdot\left(-\frac{2}{3}\right)\cdot\left(-\frac{5}{3}\right)\cdot\left(-\frac{8}{3}\right)\frac{x^4}{4!}(1+\xi)^{-\frac{11}{3}}\\&=1+\frac{1}{3}x-\frac{1}{9}x^2+\frac{5}{81}x^3-\frac{10}{243}(1+\xi)^{-\frac{11}{3}}\cdot x^4,\end{aligned}$$

$$\sqrt[3]{30}=3\left(1+\frac{1}{9}\right)^{\frac{1}{3}}\approx1+\frac{1}{3}\cdot\frac{1}{9}-\frac{1}{9}\cdot\left(\frac{1}{9}\right)^2+\frac{5}{81}\cdot\left(\frac{1}{9}\right)^3\approx3.107\ 25.$$

误差 $\quad|R_{\xi}(x)|=\xi\left|\frac{10}{243}(1+\xi)^{-\frac{11}{3}}\cdot x^4\right|<3\cdot\frac{10}{243}\cdot\left(\frac{1}{9}\right)^4\approx1.88\times10^{-5}$.

(2) $\sin18°$.

【解】 取$f(x)=\sin x$,$x_0=0$,$x=18°=\frac{\pi}{10}$.

由$\sin x$的3阶麦克劳林公式

$$\sin x=x-\frac{1}{3!}x^3+\frac{1}{5!}\cos(\theta x)x^5\quad(0<\theta<1),$$

故
$$\sin 18^\circ \approx \frac{\pi}{10}-\frac{1}{3!}\left(\frac{\pi}{10}\right)^3 \approx 0.308\ 99.$$

误差
$$R \leqslant \frac{1}{5!}\left(\frac{\pi}{10}\right)^5 \approx 2.55\times 10^{-5}.$$

*10. 利用泰勒公式求下列极限:

(1) $\lim\limits_{x\to+\infty}(\sqrt[3]{x^3+3x^2}-\sqrt[4]{x^4-2x^3})$.

【解】 令 $x=\frac{1}{t}$, 则

$$\lim_{x\to+\infty}(\sqrt[3]{x^3+3x^2}-\sqrt[4]{x^4-2x^3})=\lim_{t\to0^+}\frac{\sqrt[3]{1+3t}-\sqrt[4]{1-2t}}{t}$$
$$=\lim_{t\to0^+}\frac{1+t+o(t)-\left[1-\frac{1}{2}t+o(t)\right]}{t}=\lim_{t\to0^+}\frac{\frac{3}{2}t+o(t)}{t}=\frac{3}{2}.$$

(2) $\lim\limits_{x\to0}\dfrac{\cos x-\mathrm{e}^{-\frac{x^2}{2}}}{x^2[x+\ln(1-x)]}$.

【解】 $\cos x=1-\frac{1}{2!}x^2+\frac{1}{4!}x^4+o(x^4)$, $\mathrm{e}^{-\frac{x^2}{2}}=1-\frac{1}{2}x^2+\frac{1}{2!}\left(-\frac{x^2}{2}\right)^2+o(x^4)$,

$x-\ln(1-x)=-\frac{1}{2}x^2+o(x^2)$,

$$\lim_{x\to0}\frac{\cos x-\mathrm{e}^{-\frac{x^2}{2}}}{x^2[x+\ln(1-x)]}=\lim_{x\to0}\frac{1-\frac{1}{2}x^2+\frac{1}{24}x^4+o(x^4)-\left[1-\frac{1}{2}x^2+\frac{1}{8}x^4+o(x^4)\right]}{x^2\left[-\frac{1}{2}x^2+o(x^2)\right]}=\lim_{x\to0}\frac{-\frac{1}{12}x^4+o(x^4)}{-\frac{1}{2}x^4+o(x^4)}=\frac{1}{6}.$$

(3) $\lim\limits_{x\to0}\dfrac{1+\frac{1}{2}x^2-\sqrt{1+x^2}}{(\cos x-\mathrm{e}^{x^2})\sin x^2}$.

【解】 $\sqrt{1+x^2}=1+\frac{1}{2}x^2-\frac{3}{4!}x^4+o(x^4)$, $1+\frac{1}{2}x^2-\sqrt{1+x^2}=\frac{3}{24}x^4+o(x^4)$,

$\cos x-\mathrm{e}^{x^2}=-\frac{3}{2}x^2+o(x^2)$,

$$\lim_{x\to0}\frac{1+\frac{1}{2}x^2-\sqrt{1+x^2}}{(\cos x-\mathrm{e}^{x^2})\sin x^2}=\lim_{x\to0}\frac{\frac{3}{24}x^4+o(x^4)}{\left[-\frac{3}{2}x^2+o(x^2)\right]x^2}=-\frac{1}{12}.$$

(4) $\lim\limits_{x\to\infty}\left[x-x^2\ln\left(1+\frac{1}{x}\right)\right]$.

【解】 原式
$$=\lim_{x\to\infty}\frac{\frac{1}{x}-\ln\left(1+\frac{1}{x}\right)}{\frac{1}{x^2}}\xlongequal{\frac{1}{x}=t}\lim_{t\to0}\frac{t-\ln(1+t)}{t^2}=\lim_{t\to0}\frac{1-\frac{1}{1+t}}{2t}=\lim_{t\to0}\frac{t}{2t(1+t)}=\frac{1}{2}.$$

11. 若函数 $f(x)$ 在 $(-\infty,+\infty)$ 内具有二阶导数, 且 $f''(x)>0$, 又 $\lim\limits_{x\to0}\frac{f(x)}{x}=1$, 证明: $f(x)\geqslant x$, $x\in(-\infty,+\infty)$.

【证】 函数 $f(x)$ 在 $(-\infty,+\infty)$ 内具有二阶导数, 可知 $f(x)$ 在 $x=0$ 处连续, 因此

$$f(0)=\lim_{x\to 0}f(x)=\lim_{x\to 0}\frac{f(x)}{x}\cdot x=\lim_{x\to 0}\frac{f(x)}{x}\cdot\lim_{x\to 0}x=1\cdot 0=0;$$

又，可知$f(x)$在$x=0$处可导，则$f'(0)=\lim\limits_{x\to 0}\frac{f(x)-f(0)}{x-0}=\lim\limits_{x\to 0}\frac{f(x)}{x}=1$，故由泰勒公式得

$$f(x)=f(0)+f'(0)x+\frac{f''(\xi)}{2!}x^2=0+x+\frac{f''(\xi)}{2}x^2\geqslant x,$$

其中ξ介于0与x之间，即$f(x)\geqslant x$，$x\in(-\infty,+\infty)$.

习题 3-4　函数的单调性与曲线的凹凸性

1. 判定函数$f(x)=\arctan x-x$的单调性.

【解】 $f'(x)=\frac{1}{1+x^2}-1=\frac{-x^2}{1+x^2}<0$，故$f(x)$在$(-\infty,+\infty)$内单调减少.

2. 判定函数$f(x)=x+\cos x$的单调性.

【解】 $f'(x)=1-\sin x\geqslant 0$，故$f(x)$在$[0,2\pi]$上单调增加.

3. 确定下列函数的单调区间：

(1) $y=2x^3-6x^2-18x-7$；　　(2) $y=2x+\frac{8}{x}$ $(x>0)$；

(3) $y=\frac{10}{4x^3-9x^2+6x}$；　　(4) $y=\ln(x+\sqrt{1+x^2})$；

(5) $y=(x-1)(x+1)^3$；　　(6) $y=\sqrt[3]{(2x-a)(a-x)^2}$ $(a>0)$；

(7) $y=x^n e^{-x}$ $(n>0, x\geqslant 0)$；　　(8) $y=x+|\sin 2x|$.

【解】 (1) $y'=6x^2-12x-18=6(x-3)(x+1)$.

令$y'=0$，得驻点$x_1=-1$，$x_2=3$.

x	$(-\infty,-1)$	$(-1,3)$	$(3,+\infty)$
y'	+	−	+
y	↗	↘	↗

在$(-\infty,-1]\cup[3,+\infty)$内，函数单调增加；在$[-1,3]$内，函数单调减少；

(2) $y'=2-\frac{8}{x^2}=\frac{2}{x^2}(x-2)(x+2)$.

令$y'=0$，得驻点$x_1=2$，$x_2=-2$（舍去）.

x	$(0,2)$	$(2,+\infty)$
y'	−	+
y	↘	↗

在$(0,2]$内，函数单调减少；在$[2,+\infty)$内，函数单调增加；

(3) $y'=\frac{-10(12x^2-18x+6)}{(4x^3-9x^2+6x)^2}=\frac{-60(x-1)(2x-1)}{(4x^3-9x^2+6x)^2}$.

令$y'=0$，得驻点$x_1=\frac{1}{2}$，$x_2=1$. 而$x_3=0$是函数无定义的点.

x	$(-\infty,0)$	$\left(0,\frac{1}{2}\right)$	$\left(\frac{1}{2},1\right)$	$(1,+\infty)$
y'	−	−	+	−
y	↘	↘	↗	↘

此函数在$(-\infty, 0)$，$\left(0, \frac{1}{2}\right]$，$[1, +\infty)$内，单调减少；在$\left[\frac{1}{2}, 1\right]$内，单调增加；

(4) $y'=\frac{1}{x+\sqrt{1+x^2}}\left(1+\frac{2x}{2\sqrt{1+x^2}}\right)=\frac{1}{\sqrt{1+x^2}}>0.$

函数在$(-\infty, +\infty)$内单调增加；

(5) $y'=(x+1)^3+(x-1)\cdot 3(x+1)^2=2(x+1)^2(2x-1).$

令 $y'=0$，得驻点 $x_1=-1$，$x_2=\frac{1}{2}$.

x	$(-\infty, -1)$	$\left(-1, \frac{1}{2}\right)$	$\left(\frac{1}{2}, +\infty\right)$
y'	$-$	$-$	$+$
y	↘	↘	↗

函数在$\left(-\infty, \frac{1}{2}\right]$内，单调减少；在$\left[\frac{1}{2}, +\infty\right)$内，单调增加；

(6) $y'=\frac{-6\left(x-\frac{2a}{3}\right)}{3\sqrt[3]{(2x-a)^2(a-x)}}\quad\left(x\neq\frac{a}{2}, a\right).$

令 $y'=0$，得驻点 $x_1=\frac{2}{3}a$，而 $x_2=\frac{a}{2}$，$x_3=a$ 为不可导点.

x	$\left(-\infty, \frac{a}{2}\right)$	$\left(\frac{a}{2}, \frac{2}{3}a\right)$	$\left(\frac{2}{3}a, a\right)$	$(a, +\infty)$
y'	$+$	$+$	$-$	$+$
y	↗	↗	↘	↗

此函数在$\left(-\infty, \frac{2}{3}a\right]$，$[a, +\infty)$上，单调增加；在$\left[\frac{2}{3}a, a\right]$内，单调减少；

(7) $y'=nx^{n-1}e^{-x}-x^ne^{-x}=x^{n-1}e^{-x}(n-x).$

令 $y'=0$，得驻点 $x=n$.

x	$(0, n)$	$(n, +\infty)$
y'	$+$	$-$
y	↗	↘

此函数在$[0, n]$上，单调增加；在$[n, +\infty)$内，单调减少；

(8) $y=\begin{cases}x+\sin 2x, & x\in\left[k\pi, k\pi+\frac{\pi}{2}\right],\\ x-\sin 2x, & x\in\left[k\pi+\frac{\pi}{2}, (2k+1)\pi\right]\end{cases}\quad(k\in\mathbf{Z}).$

当 $k\pi\leqslant x\leqslant k\pi+\frac{\pi}{2}$时，$y'=1+2\cos 2x$.

令 $y'=0$，得驻点 $x_1=k\pi+\frac{\pi}{3}$，当 $k\pi\leqslant x\leqslant k\pi+\frac{\pi}{3}$，即 $2k\pi\leqslant 2x\leqslant 2k\pi+\frac{2}{3}\pi$ 时，$y'=1+2\cos 2x>0$；当 $k\pi+\frac{\pi}{3}\leqslant x\leqslant k\pi+\frac{\pi}{2}$，即 $2k\pi+\frac{2}{3}\pi\leqslant 2x\leqslant 2k\pi+\pi$ 时，$y'<0$.

当 $k\pi+\frac{\pi}{2}\leqslant x\leqslant(k+1)\pi$ 时，$y'=1-2\cos 2x$.

令 $y'=0$，得驻点 $x_2=k\pi+\frac{5}{6}\pi$. 当 $k\pi+\frac{\pi}{2}\leqslant x\leqslant k\pi+\frac{5}{6}\pi$，即 $2k\pi+\pi\leqslant 2x\leqslant 2k\pi+\frac{5}{3}\pi$ 时，$y'=1-$

$2\cos 2x>0$；当 $k\pi+\frac{5}{6}\pi\leqslant x\leqslant(k+1)\pi$，即 $2k\pi+\frac{5}{3}\pi\leqslant 2x\leqslant(2k+2)\pi$ 时，$y'=1-2\cos 2x<0$.

所以，在

$$\left[k\pi,\ k\pi+\frac{\pi}{3}\right]\cup\left[k\pi+\frac{\pi}{2},\ k\pi+\frac{5}{6}\pi\right]=\left[\frac{n\pi}{2},\ \frac{n\pi}{2}+\frac{\pi}{3}\right]$$

上，函数单调减少；在

$$\left[k\pi+\frac{\pi}{3},\ k\pi+\frac{\pi}{2}\right]\cup\left[k\pi+\frac{5}{6}\pi,\ k\pi+\pi\right]=\left[\frac{n\pi}{2}+\frac{\pi}{3},\ \frac{n\pi}{2}+\frac{\pi}{2}\right]$$

上，函数单调增加（$n=0,\ \pm1,\ \pm2,\ \cdots$）.

4. 设函数 $f(x)$ 在定义域内可导，$y=f(x)$ 的图形如图 3-3 所示，则导函数 $f'(x)$ 的图形为图 3-4 所示的四个图形中的哪一个？

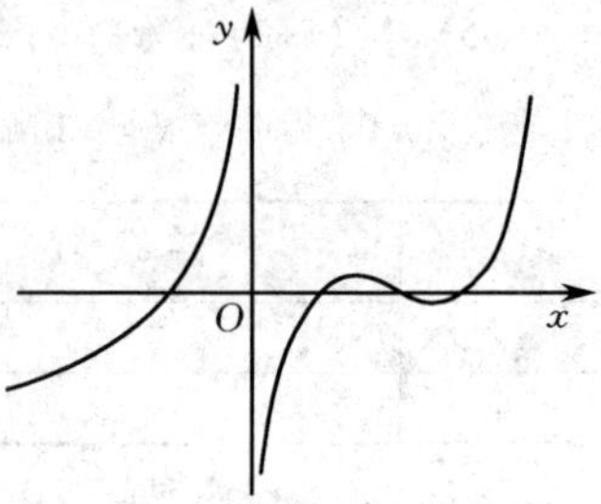

图 3-3

【解】 由所给图形知，当 $x<0$ 时，$y=f(x)$ 单调增加，从而 $f'(x)\geqslant0$，故排除 A，C；当 $x>0$ 时，随着 x 增大，$y=f(x)$ 先单调增加，然后单调减少，再单调增加，因此随着 x 增大，先有 $f'(x)\geqslant0$，然后 $f'(x)\leqslant0$，继而又有 $f'(x)\geqslant0$，故应选 D.

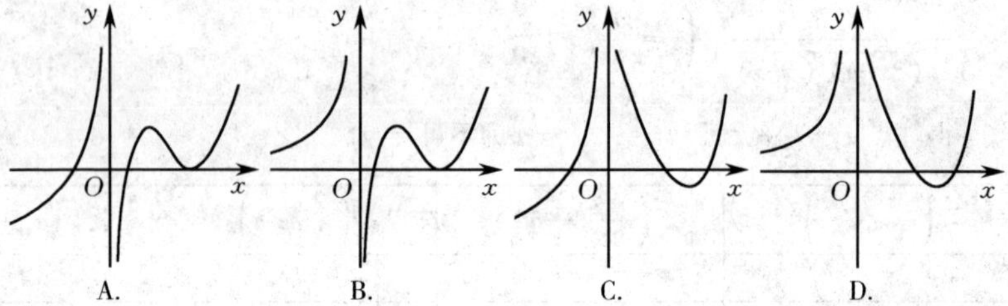

图 3-4

5. 证明下列不等式：

（1）当 $x>0$ 时，$1+\frac{1}{2}x>\sqrt{1+x}$.

【证】 令 $f(x)=1+\frac{1}{2}x-\sqrt{1+x}$，则

$$f(0)=1+\frac{1}{2}\times0-\sqrt{1+0}=0,\quad f'(x)=\frac{1}{2}-\frac{1}{2\sqrt{1+x}}=\frac{1}{2}\left(1-\frac{1}{\sqrt{1+x}}\right).$$

当 $x>0$ 时，$f'(x)>0$，则 $f(x)$ 单调增加，$f(x)>f(0)=0$，从而

$$1+\frac{1}{2}x>\sqrt{1+x}.$$

（2）当 $x>0$ 时，$1+x\ln(x+\sqrt{1+x^2})>\sqrt{1+x^2}$.

【证】 令 $f(x)=1+x\ln(x+\sqrt{1+x^2})-\sqrt{1+x^2}$，则

$$f(0)=0,$$

$$f'(x)=\ln(x+\sqrt{1+x^2})+\frac{x}{x+\sqrt{1+x^2}}\left(1+\frac{x}{\sqrt{1+x^2}}\right)-\frac{x}{\sqrt{1+x^2}}=\ln(x+\sqrt{1+x^2}).$$

当 $x>0$ 时，$f'(x)>0$，则 $f(x)$ 单调增加，$f(x)>f(0)=0$，故

$$1+x\ln(x+\sqrt{1+x^2})>\sqrt{1+x^2}.$$

（3）当 $0<x<\frac{\pi}{2}$ 时，$\sin x+\tan x>2x$.

【证法 1】 令 $f(x)=\sin x+\tan x-2x$，则

$$f'(x)=\cos x+\sec^2 x-2\geqslant 2\sqrt{\cos x\cdot\sec^2 x}-2=\frac{2}{\sqrt{\cos x}}-2>0.$$

当 $0<x<\frac{\pi}{2}$ 时，$f(x)$ 单调增加，$f(x)>f(0)=0$，故

$$\sin x+\tan x>2x.$$

【证法 2】 令 $f(x)=\sin x+\tan x-2x$，则

$$f(0)=0,\ f'(x)=\cos x+\sec^2 x-2,\ f'(0)=0,$$

$f''(x)=-\sin x+2\sec^2 x\tan x=\sin x(2\sec^3 x-1)>0.$

在 $0<x<\frac{\pi}{2}$ 上，$f'(x)$ 单调增加，$f'(x)>f'(0)=0.$

$f(x)$ 在 $\left(0,\ \frac{\pi}{2}\right)$ 内也单调增加，$f(x)>f(0)=0$，故

$$\sin x+\tan x>2x.$$

(4) 当 $0<x<\frac{\pi}{2}$ 时，$\tan x>x+\frac{1}{3}x^3$.

【证】 令 $f(x)=\tan x-x-\frac{1}{3}x^3$，则 $f(0)=0$，

$$f'(x)=\sec^2 x-1-x^2=\tan^2 x-x^2=(\tan x-x)(\tan x+x).$$

当 $0<x<\frac{\pi}{2}$ 时，$0<x<\tan x$，从而

$$f'(x)>0.$$

在 $\left(0,\ \frac{\pi}{2}\right)$ 内，$f(x)$ 单调增加，$f(x)>f(0)=0$，故

$$\tan x>x+\frac{1}{3}x^3.$$

(5) 当 $x>4$ 时，$2^x>x^2$.

【证】 设 $f(x)=x\ln 2-2\ln x$，则 $f(4)=0$.

当 $x>4$ 时，

$$f'(x)=\ln 2-\frac{2}{x}>\ln 2-\frac{2}{4}=\frac{1}{2}\ln 4-\frac{1}{2}>\frac{1}{2}\ln e-\frac{1}{2}=0,$$

所以，当 $x>4$ 时，$f(x)$ 单调增加，$f(x)>f(4)=0$，故

$$x\ln 2>2\ln x，即\ 2^x>x^2.$$

6. 讨论方程 $\ln x=ax$（其中 $a>0$）有几个实根？

【解】 令 $f(x)=\ln x-ax$，则

$$f'(x)=\frac{1}{x}-a.$$

令 $f'(x)=0$，得驻点 $x=\frac{1}{a}$.

函数 $f(x)$ 的定义域是 $(0,\ +\infty)$. 当 $0<x<\frac{1}{a}$ 时，$f'(x)>0$，$f(x)$ 单调增加；当 $x>\frac{1}{a}$ 时，$f'(x)<0$，$f(x)$ 单调减少. 且

$$\lim_{x\to 0^+}f(x)=-\infty,\ \lim_{x\to+\infty}f(x)=\lim_{x\to+\infty}(\ln x-ax)=\lim_{x\to+\infty}\ln\frac{x}{e^{ax}}=-\infty,$$

所以 $f(x)=0$ 至多有 2 个实根.

$$f\left(\frac{1}{a}\right)=\ln\frac{1}{a}-a\cdot\frac{1}{a}=-\ln a-1.$$

(1) 当$f\left(\frac{1}{a}\right)>0$, 即$0<a<\frac{1}{\mathrm{e}}$时, $f(x)$的图像与x轴有两个交点, 故方程有2个实根;

(2) 当$f\left(\frac{1}{a}\right)=0$, 即$a=\frac{1}{\mathrm{e}}$时, $f(x)$的图像与x轴只有一个交点, 方程的解为$x=\mathrm{e}$;

(3) 当$f\left(\frac{1}{a}\right)<0$, 即$a>\frac{1}{\mathrm{e}}$时, $f(x)$的图像与x轴无交点, 则方程无实根.

7. 单调函数的导函数是否必为单调函数? 研究下面这个例子:

$$f(x)=x+\sin x.$$

【解】 单调函数的导函数不一定仍是单调函数.

例如, $f(x)=x+\sin x$, $f'(x)=1+\cos x\geqslant 0$, 且使$f'(x)=0$的点$x=(2n+1)\pi\ (n\in\mathbf{Z})$是一些孤立奇点, 它们不能构成区间, 所以$f(x)$在$x\in(-\infty,+\infty)$内都是单调增加的. 但显见$\cos x$是周期函数非单调, 从而$f'(x)=1+\cos x$在$(-\infty,+\infty)$内不是单调函数.

8. 设I为任一无穷区间, 函数$f(x)$在区间I上连续, I内可导. 试证明: 如果$f(x)$在I的任一有限的子区间上$f'(x)\geqslant 0$(或$f'(x)\leqslant 0$), 且等号仅在有限多个点处成立, 那么$f(x)$在区间I上单调增加(或单调减少).

【证】 不妨令$f'(x)\geqslant 0, x\in I$, 则$\forall x_1, x_2\in I$, 且$x_1<x_2$, 在$[x_1, x_2]$上由拉格朗日中值定理得

$$f(x_2)-f(x_1)=f'(\xi)\cdot(x_2-x_1)\geqslant 0, \xi\in(x_1, x_2),$$

即$f(x_2)\geqslant f(x_1)$, 于是$f(x)$在I上单调增加, 从而对任意$x\in[x_1, x_2]$有

$$f(x_2)\geqslant f(x)\geqslant f(x_1).$$

假设$f(x_1)=f(x_2)$, 则有$f(x)\equiv f(x_1)$, $x\in[x_1, x_2]$, 因此$f'(x)\equiv 0$, $x\in[x_1, x_2]$, 这与题设条件矛盾, 所以$f(x_2)>f(x_1)$, 故$f(x)$在I上单调增加.

当$f'(x)\leqslant 0$, $x\in I$时, 同理可证$f(x)$在I上单调减少.

9. 判定下列曲线的凹凸性:

(1) $y=4x-x^2$.

【解】 $y'=4-2x$, $y''=-2<0$. 所以曲线在$(-\infty,+\infty)$内是凸的.

(2) $y=\mathrm{sh}x$.

【解】 $y'=\mathrm{ch}x$, $y''=\mathrm{sh}x$.

令$y''=0$, 得$x=0$. 当$-\infty<x<0$时, $y''<0$; 当$0<x<+\infty$时, $y''>0$. 所以曲线在$(-\infty, 0)$内是凸的, 在$(0,+\infty)$内是凹的.

(3) $y=x+\frac{1}{x}\ (x>0)$.

【解】 $y'=1-\frac{1}{x^2}$, $y''=\frac{1}{x^3}>0\quad(x>0)$. 所以该曲线在$(0,+\infty)$内是凹的.

(4) $y=x\arctan x$.

【解】
$$y'=\arctan x+\frac{x}{1+x^2},\ y''=\frac{1}{1+x^2}+\frac{1+x^2-x\cdot 2x}{(1+x^2)^2}=\frac{2}{(1+x^2)^2}>0.$$

所以该曲线在$(-\infty,+\infty)$内都是凹的.

10. 求下列函数图形的拐点及凹或凸的区间:

(1) $y=x^3-5x^2+3x+5$.

【解】 $y'=3x^2-10x+3$, $y''=6x-10$.

令$y''=0$, 得$x=\frac{5}{3}$.

x	$\left(-\infty, \frac{5}{3}\right)$	$\frac{5}{3}$	$\left(\frac{5}{3}, +\infty\right)$
y''	$-$	0	$+$
y	凸	拐点	凹

由上表可见，此函数的凸区间是$\left(-\infty, \frac{5}{3}\right)$，凹区间是$\left(\frac{5}{3}, +\infty\right)$，拐点是$\left(\frac{5}{3}, \frac{20}{27}\right)$.

(2) $y=xe^{-x}$.

【解】 $y'=e^{-x}-xe^{-x}=(1-x)e^{-x}$,

$y''=-e^{-x}+(1-x)e^{-x}\cdot(-1)=-(2-x)e^{-x}$.

令 $y''=0$，得 $x=2$.

x	$(-\infty, 2)$	2	$(2, +\infty)$
y''	$-$	0	$+$
y	凸	拐点	凹

所以函数的凸区间为$(-\infty, 2)$，凹区间为$(2, +\infty)$，拐点为$(2, 2e^{-2})$.

(3) $y=(x+1)^4+e^x$.

【解】 $y'=4(x+1)^3+e^x$，$y''=12(x+1)^2+e^x>0$.

所以函数在$(-\infty, +\infty)$内的图形都是凹的，无拐点.

(4) $y=\ln(x^2+1)$.

【解】 $y'=\frac{2x}{x^2+1}$，$y''=\frac{2(1-x)(1+x)}{(x^2+1)^2}$.

令 $y''=0$，得 $x_1=-1$，$x_2=1$.

x	$(-\infty, -1)$	-1	$(-1, 1)$	1	$(1, +\infty)$
y''	$-$	0	$+$	0	$-$
y	凸	拐点	凹	拐点	凸

所以函数的凸区间是$(-\infty, -1)$，$(1, +\infty)$，凹区间是$(-1, 1)$，拐点是$(-1, \ln 2)$，$(1, \ln 2)$.

(5) $y=e^{\arctan x}$.

【解】 $y'=e^{\arctan x}\cdot\frac{1}{1+x^2}$，$y''=e^{\arctan x}\cdot\frac{1-2x}{(1+x^2)^2}$.

令 $y''=0$，得 $x=\frac{1}{2}$.

x	$\left(-\infty, \frac{1}{2}\right)$	$\frac{1}{2}$	$\left(\frac{1}{2}, +\infty\right)$
y''	$+$	0	$-$
y	凹	拐点	凸

所以函数的凹区间是$\left(-\infty, \frac{1}{2}\right)$，凸区间是$\left(\frac{1}{2}, +\infty\right)$，拐点是$\left(\frac{1}{2}, e^{\arctan\frac{1}{2}}\right)$.

(6) $y=x^4(12\ln x-7)$.

【解】 $y'=4x^3(12\ln x-7)+x^4\cdot 12\cdot\frac{1}{x}=48x^3\ln x-16x^3$,

$y''=144x^2\ln x+48x^3\cdot\frac{1}{x}-48x^2=144x^2\ln x\quad(x>0)$.

令 $y''=0$，得 $x_1=1$，$x_2=0$（舍去）.

x	$(0,1)$	1	$(1,+\infty)$
y''	−	0	+
y	凸	拐点	凹

所以该函数的凸区间是$(0,1)$，凹区间是$(1,+\infty)$，拐点是$(1,-7)$.

11. 利用函数图形的凹凸性，证明下列不等式：

(1) $\frac{1}{2}(x^n+y^n)>\left(\frac{x+y}{2}\right)^n\quad(x>0,\ y>0,\ x\neq y,\ n>1)$.

【证】 设

$$f(x)=x^n,\ f'(x)=nx^{n-1},\ f''(x)=n(n-1)x^{n-2}>0.$$

所以函数在区间$(0,+\infty)$内是凹的，由凹性定义，任取$x,\ y\in(0,+\infty)$，$x\neq y$，有

$$\frac{1}{2}[f(x)+f(y)]>f\left(\frac{x+y}{2}\right),$$

即

$$\frac{1}{2}(x^n+y^n)>\left(\frac{x+y}{2}\right)^n.$$

(2) $\frac{e^x+e^y}{2}>e^{\frac{x+y}{2}}\quad(x\neq y)$.

【证】 设 $f(x)=e^x,\ f'(x)=e^x,\ f''(x)=e^x>0.$

所以函数在整个数轴上都是凹的，由凹性定义，任取$x,\ y\in\mathbf{R}$，$x\neq y$，有

$$\frac{1}{2}[f(x)+f(y)]>f\left(\frac{x+y}{2}\right),$$

即

$$\frac{e^x+e^y}{2}>e^{\frac{x+y}{2}}.$$

(3) $x\ln x+y\ln y>(x+y)\ln\frac{x+y}{2}\quad(x>0,\ y>0,\ x\neq y)$.

【证】 设

$$f(x)=x\ln x\ (x>0),\ f'(x)=\ln x+1,\ f''(x)=\frac{1}{x}>0.$$

所以函数在区间$(0,+\infty)$内是凹的，由凹性定义，任取$x,\ y\in(0,+\infty)$，$x\neq y$，有

$$\frac{1}{2}[f(x)+f(y)]>f\left(\frac{x+y}{2}\right),$$

则

$$\frac{1}{2}(x\ln x+y\ln y)>\frac{x+y}{2}\ln\frac{x+y}{2},$$

即

$$x\ln x+y\ln y>(x+y)\ln\frac{x+y}{2}.$$

(4) $\sin x>\frac{2x}{\pi}\left(0<x<\frac{\pi}{2}\right)$.

【证】 取$f(x)=\sin x-\frac{2}{\pi}x\ \left(0<x<\frac{\pi}{2}\right)$.

$$f'(x)=\cos x-\frac{2}{\pi},\ f''(x)=-\sin x<0\ \left(0<x<\frac{\pi}{2}\right),$$

因此，函数$f(x)=\sin x-\frac{2}{\pi}x$在$\left(0,\frac{\pi}{2}\right)$内图形是凸的. 又，$f(0)=0$，$f\left(\frac{\pi}{2}\right)=0$，故在$\left(0,\frac{\pi}{2}\right)$内，$f(x)>0$，即$\sin x>\frac{2\pi}{\pi}\left(0<x<\frac{\pi}{2}\right)$.

*12. 试证明曲线$y=\frac{x-1}{x^2+1}$有三个拐点位于同一直线上.

【证】 $y'=\dfrac{(x^2+1)-(x-1)\cdot 2x}{(x^2+1)^2}=\dfrac{-x^2+2x+1}{(x^2+1)^2}$,

$$y''=\frac{(-2x+2)(x^2+1)^2-(-x^2+2x+1)\cdot 2(x^2+1)\cdot 2x}{(x^2+1)^4}=\frac{2(x+1)(x^2-4x+1)}{(x^2+1)^3}.$$

令 $y''=0$，得
$$x_1=-1,\ x_2=2-\sqrt{3},\ x_3=2+\sqrt{3},$$
对应有
$$y_1=-1,\ y_2=\frac{1-\sqrt{3}}{4(2-\sqrt{3})},\ y_3=\frac{1+\sqrt{3}}{4(2+\sqrt{3})}.$$

x	$(-\infty,-1)$	-1	$(-1,2-\sqrt{3})$	$2-\sqrt{3}$	$(2-\sqrt{3},2+\sqrt{3})$	$2+\sqrt{3}$	$(2+\sqrt{3},+\infty)$
y''	−	0	+	0	−	0	+
y	凸	拐点	凹	拐点	凸	拐点	凹

曲线有三个拐点：
$$A(-1,\ -1),\ B\left(2-\sqrt{3},\ \frac{1-\sqrt{3}}{4(2-\sqrt{3})}\right),\ C\left(2+\sqrt{3},\ \frac{1+\sqrt{3}}{4(2+\sqrt{3})}\right).$$

$$k_{AB}=\frac{\dfrac{1-\sqrt{3}}{4(2-\sqrt{3})}-(-1)}{(2-\sqrt{3})-(-1)}=\frac{1}{4},\ k_{AC}=\frac{\dfrac{1+\sqrt{3}}{4(2+\sqrt{3})}-(-1)}{(2+\sqrt{3})-(-1)}=\frac{1}{4},$$

故 $k_{AB}=k_{AC}$，从而三个拐点在一条直线上.

13. 问 a，b 为何值时，点(1, 3)为曲线 $y=ax^3+bx^2$ 的拐点？

【解】 点(1, 3)在曲线上，则
$$a+b=3. \qquad ①$$
$$y'=3ax^2+2bx,\ y''=6ax+2b,$$
点(1, 3)是曲线的拐点，有
$$y''\big|_{x=1}=6a+2b=0. \qquad ②$$
解方程组①②，得
$$a=-\frac{3}{2},\ b=\frac{9}{2}.$$

14. 试决定曲线 $y=ax^3+bx^2+cx+d$ 中的 a，b，c，d，使得 $x=-2$ 处曲线有水平切线，(1, −10)为拐点，且点(−2, 44)在曲线上.

【解】 点(1, −10)，(−2, 44)都在曲线上，有
$$\begin{cases}a+b+c+d=-10, & ①\\ -8a+4b-2c+d=44. & ②\end{cases}$$
$$y'=3ax^2+3bx+c,\ y''=6ax+2b.$$
由题设驻点和拐点条件得
$$\begin{cases}12a-4b+c=0, & ③\\ 6a+2b=0, & ④\end{cases}$$
联立①②③④，解得
$$a=1,\ b=-3,\ c=-24,\ d=16.$$

15. 试决定 $y=k(x^2-3)^2$ 中 k 的值，使曲线的拐点处的法线通过原点.

【解】 $y'=2k(x^2-3)\cdot 2x=4k(x^3-3x)$，　$y''=12k(x^2-1)=12k(x-1)(x+1)$.

令 $y''=0$，得 $x_{1,2}=\pm1$.

由于在 $x_{1,2}=\pm1$ 的邻域内，y''在 $x_{1,2}=\pm1$ 左、右两侧变号，所以 $x_{1,2}=\pm1$ 为拐点.

当 $x_1=1$ 时，$y_1=4k$，$y'(1)=-8k$. 过$(x_1,\ y_1)$的法线方程为

$$Y-4k=\frac{1}{8k}(X-1).$$

代入(0, 0)，得$-4k=-\frac{1}{8k}$，即$k=\pm\frac{\sqrt{2}}{8}$.

当$x_2=-1$时，同理可得$k=\pm\frac{\sqrt{2}}{8}$.

所以当$k=\pm\frac{\sqrt{2}}{8}$时，该曲线的拐点的法线通过原点.

*16. 设$y=f(x)$在$x=x_0$的某邻域内具有三阶连续导数，如果$f''(x_0)=0$，而$f'''(x_0)\neq 0$，试问$(x_0, f(x_0))$是否为拐点？为什么？

【解】 因为$f(x)$在$x=x_0$的某邻域内有三阶连续导数，且$f'''(x_0)\neq 0$. 不妨设$f'''(x_0)>0$，由连续函数的保号性，存在x_0的一个邻域，在此邻域内，$f'''(x)>0$.

由拉格朗日中值定理

$$f''(x)-f''(x_0)=f'''(\xi)(x-x_0)\quad(\xi\text{ 在 }x_0\text{ 与 }x\text{ 之间}),$$

即

$$f''(x)=f'''(\xi)(x-x_0),\ f'''(\xi)>0.$$

当$x<x_0$时，$f''(x)<0$.

当$x>x_0$时，$f''(x)>0$.

因此，$f''(x)$在x_0两侧变号. 故$(x_0, f(x_0))$为拐点.

习题 3-5　函数的极值与最大值、最小值

1. 求下列函数的极值：

(1) $y=2x^3-6x^2-18x+7$；　(2) $y=x-\ln(1+x)$；　(3) $y=-x^4+2x^2$；

(4) $y=x+\sqrt{1-x}$；　(5) $y=\frac{1+3x}{\sqrt{4+5x^2}}$；　(6) $y=\frac{3x^2+4x+4}{x^2+x+1}$；

(7) $y=e^x\cos x$；　(8) $y=x^{\frac{1}{x}}$；　(9) $y=3-2(x+1)^{\frac{1}{3}}$；

(10) $y=x+\tan x$.

【解】 (1) $y'=6x^2-12x-18=6(x-3)(x+1)$.

令$y'=0$，得驻点$x_1=-1$，$x_2=3$.

x	$(-\infty, -1)$	-1	$(-1, 3)$	3	$(3, +\infty)$
y'	+	0	−	0	+
y	↗	极大	↘	极小	↗

所以$y_{极大}(-1)=17$，$y_{极小}(3)=-47$；

(2) 定义域为$x>-1$.

$$y'=1-\frac{1}{1+x}=\frac{x}{1+x}.$$

令$y'=0$，得驻点$x=0$.

$-1<x<0$时，$y'<0$；$x>0$时，$y'>0$. 所以$x=0$为极小值点，极小值为$y(0)=0$；

(3) $y'=-4x^3+4x=-4x(x-1)(x+1)$.

令$y'=0$，得驻点$x_1=-1$，$x_2=0$，$x_3=1$.

$y''=-12x^2+4$.

$y''(-1)=-8<0$，则$y_{极大}(-1)=1$；

$y''(0)=4>0$，则$y_{极小}(0)=0$；

$y''(1)=-8<0$，则 $y_{极大}(1)=1$；

（4）定义域为 $x<1$.

$$y'=1+\frac{-1}{2\sqrt{1-x}}=\frac{2\sqrt{1-x}-1}{2\sqrt{1-x}}.$$

令 $y'=0$，得驻点 $x=\frac{3}{4}$.

当 $-\infty<x<\frac{3}{4}$ 时，$y'>0$；当 $\frac{3}{4}<x<1$ 时，$y'<0$. 所以 $x=\frac{3}{4}$ 为极大值点，极大值为 $y\left(\frac{3}{4}\right)=\frac{5}{4}$；

（5）$y'=\dfrac{3\sqrt{4+5x^2}-(1+3x)\cdot\dfrac{5x}{\sqrt{4+5x^2}}}{4+5x^2}=\dfrac{12-5x}{(4+5x^2)^{\frac{3}{2}}}$.

令 $y'=0$，得驻点 $x=\frac{12}{5}$.

当 $x<\frac{12}{5}$ 时，$y'>0$；当 $x>\frac{12}{5}$ 时，$y'<0$. 所以在 $x=\frac{12}{5}$ 处函数取得极大值，极大值为 $\frac{\sqrt{205}}{10}$；

（6）$y'=\dfrac{(6x+4)(x^2+x+1)-(3x^2+4x+4)(2x+1)}{(x^2+x+1)^2}=\dfrac{-(x+2)x}{(x^2+x+1)^2}$.

令 $y'=0$，得驻点 $x_1=-2$，$x_2=0$.

x	$(-\infty,-2)$	-2	$(-2,0)$	0	$(0,+\infty)$
y'	$-$	0	$+$	0	$-$
y	↘	极小	↗	极大	↘

$$y_{极小}(-2)=\frac{8}{3}，y_{极大}(0)=4；$$

（7）$y'=e^x\cos x-e^x\sin x=e^x(\cos x-\sin x)$.

令 $y'=0$，得驻点 $x_n=n\pi+\frac{\pi}{4}$　$(n=0,\pm1,\pm2,\cdots)$，　$y''=-2e^x\sin x$.

当 $x_n=2k\pi+\frac{\pi}{4}$ 时，$y''<0$，为极大值点，极大值为

$$y\left(2k\pi+\frac{\pi}{4}\right)=\frac{\sqrt{2}}{2}e^{2k\pi+\frac{\pi}{4}}\quad(k=0,\pm1,\pm2,\cdots)；$$

当 $x_n=2k\pi+\frac{5}{4}\pi$ 时，$y''>0$，为极小值点，极小值为

$$y\left(2k\pi+\frac{5}{4}\pi\right)=-\frac{\sqrt{2}}{2}e^{2k\pi+\frac{5}{4}\pi}\quad(k=0,\pm1,\pm2,\cdots)；$$

（8）$y'=x^{\frac{1}{x}}\cdot\dfrac{1-\ln x}{x}$.

令 $y'=0$，得驻点 $x=e$.

当 $0<x<e$ 时，$y'>0$；当 $e<x<+\infty$ 时，$y'<0$. 所以函数在 $x=e$ 处取极大值 $y(e)=e^{\frac{1}{e}}$；

（9）函数的定义域为 $(-\infty,+\infty)$.

$$y'=-\frac{2}{3}\cdot\frac{1}{\sqrt[3]{(1+x)^2}}<0.$$

所以函数在 $(-\infty,+\infty)$ 内单调减少，无极值；

(10) $y'=1+\sec^2x>0$.

所以函数单调增加，无极值.

2. 试证明：如果函数 $y=ax^3+bx^2+cx+d$ 满足条件 $b^2-3ac<0$，那么这个函数没有极值.

【证】 $y'=3ax^2+2bx+c$，方程 $3ax^2+2bx+c=0$ 的判别式 $\Delta=4(b^2-3ac)<0$. 所以此方程无实根，函数 y 无驻点. 又显见 y 无不可导点，所以函数无极值.

3. 试问 a 为何值时，函数 $f(x)=a\sin x+\frac{1}{3}\sin 3x$ 在 $x=\frac{\pi}{3}$ 处取得极值？它是极大值还是极小值？并求此极值.

【解】 $f'(x)=a\cos x+\cos 3x$. $f(x)$ 在 $x=\frac{\pi}{3}$ 处取得极值，则有

$$f'\left(\frac{\pi}{3}\right)=a\cos\frac{\pi}{3}+\cos 3\times\frac{\pi}{3}=0,$$

故 $a=2$. 又

$$f''(x)=-a\sin x-3\sin 3x=-2\sin x-3\sin 3x,\ f''\left(\frac{\pi}{3}\right)=-2\sin\frac{\pi}{3}-3\sin 3\times\frac{\pi}{3}=-\sqrt{3}<0,$$

所以 $f(x)$ 在 $x=\frac{\pi}{3}$ 处取极大值，极大值 $f\left(\frac{\pi}{3}\right)=\sqrt{3}$.

4. 设函数 $f(x)$ 在 x_0 处有 n 阶导数，且 $f'(x_0)=f''(x_0)=\cdots=f^{(n-1)}(x_0)=0$，$f^{(n)}(x_0)\neq 0$，证明.

(1) 当 n 为奇数时，$f(x)$ 在 x_0 处不取得极值；

(2) 当 n 为偶数时，$f(x)$ 在 x_0 处取得极值，且当 $f^{(n)}(x_0)<0$ 时，$f(x_0)$ 为极大值，当 $f^{(n)}(x_0)>0$ 时，$f(x_0)$ 为极小值.

【证】 由题设条件得 $f(x)$ 在 x_0 处带有佩亚诺型余项的 n 阶泰勒展示开式为

$$f(x)=f(x_0)+\frac{f^{(n)}(x_0)}{n!}\cdot(x-x_0)^n+o((x-x_0)^n),$$

即

$$f(x)-f(x_0)=\frac{f^{(n)}(x_0)}{n!}\cdot(x-x_0)^n+o((x-x_0)^n).$$

(1) 当 n 为奇数时，$\frac{1}{n!}f^{(n)}(x_0)\cdot(x-x_0)^n$ 在 x_0 两侧异号，从而 $f(x)-f(x_0)$ 在 x_0 两侧异号，故 $f(x)$ 在点 x_0 处不取得极值；

(2) 当 n 为偶数时，在 x_0 两侧 $(x-x_0)^n>0$，若 $f^{(n)}(x_0)<0$，则 $f(x)-f(x_0)<0$，即 $f(x_0)$ 是极大值；若 $f^{(n)}(x_0)>0$，则 $f(x)-f(x_0)>0$，故 $f(x_0)$ 是极小值.

5. 试利用习题 4 的结论，讨论函数 $f(x)=e^x+e^{-x}+2\cos x$ 的极值.

【解】 $f'(x)=e^x-e^{-x}+2\sin x$，$f''(x)=e^x+e^{-x}-2\cos x$，

$f'''(x)=e^x-e^{-x}+2\sin x$，$f^{(4)}(x)=e^x+e^{-x}+2\cos x$.

因此，$f'(0)=f''(0)=f'''(0)=0$，$f^{(4)}(0)=4>0$，

故函数 $f(x)$ 在点 $x=0$ 处有极小值，极小值为 4.

6. 求下列函数的最大值、最小值：

(1) $y=2x^3-3x^2$，$-1\leqslant x\leqslant 4$.

【解】 $y'=6x^2-6x=6x(x-1)$. 令 $y'=0$，得驻点 $x_1=0$，$x_2=1$.

$$y(0)=0,\ y(1)=-1,\ y(-1)=-5,\ y(4)=80,$$

所以函数的最大值为 $y(4)=80$，最小值为 $y(-1)=-5$.

(2) $y=x^4-8x^2+2$，$-1\leqslant x\leqslant 3$.

【解】 $y'=4x^3-16x=4x(x-2)(x+2)$. 令 $y'=0$，得驻点 $x_1=0$，$x_2=2$，$x_3=-2$（舍去）.

$$y(-1)=-5,\ y(0)=2,\ y(2)=-14,\ y(3)=11,$$

所以函数的最大值为 $y(3)=11$，最小值为 $y(2)=-14$.

(3) $y=x+\sqrt{1-x}$, $-5\leqslant x\leqslant 1$.

【解】 $y'=1-\dfrac{1}{2\sqrt{1-x}}$. 令 $y'=0$，得驻点 $x_1=\dfrac{3}{4}$，

$$y(-5)=\sqrt{6}-5,\ y\left(\frac{3}{4}\right)=1.25,\ y(1)=1,$$

所以函数的最大值为 $y\left(\dfrac{3}{4}\right)=1.25$，最小值为 $y(-5)=\sqrt{6}-5$.

7. 问函数 $y=2x^3-6x^2-18x-7$ ($1\leqslant x\leqslant 4$) 在何处取得最大值？并求出它的最大值.

【解】 $y'=6x^2-12x-18=6(x-3)(x+1)$. 令 $y'=0$，得驻点 $x_1=3$，$x_2=-1$（舍去）.

$$y(1)=-29,\ y(3)=-61,\ y(4)=-47,$$

所以函数在 $x=-1$ 处取得最大值，最大值为 -29.

8. 求下列函数在何处取得最小值或最大值：

(1) $y=x^2-\dfrac{54}{x}$ ($x<0$)，最小值；(2) $y=\dfrac{x}{x^2+1}$ ($x\geqslant 0$)，最大值.

【解】 (1) 函数在 $(-\infty,0)$ 内可导，且 $y'=2x+\dfrac{54}{x^2}=\dfrac{2(x^3+27)}{x^2}$，$y''=2-\dfrac{108}{x^3}$.

令 $y'=0$，得驻点 $x=-3$. 由 $y''|_{x=-3}=6>0$ 知 $x=-3$ 为极小值点. 又函数在 $(-\infty,0)$ 内的驻点唯一，故极小值点就是最小值点，即 $x=-3$ 为最小值点，且最小值为 $y\big|_{x=-3}=27$.

(2) 函数在 $[0,+\infty)$ 内可导，且

$$y'=\frac{x^2+1-x\cdot 2x}{(x^2+1)^2}=\frac{1-x^2}{(x^2+1)^2},$$

$$y''=\frac{-2x(3-x^2)}{(x^2+1)^3}.$$

令 $y'=0$，得驻点 $x=-1$（舍去），$x=1$. 由 $y''\big|_{x=1}=\dfrac{-4}{8}=-\dfrac{1}{2}<0$ 知 $x=1$ 为极大值点，又函数在 $[0,+\infty)$ 内的驻点唯一，故极大值点就是最大值点，即 $x=1$ 为最大值点，且最大值为 $y\big|_{x=1}=\dfrac{1}{2}$.

9. 设函数 $f_n(x)=nx(1-x)^n$ ($n=1,2,3,\cdots$)，$M(n)=\max\limits_{x\in[0,1]}f_n(x)$，试求 $\lim\limits_{n\to\infty}M(n)$.

【解】 $f_n'(x)=n(1-x)^n-nx\cdot n(1-x)^{n-1}$，令 $f_n'(x)=0$ 得 $x=1$ 或 $x=\dfrac{1}{n+1}$，由 $f_n(0)=f_n(1)=0$，$f_n\left(\dfrac{1}{n+1}\right)=\left(\dfrac{n}{1+n}\right)^{n+1}>0$，故 $f_n(x)$ 在 $[0,1]$ 上的最大值为

$$M(n)=\max_{x\in[0,1]}f_n(x)=f_n\left(\frac{1}{n+1}\right)=\left(\frac{n}{1+n}\right)^{n+1},$$

$$\lim_{n\to\infty}M(n)=\lim_{n\to\infty}\left(\frac{n}{1+n}\right)^{n+1}=\frac{1}{\mathrm{e}}.$$

10. 某车间靠墙壁要盖一间长方形小屋，现有存砖只够砌 20 m 长的墙壁. 问应围成怎样的长方形才能使这间小屋的面积最大？

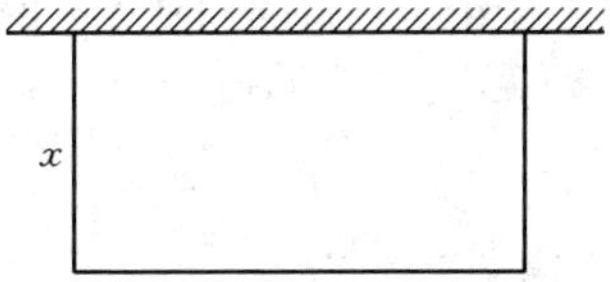

图 3-5

【解】 垂直于墙壁的矩形边长为 x，则平行于墙壁的边长 $y=20-2x$（如图 3-5 所示）. 目标函数为面积：

$$S=x(20-2x)=20x-2x^2\quad(0<x<20),$$

$$S'=20-4x.$$

令 $S'=0$，得驻点 $x=5$.

$S''=-4<0$, 因此, 在驻点处函数取极大值. 因为有唯一驻点, 故为最大值点, 最大面积为

$$S(5)=50,$$

所以当宽为 5 m, 长为 10 m 时, 长方形面积最大.

11. 要造一圆柱形油罐, 体积为 V, 问底半径 r 和高 h 等于多少时, 才能使表面积最小? 这时底直径与高的比是多少?

【解】 $V=\pi r^2 h$ (V 为常数), 所以 $\qquad h=\dfrac{V}{\pi r^2}$,

表面积
$$S=2\pi r^2+2\pi rh=2\pi r^2+\frac{2V}{r}.$$

令
$$S'=4\pi r-\frac{2V}{r^2}=0,$$

得唯一驻点
$$r=\sqrt[3]{\frac{V}{2\pi}},$$

这时
$$h=\frac{V}{\pi}\sqrt[3]{\left(\frac{2\pi}{V}\right)^2}=2\sqrt[3]{\frac{V}{2\pi}}=2r.$$

由问题的实际意义和驻点的唯一性知, 当 $r=\sqrt[3]{\dfrac{V}{2\pi}}$, $h=2r$ 时, 表面积最小, 这时直径与高的比是 1 : 1.

12. 某地区防空洞的截面拟建成矩形加半圆(见图 3-6). 截面的面积为 5 m^2. 问底宽 x 为多少时, 才能使截面的周长最小, 从而使建造时所用的材料最省?

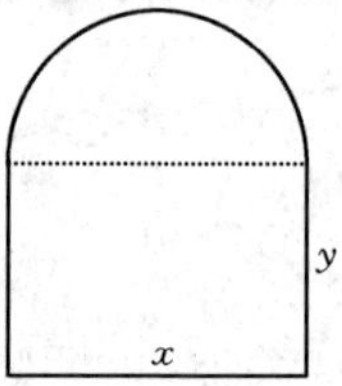

图 3-6

【解】 设截面周长是 l, 则 $l=x+2y+\dfrac{\pi}{2}x$, 又

$$xy+\frac{1}{2}\pi\left(\frac{x}{2}\right)^2=5,$$

得
$$y=\frac{1}{x}\left(5-\frac{\pi}{8}x^2\right),$$

所以
$$l=x+\frac{2}{x}\left(5-\frac{\pi}{8}x^2\right)+\frac{\pi}{2}x=x+\frac{10}{x}-\frac{\pi}{4}x+\frac{\pi}{2}x,\quad l'=1-\frac{10}{x^2}-\frac{\pi}{4}+\frac{\pi}{2}.$$

令 $l'=0$, 得唯一驻点 $x=\sqrt{\dfrac{40}{\pi+4}}$ $\left(舍去\ x=-\sqrt{\dfrac{40}{\pi+4}}\right)$.

由问题的实际意义和驻点的唯一性知, 当 $x=\sqrt{\dfrac{40}{\pi+4}}$ 时, 截面周长最小.

13. 设有质量为 5 kg 的物体, 置于水平面上, 受力 F 的作用而开始移动(见图 3-7). 设摩擦系数 $\mu=0.25$, 问力 F 与水平线的交角 α 为多少时, 才可使力 F 的大小为最小?

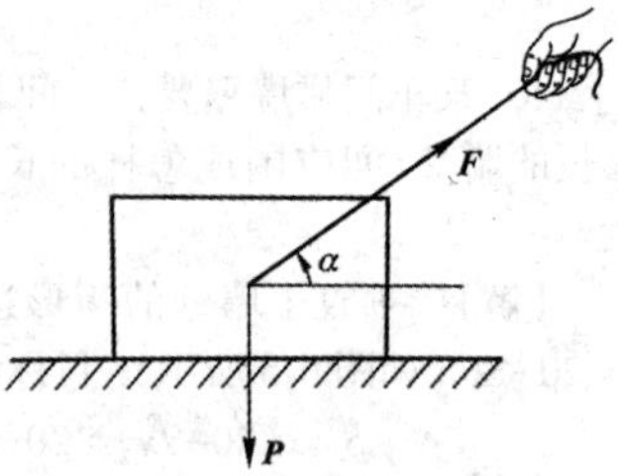

图 3-7

【解】 因为 $F\cos\alpha=(P-F\sin\alpha)\mu$, 所以

$$F=\frac{\mu P}{\cos\alpha+\mu\sin\alpha}\quad\left(\alpha\in\left[0,\frac{\pi}{2}\right)\right).$$

令
$$y=\cos\alpha+\mu\sin\alpha\quad\left(\alpha\in\left[0,\frac{\pi}{2}\right)\right),$$

则 y 的最大值点就是 F 的最小值点.

$$y'=-\sin\alpha+\mu\cos\alpha.$$

令 $y'=0$，得驻点 $\alpha_1=\arctan\mu$.

由实际问题，$\alpha_1=\arctan\mu$ 就是极大值点，所以，当 $\alpha=\arctan\frac{1}{4}$时，$F$ 最小.

14. 有一杠杆，支点在它的一端. 在距支点 0.1 m 处挂一质量为 49 kg 的物体. 加力于杠杆的另一端，使杠杆保持水平（图 3-8）. 如果杠杆的线密度为 5 kg/m，求最省力的杆长.

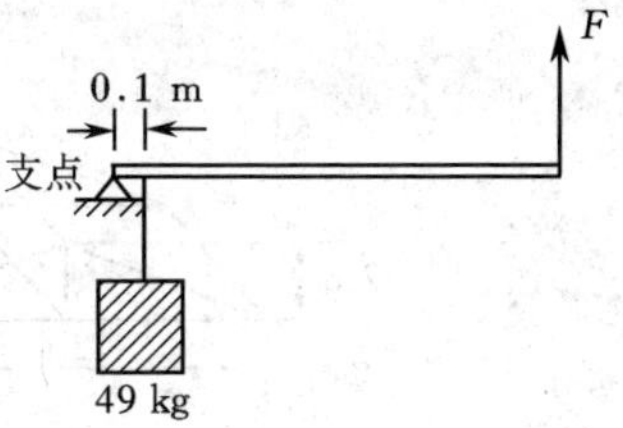

图 3-8

【解】　设杆长为 x，则杆重为 $5x$，由力矩平衡公式

$$x\cdot F=49\times0.1+5x\cdot\frac{x}{2},\ F=\frac{4.9}{x}+\frac{5}{2}x,\ F'=-\frac{4.9}{x^2}+\frac{5}{2}.$$

令 $F'=0$，得唯一驻点 $x_0=1.4$.

又 $$F''\big|_{x_0=1.4}=\frac{2\times4.9}{x^3}\bigg|_{x_0=1.4}=\frac{2\times4.9}{1.4^3}>0,$$

故 $x_0=1.4$ 为极小值点，也是最小值点，即杆长为 1.4 m 时最省力.

15. 从一块半径为 R 的圆铁片上挖去一个扇形做成一个漏斗（图 3-9）. 问留下的扇形的中心角 φ 取多大时，做成的漏斗的容积最大？

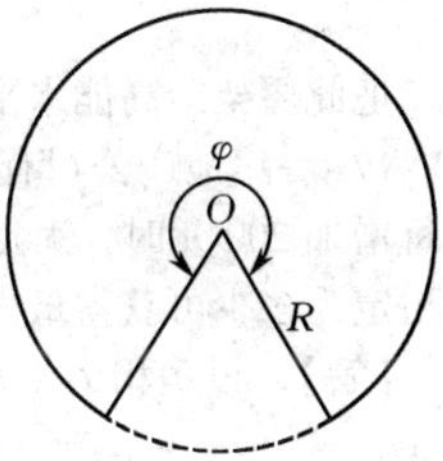

图 3-9

【解】　设漏斗容积为 V，高为 h，底面圆半径为 r，则

$$\begin{cases}V=\frac{1}{3}\pi r^2h,\\2\pi r=R\varphi,\\h^2=R^2-r^2,\end{cases}$$

解得 $$V=\frac{R^3}{24\pi^2}\sqrt{4\pi^2\varphi^4-\varphi^6}\quad(\varphi\in(0,\ 2\pi)).$$

令 $$y=4\pi\varphi^4-\varphi^6\quad(\varphi\in(0,\ 2\pi)),$$

y 与 V 具有相同的最大值点.

$$y'=16\pi\varphi^3-6\varphi^5=-6\varphi^3\left(\varphi-\sqrt{\frac{8}{3}}\pi\right)\left(\varphi+\sqrt{\frac{8}{3}}\pi\right).$$

令 $y'=0$，得唯一正驻点 $\varphi_0=\sqrt{\frac{8}{3}}\pi$.

因为当 $0<\varphi<\sqrt{\frac{8}{3}}\pi$ 时，$y'<0$；当$\sqrt{\frac{8}{3}}\pi<\varphi<2\pi$ 时，$y'>0$. 所以 $\varphi_0=\sqrt{\frac{8}{3}}\pi$ 为 y 的极大值点，也是 V 的最大值点. 即当 $\varphi=\sqrt{\frac{8}{3}}\pi$ 时，扇形所做漏斗容积最大.

16. 某吊车的车身高为 1.5 m，吊臂长 15 m. 现在要把一个6 m宽、2 m高的屋架（见图 3-10(a)），水平地吊到6 m高的柱子上去（见图 3-10(b)），问能否吊得上去？

【解】　设吊臂对地面的倾角为 φ 时，屋架能够吊到的最大高度为 h. 建立关系式

$$15\sin\varphi=(h-1.5)+2+3\tan\varphi,$$

解出 $$h=15\sin\varphi-3\tan\varphi-\frac{1}{2},\ h'=15\cos\varphi-\frac{3}{\cos^2\varphi}.$$

令 $h'=0$，得 $\cos\varphi=\sqrt[3]{\frac{1}{5}}$，解得唯一驻点

$$\varphi=\arccos\sqrt[3]{\frac{1}{5}}\approx54°.$$

又 $$h''\big|_{\varphi=54°}=-15\sin\varphi-3\cdot(-2)\cos^{-3}\varphi\cdot(-\sin\varphi)<0,$$

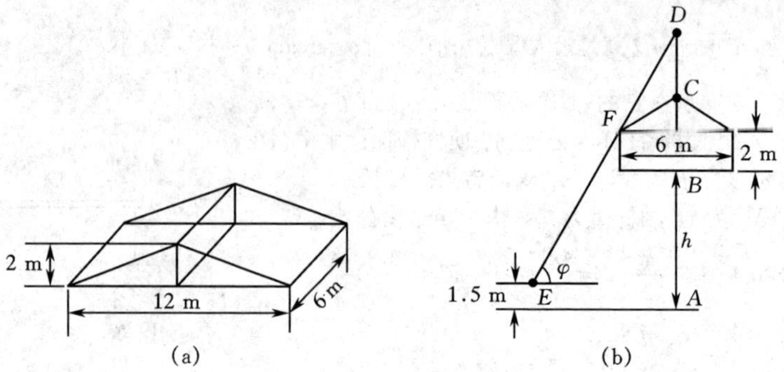

图 3-10

$\varphi=54°$为极大值点，它就是最大值点.

$$\max h=15\sin 54°-3\tan 54°-\frac{1}{2}\approx 7.5\ \text{m},$$

所以把此屋架最高能水平地吊至7.5 m高，现只要求水平地吊到6 m处，当然能吊上去.

17. 一房地产公司有50套公寓要出租. 当月租金定为4000元时，公寓会全部租出去. 当月租金每增加200元时，就会多一套公寓租不出去，而租出去的公寓每月需花费400元的维修费. 试问房租定为多少可获得最大收入?

【解】 设房租为x元，获得收入为$f(x)$元，则租出去的公寓数目为

$$50-\frac{x-4000}{200}=\frac{14000-x}{200},$$

于是

$$f(x)=\frac{14000-x}{200}\cdot(x-400)=\frac{-x^2+14400x-5600000}{200},$$

$$f'(x)=\frac{-2x+14400}{200}.$$

令$f'(x)=0$，得$x=7200$.

又$f''(x)=-\frac{1}{100}<0$，故当房租金定为7200元/月时，可获得最大收入.

18. 已知制作一个背包的成本为40元，如果每个背包的售出价为x元，售出背包数由$n=\frac{a}{x-40}+b(80-x)$给出，其中a，b为正常数. 问什么样的售出价格能带来最大利润?

【解】 设利润函数为$L(x)$，则

$$L(x)=(x-40)\cdot 11=a+b(x-40)(80-x),$$

于是

$$L'(x)=b(120-2x).$$

令$L'(x)=0$，得$x=60$(元)，由于$L''(x)=-2b<0$，故售出价格60元/件时能带来最大利润.

习题3-6 函数图形的描绘

描绘下列函数的图形:

1. $y=\frac{1}{5}(x^4-6x^2+8x+7)$.

【解】 定义域为$(-\infty,+\infty)$，无奇偶性、周期性.

$$y'=\frac{1}{5}(4x^3-12x+8)=\frac{4}{5}(x+2)(x-1)^2,\quad y''=\frac{4}{5}(3x^2-3)=\frac{12}{5}(x-1)(x+1).$$

令 $y'=0$，得 $x_1=-2$，$x_2=1$.令 $y''=0$，得 $x_3=-1$.列表如下：

x	$(-\infty,-2)$	-2	$(-2,-1)$	-1	$(-1,1)$	1	$(1,+\infty)$
y'	$-$	0	$+$	$+$	$+$	0	$+$
y''	$+$	$+$	$+$	0	$-$	0	$+$
y	↘（凹）	极小	↗（凹）	拐点	↗（凸）	拐点	↗（凹）

图形如图 3-11 所示。

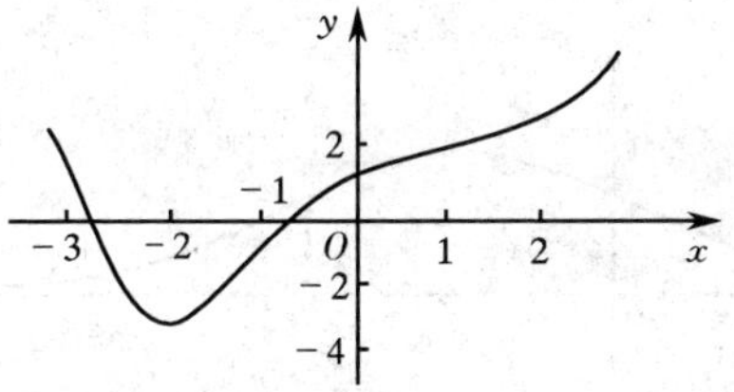

图 3-11

2. $y=\dfrac{x}{1+x^2}$.

【解】 定义域为$(-\infty,+\infty)$，奇函数，关于原点对称；无周期性(以下讨论仅在$[0,+\infty)$内进行).

$$y'=\frac{1+x^2-2x^2}{(1+x^2)^2}=\frac{-(x-1)(x+1)}{(1+x^2)^2},\ y''=\frac{2x(x-\sqrt{3})(x+\sqrt{3})}{(1+x^2)^3}.$$

由于
$$\lim_{x\to\infty}f(x)=\lim_{x\to\infty}\frac{x}{1+x^2}=0,$$
所以有水平渐近线 $y=0$.列表如下：

x	$(0,1)$	1	$(1,\sqrt{3})$	$\sqrt{3}$	$(\sqrt{3},+\infty)$
y'	$+$	0	$-$	$-$	$-$
y''	$-$	$-$	$-$	0	$+$
y	↗（凸）	极大	↘（凸）	拐点	↘（凹）

图形如图 3-12 所示.

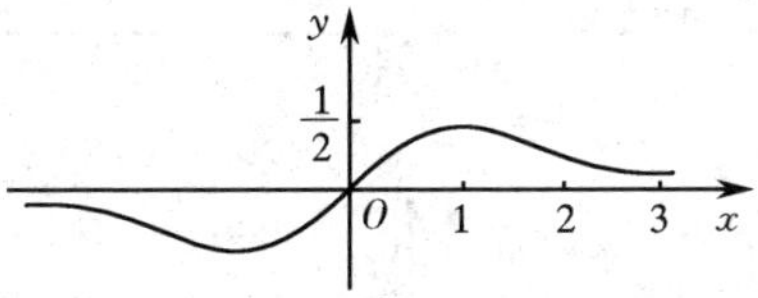

图 3-12

3. $y=e^{-(x-1)^2}$.

【解】 定义域为$(-\infty,+\infty)$，无周期性、奇偶性.

$$y'=e^{-(x-1)^2}[-2(x-1)],\ y''=4e^{-(x-1)^2}\left[x-\left(1+\frac{\sqrt{2}}{2}\right)\right]\left[x-\left(1-\frac{\sqrt{2}}{2}\right)\right].$$

令 $y'=0$，得 $x_1=1$.令 $y''=0$，得 $x_2=1+\dfrac{\sqrt{2}}{2}$，$x_3=1-\dfrac{\sqrt{2}}{2}$.

又
$$\lim_{x\to\infty}f(x)=\lim_{x\to\infty}e^{-(x-1)^2}=0,$$

所以有水平渐近线 $y=0$. 列表如下:

x	$\left(-\infty,1-\frac{\sqrt{2}}{2}\right)$	$1-\frac{\sqrt{2}}{2}$	$\left(1-\frac{\sqrt{2}}{2},1\right)$	1	$\left(1,1+\frac{\sqrt{2}}{2}\right)$	$1+\frac{\sqrt{2}}{2}$	$\left(1+\frac{\sqrt{2}}{2},+\infty\right)$
y'	+	+	+	0	−	−	−
y''	+	0	−	−	−	0	+
y	↗	拐点	↗	极大	↘	拐点	↘

图形如图 3-13 所示.

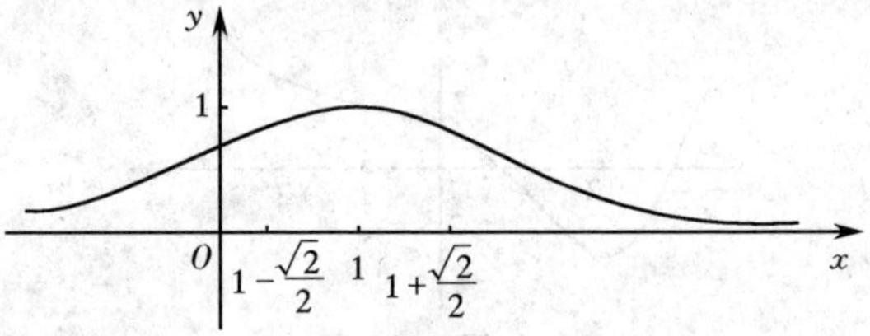

图 3-13

4. $y=x^2+\frac{1}{x}$.

【解】 定义域为$(-\infty,0)\cup(0,+\infty)$,无周期性、奇偶性.

$$y'=2x-\frac{1}{x^2},\ y''=2+\frac{2}{x^3}.$$

令 $y'=0$, 得 $x_1=\sqrt[3]{\frac{1}{2}}$. 令 $y''=0$, 得 $x_2=-1$.

又
$$\lim_{x\to0}y=\lim_{x\to0}\left(x^2+\frac{1}{x}\right)=\infty,$$
所以有铅直渐近线 $x=0$.列表如下:

x	$(-\infty,-1)$	-1	$(-1,0)$	$\left(0,\frac{1}{\sqrt[3]{2}}\right)$	$\frac{1}{\sqrt[3]{2}}$	$\left(\frac{1}{\sqrt[3]{2}},+\infty\right)$
y'	−	−	−	−	0	+
y''	+	0	−	+	0	+
y	↘	拐点	↘	↘	极小	↗

图形如图 3-14 所示.

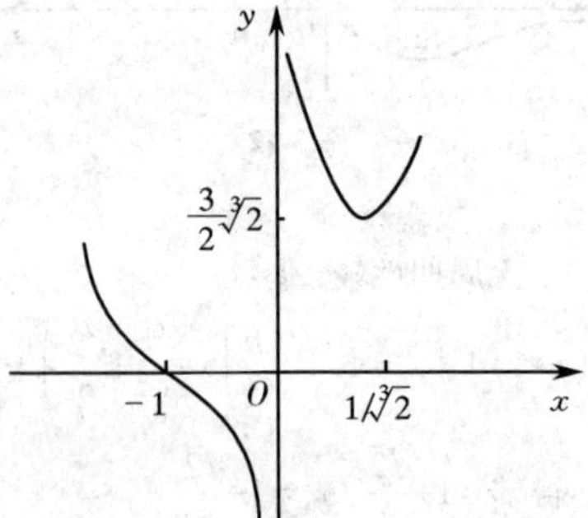

图 3-14

5. $y=\dfrac{\cos x}{\cos 2x}$.

【解】 定义域为 $x\neq\dfrac{n\pi}{2}+\dfrac{\pi}{4}$ $(n=0, \pm1, \pm2, \cdots)$，偶函数，周期为 2π，以下仅在 $[0, \pi]$ 上讨论，并作出在一个周期 $[-\pi, \pi]$ 上的图形.

$$y'=\frac{\sin x(3-2\sin^2 x)}{\cos^2(2x)}, y''=\frac{\cos x(3+12\sin^2 x-4\sin^4 x)}{\cos^3(2x)}.$$

由于

$$\lim_{x\to\frac{\pi}{4}} y=\lim_{x\to\frac{\pi}{4}}\frac{\cos x}{\cos 2x}=\infty, \lim_{x\to\frac{3}{4}\pi} y=\lim_{x\to\frac{3}{4}\pi}\frac{\cos x}{\cos 2x}=\infty,$$

所以有铅直渐近线 $x=\dfrac{\pi}{4}$，$x=\dfrac{3}{4}\pi$. 列表如下：

x	0	$\left(0,\frac{\pi}{4}\right)$	$\left(\frac{\pi}{4},\frac{\pi}{2}\right)$	$\frac{\pi}{2}$	$\left(\frac{\pi}{2},\frac{3}{4}\pi\right)$	$\left(\frac{3}{4}\pi,\pi\right)$	π
y'	0	+	+	+	+	+	0
y''	+	+	−	0	+	−	−
y	极小	↗(凹)	↗(凸)	拐点	↗(凹)	↗(凸)	极大

图形如图 3-15 所示.

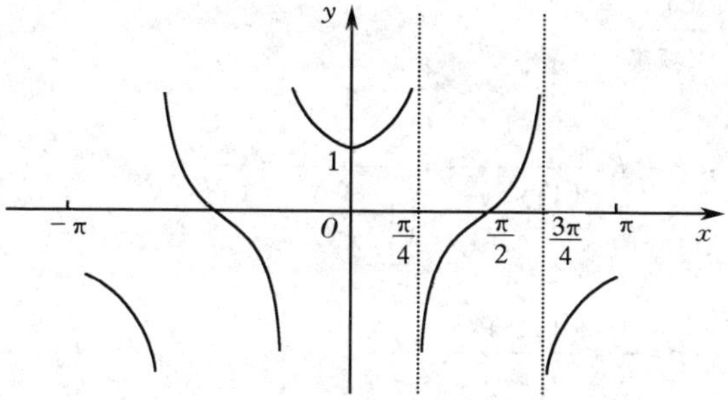

图 3-15

习题 3-7　曲　率

1. 求椭圆 $4x^2+y^2=4$ 在点 $(0, 2)$ 处的曲率.

【解】 方程两边对 x 求导，得

$$8x+2yy'=0,$$

解出

$$y'=-\frac{4x}{y},$$

从而

$$y''=-\frac{4\cdot y-4x\cdot y'}{y^2}.$$

在点 $(0, 2)$ 处，$y'\big|_{x=0}=0$，$y''\big|_{x=0}=-2$，$K=\dfrac{|-2|}{\sqrt{(1+0)^3}}=2$.

2. 求曲线 $y=\ln\sec x$ 在点 (x, y) 处的曲率及曲率半径.

【解】 $y'=\dfrac{1}{\sec x}\cdot\sec x\cdot\tan x=\tan x$，$y''=\sec^2 x$，　$K=\dfrac{\sec^2 x}{(1+\tan^2 x)^{3/2}}=\dfrac{1}{|\sec x|}=|\cos x|$，

曲率半径 $$\rho=\frac{1}{K}=\frac{1}{|\cos x|}=|\sec x|.$$

3. 求抛物线 $y=x^2-4x+3$ 在其顶点处的曲率及曲率半径.

【解】 抛物线的顶点为(2, -1).

$$y'=2x-4,\ y''=2,$$

曲率 $$K\Big|_{(2,-1)}=\frac{|y''|}{(1+y'^2)^{3/2}}\Big|_{x=2}=2,$$

曲率半径 $$\rho=\frac{1}{K}=\frac{1}{2}.$$

4. 求曲线 $x=a\cos^3t$, $y=a\sin^3t$ 在 $t=t_0$ 相应的点处的曲率.

【解】 $\frac{\mathrm{d}y}{\mathrm{d}x}=\frac{3a\sin^2t\cos t}{3a\cos^2t(-\sin t)}=-\tan t$, $\frac{\mathrm{d}^2y}{\mathrm{d}x^2}=\frac{-\sec^2t}{-3a\cos^2t\sin t}=\frac{1}{3a\sin t\cos^4t}$.

故在 $t=t_0$ 处的曲率为

$$K=\left|\frac{\frac{1}{3a\sin t_0\cos^4t_0}}{[1+(-\tan t_0)^2]^{3/2}}\right|=\left|\frac{2}{3a\sin(2t_0)}\right|.$$

5. 对数曲线 $y=\ln x$ 上哪一点处的曲率半径最小?求出该点处的曲率半径.

【解】 $y'=\frac{1}{x}$, $y''=-\frac{1}{x^2}$,

曲率 $$K=\frac{|y''|}{(1+y'^2)^{3/2}}=\frac{\frac{1}{x^2}}{\left(1+\frac{1}{x^2}\right)^{3/2}}=\frac{x}{(1+x^2)^{3/2}},$$

则曲率半径

$$\rho=\frac{1}{K}=\frac{(1+x^2)^{3/2}}{x},$$

$$\rho'=\frac{\frac{3}{2}(1+x^2)^{\frac{1}{2}}2x^2-(1+x^2)^{3/2}}{x^2}=\frac{\sqrt{1+x^2}(2x^2-1)}{x^2}.$$

令 $\rho'=0$, 得 $$x_1=\frac{\sqrt{2}}{2},\ x_2=-\frac{\sqrt{2}}{2}\ (舍去).$$

所以曲线在点 $\left(\frac{\sqrt{2}}{2}, -\frac{\ln 2}{2}\right)$ 处的曲率半径最小, 最小的曲率半径为

$$\rho=\frac{\left(1+\frac{1}{2}\right)^{3/2}}{\sqrt{2}/2}=\frac{3}{2}\sqrt{3}.$$

*6. 证明曲线 $y=a\,\mathrm{ch}\,\frac{x}{a}$ 在点(x, y)处的曲率半径为 $\frac{y^2}{a}$.

【证】 $y'=\mathrm{sh}\,\frac{x}{a}$, $y''=\frac{1}{a}\mathrm{ch}\,\frac{x}{a}$,

故曲率为 $$K=\frac{\left|\frac{1}{a}\mathrm{ch}\,\frac{x}{a}\right|}{\left(1+\mathrm{sh}^2\,\frac{x}{a}\right)^{3/2}}=\frac{1}{|a|\,\mathrm{ch}^2\,\frac{x}{a}}.$$

不妨设 $a>0$，所以曲率半径为

$$\rho=\frac{1}{K}=a\operatorname{ch}^2\frac{x}{a}=\frac{y^2}{a}.$$

7. 一飞机沿抛物线路径 $y=\frac{x^2}{10000}$（y 轴铅直向上，单位为 m）作俯冲飞行. 在坐标原点 O 处飞机的速度为 $v=200$ m/s. 飞行员体重 $G=70$ kg. 求飞机俯冲至最低点即原点 O 处时座椅对飞行员的反力.

【解】 $y'=\frac{x}{5000}$，$y''=\frac{1}{5000}$，

在原点处
$$\rho=\frac{(1+y'^2)^{3/2}}{|y''|}=\frac{(1+0^2)^{3/2}}{1/5000}=5000,$$

向心力为
$$F=\frac{mv^2}{\rho}=\frac{70\times200^2}{5000}=560\ (\text{N}),$$

因此，座椅对飞行员的反力为 $70\times9.8+560=1246$ (N)，其方向向上.

8. 汽车连同载重量共 5 t，在抛物线拱桥上行驶，速度为 21.6 km/h，桥的跨度为 10 m，拱的矢高为 0.25 m（见图 3-16）. 求汽车越过桥顶时对桥的压力.

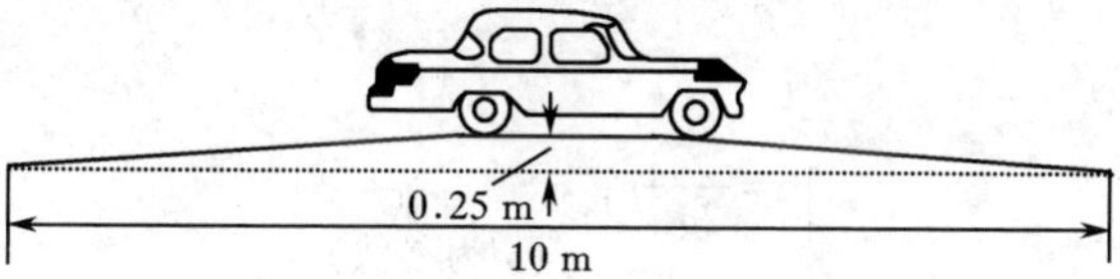

图 3-16

【解】 取桥顶为原点，竖直向下为 y 轴正向，则抛物线方程为 $y=ax^2(a>0)$，桥端点(5, 0.25)在抛物线上，所以 $a=0.01$，则

$$y=0.01x^2,\ y'(0)=0,\ y''(0)=0.02,$$

所以顶点处抛物线的曲率半径为
$$\rho\Big|_{x=0}=\frac{(1+y'^2)^{\frac{3}{2}}}{|y''|}=\frac{1}{0.02}=50,$$

向心力
$$F=\frac{mv^2}{\rho}=\frac{5\times10^3}{50}\left(\frac{21.6\times10^3}{60\times60}\right)^2=3600\ (\text{N}),$$

所以，汽车越过桥顶时对桥的总压力为 $5\times10^3\times9.8-3600=45400$ (N).

9. 设 ρ 为抛物线 $y=x^2$ 上任一点 $M(x, y)$ 处的曲率半径，s 为该曲线上某一点 M_0 到点 M 的弧长，证明：$3\rho\frac{d^2\rho}{ds^2}-\left(\frac{d\rho}{ds}\right)^2-9=0$.

【证】 $y'=2x$，$y''=2$，曲率 $K=\frac{|y''|}{(1+y'^2)^{\frac{3}{2}}}=\frac{2}{(1+4x^2)^{\frac{3}{2}}}$，因此曲率半径 $\rho=\frac{1}{k}$，故

$$\rho=\frac{1}{2}(1+4x^2)^{\frac{3}{2}},\ d\rho=\frac{1}{2}\cdot\frac{3}{2}\cdot8x(1+4x^2)^{\frac{1}{2}}dx=6x(1+4x^2)^{\frac{1}{2}}dx.$$

又，$ds=(1+y'^2)^{\frac{1}{2}}=(1+4x^2)^{\frac{1}{2}}dx$，故 $\frac{d\rho}{ds}=6x$，$\frac{d^2\rho}{ds^2}=\frac{\frac{d}{dx}\left(\frac{d\rho}{ds}\right)}{\frac{ds}{dx}}=\frac{6}{(1+4x^2)^{\frac{1}{2}}}$，代入求证等式左端，得

$$3\rho\frac{d^2\rho}{ds^2}-\left(\frac{d\rho}{ds}\right)^2-9=0.$$

*10. 求曲线 $y=\tan x$ 在点 $\left(\dfrac{\pi}{4},1\right)$ 处的曲率圆方程.

【解】 $y'=\sec^2 x$, $y''=2\sec^2 x\tan x$, $y'\Big|_{\left(\frac{\pi}{4},1\right)}=2$, $y''\Big|_{\left(\frac{\pi}{4},1\right)}=4$.

曲率半径
$$\rho=\frac{(1+y'^2)^{3/2}}{|y''|}=\frac{5}{4}\sqrt{5}.$$

曲率圆中心坐标为(α,β)，则
$$\alpha=x-\frac{y'(1+y'^2)}{y''}=\frac{\pi}{4}-\frac{5}{2},\ \beta=y+\frac{1+y'^2}{y''}=\frac{9}{4},$$

所求曲率圆方程为
$$\left(x-\frac{\pi}{4}+\frac{5}{2}\right)^2+\left(y-\frac{9}{4}\right)^2=\frac{125}{16}.$$

*11. 求抛物线 $y^2=2px$ 的渐屈线方程.

【解】 对方程 $y^2=2px$ 求导数，得
$$2yy'=2p,\ y'=\frac{p}{y},\ y''=-\frac{p}{y^2}\cdot y'=-\frac{p^2}{y^3},$$

故
$$\alpha=x-\frac{y'(1+y'^2)}{y''}=\frac{2p}{y^2}+\frac{y^2}{p}+p=\frac{3y^2}{2p}+p,\quad \beta=y+\frac{1+y'^2}{y''}=y-\frac{y^3}{p^2}-y=-\frac{y^3}{p^2},$$

所求渐屈线参数方程为
$$\begin{cases}\alpha=\dfrac{3y^2}{2p}+p,\\ \beta=-\dfrac{y^3}{p^2}\end{cases}\quad (y\text{ 为参数}).$$

习题 3-8　方程的近似解

1. 试证明方程 $x^3-3x^2+6x-1=0$ 在区间$(0,1)$内有唯一的实根，并用二分法求这个根的近似值，使误差不超过 0.01.

【证】 设
$$f(x)=x^3-3x^2+6x-1\quad(x\in[0,1]).$$

因为$f(x)$在$[0,1]$连续，且
$$f(0)\cdot f(1)=-3<0,$$
所以由零点定理，存在一点 $\xi\in(0,1)$，使得$f(\xi)=0$.

又因为
$$f'(x)=3x^2-6x+6=3(x-1)^2+3>0,$$
所以$f(x)$单调增加. 在$[0,1]$内，$f(x)$的零点是唯一的，即方程 $x^3-3x^2+6x-1=0$ 在$(0,1)$内有唯一实根.

用二分法求这个根的近似值.

k	a_k	b_k	中点 x_k	$f(x_k)$的符号
0	0	1	0.500	+
1	0	0.500	0.250	+
2	0	0.250	0.125	−
3	0.125	0.250	0.188	+
4	0.125	0.188	0.157	−
5	0.157	0.188	0.173	−

表(续)

k	a_k	b_k	中点 x_k	$f(x_k)$的符号
6	0.173	0.188	0.267	+
7	0.173	0.267	0.220	+
8	0.173	0.220	0.196	+
9	0.173	0.196	0.185	+
10	0.173	0.185	0.179	−
11	0.179	0.185	0.182	−
12	0.182	0.185	0.183	+
13	0.182	0.183	0.183	

所以
$$\xi=0.183.$$

2. 试证明方程 $x^5+5x+1=0$ 在区间$(-1,0)$内有唯一的实根，并用切线法求这个根的近似值，使误差不超过 0.01.

【解】 设
$$f(x)=x^5+5x+1\quad(x\in[-1,0]).$$

因为$f(x)$在$[-1,0]$上连续，且
$$f(-1)=-5<0,\ f(0)=1>0,$$
由零点定理，至少存在一点$\xi\in(-1,0)$，使得$f(\xi)=0$.

又由$f'(x)=5x^4+5>0$，知$f(x)$在$[-1,0]$上单调增加，所以$f(x)$在$(-1,0)$内有唯一实根.

下面用切线法求ξ的近似值.

因为$f''(x)=20x^3<0$，应取$x_0=-1\quad(f(x_0)f''(x)>0)$，代入递推公式$x_{n+1}=x_n-\dfrac{f(x_n)}{f'(x_n)}$，
$$x_1=-1-\frac{-5}{5+5}=-0.5,\quad x_2=-0.5-\frac{f(-0.5)}{f'(-0.5)}\approx-0.26,$$
$$x_3=-0.26-\frac{f(-0.26)}{f'(-0.26)}\approx-0.20,\quad x_4=-0.20-\frac{f(-0.2)}{f'(-0.2)}\approx-0.20,$$
所以
$$\xi\approx0.20.$$

3. 用割线法求方程 $x^3+3x=1$ 的近似根，使误差不超过 0. 01.

【解】 令$f(x)=x^3+3x-1$,则$f'(x)=3(x^2+1)>0$. 这说明$f(x)=0$最多有一个实根.

又由于$f(0)=-1<0$，$f(1)=3>0$，说明$f(x)=0$的实根位于$(0,1)$内.取$a=0$，$b=1$，$[0,1]$就是隔离区间，列表计算如下.

k	a_k	b_k	中点 x_k	$f(x_k)$
0	0	1	0. 5	0. 625
1	0	0. 5	0. 25	−0. 234
2	0. 25	0. 5	0. 38	0. 095
3	0. 25	0. 38	0. 32	−0. 007
4	0. 32	0. 38	0. 35	0. 093
5	0. 32	0. 35	0. 34	0. 059
6	0. 32	0. 34	0. 33	0. 026
7	0. 32	0. 33		

于是 $0.32<\xi<0.33$，即 0.32 作为根的不足近似值，0.33 作为根的过剩近似值，其误差都小于 0.01。

4. 求方程 $x\lg x=1$ 的近似根，使误差不超过 0.01.

【解】 设函数 $f(x)=x\lg x-1$，则

$$f(1)=-1<0,\ f(3)=3\lg 3-1>0.$$

由零点定理，至少存在一点 $\xi\in(1,3)$，使 $f(\xi)=0$. 又

$$f'(x)=\lg x+x\cdot\frac{1}{x}\lg e=\lg x+\lg e>0,$$

故 $f(x)$ 在 $[1,3]$ 上单调增加，因而 $f(x)=0$ 在 $(1,3)$ 内有唯一实根 ξ.

用二分法求近似值.

k	a_k	b_k	中点 x_k	$f(x_k)$ 的符号
0	1	3	2	−
1	2	3	2.5	−
2	2.5	3	2.75	+
3	2.5	2.75	2.63	+
4	2.5	2.63	2.57	+
5	2.5	2.57	2.53	+
6	2.5	2.53	2.52	+
7	2.5	2.52	2.51	+
8	2.5	2.51	2.51	

因为 $f(2.5)<0$，$f(2.51)>0$，所以取 $\xi=2.50$ 或 $\xi=2.51$ 作为近似值，其误差均不超过 0.01.

总习题三

1. 填空：

设常数 $k>0$，函数 $f(x)=\ln x-\frac{x}{e}+k$ 在 $(0,+\infty)$ 内零点的个数为______.

【解】 应填 2. 因为

$$f'(x)=\frac{1}{x}-\frac{1}{e}=\frac{e-x}{ex}.$$

令 $f'(x)=0$，得 $x=e$，可判断 $x=e$ 是函数在 $(0,+\infty)$ 内的最大值点.

$$f(e)=k>0.$$

又
$$\lim_{x\to0^+}f(x)=-\infty,\ \lim_{x\to+\infty}f(x)=-\infty,$$

所以 $f(x)$ 在 $(0,+\infty)$ 内有两个零点.

2. 以下两题中给了四个结论，从中选出一个正确的结论：

(1) 设在 $[0,1]$ 上 $f''(x)>0$，则 $f'(0)$，$f'(1)$，$f(1)-f(0)$ 或 $f(0)-f(1)$ 几个数的大小顺序为 (　).

A. $f'(1)>f'(0)>f(1)-f(0)$　　B. $f'(1)>f(1)-f(0)>f'(0)$

C. $f(1)-f(0)>f'(1)>f'(0)$　　D. $f'(1)>f(0)-f(1)>f'(0)$

【解】 应选择 B. 因为 $f''(x)>0$，则 $f'(x)$ 单调增加，故 $f'(0)<f'(1)$，

$$f(1)-f(0)=f'(\xi)(1-0)\quad(0<\xi<1),$$

故
$$f'(0)<f'(\xi)<f'(1),$$

即
$$f'(0)<f(1)-f(0)<f'(1).$$

(2) 设 $f'(x_0)=f''(x_0)=0$，$f'''(x_0)>0$，则(　).

A. $f'(x_0)$ 是 $f'(x)$ 的极大值　　B. $f(x_0)$ 是 $f(x)$ 的极大值

C. $f(x_0)$ 是 $f(x)$ 的极小值　　D. $(x_0, f(x_0))$ 是曲线 $y=f(x)$ 的拐点

【解】 取 $f(x)=x^3$，则 $f'(x)=3x^2$，$f''(x)=6x$，$f'''(x)=6>0$，$x_0=0$，符合题意，但明显排除了A、B、C，故选择 D.

3. 列举一个函数 $f(x)$ 满足：$f(x)$ 在 $[a, b]$ 上连续，在 (a, b) 内除某一点外处处可导，但在 (a, b) 内不存在点 ξ，使 $f(b)-f(a)=f'(\xi)(b-a)$.

【解】 例如 $f(x)=|x|\quad(x\in[-1, 1])$.

$f(x)$ 在 $[-1, 1]$ 上连续. 除点 $x=0$ 外处处可导，且
$$f'(x)=\begin{cases}1, & x\in(0, 1),\\ -1, & x\in(-1, 0),\end{cases}$$
而 $f(1)-f(-1)=0$，知在 $(-1, 1)$ 内的所求可导点中不存在任何点 ξ，使得 $f'(\xi)=0$.

4. 设 $\lim\limits_{x\to\infty}f'(x)=k$，求 $\lim\limits_{x\to\infty}[f(x+a)-f(x)]$.

【解】 由拉格朗日中值定理可知
$$f(x+a)-f(x)=f'(\xi)a\quad(\xi\text{ 在 }x\text{ 与 }x+a\text{ 之间}),$$
所以
$$\lim_{x\to\infty}[f(x+a)-f(x)]=\lim_{x\to\infty}f'(\xi)\cdot a=\lim_{\xi\to\infty}f'(\xi)\cdot a=ka.$$

5. 证明多项式 $f(x)=x^3-3x+a$ 在 $[0, 1]$ 上不可能有两个零点.

【证】 设 $f(x)$ 在 $[0, 1]$ 上有两个零点 x_1，x_2，不妨设 $x_1<x_2$，由罗尔定理，存在 $\xi\in(x_1, x_2)$，使得 $f'(\xi)=0$，即 $3\xi^2-3=0$，从而有 $\xi=\pm1$. 这与 $\xi\in(x_1, x_2)\subset(0, 1)$ 矛盾. 所以 $f(x)=x^3-3x+a$ 在 $[0, 1]$ 上不可能有两个零点.

6. 设 $a_0+\dfrac{a_1}{2}+\cdots+\dfrac{a_n}{n+1}=0$，证明多项式 $f(x)=a_0+a_1x+\cdots+a_nx^n$ 在 $(0, 1)$ 内至少有一个零点.

【证】 设
$$F(x)=a_0x+\frac{a_1}{2}x^2+\cdots+\frac{a_n}{n+1}x^{n+1},$$
显然，$F(x)$ 在 $[0, 1]$ 上连续，在 $(0, 1)$ 内可导，
$$F'(x)=a_0+a_1x+\cdots+a_nx^n=f(x).$$
又 $F(0)=F(1)=0$，由罗尔定理，至少存在一点 $\xi\in(0, 1)$，使得
$$f(\xi)=F'(\xi)=0,$$
则 ξ 就是函数 $f(x)$ 在 $(0, 1)$ 内的一个零点.

*7. 设 $f(x)$ 在 $[0, a]$ 上连续，在 $(0, a)$ 内可导，且 $f(a)=0$，证明存在一点 $\xi\in(0, a)$，使 $f(\xi)+\xi f'(\xi)=0$.

【证】 设 $F(x)=xf(x)$，由题设条件知 $F(x)$ 在 $[0, a]$ 上连续，在 $(0, a)$ 内可导，且
$$F'(x)=f(x)+xf'(x),$$
而 $F(0)=F(a)=0$，由罗尔定理知，至少存在一点 $\xi\in(0, x)$，使得
$$F'(\xi)=F'(\xi)=0,$$
即
$$f(\xi)+\xi\cdot f'(\xi)=0.$$

*8. 设 $0<a<b$，函数 $f(x)$ 在 $[a, b]$ 上连续，在 (a, b) 内可导，试利用柯西中值定理，证明存在一点 $\xi\in(a, b)$，使 $f(b)-f(a)=\xi f'(\xi)\ln\dfrac{b}{a}$.

【证】 设 $F(x)=\ln x$.

$f(x)$ 与 $F(x)$ 在 $[a, b]$ 上连续，在 (a, b) 内可导，且 $F'(x)=\dfrac{1}{x}$，在 (a, b) 内处处不为 0，由柯西中值定理知，必存在 $\xi\in(a, b)$，使得

$$\frac{f(b)-f(a)}{\ln b-\ln a}=\frac{f'(\xi)}{\frac{1}{\xi}},$$

即 $$f(b)-f(a)=\xi f'(\xi)\ln\frac{b}{a}.$$

9. 设 $f(x)$, $g(x)$ 都是可导函数, 且 $|f'(x)|<g'(x)$. 证明: 当 $x>a$ 时, $|f(x)-f(a)|<g(x)-g(a)$.

【证】 因为 $g'(x)>|f'(x)|\geqslant 0$, 故 $g(x)$ 单调增加, 当 $x>a$ 时, $g(x)>g(a)$.

由柯西中值定理, 存在 $\xi\in(a, x)$, 使得 $\frac{f(x)-f(a)}{g(x)-g(a)}=\frac{f'(\xi)}{g'(\xi)}$, 即

$$\frac{|f(x)-f(a)|}{g(x)-g(a)}=\frac{|f'(\xi)|}{g'(\xi)}<1,$$

故 $|f(x)-f(a)|<g(x)-g(a)$.

10. 求下列极限:

(1) $\lim\limits_{x\to 1}\frac{x-x^x}{1-x+\ln x}$.

【解】 属于 $\frac{0}{0}$ 型未定式. 使用洛必达法则.

$$\text{原式}=\lim_{x\to 1}\frac{1-x^x\ln x-x\cdot x^{x-1}}{-1+\frac{1}{x}}=\lim_{x\to 1}x\cdot\lim_{x\to 1}\frac{x^x-1+x^x\ln x}{x-1}=\lim_{x\to 1}[x^{x-1}+(x^x\ln x+x^x)\ln x+x^x+x^x\ln x]=2.$$

(2) $\lim\limits_{x\to 0}\left[\frac{1}{\ln(1+x)}-\frac{1}{x}\right]$.

【解】 $$\text{原式}=\lim_{x\to 0}\frac{x-\ln(1+x)}{x^2}=\lim_{x\to 0}\frac{1-\frac{1}{1+x}}{2x}=\lim_{x\to 0}\frac{x}{2x(1+x)}=\frac{1}{2}.$$

(3) $\lim\limits_{x\to +\infty}\left(\frac{2}{\pi}\arctan x\right)^x$.

【解】 令 $y=\left(\frac{2}{\pi}\arctan x\right)^x$, 则 $\ln y=x\ln\left(\frac{2}{\pi}\arctan x\right)$,

$$\lim_{x\to +\infty}\ln y=\lim_{x\to +\infty}\frac{\ln\frac{2}{\pi}+\ln\arctan x}{\frac{1}{x}}=\lim_{x\to +\infty}\frac{\frac{1}{\arctan x}\cdot\frac{1}{1+x^2}}{-\frac{1}{x^2}}=\lim_{x\to +\infty}\frac{1}{\arctan x}\cdot\frac{-x^2}{1+x^2}=-\frac{2}{\pi},$$

故 $\lim\limits_{x\to +\infty}\left(\frac{2}{\pi}\arctan x\right)^x=e^{-\frac{2}{\pi}}$.

(4) $\lim\limits_{x\to\infty}\left[\frac{a_1^{\frac{1}{x}}+a_2^{\frac{1}{x}}+\cdots+a_n^{\frac{1}{x}}}{n}\right]^{nx}$ (其中 $a_1, a_2, \cdots, a_n>0$).

【解】 设 $y=\left[\frac{a_1^{\frac{1}{x}}+a_2^{\frac{1}{x}}+\cdots+a_n^{\frac{1}{x}}}{n}\right]^{nx}$, 则 $\ln y=nx[\ln(a_1^{\frac{1}{x}}+a_2^{\frac{1}{x}}+\cdots+a_n^{\frac{1}{x}})-\ln n]$,

$$\lim_{x\to\infty}\ln y=\lim_{x\to\infty}\frac{n[\ln(a_1^{\frac{1}{x}}+a_2^{\frac{1}{x}}+\cdots+a_n^{\frac{1}{x}})-\ln n]}{\frac{1}{x}}\xlongequal{\frac{1}{x}=t}\lim_{t\to 0}\frac{n\ln(a_1^t+a_2^t+\cdots+a_n^t)-n\ln n}{t}$$

$$=\lim_{t\to 0}\frac{n(a_1^t\ln a_1+a_2^t\ln a_2+\cdots+a_n^t\ln a_n)}{a_1^t+a_2^t+\cdots+a_n^t}=\ln a_1+\ln a_2+\cdots+\ln a_n,$$

故原式 $=a_1a_2\cdot\cdots\cdot a_n$.

11. 求下列函数在指定点 x_0 处具有指定阶数及余项的泰勒公式：

(1) $f(x)=x^3\ln x$, $x_0=1$, $n=4$, 拉格朗日余项；

(2) $f(x)=\arctan x$, $x_0=0$, $n=3$, 佩亚诺余项；

(3) $f(x)=e^{\sin x}$, $x_0=0$, $n=3$, 佩亚诺余项；

(4) $f(x)=\ln\cos x$, $x_0=0$, $n=6$, 佩亚诺余项.

【解】 (1)$f'(x)=3x^2\cdot\ln x+x^2$;$f''(x)=6x\cdot\ln x+5x$;$f'''(x)=6\ln x+11$;$f^{(4)}(x)=\frac{6}{x}$;$f^{(5)}(x)=-\frac{6}{x^2}$.

所以 $f(1)=0$;$f'(1)=1$;$f''(1)=5$;$f'''(1)=11$;$f^{(4)}(1)=6$;$f^{(5)}(\xi)=-\frac{6}{\xi^2}$($\xi$ 介于 1 与 x 之间).因此

$$x^3\cdot\ln x=(x-1)+\frac{5}{2!}(x-1)^2+\frac{11}{3!}(x-1)^3+\frac{6}{4!}(x-1)^4-\frac{1}{5!\,\xi^2}(x-1)^5.$$

(2)由 $f'(x)=\frac{1}{1+x^2}$, $f''(x)=-\frac{2x}{(1+x^2)^2}$, $f'''(x)=\frac{-2(1-3x^2)}{(1+x^2)^3}$ 得 $f'(0)=1$, $f''(0)=0$, $f'''(0)=-2$,

又 $f(0)=0$, 故 $\arctan x=x-\frac{x^3}{3}+o(x^4)$.

(3)因为 $e^{\sin x}=1+\sin x+\frac{1}{2!}\sin^2x+\frac{1}{3!}\sin^3x+o(x^3)$, 又 $\sin x=x-\frac{1}{3!}x^3+o(x^4)$, 故得

$$e^{\sin x}=1+\left(x-\frac{1}{6}x^3\right)+\frac{1}{2}x^2+\frac{1}{6}x^3+o(x^3)=1+x+\frac{x^2}{2}+o(x^3).$$

(4)$\ln\cos x=\ln[1+(\cos x-1)]=\cos x-1-\frac{1}{2}(\cos x-1)^2+\frac{1}{3}(\cos x-1)^3+o(x^6)$,

又 $\cos x=1-\frac{1}{2}x^2+\frac{1}{24}x^4-\frac{1}{720}x^6+o(x^7)$, 得

$$\ln\cos x=-\frac{1}{2}x^2-\frac{1}{12}x^4-\frac{1}{45}x^6+o(x^6).$$

12. 证明下列不等式：

(1) 当 $0<x_1<x_2<\frac{\pi}{2}$ 时, $\frac{\tan x_2}{\tan x_1}>\frac{x_2}{x_1}$.

【证】 设 $f(x)=\frac{\tan x}{x}$, $x\in\left(0,\frac{\pi}{2}\right)$, $f'(x)=\frac{x\sec^2x-\tan x}{x^2}=\frac{x-\sin x\cos x}{x^2\cos^2x}=\frac{2x-\sin 2x}{2x^2\cos^2x}$.

当 $0<x<\frac{\pi}{2}$ 时, $2x>\sin 2x$, 故 $f'(x)>0$, 则在区间 $\left[0,\frac{\pi}{2}\right]$ 上, $f(x)$ 单调增加, 取 $0<x_1<x_2<\frac{\pi}{2}$,

则有 $\frac{\tan x_2}{x_2}>\frac{\tan x_1}{x_1}$, 即

$$\frac{\tan x_2}{\tan x_1}>\frac{x_2}{x_1}.$$

(2) 当 $x>0$ 时, $\ln(1+x)>\frac{\arctan x}{1+x}$.

【证】 设 $f(x)=(1+x)\ln(1+x)-\arctan x\ (x>0)$, 则

$$f(0)=0,\quad f'(x)=\ln(1+x)+1-\frac{1}{1+x^2}=\ln(1+x)+\frac{x^2}{1+x^2}>0,$$

所以, 当 $x>0$ 时, $f(x)$ 单调增加, 则 $f(x)>f(0)=0$, 即

$$(1+x)\ln(1+x)-\arctan x>0,$$

$$\ln(1+x)>\frac{\arctan x}{1+x}.$$

(3) 当 $e<a<b<e^2$ 时，$\ln^2 b-\ln^2 a>\frac{4}{e^2}(b-a)$.

【证】 令 $$f(x)=\ln^2 x \quad (e<a<x<b<e^2),$$
则 $f(x)$ 于 $[a,b]$ 上满足 Lagrange 中值定理. $\exists\xi\in(a,b)$，使

$$\ln^2 b-\ln^2 a=\frac{2\ln\xi}{\xi}(b-a).$$

再令 $\varphi(t)=\frac{\ln t}{t}$，则 $\varphi'(t)=\frac{1-\ln t}{t^2}$，当 $t>e$ 时，$\varphi'(t)<0$. $\varphi(t)$ 在 $[e,+\infty)$ 内单调减少，而

$$e<a<\xi<b<e^2,$$

从而 $$\varphi(\xi)>\varphi(e^2),$$

即 $$\frac{\ln\xi}{\xi}>\frac{\ln e^2}{e^2}=\frac{2}{e^2},$$

最后得 $$\ln^2 b-\ln^2 a>\frac{4}{e^2}(b-a).$$

13. 设 $a>1$. $f(x)=a^x-ax$ 在 $(-\infty,+\infty)$ 内驻点为 $x(a)$，问 a 为何值时，$x(a)$ 最小，并求最小值.

【解】 $f'(x)=a^x\ln a-a$，令 $f'(x)=0$，得驻点 $x(a)=1-\frac{\ln\ln a}{\ln a}$. 当 $a>1$ 时，

$$x'(a)=\frac{\ln\ln a-1}{a(\ln a)^2}.$$

令 $x'(a)=0$，得 $a=e^e$. 当 $a>e^e$ 时，$x'(a)>0$；当 $1<a<e^e$ 时，$x'(a)<0$.

故 $x(e^e)=1-\frac{1}{e}$ 为极小值，也是最小值.

14. 求椭圆 $x^2-xy+y^2=3$ 上纵坐标最大和最小的点.

【解】 方程两边对 x 求导，得

$$2x-y-xy'+2yy'=0,\ y'=\frac{2x-y}{x-2y}.$$

令 $y'=0$，解得 $y=2x$. 代入原方程，求得驻点 $x=\pm1$.

当 $x-2y=0$ 时，函数不可导，此时切线垂直于 x 轴，将 $x=2y$ 代入原方程，得不可导点 $x=\pm2$.

因为 $y(-1)=-2$，$y(1)=2$，$y(-2)=-1$，$y(2)=1$，故最大值点为 $(1,2)$，最小值点为 $(-1,-2)$.

15. 椭圆 $\frac{x^2}{a^2}+\frac{y^2}{b^2}=1$ 内嵌入一内接矩形，使矩形的边平行于椭圆的轴而面积最大，求最大矩形的面积.

【解】 设 (x,y) 为椭圆在第一象限内任一点，则椭圆参数方程为

$$x=a\cos t,\ y=b\sin t\ \left(0\leqslant t\leqslant\frac{\pi}{2}\right),$$

矩形面积为 $S(t)=2x\cdot 2y=4ab\cos t\sin t=2ab\sin 2t$，$S'(t)=4ab\cos 2t$，令 $S'(t)=0$ 得在 $\left(0,\frac{\pi}{2}\right)$ 内唯一驻点 $t=\frac{\pi}{4}$，$S''(t)=-8ab\sin 2t$，$S''\left(\frac{\pi}{4}\right)=-8ab<0$，因此 $S\left(\frac{\pi}{4}\right)$ 是极大值，也是最大值，$S\left(\frac{\pi}{4}\right)=2ab$.

16. 求数列 $\{\sqrt[n]{n}\}$ 的最大项.

【解】 设 $f(x)=x^{\frac{1}{x}}\quad(x>0)$，则

$$\ln f(x)=\frac{1}{x}\ln x,\ \frac{1}{f(x)}\cdot f'(x)=\frac{1-\ln x}{x^2},\ f'(x)=x^{\frac{1}{x}}\cdot\frac{1-\ln x}{x^2}.$$

令$f'(x)=0$，得驻点$x=\mathrm{e}$.

当$0<x<\mathrm{e}$时，$f'(x)>0$；当$x>\mathrm{e}$时，$f'(x)<0$. 故$f(x)$在$x=\mathrm{e}$处取得最大值.

数列$\{\sqrt[n]{n}\}$的最大值只可能在$x=\mathrm{e}$的邻近整数值中取得，即$f(2)$或$f(3)$.

$$f(2)=\sqrt{2},\ f(3)=\sqrt[3]{3}.$$

因为$(\sqrt{2})^6=8<(\sqrt[3]{3})^6=9$，故$\sqrt[3]{3}$是数列$\{\sqrt[n]{n}\}$的最大项.

17. 曲线弧$y=\sin x$ $(0<x<\pi)$上哪一点处的曲率半径最小？求出该点处的曲率半径.

【解】 $y'=\cos x$，$y''=-\sin x$ $(0<x<\pi)$，

$$K=\frac{|y''|}{(1+y'^2)^{3/2}}=\frac{\sin x}{(1+\cos^2x)^{3/2}},\ \rho=\frac{1}{K}=\frac{(1+\cos^2x)^{3/2}}{\sin x},$$

$$\rho'=\frac{\frac{3}{2}(1+\cos^2x)^{1/2}\cdot 2\cos x(-\sin x)\cdot\sin x-(1+\cos^2x)^{3/2}\cdot\cos x}{\sin^2x}=\frac{-2\cos x(1+\cos^2x)^{1/2}(\sin^2x+1)}{\sin^2x}.$$

令$\rho'=0$，得唯一驻点$x=\frac{\pi}{2}$.

因为当$0<x<\frac{\pi}{2}$时，$\rho'<0$；当$\frac{\pi}{2}<x<\pi$时，$\rho'>0$. 所以曲线上点$\left(\frac{\pi}{2},1\right)$是曲率半径取极小值的点，也就是最小值点，最小曲率半径为

$$\rho=\frac{\left(1+\cos^2\frac{\pi}{2}\right)^{3/2}}{\sin\frac{\pi}{2}}=1.$$

18. 证明方程$x^3-5x-2=0$只有一个正根，并求此正根的近似值，精确到10^{-3}.

【证】 设
$$f(x)=x^3-5x-2,$$
则有
$$f'(x)=3x^2-5.$$

令$f'(x)=0$，得驻点$x=\pm\sqrt{\frac{5}{3}}$. 在$(0,+\infty)$内，只有唯一驻点$x=\sqrt{\frac{5}{3}}$.

当$0<x<\sqrt{\frac{5}{3}}$时，$f'(x)<0$；当$\sqrt{\frac{5}{3}}<x<+\infty$时，$f'(x)>0$. 故$x=\sqrt{\frac{5}{3}}$为$f(x)$在$(0,+\infty)$内的极小值点.

又
$$f(0)=-2<0,\ f\left(\sqrt{\frac{5}{3}}\right)=\frac{5}{3}\sqrt{\frac{5}{3}}-5\sqrt{\frac{5}{3}}-2<0,$$

所以在$\left(0,\sqrt{\frac{5}{3}}\right)$内，$f(x)$无零点，而

$$\lim_{x\to+\infty}f(x)=\lim_{x\to+\infty}(x^3-5x-2)=+\infty,$$

所以，在$\left(\sqrt{\frac{5}{3}},+\infty\right)$内，$f(x)$有且仅有一个零点，从而方程$x^3-5x-2=0$在$(0,+\infty)$内只有一个根.

下面用切线法近似求这个根.

由于$f(2)=-4<0$，$f(3)=10>0$，故存在$\xi\in(2,3)$，使得$f(\xi)=0$.

在$(2,3)$内，$f'(x)=3x^2-5>0$，$f''(x)=6x>0$，$f(3)$与$f''(x)$同号，所以令$x_0=3$. 由切线法公式得

$$x_1=x_0-\frac{f(x_0)}{f'(x_0)}=3-\frac{f(3)}{f'(3)}\approx 2.545,\ x_2=x_1-\frac{f(x_1)}{f'(x_1)}=2.545-\frac{f(2.545)}{f'(2.545)}\approx 2.423,$$

$$x_3=x_2-\frac{f(x_2)}{f'(x_2)}=2.423-\frac{f(2.423)}{f'(2.423)}\approx 2.414,\ x_4=x_3-\frac{f(x_3)}{f'(x_3)}=2.414-\frac{f(2.414)}{f'(2.414)}\approx 2.414.$$

因为 $x_3=x_4$，所以停止迭代，又因为 $f(2.414)<0$，$f(2.415)>0$，所以 $2.414<\xi<2.415$，从而取 ξ 为 2.414 或 2.415 作为根的近似值，其误差均小于 10^{-3}.

*19. 设 $f''(x_0)$ 存在，证明

$$\lim_{h\to 0}\frac{f(x_0+h)+f(x_0-h)-2f(x_0)}{h^2}=f''(x_0).$$

【证】

$$\lim_{h\to 0}\frac{f(x_0+h)+f(x_0-h)-2f(x_0)}{h^2}=\lim_{h\to 0}\frac{f'(x_0+h)-f'(x_0-h)}{2h}=\lim_{h\to 0}\left[\frac{f'(x_0+h)-f'(x_0)}{2h}+\frac{f'(x_0)-f'(x_0-h)}{2h}\right]$$

$$=\frac{1}{2}\left[\lim_{h\to 0}\frac{f'(x_0+h)-f'(x_0)}{h}+\lim_{h\to 0}\frac{f'(x_0-h)-f'(x_0)}{-h}\right]=\frac{1}{2}[f''(x_0)+f''(x_0)]=f''(x_0).$$

20. 设 $f(x)$ 在 (a,b) 内二阶可导，且 $f''(x)\geqslant 0$. 证明对于 (a,b) 内任意两点 x_1，x_2 及 $0\leqslant t\leqslant 1$，有 $f[(1-t)x_1+tx_2]\leqslant(1-t)f(x_1)+tf(x_2)$.

【证】 令 $x_0=(1-t)x_1+tx_2\in(a,b)$. 将 $f(x)$ 在 $x=x_0$ 处按一阶泰勒公式展开：

$$f(x)=f(x_0)+(x-x_0)f'(x_0)+\frac{1}{2!}(x-x_0)^2f''(\xi)\ (\xi\text{ 在 }x\text{ 与 }x_0\text{ 之间}),$$

分别将 x_1，x_2 代入上式，得

$$f(x_1)=f(x_0)+(x_1-x_0)f'(x_0)+\frac{1}{2!}(x_1-x_0)^2f''(\xi_1),$$

$$f(x_2)=f(x_0)+(x_2-x_0)f'(x_0)+\frac{1}{2!}(x_2-x_0)^2f''(\xi_2),$$

则

$$\begin{aligned}(1-t)f(x_1)+tf(x_2)&=f(x_0)+[(1-t)x_1+tx_2-x_0]f'(x_0)+\\&\quad\frac{1}{2}(1-t)(x_1-x_0)^2f''(\xi_1)+\frac{1}{2}t(x_2-x_0)^2f''(\xi_2)\\&=f(x_0)+\frac{1}{2}(1-t)(x_1-x_0)^2f''(\xi_1)+\frac{1}{2}t(x_2-x_0)^2f''(\xi_2).\end{aligned}$$

由题设 $f''(x)>0$，且 $0\leqslant t\leqslant 1$ 知 $(1-t)f(x_1)+tf(x_2)\geqslant f(x_0)$，即

$$f[(1-t)x_1+tx_2]\leqslant(1-t)f(x_1)+tf(x_2).$$

21. 试确定常数 a 和 b，使 $f(x)=x-(a+b\cos x)\sin x$ 为当 $x\to 0$ 时关于 x 的 5 阶无穷小.

【解】 由 $\cos x$，$\sin x$ 的泰勒展开式得

$$f(x)=x-\left\{a+b\left[1-\frac{1}{2}x^2+\frac{1}{24}x^4+o(x^4)\right]\right\}\left[x-\frac{1}{6}x^3+\frac{1}{120}x^5+o(x^5)\right]$$

$$=x-\left[(a+b)x-\frac{a+b}{6}x^3+\frac{a+b}{120}x^5-\frac{b}{2}x^3+\frac{b}{12}x^5+\frac{b}{24}x^5+o(x^5)\right]=(1-a-b)x+\frac{a+4b}{6}x^3+\frac{a+16b}{120}x^5+o(x^5),$$

$f(x)$ 为当 $x\to 0$ 时关于 x 的 5 阶无穷小，则 $\begin{cases}1-a-b=0,\\a+4b=0,\end{cases}$ 解得 $a=\frac{4}{3}$，$b=-\frac{1}{3}$.

第四章　不定积分

一、主要内容

(一) 主要定义

1. 设$f(x)$是定义在某区间I内的函数．若存在函数$F(x)$，使得在I内任何一点都有

$$F'(x)=f(x),\text{或 } \mathrm{d}F(x)=f(x)\mathrm{d}x$$

成立，则称$F(x)$为$f(x)$在I内的一个原函数．

2. 如果$F(x)$是$f(x)$在I内的一个原函数，那么称$F(x)+C$为$f(x)$在I内的不定积分．记作

$$\int f(x)\mathrm{d}x=F(x)+C.$$

注　在某区间I内连续的函数，它的不定积分在该区间内一定存在(原函数存在定理).

(二) 主要结论

1. 不定积分基本性质

(1) $\mathrm{d}\left[\int f(x)\mathrm{d}x\right]=f(x)\mathrm{d}x.$

(2) $\int \mathrm{d}F(x)=F(x)+C.$

(3) $\int kf(x)\mathrm{d}x=k\int f(x)\mathrm{d}x$　(k为常数,$k\neq 0$).

(4) $\int[f(x)+g(x)]\mathrm{d}x=\int f(x)\mathrm{d}x+\int g(x)\mathrm{d}x.$

2. 基本积分公式

(1) $\int x^{\mu}\mathrm{d}x=\frac{1}{\mu+1}x^{\mu+1}+C$　$(\mu\neq-1)$.

(2) $\int\frac{1}{x}\mathrm{d}x=\ln|x|+C.$

(3) $\int\frac{1}{a^2+x^2}\mathrm{d}x=\frac{1}{a}\arctan\frac{x}{a}+C.$

(4) $\int\frac{1}{x^2-a^2}\mathrm{d}x=\frac{1}{2a}\ln\left|\frac{x-a}{x+a}\right|+C.$

(5) $\int\frac{\mathrm{d}x}{\sqrt{a^2-x^2}}=\arcsin\frac{x}{a}+C.$

(6) $\int a^x\mathrm{d}x=\frac{1}{\ln a}a^x+C$，　特别地，当$a=\mathrm{e}$时有$\int\mathrm{e}^x\mathrm{d}x=\mathrm{e}^x+C.$

(7) $\int\sin x\mathrm{d}x=-\cos x+C.$

(8) $\int\cos x\mathrm{d}x=\sin x+C.$

(9) $\int\tan x\mathrm{d}x=-\ln|\cos x|+C.$

(10) $\int \cot x dx = \ln|\sin x| + C.$

(11) $\int \sec x dx = \ln|\sec x + \tan x| + C.$

(12) $\int \csc x dx = \ln|\csc x - \cot x| + C.$

(13) $\int \sec x \tan x dx = \sec x + C.$

(14) $\int \csc x \cot x dx = -\csc x + C.$

(15) $\int \frac{1}{\cos^2 x} dx = \tan x + C.$

(16) $\int \frac{1}{\sin^2 x} dx = -\cot x + C.$

(17) $\int \frac{1}{\sqrt{x^2 \pm a^2}} dx = \ln|x + \sqrt{x^2 \pm a^2}| + C.$

(18) $\int \sqrt{a^2 - x^2} dx = \frac{x}{2}\sqrt{a^2 - x^2} + \frac{a^2}{2}\arcsin\frac{x}{a} + C.$

(19) $\int \sqrt{x^2 \pm a^2} dx = \frac{x}{2}\sqrt{x^2 \pm a^2} \pm \frac{a^2}{2}\ln|x + \sqrt{x^2 \pm a^2}| + C.$

(20) $\int \mathrm{sh} x dx = \mathrm{ch} x + C.$

(三) 结论补充

1. $\int e^{ax}\sin bx dx = \frac{1}{a^2 + b^2}e^{ax}(a\sin bx - b\cos bx) + C.$

2. $\int e^{ax}\cos bx dx = \frac{1}{a^2 + b^2}e^{ax}(b\sin bx + a\cos bx) + C.$

3. $\int \sin^n x dx = -\frac{1}{n}\sin^{n-1} x\cos x + \frac{n-1}{n}\int \sin^{n-2} x dx.$

4. $\int \cos^n x dx = \frac{1}{n}\cos^{n-1} x\sin x + \frac{n-1}{n}\int \cos^{n-2} x dx.$

5. $\int \frac{dx}{\sqrt{(a^2 - x^2)^3}} = \frac{x}{a^2\sqrt{a^2 - x^2}} + C.$

6. $\int \frac{dx}{\sqrt{(a^2 + x^2)^3}} = \frac{x}{a^2\sqrt{a^2 + x^2}} + C.$

7. $\int \frac{dx}{(x^2 + a^2)^n} = \frac{x}{2(n-1)a^2(x^2 + a^2)^{n-1}} + \frac{2n-3}{2(n-1)a^2}\int \frac{dx}{(x^2 + a^2)^{n-1}}.$

8. 当 $f(u)$ 具有原函数 $F(u)$, 且 $u = \varphi(x)$ 连续可导时, 则有

$$\int f[\varphi(x)]\varphi'(x) dx = F[\varphi(x)] + C.$$

9. 当 $x = \varphi(t)$ 单调可导且非零时, 若

$$\int f[\varphi(t)]\varphi'(t) dt = F(t) + C,$$

则有

$$\int f(x) dx = F[\varphi^{-1}(x)] + C.$$

$t=\varphi^{-1}(x)$ 表示反函数.

10. 设 $u(x)$, $v(x)$ 具有一阶连续导数, 则有

$$\int u(x)\mathrm{d}v(x) = u(x)v(x) - \int v(x)\mathrm{d}u(x).$$

注 8、9、10 中所述的三种方法分别称为第一类换元法、第二类换元法和分部积分法.

11. 当 $Q(x) = (x-a)^k\cdots(x^2+px+q)^m$, $p^2-4q<0$, 又 $\dfrac{P(x)}{Q(x)}$ 为真分式时, 则有

$$\frac{P(x)}{Q(x)} = \frac{A_1}{(x-a)} + \frac{A_2}{(x-a)^2} + \cdots + \frac{A_k}{(x-a)^k} + \cdots + \frac{B_1x+C_1}{x^2+px+q} + \frac{B_2x+C_2}{(x^2+px+q)^2} + \cdots + \frac{B_mx+C_m}{(x^2+px+q)^m}.$$

二、典型例题

(一) 换元积分法

1. 凑微分法

【例 4-1】 求 $\displaystyle\int\left(\frac{\arctan\sqrt{x}}{\sqrt{x}(1+x)} + \frac{\arctan\frac{1}{x}}{1+x^2}\right)\mathrm{d}x$.

【解】 原式 $\displaystyle = 2\int\frac{\arctan\sqrt{x}}{1+x}\mathrm{d}(\sqrt{x}) - \int\frac{\arctan\frac{1}{x}}{1+\frac{1}{x^2}}\mathrm{d}\left(\frac{1}{x}\right)$

$$= 2\int\arctan\sqrt{x}\,\mathrm{d}(\arctan\sqrt{x}) - \int\arctan\left(\frac{1}{x}\right)\mathrm{d}\left(\arctan\frac{1}{x}\right)$$

$$= (\arctan\sqrt{x})^2 - \frac{1}{2}\left(\arctan\frac{1}{x}\right)^2 + C.$$

【例 4-2】 求 $\displaystyle\int\frac{\ln(x+1)-\ln x}{x(x+1)}\mathrm{d}x$.

【解】 原式 $\displaystyle = \int\ln\left(\frac{x+1}{x}\right)\cdot\left(\frac{1}{x}-\frac{1}{x+1}\right)\mathrm{d}x = \int\ln\left(\frac{x+1}{x}\right)\mathrm{d}[\ln x - \ln(x+1)]$

$$= -\int\ln\left(\frac{x+1}{x}\right)\mathrm{d}\left(\ln\frac{x+1}{x}\right) = -\frac{1}{2}\ln^2\left(\frac{x+1}{x}\right) + C.$$

【例 4-3】 求 $\displaystyle\int\frac{\sqrt{\arctan\frac{1}{x}}}{1+x^2}\mathrm{d}x$.

【解】 原式 $\displaystyle = \int\frac{\sqrt{\arctan\frac{1}{x}}}{\left(1+\frac{1}{x^2}\right)x^2}\mathrm{d}x = -\int\frac{\sqrt{\arctan\frac{1}{x}}}{\left(1+\frac{1}{x^2}\right)}\mathrm{d}\left(\frac{1}{x}\right)$

$$= -\int\sqrt{\arctan\frac{1}{x}}\,\mathrm{d}\left(\arctan\frac{1}{x}\right) = -\frac{2}{3}\left(\arctan\frac{1}{x}\right)^{\frac{3}{2}} + C.$$

2. 第二类换元法

【例 4-4】 求$\int\frac{x^2\mathrm{d}x}{\sqrt{1-x^2}}$.

【解】 被积函数含有$\sqrt{1-x^2}$, 为去掉根号, 令$x=\sin t$, 则

$$\sqrt{1-x^2} = \sqrt{1-\sin^2 t} = \cos t,\ \mathrm{d}x = \cos t\mathrm{d}t.$$

限定$-\frac{\pi}{2}<t<\frac{\pi}{2}$, 以保证$x=\sin t$单调可导.

$$原式 = \int\frac{\sin^2 t\cos t\mathrm{d}t}{\cos t} = \int\frac{1}{2}(1-\cos 2t)\,\mathrm{d}t = \frac{t}{2}-\frac{1}{2}\sin t\cos t + C$$

$$= \frac{1}{2}\arcsin x - \frac{x}{2}\sqrt{1-x^2} + C.$$

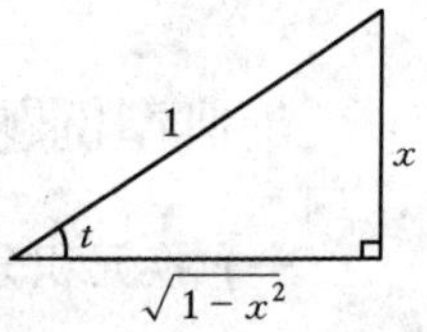

图 4-1

最后一步回代可利用如图 4-1 所示的辅助三角形来进行.

【例 4-5】 求$\int\frac{\mathrm{d}x}{1+\sqrt{x^2+2x+2}}$.

【解】 $原式\xlongequal{u=x+1}\int\frac{\mathrm{d}u}{1+\sqrt{u^2+1}}\xlongequal{u=\tan t}\int\frac{\sec^2 t}{1+\sec t}\mathrm{d}t = \int\frac{\mathrm{d}t}{\cos t\cdot(1+\cos t)}$

$$= \int\frac{\mathrm{d}t}{\cos t}-\int\frac{\mathrm{d}t}{1+\cos t} = \int\frac{\mathrm{d}t}{\cos t}-\int\frac{\mathrm{d}t}{\sin^2 t}+\int\frac{\cos t}{\sin^2 t}\mathrm{d}t = \ln(\sec t+\tan t)+\cot t-\frac{1}{\sin t}+C$$

$$= \ln(\sqrt{1+u^2}+u)+\frac{1}{u}-\frac{\sqrt{1+u^2}}{u}+C$$

$$= \ln(\sqrt{x^2+2x+2}+x+1)+\frac{1-\sqrt{x^2+2x+2}}{x+1}+C.$$

【例 4-6】 求$\int\frac{\mathrm{d}x}{x^4\sqrt{1+x^2}}$.

【解】 令$x=\tan t$, 则$\mathrm{d}x=\sec^2 t\mathrm{d}t\quad\left(-\frac{\pi}{2}<t<\frac{\pi}{2}\right)$.

$$原式 = \int\frac{\sec^2 t}{\tan^4 t\sec t}\mathrm{d}t = \int\frac{\cos^2 t}{\sin^4 t}\mathrm{d}\sin t = \int\frac{1-\sin^2 t}{\sin^4 t}\mathrm{d}\sin t$$

$$= \int\sin^{-4}t\mathrm{d}\sin t-\int\sin^{-2}t\mathrm{d}\sin t = -\frac{1}{3}\frac{1}{\sin^3 t}+\frac{1}{\sin t}+C = -\frac{\sqrt{(x^2+1)^3}}{3x^3}+\frac{\sqrt{x^2+1}}{x}+C.$$

此题亦可采用倒代换$x=\frac{1}{t}$, 计算起来会更简单些.

【例 4-7】 求$\int\frac{\mathrm{d}x}{2x+\sqrt{1-x^2}}$.

【解】 令$x=\sin t$, 则

$$原式 = \int\frac{\cos t}{2\sin t+\cos t}\mathrm{d}t = \frac{1}{5}\int\frac{(2\sin t+\cos t)+2(2\cos t-\sin t)}{2\sin t+\cos t}\mathrm{d}t$$

$$= \frac{1}{5}(t+2\ln|2\sin t+\cos t|)+C = \frac{1}{5}(\arcsin x+2\ln|2x+\sqrt{1-x^2}|)+C.$$

【例 4-8】 求$\int \frac{1-\ln x}{(x-\ln x)^2}dx$.

【解】 采用第一类换元法．此时，

$$\text{原式}=\int \frac{1-\ln x}{x^2\left(1-\frac{\ln x}{x}\right)^2}dx=-\int \frac{1-\ln x}{\left(1-\frac{\ln x}{x}\right)^2}d\left(\frac{1}{x}\right)=\int \frac{1}{\left(1-\frac{\ln x}{x}\right)^2}d\left(\frac{\ln x}{x}\right)$$

$$=\frac{1}{1-\frac{\ln x}{x}}+C=\frac{x}{x-\ln x}+C.$$

【例 4-9】 求$\int \frac{dx}{x\sqrt{x^2+2x+2}}\quad (x>0)$.

【解】 令$x=\frac{1}{t}$，则$dx=-\frac{1}{t^2}dt$.

$$\text{原式}=\int \frac{-\frac{1}{t^2}dt}{\frac{1}{t}\sqrt{\left(\frac{1}{t}\right)^2+2\left(\frac{1}{t}\right)+2}}=-\int \frac{dt}{\sqrt{2t^2+2t+1}}=-\frac{1}{\sqrt{2}}\int \frac{d\left(t+\frac{1}{2}\right)}{\sqrt{\left(t+\frac{1}{2}\right)^2+\frac{1}{4}}}$$

$$=-\frac{1}{\sqrt{2}}\ln\left[\left(t+\frac{1}{2}\right)+\sqrt{\left(t+\frac{1}{2}\right)^2+\frac{1}{4}}\right]+C=-\frac{1}{\sqrt{2}}\ln\left(\frac{1}{x}+\frac{1}{2}+\sqrt{\frac{1}{x^2}+\frac{1}{x}+\frac{1}{2}}\right)+C.$$

【例 4-10】 求$\int \frac{xdx}{(x^2+1)\sqrt{1-x^2}}$.

【解】 令$x=\sin t$，则$dx=\cos t dt$.

$$\text{原式}=\int \frac{\sin t\cos t}{(\sin^2 t+1)\cos t}dt=-\int \frac{d\cos t}{2-\cos^2 t}$$

$$=-\frac{1}{2\sqrt{2}}\ln\left|\frac{\sqrt{2}+\cos t}{\sqrt{2}-\cos t}\right|+C=-\frac{1}{2\sqrt{2}}\ln\left|\frac{\sqrt{2}+\sqrt{1-x^2}}{\sqrt{2}-\sqrt{1-x^2}}\right|+C.$$

(二) 分部积分法

【例 4-11】 求$\int e^{2x}\cos^2 x dx$.

【解】 原式 $=\frac{1}{2}\int e^{2x}(1+\cos 2x)dx=\frac{1}{4}e^{2x}+\frac{1}{2}\int e^{2x}\cos 2x dx$,

$$I_1=\int e^{2x}\cos 2x dx=\frac{1}{2}\int \cos 2x de^{2x}=\frac{1}{2}\left(e^{2x}\cos 2x+2\int e^{2x}\sin 2x dx\right)$$

$$=\frac{1}{2}\left(e^{2x}\cos 2x+\int \sin 2x de^{2x}\right)=\frac{1}{2}\left(e^{2x}\cos 2x+e^{2x}\sin 2x-2\int e^{2x}\cos 2x dx\right),$$

故
$$I_1=\frac{1}{4}e^{2x}(\cos 2x+\sin 2x)+C,$$

故
$$\text{原式}=\frac{1}{4}e^{2x}+\frac{1}{8}e^{2x}(\cos 2x+\sin 2x)+C=\frac{1}{8}e^{2x}(2+\cos 2x+\sin 2x)+C.$$

【例 4-12】 求$\int \frac{xe^{\arctan x}}{(1+x^2)^{3/2}}dx$.

【解】

$$\text{原式}=\int \frac{x}{\sqrt{1+x^2}}de^{\arctan x}=\frac{x}{\sqrt{1+x^2}}e^{\arctan x}-\int \frac{e^{\arctan x}}{(1+x^2)^{3/2}}dx=\frac{x}{\sqrt{1+x^2}}e^{\arctan x}-\int \frac{1}{\sqrt{1+x^2}}de^{\arctan x}$$

$$= \frac{x}{\sqrt{1+x^2}}e^{\arctan x} - \frac{1}{\sqrt{1+x^2}}e^{\arctan x} - \int \frac{xe^{\arctan x}}{(1+x^2)^{3/2}}dx,$$

故
$$原式 = \frac{x-1}{2\sqrt{1+x^2}}e^{\arctan x} + C.$$

【例 4-13】 求$\int \frac{x^2e^x}{(x+2)^2}dx$.

【解】 原式 $= \int x^2e^x d\left(-\frac{1}{x+2}\right) = -\frac{x^2e^x}{x+2} - \int\left(-\frac{1}{x+2}\right)(2xe^x + x^2e^x)dx$

$$= -\frac{x^2e^x}{x+2} + \int xe^x dx = -\frac{x^2e^x}{x+2} + xe^x - e^x + C.$$

【例 4-14】 求$\int \frac{\arctan x}{x^2(1+x^2)}dx$.

【解】 原式 $= \int\left(\frac{1}{x^2} - \frac{1}{1+x^2}\right)\arctan x dx = \int \frac{1}{x^2}\arctan x dx - \int \arctan x d\arctan x$

$$= \int \arctan x d\left(-\frac{1}{x}\right) - \frac{1}{2}\arctan^2 x + C$$

$$= -\frac{1}{x}\arctan x + \int \frac{dx}{x(1+x^2)} - \frac{1}{2}\arctan^2 x + C$$

$$= -\frac{1}{x}\arctan x + \int\left(\frac{1}{x} - \frac{x}{1+x^2}\right)dx - \frac{1}{2}\arctan^2 x + C$$

$$= -\frac{1}{x}\arctan x + \ln|x| - \frac{1}{2}\ln(1+x^2) - \frac{1}{2}\arctan^2 x + C.$$

(三) 有理函数的积分

【例 4-15】 求$\int \frac{3x-2}{x^2-4x+5}dx$.

【解】 原式 $= \frac{3}{2}\int \frac{2x-4}{x^2-4x+5}dx + 4\int \frac{dx}{x^2-4x+5} = \frac{3}{2}\int \frac{d(x^2-4x+5)}{x^2-4x+5} + 4\int \frac{d(x-2)}{(x-2)^2+1}$

$$= \frac{3}{2}\ln(x^2-4x+5) + 4\arctan(x-2) + C.$$

【例 4-16】 求$\int \frac{x^3+4x^2+4x+2}{(x+1)^2(x^2+x+1)}dx$.

【解】 被积函数满足将有理分式分解成部分分式的条件. 因此, 可以用待定系数法将其分解成部分分式. 如果仔细分析一下被积函数的特点, 会发现有比这更简便的途径.

$$\frac{x^3+4x^2+4x+2}{(x+1)^2(x^2+x+1)} = \frac{(x^3+3x^2+3x+1)+(x^2+x+1)}{(x+1)^2(x^2+x+1)} = \frac{1}{(x+1)^2} + \frac{x+1}{x^2+x+1},$$

于是

$$原式 = \int \frac{dx}{(x+1)^2} + \int \frac{x+1}{x^2+x+1}dx = \int \frac{dx}{(x+1)^2} + \frac{1}{2}\int \frac{d(x^2+x+1)}{x^2+x+1} + \frac{1}{2}\int \frac{dx}{x^2+x+1}$$

$$= -\frac{1}{x+1} + \frac{1}{2}\ln|x^2+x+1| + \frac{1}{\sqrt{3}}\arctan\frac{2x+1}{\sqrt{3}} + C.$$

【例 4-17】 求$\int \frac{dx}{x^6(1+x^6)}$.

【解】 原式 $= \int \frac{1+x^6-x^6}{x^6(1+x^6)}dx = \int \frac{dx}{x^6} - \int \frac{dx}{1+x^6} = -\frac{1}{5x^5} - \int \frac{1+x^2-x^2}{1+x^6}dx$

$$= -\frac{1}{5x^5} - \int \frac{dx}{x^4 - x^2 + 1} + \frac{1}{3}\arctan x^3.$$

$$I_1 = \int \frac{dx}{x^4 - x^2 + 1} = \frac{1}{2}\int \frac{x^2 + 1}{x^4 - x^2 + 1}dx - \frac{1}{2}\int \frac{x^2 - 1}{x^4 - x^2 + 1}dx$$

$$= \frac{1}{2}\int \frac{1 + \frac{1}{x^2}}{x^2 - 1 + \frac{1}{x^2}}dx - \frac{1}{2}\int \frac{1 - \frac{1}{x^2}}{x^2 - 1 + \frac{1}{x^2}}dx = \frac{1}{2}\int \frac{d\left(x - \frac{1}{x}\right)}{\left(x - \frac{1}{x}\right)^2 + 1} - \frac{1}{2}\int \frac{d\left(x + \frac{1}{x}\right)}{\left(x + \frac{1}{x}\right)^2 - 3}$$

$$= \frac{1}{2}\arctan\left(x - \frac{1}{x}\right) + \frac{1}{2\sqrt{3}}\ln\left|\frac{x^2 + \sqrt{3}x + 1}{x^2 - \sqrt{3}x + 1}\right| + C.$$

$$原式 = -\frac{1}{5x^5} + \frac{1}{3}\arctan(x^3) + \frac{1}{2}\arctan\left(x - \frac{1}{x}\right) + \frac{1}{2\sqrt{3}}\ln\left|\frac{x^2 + \sqrt{3}x + 1}{x^2 - \sqrt{3}x + 1}\right| + C.$$

（四）无理函数与三角有理式的积分

1. 无理函数的积分

【例 4-18】 求$\int \frac{dx}{x^2\sqrt[3]{1 + x^2}}$.

【解】 为去掉根号，令 $1 + x^2 = t^3$，则 $2xdx = 3t^2dt$.

$$原式 = \int \frac{\frac{1}{2}d(x^2)}{x^2\sqrt[3]{1 + x^2}} = \frac{1}{2}\int \frac{3t^2dt}{(t^3 - 1)t} = \frac{1}{2}\int\left(\frac{1}{t - 1} + \frac{1 - t}{t^2 + t + 1}\right)dt$$

$$= \frac{1}{2}\ln|t - 1| + \frac{1}{2}\int \frac{-\frac{1}{2}(2t + 1) + \frac{3}{2}}{t^2 + t + 1}dt$$

$$= \frac{1}{2}\ln|t - 1| - \frac{1}{4}\ln|t^2 + t + 1| + \frac{3}{4}\cdot\frac{2}{\sqrt{3}}\arctan\frac{t + \frac{1}{2}}{\sqrt{3}/2} + C$$

$$= \frac{1}{2}\ln(\sqrt[3]{1 + x^2} - 1) - \frac{1}{4}\ln\left[\sqrt[3]{(1 + x^2)^2} + \sqrt[3]{1 + x^2} + 1\right] + \frac{\sqrt{3}}{2}\arctan\frac{2\sqrt[3]{1 + x^2} + 1}{3} + C.$$

【例 4-19】 求$\int \frac{1}{x\sqrt{x^2 + 2x + 2}}dx$.

【解】 令 $x = \frac{1}{t}$，则

$$原式 = \int \frac{dx}{x^2\sqrt{1 + \frac{2}{x} + \frac{2}{x^2}}} = -\int \frac{1}{\sqrt{2t^2 + 2t + 1}}dt = -\frac{1}{\sqrt{2}}\int \frac{d\left(t + \frac{1}{2}\right)}{\sqrt{\left(t + \frac{1}{2}\right)^2 + \frac{1}{4}}}$$

$$= -\frac{1}{\sqrt{2}}\ln\left|\left(t + \frac{1}{2}\right) + \sqrt{\left(t + \frac{1}{2}\right)^2 + \frac{1}{4}}\right| + C = -\frac{1}{\sqrt{2}}\ln\left|\frac{x + 2 + \sqrt{2}\cdot\sqrt{x^2 + 2x + 2}}{x}\right| + C.$$

2. 三角有理式的积分

【例 4-20】 求$\int \frac{dx}{\cos x + 2\sin x + 3}$.

【解法 1】 这是三角有理式的积分，采用万能代换 $t=\tan\frac{x}{2}$，则有

$$\sin x=\frac{2t}{1+t^2},\ \cos x=\frac{1-t^2}{1+t^2},\ x=2\arctan t,\ \mathrm{d}x=\frac{2}{1+t^2}\mathrm{d}t.$$

$$原式=\int\frac{\frac{2}{1+t^2}\mathrm{d}t}{\frac{1-t^2}{1+t^2}+2\cdot\frac{2t}{1+t^2}+3}=\int\frac{\mathrm{d}t}{t^2+2t+2}=\arctan(1+t)+C=\arctan\left(1+\tan\frac{x}{2}\right)+C.$$

【解法 2】 如果注意到 $1+\cos x=2\cos^2\frac{x}{2}$，$\sin x=2\sin\frac{x}{2}\cos\frac{x}{2}$ 和 $\sec^2\frac{x}{2}=1+\tan^2\frac{x}{2}$，则有

$$原式=\int\frac{\mathrm{d}x}{(1+\cos x)+2\sin x+2}=\int\frac{\mathrm{d}x}{2\cos^2\frac{x}{2}+4\sin\frac{x}{2}\cos\frac{x}{2}+2}$$

$$=\int\frac{\sec^2\frac{x}{2}\mathrm{d}x}{2+4\tan\frac{x}{2}+2\sec^2\frac{x}{2}}=\int\frac{\mathrm{d}\left(\tan\frac{x}{2}+1\right)}{\left(\tan\frac{x}{2}+1\right)^2+1}=\arctan\left(1+\tan\frac{x}{2}\right)+C.$$

【例 4-21】 $\int\frac{3\sin x+2\cos x}{2\sin x+3\cos x}\mathrm{d}x.$

【解】 从前面的例子可以看出，采用万能代换是比较麻烦的．遇到三角有理式的积分，实在找不到更好的办法时，是不得已而用之，对于本题，就可以避免采用万能代换．

设 $$3\sin x+2\cos x=\alpha(2\sin x+3\cos x)+\beta(2\sin x+3\cos x)',$$

由此可得 $$2\alpha-3\beta=3,\ 3\alpha+2\beta=2,$$

解出 $$\alpha=\frac{12}{13},\ \beta=-\frac{5}{13},$$

则 $$原式=\frac{12}{13}\int\mathrm{d}x-\frac{5}{13}\int\frac{(2\sin x+3\cos x)'}{2\sin x+3\cos x}\mathrm{d}x=\frac{12}{13}x-\frac{5}{13}\ln|2\sin x+3\cos x|+C.$$

【例 4-22】 求 $\int\frac{\sin x}{\sin^3x+\cos^3x}\mathrm{d}x.$

【解】 令 $\tan x=t$，则

$$原式=\int\frac{t}{t^3+1}\mathrm{d}t=\frac{1}{3}\int\frac{(t+1)^2-(t^2-t+1)}{(t+1)(t^2-t+1)}\mathrm{d}t$$

$$=\frac{1}{6}\int\frac{2t-1}{t^2-t+1}\mathrm{d}t+\frac{1}{2}\int\frac{\mathrm{d}t}{t^2-t+1}-\frac{1}{3}\ln|t+1|$$

$$=\frac{1}{6}\ln|t^2-t+1|+\frac{1}{\sqrt{3}}\arctan\frac{2t-1}{\sqrt{3}}-\frac{1}{3}\ln|t+1|+C$$

$$=\frac{1}{6}\ln|\tan^2x-\tan x+1|-\frac{1}{3}\ln|\tan x+1|+\frac{1}{\sqrt{3}}\arctan\frac{2\tan x-1}{\sqrt{3}}+C.$$

(五) 综合法与综合问题

【例 4-23】 求 $\int\frac{xe^x}{\sqrt{e^x-1}}\mathrm{d}x.$

【解】 为去掉根式，令 $\sqrt{e^x-1}=t$，则

$$e^x = 1 + t^2, \ dx = \frac{2t}{1+t^2}dt.$$

原式 $= \int \frac{(1+t^2)\ln(1+t^2)}{t} \cdot \frac{2t}{1+t^2}dt = 2\int \ln(1+t^2)dt = 2t\ln(1+t^2) - \int \frac{4t^2}{1+t^2}dt$

$= 2t\ln(1+t^2) - 4t + 4\arctan t + C = 2x\sqrt{e^x - 1} - 4\sqrt{e^x - 1} + 4\arctan\sqrt{e^x - 1} + C.$

【例 4-24】 $\int \frac{\arcsin x}{x^2}dx.$

【解】 先用分部积分：

$$原式 = \int \arcsin x d\left(-\frac{1}{x}\right) = -\frac{\arcsin x}{x} + \int \frac{dx}{x\sqrt{1-x^2}},$$

对于 $I_1 = \int \frac{dx}{x\sqrt{1-x^2}}$，再令 $x = \sin t$，有

$$I_1 = \int \frac{dx}{\sin t} = \ln|\csc t - \cot t| + C = \ln\left|\frac{x}{1+\sqrt{1-x^2}}\right| + C,$$

故
$$原式 = -\frac{\arcsin x}{x} + \ln\left|\frac{x}{1+\sqrt{1-x^2}}\right| + C.$$

【例 4-25】 求$\int \frac{x}{\sqrt{1-x^2}}\ln\frac{x}{\sqrt{1-x^2}}dx.$

【解】 注意到

$$\int \frac{dx}{x\sqrt{1-x^2}} \xlongequal{x = \cos t} \int \frac{-\sin t dt}{\cos t \sin t} = -\ln(\sec t + \tan t) + C = -\ln\frac{1+\sqrt{1-x^2}}{x} + C.$$

原式 $= \int \ln\frac{x}{\sqrt{1-x^2}}d(-\sqrt{1-x^2}) = -\sqrt{1-x^2}\ln\frac{x}{\sqrt{1-x^2}} + \int \frac{dx}{x\sqrt{1-x^2}}$

$= -\sqrt{1-x^2}\ln\frac{x}{\sqrt{1-x^2}} - \ln\frac{1+\sqrt{1-x^2}}{x} + C.$

【例 4-26】 求满足条件 $F''(x) = 2x$，$F'(0) = 0$，$F(0) = 1$ 的 $F(x)$.

【解】 $F'(x) = \int F''(x)dx = \int 2xdx = x^2 + C_1$，$F(x) = \int (x^2 + C_1)dx = \frac{1}{3}x^3 + C_1x + C_2$，
代入 $F'(0) = 0$，$F(0) = 1$，得 $C_1 = 0$，$C_2 = 1$，故

$$F(x) = \frac{1}{3}x^3 + 1.$$

【例 4-27】 设$f(x)$ 的一个原函数为$\frac{\sin x}{x}$，求$\int xf'(x)dx$.

【解】 $\int xf'(x)dx = \int xdf(x) = xf(x) - \int f(x)dx = x\left(\frac{\sin x}{x}\right)' - \frac{\sin x}{x} + C$

$$= x \cdot \frac{1}{x^2}(x\cos x - \sin x) - \frac{1}{x}\sin x + C = \cos x - \frac{2\sin x}{x} + C.$$

【例 4-28】 设$f(x)$ 的导函数$f'(x)$ 为如图 4-2 所示的二次抛物线，且$f(x)$ 的极小值为 2，极大值为 6，试求$f(x)$.

【解】 由题意可设

$$f'(x) = ax(x-2) \quad (a < 0),$$

则
$$f(x) = \int ax(x-2)dx = a\left(\frac{x^3}{3} - x^2\right) + C.$$

因为 $f'(0)=0, f'(2)=0,$

且 $f''(0)>0, f''(2)<0,$

故极小值为 $f(0)=2$，极大值为 $f(2)=6$.

又因为 $f(0)=C, f(2)=a\left(\frac{2^3}{3}-2^2\right)+C,$

故 $C=2,\ a=-3.$

于是 $f(x)=-3\left(\frac{x^3}{3}-x^2\right)+2=-x^3+3x^2+2.$

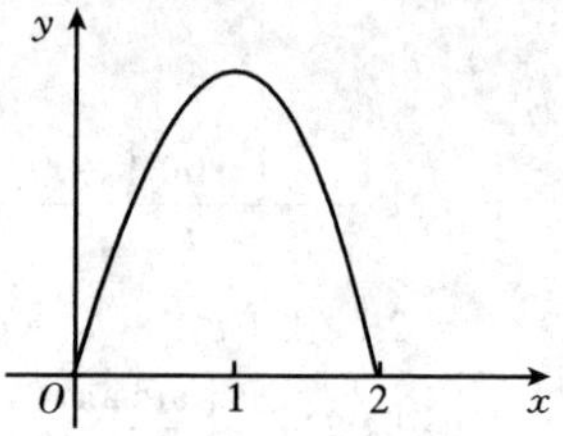

图 4-2

【例 4-29】 求$\int \max\{1, x^2\}\,dx$.

【解】 $f(x)=\max\{1,x^2\}=\begin{cases}1, & |x|\leqslant 1,\\ x^2, & |x|>1.\end{cases}$

设 $\varphi(x)$ 是 $f(x)$ 的一个原函数，则

$$\varphi(x)=\begin{cases}\frac{x^3}{3}+C_1, & x<-1,\\ x, & x\in[-1,1],\\ \frac{x^3}{3}+C_2, & x>1.\end{cases}$$

$$\lim_{x\to-1-0}\varphi(x)=-\frac{1}{3}+C_1,\quad \lim_{x\to-1+0}\varphi(x)=-1;$$

$$\lim_{x\to1-0}\varphi(x)=1,\quad \lim_{x\to1+0}\varphi(x)=\frac{1}{3}+C_2.$$

$\varphi(x)$ 必然连续，故

$$C_1=-\frac{2}{3},\ C_2=\frac{2}{3},$$

即

$$\varphi(x)=\begin{cases}\frac{x^3}{3}-\frac{2}{3}, & x<-1,\\ x, & -1\leqslant x\leqslant 1,\\ \frac{x^3}{3}+\frac{2}{3}, & x>1.\end{cases}$$

故得

$$\int\max\{1,x^2\}\,dx=\begin{cases}x+C, & |x|\leqslant 1,\\ \frac{x^3}{3}+\frac{2}{3}\operatorname{sgn}x+C, & |x|>1.\end{cases}$$

【例 4-30】 求$\int(1+x^2)^2\cos x\,dx$.

【解】 令

$$\int(1+x^2)^2\cos x\,dx=(a_3x^3+a_2x^2+a_1x+a_0)\cos x+(x^4+b_3x^3+b_2x^2+b_1x+b_0)\sin x+C.$$

两边对 x 求导，得

$$(1+x^2)^2\cos x=[x^4+b_3x^3+(b_2+3a_3)x^2+(b_1+2a_2)x+(b_0+a_1)]\cos x+[(4-a_3)x^3+(3b_3-a_2)x^2+(2b_2-a_1)x+(b_1-a_0)]\sin x.$$

对比系数可得

$$a_3=4,\ b_3=0,\ a_2=0,\ b_2=-10,$$
$$a_1=-20,\ b_1=0,\ a_0=0,\ b_0=21.$$

原式 $=(4x^3-20x)\cos x+(x^4-10x^2+21)\sin x+C.$

三、习题全解

习题 4-1 不定积分的概念与性质

1. 利用导数验证下列等式：

(1) $\int \frac{1}{\sqrt{x^2+1}}dx = \ln(x+\sqrt{x^2+1})+C.$

【解】 $[\ln(x+\sqrt{x^2+1})]'=\frac{1}{x+\sqrt{x^2+1}}\cdot\left(1+\frac{x}{\sqrt{x^2+1}}\right)=\frac{1}{\sqrt{x^2+1}}.$

(2) $\int \frac{dx}{x^2\sqrt{x^2-1}} = \frac{\sqrt{x^2-1}}{x}+C.$

【解】 $\left(\frac{\sqrt{x^2-1}}{x}\right)'=\frac{\frac{x}{\sqrt{x^2-1}}\cdot x-\sqrt{x^2-1}}{x^2}=\frac{1}{x^2\sqrt{x^2-1}}.$

(3) $\int \frac{2x}{(x^2+1)(x+1)^2}dx = \arctan x+\frac{1}{x+1}+C.$

【解】 $\left(\arctan x+\frac{1}{x+1}\right)'=\frac{1}{1+x^2}-\frac{1}{(x+1)^2}=\frac{2x}{(x^2+1)(x+1)^2}.$

(4) $\int \sec x dx = \ln|\tan x+\sec x|+C.$

【解】 $(\ln|\tan x+\sec x|)'=\frac{1}{\tan x+\sec x}\cdot(\sec^2x+\sec x\tan x)=\sec x.$

(5) $\int x\cos x dx = x\sin x+\cos x+C.$

【解】 $(x\sin x+\cos x)'=\sin x+x\cos x-\sin x=x\cos x.$

(6) $\int e^x\sin x dx = \frac{1}{2}e^x(\sin x-\cos x)+C.$

【解】 $\left[\frac{1}{2}e^x(\sin x-\cos x)\right]'=\frac{1}{2}e^x(\sin x-\cos x)+\frac{1}{2}e^x(\cos x+\sin x)$

$=e^x\sin x.$

2. 求下列不定积分：

(1) $\int \frac{dx}{x^2}.$

【解】 原式 $=\frac{1}{-2+1}x^{-2+1}+C=-\frac{1}{x}+C.$

(2) $\int x\sqrt{x}\,dx.$

【解】 原式 $=\int x^{\frac{3}{2}}dx=\frac{1}{\frac{3}{2}+1}x^{\frac{3}{2}+1}+C=\frac{2}{5}x^{\frac{5}{2}}+C.$

(3) $\int \frac{dx}{\sqrt{x}}.$

【解】 原式$=\int x^{-\frac{1}{2}}\mathrm{d}x=\frac{1}{-\frac{1}{2}+1}x^{-\frac{1}{2}+1}+C=2\sqrt{x}+C.$

(4) $\int x^2\sqrt[3]{x}\,\mathrm{d}x.$

【解】 原式$=\int x^{\frac{7}{3}}\mathrm{d}x=\frac{1}{\frac{7}{3}+1}x^{\frac{7}{3}+1}+C=\frac{3}{10}x^{\frac{10}{3}}+C.$

(5) $\int \frac{\mathrm{d}x}{x^2\sqrt{x}}.$

【解】 原式$=\int x^{-\frac{5}{2}}\mathrm{d}x=\frac{1}{-\frac{5}{2}+1}x^{-\frac{5}{2}+1}+C=-\frac{2}{3}x^{-\frac{3}{2}}+C.$

(6) $\int \sqrt[m]{x^n}\,\mathrm{d}x.$

【解】 原式$=\int x^{\frac{n}{m}}\mathrm{d}x=\frac{1}{\frac{n}{m}+1}x^{\frac{n}{m}+1}+C=\frac{m}{m+n}x^{\frac{m+n}{m}}+C.$

(7) $\int 5x^3\mathrm{d}x.$

【解】 原式$=\frac{5}{3+1}x^{3+1}+C=\frac{5}{4}x^4+C.$

(8) $\int (x^2-3x+2)\mathrm{d}x.$

【解】 原式$=\frac{1}{3}x^3-\frac{3}{2}x^2+2x+C.$

(9) $\int \frac{\mathrm{d}h}{\sqrt{2gh}}$ (g 是常数).

【解】 原式$=\frac{1}{\sqrt{2g}}\int h^{-\frac{1}{2}}\mathrm{d}h=\frac{2}{\sqrt{2g}}\sqrt{h}+C.$

(10) $\int (x^2+1)^2\mathrm{d}x.$

【解】 原式$=\int (x^4+2x^2+1)\mathrm{d}x=\frac{1}{5}x^5+\frac{2}{3}x^3+x+C.$

(11) $\int (\sqrt{x}+1)(\sqrt{x^3}-1)\mathrm{d}x.$

【解】 原式$=\int (x^2+x^{\frac{3}{2}}-x^{\frac{1}{2}}-1)\mathrm{d}x=\frac{1}{3}x^3+\frac{2}{5}x^{\frac{5}{2}}-\frac{2}{3}x^{\frac{3}{2}}-x+C.$

(12) $\int \frac{(1-x)^2}{\sqrt{x}}\mathrm{d}x.$

【解】 原式$=\int \frac{1-2x+x^2}{\sqrt{x}}\mathrm{d}x=\int (x^{-\frac{1}{2}}-2x^{\frac{1}{2}}+x^{\frac{3}{2}})\mathrm{d}x=2\sqrt{x}-\frac{4}{3}x^{\frac{3}{2}}+\frac{2}{5}x^{\frac{5}{2}}+C.$

(13) $\int \left(2\mathrm{e}^x+\frac{3}{x}\right)\mathrm{d}x.$

【解】 原式$=2\mathrm{e}^x+3\ln|x|+C.$

(14) $\int \left(\frac{3}{1+x^2}-\frac{2}{\sqrt{1-x^2}}\right)\mathrm{d}x.$

【解】 原式$=3\arctan x-2\arcsin x+C$.

(15) $\int e^x\left(1-\frac{e^{-x}}{\sqrt{x}}\right)dx$.

【解】 原式$=\int(e^x-x^{-\frac{1}{2}})dx=e^x-2\sqrt{x}+C$.

(16) $\int 3^x e^x dx$.

【解】 原式$=\int(3e)^x dx=\frac{(3e)^x}{\ln(3e)}+C=\frac{3^x e^x}{1+\ln 3}+C$.

(17) $\int\frac{2\cdot 3^x-5\cdot 2^x}{3^x}dx$.

【解】 原式$=\int\left[2-5\left(\frac{2}{3}\right)^x\right]dx=2x-\frac{5\left(\frac{2}{3}\right)^x}{\ln\frac{2}{3}}+C=2x-\frac{5}{\ln 2-\ln 3}\left(\frac{2}{3}\right)^x+C$.

(18) $\int\sec x(\sec x-\tan x)dx$.

【解】 原式$=\int(\sec^2x-\sec x\tan x)dx=\tan x-\sec x+C$.

(19) $\int\cos^2\frac{x}{2}dx$.

【解】 原式$=\int\frac{1}{2}(1+\cos x)dx=\frac{1}{2}x+\frac{1}{2}\sin x+C$.

(20) $\int\frac{dx}{1+\cos 2x}$.

【解】 原式$=\int\frac{1}{2\cos^2x}dx=\frac{1}{2}\int\sec^2x dx=\frac{1}{2}\tan x+C$.

(21) $\int\frac{\cos 2x}{\cos x-\sin x}dx$.

【解】 原式$=\int\frac{\cos^2x-\sin^2x}{\cos x-\sin x}dx=\int(\cos x+\sin x)dx=\sin x-\cos x+C$.

(22) $\int\frac{\cos 2x}{\cos^2x\sin^2x}dx$.

【解】 原式$=\int\frac{\cos^2x-\sin^2x}{\cos^2x\sin^2x}dx=\int\left(\frac{1}{\sin^2x}-\frac{1}{\cos^2x}\right)dx=\int(\csc^2x-\sec^2x)dx=-\cot x-\tan x+C$.

(23) $\int\cot^2x dx$.

【解】 原式$=\int(\csc^2x-1)dx=-\cot x-x+C$.

(24) $\int\cos\theta(\tan\theta+\sec\theta)d\theta$.

【解】 原式$=\int(\sin\theta+1)d\theta=-\cos\theta+\theta+C$.

(25) $\int\frac{x^2}{x^2+1}dx$.

【解】 原式$=\int\left(1-\frac{1}{x^2+1}\right)dx=x-\arctan x+C$.

(26) $\int \frac{3x^4+2x^2}{x^2+1}dx$.

【解】 原式$=\int\left(3x^2-1+\frac{1}{1+x^2}\right)dx=x^3-x+\arctan x+C$.

3. 含有未知函数的导数的方程称为微分方程，例如方程$\frac{dy}{dx}=f(x)$，其中$\frac{dy}{dx}$为未知函数的导数，$f(x)$为已知函数. 如果函数$y=\varphi(x)$代入微分方程，使微分方程成为恒等式，那么函数$y=\varphi(x)$就称为这个微分方程的解. 求下列微分方程满足所给条件的解：

(1) $\frac{dy}{dx}=(x-2)^2$, $y\Big|_{x=2}=0$;

(2) $\frac{d^2x}{dt^2}=\frac{2}{t^3}$, $\frac{dx}{dt}\Big|_{t=1}=1$, $x\Big|_{t=1}=1$.

【解】 (1) $y=\int(x-2)^2dx=\frac{1}{3}(x-2)^3+C$.

由$y\Big|_{x=2}=0$，得$C=0$，于是所求的解为$y=\frac{1}{3}(x-2)^3$；

(2) $\frac{dx}{dt}=\int\frac{2}{t^3}dt=-\frac{1}{t^2}+C_1$.

由$\frac{dx}{dt}\Big|_{t=1}=1$，得$C_1=2$，故$\frac{dx}{dt}=-\frac{1}{t^2}+2$,

$$x=\int\left(-\frac{1}{t^2}+2\right)dt=\frac{1}{t}+2t+C_2,$$

由$x\Big|_{t=1}=1$，得$C_2=-2$，于是所求的解为$x=\frac{1}{t}+2t-2$.

4. 汽车以20 m/s的速度在直道上行驶，刹车后匀减速行驶了50 m停住. 求刹车加速度，可执行下列步骤：

(1)求微分方程$\frac{d^2s}{dt^2}=-k$满足条件$\frac{ds}{dt}\Big|_{t=0}=20$及$s|_{t=0}=0$的解；

(2)求使$\frac{ds}{dt}=0$的t值及相应的s值；

(3)求使$s=50$的k值.

【解】 (1)$\frac{ds}{dt}=\int -k dt=-kt+C_1$.

由$\frac{ds}{dt}\Big|_{t=0}=20$，得$C_1=20$，故$\frac{ds}{dt}=-kt+20$. 两边积分得

$$s=\int(-kt+20)dt=-\frac{1}{2}dt^2+20t+C_2.$$

再由$s|_{t=0}=0$，得$C_2=0$，于是

$$s=-\frac{1}{2}kt^2+20t;$$

(2)令$\frac{ds}{dt}=0$，得$t=\frac{20}{k}$，相应地$s=\frac{200}{k}$；

(3)当$t=\frac{20}{k}$时，$s=50$，即

$$-\frac{1}{2}k\left(\frac{20}{k}\right)^2+\frac{400}{k}=50.$$

解出 $k=4$，即刹车加速度为-4 m/s.

5. 一曲线通过点$(e^2,3)$，且在任一点处的切线的斜率等于该点横坐标的倒数，求该曲线的方程.

【解】 设该曲线方程为 $y=f(x)$. 依题意得

$$y'=\frac{1}{x},$$

所以

$$y=\int\frac{1}{x}dx=\ln|x|+C,$$

代入点$(e^2,3)$，得 $C=1$. 所求曲线方程为

$$y=\ln|x|+C.$$

6. 一物体由静止开始运动，经 t s 后的速度是 $3t^2$ m/s，问：

(1) 在 3 s 后物体离开出发点的距离是多少？

(2) 物体走完 360 m 需要多少时间？

【解】 依题意知

$$\begin{cases}v=\dfrac{ds}{dt}=3t^2,\\ s(0)=0,\end{cases}$$

则

$$s(t)=\int 3t^2dt=t^3+C,$$

代入条件 $s(0)=0$，知 $C=0$.

因此，位移函数为 $s(t)=t^3$.

(1) $s(3)=3^3=27(\text{m})$；

(2) 由 $360=t^3$ 得 $t=\sqrt[3]{360}\approx 7.11(\text{s})$.

7. 证明函数 $\arcsin(2x-1)$，$\arccos(1-2x)$ 和 $2\arctan\sqrt{\dfrac{x}{1-x}}$ 都是 $\dfrac{1}{\sqrt{x-x^2}}$ 的原函数.

【证】 $$[\arcsin(2x-1)]'=\frac{1}{\sqrt{1-(2x-1)^2}}\cdot 2=\frac{1}{\sqrt{x-x^2}},$$

$$[\arccos(1-2x)]'=-\frac{1}{\sqrt{1-(1-2x)^2}}\cdot(-2)=\frac{1}{\sqrt{x-x^2}},$$

$$\left[2\arctan\sqrt{\frac{x}{1-x}}\right]'=2\frac{1}{1+\dfrac{x}{1-x}}\cdot\frac{1}{2}\sqrt{\frac{1-x}{x}}\cdot\frac{1}{(1-x)^2}=\frac{1}{\sqrt{x-x^2}}.$$

故结论成立.

习题 4-2　换元积分法

1. 在下列各式等号右端的横线处填入适当的系数，使等式成立$\left(\text{例如：}dx=\dfrac{1}{4}d(4x+7)\right)$：

(1) $dx=$____ $d(ax)\ (a\neq 0)$；　(2) $dx=$____ $d(7x-3)$；

(3) $xdx=$____ $d(x^2)$；　(4) $xdx=$____ $d(5x^2)$；

(5) $xdx=$____ $d(1-x^2)$；　(6) $x^3dx=$____ $d(3x^4-2)$；

(7) $e^{2x}dx=$____ $d(e^{2x})$；　(8) $e^{-\frac{x}{2}}dx=$____ $d(1+e^{-\frac{x}{2}})$；

(9) $\sin\dfrac{3}{2}xdx=$____ $d\left(\cos\dfrac{3}{2}x\right)$；　(10) $\dfrac{dx}{x}=$____ $d(5\ln|x|)$；

(11) $\frac{dx}{x}=$____ $d(3-5\ln|x|)$;　　(12) $\frac{dx}{1+9x^2}=$____ $d(\arctan 3x)$;

(13) $\frac{dx}{\sqrt{1-x^2}}=$____ $d(1-\arcsin x)$;　　(14) $\frac{xdx}{\sqrt{1-x^2}}=$____ $d(\sqrt{1-x^2})$.

【解】 (1) $\frac{1}{a}$;　　(2) $\frac{1}{7}$;　　(3) $\frac{1}{2}$;

(4) $\frac{1}{10}$;　　(5) $-\frac{1}{2}$;　　(6) $\frac{1}{12}$;

(7) $\frac{1}{2}$;　　(8) -2;　　(9) $-\frac{2}{3}$;

(10) $\frac{1}{5}$;　　(11) $-\frac{1}{5}$;　　(12) $\frac{1}{3}$;

(13) -1;　　(14) -1.

2. 求下列不定积分(其中 a, b, ω, φ 均为常数):

(1) $\int e^{5t}dt$.

【解】 原式 $=\frac{1}{5}\int e^{5t}d(5t)=\frac{1}{5}e^{5t}+C$.

(2) $\int(3-2x)^3dx$.

【解】 原式 $=-\frac{1}{2}\int(3-2x)^3d(3-2x)=-\frac{1}{8}(3-2x)^4+C$.

(3) $\int\frac{dx}{1-2x}$.

【解】 原式 $=-\frac{1}{2}\int\frac{1}{1-2x}d(1-2x)=-\frac{1}{2}\ln|1-2x|+C$.

(4) $\int\frac{dx}{\sqrt[3]{2-3x}}$.

【解】 原式 $=-\frac{1}{3}\int(2-3x)^{-\frac{1}{3}}d(2-3x)=-\frac{1}{3}\cdot\frac{1}{-\frac{1}{3}+1}(2-3x)^{-\frac{1}{3}+1}+C=-\frac{1}{2}(2-3x)^{\frac{2}{3}}+C$.

(5) $\int(\sin ax-e^{\frac{x}{b}})dx$.

【解】 原式 $=\frac{1}{a}\int\sin ax\,d(ax)-b\int e^{\frac{x}{b}}d\left(\frac{x}{b}\right)=-\frac{1}{a}\cos ax-be^{\frac{x}{b}}+C$.

(6) $\int\frac{\sin\sqrt{t}}{\sqrt{t}}dt$.

【解】 原式 $=2\int\sin\sqrt{t}\,d\sqrt{t}=-2\cos\sqrt{t}+C$.

(7) $\int xe^{-x^2}dx$.

【解】 原式 $=-\frac{1}{2}\int e^{-x^2}d(-x^2)=-\frac{1}{2}e^{-x^2}+C$.

(8) $\int x\cos x^2dx$.

【解】 原式 $=\frac{1}{2}\int\cos x^2dx^2=\frac{1}{2}\sin x^2+C$.

(9) $\int \frac{x}{\sqrt{2-3x^2}}\mathrm{d}x$.

【解】 原式$=-\frac{1}{6}\int(2-3x^2)^{-\frac{1}{2}}\mathrm{d}(2-3x^2)=-\frac{1}{3}\sqrt{2-3x^2}+C$.

(10) $\int \frac{3x^3}{1-x^4}\mathrm{d}x$.

【解】 原式$=\frac{3}{4}\int\frac{1}{1-x^4}\mathrm{d}x^4=-\frac{3}{4}\int\frac{1}{1-x^4}\mathrm{d}(1-x^4)=-\frac{3}{4}\ln|1-x^4|+C$.

(11) $\int \frac{x+1}{x^2+2x+5}\mathrm{d}x$.

【解】 原式 $=\frac{1}{2}\int\frac{(x^2+2x+5)'}{x^2+2x+5}\mathrm{d}x=\frac{1}{2}\ln|x^2+2x+5|+C$.

(12) $\int \cos^2(\omega t+\varphi)\sin(\omega t+\varphi)\mathrm{d}t$.

【解】

原式$=\frac{1}{\omega}\int\cos^2(\omega t+\varphi)\sin(\omega t+\varphi)\mathrm{d}(\omega t+\varphi)=-\frac{1}{\omega}\int\cos^2(\omega t+\varphi)\mathrm{d}\cos(\omega t+\varphi)=-\frac{1}{3\omega}\cos^3(\omega t+\varphi)+C$.

(13) $\int \frac{\sin x}{\cos^3 x}\mathrm{d}x$.

【解】 原式$=-\int\frac{1}{\cos^3 x}\mathrm{d}\cos x=-\frac{1}{-3+1}\cos^{-3+1}x+C=\frac{1}{2\cos^2 x}+C$.

(14) $\int \frac{\sin x+\cos x}{\sqrt[3]{\sin x-\cos x}}\mathrm{d}x$.

【解】 原式$=\int(\sin x-\cos x)^{-\frac{1}{3}}\mathrm{d}(\sin x-\cos x)=\frac{3}{2}(\sin x-\cos x)^{\frac{2}{3}}+C$.

(15) $\int \tan^{10}x\sec^2 x\mathrm{d}x$.

【解】 原式 $=\int\tan^{10}x\mathrm{d}(\tan x)=\frac{1}{11}\tan^{11}x+C$.

(16) $\int \frac{\mathrm{d}x}{x\ln x\ln\ln x}$.

【解】 原式$=\int\frac{\mathrm{d}\ln x}{\ln x\ln\ln x}=\int\frac{1}{\ln\ln x}\mathrm{d}\ln\ln x=\ln\ln\ln x+C$.

(17) $\int \frac{\mathrm{d}x}{(\arcsin x)^2\sqrt{1-x^2}}$.

【解】 原式 $=\int\frac{\mathrm{d}(\arcsin x)}{(\arcsin x)^2}=-\frac{1}{\arcsin x}+C$.

(18) $\int \frac{10^{2\arccos x}}{\sqrt{1-x^2}}\mathrm{d}x$.

【解】 原式$=-\int 10^{2\arccos x}\mathrm{d}\arccos x=-\frac{1}{2}\int 10^{2\arccos x}\mathrm{d}(2\arccos x)=-\frac{10^{2\arccos x}}{2\ln 10}+C$.

(19) $\int \tan\sqrt{1+x^2}\cdot\frac{x}{\sqrt{1+x^2}}\mathrm{d}x$.

【解】 原式$=\int\tan\sqrt{1+x^2}\mathrm{d}(\sqrt{1+x^2})=-\ln|\cos\sqrt{1+x^2}|+C$.

(20) $\int \frac{\arctan\sqrt{x}}{\sqrt{x}(1+x)}dx.$

【解】 原式$=2\int \frac{\arctan\sqrt{x}}{1+(\sqrt{x})^2}d\sqrt{x}=2\int \arctan\sqrt{x}\,d\arctan\sqrt{x}=(\arctan\sqrt{x})^2+C.$

(21) $\int \frac{1+\ln x}{(x\ln x)^2}dx.$

【解】 原式$=\int \frac{1}{(x\ln x)^2}d(x\ln x)=-\frac{1}{x\ln x}+C.$

(22) $\int \frac{dx}{\sin x\cos x}.$

【解】 原式$=\int \csc 2x\,d(2x)=\ln|\csc 2x-\cot 2x|+C=\ln|\tan x|+C.$

(23) $\int \frac{\ln\tan x}{\cos x\sin x}dx.$

【解】 原式$=\int \frac{\ln\tan x}{\tan x}\cdot\sec^2 x\,dx=\int \frac{\ln\tan x}{\tan x}d\tan x=\int \ln\tan x\,d(\ln\tan x)=\frac{1}{2}(\ln\tan x)^2+C.$

(24) $\int \cos^3 x\,dx.$

【解】 原式$=\int (1-\sin^2 x)\,d(\sin x)=\sin x-\frac{1}{3}\sin^3 x+C.$

(25) $\int \cos^2(\omega t+\varphi)\,dt.$

【解】 原式$=\int \frac{1}{2}[\cos 2(\omega t+\varphi)+1]\,dt=\frac{\sin 2(\omega t+\varphi)}{4\omega}+\frac{t}{2}+C.$

(26) $\int \sin 2x\cos 3x\,dx.$

【解】 原式$=\frac{1}{2}\int (\sin 5x-\sin x)\,dx=\frac{1}{2}\left(-\frac{1}{5}\cos 5x+\cos x\right)+C=\frac{1}{2}\cos x-\frac{1}{10}\cos 5x+C.$

(27) $\int \cos x\cos\frac{x}{2}dx.$

【解】 原式$=\frac{1}{2}\int \left(\cos\frac{3}{2}x+\cos\frac{x}{2}\right)dx=\frac{1}{2}\left[\frac{2}{3}\int\cos\frac{3}{2}x\,d\left(\frac{3}{2}x\right)+2\int\cos\frac{x}{2}d\frac{x}{2}\right]$

$=\frac{1}{3}\sin\frac{3}{2}x+\sin\frac{x}{2}+C.$

(28) $\int \sin 5x\sin 7x\,dx.$

【解】 原式$=-\frac{1}{2}\int (\cos 12x-\cos 2x)\,dx=\frac{1}{4}\sin 2x-\frac{1}{24}\sin 12x+C.$

(29) $\int \tan^3 x\sec x\,dx.$

【解】 原式$=\int \tan^2 x\,d\sec x=\int (\sec^2 x-1)\,d\sec x=\frac{1}{3}\sec^3 x-\sec x+C.$

(30) $\int \frac{dx}{e^x+e^{-x}}.$

【解】 原式$=\int \frac{d(e^x)}{1+(e^x)^2}=\arctan(e^x)+C.$

(31) $\int \frac{1-x}{\sqrt{9-4x^2}}\mathrm{d}x.$

【解】 原式 $=\frac{1}{2}\int \frac{\mathrm{d}\left(\frac{2}{3}x\right)}{\sqrt{1-\left(\frac{2}{3}x\right)^2}}+\frac{1}{8}\int \frac{\mathrm{d}(9-4x^2)}{\sqrt{9-4x^2}}=\frac{1}{2}\arcsin\frac{2}{3}x+\frac{1}{4}\sqrt{9-4x^2}+C.$

(32) $\int \frac{x^3}{9+x^2}\mathrm{d}x.$

【解】 原式 $=\frac{1}{2}\int \frac{x^2}{9+x^2}\mathrm{d}x^2=\frac{1}{2}\int\left(1-\frac{9}{9+x^2}\right)\mathrm{d}x^2=\frac{1}{2}[x^2-9\ln(9+x^2)]+C=\frac{1}{2}x^2-\frac{9}{2}\ln(9+x^2)+C.$

(33) $\int \frac{\mathrm{d}x}{2x^2-1}.$

【解】 原式 $=\frac{1}{\sqrt{2}}\int \frac{1}{(\sqrt{2}x)^2-1}\mathrm{d}(\sqrt{2}x)=\frac{1}{2\sqrt{2}}\ln\left|\frac{\sqrt{2}x-1}{\sqrt{2}x+1}\right|+C.$

(34) $\int \frac{\mathrm{d}x}{(x+1)(x-2)}.$

【解】 原式 $=\frac{1}{3}\int\left(\frac{1}{x-2}-\frac{1}{x+1}\right)\mathrm{d}x=\frac{1}{3}(\ln|x-2|-\ln|x+1|)+C=\frac{1}{3}\ln\left|\frac{x-2}{x+1}\right|+C.$

(35) $\int \frac{x}{x^2-x-2}\mathrm{d}x.$

【解】 原式 $=\frac{1}{3}\int\left(\frac{2}{x-2}+\frac{1}{x+1}\right)\mathrm{d}x=\frac{2}{3}\ln|x-2|+\frac{1}{3}\ln|x+1|+C.$

(36) $\int \frac{x^2\mathrm{d}x}{\sqrt{a^2-x^2}}\ (a>0).$

【解】 设 $x=a\sin t$，则

$$\text{原式}=\int \frac{a^2\sin^2 t}{\sqrt{a^2-a^2\sin^2 t}}\cdot a\cos t\mathrm{d}t=a^2\int \sin^2 t\mathrm{d}t$$
$$=\frac{a^2}{2}\int(1-\cos 2t)\mathrm{d}t=\frac{a^2}{2}\left(t-\frac{1}{2}\sin 2t\right)+C=\frac{a^2}{2}(t-\sin t\cos t)+C$$
$$=\frac{a^2}{2}\left(\arcsin\frac{x}{a}-\frac{x}{a^2}\sqrt{a^2-x^2}\right)+C=\frac{a^2}{2}\arcsin\frac{x}{a}-\frac{1}{2}x\sqrt{a^2-x^2}+C.$$

(37) $\int \frac{\mathrm{d}x}{x\sqrt{x^2-1}}.$

【解法 1】 设 $x=\sec t$，则原式 $=\int \frac{1}{\sec t\sqrt{\sec^2 t-1}}\cdot\sec t\cdot\tan t\mathrm{d}t=\int \mathrm{d}t=t+C=\arccos\frac{1}{x}+C$；

【解法 2】 原式 $=\int \frac{1}{x^2\sqrt{1-\frac{1}{x^2}}}\mathrm{d}x=-\int \frac{1}{\sqrt{1-\frac{1}{x^2}}}\mathrm{d}\frac{1}{x}=-\arcsin\frac{1}{x}+C.$

(38) $\int \frac{\mathrm{d}x}{\sqrt{(x^2+1)^3}}.$

【解】 设 $x=\tan t$，则原式 $=\int \frac{1}{\sqrt{(\tan^2 t+1)^3}}\cdot\sec^2 t\mathrm{d}t=\int \cos t\mathrm{d}t=\sin t+C=\frac{x}{\sqrt{1+x^2}}+C.$

(39) $\int \frac{\sqrt{x^2-9}}{x}dx$.

【解】 设 $x=3\sec t$, 则

$$\text{原式}=\int \frac{\sqrt{9\sec^2 t-9}}{3\sec t}\cdot 3\sec t\cdot \tan t dt=3\int \tan^2 t dt=3\int (\sec^2 t-1)dt$$

$$=3(\tan t-t)+C=3\left(\frac{\sqrt{x^2-9}}{3}-\arccos\frac{3}{x}\right)+C=\sqrt{x^2-9}-3\arccos\frac{3}{x}+C.$$

(40) $\int \frac{dx}{1+\sqrt{2x}}$.

【解】 设 $\sqrt{2x}=t$, $x=\frac{t^2}{2}$, 则

$$\text{原式}=\int \frac{1}{1+t}\cdot t dt=\int \left(1-\frac{1}{1+t}\right)dt=t-\ln|1+t|+C=\sqrt{2x}-\ln(1+\sqrt{2x})+C.$$

(41) $\int \frac{dx}{1+\sqrt{1-x^2}}$.

【解】 设 $x=\sin t$, 则

$$\text{原式}=\int \frac{1}{1+\sqrt{1-\sin^2 t}}\cdot \cos t dt=\int \frac{\cos t}{1+\cos t}dt=\int \left(1-\frac{1}{1+\cos t}\right)dt=\int \left(1-\frac{1}{2\cos^2\frac{t}{2}}\right)dt$$

$$=t-\int \sec^2\frac{t}{2}d\frac{t}{2}=t-\tan\frac{t}{2}+C=t-\frac{\sin t}{1+\cos t}+C=\arcsin x-\frac{x}{1+\sqrt{1-x^2}}+C.$$

(42) $\int \frac{dx}{x+\sqrt{1-x^2}}$.

【解】 设 $x=\sin t$, 则

$$\text{原式}=\int \frac{\cos t}{\sin t+\cos t}dt=\frac{1}{2}\int \frac{2\cos t}{\sin t+\cos t}dt=\frac{1}{2}\int \frac{(\sin t+\cos t)+(\cos t-\sin t)}{\sin t+\cos t}dt$$

$$=\frac{1}{2}\int dt+\frac{1}{2}\int \frac{\cos t-\sin t}{\sin t+\cos t}dt=\frac{t}{2}+\frac{1}{2}\ln|\sin t+\cos t|+C=\frac{1}{2}\arcsin x+\frac{1}{2}\ln|x+\sqrt{1-x^2}|+C.$$

(43) $\int \frac{x-1}{x^2+2x+3}dx$.

【解】 $\text{原式}=\frac{1}{2}\int \frac{(x^2+2x+3)'}{x^2+2x+3}dx-2\int \frac{dx}{(x+1)^2+2}=\ln|x^2+2x+3|-\sqrt{2}\arctan\frac{x+1}{\sqrt{2}}+C.$

(44) $\int \frac{x^3+1}{(x^2+1)^2}dx$.

【解】 令 $x=\tan t\left(-\frac{\pi}{2}<t<\frac{\pi}{2}\right)$, 则

$$x^2+1=\sec^2 t,\quad dx=\sec^2 t dt.$$

$$\text{原式}=\int \frac{\tan^3 t+1}{\sec^2 t}dt=\int \frac{\cos 2t-1}{\cos t}d(\cos t)+\int \frac{1}{2}(1+\cos 2t)dt$$

$$=\frac{1}{2}\cos^2 t-\ln\cos t+\frac{1}{2}t+\frac{1}{4}\sin t\cos t+C=\frac{1+x}{2(1+x^2)}+\frac{1}{2}\ln(1+x^2)+\frac{1}{2}\arctan x+C.$$

习题 4-3 分部积分法

求下列不定积分：

1. $\int x\sin x\mathrm{d}x$.

【解】 原式 $=-\int x\mathrm{d}\cos x=-\left(x\cos x-\int\cos x\mathrm{d}x\right)=-x\cos x+\sin x+C$.

2. $\int \ln x\mathrm{d}x$.

【解】 原式 $=x\cdot\ln x-\int x\cdot\frac{1}{x}\mathrm{d}x=x\ln x-x+C$.

3. $\int \arcsin x\mathrm{d}x$.

【解】 原式 $=x\arcsin x-\int\frac{x}{\sqrt{1-x^2}}\mathrm{d}x=x\arcsin x+\sqrt{1-x^2}+C$.

4. $\int x\mathrm{e}^{-x}\mathrm{d}x$.

【解】 原式 $=-\int x\mathrm{d}\mathrm{e}^{-x}=-\left(x\mathrm{e}^{-x}-\int\mathrm{e}^{-x}\mathrm{d}x\right)=-x\mathrm{e}^{-x}-\mathrm{e}^{-x}+C$.

5. $\int x^2\ln x\mathrm{d}x$.

【解】 原式 $=\frac{1}{3}\int\ln x\mathrm{d}x^3=\frac{1}{3}\left(x^3\ln x-\int x^3\cdot\frac{1}{x}\mathrm{d}x\right)=\frac{1}{3}x^3\cdot\ln x-\frac{1}{9}x^3+C$.

6. $\int \mathrm{e}^{-x}\cos x\mathrm{d}x$.

【解】 原式 $=\int\mathrm{e}^{-x}\mathrm{d}\sin x=\mathrm{e}^{-x}\sin x+\int\mathrm{e}^{-x}\sin x\mathrm{d}x=\mathrm{e}^{-x}\sin x-\int\mathrm{e}^{-x}\mathrm{d}\cos x$

$$=\mathrm{e}^{-x}\sin x-\mathrm{e}^{-x}\cos x-\int\mathrm{e}^{-x}\cos x\mathrm{d}x,$$

所以

$$原式=\frac{1}{2}\mathrm{e}^{-x}(\sin x-\cos x)+C.$$

7. $\int \mathrm{e}^{-2x}\sin\frac{x}{2}\mathrm{d}x$.

【解】 原式 $=-2\int\mathrm{e}^{-2x}\mathrm{d}\cos\frac{x}{2}=-2\left(\mathrm{e}^{-2x}\cos\frac{x}{2}+2\int\mathrm{e}^{-2x}\cos\frac{x}{2}\mathrm{d}x\right)$

$$=-2\mathrm{e}^{-2x}\cos\frac{x}{2}-8\int\mathrm{e}^{-2x}\mathrm{d}\sin\frac{x}{2}$$

$$=-2\mathrm{e}^{-2x}\cos\frac{x}{2}-8\left(\mathrm{e}^{-2x}\sin\frac{x}{2}+2\int\mathrm{e}^{-2x}\sin\frac{x}{2}\mathrm{d}x\right)$$

$$=-2\mathrm{e}^{-2x}\cos\frac{x}{2}-8\mathrm{e}^{-2x}\sin\frac{x}{2}-16\int\mathrm{e}^{-2x}\sin\frac{x}{2}\mathrm{d}x,$$

所以

$$原式=-\frac{2}{17}\mathrm{e}^{-2x}\left(\cos\frac{x}{2}+4\sin\frac{x}{2}\right)+C.$$

8. $\int x\cos\frac{x}{2}\mathrm{d}x$.

【解】 原式 $=2\int x\mathrm{d}\sin\frac{x}{2}=2\left(x\sin\frac{x}{2}-\int\sin\frac{x}{2}\mathrm{d}x\right)=2\left(x\sin\frac{x}{2}+2\cos\frac{x}{2}\right)+C$.

9. $\int x^2\arctan x\mathrm{d}x$.

【解】

原式$=\frac{1}{3}\int\arctan x\mathrm{d}x^3=\frac{1}{3}\left(x^3\arctan x-\int\frac{x^3}{1+x^2}\mathrm{d}x\right)=\frac{1}{3}\left[x^3\arctan x-\frac{1}{2}\int\left(1-\frac{1}{1+x^2}\right)\mathrm{d}x^2\right]$

$=\frac{1}{3}\left\{x^3\arctan x-\frac{1}{2}[x^2-\ln(1+x^2)]\right\}+C=\frac{1}{3}x^3\arctan x-\frac{1}{6}x^2+\frac{1}{6}\ln(1+x^2)+C.$

10. $\int x\tan^2x\mathrm{d}x$.

【解】 原式$=\int x(\sec^2x-1)\mathrm{d}x=\int x\sec^2x\mathrm{d}x-\int x\mathrm{d}x$

$=\int x\mathrm{d}\tan x-\frac{1}{2}x^2=x\tan x-\int\tan x\mathrm{d}x-\frac{1}{2}x^2=x\tan x+\ln|\cos x|-\frac{1}{2}x^2+C.$

11. $\int x^2\cos x\mathrm{d}x$.

【解】 原式$=\int x^2\mathrm{d}\sin x=x^2\sin x-\int 2x\sin x\mathrm{d}x=x^2\sin x+2\int x\mathrm{d}\cos x$

$=x^2\sin x+2x\cos x-2\int\cos x\mathrm{d}x=x^2\sin x+2x\cos x-2\sin x+C.$

12. $\int te^{-2t}\mathrm{d}t$.

【解】 原式$=-\frac{1}{2}\int t\mathrm{d}e^{-2t}=-\frac{1}{2}\left(te^{-2t}-\int e^{-2t}\mathrm{d}t\right)=-\frac{1}{2}\left(te^{-2t}+\frac{1}{2}e^{-2t}\right)+C=-\frac{1}{2}e^{-2t}\left(t+\frac{1}{2}\right)+C.$

13. $\int\ln^2x\mathrm{d}x$.

【解】 原式$=x\ln^2x-\int x\cdot 2\ln x\cdot\frac{1}{x}\mathrm{d}x=x\ln^2x-2\left(x\ln x-\int x\cdot\frac{1}{x}\mathrm{d}x\right)=x\ln^2x-2x\ln x+2x+C.$

14. $\int x\sin x\cos x\mathrm{d}x$.

【解】 原式$=\frac{1}{2}\int x\sin 2x\mathrm{d}x=-\frac{1}{4}\int x\mathrm{d}\cos 2x=-\frac{1}{4}\left(x\cos 2x-\int\cos 2x\mathrm{d}x\right)=-\frac{1}{4}x\cos 2x+\frac{1}{8}\sin 2x+C.$

15. $\int x^2\cos^2\frac{x}{2}\mathrm{d}x$.

【解】 原式$=\int x^2\cdot\frac{1+\cos x}{2}\mathrm{d}x=\frac{1}{2}\int x^2\mathrm{d}x+\frac{1}{2}\int x^2\mathrm{d}\sin x$

$=\frac{1}{6}x^3+\frac{1}{2}\left(x^2\sin x-\int 2x\sin x\mathrm{d}x\right)=\frac{1}{6}x^3+\frac{1}{2}x^2\sin x+\int x\mathrm{d}\cos x$

$=\frac{1}{6}x^3+\frac{1}{2}x^2\sin x+x\cos x-\int\cos x\mathrm{d}x=\frac{1}{6}x^3+\frac{1}{2}x^2\sin x+x\cos x-\sin x+C.$

16. $\int x\ln(x-1)\mathrm{d}x$.

【解】 原式$=\frac{1}{2}\int\ln(x-1)\mathrm{d}x^2=\frac{1}{2}\left[x^2\ln(x-1)-\int\frac{x^2}{x-1}\mathrm{d}x\right]$

$=\frac{1}{2}x^2\ln(x-1)-\frac{1}{2}\int\left(x+1+\frac{1}{x-1}\right)\mathrm{d}x=\frac{1}{2}x^2\ln(x-1)-\frac{1}{4}x^2-\frac{1}{2}x-\frac{1}{2}\ln|x-1|+C.$

17. $\int(x^2-1)\sin 2x\mathrm{d}x$.

【解】 原式$=-\frac{1}{2}\int(x^2-1)\mathrm{d}\cos 2x=-\frac{1}{2}\left[(x^2-1)\cos 2x-\int 2x\cos 2x\mathrm{d}x\right]$

$$=-\frac{1}{2}(x^2-1)\cos2x+\frac{1}{2}\int x\mathrm{d}\sin2x=-\frac{1}{2}(x^2-1)\cos2x+\frac{1}{2}\left(x\sin2x-\int\sin2x\mathrm{d}x\right)$$

$$=-\frac{1}{2}(x^2-1)\cos2x+\frac{1}{2}x\sin2x+\frac{1}{4}\cos2x+C=-\frac{1}{2}\left(x^2-\frac{3}{2}\right)\cos2x+\frac{1}{2}x\sin2x+C.$$

18. $\int\frac{\ln^3x}{x^2}\mathrm{d}x.$

【解】 原式 $=-\int\ln^3x\mathrm{d}\frac{1}{x}=-\left(\frac{\ln^3x}{x}-\int3\ln^2x\cdot\frac{1}{x^2}\mathrm{d}x\right)=-\frac{\ln^3x}{x}-3\int\ln^2x\mathrm{d}\frac{1}{x}$

$$=-\frac{\ln^3x}{x}-3\left(\frac{\ln^2x}{x}-\int2\ln x\cdot\frac{1}{x^2}\mathrm{d}x\right)=-\frac{\ln^3x+3\ln^2x}{x}-6\int\ln x\mathrm{d}\frac{1}{x}$$

$$=-\frac{\ln^3x+3\ln^2x}{x}-6\left(\frac{\ln x}{x}-\int\frac{1}{x^2}\mathrm{d}x\right)=-\frac{1}{x}(\ln^3x+3\ln^2x+6\ln x+6)+C.$$

19. $\int e^{\sqrt[3]{x}}\mathrm{d}x.$

【解】 令 $\sqrt[3]{x}=t$，$x=t^3$，则

原式 $=\int e^t\cdot3t^2\mathrm{d}t=3\int t^2\mathrm{d}e^t=3\left(t^2e^t-\int2te^t\mathrm{d}t\right)=3t^2e^t-6\int t\mathrm{d}e^t$

$$=3t^2e^t-6\left(te^t-\int e^t\mathrm{d}t\right)=3t^2e^t-6te^t+6e^t+C=3e^{\sqrt[3]{x}}(\sqrt[3]{x^2}-2\sqrt[3]{x}+2)+C.$$

20. $\int\cos\ln x\mathrm{d}x.$

【解】 原式 $=x\cdot\cos(\ln x)+\int x\cdot\sin(\ln x)\cdot\frac{1}{x}\mathrm{d}x=x\cos(\ln x)+x\sin(\ln x)-\int\cos(\ln x)\mathrm{d}x$,

所以 原式 $=\frac{x}{2}[\cos(\ln x)+\sin(\ln x)]+C.$

21. $\int(\arcsin x)^2\mathrm{d}x.$

【解】 原式 $=x(\arcsin x)^2-\int2\arcsin x\cdot\frac{x}{\sqrt{1-x^2}}\mathrm{d}x=x(\arcsin x)^2+2\int\arcsin x\mathrm{d}\sqrt{1-x^2}$

$$=x(\arcsin x)^2+2\arcsin x\cdot\sqrt{1-x^2}-2\int\frac{\sqrt{1-x^2}}{\sqrt{1-x^2}}\mathrm{d}x=x(\arcsin x)^2+2\sqrt{1-x^2}\arcsin x-2x+C.$$

22. $\int e^x\sin^2x\mathrm{d}x.$

【解】 原式 $=\int e^x\cdot\frac{1-\cos2x}{2}\mathrm{d}x=\int\frac{1}{2}e^x\mathrm{d}x-\frac{1}{2}\int e^x\cos2x\mathrm{d}x=\frac{1}{2}e^x-\frac{1}{2}\int e^x\cos2x\mathrm{d}x$,

而

$$\int e^x\cos2x\mathrm{d}x=\int\cos2x\mathrm{d}e^x=e^x\cos2x+\int e^x\cdot2\sin2x\mathrm{d}x=e^x\cos2x+2\int\sin2x\mathrm{d}e^x$$

$$=e^x\cos2x+2e^x\sin2x-4\int e^x\cos2x\mathrm{d}x,$$

所以 $\int e^x\cos2x\mathrm{d}x=\frac{e^x}{5}(\cos2x+2\sin2x)+C$,

从而 原式 $=\frac{1}{2}e^x-\frac{e^x}{10}(\cos2x+2\sin2x)+C.$

23. $\int x\ln^2x\mathrm{d}x.$

【解】 原式 $=\int\ln^2x\mathrm{d}\left(\frac{x^2}{2}\right)=\frac{x^2}{2}\ln^2x-\int x\ln x\mathrm{d}x=\frac{x^2}{2}\ln^2x-\frac{x^2}{2}\ln x+\int\frac{x}{2}\mathrm{d}x$

$$=\frac{x^2}{4}(2\ln^2 x-2\ln x+1)+C.$$

24. $\int e^{\sqrt{3x+9}}dx.$

【解】 令 $\sqrt{3x+9}=u.$

$$原式=\int\frac{2}{3}ue^u du=\frac{2}{3}ue^u-\frac{2}{3}e^u+C=\frac{2}{3}e^{\sqrt{3x+9}}(\sqrt{3x+9}-1)+C.$$

习题 4-4 有理函数的积分

求下列不定积分:

1. $\int\frac{x^3}{x+3}dx.$

【解】 $原式=\int\left(x^2-3x+9-\frac{27}{x+3}\right)dx=\frac{1}{3}x^3-\frac{3}{2}x^2+9x-27\ln|x+3|+C.$

2. $\int\frac{2x+3}{x^2+3x-10}dx.$

【解】 $原式=\int\frac{1}{x^2+3x-10}d(x^2+3x-10)=\ln|x^2+3x-10|+C.$

3. $\int\frac{x+1}{x^2-2x+5}dx.$

【解】 $原式=\int\frac{\frac{1}{2}(x^2-2x+5)'}{x^2-2x+5}dx+\int\frac{2}{(x-1)^2+4}dx=\frac{1}{2}\ln|x^2-2x+5|+\arctan\frac{x-1}{2}+C.$

4. $\int\frac{dx}{x(x^2+1)}.$

【解】 $原式=\int\left(\frac{1}{x}-\frac{x}{x^2+1}\right)dx=\ln|x|-\frac{1}{2}\ln|x^2+1|+C.$

5. $\int\frac{3}{x^3+1}dx.$

【解】 $原式=\int\frac{3}{(x+1)(x^2-x+1)}dx=\int\left(\frac{1}{x+1}-\frac{x-2}{x^2-x+1}\right)dx=\ln|x+1|-\int\frac{\left(x-\frac{1}{2}\right)-\frac{3}{2}}{\left(x-\frac{1}{2}\right)^2+\frac{3}{4}}dx$

$$=\ln|x+1|-\int\frac{x-\frac{1}{2}}{\left(x-\frac{1}{2}\right)^2+\frac{3}{4}}dx+\frac{3}{2}\int\frac{dx}{\left(x-\frac{1}{2}\right)^2+\frac{3}{4}}$$

$$=\ln|x+1|-\frac{1}{2}\int\frac{1}{\left(x-\frac{1}{2}\right)^2+\frac{3}{4}}d\left(x-\frac{1}{2}\right)^2+\frac{3}{2}\int\frac{d\left(x-\frac{1}{2}\right)}{\left(x-\frac{1}{2}\right)^2+\left(\frac{\sqrt{3}}{2}\right)^2}$$

$$=\ln|x+1|-\frac{1}{2}\ln(x^2-x+1)+\sqrt{3}\arctan\frac{2x-1}{\sqrt{3}}+C.$$

6. $\int\frac{x^2+1}{(x+1)^2(x-1)}dx.$

【解】 原式$=\int\left[\frac{1}{2(x-1)}+\frac{1}{2(x+1)}-\frac{1}{(x+1)^2}\right]\mathrm{d}x=\frac{1}{2}\ln|x-1|+\frac{1}{2}\ln|x+1|+\frac{1}{x+1}+C$

$=\frac{1}{2}\ln|x^2-1|+\frac{1}{x+1}+C.$

7. $\int\frac{x\mathrm{d}x}{(x+1)(x+2)(x+3)}.$

【解】 原式$=\int\left(\frac{-\frac{1}{2}}{x+1}+\frac{2}{x+2}+\frac{-\frac{3}{2}}{x+3}\right)\mathrm{d}x=2\ln|x+2|-\frac{1}{2}\ln|x+1|-\frac{3}{2}\ln|x+3|+C.$

8. $\int\frac{x^5+x^4-8}{x^3-x}\mathrm{d}x.$

【解】 原式$=\int\left(x^2+x+1+\frac{8}{x}-\frac{3}{x-1}-\frac{4}{x+1}\right)\mathrm{d}x=\frac{x^3}{3}+\frac{1}{2}x^2+8\ln|x|-3\ln|x-1|-4\ln|x+1|+C.$

9. $\int\frac{\mathrm{d}x}{(x^2+1)(x^2+x)}.$

【解】

原式$=\int\frac{1}{x(x^2+1)(x+1)}\mathrm{d}x=\int\left(\frac{1}{x}-\frac{\frac{1}{2}}{x+1}-\frac{\frac{1}{2}x+\frac{1}{2}}{x^2+1}\right)\mathrm{d}x=\ln|x|-\frac{1}{2}\ln|x+1|-\frac{1}{4}\int\frac{\mathrm{d}x^2}{x^2+1}-\frac{1}{2}\int\frac{\mathrm{d}x}{x^2+1}$

$=\ln|x|-\frac{1}{2}\ln|x+1|-\frac{1}{4}\ln(x^2+1)-\frac{1}{2}\arctan x+C.$

10. $\int\frac{\mathrm{d}x}{x^4-1}.$

【解】 原式$=\int\frac{\mathrm{d}x}{(x-1)(x+1)(x^2+1)}=\int\frac{1}{4}\left(\frac{1}{x-1}-\frac{1}{x+1}-\frac{2}{x^2+1}\right)\mathrm{d}x=\frac{1}{4}\ln\left|\frac{x-1}{x+1}\right|-\frac{1}{2}\arctan x+C.$

11. $\int\frac{\mathrm{d}x}{(x^2+1)(x^2+x+1)}.$

【解】 原式$=\int\left(-\frac{x}{x^2+1}+\frac{x+1}{x^2+x+1}\right)\mathrm{d}x=-\frac{1}{2}\int\frac{\mathrm{d}x^2}{x^2+1}+\int\frac{\left(x+\frac{1}{2}\right)+\frac{1}{2}}{\left(x+\frac{1}{2}\right)^2+\frac{3}{4}}\mathrm{d}x$

$=-\frac{1}{2}\ln(x^2+1)+\frac{1}{2}\int\frac{1}{\left(x+\frac{1}{2}\right)^2+\frac{3}{4}}\mathrm{d}\left(x+\frac{1}{2}\right)^2+\frac{1}{2}\int\frac{\mathrm{d}\left(x+\frac{1}{2}\right)}{\left(x+\frac{1}{2}\right)^2+\frac{3}{4}}$

$=-\frac{1}{2}\ln(x^2+1)+\frac{1}{2}\ln(x^2+x+1)+\frac{\sqrt{3}}{3}\arctan\frac{2x+1}{\sqrt{3}}+C.$

12. $\int\frac{(x+1)^2}{(x^2+1)^2}\mathrm{d}x.$

【解】 原式$=\int\frac{x^2+1}{(x^2+1)^2}\mathrm{d}x+\int\frac{2x\mathrm{d}x}{(x^2+1)^2}=\arctan x-\frac{1}{x^2+1}+C.$

13. $\int\frac{-x^2-2}{(x^2+x+1)^2}\mathrm{d}x.$

【解】 原式$=\int\frac{x-1}{(x^2+x+1)^2}dx-\int\frac{1}{x^2+x+1}dx=\int\frac{\left(x+\frac{1}{2}\right)-\frac{3}{2}}{(x^2+x+1)^2}dx-\int\frac{1}{\left(x+\frac{1}{2}\right)^2+\frac{3}{4}}dx$

$$=\frac{1}{2}\int\frac{d(x^2+x+1)}{(x^2+x+1)^2}-\frac{3}{2}\int\frac{dx}{(x^2+x+1)^2}-\frac{2}{\sqrt{3}}\arctan\frac{2x+1}{\sqrt{3}}$$

$$=-\frac{1}{2}\frac{1}{x^2+x+1}-\frac{3}{2}\int\frac{dx}{\left[\left(x+\frac{1}{2}\right)^2+\frac{3}{4}\right]^2}-\frac{2}{\sqrt{3}}\arctan\frac{2x+1}{\sqrt{3}}.$$

对于积分$\int\frac{dx}{\left[\left(x+\frac{1}{2}\right)^2+\frac{3}{4}\right]^2}$，令$x+\frac{1}{2}=\frac{\sqrt{3}}{2}\tan t$，得

$$\int\frac{dx}{\left[\left(x+\frac{1}{2}\right)^2+\frac{3}{4}\right]^2}=\int\frac{\frac{\sqrt{3}}{2}\sec^2 t}{\left(\frac{3}{4}\tan^2 t+\frac{3}{4}\right)^2}dt=\frac{8\sqrt{3}}{9}\int\cos^2 t\,dt=\frac{4\sqrt{3}}{9}\int(1+\cos 2t)\,dt=\frac{4\sqrt{3}}{9}(t+\sin t\cos t)+C$$

$$=\frac{4\sqrt{3}}{9}\left(\arctan\frac{2x+1}{\sqrt{3}}+\frac{\sqrt{3}}{2}\cdot\frac{x+\frac{1}{2}}{x^2+x+1}\right)+C,$$

所以

$$原式=-\frac{x+1}{x^2+x+1}-\frac{4}{\sqrt{3}}\arctan\frac{2x+1}{\sqrt{3}}+C.$$

14. $\int\frac{dx}{3+\sin^2 x}$.

【解】 原式$=\int\frac{dx}{3(\cos^2 x+\sin^2 x)+\sin^2 x}=\int\frac{dx}{\cos^2 x(3+4\tan^2 x)}$

$$=\frac{1}{4}\int\frac{d\tan x}{\tan^2 x+\frac{3}{4}}=\frac{1}{2\sqrt{3}}\arctan\left(\frac{2\tan x}{\sqrt{3}}\right)+C.$$

15. $\int\frac{dx}{3+\cos x}$.

【解】 设$u=\tan\frac{x}{2}$，$x=2\arctan u$，则

原式$=\int\frac{1}{3+\frac{1-u^2}{1+u^2}}\cdot\frac{2}{1+u^2}du=\int\frac{1}{2+u^2}du=\frac{1}{\sqrt{2}}\arctan\frac{u}{\sqrt{2}}+C=\frac{1}{\sqrt{2}}\arctan\left(\frac{1}{\sqrt{2}}\tan\frac{x}{2}\right)+C.$

16. $\int\frac{dx}{2+\sin x}$.

【解】 设$u=\tan\frac{x}{2}$，$x=2\arctan u$，则

原式$=\int\frac{1}{2+\frac{2u}{1+u^2}}\cdot\frac{2}{1+u^2}du=\int\frac{1}{u^2+u+1}du=\int\frac{1}{\left(u+\frac{1}{2}\right)^2+\frac{3}{4}}d\left(u+\frac{1}{2}\right)=\frac{2}{\sqrt{3}}\arctan\frac{2u+1}{\sqrt{3}}+C$

$$=\frac{2}{\sqrt{3}}\arctan\frac{2\tan\frac{x}{2}+1}{\sqrt{3}}+C.$$

17. $\int \frac{dx}{1+\sin x+\cos x}$.

【解】 原式$=\int \frac{1}{2\cos^2\frac{x}{2}+2\sin\frac{x}{2}\cos\frac{x}{2}}dx=\frac{1}{2}\int \frac{\sec^2\frac{x}{2}}{1+\tan\frac{x}{2}}dx$

$=\int \frac{1}{1+\tan\frac{x}{2}}d\tan\frac{x}{2}=\ln\left|1+\tan\frac{x}{2}\right|+C.$

18. $\int \frac{dx}{2\sin x-\cos x+5}$.

【解】 设 $u=\tan\frac{x}{2}$，$x=2\arctan u$，则

原式$=\int \frac{1}{2\cdot\frac{2u}{1+u^2}-\frac{1-u^2}{1+u^2}+5}\cdot\frac{2}{1+u^2}du=\int \frac{1}{3u^2+2u+2}du$

$=\frac{1}{3}\int \frac{1}{\left(u+\frac{1}{3}\right)^2+\frac{5}{9}}d\left(u+\frac{1}{3}\right)=\frac{1}{\sqrt{5}}\arctan\frac{3u+1}{\sqrt{5}}+C=\frac{1}{\sqrt{5}}\arctan\frac{3\tan\frac{x}{2}+1}{\sqrt{5}}+C.$

19. $\int \frac{dx}{1+\sqrt[3]{x+1}}$.

【解】 设 $\sqrt[3]{x+1}=t$，$x=t^3-1$，$dx=3t^2dt$，则

原式$=\int \frac{3t^2}{1+t}dt=3\int\left(t-1+\frac{1}{1+t}\right)dt=3\left(\frac{1}{2}t^2-t+\ln|1+t|\right)+C$

$=\frac{3}{2}\sqrt[3]{(1+x)^2}-3\sqrt[3]{1+x}+3\ln|1+\sqrt[3]{1+x}|+C.$

20. $\int \frac{(\sqrt{x})^3-1}{\sqrt{x}+1}dx$.

【解】 原式$=\int\left(x-\sqrt{x}+1-\frac{2}{\sqrt{x}+1}\right)dx=\frac{x^2}{2}-\frac{2}{3}x\sqrt{x}+x-\int\frac{4\sqrt{x}}{\sqrt{x}+1}d(\sqrt{x})$

$=\frac{x^2}{2}-\frac{2}{3}x\sqrt{x}+x-4\sqrt{x}+4\ln(\sqrt{x}+1)+C.$

21. $\int \frac{\sqrt{x+1}-1}{\sqrt{x+1}+1}dx$.

【解】 设 $\sqrt{x+1}=t$，$x=t^2-1$，$dx=2tdt$，则

原式$=\int\frac{t-1}{t+1}\cdot 2tdt=2\int\left(t-2+\frac{2}{t+1}\right)dt=t^2-4t+4\ln|t+1|+C=x+1-4\sqrt{x+1}+4\ln(\sqrt{x+1}+1)+C.$

22. $\int \frac{dx}{\sqrt{x}+\sqrt[4]{x}}$.

【解】 设$\sqrt[4]{x}=t$，$x=t^4$，$dx=4t^3dt$，则

原式$=\int\frac{4t^3}{t^2+t}dt=4\int\left(t-1+\frac{1}{t+1}\right)dt=4\left(\frac{1}{2}t^2-t+\ln|t+1|\right)+C=2\sqrt{x}-4\sqrt[4]{x}+4\ln(\sqrt[4]{x}+1)+C.$

23. $\int\sqrt{\frac{1-x}{1+x}}\frac{dx}{x}$.

【解法 1】 设$\sqrt{\frac{1-x}{1+x}}=t$，$x=\frac{1-t^2}{1+t^2}$，$dx=-\frac{4t}{(1+t^2)^2}dt$，则

$$原式=\int t\cdot\frac{1+t^2}{1-t^2}\cdot\left[-\frac{4t}{(1+t^2)^2}\right]dt=-2\int\frac{2t^2}{(1-t^2)(1+t^2)}dt=2\int\left(\frac{1}{t^2-1}+\frac{1}{t^2+1}\right)dt=\ln\frac{t-1}{t+1}+2\arctan t+C$$

$$=\ln\frac{\sqrt{1-x}-\sqrt{1+x}}{\sqrt{1-x}+\sqrt{1+x}}+2\arctan\sqrt{\frac{1-x}{1+x}}+C.$$

【解法 2】 $原式=\int\frac{1-x}{x\sqrt{1-x^2}}dx=\int\frac{dx}{x\sqrt{1-x^2}}-\int\frac{1}{\sqrt{1-x^2}}dx=\int\frac{1}{x^2\sqrt{\frac{1}{x^2}-1}}dx-\arcsin x$

$$=\int\frac{-1}{\sqrt{\frac{1}{x^2}-1}}d\left(\frac{1}{x}\right)-\arcsin x=-\ln\left|\frac{1}{x}+\sqrt{\frac{1}{x^2}-1}\right|-\arcsin x+C$$

$$=-\ln\frac{1+\sqrt{1-x^2}}{|x|}-\arcsin x+C.$$

24. $\int\frac{dx}{\sqrt[3]{(x+1)^2(x-1)^4}}$.

【解】 设$\sqrt[3]{\frac{x+1}{x-1}}=t$，$x=\frac{t^3+1}{t^3-1}$，$dx=-\frac{6t^2}{(t^3-1)^2}dt$，则

$$原式=\int\frac{1}{\sqrt[3]{\left(\frac{x+1}{x-1}\right)^2}}\cdot\frac{1}{(x-1)^2}dx=-\frac{3}{2}\int dt=-\frac{3}{2}t+C=-\frac{3}{2}\sqrt[3]{\frac{x+1}{x-1}}+C.$$

习题 4-5 积分表的使用

利用积分表计算下列不定积分：

1. $\int\frac{dx}{\sqrt{4x^2-9}}$.

【解】 $原式=\int\frac{dx}{2\sqrt{x^2-\left(\frac{3}{2}\right)^2}}$.

被积函数中含有 $\sqrt{x^2-a^2}$，在积分表(七)中查到公式(45)

$$\int\frac{dx}{\sqrt{x^2-a^2}}=\ln|x+\sqrt{x^2-a^2}|+C,$$

于是

$$原式=\frac{1}{2}\ln\left|x+\sqrt{x^2-\frac{9}{4}}\right|+C=\frac{1}{2}\ln|2x+\sqrt{4x^2-9}|+C_1.$$

2. $\int\frac{1}{x^2+2x+5}dx$.

【解】 在积分表(五)中查到公式(29)

$$\int \frac{dx}{ax^2+bx+c}=\frac{2}{\sqrt{4ac-b^2}}\arctan\frac{2ax+b}{\sqrt{4ac-b^2}}+C \quad (b^2<4ac),$$

现在 $a=1$，$b=2$，$c=5$，于是

$$原式=\frac{1}{2}\arctan\frac{x+1}{2}+C.$$

3. $\int \frac{dx}{\sqrt{5-4x+x^2}}$.

【解】 原式 $=\int \frac{dx}{\sqrt{(x-2)^2+1}}$.

令 $x-2=u$，则 $\sqrt{(x-2)^2+1}=\sqrt{u^2+1}$，$dx=du$，于是

$$\int \frac{dx}{\sqrt{(x-2)^2+1}}=\int \frac{du}{\sqrt{u^2+1}}.$$

在积分表(六)中查到公式(31)

$$\int \frac{dx}{\sqrt{x^2+a^2}}=\ln(x+\sqrt{x^2+a^2})+C.$$

现在 $a=1$，得

$$原式=\ln(u+\sqrt{u^2+1})+C=\ln(x-2+\sqrt{x^2-4x+5})+C.$$

4. $\int \sqrt{2x^2+9}\,dx$.

【解】 令 $\sqrt{2}x=u$，则 $\sqrt{2x^2+9}=\sqrt{u^2+9}$，$dx=\frac{\sqrt{2}}{2}du$，于是

$$原式=\int \sqrt{u^2+9}\cdot\frac{\sqrt{2}}{2}du.$$

在积分表(六)中查到公式(39)

$$\int \sqrt{x^2+a^2}\,dx=\frac{x}{2}\sqrt{x^2+a^2}+\frac{a^2}{2}\ln(x+\sqrt{x^2+a^2})+C.$$

现在 $a=3$，于是

$$原式=\frac{\sqrt{2}}{2}\left[\frac{u}{2}\sqrt{u^2+9}+\frac{9}{2}\ln(u+\sqrt{u^2+9})\right]+C=\frac{x}{2}\sqrt{2x^2+9}+\frac{9\sqrt{2}}{4}\ln(\sqrt{2}x+\sqrt{2x^2+9})+C.$$

5. $\int \sqrt{3x^2-2}\,dx$.

【解】 令 $\sqrt{3}x=u$，则 $\sqrt{3x^2-2}=\sqrt{u^2-2}$，$dx=\frac{\sqrt{3}}{3}du$，于是

$$原式=\frac{\sqrt{3}}{3}\int \sqrt{u^2-2}\,du.$$

在积分表(七)中查到公式(53)

$$\int \sqrt{x^2-a^2}\,dx=\frac{x}{2}\sqrt{x^2-a^2}-\frac{a^2}{2}\ln\left|x+\sqrt{x^2-a^2}\right|+C.$$

现在 $a=\sqrt{2}$，于是

$$原式=\frac{\sqrt{3}}{3}\left(\frac{u}{2}\sqrt{u^2-2}-\ln\left|u+\sqrt{u^2-2}\right|\right)+C=\frac{x}{2}\sqrt{3x^2-2}-\frac{\sqrt{3}}{3}\ln\left|\sqrt{3}x+\sqrt{3x^2-2}\right|+C.$$

6. $\int e^{2x}\cos x\,dx$.

【解】 在积分表(十三)中查到公式(129)

$$\int e^{ax}\cos bx\mathrm{d}x=\frac{1}{a^2+b^2}e^{ax}(b\sin bx+a\cos bx)+C.$$

现在 $a=2$，$b=1$，于是

$$原式=\frac{1}{5}e^{2x}(\sin x+2\cos x)+C.$$

7. $\int x\arcsin\frac{x}{2}\mathrm{d}x.$

【解】 在积分表(十二)中查到公式(114)

$$\int x\arcsin\frac{x}{a}\mathrm{d}x=\left(\frac{x^2}{2}-\frac{a^2}{4}\right)\arcsin\frac{x}{a}+\frac{x}{4}\sqrt{a^2-x^2}+C.$$

现在 $a=2$，于是

$$原式=\left(\frac{x^2}{2}-1\right)\arcsin\frac{x}{2}+\frac{x}{4}\sqrt{4-x^2}+C.$$

8. $\int\frac{\mathrm{d}x}{(x^2+9)^2}.$

【解】 在积分表(三)中查到公式(20)

$$\int\frac{\mathrm{d}x}{(x^2+a^2)^n}=\frac{x}{2(n-1)a^2(x^2+a^2)^{n-1}}+\frac{2n-3}{2(n-1)a^2}\int\frac{\mathrm{d}x}{(x^2+a^2)^{n-1}}.$$

现在 $a=3$，$n=2$，于是

$$原式=\frac{x}{18(x^2+9)}+\frac{1}{18}\int\frac{\mathrm{d}x}{x^2+9}.$$

对积分 $\int\frac{\mathrm{d}x}{x^2+9}$ 用公式(19)，有

$$\int\frac{\mathrm{d}x}{x^2+9}=\frac{1}{3}\arctan\frac{x}{3}+C,$$

所以

$$原式=\frac{x}{18(x^2+9)}+\frac{1}{54}\arctan\frac{x}{3}+C.$$

9. $\int\frac{\mathrm{d}x}{\sin^3x}.$

【解】 在积分表(十一)中查到公式(97)

$$\int\frac{\mathrm{d}x}{\sin^nx}=-\frac{1}{n-1}\frac{\cos x}{\sin^{n-1}x}+\frac{n-2}{n-1}\int\frac{\mathrm{d}x}{\sin^{n-2}x}.$$

现在 $n=3$，于是

$$原式=-\frac{1}{2}\cdot\frac{\cos x}{\sin^2x}+\frac{1}{2}\int\frac{\mathrm{d}x}{\sin x}=-\frac{1}{2}\frac{\cos x}{\sin^2x}+\frac{1}{2}\ln\left|\tan\frac{x}{2}\right|+C.$$

10. $\int e^{-2x}\sin 3x\mathrm{d}x.$

【解】 在积分表(十三)中查到公式(128)

$$\int e^{ax}\sin bx\mathrm{d}x=\frac{1}{a^2+b^2}e^{ax}(a\sin bx-b\cos bx)+C.$$

现在 $a=-2$，$b=3$，于是

$$原式=\frac{1}{13}e^{-2x}(-2\sin 3x-3\cos 3x)+C.$$

11. $\int\sin 3x\sin 5x\mathrm{d}x.$

【解】 在积分表(十一)中查到公式(101)

$$\int \sin ax \sin bx \mathrm{d}x = -\frac{1}{2(a+b)}\sin(a+b)x + \frac{1}{2(a-b)}\sin(a-b)x + C.$$

现在 $a=3$，$b=5$，于是

$$原式 = -\frac{1}{16}\sin 8x + \frac{1}{4}\sin 2x + C.$$

12. $\int \ln^3 x \mathrm{d}x.$

【解】　在积分表(十四)中查到公式(135)

$$\int (\ln x)^n \mathrm{d}x = x(\ln x)^n - n\int (\ln x)^{n-1}\mathrm{d}x.$$

现在 $n=3$，于是

$$原式 = x\ln^3 x - 3\int \ln^2 x \mathrm{d}x = x\ln^3 x - 3\left(x\ln^2 x - 2\int \ln x \mathrm{d}x\right) = x\ln^3 x - 3x\ln^2 x + 6x\ln x - 6x + C.$$

13. $\int \frac{1}{x^2(1-x)}\mathrm{d}x.$

【解】　在积分表(一)中查到公式(6)

$$\int \frac{\mathrm{d}x}{x^2(ax+b)} = -\frac{1}{bx} + \frac{a}{b^2}\ln\left|\frac{ax+b}{x}\right| + C.$$

现在 $a=-1$，$b=1$，于是

$$原式 = -\frac{1}{x} - \ln\left|\frac{1-x}{x}\right| + C.$$

14. $\int \frac{\sqrt{x-1}}{x}\mathrm{d}x.$

【解】　在积分表(二)中查到公式(17)

$$\int \frac{\sqrt{ax-b}}{x}\mathrm{d}x = 2\sqrt{ax+b} + b\int \frac{\mathrm{d}x}{x\sqrt{ax+b}}.$$

现在 $a=1$，$b=-1$，于是

$$原式 = 2\sqrt{x-1} - \int \frac{\mathrm{d}x}{x\sqrt{x-1}}.$$

再在积分表(二)中查到公式(15)，所以

$$\int \frac{\mathrm{d}x}{x\sqrt{x-1}} = 2\arctan\sqrt{x-1} + C.$$

$$原式 = 2\sqrt{x-1} - 2\arctan\sqrt{x-1} + C.$$

15. $\int \frac{\mathrm{d}x}{(1+x^2)^2}.$

【解】　在积分表(三)中查到公式(20)

$$\int \frac{\mathrm{d}x}{(x^2+a^2)^n} = \frac{x}{2(n-1)a^2(x^2+a^2)^{n-1}} + \frac{2n-3}{2(n-1)a^2}\int \frac{\mathrm{d}x}{(x^2+a^2)^{n-1}}.$$

现在 $n=2$，$a=1$，于是

$$原式 = \frac{x}{2(x^2+1)} + \frac{1}{2}\int \frac{\mathrm{d}x}{x^2+1} = \frac{x}{2(x^2+1)} + \frac{1}{2}\arctan x + C.$$

16. $\int \frac{1}{x\sqrt{x^2-1}}\mathrm{d}x.$

【解】　在积分表(七)中查到公式(51)

$$\int \frac{\mathrm{d}x}{x\sqrt{x^2-a^2}}=\frac{1}{a}\arccos\frac{a}{|x|}+C.$$

现在 $a=1$，于是

$$\text{原式}=\arccos\frac{1}{|x|}+C.$$

17. $\int \frac{x}{(2+3x)^2}\mathrm{d}x.$

【解】 在积分表(一)中查到公式(7)

$$\int \frac{x}{(ax+b)^2}\mathrm{d}x=\frac{1}{a^2}\left(\ln|ax+b|+\frac{b}{ax+b}\right)+C.$$

现在 $a=3$，$b=2$，于是

$$\text{原式}=\frac{1}{9}\left(\ln|2+3x|+\frac{2}{2+3x}\right)+C.$$

18. $\int \cos^6 x\mathrm{d}x.$

【解】 在积分表(十一)中查到公式(96)

$$\int \cos^n x\mathrm{d}x=\frac{1}{n}\cos^{n-1}x\sin x+\frac{n-1}{n}\int \cos^{n-2}x\mathrm{d}x.$$

现在 $n=6$，于是

$$\text{原式}=\frac{1}{6}\cos^5 x\sin x+\frac{5}{6}\int \cos^4 x\mathrm{d}x=\frac{1}{6}\cos^5 x\sin x+\frac{5}{6}\left(\frac{1}{4}\cos^3 x\sin x+\frac{3}{4}\int\cos^2 x\mathrm{d}x\right).$$

对积分 $\int \cos^2 x\mathrm{d}x$，在积分表(十一)中查到公式(94)

$$\int \cos^2 x\mathrm{d}x=\frac{x}{2}+\frac{1}{4}\sin 2x+C.$$

所以
$$\text{原式}=\frac{1}{6}\cos^5 x\sin x+\frac{5}{24}\cos^3 x\sin x+\frac{15}{24}\left(\frac{x}{2}+\frac{1}{4}\sin 2x\right)+C.$$

19. $\int x^2\sqrt{x^2-2}\,\mathrm{d}x.$

【解】 在积分表(七)中查到公式(56)

$$\int x^2\sqrt{x^2-a^2}\,\mathrm{d}x=\frac{x}{8}(2x^2-a^2)\sqrt{x^2-a^2}-\frac{a^4}{8}\ln\left|x+\sqrt{x^2-a^2}\right|+C.$$

现在 $a=\sqrt{2}$，于是

$$\text{原式}=\frac{x}{4}(x^2-1)\sqrt{x^2-2}-\frac{1}{2}\ln\left|x+\sqrt{x^2-2}\right|+C.$$

20. $\int \frac{\mathrm{d}x}{2+5\cos x}.$

【解】 在积分表(十一)中查到公式(106)

$$\int \frac{\mathrm{d}x}{a+b\cos x}=\frac{1}{a+b}\sqrt{\frac{a+b}{b-a}}\ln\left|\frac{\tan\frac{x}{2}+\sqrt{\frac{a+b}{b-a}}}{\tan\frac{x}{2}-\sqrt{\frac{a+b}{b-a}}}\right|+C\quad(a^2<b^2).$$

现在 $a=2$，$b=5$，于是

$$\text{原式}=\frac{1}{7}\sqrt{\frac{7}{3}}\ln\left|\frac{\tan\frac{x}{2}+\sqrt{\frac{7}{3}}}{\tan\frac{x}{2}-\sqrt{\frac{7}{3}}}\right|+C=\frac{1}{\sqrt{21}}\ln\left|\frac{\sqrt{3}\tan\frac{x}{2}+\sqrt{7}}{\sqrt{3}\tan\frac{x}{2}-\sqrt{7}}\right|+C.$$

21. $\int \frac{dx}{x^2\sqrt{2x-1}}$.

【解】 在积分表(二)中查到公式(16)

$$\int \frac{dx}{x^2\sqrt{ax+b}}=-\frac{\sqrt{ax+b}}{bx}-\frac{a}{2b}\int \frac{dx}{x\sqrt{ax+b}}.$$

现在 $a=2$, $b=-1$, 于是

$$原式=\frac{\sqrt{2x-1}}{x}+\int \frac{dx}{x\sqrt{2x-1}}.$$

对积分 $\int \frac{dx}{x\sqrt{2x-1}}$,在积分表(二)中查到公式(15)

$$\int \frac{dx}{x\sqrt{ax+b}}=\frac{2}{\sqrt{-b}}\arctan\sqrt{\frac{ax+b}{-b}}+C.$$

所以

$$原式=\frac{\sqrt{2x-1}}{x}+2\arctan\sqrt{2x-1}+C.$$

22. $\int \sqrt{\frac{1-x}{1+x}}dx$.

【解】 原式 $=\int \frac{1-x}{\sqrt{1-x^2}}dx=\int \frac{1}{\sqrt{1-x^2}}dx-\int \frac{x}{\sqrt{1-x^2}}dx$.

由积分表(八)中的公式(59)和(61)得

$$原式=\arcsin x+\sqrt{1-x^2}+C.$$

23. $\int \frac{x+5}{x^2-2x-1}dx$.

【解】 原式 $=\int \frac{x}{x^2-2x-1}dx+\int \frac{5}{x^2-2x-1}dx$.

由积分表(五)中的公式(29)和(30)得

$$\begin{aligned}原式&=\frac{1}{2}\ln|x^2-2x-1|+\int \frac{6}{x^2-2x-1}dx=\frac{1}{2}\ln|x^2-2x-1|+\frac{6}{\sqrt{8}}\ln\left|\frac{2x-2-\sqrt{8}}{2x-2+\sqrt{8}}\right|+C\\&=\frac{1}{2}\ln|x^2-2x-1|+\frac{3}{\sqrt{2}}\ln\left|\frac{x-1-\sqrt{2}}{x-1+\sqrt{2}}\right|+C.\end{aligned}$$

24. $\int \frac{xdx}{\sqrt{1+x-x^2}}$.

【解】 在积分表(九)中查到公式(78)

$$\int \frac{xdx}{\sqrt{c+bx-ax^2}}=-\frac{1}{a}\sqrt{c+bx-ax^2}+\frac{b}{2\sqrt{a^3}}\arcsin\frac{2ax-b}{\sqrt{b^2+4ac}}+C.$$

现在 $a=1$, $b=1$, $c=1$, 于是

$$原式=-\sqrt{1+x-x^2}+\frac{1}{2}\arcsin\frac{2x-1}{\sqrt{5}}+C.$$

25. $\int \frac{x^4}{25+4x^2}dx$.

【解】 原式 $=\int\left(\frac{1}{4}x^2-\frac{25}{16}+\frac{625}{16}\cdot\frac{1}{4x^2+25}\right)dx=\frac{1}{12}x^3-\frac{25}{16}x+\frac{625}{16}\int \frac{dx}{4x^2+25}$.

对积分$\int\frac{dx}{4x^2+25}$, 由积分表(三)中的公式(19)得

$$原式=\frac{1}{12}x^3-\frac{25}{16}x+\frac{125}{32}\arctan\frac{2}{5}x+C.$$

总习题四

1. 填空:

(1) $\int x^3e^x=$________; (2) $\int\frac{x+5}{x^3-6x+13}dx=$________.

【解】 (1)利用分部积分很容易得到结果,即

$$(x^3-3x^2+6x-6)e^x+C;$$

(2)原式$=\frac{1}{2}\int\frac{d(x^2-6x+13)}{x^2-6x+13}+8\int\frac{dx}{4+(x-3)^2}=\frac{1}{2}\ln|x^2-6x+3|+4\arctan\frac{x-3}{2}+C.$

这就是所要的结果.

2. 以下两题中给出了四个结论, 从中选出一个正确的结论:

(1)已知$f'(x)=\frac{1}{x(1+2\ln x)}$, 且$f(1)=1$, 则$f(x)$等于( );

(A)$\ln(1+2\ln x)+1$　　(B)$\frac{1}{2}\ln(1+2\ln x)+1$

(C)$\frac{1}{2}\ln(1+2\ln x)+\frac{1}{2}$　　(D)$2\ln(1+2\ln x)+1$

(2)在下列等式中, 正确的结果是( ).

(A) $\int f'(x)dx=f(x)$　　(B) $\int df(x)=f(x)$

(C)$\frac{d}{dx}\int f(x)dx=f(x)$　　(D)$d\int f(x)=f(x)$

【解】 (1)由于$f(x)-f(1)=\int_1^x f'(t)dt=\int_1^x\frac{dt}{t(1+2\ln t)}=\frac{1}{2}[\ln(1+2\ln t)]\Big|_1^x=\frac{1}{2}\ln(1+2\ln x)$,

又$f(1)=1$, 从而$f(x)=1+\frac{1}{2}\ln(1+2\ln x)$. 故选 B;

(2)因为$\int df(x)=\int f'(x)d(x)=f(x)+C$, 故选 C.

3. 已知$\frac{\sin x}{x}$是$f(x)$的一个原函数,求$\int x^3f'(x)dx$.

【解】 由题设条件知$\int f(x)dx=\frac{\sin x}{x}+C$, 即$f(x)=\left(\frac{\sin x}{x}\right)'=\frac{x\cos x-\sin x}{x^2}$, 于是

$$\int x^2f'(x)dx=\int x^3df(x)=x^3f(x)-3\int x^2f(x)dx=x(x\cos x-\sin x)-3\int x^2\cdot d\left(\frac{\sin x}{x}\right)$$

$$=x^2\cos x-x\sin x-3\left(x^2\cdot\frac{\sin x}{x}-\int\frac{\sin x}{x}\cdot 2xdx\right)$$

$$=x^2\cos x-4x\cdot\sin x-6\cos x+C.$$

4. 求下列不定积分 (其中a, b为常数):

(1) $\int\frac{dx}{e^x-e^{-x}}$.

【解】 原式$=\int\frac{e^x}{(e^x)^2-1}dx=\int\frac{1}{(e^x)^2-1}de^x=\frac{1}{2}\ln\left|\frac{e^x-1}{e^x+1}\right|+C.$

(2) $\int\frac{x}{(1-x)^3}dx.$

【解】 原式$=-\int\frac{(x-1)+1}{(x-1)^3}dx=-\int\left[\frac{1}{(x-1)^2}+\frac{1}{(x-1)^3}\right]dx=\frac{1}{x-1}+\frac{1}{2(x-1)^2}+C.$

(3) $\int\frac{x^2}{a^6-x^6}dx\ (a>0).$

【解】 原式$=\frac{1}{3}\int\frac{1}{a^6-(x^3)^2}dx^3=\frac{1}{6a^3}\int\left(\frac{1}{a^3-x^3}+\frac{1}{a^3+x^3}\right)dx^3=\frac{1}{6a^3}\ln\left|\frac{a^3+x^3}{a^3-x^3}\right|+C.$

(4) $\int\frac{1+\cos x}{x+\sin x}dx.$

【解】 原式$=\int\frac{1}{x+\sin x}d(x+\sin x)=\ln|x+\sin x|+C.$

(5) $\int\frac{\ln\ln x}{x}dx.$

【解】 原式$=\int\ln\ln x d\ln x=\ln\ln x\cdot\ln x-\int\ln x\cdot\frac{1}{\ln x}\cdot\frac{1}{x}dx=\ln\ln x\cdot\ln x-\ln x+C=\ln x(\ln\ln x-1)+C.$

(6) $\int\frac{\sin x\cos x}{1+\sin^4 x}dx.$

【解】 原式$=\int\frac{\sin x}{1+\sin^4 x}d\sin x=\frac{1}{2}\int\frac{1}{1+(\sin^2 x)^2}d\sin^2 x=\frac{1}{2}\arctan(\sin^2 x)+C.$

(7) $\int\tan^4 x dx.$

【解】 原式$=\int(\sec^2 x-1)^2dx=\int(\sec^4 x-2\sec^2 x+1)dx$

$=\int\sec^2 x d\tan x-2\tan x+x=\int(\tan^2 x+1)d\tan x-2\tan x+x$

$=\frac{1}{3}\tan^3 x+\tan x-2\tan x+x+C=\frac{1}{3}\tan^3 x-\tan x+x+C.$

(8) $\int\sin x\sin 2x\sin 3x dx.$

【解】 原式$=\int\left[-\frac{1}{2}(\cos 3x-\cos x)\sin 3x\right]dx=-\frac{1}{2}\int(\sin 3x\cos 3x-\sin 3x\cos x)dx$

$=-\frac{1}{4}\int(\sin 6x-\sin 4x-\sin 2x)dx=\frac{1}{4}\left(\frac{1}{6}\cos 6x-\frac{1}{4}\cos 4x-\frac{1}{2}\cos 2x\right)+C.$

(9) $\int\frac{dx}{x(x^6+4)}.$

【解法1】 原式$=\int\frac{x^5}{x^6(x^6+4)}dx=\frac{1}{24}\int\left(\frac{1}{x^6}-\frac{1}{x^6+4}\right)dx^6=\frac{1}{24}\ln\frac{x^6}{x^6+4}+C.$

【解法2】 原式$=\int\frac{1}{x^7\left(1+\frac{4}{x^6}\right)}dx=-\frac{1}{6}\int\frac{1}{1+\frac{4}{x^6}}d\left(\frac{1}{x^6}\right)=-\frac{1}{24}\ln\left(1+\frac{4}{x^6}\right)+C.$

(10) $\int\sqrt{\frac{a+x}{a-x}}dx\quad(a>0).$

【解】 原式 $=\int \frac{a+x}{\sqrt{a^{2}-x^{2}}}\mathrm{d}x=a\int \frac{1}{\sqrt{a^{2}-x^{2}}}\mathrm{d}x+\int \frac{x}{\sqrt{a^{2}-x^{2}}}\mathrm{d}x$

$=a\cdot \arcsin \frac{x}{a}-\frac{1}{2}\int (a^{2}-x^{2})^{-\frac{1}{2}}\mathrm{d}(a^{2}-x^{2})=a\cdot \arcsin \frac{x}{a}-\sqrt{a^{2}-x^{2}}+C.$

(11) $\int \frac{\mathrm{d}x}{\sqrt{x(1+x)}}$.

【解法 1】 原式 $=\int \frac{1}{\sqrt{\left(x+\frac{1}{2}\right)^{2}-\frac{1}{4}}}\mathrm{d}x=\ln \left|x+\frac{1}{2}+\sqrt{\left(x+\frac{1}{2}\right)^{2}-\frac{1}{4}}\right|+C=\ln \left|x+\frac{1}{2}+\sqrt{x(x+1)}\right|+C.$

【解法 2】 设 $\sqrt{\frac{x}{1+x}}=t$, $x=\frac{t^{2}}{1-t^{2}}$, $\mathrm{d}x=\frac{2t}{(1-t^{2})^{2}}\mathrm{d}t$, 则

原式 $=\int \frac{1}{x}\sqrt{\frac{x}{1+x}}\mathrm{d}x=\int \frac{1-t^{2}}{t^{2}}\cdot t\cdot \frac{2t}{(1-t^{2})^{2}}\mathrm{d}t=\int \frac{2}{1-t^{2}}\mathrm{d}t=\ln \frac{1+t}{1-t}+C=\ln \frac{\sqrt{1+x}+\sqrt{x}}{\sqrt{1+x}-\sqrt{x}}+C.$

(12) $\int x\cos^{2}x\mathrm{d}x$.

【解】 原式 $=\int x\cdot \frac{1+\cos 2x}{2}\mathrm{d}x=\frac{1}{2}\int x\mathrm{d}x+\frac{1}{2}\int x\cos 2x\mathrm{d}x$

$=\frac{1}{4}x^{2}+\frac{1}{4}\int x\mathrm{d}\sin 2x=\frac{1}{4}x^{2}+\frac{1}{4}x\sin 2x-\frac{1}{4}\int \sin 2x\mathrm{d}x=\frac{1}{4}x^{2}+\frac{1}{4}x\sin 2x+\frac{1}{8}\cos 2x+C.$

(13) $\int \mathrm{e}^{ax}\cos bx\mathrm{d}x$.

【解】 原式 $=\frac{1}{a}\int \cos bx\mathrm{d}\mathrm{e}^{ax}=\frac{1}{a}\left(\mathrm{e}^{ax}\cos bx+\int \mathrm{e}^{ax}\cdot b\sin bx\mathrm{d}x\right)$

$=\frac{1}{a}\mathrm{e}^{ax}\cos bx+\frac{b}{a^{2}}\int \sin bx\mathrm{d}\mathrm{e}^{ax}=\frac{1}{a}\mathrm{e}^{ax}\cos bx+\frac{b}{a^{2}}\left(\mathrm{e}^{ax}\sin bx-\int \mathrm{e}^{ax}\cdot b\cos bx\mathrm{d}x\right)$

$=\frac{1}{a}\mathrm{e}^{ax}\left(\cos bx+\frac{b}{a}\sin bx\right)-\frac{b^{2}}{a^{2}}\int \mathrm{e}^{ax}\cos bx\mathrm{d}x,$

所以 原式 $=\frac{\mathrm{e}^{ax}}{a^{2}+b^{2}}(a\cos bx+b\sin bx)+C.$

(14) $\int \frac{\mathrm{d}x}{\sqrt{1+\mathrm{e}^{x}}}$.

【解】 设 $\sqrt{1+\mathrm{e}^{x}}=t$, $x=\ln(t^{2}-1)$, $\mathrm{d}x=\frac{2t}{t^{2}-1}\mathrm{d}t$, 则

原式 $=\int \frac{1}{t}\cdot \frac{2t}{t^{2}-1}\mathrm{d}t=\int \frac{2}{t^{2}-1}\mathrm{d}t=\ln \left|\frac{t-1}{t+1}\right|+C=\ln \frac{\sqrt{1+\mathrm{e}^{x}}-1}{\sqrt{1+\mathrm{e}^{x}}+1}+C.$

(15) $\int \frac{\mathrm{d}x}{x^{2}\sqrt{x^{2}-1}}$.

【解法 1】 设 $x=\sec u$, $\mathrm{d}x=\sec u\tan u\mathrm{d}u$, 则

原式 $=\int \frac{1}{\sec^{2}u\cdot \tan u}\cdot \sec u\tan u\mathrm{d}u=\int \cos u\mathrm{d}u=\sin u+C=\frac{\sqrt{x^{2}-1}}{x}+C.$

【解法 2】 原式 $=\int \frac{1}{x^{3}\sqrt{1-\frac{1}{x^{2}}}}\mathrm{d}x=-\frac{1}{2}\int \frac{1}{\sqrt{1-\frac{1}{x^{2}}}}\mathrm{d}\frac{1}{x^{2}}=\sqrt{1-\frac{1}{x^{2}}}+C=\frac{\sqrt{x^{2}-1}}{x}+C.$

(16) $\int \frac{dx}{(a^2-x^2)^{\frac{5}{2}}}$.

【解】 设 $x=a\sin t$，$dx=a\cos tdt$，则

$$原式=\int \frac{1}{a^5\cos^5 t}\cdot a\cos tdt=\frac{1}{a^4}\int \sec^4 tdt=\frac{1}{a^4}\int(1+\tan^2 t)d\tan t$$

$$=\frac{1}{a^4}\left(\tan t+\frac{1}{3}\tan^3 t\right)+C=\frac{1}{a^4}\left(\frac{x}{\sqrt{a^2-x^2}}+\frac{x^3}{3\sqrt{(a^2-x^2)^3}}\right)+C.$$

(17) $\int \frac{dx}{x^4\sqrt{1+x^2}}$.

【解】 设 $x=\tan t$，$dx=\sec^2 tdt$，则

$$原式=\int \frac{\sec^2 t}{\tan^4 t\cdot\sec t}dt=\int \frac{\cos^3 t}{\sin^4 t}dt=\int \frac{1-\sin^2 t}{\sin^4 t}d\sin t=-\frac{1}{3\sin^3 t}+\frac{1}{\sin t}+C=-\frac{\sqrt{(1+x^2)^3}}{3x^2}+\frac{\sqrt{1+x^2}}{x}+C.$$

(18) $\int \sqrt{x}\sin\sqrt{x}dx$.

【解】 设 $\sqrt{x}=t$，$x=t^2$，$dx=2tdt$，则

$$原式=\int t\sin t\cdot 2tdt=-2\int t^2 d\cos t=-2\left(t^2\cos t-\int 2t\cos tdt\right)$$

$$=-2t^2\cos t+4\int td\sin t=-2t^2\cos t+4t\sin t-4\int \sin tdt$$

$$=-2t^2\cos t+4t\sin t+4\cos t+C=(4-2x)\cos\sqrt{x}+4\sqrt{x}\sin\sqrt{x}+C.$$

(19) $\int \ln(1+x^2)dx$.

【解】 $原式=x\ln(1+x^2)-\int x\cdot\frac{2x}{1+x^2}dx=x\ln(1+x^2)-2\int\left(1-\frac{1}{1+x^2}\right)dx=x\ln(1+x^2)-2x+2\arctan x+C.$

(20) $\int \frac{\sin^2 x}{\cos^3 x}dx$.

【解】 $原式=\int \frac{1-\cos^2 x}{\cos^3 x}dx=\int \sec^3 xdx-\int \sec xdx.$

因为 $\int \sec^3 xdx=\int \sec xd\tan x=\sec x\tan x-\int \tan^2 x\sec xdx$

$$=\sec x\tan x-\int(\sec^2 x-1)\sec xdx=\sec x\tan x-\int \sec^3 xdx+\int \sec xdx,$$

所以
$$\int \sec^3 xdx=\frac{1}{2}\sec x\tan x+\frac{1}{2}\int \sec xdx,$$

从而
$$原式=\frac{1}{2}\sec x\tan x-\frac{1}{2}\int \sec xdx=\frac{1}{2}\sec x\tan x-\frac{1}{2}\ln|\sec x+\tan x|+C.$$

(21) $\int \arctan\sqrt{x}dx$.

【解】 $原式=x\arctan\sqrt{x}-\frac{1}{2}\int \frac{\sqrt{x}}{1+x}dx$. 设 $t=\sqrt{x}$，$x=t^2$，$dx=2tdt$，则

$$\int \frac{\sqrt{x}}{1+x}dx=\int \frac{t}{1+t^2}\cdot 2tdt=2\int\left(1-\frac{1}{1+t^2}\right)dt=2(t-\arctan t)+C_1.$$

$$原式=(x+1)\arctan\sqrt{x}-\sqrt{x}+C.$$

(22) $\int \frac{\sqrt{1+\cos x}}{\sin x}dx$.

【解】 原式$=\int\frac{\sqrt{2\cos^2\frac{x}{2}}}{2\sin\frac{x}{2}\cos\frac{x}{2}}=\frac{\sqrt{2}}{2}\int\csc\frac{x}{2}dx=\sqrt{2}\ln\left|\csc\frac{x}{2}-\cot\frac{x}{2}\right|+C.$

(23) $\int\frac{x^3}{(1+x^8)^2}dx.$

【解】 原式$=\frac{1}{4}\int\frac{1}{[1+(x^4)^2]^2}dx^4\xlongequal{u=x^4}\frac{1}{4}\int\frac{1}{(1+u^2)^2}du.$

设 $u=\tan t$, $du=\sec^2 t dt$, 则

原式$=\frac{1}{4}\int\frac{\sec^2 t}{\sec^4 t}dt=\frac{1}{4}\int\cos^2 t dt=\frac{1}{8}\int(1+\cos 2t)dt=\frac{1}{8}\left(t+\frac{1}{2}\sin 2t\right)+C=\frac{1}{8}(t+\sin t\cos t)+C$

$=\frac{1}{8}\left(\arctan u+\frac{u}{1+u^2}\right)+C=\frac{1}{8}\arctan(x^4)+\frac{x^4}{8(1+x^8)}+C.$

(24) $\int\frac{x^{11}}{x^8+3x^4+2}dx.$

【解】 原式$=\frac{1}{4}\int\frac{x^8}{x^8+3x^4+2}dx^4\xlongequal{u=x^4}\frac{1}{4}\int\frac{u^2}{u^2+3u+2}du$

$=\frac{1}{4}\int\left(1-\frac{4}{u+2}+\frac{1}{u+1}\right)du=\frac{1}{4}(u-4\ln|u+2|+\ln|u+1|)+C$

$=\frac{1}{4}x^4-\ln(x^4+2)+\frac{1}{4}\ln(x^4+1)+C.$

(25) $\int\frac{dx}{16-x^4}.$

【解】 原式$=\int\frac{1}{(4-x^2)(4+x^2)}dx=\frac{1}{8}\left(\int\frac{1}{4-x^2}dx+\int\frac{1}{4+x^2}dx\right)$

$=\frac{1}{8}\int\frac{1}{(2-x)(2+x)}dx+\frac{1}{16}\arctan\frac{x}{2}=\frac{1}{32}\int\left(\frac{1}{2-x}+\frac{1}{2+x}\right)dx+\frac{1}{16}\arctan\frac{x}{2}$

$=\frac{1}{32}\ln\left|\frac{2+x}{2-x}\right|+\frac{1}{16}\arctan\frac{x}{2}+C.$

(26) $\int\frac{\sin x}{1+\sin x}dx.$

【解法 1】 原式$=\int\left(1-\frac{1}{1+\sin x}\right)dx=x-\int\frac{1}{\left(\cos\frac{x}{2}+\sin\frac{x}{2}\right)^2}dx=x-\int\frac{\sec^2\frac{x}{2}}{\left(1+\tan\frac{x}{2}\right)^2}dx$

$=x-2\int\frac{1}{\left(1+\tan\frac{x}{2}\right)^2}d\left(\tan\frac{x}{2}+1\right)=x+\frac{2}{1+\tan\frac{x}{2}}+C;$

【解法 2】

原式$=\int\left(1-\frac{1}{1+\sin x}\right)dx=x-\int\frac{1-\sin x}{\cos^2 x}dx=x-\int(\sec^2 x-\sec x\tan x)dx=x+\sec x-\tan x+C.$

(27) $\int\frac{x+\sin x}{1+\cos x}dx.$

【解】 原式$=\int\frac{x}{1+\cos x}dx+\int\frac{\sin x}{1+\cos x}dx=\frac{1}{2}\int\frac{x}{\cos^2\frac{x}{2}}dx-\int\frac{1}{1+\cos x}d(\cos x+1)$

$$=\int x\mathrm{d}\tan\frac{x}{2}-\ln|1+\cos x|=x\tan\frac{x}{2}-\int\tan\frac{x}{2}\mathrm{d}x-\ln|1+\cos x|$$

$$=x\tan\frac{x}{2}+2\ln\left|\cos\frac{x}{2}\right|-\ln|1+\cos x|+C=x\tan\frac{x}{2}-\ln2+C_1$$

$$=x\tan\frac{x}{2}+C\quad(C=C_1-\ln2).$$

(28) $\int e^{\sin x}\frac{x\cos^3x-\sin x}{\cos^2x}\mathrm{d}x.$

【解】 $原式=\int e^{\sin x}\cdot x\cos x\mathrm{d}x-\int e^{\sin x}\cdot\frac{\sin x}{\cos^2x}\mathrm{d}x=\int x\mathrm{d}e^{\sin x}-\int e^{\sin x}\cdot\mathrm{d}\frac{1}{\cos^2x}$

$$=xe^{\sin x}-\int e^{\sin x}\mathrm{d}x-\left(\frac{e^{\sin x}}{\cos x}-\int e^{\sin x}\cdot\cos x\cdot\frac{1}{\cos x}\mathrm{d}x\right)=xe^{\sin x}-\frac{e^{\sin x}}{\cos x}+C.$$

(29) $\int\frac{\sqrt[3]{x}}{x(\sqrt{x}+\sqrt[3]{x})}\mathrm{d}x.$

【解】 设 $\sqrt[6]{x}=t$，$x=t^6$，$\mathrm{d}x=6t^5\mathrm{d}t$，则

$$原式=\int\frac{t^2}{t^6(t^3+t^2)}\cdot6t^5\mathrm{d}t=\int\frac{6}{t(t+1)}\mathrm{d}t=6\int\left(\frac{1}{t}-\frac{1}{t+1}\right)\mathrm{d}t=6\ln\frac{t}{t+1}+C=6\ln\frac{\sqrt[6]{x}}{\sqrt[6]{x}+1}+C.$$

(30) $\int\frac{\mathrm{d}x}{(1+e^x)^2}.$

【解】 $原式=\int\frac{(1+e^x)-e^x}{(1+e^x)^2}\mathrm{d}x=\int\frac{1}{1+e^x}\mathrm{d}x-\int\frac{e^x}{(1+e^x)^2}\mathrm{d}x=\int\left(1-\frac{e^x}{1+e^x}\right)\mathrm{d}x-\int\frac{1}{(1+e^x)^2}\mathrm{d}(e^x+1)$

$$=x-\ln(1+e^x)+\frac{1}{1+e^x}+C.$$

(31) $\int\frac{e^{3x}+e^x}{e^{4x}-e^{2x}+1}\mathrm{d}x.$

【解】

$$原式=\int\frac{e^{2x}+1}{e^{4x}-e^{2x}+1}\mathrm{d}e^x\xlongequal{t=e^x}\int\frac{t^2+1}{t^4-t^2+1}\mathrm{d}t=\int\frac{1+\frac{1}{t^2}}{t^2-1+\frac{1}{t^2}}\mathrm{d}t=\int\frac{1}{\left(t-\frac{1}{t}\right)^2+1}\mathrm{d}\left(t-\frac{1}{t}\right)=\arctan\left(t-\frac{1}{t}\right)+C$$

$$=\arctan(e^x-e^{-x})+C=\arctan(2\mathrm{sh}x)+C.$$

(32) $\int\frac{xe^x}{(e^x+1)^2}\mathrm{d}x.$

【解】

$$原式=\int\frac{x}{(e^x+1)^2}\mathrm{d}e^x=-\int x\mathrm{d}\left(\frac{1}{e^x+1}\right)=-\left(x\cdot\frac{1}{e^x+1}-\int\frac{1}{e^x+1}\mathrm{d}x\right)=-\frac{x}{e^x+1}+\int\frac{e^{-x}}{1+e^{-x}}\mathrm{d}x$$

$$=-\frac{x}{e^x+1}-\int\frac{1}{1+e^{-x}}\mathrm{d}e^{-x}=-\frac{x}{e^x+1}-\ln(1+e^{-x})+C=-\frac{x}{e^x+1}-\ln(1+e^x)+x+C=\frac{xe^x}{1+e^x}-\ln(1+e^x)+C.$$

(33) $\int\ln^2(x+\sqrt{1+x^2})\mathrm{d}x.$

【解】 $原式=x\ln^2(x+\sqrt{1+x^2})-\int x\cdot2\ln(x+\sqrt{1+x^2})\cdot\frac{1}{\sqrt{1+x^2}}\mathrm{d}x$

$$=x\ln^2(x+\sqrt{1+x^2})-2\int\ln(x+\sqrt{1+x^2})\mathrm{d}\sqrt{1+x^2}$$

$$=x\ln^2(x+\sqrt{1+x^2})-2\ln(x+\sqrt{1+x^2})\sqrt{1+x^2}+2\int 1\mathrm{d}x$$

$$=x\ln^2(x+\sqrt{1+x^2})-2\sqrt{1+x^2}\ln(x+\sqrt{1+x^2})+2x+C.$$

(34) $\int \frac{\ln x}{(1+x^2)^{\frac{3}{2}}}\mathrm{d}x.$

【解法 1】 设 $x=\tan t$, $\mathrm{d}x=\sec^2 t\mathrm{d}t$, 则

$$原式=\int \frac{\ln\tan t}{\sec^3 t}\cdot\sec^2 t\mathrm{d}t=\int \ln\tan t\cdot\cos t\mathrm{d}t=\int \ln\tan t\mathrm{d}\sin t=\sin t\cdot\ln\tan t-\int \sin t\cdot\frac{\sec^2 t}{\tan t}\mathrm{d}t$$

$$=\sin t\cdot\ln(\tan t)-\int \sec t\mathrm{d}t=\sin t\cdot\ln\tan t-\ln|\sec t+\tan t|+C=\frac{x\ln x}{\sqrt{1+x^2}}-\ln(x+\sqrt{1+x^2})+C;$$

【解法 2】 $原式=\int \ln x\mathrm{d}\frac{x}{\sqrt{1+x^2}}=\frac{x\ln x}{\sqrt{1+x^2}}-\int \frac{1}{x}\cdot\frac{x}{\sqrt{1+x^2}}\mathrm{d}x$

$$=\frac{x\ln x}{\sqrt{1+x^2}}-\int \frac{1}{\sqrt{1+x^2}}\mathrm{d}x=\frac{x\ln x}{\sqrt{1+x^2}}-\ln(x+\sqrt{1+x^2})+C.$$

(35) $\int \sqrt{1-x^2}\arcsin x\mathrm{d}x.$

【解】 设 $x=\sin t$, $\mathrm{d}x=\cos t\mathrm{d}t$, 则

$$原式=\int \sqrt{1-\sin^2 t}\cdot t\cdot\cos t\mathrm{d}t=\int t\cos^2 t\mathrm{d}t=\int t\cdot\frac{1+\cos 2t}{2}\mathrm{d}t=\int \frac{t}{2}\mathrm{d}t+\int \frac{t}{2}\cos 2t\mathrm{d}t$$

$$=\frac{1}{4}t^2+\frac{1}{4}\int t\mathrm{d}\sin 2t=\frac{1}{4}t^2+\frac{1}{4}t\sin 2t-\frac{1}{4}\int \sin 2t\mathrm{d}t$$

$$=\frac{1}{4}t^2+\frac{1}{2}t\sin t\cos t+\frac{1}{8}\cos 2t+C=\frac{1}{4}t^2+\frac{1}{2}t\sin t\cos t+\frac{1}{8}(1-2\sin^2 t)+C_1$$

$$=\frac{1}{4}(\arcsin x)^2+\frac{x}{2}\sqrt{1-x^2}\arcsin x-\frac{1}{4}x^2+C\quad\left(C=C_1+\frac{1}{8}\right).$$

(36) $\int \frac{x^3\arccos x}{\sqrt{1-x^2}}\mathrm{d}x.$

【解法 1】 设 $x=\cos t$, $\mathrm{d}x=-\sin t\mathrm{d}t$, 则

$$原式=\int \frac{\cos^3 t\cdot t}{\sqrt{1-\cos^2 t}}\cdot(-\sin t)\mathrm{d}t=-\int t\cos^3 t\mathrm{d}t=-\int t\cdot\cos^2 t\mathrm{d}\sin t=-\int t(1-\sin^2 t)\mathrm{d}\sin t$$

$$=\int t\mathrm{d}\left(\frac{1}{3}\sin^3 t-\sin t\right)=t\cdot\frac{1}{3}(\sin^3 t-3\sin t)-\int \left(\frac{1}{3}\sin^3 t-\sin t\right)\mathrm{d}t$$

$$=\frac{t}{3}(\sin^3 t-3\sin t)+\int \left(\frac{1}{3}\sin^2 t-1\right)\mathrm{d}\cos t=\frac{t}{3}\sin t(\sin^2 t-3)+\int \left[\frac{1}{3}(1-\cos^2 t)-1\right]\mathrm{d}\cos t$$

$$=\frac{t}{3}\sin t(-\cos^2 t-2)+\int \left(-\frac{1}{3}\cos^2 t-\frac{2}{3}\right)\mathrm{d}\cos t=\frac{t}{3}\sin t(-\cos^2 t-2)-\frac{1}{3}\left(\frac{1}{3}\cos^3 t+2\cos t\right)+C$$

$$=-\frac{1}{3}\sqrt{1-x^2}(x^2+2)\arccos x-\frac{1}{9}x(x^2+6)+C;$$

【解法 2】 注意到

$$\int \frac{x^3}{\sqrt{1-x^2}}\mathrm{d}x=\frac{1}{2}\int \frac{x^2\mathrm{d}(x^2)}{\sqrt{1-x^2}}\xlongequal{x^2=t}\frac{1}{2}\int \frac{t\mathrm{d}t}{\sqrt{1-t}}\xlongequal{\sqrt{1-t}=u}\frac{1}{2}\int \frac{(1-u^2)(-2u)\mathrm{d}u}{u}=\frac{1}{3}u^3-u+C$$

$$=\frac{1}{3}(\sqrt{1-t})^3-\sqrt{1-t}+C=\frac{1}{3}(1-x^2)^{\frac{3}{2}}-\sqrt{1-x^2}+C=-\frac{2+x^2}{3}(1-x^2)^{\frac{1}{2}}+C.$$

在原始公式中，令 $u=\arccos x$, $\mathrm{d}v=\frac{x^3\mathrm{d}x}{\sqrt{1-x^2}}$, 则

$$v=\int\frac{x^3\mathrm{d}x}{\sqrt{1-x^2}}=-\frac{2+x^2}{3}(1-x^2)^{\frac{1}{2}}+C,$$

原式$=-\frac{2+x^2}{3}(1-x^2)^{\frac{1}{2}}\arccos x-\int\frac{2+x^2}{3}\mathrm{d}x=-\frac{1}{3}(2+x^2)\sqrt{1-x^2}\arccos x-\frac{1}{9}x(x^2+6)+C.$

(37) $\int\frac{\cot x}{1+\sin x}\mathrm{d}x.$

【解】

原式$=\int\frac{\cos x}{\sin x(1+\sin x)}\mathrm{d}x=\int\left(\frac{1}{\sin x}-\frac{1}{1+\sin x}\right)\mathrm{d}\sin x=\ln|\sin x|-\ln|1+\sin x|+C=\ln\left|\frac{\sin x}{1+\sin x}\right|+C.$

(38) $\int\frac{\mathrm{d}x}{\sin^3x\cos x}.$

【解】 原式$=\int\frac{\cos^2x+\sin^2x}{\sin^3x\cos x}\mathrm{d}x=\int\left(\frac{\cos x}{\sin^3x}+\frac{1}{\sin x\cos x}\right)\mathrm{d}x=\int\frac{1}{\sin^3x}\mathrm{d}\sin x+\int\frac{\sec^2x}{\tan x}\mathrm{d}x$

$$=-\frac{1}{2\sin^2x}+\int\frac{1}{\tan x}\mathrm{d}\tan x=-\frac{1}{2\sin^2x}+\ln|\tan x|+C.$$

(39) $\int\frac{\mathrm{d}x}{(2+\cos x)\sin x}.$

【解法 1】 设 $t=\tan\frac{x}{2}$，$x=2\arctan t$，则

$$\text{原式}=\int\frac{1+t^2}{(t^2+3)t}\mathrm{d}t=\int\frac{1}{3}\left(\frac{2t}{t^2+3}+\frac{1}{t}\right)\mathrm{d}t=\frac{1}{3}\int\frac{1}{t^2+3}\mathrm{d}(t^2+3)+\frac{1}{3}\int\frac{1}{t}\mathrm{d}t$$

$$=\frac{1}{3}\ln(t^2+3)+\frac{1}{3}\ln|t|+C=\frac{1}{3}\ln|t^3+t|+C=\frac{1}{3}\ln\left|\tan^3\frac{x}{2}+\tan\frac{x}{2}\right|+C;$$

【解法 2】 原式$=\int\frac{\sin x}{(2+\cos x)(1-\cos^2x)}\mathrm{d}x=\int\frac{-1}{(2+\cos x)(1-\cos x)(1+\cos x)}\mathrm{d}\cos x$

$$=\int\left[\frac{1}{3(2+\cos x)}-\frac{1}{6(1-\cos x)}-\frac{1}{2(1+\cos x)}\right]\mathrm{d}x$$

$$=\frac{1}{3}\ln(2+\cos x)+\frac{1}{6}\ln(1-\cos x)-\frac{1}{2}\ln(1+\cos x)+C.$$

(40) $\int\frac{\sin x\cos x}{\sin x+\cos x}\mathrm{d}x.$

【解】 原式$=\frac{1}{2}\int\frac{(2\sin x\cos x+1)-1}{\sin x+\cos x}\mathrm{d}x=\frac{1}{2}\int\frac{(\sin x+\cos x)^2-1}{\sin x+\cos x}\mathrm{d}x$

$$=\frac{1}{2}\int(\sin x+\cos x)\mathrm{d}x-\frac{1}{2}\int\frac{1}{\sqrt{2}\sin\left(x+\frac{\pi}{4}\right)}\mathrm{d}x$$

$$=\frac{1}{2}(\sin x-\cos x)-\frac{1}{2\sqrt{2}}\ln\left|\csc\left(x+\frac{\pi}{4}\right)-\cot\left(x+\frac{\pi}{4}\right)\right|+C$$

$$=\frac{1}{2}(\sin x-\cos x)-\frac{1}{2\sqrt{2}}\ln\left|\tan\left(\frac{x}{2}+\frac{\pi}{8}\right)\right|+C.$$

第五章　定积分

一、主要内容

(一) 主要定义

1. 定积分.

在区间$[a, b]$上有界函数$f(x)$的定积分记作

$$\int_a^b f(x)\mathrm{d}x.$$

即

$$\int_a^b f(x)\mathrm{d}x = \lim_{\lambda \to 0}\sum_{i=1}^{n} f(\xi_i)\Delta x_i \quad (\text{若右端存在}).$$

其中Δx_i表示任意分$[a, b]$为n个子区间中第i个子区间$[x_{i-1}, x_i]$的长度, ξ_i为在$[x_{i-1}, x_i]$上任一点, $\lambda = \max\limits_{1 \leqslant i \leqslant n}\{\Delta x_i\}$, $\int_a^b f(x)\mathrm{d}x$存在时, 说$f(x)$在$[a, b]$上可积.

2. 反常积分.

(1) 无穷限的反常积分.

$f(x)$在$[a, +\infty)$内的反常积分记作

$$\int_a^{+\infty} f(x)\mathrm{d}x.$$

若极限$\lim\limits_{b \to +\infty}\int_a^b f(x)\mathrm{d}x$存在, 则称反常积分$\int_a^{+\infty} f(x)\mathrm{d}x$收敛, 且$\int_a^{+\infty} f(x)\mathrm{d}x = \lim\limits_{b \to +\infty}\int_a^b f(x)\mathrm{d}x$; 若极限$\lim\limits_{b \to +\infty}\int_a^b f(x)\mathrm{d}x$不存在, 则称该反常积分发散.

类似地可以定义$\int_{-\infty}^b f(x)\mathrm{d}x$的收敛与发散.

若$\int_{-\infty}^a f(x)\mathrm{d}x$与$\int_a^{+\infty} f(x)\mathrm{d}x$均收敛, 则称反常积分$\int_{-\infty}^{+\infty} f(x)\mathrm{d}x$收敛, 且

$$\int_{-\infty}^{+\infty} f(x)\mathrm{d}x = \int_{-\infty}^a f(x)\mathrm{d}x + \int_a^{+\infty} f(x)\mathrm{d}x,$$

否则称$\int_{-\infty}^{+\infty} f(x)\mathrm{d}x$发散.

注　*右端有一个不存在,则称反常积分$\int_{-\infty}^{+\infty} f(x)\mathrm{d}x$发散.*

(2) 无界函数的反常积分.

设$f(x)$在$[a, b)$内连续, $\lim\limits_{x \to b-0} f(x) = \infty$, 当$\lim\limits_{\varepsilon \to +0}\int_a^{b-\varepsilon} f(x)\mathrm{d}x$存在时, 则称反常积分$\int_a^b f(x)\mathrm{d}x$收敛, 且$\int_a^b f(x)\mathrm{d}x = \lim\limits_{\varepsilon \to +0}\int_a^{b-\varepsilon} f(x)\mathrm{d}x$. 若不存在, 则说该反常积分发散.

类似地可以定义$\lim\limits_{x \to a+0} f(x) = \infty$, $f(x)$在$(a, b]$上连续时的反常积分$\int_a^b f(x)\mathrm{d}x$.

设$f(x)$在$[a, c)$, $(c, b]$内连续, $\lim\limits_{x \to c} f(x) = \infty$, 若$\int_a^c f(x)\mathrm{d}x$, $\int_c^b f(x)\mathrm{d}x$均收敛时, 称反常积分

$\int_a^b f(x)\mathrm{d}x$ 收敛，且

$$\int_a^b f(x)\mathrm{d}x = \int_a^c f(x)\mathrm{d}x + \int_c^b f(x)\mathrm{d}x.$$

否则称反常积分$\int_a^b f(x)\mathrm{d}x$ 发散.

注 右端有一个不存在，则称反常积分$\int_a^b f(x)\mathrm{d}x$ 发散.

(二) 主要结论

1. 定积分的性质.

设$f(x)$, $g(x)$ 在$[a, b]$ 上可积，则有：

(1) $\int_a^b kf(x)\mathrm{d}x = k\int_a^b f(x)\mathrm{d}x$ (k 为常数)；

(2) $\int_a^b [f(x) \pm g(x)]\mathrm{d}x = \int_a^b f(x)\mathrm{d}x \pm \int_a^b g(x)\mathrm{d}x$;

(3) $\int_a^b f(x)\mathrm{d}x = \int_a^c f(x)\mathrm{d}x + \int_c^b f(x)\mathrm{d}x$;

(4) 若$f(x) \geqslant 0$, $x \in [a, b]$, 则$\int_a^b f(x)\mathrm{d}x \geqslant 0$;

注 若$f(x) \leqslant g(x)$, $x \in [a, b]$, 则

$$\int_a^b f(x)\mathrm{d}x \leqslant \int_a^b g(x)\mathrm{d}x.$$

若$m \leqslant f(x) \leqslant M$, $x \in [a, b]$, 则

$$m(b - a) \leqslant \int_a^b f(x)\mathrm{d}x \leqslant M(b - a).$$

(5) $\int_a^b \mathrm{d}x = b - a$;

(6) $\left|\int_a^b f(x)\mathrm{d}x\right| \leqslant \int_a^b |f(x)|\mathrm{d}x$ $(a < b)$;

(7) 若$f(x)$ 在$[a, b]$ 上连续，则有积分中值定理

$$\int_a^b f(x)\mathrm{d}x = f(\xi)(b - a) \quad (a \leqslant \xi \leqslant b).$$

2. 若$f(x)$ 在$[a, b]$ 上连续，则$f(x)$ 在$[a, b]$ 上可积.

3. 若$f(x)$ 在$[a, b]$ 上有界，且只有有限个第一类间断点，则$f(x)$ 在$[a, b]$ 上可积.

4. 若$f(x)$ 在$[a, b]$ 上连续，则 $F(x) = \int_a^x f(x)\mathrm{d}x$ 在$[a, b]$ 上可导，且有 $F'(x) = f(x)$.

5. 微积分基本公式(牛顿 - 莱布尼茨(Newton-Leibniz) 公式)

设$f(x)$ 在$[a, b]$ 上连续，$F(x)$ 是$f(x)$ 的一个原函数，则

$$\int_a^b f(x)\mathrm{d}x = F(x)\Big|_a^b = F(b) - F(a).$$

6. 定积分的计算法.

(1) 换元积分法.

若$f(x)$ 在$[a, b]$ 上连续，$x = \varphi(t)$ 在$[\alpha, \beta]$ 上单值且有连续导数，又

$$\varphi(\alpha) = a, \varphi(\beta) = b, a \leqslant \varphi(t) \leqslant b, t \in [\alpha, \beta],$$

则

$$\int_a^b f(x)\mathrm{d}x = \int_\alpha^\beta f[\varphi(t)]\varphi'(t)\mathrm{d}t;$$

(2) 分部积分法

若 $u(x)$, $v(x)$ 在$[a, b]$上具有连续导数, 则

$$\int_a^b u(x)v'(x)\mathrm{d}x = u(x)v(x)\Big|_a^b - \int_a^b v(x)\mathrm{d}u(x).$$

(三) 结论补充

1. $a>0$, 若$f(x)$ 在$[-a, a]$上连续, 则有

$$\int_{-a}^{a} f(x)\mathrm{d}x = \int_0^a [f(x)+f(-x)]\mathrm{d}x = \begin{cases} 0, & f(x)\text{ 为奇函数}, \\ 2\int_0^a f(x)\mathrm{d}x, & f(x)\text{ 为偶函数}. \end{cases}$$

2. 若$f(x)$ 在$(-\infty, +\infty)$内连续且以 T 为周期, 则有

$$\int_a^{a+T} f(x)\mathrm{d}x = \int_0^T f(x)\mathrm{d}x,\ \int_a^{a+nT} f(x)\mathrm{d}x = n\int_0^T f(x)\mathrm{d}x.$$

3. 当$f(x)$ 连续时, 有

(1) $\int_0^{\frac{\pi}{2}} f(\sin x)\mathrm{d}x = \int_0^{\frac{\pi}{2}} f(\cos x)\mathrm{d}x$;

(2) $\int_0^{\pi} xf(\sin x)\mathrm{d}x = \dfrac{\pi}{2}\int_0^{\pi} f(\sin x)\mathrm{d}x$;

(3) $\int_0^{\pi} f(\sin x)\mathrm{d}x = 2\int_0^{\frac{\pi}{2}} f(\sin x)\mathrm{d}x$;

(4) $I_n = \int_0^{\frac{\pi}{2}} \sin^n x\mathrm{d}x = \int_0^{\frac{\pi}{2}} \cos^n x\mathrm{d}x = \begin{cases} \dfrac{n-1}{n}\cdot\dfrac{n-3}{n-2}\cdot\cdots\cdot\dfrac{3}{4}\cdot\dfrac{1}{2}\cdot\dfrac{\pi}{2}, & n\text{ 为偶数}, \\ \dfrac{n-1}{n}\cdot\dfrac{n-3}{n-2}\cdot\cdots\cdot\dfrac{4}{5}\cdot\dfrac{2}{3}\cdot 1, & n\text{ 为奇数}. \end{cases}$

注 $I_0 = \dfrac{\pi}{2}$, $I_1 = 1$.

4. 反常积分$\int_1^{+\infty} \dfrac{1}{x^p}\mathrm{d}x$: 当$p>1$时收敛于$\dfrac{1}{p-1}$, 当$p\leqslant 1$时发散.

5. 反常积分$\int_0^1 \dfrac{1}{x^q}\mathrm{d}x$: 当$q<1$时收敛于$\dfrac{1}{1-q}$, 当$q\geqslant 1$时发散.

6. 比较审敛法　设$f(x)$ 在$[a, +\infty)$内非负连续.

(1) 若 $\exists\varphi(x)\geqslant 0$,使$0\leqslant f(x)\leqslant\varphi(x)$, 且$\int_a^{+\infty}\varphi(x)\mathrm{d}x$ 收敛, 则$\int_a^{+\infty} f(x)\mathrm{d}x$ 也收敛;

(2) 若 $\exists\varphi(x)\geqslant 0$,使$f(x)\geqslant\varphi(x)\geqslant 0$, 且$\int_a^{+\infty}\varphi(x)\mathrm{d}x = +\infty$, 则$\int_a^{+\infty} f(x)\mathrm{d}x = +\infty$.

7. 设$f(x)$ 在$[a, b]$上连续, $g(x)$ 在$[a, b]$上可积且不变号, 则存在$\xi\in[a, b]$, 使

$$\int_a^b f(x)g(x)\mathrm{d}x = f(\xi)\int_a^b g(x)\mathrm{d}x.$$

注　此结论称为第一积分中值定理.

8. 设$f(x)$ 在$[a, b]$上连续, $g(x)$ 在$[a, b]$上可导, 且$g'(x)\geqslant 0$, 则必存在$\xi\in[a, b]$, 使

$$\int_a^b f(x)g(x)\mathrm{d}x = g(a)\int_a^{\xi} f(x)\mathrm{d}x + g(b)\int_{\xi}^b f(x)\mathrm{d}x.$$

二、典型例题

(一) 定积分的计算

1. 性质与公式的直接利用

【例 5-1】 设$f(x)$连续，且$f(x)=x+2\int_0^1 f(x)\mathrm{d}x$，求$f(x)$的非积分表达式.

【解】 因为
$$\int_0^1 f(x)\mathrm{d}x=\int_0^1 x\mathrm{d}x+2\int_0^1 f(x)\mathrm{d}x,$$
故
$$\int_0^1 f(x)\mathrm{d}x=-\frac{1}{2},$$
从而
$$f(x)=x-1.$$

【例 5-2】 $f(x)=x^2-x\int_0^2 f(x)\mathrm{d}x+2\int_0^1 f(x)\mathrm{d}x$，求$f(x)$.

【解】 令$a=\int_0^1 f(x)\mathrm{d}x$，$b=\int_0^2 f(x)\mathrm{d}x$，则有
$$f(x)=x^2-bx+2a,$$
$$a=\int_0^1 f(x)\mathrm{d}x=\int_0^1(x^2-bx+2a)\mathrm{d}x=\frac{1}{3}-\frac{b}{2}+2a,\quad b=\frac{8}{3}-2b+4a,$$
即
$$\begin{cases}a-\frac{1}{2}b=-\frac{1}{3},\\4a-3b=-\frac{8}{3},\end{cases}$$
解出
$$\begin{cases}a=\frac{1}{3},\\b=\frac{4}{3},\end{cases}$$
故
$$f(x)=x^2-\frac{4}{3}x+\frac{2}{3}.$$

【例 5-3】 求$\int_{-2}^2 \max\{1,x^2\}\mathrm{d}x$.

【解】 $f(x)=\max\{1,x^2\}$在$[-2,2]$各不同区间上表达式是不一样的，实际上
$$f(x)=\begin{cases}1, & |x|\leqslant 1,\\x^2, & 1\leqslant|x|<2,\end{cases}$$
于是
$$\int_{-2}^2 \max\{1,x^2\}\mathrm{d}x=\int_{-2}^{-1}x^2\mathrm{d}x+\int_{-1}^1\mathrm{d}x+\int_1^2 x^2\mathrm{d}x=\frac{20}{3}.$$
另外，还可用偶函数的性质
$$\text{原式}=2\left(\int_0^1\mathrm{d}x+\int_1^2 x^2\mathrm{d}x\right)=\frac{20}{3}.$$

【例 5-4】 若$f'(\mathrm{e}^x)=x\mathrm{e}^x$，且$f(1)=0$，计算
$$\int_1^2\left[2f(x)+\frac{1}{2}(x^2-1)\right]\mathrm{d}x.$$

【解】 首先，应利用已知条件确定$f(x)$，为此，令$\mathrm{e}^x=t$，则$x=\ln t$，由$f'(t)=t\ln t$有

$$f(t) = \int t\ln t\mathrm{d}t = \frac{1}{2}t^2\ln t - \frac{1}{4}t^2 + C,$$

又 $f(1) = 0$, 故 $C = \frac{1}{4}$, 从而

$$f(t) = \frac{1}{2}t^2\ln t - \frac{1}{4}t^2 + \frac{1}{4}.$$

$$\int_1^2\left[2f(x) + \frac{1}{2}(x^2 - 1)\right]\mathrm{d}x = \int_1^2\left[2\left(\frac{1}{2}x^2\ln x - \frac{1}{4}x^2 + \frac{1}{4}\right) + \frac{1}{2}(x^2 - 1)\right]\mathrm{d}x$$

$$= \int_1^2 x^2\ln x\mathrm{d}x = \left(\frac{x^3}{3}\ln x - \frac{1}{9}x^3\right)\bigg|_1^2 = \frac{1}{3}\left(8\ln 2 - \frac{7}{3}\right).$$

【例 5-5】 写出函数 $f(x) = \int_0^1 |t(t-x)|\mathrm{d}t \quad (0 \leqslant x \leqslant 2)$ 的非积分表达式, 并计算 $\int_0^2 f(x)\mathrm{d}x$.

【解】 当 $0 \leqslant x \leqslant 1$ 时,

$$f(x) = \int_0^x t(x - t)\mathrm{d}t + \int_x^1 t(t - x)\mathrm{d}x = \left(\frac{x}{2}t^2 - \frac{1}{3}t^3\right)\bigg|_0^x + \left(\frac{t^3}{3} - \frac{t^2}{2}x\right)\bigg|_x^1 = \frac{1}{3}x^3 - \frac{x}{2} + \frac{1}{3};$$

当 $1 < x \leqslant 2$ 时,

$$f(x) = \int_0^1 t(x - t)\mathrm{d}t = \left(\frac{t^2}{2}x - \frac{1}{3}t^3\right)\bigg|_0^1 = \frac{1}{2}x - \frac{1}{3}.$$

故

$$f(x) = \begin{cases} \frac{1}{3}x^3 - \frac{x}{2} + \frac{1}{3}, & 0 \leqslant x \leqslant 1, \\ \frac{1}{2}x - \frac{1}{3}, & 1 < x \leqslant 2, \end{cases}$$

从而

$$\int_0^2 f(x)\mathrm{d}x = \int_0^1\left(\frac{1}{3}x^3 - \frac{x}{2} + \frac{1}{3}\right)\mathrm{d}x + \int_1^2\left(\frac{1}{2}x - \frac{1}{3}\right)\mathrm{d}x = \frac{7}{12}.$$

【例 5-6】 求

$$\lim_{n\to\infty}\left[\left(1 + \frac{1}{n}\right)\frac{\pi}{n^2} + \left(1 + \frac{2}{n}\right)\frac{2\pi}{n^2} + \cdots + \left(1 + \frac{n-1}{n}\right)\frac{n-1}{n^2}\pi\right].$$

【解】 原式 $= \pi\lim\limits_{n\to\infty}\frac{1}{n}\left(\frac{1}{n} + \frac{2}{n} + \cdots + \frac{n-1}{n}\right) + \pi\lim\limits_{n\to\infty}\frac{1}{n}\left[\frac{1}{n^2} + \frac{2^2}{n^2} + \cdots + \frac{(n-1)^2}{n^2}\right]$

$$= \pi\int_0^1 x\mathrm{d}x + \pi\int_0^1 x^2\mathrm{d}x = \frac{5\pi}{6}.$$

2. 换元与分部

(1) 换元法

【例 5-7】 求 $\int_0^{\frac{1}{\sqrt{3}}}\frac{\mathrm{d}x}{(1 + 5x^2)\sqrt{1 + x^2}}$.

【解】 为去掉根号, 令 $x = \tan t$, 则

$$\text{原式} = \int_0^{\frac{\pi}{6}}\frac{\cos t}{1 + 4\sin^2 t}\mathrm{d}t = \frac{1}{2}\int_0^{\frac{\pi}{6}}\frac{\mathrm{d}(2\sin t)}{1 + (2\sin t)^2} = \frac{1}{2}\arctan(2\sin t)\bigg|_0^{\frac{\pi}{6}} = \frac{\pi}{8}.$$

【例 5-8】 求 $\int_0^{\frac{\pi}{2}}\frac{\mathrm{d}x}{1 + \cos^2 x}$.

【解】 令 $\tan\frac{x}{2} = u$, 则

$$原式 = \int_0^1 \frac{u^2+1}{u^4+1}du = \lim_{\varepsilon\to+0}\frac{1}{\sqrt{2}}\arctan\frac{u-\frac{1}{u}}{\sqrt{2}}\Bigg|_\varepsilon^1 = \frac{\pi}{2\sqrt{2}}.$$

【例 5-9】　设
$$f(x)=\begin{cases}1+x^2, & x\leqslant 0,\\ e^{-x}, & x>0,\end{cases}$$
求 $\int_1^3 f(x-2)dx$.

【解】　令 $t=x-2$，则 $x=1$ 时，$t=-1$；$x=3$ 时，$t=1$. 于是

$$\int_1^3 f(x-2)dx = \int_{-1}^1 f(t)dt = \int_{-1}^0(1+t^2)dt + \int_0^1 e^{-t}dt = \left(t+\frac{1}{3}t^3\right)\Bigg|_{-1}^0 - e^{-t}\Bigg|_0^1 = \frac{7}{3}-\frac{1}{e}.$$

(2) 分部法

【例 5-10】　求 $\int_0^3 \arcsin\sqrt{\frac{x}{1+x}}dx$.

【解】　$原式 = x\arcsin\sqrt{\frac{x}{1+x}}\Bigg|_0^3 - \frac{1}{2}\int_0^3\frac{xdx}{\sqrt{x}(1+x)} = 3\arcsin\frac{\sqrt{3}}{2} - \int_0^3\frac{1+(\sqrt{x})^2-1}{1+(\sqrt{x})^2}d(\sqrt{x})$

$$= 3\times\frac{\pi}{3} - \sqrt{x}\Bigg|_0^3 + \arctan\sqrt{x}\Bigg|_0^3 = \frac{4}{3}\pi - \sqrt{3}.$$

【例 5-11】　求 $\int_0^{\frac{\pi}{4}}\sec^3 xdx$.

【解】　$原式 = \int_0^{\frac{\pi}{4}}\sec xd\tan x = \sec x\tan x\Bigg|_0^{\frac{\pi}{4}} - \int_0^{\frac{\pi}{4}}\tan^2 x\sec xdx = \sqrt{2} - \int_0^{\frac{\pi}{4}}\sec^3 xdx + \int_0^{\frac{\pi}{4}}\sec xdx$

$$= \sqrt{2} - \int_0^{\frac{\pi}{4}}\sec^3 xdx + \ln(\sec x+\tan x)\Bigg|_0^{\frac{\pi}{4}} = \sqrt{2} + \ln(\sqrt{2}+1) - \int_0^{\frac{\pi}{4}}\sec^3 xdx,$$

故
$$原式 = \frac{1}{2}[\sqrt{2}+\ln(\sqrt{2}+1)].$$

【例 5-12】　已知 $f(\pi)=1$，$f(x)$ 二阶连续可微，且 $\int_0^\pi[f(x)+f''(x)]\sin xdx = 3$，求 $f(0)$.

【解】

$$\int_0^\pi[f(x)+f''(x)]\sin xdx = \int_0^\pi[f''(x)\sin x - f(x)(\sin x)'']dx = \int_0^\pi[\sin xf'(x) - f(x)(\sin x)']'dx$$

$$= [\sin xf'(x) - f(x)\cos x]\Big|_0^\pi = f(\pi)+f(0),$$

从而
$$f(\pi)+f(0) = 3,$$
又 $f(\pi)=1$，故 $f(0)=2$.

【例 5-13】　$y'(x) = \arctan(x-1)^2$，$y(0)=0$，求 $\int_0^1 y(x)dx$.

【解】　$原式 = \int_0^1 y(x)dx = xy(x)\Big|_0^1 - \int_0^1 xy'(x)dx = y(1) - \int_0^1 x\arctan(x-1)^2dx$

$$= y(1) - \int_0^1(x-1)\arctan(x-1)^2dx - \int_0^1\arctan(x-1)^2dx$$

$$= y(1) - \int_0^1(x-1)\arctan(x-1)^2dx - [y(1)-y(0)] = -\int_0^1(x-1)\arctan(x-1)^2dx$$

$$\xlongequal{x-1=t} -\int_{-1}^0 t\arctan t^2dt = -\frac{1}{2}\int_{-1}^0\arctan t^2dt^2$$

$$\xlongequal{u=t^2}\frac{1}{2}\int_0^1\arctan udu = \left[\frac{1}{2}u\arctan u - \frac{1}{4}\ln(u^2+1)\right]\Bigg|_0^1 = \frac{\pi}{8} - \frac{1}{4}\ln 2.$$

3. 运算的简化

【例 5-14】 计算$\int_0^4 x(x-1)(x-2)(x-3)(x-4)\mathrm{d}x$.

【解】 如果直接将被积函数展开再积分，会遇到很多麻烦，为此令$t=x-2$，则$x=0$时，$t=-2$; $x=4$时，$t=2$.

$$原式=\int_{-2}^{2}(t+2)(t+1)t(t-1)(t-2)\mathrm{d}t=\int_{-2}^{2}t(t^2-4)(t^2-1)\mathrm{d}t=0.$$

这是因为$f(t)=t(t^2-4)(t^2-1)$为$[-2,2]$上的连续的奇函数.

【例 5-15】 计算$\int_{-\frac{1}{2}}^{\frac{1}{2}}\frac{2x^3+5x+2}{\sqrt{1-x^2}}\mathrm{d}x$.

【解】 注意到$\frac{2x^3+5x}{\sqrt{1-x^2}}$是奇函数，$\frac{1}{\sqrt{1-x^2}}$为偶函数.

$$原式=\int_{-\frac{1}{2}}^{\frac{1}{2}}\frac{2x^3+5x}{\sqrt{1-x^2}}\mathrm{d}x+\int_{-\frac{1}{2}}^{\frac{1}{2}}\frac{2}{\sqrt{1-x^2}}\mathrm{d}x=0+\int_0^{\frac{1}{2}}\frac{4}{\sqrt{1-x^2}}\mathrm{d}x=4\arcsin x\Big|_0^{\frac{1}{2}}=\frac{2}{3}\pi.$$

【例 5-16】 求$\int_{\frac{3}{10}\pi}^{\frac{23}{10}\pi}\sin x\mathrm{d}x$.

【解】 $\int_{\frac{3}{10}\pi}^{\frac{23}{10}\pi}\sin x\mathrm{d}x=\int_{\frac{3\pi}{10}}^{\frac{3\pi}{10}+2\pi}\sin x\mathrm{d}x=\int_0^{2\pi}\sin x\mathrm{d}x=0.$

【例 5-17】 求$\int_0^{\pi}\frac{x\sin x}{1+\cos^2x}\mathrm{d}x$.

【解】 $\int_0^{\pi}\frac{x\sin x}{1+\cos^2x}\mathrm{d}x=\frac{\pi}{2}\int_0^{\pi}\frac{\sin x}{1+\cos^2x}\mathrm{d}x=-\frac{\pi}{2}\arctan(\cos x)\Big|_0^{\pi}=\frac{\pi^2}{4}.$

【例 5-18】 求$\int_{-\frac{\pi}{2}}^{\frac{\pi}{2}}\frac{\mathrm{e}^x}{1+\mathrm{e}^x}\sin^4x\mathrm{d}x$.

【解】 原式$=\int_0^{\frac{\pi}{2}}\left(\frac{\mathrm{e}^x}{1+\mathrm{e}^x}+\frac{\mathrm{e}^{-x}}{1+\mathrm{e}^{-x}}\right)\sin^4x\mathrm{d}x=\int_0^{\frac{\pi}{2}}\sin^4x\mathrm{d}x=\frac{3}{4}\times\frac{1}{2}\times\frac{\pi}{2}=\frac{3}{16}\pi.$

【例 5-19】 求$\int_0^{\frac{\pi}{2}}\frac{\mathrm{e}^{\sin x}}{\mathrm{e}^{\sin x}+\mathrm{e}^{\cos x}}\mathrm{d}x$.

【解】 由$\int_0^{\frac{\pi}{2}}f(\sin x,\cos x)\mathrm{d}x=\int_0^{\frac{\pi}{2}}f(\cos x,\sin x)\mathrm{d}x$，$f$连续，所以

$$I=\int_0^{\frac{\pi}{2}}\frac{\mathrm{e}^{\cos x}}{\mathrm{e}^{\cos x}+\mathrm{e}^{\sin x}}\mathrm{d}x,\ 2I=\int_0^{\frac{\pi}{2}}\left(\frac{\mathrm{e}^{\sin x}}{\mathrm{e}^{\cos x}+\mathrm{e}^{\sin x}}+\frac{\mathrm{e}^{\cos x}}{\mathrm{e}^{\cos x}+\mathrm{e}^{\sin x}}\right)\mathrm{d}x=\frac{\pi}{2},$$

原式$=\frac{1}{4}\pi$.

【例 5-20】 求$\int_0^{\pi}x\sin^6x\mathrm{d}x$.

【解】 原式$=\frac{\pi}{2}\int_0^{\pi}\sin^6x\mathrm{d}x=\frac{\pi}{2}\times2\int_0^{\frac{\pi}{2}}\sin^6x\mathrm{d}x=\pi\left(\frac{5}{6}\times\frac{3}{4}\times\frac{1}{2}\times\frac{\pi}{2}\right)=\frac{5}{32}\pi^2.$

(二) 反常积分的计算

【例 5-21】 求$\int_1^{+\infty}\frac{\mathrm{d}x}{x\sqrt{1+x^5+x^{10}}}$.

【解】 原式 $= -\dfrac{1}{5}\displaystyle\int_1^{+\infty}\dfrac{\mathrm{d}\left(\dfrac{1}{x^5}\right)}{\sqrt{\left(\dfrac{1}{x^5}\right)^2+\dfrac{1}{x^5}+1}} \xlongequal{u=\frac{1}{x^5}} \dfrac{1}{5}\int_0^1\dfrac{\mathrm{d}u}{\sqrt{u^2+u+1}}$

$$= \frac{1}{5}\ln\left(u+\frac{1}{2}+\sqrt{u^2+u+1}\right)\Bigg|_0^1 = \frac{1}{5}\ln\left(1+\frac{2}{\sqrt{3}}\right).$$

【例 5-22】 讨论 $\displaystyle\int_0^2\frac{\mathrm{d}x}{(1-x)^2}$ 的敛散性.

【解】 $x=1$ 为瑕点. 取 $\varepsilon>0$, 有

$$\lim_{\varepsilon\to+0}\int_0^{1-\varepsilon}\frac{\mathrm{d}x}{(1-x)^2} = \lim_{\varepsilon\to+0}\left(\frac{1}{1-x}\right)\Bigg|_0^{1-\varepsilon} = \lim_{\varepsilon\to+0}\left(\frac{1}{\varepsilon}-1\right) = +\infty,$$

故积分 $\displaystyle\int_0^2\frac{\mathrm{d}x}{(1-x)^2}$ 发散.

【例 5-23】 求 $\displaystyle\int_{-\infty}^{+\infty}\frac{\mathrm{d}x}{(x^2+x+1)^2}$.

【解】 原式 $= \displaystyle\int_{-\infty}^{+\infty}\frac{\mathrm{d}\left(x+\frac{1}{2}\right)}{\left[\left(x+\frac{1}{2}\right)^2+\left(\frac{\sqrt{3}}{2}\right)^2\right]^2} \xlongequal{u=x+\frac{1}{2}} \int_{-\infty}^{+\infty}\frac{\mathrm{d}u}{\left[u^2+\left(\frac{\sqrt{3}}{2}\right)^2\right]^2}$

$$\xlongequal{u=\frac{\sqrt{3}}{2}\tan t} \int_{-\frac{\pi}{2}}^{\frac{\pi}{2}}\frac{\sec^2 t\mathrm{d}t}{\left(\frac{\sqrt{3}}{2}\right)^3\cdot\sec^4 t} = \frac{2}{\left(\frac{\sqrt{3}}{2}\right)^3}\int_0^{\frac{\pi}{2}}\cos^2 t\mathrm{d}t = \frac{4\pi}{3\sqrt{3}}.$$

【例 5-24】 求 $I = \displaystyle\int_0^{+\infty}\frac{\mathrm{d}x}{(1+x^2)(1+x^\alpha)}$ (α 为正数).

【解】 令 $x=\tan t$, 则 $\mathrm{d}x=\sec^2 t\mathrm{d}t$, $1+x^2=1+\tan^2 t$, $x=0$ 时, $t=0$; $x\to+\infty$ 时, $t\to\dfrac{\pi}{2}$. 故

$$I = \int_0^{\frac{\pi}{2}}\frac{\sec^2 t\mathrm{d}t}{(1+\tan^2 t)(1+\tan^\alpha t)} = \int_0^{\frac{\pi}{2}}\frac{\mathrm{d}t}{1+\tan^\alpha t} = \int_0^{\frac{\pi}{2}}\frac{\cos^\alpha t\mathrm{d}t}{\sin^\alpha t+\cos^\alpha t}.$$

利用公式 $\displaystyle\int_0^{\frac{\pi}{2}}f(\sin x,\cos x)\mathrm{d}x = \int_0^{\frac{\pi}{2}}f(\cos x,\sin x)\mathrm{d}x$, 则有

$$I = \int_0^{\frac{\pi}{2}}\frac{\sin^\alpha t}{\cos^\alpha t+\sin^\alpha t}\mathrm{d}t,$$

于是

$$I+I = \int_0^{\frac{\pi}{2}}\frac{\sin^\alpha t+\cos^\alpha t}{\cos^\alpha t+\sin^\alpha t}\mathrm{d}t = \int_0^{\frac{\pi}{2}}\mathrm{d}t = \frac{\pi}{2},$$

故

$$\text{原式} = \frac{\pi}{4}\quad(\alpha\text{ 为正数}).$$

【例 5-25】 求 $\displaystyle\int_1^2\left[\frac{1}{x\ln^2 x}-\frac{1}{(x-1)^2}\right]\mathrm{d}x$.

【解】原式 $= \displaystyle\lim_{\varepsilon\to+0}\left(\frac{1}{x-1}-\frac{1}{\ln x}\right)\Bigg|_{1+\varepsilon}^2 = \left(1-\frac{1}{\ln 2}\right)+\lim_{\varepsilon\to+0}\left[\frac{1}{\ln(1+\varepsilon)}-\frac{1}{\varepsilon}\right]$

$$= \left(1-\frac{1}{\ln 2}\right)+\lim_{\varepsilon\to+0}\frac{\varepsilon-\ln(1+\varepsilon)}{\varepsilon^2} = \left(1-\frac{1}{\ln 2}\right)+\lim_{\varepsilon\to+0}\frac{1-\frac{1}{1+\varepsilon}}{2\varepsilon}$$

$$= \left(1-\frac{1}{\ln 2}\right)+\lim_{\varepsilon\to+0}\frac{\varepsilon}{2\varepsilon(1+\varepsilon)} = 1-\frac{1}{\ln 2}+\frac{1}{2} = \frac{3}{2}-\frac{1}{\ln 2}.$$

注 单独的$\int_1^2 \frac{1}{x\ln^2 x}\mathrm{d}x$与$\int_1^2 \frac{1}{(x-1)^2}\mathrm{d}x$都是发散的.

(三) 证明题

【例 5-26】 设函数$f(x)$在$(-\infty,+\infty)$内连续,且

$$F(x)=\int_0^x (x-2t)f(t)\,\mathrm{d}t,$$

$f(x)$单调减少,证明$F(x)$单调增加.

【证】 $F(x)=x\int_0^x f(t)\,\mathrm{d}t-2\int_0^x tf(t)\,\mathrm{d}t.$

$$F'(x)=\int_0^x f(t)\,\mathrm{d}t+xf(x)-2xf(x)=\int_0^x f(t)\,\mathrm{d}t-xf(x)=\int_0^x [f(t)-f(x)]\,\mathrm{d}t$$

$$=x[f(\xi)-f(x)]>0 \quad (\xi\text{介于}0\text{与}x\text{之间}),$$

故$F(x)$单调增加.

【例 5-27】 已知函数$f(x)$在$[-a,a]$上连续$(a>0)$,且$f(x)>0$,又

$$g(x)=\int_{-a}^a |x-t|f(t)\,\mathrm{d}t,$$

证明$g'(x)$在$[-a,a]$上单调增加.

【证】 欲证$g'(x)$单调增加,只需证出$g''(x)>0$.

$$g(x)=\int_{-a}^x f(t)(x-t)\,\mathrm{d}t+\int_x^a f(t)(t-x)\,\mathrm{d}t=x\int_{-a}^x f(t)\,\mathrm{d}t-\int_{-a}^x tf(t)\,\mathrm{d}t+x\int_a^x f(t)\,\mathrm{d}t+\int_x^a tf(t)\,\mathrm{d}t,$$

$$g'(x)=\int_{-a}^x f(t)\,\mathrm{d}t+\int_a^x f(t)\,\mathrm{d}t,\quad g''(x)=2f(x)>0,$$

故$g'(x)$在$[-a,a]$上单调增加.

【例 5-28】 设函数$f(x)$在$[a,b]$上非负且连续,试证存在$\xi\in[a,b]$,使直线$x=\xi$将曲线$y=f(x)$与直线$x=a$, $x=b$, $y=0$所围成的曲边梯形的面积二等分.

【证】 设所围的曲边梯形的面积为A,又

$$F(t)=\int_a^t f(x)\,\mathrm{d}x,\ t\in[a,b],$$

则$F'(t)=f(t)\geqslant 0$,故$F(t)$是$[a,b]$上的连续增函数,且

$$F(a)=0,\ F(b)=A,$$

由介值定理可知,对于介于0与A之间的值$\frac{A}{2}$,必有$\xi\in(a,b)$,使

$$F(\xi)=\frac{A}{2}.$$

事实上,这里的二等分可以改成把A分成任意指定的两部分,这已从证明过程中看到.

【例 5-29】 设$f(x)$, $g(x)$是$[a,b]$上的连续增函数$(a>0,b>0)$,试证

$$\int_a^b f(x)\,\mathrm{d}x\int_a^b g(x)\,\mathrm{d}x\leqslant(b-a)\int_a^b f(x)g(x)\,\mathrm{d}x.$$

【证】 令$F(x)=\int_a^x f(t)\,\mathrm{d}t\int_a^x g(t)\,\mathrm{d}t-(x-a)\int_a^x f(t)g(t)\,\mathrm{d}t$,则

$$F'(x)=f(x)\int_a^x g(t)\,\mathrm{d}t+g(x)\int_a^x f(t)\,\mathrm{d}t-\int_a^x f(t)g(t)\,\mathrm{d}t-(x-a)f(x)g(x)$$

$$= \int_a^x f(x)g(t)\mathrm{d}t + \int_a^x g(x)f(t)\mathrm{d}t - \int_a^x f(t)g(t)\mathrm{d}t - \int_a^x f(x)g(x)\mathrm{d}t$$

$$= -\int_a^x [f(x) - f(t)][g(x) - g(t)]\mathrm{d}t < 0.$$

$F(x)$ 单调下降，$x \in [a, b]$.

又 $F(a) = 0$，所以 $F(b) \leqslant F(a) = 0$，即

$$\int_a^b f(x)\mathrm{d}x \int_a^b g(x)\mathrm{d}x - (b-a)\int_a^b f(x)g(x)\mathrm{d}x \leqslant 0,$$

亦即

$$\int_a^b f(x)\mathrm{d}x \int_a^b g(x)\mathrm{d}x \leqslant (b-a)\int_a^b f(x)g(x)\mathrm{d}x.$$

【例 5-30】 设 $f(x)$ 在 $[2, 4]$ 上连续可微，且 $f(2) = f(4) = 0$，试证

$$\max_{2\leqslant x\leqslant 4} |f'(x)| \geqslant \left|\int_2^4 f(x)\mathrm{d}x\right|.$$

【证法 1】 注意到 $\int_2^4 |x-3|\mathrm{d}x = 1$，记 $M = \max\limits_{2\leqslant x\leqslant 4} |f'(x)|$，有

$$\left|\int_2^4 f(x)\mathrm{d}x\right| = \left|\int_2^4 f(x)\mathrm{d}(x-3)\right| = \left|[(x-3)f(x)]\Big|_2^4 - \int_2^4 f'(x)(x-3)\mathrm{d}x\right|$$

$$\leqslant M\int_2^4 |x-3|\mathrm{d}x = M.$$

【证法 2】 M 的意义同证法 1，则

$$f(x) - f(2) = f'(\xi_1)(x-2) \quad (2 < \xi_1 < x), \quad f(4) - f(x) = f'(\xi_2)(4-x) \quad (x < \xi_2 < 4),$$

$$|f(x)| \leqslant M(x-2),\ |f(x)| \leqslant M(4-x).$$

$$\left|\int_2^4 f(x)\mathrm{d}x\right| \leqslant \int_2^4 |f(x)|\mathrm{d}x \leqslant \int_2^3 M(x-2)\mathrm{d}x + \int_3^4 M(4-x)\mathrm{d}x = M.$$

【例 5-31】 设 $f(x)$ 在 $[a, b]$ 上二阶可导，且 $f''(x) \leqslant 0$. 试证

$$\int_a^b f(x)\mathrm{d}x \leqslant (b-a)f\left(\frac{a+b}{2}\right).$$

【证】 不等式的几何解释是很清楚的. 考虑到二阶导数的性质，可将 $f(x)$ 在 $x_0 = \dfrac{a+b}{2}$ 处使用一阶泰勒公式.

$$f(x) = f\left(\frac{a+b}{2}\right) + f'\left(\frac{a+b}{2}\right)\left(x - \frac{a+b}{2}\right) + \frac{f''(\xi)}{2!}\left(x - \frac{a+b}{2}\right)^2$$

$$\leqslant f\left(\frac{a+b}{2}\right) + f'\left(\frac{a+b}{2}\right)\left(x - \frac{a+b}{2}\right),$$

$$\int_a^b f(x)\mathrm{d}x \leqslant f\left(\frac{a+b}{2}\right)(b-a) + f'\left(\frac{a+b}{2}\right)\int_a^b \left(x - \frac{a+b}{2}\right)\mathrm{d}x = (b-a)f\left(\frac{a+b}{2}\right).$$

注 容易计算 $\int_a^b \left(x - \dfrac{a+b}{2}\right)\mathrm{d}x = 0.$

【例 5-32】 设 $f(x)$ 在 $[0, 1]$ 上连续可微，且 $f(0) = 0$，$f(1) = 1$，试证

$$\int_0^1 |f'(x) - f(x)|\mathrm{d}x \geqslant \frac{1}{\mathrm{e}}.$$

【证】 注意到 $f'(x) - f(x) = \mathrm{e}^x[\mathrm{e}^{-x}f(x)]'$，有

$$\int_0^1 |f'(x) - f(x)|\mathrm{d}x = \int_0^1 \mathrm{e}^x |[\mathrm{e}^{-x}f(x)]'|\mathrm{d}x \geqslant \int_0^1 |[\mathrm{e}^{-x}f(x)]'|\mathrm{d}x$$

$$\geqslant \int_0^1 [\mathrm{e}^{-x}f(x)]'\mathrm{d}x = \mathrm{e}^{-x}f(x)\Big|_0^1 = \frac{1}{\mathrm{e}}.$$

【例 5-33】 设 $f(x)$ 在 $[a, b]$ 上连续可导，$f(a) = 0$，试证

$$\int_a^b f^2(x)\mathrm{d}x \leqslant \frac{1}{2}(b-a)^2\int_a^b [f'(x)]^2\mathrm{d}x.$$

【证】 $f(x)=\int_a^x 1\cdot f'(t)\mathrm{d}t$, 由柯西－施瓦茨不等式

$$f^2(x)=\left[\int_a^x 1\cdot f'(t)\mathrm{d}t\right]^2 \leqslant \left(\int_a^x 1^2\mathrm{d}x\right)\left\{\int_a^x [f'(x)]^2\mathrm{d}x\right\}$$

$$=(x-a)\int_a^x [f'(x)]^2\mathrm{d}x \leqslant (x-a)\int_a^b [f'(x)]^2\mathrm{d}x,$$

$$\int_a^b f^2(x)\mathrm{d}x \leqslant \left\{\int_a^b [f'(x)]^2\mathrm{d}x\right\}\left[\int_a^b (x-a)\mathrm{d}x\right]=\frac{1}{2}(b-a)^2\int_a^b [f'(x)]^2\mathrm{d}x.$$

【例 5-34】 设$f(x)$在$[0,1]$上可导, 且满足$f(1)=2\int_0^{\frac{1}{2}} xf(x)\mathrm{d}x$, 试证: $\exists \xi\in(0,1)$, 使

$$f(\xi)+\xi f'(\xi)=0.$$

【证】 令$\varphi(x)=xf(x)$, 则$\varphi(1)=f(1)$. 由积分中值定理, $\exists \eta\in\left(0,\frac{1}{2}\right)$, 使

$$\int_0^{\frac{1}{2}} xf(x)\mathrm{d}x=\eta f(\eta)\cdot\frac{1}{2}.$$

由$f(1)=2\int_0^{\frac{1}{2}} xf(x)\mathrm{d}x$知

$$\eta f(\eta)=\varphi(\eta)=f(1),$$

于是, $\varphi(1)=\varphi(\eta)=f(1)$, 由罗尔定理, $\exists \xi\in(\eta,1)\subset(0,1)$, 使

$$\varphi'(\xi)=0,$$

即
$$f(\xi)+\xi f'(\xi)=0.$$

三、习题全解

习题 5-1 定积分的概念与性质

*1. 利用定积分定义计算由抛物线$y=x^2+1$, 两直线$x=a$, $x=b(b>a)$及x轴所围成的图形的面积.

【解】 因$f(x)=x^2+1$在$[a,b]$上连续, 故$f(x)$可积. 将$[a,b]$分成n等份, 取$\xi_i=a+\frac{b-a}{n}i$, 则

$$\int_a^b (x^2+1)\mathrm{d}x$$

$$=\lim_{n\to\infty}\sum_{i=1}^n\left[\left(a+\frac{b-a}{n}i\right)^2+1\right]\cdot\frac{b-a}{n}=\lim_{n\to\infty}\frac{b-a}{n}\sum_{i=1}^n\left[a^2+\frac{2a(b-a)}{n}i+\frac{(b-a)^2}{n^2}i^2+1\right]$$

$$=\lim_{n\to\infty}\left\{\frac{b-a}{n}\cdot\left[na^2+\frac{2a(b-a)}{n}\sum_{i=1}^n i+\frac{(b-a)^2}{n^2}\sum_{i=1}^n i^2+n\right]\right\}$$

$$=\lim_{n\to\infty}\frac{b-a}{n}\left[na^2+\frac{2a(b-a)}{n}\cdot\frac{n(n+1)}{2}+\frac{(b-a)^2}{n^2}\cdot\frac{1}{6}n(n+1)(2n+1)+n\right]$$

$$=\lim_{n\to\infty}(b-a)\left[a^2+a(b-a)\left(1+\frac{1}{n}\right)+\frac{(b-a)^2}{6}\left(1+\frac{1}{n}\right)\left(2+\frac{1}{n}\right)+1\right]$$

$$=(b-a)\left[a^2+ab-a^2+\frac{(b-a)^2}{3}+1\right]=(b-a)\left(\frac{b^2+ab+a^2}{3}+1\right)=\frac{b^3-a^3}{3}+b-a.$$

*2. 利用定积分定义计算下列积分:

(1) $\int_a^b x\mathrm{d}x\ (a<b)$.

【解】 $f(x)=x$ 在$[a, b]$上连续，从而可积. 将$[a, b]$分成 n 等份，则 $\Delta x_i=\frac{b-a}{n}$，取 $\xi_i=a+\frac{b-a}{n}i$，$i=1, 2, \cdots, n$，则

$$\int_a^b x\mathrm{d}x=\lim_{n\to\infty}\sum_{i=1}^{n}\left(a+\frac{b-a}{n}i\right)\cdot\frac{b-a}{n}=\lim_{n\to\infty}\frac{b-a}{n}\left(na+\frac{b-a}{n}\sum_{i=1}^{n}i\right)=\lim_{n\to\infty}\frac{b-a}{n}\left[na+\frac{b-a}{n}\cdot\frac{1}{2}n(n+1)\right]$$

$$=\lim_{n\to\infty}(b-a)\left[a+\frac{b-a}{2}\left(1+\frac{1}{n}\right)\right]=(b-a)\cdot\frac{b+a}{2}=\frac{b^2-a^2}{2}.$$

(2) $\int_0^1 \mathrm{e}^x\mathrm{d}x$.

【解】 $f(x)$在$[0, 1]$上连续，从而可积. 将$[0, 1]$分成 n 等份，则 $\Delta x_i=\frac{1}{n}$. 取 $\xi_i=\frac{i}{n}$，$i=1, 2, \cdots, n$，则

$$\int_0^1 \mathrm{e}^x\mathrm{d}x=\lim_{n\to\infty}\sum_{i=1}^{n}\mathrm{e}^{\frac{i}{n}}\cdot\frac{1}{n}=\lim_{n\to\infty}\frac{1}{n}(\mathrm{e}^{\frac{1}{n}}+\mathrm{e}^{\frac{2}{n}}+\cdots+\mathrm{e}^{\frac{n}{n}})=\lim_{n\to\infty}\frac{1}{n}\cdot\frac{\mathrm{e}^{\frac{1}{n}}[1-(\mathrm{e}^{\frac{1}{n}})^n]}{1-\mathrm{e}^{\frac{1}{n}}}=\lim_{n\to\infty}\frac{\mathrm{e}^{\frac{1}{n}}(1-\mathrm{e})}{n(1-\mathrm{e}^{\frac{1}{n}})}$$

$$=\lim_{n\to\infty}\mathrm{e}^{\frac{1}{n}}(1-\mathrm{e})\cdot\frac{-1}{n(\mathrm{e}^{\frac{1}{n}}-1)}=(\mathrm{e}-1)\lim_{n\to\infty}\frac{1}{n\cdot\frac{1}{n}}=\mathrm{e}-1.$$

3. 利用定积分的几何意义，证明下列等式：

(1) $\int_0^1 2x\mathrm{d}x=1$.

【证】 $\int_0^1 2x\mathrm{d}x$ 表示直线 $y=2x$，$x=1$ 及 x 轴所围成图形的面积. 如图 5-1 所示. 其面积为$\frac{1}{2}\times1\times2=1$.

(2) $\int_0^1 \sqrt{1-x^2}\,\mathrm{d}x=\frac{\pi}{4}$.

【证】 $\int_0^1 \sqrt{1-x^2}\,\mathrm{d}x$ 表示曲线 $y=\sqrt{1-x^2}$ 及 x 轴，y 轴所围图形的面积. 如图 5-2 所示.

其面积是圆域 $x^2+y^2\leqslant1$ 在第Ⅰ象限内的面积，其值为$\frac{\pi}{4}$.

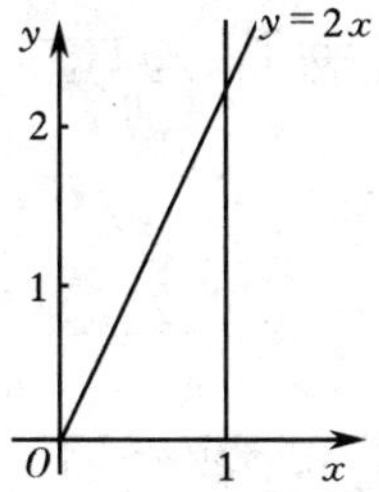

图 5-1

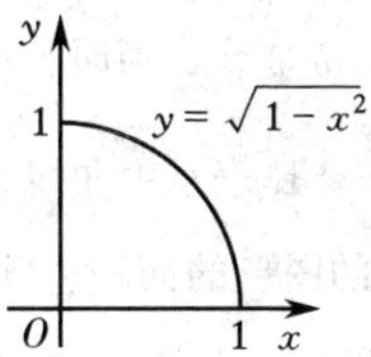

图 5-2

(3) $\int_{-\pi}^{\pi}\sin x\mathrm{d}x=0$.

【证】 $\int_{-\pi}^{\pi}\sin x\mathrm{d}x$ 表示正弦曲线 $y=\sin x$ 与 x 轴在 $x=-\pi$ 及 $x=\pi$ 之间所围成图形面积的代数和. 由 $y=\sin x$ 在$[-\pi, \pi]$上是奇函数可知，其面积的代数和为零. 如图 5-3 所示.

(4) $\int_{-\frac{\pi}{2}}^{\frac{\pi}{2}}\cos x\mathrm{d}x=2\int_{0}^{\frac{\pi}{2}}\cos x\mathrm{d}x$.

【证】 $\int_{-\frac{\pi}{2}}^{\frac{\pi}{2}}\cos x\mathrm{d}x$ 表示余弦曲线 $y=\cos x$ 与 x 轴在 $x=-\frac{\pi}{2}$ 及 $x=\frac{\pi}{2}$ 之间所围成图形的面积. 由于 $y=\cos x$ 是偶函数, 关于 y 轴对称, 所以 $\int_{0}^{\frac{\pi}{2}}\cos x\mathrm{d}x$ 是总面积的一半. 如图 5-4 所示, 则

$$\int_{-\frac{\pi}{2}}^{\frac{\pi}{2}}\cos x\mathrm{d}x=2\int_{0}^{\frac{\pi}{2}}\cos x\mathrm{d}x.$$

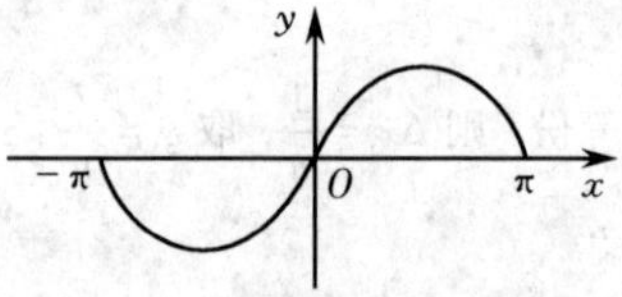

图 5-3

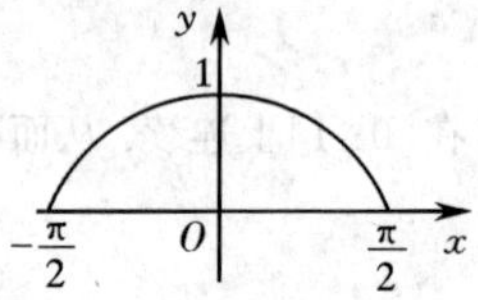

图 5-4

4. 利用定积分的几何定义, 求下列积分:

(1) $\int_{0}^{t}x\mathrm{d}x\quad(t>0)$.

【解】 $\int_{0}^{t}x\mathrm{d}x$ 表示由直线 $y=x$, $x=t$ 及 $y=0$ 围成的三角形的面积, 故 $\int_{0}^{t}x\mathrm{d}x=\frac{t^2}{2}$.

(2) $\int_{-2}^{4}\left(\frac{x}{2}+3\right)\mathrm{d}x$.

【解】 该积分表示由直线 $y=\frac{x}{2}+3$, $x=-2$, $x=4$ 及 $y=0$ 围成的梯形面积. 计算此梯形面积为 21, 故 $\int_{-2}^{4}\left(\frac{x}{2}+3\right)\mathrm{d}x=21$.

(3) $\int_{-1}^{2}|x|\mathrm{d}x$.

【解】 这是两个三角形面积的和, 其值为 $\frac{5}{2}$, 故 $\int_{-1}^{2}|x|\mathrm{d}x=\frac{5}{2}$.

(4) $\int_{-3}^{3}\sqrt{9-x^2}\mathrm{d}x$.

【解】 这是以 $O(0,0)$ 为圆心, 以 3 为半径的圆的上半圆的面积, 故 $\int_{-3}^{3}\sqrt{9-x^2}\mathrm{d}x=\frac{9}{2}\pi$.

5. 设 $a<b$, 问 a, b 取什么值时, 积分 $\int_{a}^{b}(x-x^2)\mathrm{d}x$ 取得最大值?

【解】 $\int_{a}^{b}(x-x^2)\mathrm{d}x$ 表示由曲线 $y=x-x^2$, 直线 $x=a$, $x=b$ 及 $y=0$ 围成的图形的面积, 当 x 轴下方部分面积为零时, 围成的面积最大. 即取 $a=0$, $b=1$, 积分 $\int_{a}^{b}(x-x^2)\mathrm{d}x$ 取最大值.

6. 试从定积分的几何意义, 说明以下等式成立:

$$\int_{1}^{e}\ln x\mathrm{d}x+\int_{0}^{1}e^{x}\mathrm{d}x=e.$$

【解】 如图 5-5.

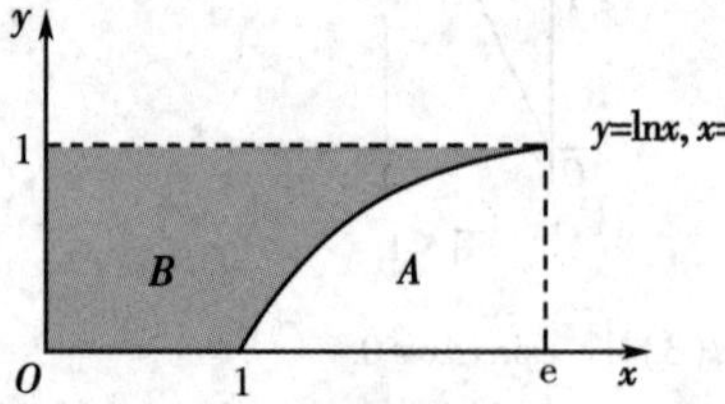

图 5-5

A 的面积 $=\int_1^e \ln x\mathrm{d}x$,

B 的面积 $=\int_0^1 e^y\mathrm{d}y=\int_0^1 e^x\mathrm{d}x$,

所以 $\int_1^e \ln x\mathrm{d}x+\int_0^1 e^x\mathrm{d}x=A$ 的面积 $+B$ 的面积 $=e\cdot 1=e$.

7. 已知 $\ln 2=\int_0^1 \frac{1}{1+x}\mathrm{d}x$，试用抛物线法公式(1-6)，求出 ln2 的近似值(取 $n=10$，计算时取 4 位小数).

【解】

i	0	1	2	3	4	5	6	7	8	9	10
x_i	0.0000	0.1000	0.2000	0.3000	0.4000	0.5000	0.6000	0.7000	0.8000	0.9000	1.0000
y_i	1.0000	0.9010	0.8333	0.7692	0.7143	0.6667	0.6250	0.5882	0.5556	0.5263	0.5000

按抛物线法公式，求得

$$S=\frac{1}{10}[(y_0+y_{10})+2(y_2+y_4+y_6+y_8)+4(y_1+y_3+y_5+y_7+y_9)]\approx 0.6931.$$

8. 设 $\int_{-1}^1 3f(x)\mathrm{d}x=18$, $\int_{-1}^3 f(x)\mathrm{d}x=4$, $\int_{-1}^3 g(x)\mathrm{d}x=3$，求

(1) $\int_{-1}^1 f(x)\mathrm{d}x$;　　(2) $\int_1^3 f(x)\mathrm{d}x$;

(3) $\int_3^{-1} g(x)\mathrm{d}x$;　　(4) $\int_{-1}^3 \frac{1}{5}[4f(x)+3g(x)]\mathrm{d}x$.

【解】 (1) $\int_{-1}^1 f(x)\mathrm{d}x=\frac{1}{3}\int_{-1}^1 3f(x)\mathrm{d}x=\frac{1}{3}\times 18=6$;

(2) $\int_1^3 f(x)\mathrm{d}x=\int_{-1}^3 f(x)\mathrm{d}x+\left[-\int_{-1}^1 f(x)\mathrm{d}x\right]=4-6=-2$;

(3) $\int_3^{-1} g(x)\mathrm{d}x=-\int_{-1}^3 g(x)\mathrm{d}x=-3$;

(4) $\int_{-1}^3 \frac{1}{5}[4f(x)+3g(x)]\mathrm{d}x=\frac{4}{5}\int_{-1}^3 f(x)\mathrm{d}x+\frac{3}{5}\int_{-1}^3 g(x)\mathrm{d}x=\frac{4}{5}\times 4+\frac{3}{5}\times 3=5$.

9. 证明定积分性质：

(1) $\int_a^b kf(x)\mathrm{d}x=k\int_a^b f(x)\mathrm{d}x$ (k 是常数).

【证】 设 $f(x)$ 在 $[a,b]$ 上可积，对任意的分法与取法，记 $\lambda=\max\{\Delta x_i \mid i=1,2,\cdots,n\}$，有

$$\int_a^b kf(x)\mathrm{d}x=\lim_{\lambda\to 0}\sum_{i=1}^n kf(\xi_i)\Delta x_i=k\left(\lim_{\lambda\to 0}\sum_{i=1}^n f(\xi_i)\Delta x_i\right)=k\int_a^b f(x)\mathrm{d}x.$$

(2) $\int_a^b 1\cdot\mathrm{d}x=\int_a^b \mathrm{d}x=b-a$.

【证】 因 $f(x)=1$ 在 $[a,b]$ 上可积，对任意分法与取法，记 $\lambda=\max\{\Delta x_i \mid i=1,2,\cdots,n\}$，有

$$\int_a^b \mathrm{d}x=\lim_{\lambda\to 0}\sum_{i=1}^n 1\cdot\Delta x_i=\lim_{\lambda\to 0}(b-a)=b-a.$$

10. 估计下列各积分的值：

(1) $\int_1^4 (x^2+1)\mathrm{d}x$.

【解】 $f(x)=x^2+1$，在区间 $[1,4]$ 上，$2\leqslant x^2+1\leqslant 17$，则 $6\leqslant\int_1^4 (x^2+1)\mathrm{d}x\leqslant 51$.

(2) $\int_{\frac{\pi}{4}}^{\frac{5}{4}\pi}(1+\sin^2 x)\mathrm{d}x$.

【解】 $f(x)=1+\sin^2 x$, 在区间$\left[\frac{\pi}{4}, \frac{5}{4}\pi\right]$上, 最大值为 2, 最小值为 1, 则

$$1\leqslant 1+\sin^2 x\leqslant 2,\ \pi\leqslant\int_{\frac{\pi}{4}}^{\frac{5}{4}\pi}(1+\sin^2 x)\mathrm{d}x\leqslant 2\pi.$$

(3) $\int_{\frac{1}{\sqrt{3}}}^{\sqrt{3}} x\arctan x\mathrm{d}x$.

【解】 $f(x)=x\arctan x$, 在区间$\left[\frac{1}{\sqrt{3}}, \sqrt{3}\right]$上, $f'(x)=\arctan x+\frac{x}{1+x^2}>0$, 则$f(x)$单调增加, 有

$$\frac{\pi}{6\sqrt{3}}\leqslant x\arctan x\leqslant\frac{\sqrt{3}}{3}\pi,\ \frac{\pi}{9}\leqslant\int_{\frac{1}{\sqrt{3}}}^{\sqrt{3}} x\arctan x\mathrm{d}x\leqslant\frac{2}{3}\pi.$$

(4) $\int_2^0 \mathrm{e}^{x^2-x}\mathrm{d}x$.

【解】 $\int_2^0 \mathrm{e}^{x^2-x}\mathrm{d}x=-\int_0^2 \mathrm{e}^{x^2-x}\mathrm{d}x$. 设$f(x)=x^2-x$, 在$[0, 2]$上,

$$f(x)=\left(x-\frac{1}{2}\right)^2-\frac{1}{4},$$

则 $$-\frac{1}{4}\leqslant f(x)\leqslant 2,\ \mathrm{e}^{-\frac{1}{4}}\leqslant\mathrm{e}^{x^2-x}\leqslant\mathrm{e}^2,\ 2\mathrm{e}^{-\frac{1}{4}}\leqslant\int_0^2\mathrm{e}^{x^2-x}\mathrm{d}x\leqslant 2\mathrm{e}^2, -2\mathrm{e}^2\leqslant\int_2^0\mathrm{e}^{x^2-x}\mathrm{d}x\leqslant -2\mathrm{e}^{-\frac{1}{4}}.$$

11. 设$f(x)$ 在$[0, 1]$ 上连续. 证明$\int_0^1 f^2(x)\mathrm{d}x\geqslant\left[\int_0^1 f(x)\mathrm{d}x\right]^2$.

【证】 记 $a=\int_0^1 f(x)\mathrm{d}x$, 又$\int_0^1[f(x)-a]^2\mathrm{d}x\geqslant 0$. 计算

$$\int_0^1[f(x)-a]^2\mathrm{d}x=\int_0^1 f^2(x)\mathrm{d}x-2a\int_0^1 f(x)\mathrm{d}x+a^2\geqslant 0.$$

判别式$\left[-2\int_0^1 f(x)\mathrm{d}x\right]^2-4\int_0^1 f^2(x)\mathrm{d}x\geqslant 0$, 因此 $\int_0^1 f^2(x)\mathrm{d}x\geqslant\left[\int_0^1 f(x)\mathrm{d}x\right]^2$.

12. 设$f(x)$及$g(x)$在$[a, b]$上连续, 证明:

(1) 若在$[a, b]$上, $f(x)\geqslant 0$, 且$f(x)\not\equiv 0$. 则$\int_a^b f(x)\mathrm{d}x>0$.

【证】 用反证法. 设存在一点$x_0\in[a, b]$, 使得$f(x_0)>0$. 由于$f(x)$在$x=x_0$处连续, 由连续函数保号性, 存在x_0的一个邻域$U(x_0, \delta)$, 使$x\in U(x_0, \delta)$时, 有$f(x)>0$.

又当$x\in[a, b]$时, $f(x)\geqslant 0$, 故有

$$\int_a^b f(x)\mathrm{d}x=\int_a^{x_0-\delta}f(x)\mathrm{d}x+\int_{x_0-\delta}^{x_0+\delta}f(x)\mathrm{d}x+\int_{x_0+\delta}^b f(x)\mathrm{d}x\geqslant\int_{x_0-\delta}^{x_0+\delta}f(x)\mathrm{d}x>0,$$

与题设矛盾, 则对一切$x\in[a, b]$, 有$f(x)\equiv 0$.

(2) 若在$[a, b]$上, $f(x)\geqslant 0$, 且$\int_a^b f(x)\mathrm{d}x=0$, 则在$[a, b]$上$f(x)\equiv 0$.

【证】 因为在$[a, b]$上, $f(x)\geqslant 0$, 所以

$$\int_a^b f(x)\mathrm{d}x\geqslant 0.$$

假设$\int_a^b f(x)\mathrm{d}x=0$, 则由(1)知$f(x)\equiv 0$. 与题设矛盾, 故有

$$\int_a^b f(x)\mathrm{d}x>0.$$

(3) 若在$[a, b]$上, $f(x)\leqslant g(x)$, 且$\int_a^b f(x)\mathrm{d}x=\int_a^b g(x)\mathrm{d}x$, 则在$[a, b]$上, $f(x)\equiv g(x)$.

【证】 设 $F(x)=g(x)-f(x)$，则在 $[a,b]$ 上，$F(x)\geqslant 0$，且

$$\int_a^b F(x)\mathrm{d}x=0.$$

由(1)的证明知：在 $[a,b]$ 上，$F(x)\equiv 0$，即 $g(x)\equiv f(x)$.

13. 根据定积分的性质及第 12 题的结论，说明下列积分哪一个的值较大：

(1) $\int_0^1 x^2\mathrm{d}x$ 还是 $\int_0^1 x^3\mathrm{d}x$？ (2) $\int_1^2 x^2\mathrm{d}x$ 还是 $\int_1^2 x^3\mathrm{d}x$？ (3) $\int_1^2 \ln x\mathrm{d}x$ 还是 $\int_1^2 (\ln x)^2\mathrm{d}x$？

(4) $\int_0^1 x\mathrm{d}x$ 还是 $\int_0^1 \ln(1+x)\mathrm{d}x$？ (5) $\int_0^1 \mathrm{e}^x\mathrm{d}x$ 还是 $\int_0^1 (1+x)\mathrm{d}x$？

【解】 (1) 因为 $x^2\geqslant x^3$，$x\in[0,1]$，所以 $\int_0^1 x^2\mathrm{d}x\geqslant \int_0^1 x^3\mathrm{d}x$；

(2) 因为 $x^2\leqslant x^3$，$x\in[1,2]$，所以 $\int_0^1 x^2\mathrm{d}x\leqslant \int_0^1 x^3\mathrm{d}x$；

(3) 因为 $x\in[1,2]$，所以 $0\leqslant \ln x<1$，故 $\ln x\geqslant(\ln x)^2$，$\int_1^2 \ln x\mathrm{d}x\geqslant \int_1^2 (\ln x)^2\mathrm{d}x$；

(4) 设 $f(x)=\ln(1+x)-x$，$x\in(0,1)$，则 $f'(x)=\dfrac{1}{1+x}-1=\dfrac{-x}{1+x}<0$，

故 $f(x)$ 在 $[0,1]$ 上单调减少，$f(x)<f(0)=0$，即

$$\ln(1+x)<x,$$

从而

$$\int_0^1 \ln(1+x)\mathrm{d}x<\int_0^1 x\mathrm{d}x;$$

(5) 设 $f(x)=\mathrm{e}^x-(1+x)$，$x\in(0,1)$，则 $f'(x)=\mathrm{e}^x-1>0$，

故 $f(x)$ 在 $[0,1]$ 上单调增加，$f(x)>f(0)=0$，即

$$\mathrm{e}^x>1+x,$$

从而

$$\int_0^1 \mathrm{e}^x\mathrm{d}x>\int_0^1 (1+x)\mathrm{d}x.$$

习题 5-2 微积分基本公式

1. 试求函数 $y=\int_0^x \sin t\mathrm{d}t$ 当 $x=0$ 及 $x=\dfrac{\pi}{4}$ 时的导数.

【解】 $y'=\sin x$，$y'\big|_{x=0}=\sin 0=0$，$y'\big|_{x=\frac{\pi}{4}}=\sin\dfrac{\pi}{4}=\dfrac{\sqrt{2}}{2}$.

2. 求由参数表达式 $x=\int_0^t \sin u\mathrm{d}u$，$y=\int_0^t \cos u\mathrm{d}u$ 所给定的函数 y 对 x 的导数 $\dfrac{\mathrm{d}y}{\mathrm{d}x}$.

【解】 $\dfrac{\mathrm{d}x}{\mathrm{d}t}=\sin t$，$\dfrac{\mathrm{d}y}{\mathrm{d}t}=\cos t$，$\dfrac{\mathrm{d}y}{\mathrm{d}x}=\dfrac{\mathrm{d}y/\mathrm{d}t}{\mathrm{d}x/\mathrm{d}t}=\dfrac{\cos t}{\sin t}=\cot t$.

3. 求由 $\int_0^y \mathrm{e}^t\mathrm{d}t+\int_0^x \cos t\mathrm{d}t=0$ 所决定的隐函数对 x 的导数 $\dfrac{\mathrm{d}y}{\mathrm{d}x}$.

【解】 方程两边对 x 求导，得

$$\mathrm{e}^y\cdot y'+\cos x=0,$$

解出

$$y'=-\frac{\cos x}{\mathrm{e}^y}.$$

又

$$\mathrm{e}^t\Big|_0^y+\sin t\Big|_0^x=0,$$

即

$$\mathrm{e}^y-1+\sin x=0,$$

所以

$$y'=\frac{\cos x}{\sin x-1}.$$

4. 当 x 为何值时，函数 $I(x)=\int_0^x te^{-t^2}dt$ 有极值?

【解】 $I'(x)=xe^{-x^2}$. 令 $I'(x)=0$，得 $x=0$.
当 $x<0$ 时，$I'(x)<0$；当 $x>0$ 时，$I'(x)>0$. 所以，$I(x)$ 在 $x=0$ 处取极小值，极小值为 $I(0)=0$.

5. 计算下列各导数：

(1) $\frac{d}{dx}\int_0^{x^2}\sqrt{1+t^2}\,dt$.

【解】 $\frac{d}{dx}\int_0^{x^2}\sqrt{1+t^2}\,dt=\sqrt{1+x^4}\cdot 2x$.

(2) $\frac{d}{dx}\int_{x^2}^{x^3}\frac{dt}{\sqrt{1+t^4}}$.

【解】 $\frac{d}{dx}\int_{x^2}^{x^3}\frac{dt}{\sqrt{1+t^4}}=\frac{d}{dx}\left(\int_{x^2}^{0}\frac{dt}{\sqrt{1+t^4}}+\int_0^{x^3}\frac{dt}{\sqrt{1+t^4}}\right)$

$$=\frac{d}{dx}\left(-\int_0^{x^2}\frac{dt}{\sqrt{1+t^4}}\right)+\frac{d}{dx}\int_0^{x^3}\frac{dt}{\sqrt{1+t^4}}=-\frac{2x}{\sqrt{1+x^8}}+\frac{3x^2}{\sqrt{1+x^{12}}}.$$

(3) $\frac{d}{dx}\int_{\sin x}^{\cos x}\cos(\pi t^2)\,dt$.

【解】 $\frac{d}{dx}\int_{\sin x}^{\cos x}\cos(\pi t^2)\,dt=\frac{d}{dx}\int_{\sin x}^{0}\cos(\pi t^2)\,dt+\frac{d}{dx}\int_0^{\cos x}\cos(\pi t^2)\,dt$

$=-\cos(\pi\sin^2x)\cdot\cos x+\cos(\pi\cos^2x)\cdot(-\sin x)=-\cos x(\pi\sin^2x)\cos x-\cos(\pi-\pi\sin^2x)\sin x$
$=\cos(\pi\sin^2x)(\sin x-\cos x)$.

6. 证明 $f(x)=\int_1^x\sqrt{1+t^3}\,dt$ 在 $[-1,+\infty)$ 上是单调增加函数，并求 $(f^{-1})'(0)$.

【证】 当 $x>-1$ 时，$f'(x)=\sqrt{1+x^3}>0$，故 $f(x)$ 在 $[-1,+\infty)$ 上单调增加.

$f(1)=0$，故 $(f^{-1})'(0)=\frac{1}{f'(1)}=\frac{\sqrt{2}}{2}$.

7. 设 $f(x)=\int_0^x\left[\int_{\sin t}^1\sqrt{1+u^4}\,du\right]dt$，求 $f''\left(\frac{\pi}{3}\right)$.

【解】 $f'(x)=\int_{\sin x}^1\sqrt{1+u^4}\,du$,

$f''(x)=-\sqrt{1+\sin^4x}\cdot(\sin x)'=-\cos x\sqrt{1+\sin^4x}$,

$f''\left(\frac{\pi}{3}\right)=-\cos\frac{\pi}{3}\sqrt{1+\left(\sin\frac{\pi}{3}\right)^4}=-\frac{1}{2}\sqrt{1+\left(\frac{\sqrt{3}}{2}\right)^4}=-\frac{5}{8}$.

8. 设 $f(x)$ 具有三阶连续导数，$y=f(x)$ 的图形如图 5-6 所示. 问下列积分中的哪一个积分值为负?

(A) $\int_{-1}^3 f(x)\,dx$ (B) $\int_{-1}^3 f'(x)\,dx$

(C) $\int_{-1}^3 f''(x)\,dx$ (D) $\int_{-1}^3 f'''(x)\,dx$

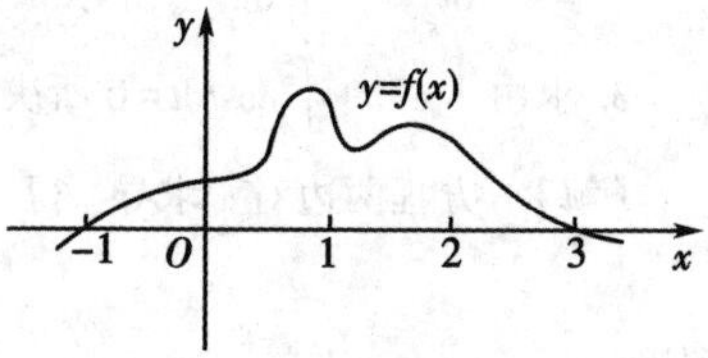

图 5-6

【解】 由 $y=f(x)$ 的图形知，$f(x)\geqslant 0$，$x\in[-1,3]$，且 $f(-1)=f(3)=0$，$f'(-1)>0$，$f''(-1)<0$，$f'(3)<0$，$f''(3)>0$. 于是有

$$\int_{-1}^3 f'(x)\,dx>0,\int_{-1}^3 f'(x)\,dx=f(3)-f(-1)=0,$$

$$\int_{-1}^{3} f''(x)\,dx = f'(3) - f'(-1) < 0,\ \int_{-1}^{3} f'''(x)\,dx = f''(3) - f''(-1) > 0.$$

综合知选 C.

9. 计算下列各定积分：

(1) $\int_0^a (3x^2-x+1)\,dx$.

【解】 $\int_0^a (3x^2-x+1)\,dx = \left(x^3-\frac{1}{2}x^2+x\right)\Big|_0^a = a^3-\frac{1}{2}a^2+a$.

(2) $\int_1^2 \left(x^2+\frac{1}{x^4}\right)dx$.

【解】 $\int_1^2 \left(x^2+\frac{1}{x^4}\right)dx = \left(\frac{1}{3}x^3-\frac{1}{3x^3}\right)\Big|_1^2 = \frac{1}{3}\times2^3-\frac{1}{3\times2^3}-\left(\frac{1}{3}\times1^3-\frac{1}{3\times1^3}\right) = 2\frac{5}{8}$.

(3) $\int_4^9 \sqrt{x}(1+\sqrt{x})\,dx$.

【解】 $\int_4^9 \sqrt{x}(1+\sqrt{x})\,dx = \int_4^9 (\sqrt{x}+x)\,dx = \left(\frac{2}{3}x^{\frac{3}{2}}+\frac{1}{2}x^2\right)\Big|_4^9$

$$= \left(\frac{2}{3}\times9^{\frac{3}{2}}+\frac{1}{2}\times9^2\right)-\left(\frac{2}{3}\times4^{\frac{3}{2}}+\frac{1}{2}\times4^2\right) = 45\frac{1}{6}.$$

(4) $\int_{\frac{1}{\sqrt{3}}}^{\sqrt{3}} \frac{dx}{1+x^2}$.

【解】 $\int_{\frac{1}{\sqrt{3}}}^{\sqrt{3}} \frac{dx}{1+x^2} = \arctan x\Big|_{\frac{1}{\sqrt{3}}}^{\sqrt{3}} = \arctan\sqrt{3}-\arctan\frac{\sqrt{3}}{3} = \frac{\pi}{3}-\frac{\pi}{6} = \frac{\pi}{6}$.

(5) $\int_{-\frac{1}{2}}^{\frac{1}{2}} \frac{dx}{\sqrt{1-x^2}}$.

【解】 $\int_{-\frac{1}{2}}^{\frac{1}{2}} \frac{dx}{\sqrt{1-x^2}} = 2\int_0^{\frac{1}{2}} \frac{dx}{\sqrt{1-x^2}} = 2\arcsin x\Big|_0^{\frac{1}{2}} = 2\times\frac{\pi}{6} = \frac{\pi}{3}$.

(6) $\int_0^{\sqrt{3}a} \frac{dx}{a^2+x^2}$.

【解】 $\int_0^{\sqrt{3}a} \frac{dx}{a^2+x^2} = \frac{1}{a}\arctan\frac{x}{a}\Big|_0^{\sqrt{3}a} = \frac{1}{a}\arctan\sqrt{3} = \frac{\pi}{3a}$.

(7) $\int_0^1 \frac{dx}{\sqrt{4-x^2}}$.

【解】 $\int_0^1 \frac{dx}{\sqrt{4-x^2}} = \arcsin\frac{x}{2}\Big|_0^1 = \arcsin\frac{1}{2} = \frac{\pi}{6}$.

(8) $\int_{-1}^0 \frac{3x^4+3x^2+1}{x^2+1}dx$.

【解】 $\int_{-1}^0 \frac{3x^4+3x^2+1}{x^2+1}dx = \int_{-1}^0 \left(3x^2+\frac{1}{1+x^2}\right)dx = (x^3+\arctan x)\Big|_{-1}^0 = 1+\frac{\pi}{4}$.

(9) $\int_{-e-1}^{-2} \frac{dx}{1+x}$.

【解】 $\int_{-e-1}^{-2} \frac{dx}{1+x} = (\ln|1+x|)\Big|_{-e-1}^{-2} = -1$.

(10) $\int_0^{\frac{\pi}{4}} \tan^2\theta\,d\theta$.

【解】 $\int_0^{\frac{\pi}{4}}\tan^2\theta d\theta=\int_0^{\frac{\pi}{4}}(\sec^2\theta-1)d\theta=(\tan\theta-\theta)\Big|_0^{\frac{\pi}{4}}=\tan\frac{\pi}{4}-\frac{\pi}{4}=1-\frac{\pi}{4}.$

(11) $\int_0^{2\pi}|\sin x|dx.$

【解】 $\int_0^{2\pi}|\sin x|dx=\int_0^{\pi}\sin x dx+\int_{\pi}^{2\pi}(-\sin x)dx=-\cos x\Big|_0^{\pi}+\cos x\Big|_{\pi}^{2\pi}=4.$

(12) $\int_0^2 f(x)dx$, 其中 $f(x)=\begin{cases}x+1, & x\leqslant 1,\\ \frac{1}{2}x^2, & x>1.\end{cases}$

【解】 $\int_0^2 f(x)dx=\int_0^1(x+1)dx+\int_1^2\frac{1}{2}x^2dx=\left(\frac{1}{2}x^2+x\right)\Big|_0^1+\frac{1}{6}x^3\Big|_1^2=\frac{8}{3}.$

10. 设 $k\in\mathbf{N}^+$, 试证下列各题:

(1) $\int_{-\pi}^{\pi}\cos kx dx=0.$

【证】 $\int_{-\pi}^{\pi}\cos kx dx=\frac{1}{k}\sin kx\Big|_{-\pi}^{\pi}=\frac{1}{k}[\sin k\pi-\sin(-k\pi)]=0.$

(2) $\int_{-\pi}^{\pi}\sin kx dx=0.$

【证】 $\int_{-\pi}^{\pi}\sin kx dx=-\frac{1}{k}\cos kx\Big|_{-\pi}^{\pi}=-\frac{1}{k}(\cos k\pi-\cos k\pi)=0.$

(3) $\int_{-\pi}^{\pi}\cos^2 kx dx=\pi.$

【证】 $\int_{-\pi}^{\pi}\cos^2 kx dx=\int_{-\pi}^{\pi}\frac{1+\cos 2kx}{2}dx=\int_{-\pi}^{\pi}\frac{1}{2}dx+\frac{1}{2}\int_{-\pi}^{\pi}\cos 2kx dx=\frac{1}{2}x\Big|_{-\pi}^{\pi}=\pi.$

(4) $\int_{-\pi}^{\pi}\sin^2 kx dx=\pi.$

【证】 $\int_{-\pi}^{\pi}\sin^2 kx dx=\int_{-\pi}^{\pi}\frac{1-\cos 2kx}{2}dx=\int_{-\pi}^{\pi}\frac{1}{2}dx-\frac{1}{2}\int_{-\pi}^{\pi}\cos 2kx dx=\pi.$

11. 设 $k, l\in\mathbf{N}^+$, 且 $k\neq l$. 证明:

(1) $\int_{-\pi}^{\pi}\cos kx\sin lx dx=0.$

【证】 $\int_{-\pi}^{\pi}\cos kx\sin lx dx=\frac{1}{2}\int_{-\pi}^{\pi}[\sin(l+k)x+\sin(l-k)x]dx=0.$

(2) $\int_{-\pi}^{\pi}\cos kx\cos lx dx=0.$

【证】 $\int_{-\pi}^{\pi}\cos kx\cos lx dx=\frac{1}{2}\int_{-\pi}^{\pi}[\cos(k+l)x+\cos(k-l)x]dx=0.$

(3) $\int_{-\pi}^{\pi}\sin kx\sin lx dx=0.$

【证】 $\int_{-\pi}^{\pi}\sin kx\sin lx dx=-\frac{1}{2}\int_{-\pi}^{\pi}[\cos(k+l)x-\cos(k-l)x]dx=0.$

12. 求下列极限:

(1) $\lim\limits_{x\to 0}\frac{\int_0^x\cos t^2 dt}{x}.$

【解】 $\lim\limits_{x\to 0}\frac{\int_0^x\cos t^2 dt}{x}=\lim\limits_{x\to 0}\frac{\cos x^2}{1}=1.$

(2) $\lim\limits_{x\to0}\dfrac{\left(\int_0^x e^{t^2}dt\right)^2}{\int_0^x te^{2t^2}dt}$.

【解】 $\lim\limits_{x\to0}\dfrac{\left(\int_0^x e^{t^2}dt\right)^2}{\int_0^x te^{2t^2}dt}=\lim\limits_{x\to0}\dfrac{2\int_0^x e^{t^2}dt\cdot e^{x^2}}{xe^{2x^2}}=\lim\limits_{x\to0}\dfrac{2\int_0^x e^{t^2}dt}{xe^{x^2}}=\lim\limits_{x\to0}\dfrac{2e^{x^2}}{e^{x^2}+x\cdot e^{x^2}\cdot 2x}=2.$

13. 设

$$f(x)=\begin{cases}x^2, & x\in[0,1),\\ x, & x\in[1,2].\end{cases}$$

求 $\Phi(x)=\int_0^x f(t)dt$ 在 $[0,2]$ 上的表达式，并讨论 $\Phi(x)$ 在 $(0,2)$ 内的连续性.

【解】 当 $x\in[0,1)$ 时，

$$\Phi(x)=\int_0^x t^2dt=\frac{1}{3}x^3;$$

当 $x\in[1,2]$ 时，

$$\Phi(x)=\int_0^1 t^2dt+\int_1^x tdt=\frac{1}{3}+\frac{1}{2}x^2-\frac{1}{2}=\frac{1}{2}x^2-\frac{1}{6}.$$

所以

$$\Phi(x)=\begin{cases}\dfrac{1}{3}x^3, & x\in[0,1),\\ \dfrac{1}{2}x^2-\dfrac{1}{6}, & x\in[1,2].\end{cases}$$

由于

$$\Phi(1-0)=\lim_{x\to1^-}\Phi(x)=\lim_{x\to1^-}\frac{1}{3}x^3=\frac{1}{3},\quad \Phi(1+0)=\lim_{x\to1^+}\Phi(x)=\lim_{x\to1^+}\left(\frac{1}{2}x^2-\frac{1}{6}\right)=\frac{1}{3},\quad \Phi(1)=\frac{1}{3},$$

所以 $\Phi(x)$ 在 $(0,2)$ 内连续.

14. 设

$$f(x)=\begin{cases}\dfrac{1}{2}\sin x, & 0\leqslant x\leqslant\pi,\\ 0, & x<0 \text{ 或 } x>\pi.\end{cases}$$

求 $\Phi(x)=\int_0^x f(t)dt$ 在 $(-\infty,+\infty)$ 内的表达式.

【解】 当 $x<0$ 时，$\Phi(x)=0$；

当 $0\leqslant x\leqslant\pi$ 时， $\Phi(x)=\int_0^x\dfrac{1}{2}\sin tdt=-\dfrac{1}{2}\cos t\Big|_0^x=-\dfrac{1}{2}\cos x+\dfrac{1}{2}$；

当 $x>\pi$ 时， $\Phi(x)=\int_0^\pi\dfrac{1}{2}\sin tdt+\int_\pi^x 0dt=1.$

所以

$$\Phi(x)=\begin{cases}0, & x<0,\\ \dfrac{1}{2}(1-\cos x), & 0\leqslant x\leqslant\pi,\\ 1, & x>\pi.\end{cases}$$

15. 设 $f(x)$ 在 $[a,b]$ 上连续，在 (a,b) 内可导且 $f'(x)\leqslant0$，

$$F(x)=\frac{1}{x-a}\int_a^x f(t)dt.$$

证明在 (a,b) 内有 $F'(x)\leqslant0$.

【证】 $F'(x)=\dfrac{f(x)(x-a)-\int_0^x f(t)dt}{(x-a)^2}=\dfrac{f(x)-f(\xi)}{x-a}\ (a<\xi<x).$

因为 $f'(x)\leqslant 0$, 所以在 (a,b) 内, $f(x)$ 是非增函数, 则对 $a<\xi<x$, 有

$$f(x)\leqslant f(\xi),$$

从而
$$F'(x)=\frac{f(x)-f(\xi)}{x-a}\leqslant 0.$$

16. 以下积分上限的函数

$$S(x)=\int_0^x \sin\frac{\pi t^2}{2}\mathrm{d}t,\ x\in(-\infty,+\infty)$$

称为菲涅耳(Fresnel)积分, 在光学中有重要应用.

(1) 证明: $S(x)$ 为奇函数;

(2) 求出 $S(x)$ 的极小值点.

【解】 (1) $S(-x)=\int_0^{-x}\sin\frac{\pi t^2}{2}\mathrm{d}t \xlongequal{t=-u} \int_0^x \sin\frac{\pi u^2}{2}(-1)\mathrm{d}u$

$$=-\int_0^x \sin\frac{\pi u^2}{2}\mathrm{d}u=-S(x),\ x\in(-\infty,+\infty).$$

所以 $S(x)$ 为奇函数.

(2) $S'(x)=\sin\frac{\pi x^2}{2}$, $S''(x)=\pi x\cdot\cos\frac{\pi x^2}{2}$.

令 $S'(x)=0\Rightarrow\frac{\pi x^2}{2}=k\pi$, 从而得所有驻点 $x=\pm\sqrt{2k}$ $(k=0,1,2,\cdots)$.

当 $k=0$ 时, $x=0$. 由于 $S(0)=0$ 且 $S(x)$ 为奇函数, 故 $x=0$ 不是极值点.

当 $k=2,4,6,\cdots$ 时,

$$S''(\sqrt{2k})=\sqrt{2k}\pi\cdot\cos(k\pi)=\sqrt{2k}\pi\cdot 1=\sqrt{2k}\pi>0;$$

当 $k=1,3,5,\cdots$ 时,

$$S''(-\sqrt{2k})=-\sqrt{2k}\pi\cdot\cos(k\pi)=-\sqrt{2k}\pi\cdot(-1)=\sqrt{2k}\pi>0.$$

由此得 $S(x)$ 的全体极小值点为

$$x=(-1)^k\sqrt{2k},\ k=1,2,3,\cdots.$$

17. 设 $f(x)$ 在 $[0,+\infty)$ 内连续, 且 $\lim\limits_{x\to+\infty}f(x)=1$. 证明函数 $y=\mathrm{e}^{-x}\cdot\int_0^x \mathrm{e}^t f(t)\mathrm{d}t$ 满足微分方程 $\frac{\mathrm{d}y}{\mathrm{d}x}+y=f(x)$, 并求 $\lim\limits_{x\to+\infty}y(x)$.

【证】 $\frac{\mathrm{d}y}{\mathrm{d}x}=-\mathrm{e}^{-x}\int_0^x \mathrm{e}^t f(t)\mathrm{d}t+f(x)=-y+f(x)$.

得证.

由于 $\lim\limits_{x\to+\infty}f(x)=1$, $\exists X_0>0$, 使当 $x>X_0$ 时, $f(x)>\frac{1}{2}$.

$$\int_0^x \mathrm{e}^t f(t)\mathrm{d}t=\int_0^{X_0}\mathrm{e}^t f(t)\mathrm{d}t+\int_{X_0}^x \mathrm{e}^t f(t)\mathrm{d}t\geqslant\int_0^{X_0}\mathrm{e}^t f(t)\mathrm{d}t+\int_{X_0}^x\frac{1}{2}\mathrm{e}^{X_0}\mathrm{d}t=\int_0^{X_0}\mathrm{e}^t f(t)\mathrm{d}t+\frac{1}{2}\mathrm{e}^{X_0}(x-X_0),$$

$$\lim_{x\to+\infty}y(x)=\lim_{X\to+\infty}\frac{\int_0^1 \mathrm{e}^t f(t)\mathrm{d}t}{\mathrm{e}^x}=\lim_{x\to+\infty}\frac{\mathrm{e}^x f(x)}{\mathrm{e}^x}=1.$$

习题 5-3 定积分的换元法和分部积分法

1. 计算下列定积分:

(1) $\int_{\frac{\pi}{3}}^{\pi}\sin\left(x+\frac{\pi}{3}\right)\mathrm{d}x$.

【解】 原式$=\int_{\frac{\pi}{3}}^{\pi}\sin\left(x+\frac{\pi}{3}\right)\mathrm{d}\left(x+\frac{\pi}{3}\right)=-\cos\left(x+\frac{\pi}{3}\right)\Big|_{\frac{\pi}{3}}^{\pi}=0.$

(2) $\int_{-2}^{1}\frac{\mathrm{d}x}{(11+5x)^3}.$

【解】 原式$=\frac{1}{5}\int_{-2}^{1}\frac{1}{(11+5x)^3}\mathrm{d}(5x+11)=-\frac{1}{10(11+5x)^2}\Big|_{-2}^{1}=-\frac{1}{10\times16^2}+\frac{1}{10}=\frac{51}{512}.$

(3) $\int_0^{\frac{\pi}{2}}\sin\varphi\cos^3\varphi\mathrm{d}\varphi.$

【解】 原式$=-\int_0^{\frac{\pi}{2}}\cos^3\varphi\mathrm{d}\cos\varphi=-\frac{1}{4}\cos^4\varphi\Big|_0^{\frac{\pi}{2}}=\frac{1}{4}.$

(4) $\int_0^{\pi}(1-\sin^3\theta)\mathrm{d}\theta.$

【解】 原式$=\int_0^{\pi}\mathrm{d}\theta-\int_0^{\pi}\sin^2\theta\sin\theta\mathrm{d}\theta=\theta\Big|_0^{\pi}+\int_0^{\pi}(1-\cos^2\theta)\mathrm{d}\cos\theta=\pi+\left(\cos\theta-\frac{1}{3}\cos^3\theta\right)\Big|_0^{\pi}=\pi-\frac{4}{3}.$

(5) $\int_{\frac{\pi}{6}}^{\frac{\pi}{2}}\cos^2u\mathrm{d}u.$

【解】 原式$=\frac{1}{2}\int_{\frac{\pi}{6}}^{\frac{\pi}{2}}(1+\cos2u)\mathrm{d}u=\frac{1}{2}\left(u+\frac{1}{2}\sin2u\right)\Big|_{\frac{\pi}{6}}^{\frac{\pi}{2}}=\frac{\pi}{6}-\frac{\sqrt{3}}{8}.$

(6) $\int_0^{\sqrt{2}}\sqrt{2-x^2}\mathrm{d}x.$

【解】 令 $x=\sqrt{2}\sin t$，则

原式$=\int_0^{\frac{\pi}{2}}\sqrt{2-2\sin^2t}\cdot\sqrt{2}\cos t\mathrm{d}t=2\int_0^{\frac{\pi}{2}}\cos^2t\mathrm{d}t=\int_0^{\frac{\pi}{2}}(1+\cos2t)\mathrm{d}t=\left(t+\frac{1}{2}\sin2t\right)\Big|_0^{\frac{\pi}{2}}=\frac{\pi}{2}.$

(7) $\int_{-\sqrt{2}}^{\sqrt{2}}\sqrt{8-2y^2}\mathrm{d}y.$

【解】 令 $y=2\sin t$，$\mathrm{d}y=2\cos t\mathrm{d}t$，则

$$\text{原式}=\int_{-\frac{\pi}{4}}^{\frac{\pi}{4}}\sqrt{8-8\sin^2t}\cdot2\cos t\mathrm{d}t=\int_{-\frac{\pi}{4}}^{\frac{\pi}{4}}4\sqrt{2}\cos^2t\mathrm{d}t$$

$$=4\sqrt{2}\int_0^{\frac{\pi}{4}}(1+\cos2t)\mathrm{d}t=4\sqrt{2}\left(t+\frac{1}{2}\sin2t\right)\Big|_0^{\frac{\pi}{4}}=4\sqrt{2}\left(\frac{\pi}{4}+\frac{1}{2}\right)=\sqrt{2}(\pi+2).$$

(8) $\int_{\frac{1}{\sqrt{2}}}^{1}\frac{\sqrt{1-x^2}}{x^2}\mathrm{d}x.$

【解】 令 $x=\sin t$，$\mathrm{d}x=\cos t\mathrm{d}t$，则

原式$=\int_{\frac{\pi}{4}}^{\frac{\pi}{2}}\frac{\sqrt{1-\sin^2t}}{\sin^2t}\cdot\cos t\mathrm{d}t=\int_{\frac{\pi}{4}}^{\frac{\pi}{2}}\cot^2t\mathrm{d}t=\int_{\frac{\pi}{4}}^{\frac{\pi}{2}}(\csc^2t-1)\mathrm{d}t=(-\cot t-t)\Big|_{\frac{\pi}{4}}^{\frac{\pi}{2}}=1-\frac{\pi}{4}.$

(9) $\int_0^a x^2\sqrt{a^2-x^2}\mathrm{d}x\ (a>0).$

【解】 令 $x=a\sin t$，$\mathrm{d}x=a\cos t\mathrm{d}t$，则

原式$=\int_0^{\frac{\pi}{2}}a^2\sin^2t\cdot\sqrt{a^2-a^2\sin^2t}\cdot a\cos t\mathrm{d}t=a^4\int_0^{\frac{\pi}{2}}\sin^2t\cos^2t\mathrm{d}t=a^4\int_0^{\frac{\pi}{2}}(\sin^2t-\sin^4t)\mathrm{d}t$

$=a^4\cdot\left(\frac{1}{2}\cdot\frac{\pi}{2}-\frac{3}{4}\cdot\frac{1}{2}\cdot\frac{\pi}{2}\right)=\frac{\pi}{16}a^4.$

(10) $\int_{1}^{\sqrt{3}}\frac{dx}{x^2\sqrt{1+x^2}}$.

【解】 令 $x=\tan t$, $dx=\sec^2 t dt$, 则

$$原式=\int_{\frac{\pi}{4}}^{\frac{\pi}{3}}\frac{\sec^2 t}{\tan^2 t\sqrt{1+\tan^2 t}}dt=\int_{\frac{\pi}{4}}^{\frac{\pi}{3}}\frac{\sec t}{\tan^2 t}dt=\int_{\frac{\pi}{4}}^{\frac{\pi}{3}}\frac{\cos t}{\sin^2 t}dt=\int_{\frac{\pi}{4}}^{\frac{\pi}{3}}\frac{1}{\sin^2 t}d\sin t=-\frac{1}{\sin t}\Bigg|_{\frac{\pi}{4}}^{\frac{\pi}{3}}=\sqrt{2}-\frac{2\sqrt{3}}{3}.$$

(11) $\int_{-1}^{1}\frac{xdx}{\sqrt{5-4x}}$.

【解】 设 $\sqrt{5-4x}=t$, $x=\frac{5}{4}-\frac{1}{4}t^2$, $dx=-\frac{1}{2}tdt$, 则

$$原式=\int_{3}^{1}\frac{\frac{5}{4}-\frac{1}{4}t^2}{t}\cdot\left(-\frac{1}{2}t\right)dt=-\frac{1}{8}\int_{3}^{1}(5-t^2)dt=\frac{1}{8}\left(5t-\frac{1}{3}t^3\right)\Bigg|_{1}^{3}=\frac{1}{6}.$$

(12) $\int_{1}^{4}\frac{dx}{1+\sqrt{x}}$.

【解】 设$\sqrt{x}=t$, $x=t^2$, $dx=2tdt$, 则

$$原式=\int_{1}^{2}\frac{2t}{1+t}dt=2\int_{1}^{2}\left(1-\frac{1}{1+t}\right)dt=2[t-\ln|1+t|]\Big|_{1}^{2}=2+2\ln\frac{2}{3}.$$

(13) $\int_{\frac{3}{4}}^{1}\frac{dx}{\sqrt{1-x}-1}$.

【解】 设 $\sqrt{1-x}=t$, $x=1-t^2$, $dx=-2tdt$, 则

$$原式=\int_{\frac{1}{2}}^{0}\frac{-2t}{t-1}dt=2\int_{0}^{\frac{1}{2}}\frac{t}{t-1}dt=2\int_{0}^{\frac{1}{2}}\left(1+\frac{1}{t-1}\right)dt=2(t+\ln|t-1|)\Big|_{0}^{\frac{1}{2}}=1-2\ln 2.$$

(14) $\int_{0}^{\sqrt{2}a}\frac{xdx}{\sqrt{3a^2-x^2}}$ $(a>0)$.

【解】 $原式=-\frac{1}{2}\int_{0}^{\sqrt{2}a}\frac{1}{\sqrt{3a^2-x^2}}d(3a^2-x^2)=-\sqrt{3a^2-x^2}\Big|_{0}^{\sqrt{2}a}=(\sqrt{3}-1)a.$

(15) $\int_{0}^{1}te^{-\frac{t^2}{2}}dt$.

【解】 $原式=-\int_{0}^{1}e^{-\frac{t^2}{2}}d\left(-\frac{t^2}{2}\right)=-e^{-\frac{t^2}{2}}\Big|_{0}^{1}=1-\frac{1}{\sqrt{e}}.$

(16) $\int_{1}^{e^2}\frac{dx}{x\sqrt{1+\ln x}}$.

【解】 $原式=\int_{1}^{e^2}\frac{1}{\sqrt{1+\ln x}}d(\ln x+1)=2\sqrt{1+\ln x}\Big|_{1}^{e^2}=2\sqrt{3}-2.$

(17) $\int_{-2}^{0}\frac{(x+2)dx}{x^2+2x+2}$.

【解】 $原式=\int_{-2}^{0}\frac{(x+1)+1}{(x+1)^2+1}dx=\frac{1}{2}\ln(x^2+2x+2)\Big|_{-2}^{0}+\arctan(x+1)\Big|_{-2}^{0}=\frac{\pi}{2}.$

(18) $\int_{0}^{2}\frac{xdx}{(x^2-2x+2)^2}$.

【解】 令 $x-1=\tan t$, 则

$$原式=\int_{-\frac{\pi}{4}}^{\frac{\pi}{4}}\frac{(1+\tan t)}{\sec^2 t}dt=2\int_{0}^{\frac{\pi}{4}}\cos^2 tdt=\int_{0}^{\frac{\pi}{4}}(1+\cos 2t)dt=\frac{\pi}{4}+\frac{1}{2}.$$

(19) $\int_{-\pi}^{\pi} x^4 \sin x \mathrm{d}x$.

【解】 由于$f(x)=x^4\sin x$在$[-\pi,\pi]$上是连续的奇函数，故该积分值为零，即

$$\int_{-\pi}^{\pi} x^4 \sin x \mathrm{d}x = 0.$$

(20) $\int_{-\frac{\pi}{2}}^{\frac{\pi}{2}} 4\cos^4\theta \mathrm{d}\theta$.

【解】 原式 $= 2\times 4\times\int_0^{\frac{\pi}{2}}\cos^4\theta \mathrm{d}\theta = 2\times 4\times\frac{3}{4}\times\frac{\pi}{4}=\frac{3}{2}\pi.$

(21) $\int_{-\frac{1}{2}}^{\frac{1}{2}} \frac{(\arcsin x)^2}{\sqrt{1-x^2}}\mathrm{d}x$.

【解】 原式 $=2\int_0^{\frac{1}{2}}(\arcsin x)^2\mathrm{d}(\arcsin x)=\frac{2}{3}(\arcsin x)^3\Big|_0^{\frac{1}{2}}=\frac{\pi^3}{324}.$

(22) $\int_{-5}^{5}\frac{x^3\sin^2 x}{x^4+2x^2+1}\mathrm{d}x$.

【解】 由于$f(x)=\frac{x^3\sin^2 x}{x^4+2x^2+1}$是$[-5,5]$上的连续的奇函数，故$\int_{-5}^{5}\frac{x^3\sin^2 x}{x^4+2x^2+1}\mathrm{d}x=0.$

(23) $\int_{-\frac{\pi}{2}}^{\frac{\pi}{2}}\cos x\cos 2x\mathrm{d}x$.

【解】 原式$=2\int_0^{\frac{\pi}{2}}\frac{1}{2}(\cos 3x+\cos x)\mathrm{d}x=\left(\frac{1}{3}\sin 3x+\sin x\right)\Big|_0^{\frac{\pi}{2}}=\frac{2}{3}.$

(24) $\int_{-\frac{\pi}{2}}^{\frac{\pi}{2}}\sqrt{\cos x-\cos^3 x}\mathrm{d}x$.

【解】 原式$=2\int_0^{\frac{\pi}{2}}\sqrt{\cos x(1-\cos^2 x)}\mathrm{d}x=2\int_0^{\frac{\pi}{2}}\sqrt{\cos x}\cdot\sin x\mathrm{d}x$

$$=-2\int_0^{\frac{\pi}{2}}(\cos x)^{\frac{1}{2}}\mathrm{d}\cos x=-\frac{4}{3}(\cos x)^{\frac{3}{2}}\Big|_0^{\frac{\pi}{2}}=\frac{4}{3}.$$

(25) $\int_0^{\pi}\sqrt{1+\cos 2x}\mathrm{d}x$.

【解】 原式$=\int_0^{\pi}\sqrt{2\cos^2 x}\mathrm{d}x=\sqrt{2}\int_0^{\pi}|\cos x|\mathrm{d}x=\sqrt{2}\left(\int_0^{\frac{\pi}{2}}\cos x\mathrm{d}x-\int_{\frac{\pi}{2}}^{\pi}\cos x\mathrm{d}x\right)$

$$=\sqrt{2}\left(\sin x\Big|_0^{\frac{\pi}{2}}-\sin x\Big|_{\frac{\pi}{2}}^{\pi}\right)=2\sqrt{2}.$$

(26) $\int_0^{2\pi}|\sin(x+1)|\mathrm{d}x$.

【解】 令$x=u-1$，则

$$\text{原式}=\int_1^{2\pi+1}|\sin u|\mathrm{d}u=2\int_0^{\pi}|\sin u|\mathrm{d}u=4.$$

2. 设$f(x)$在$[a,b]$上连续，证明

$$\int_a^b f(x)\mathrm{d}x=\int_a^b f(a+b-x)\mathrm{d}x.$$

【证】 设$x=a+b-t$，$\mathrm{d}x=-\mathrm{d}t$. 当$x=a$时，$t=b$；当$x=b$时，$t=a$.

左端$=\int_a^b f(x)\mathrm{d}x=\int_b^a f(a+b-t)\cdot(-\mathrm{d}t)=\int_a^b f(a+b-t)\mathrm{d}t=\int_a^b f(a+b-x)\mathrm{d}x=$右端.

3. 证明:$\int_x^1 \frac{\mathrm{d}t}{1+t^2}=\int_1^{\frac{1}{x}} \frac{\mathrm{d}t}{1+t^2}\ (x>0)$.

【证】 设 $t=\frac{1}{u}$, $\mathrm{d}t=-\frac{1}{u^2}\mathrm{d}u$. 当 $t=x$ 时, $u=\frac{1}{x}$; 当 $t=1$ 时, $u=1$.

$$左端=\int_x^1 \frac{\mathrm{d}t}{1+t^2}=\int_{\frac{1}{x}}^1 \frac{-\frac{1}{u^2}}{1+\frac{1}{u^2}}\mathrm{d}u=-\int_{\frac{1}{x}}^1 \frac{1}{u^2+1}\mathrm{d}u=\int_1^{\frac{1}{x}} \frac{1}{1+u^2}\mathrm{d}u=右端.$$

4. 证明:$\int_0^1 x^m(1-x)^n\mathrm{d}x=\int_0^1 x^n(1-x)^m\mathrm{d}x\quad (m,\ n\in\mathbf{N})$.

【证】 设 $t=1-x$, 则 $x=1-t$, $\mathrm{d}x=-\mathrm{d}t$.

$$左端=\int_0^1 x^m(1-x)^n\mathrm{d}x=\int_1^0 (1-t)^m\cdot t^n\cdot(-\mathrm{d}t)=\int_0^1 t^n(1-t)^m\mathrm{d}t=右端.$$

5. 设 $f(x)$ 在 $[0,1]$ 上连续, $n\in\mathbf{Z}$, 证明

$$\int_{\frac{n}{2}\pi}^{\frac{n+1}{2}\pi} f(|\sin x|)\mathrm{d}x=\int_{\frac{n}{2}\pi}^{\frac{n+1}{2}\pi} f(|\cos x|)\mathrm{d}x=\int_0^{\frac{\pi}{2}} f(\sin x)\mathrm{d}x.$$

【证】 令 $x=u+\frac{n}{2}\pi$, 则

$$\int_{\frac{n}{2}\pi}^{\frac{n+1}{2}\pi} f(|\sin x|)\mathrm{d}x=\int_0^{\frac{\pi}{2}} f\left(\left|\sin\left(u+\frac{n}{2}\pi\right)\right|\right)\mathrm{d}u=\begin{cases}\int_0^{\frac{\pi}{2}} f(\sin u)\mathrm{d}u, & n\ 为偶数;\\ \int_0^{\frac{\pi}{2}} f(\cos u)\mathrm{d}u, & n\ 为奇数.\end{cases}$$

类似地

$$\int_{\frac{n}{2}\pi}^{\frac{n+1}{2}\pi} f(|\cos x|)\mathrm{d}x=\begin{cases}\int_0^{\frac{\pi}{2}} f(\cos u)\mathrm{d}u, & n\ 为偶数;\\ \int_0^{\frac{\pi}{2}} f(\sin u)\mathrm{d}u, & n\ 为奇数.\end{cases}$$

由于

$$\int_0^{\frac{\pi}{2}} f(\sin x)\mathrm{d}x=\int_0^{\frac{\pi}{2}} f(\cos x)\mathrm{d}x,$$

故结论成立.

6. 若 $f(t)$ 是连续的奇函数, 证明 $\int_0^x f(t)\mathrm{d}t$ 是偶函数; 若 $f(t)$ 是连续的偶函数, 证明 $\int_0^x f(t)\mathrm{d}t$ 是奇函数.

【证】 设

$$F(x)=\int_0^x f(t)\mathrm{d}t,$$

则

$$F(-x)=\int_0^{-x} f(t)\mathrm{d}t\xlongequal{t=-u}\int_0^x f(-u)(-\mathrm{d}u)=-\int_0^x f(-u)\mathrm{d}u.$$

若 $f(t)$ 是连续的奇函数, 则 $f(-u)=-f(u)$, 故 $F(-x)=\int_0^x f(u)\mathrm{d}u=F(x)$, $\int_0^x f(t)\mathrm{d}t$ 是偶函数.

若 $f(t)$ 是连续的偶函数, 则 $f(-u)=f(u)$, 故 $F(-x)=-\int_0^x f(u)\mathrm{d}u=-F(x)$, $\int_0^x f(t)\mathrm{d}t$ 是奇函数.

7. 设 $x=\varphi(y)$ 是单调函数 $y=x\mathrm{e}^{x^2}$ 的反函数, 求 $\int_0^{\mathrm{e}} \varphi(y)\mathrm{d}y$.

【解】 记 $f(x)=x\mathrm{e}^{x^2}$.
作换元 $y=f(x)$. 当 $y=0$ 时, $x=0$; 当 $y=\mathrm{e}$ 时, $x=1$. 于是

$$\int_0^{\mathrm{e}} \varphi(y)\mathrm{d}y=\int_0^1 \varphi f(x))\mathrm{d}[f(x)]=\int_0^1 x\mathrm{d}[f(x)]$$

$$=\left[xf(x)\right]_0^1-\int_0^1 f(x)\mathrm{d}x=f(1)-\int_0^1 xe^{x^2}\mathrm{d}x=e-\frac{1}{2}\int_0^1 e^{x^2}\mathrm{d}(x^2)=e-\frac{1}{2}\left[e^{x^2}\right]_0^1$$

$$=e-\frac{1}{2}(e-1)=\frac{1}{2}(e+1).$$

8. 计算下列定积分：

(1) $\int_0^1 xe^{-x}\mathrm{d}x$.

【解】 $\int_0^1 xe^{-x}\mathrm{d}x=-\int_0^1 x\mathrm{d}e^{-x}=-\left(xe^{-x}\Big|_0^1-\int_0^1 e^{-x}\mathrm{d}x\right)=-e^{-1}-e^{-x}\Big|_0^1=1-\frac{2}{e}.$

(2) $\int_1^e x\ln x\mathrm{d}x$.

【解】 原式$=\int_1^e \ln x\mathrm{d}\,\frac{1}{2}x^2=\frac{1}{2}x^2\ln x\Big|_1^e-\int_1^e\frac{1}{2}x^2\cdot\frac{1}{x}\mathrm{d}x=\frac{1}{2}e^2-\frac{1}{4}x^2\Big|_1^e=\frac{1}{4}(e^2+1).$

(3) $\int_0^{\frac{2\pi}{\omega}} t\sin\omega t\mathrm{d}t$ (ω 为常数).

【解】 原式$=\int_0^{\frac{2\pi}{\omega}} t\mathrm{d}\left(-\frac{1}{\omega}\cos\omega t\right)=-\frac{1}{\omega}\left(t\cos\omega t\Big|_0^{\frac{2\pi}{\omega}}-\int_0^{\frac{2\pi}{\omega}}\cos\omega t\mathrm{d}t\right)=-\frac{2\pi}{\omega^2}+\frac{1}{\omega^2}\sin\omega t\Big|_0^{\frac{2\pi}{\omega}}=-\frac{2\pi}{\omega^2}.$

(4) $\int_{\frac{\pi}{4}}^{\frac{\pi}{3}}\frac{x}{\sin^2 x}\mathrm{d}x$.

【解】 原式$=\int_{\frac{\pi}{4}}^{\frac{\pi}{3}} x\mathrm{d}(-\cot x)=-\left(x\cot x\Big|_{\frac{\pi}{4}}^{\frac{\pi}{3}}-\int_{\frac{\pi}{4}}^{\frac{\pi}{3}}\cot x\mathrm{d}x\right)=-\frac{\pi}{3}\cot\frac{\pi}{3}+\frac{\pi}{4}\cot\frac{\pi}{4}+\ln|\sin x|\Big|_{\frac{\pi}{4}}^{\frac{\pi}{3}}$

$$=-\frac{\pi}{3}\times\frac{\sqrt{3}}{3}+\frac{\pi}{4}+\ln\frac{\sqrt{3}}{2}-\ln\frac{\sqrt{2}}{2}=\frac{\pi}{4}-\frac{\sqrt{3}}{9}\pi+\frac{1}{2}\ln\frac{3}{2}.$$

(5) $\int_1^4\frac{\ln x}{\sqrt{x}}\mathrm{d}x$.

【解】 原式$=2\int_1^4\ln x\mathrm{d}\sqrt{x}=2\left(\sqrt{x}\ln x\Big|_1^4-\int_1^4\sqrt{x}\cdot\frac{1}{x}\mathrm{d}x\right)=4\ln 4-4\sqrt{x}\Big|_1^4=4\ln 4-4=4(2\ln 2-1).$

(6) $\int_0^1 x\arctan x\mathrm{d}x$.

【解】 原式$=\int_0^1\arctan x\mathrm{d}\,\frac{1}{2}x^2=\frac{1}{2}x^2\arctan x\Big|_0^1-\frac{1}{2}\int_0^1\frac{x^2}{1+x^2}\mathrm{d}x$

$$=\frac{1}{2}\times\frac{\pi}{4}-\frac{1}{2}\int_0^1\left(1-\frac{1}{1+x^2}\right)\mathrm{d}x=\frac{\pi}{8}-\frac{1}{2}(x-\arctan x)\Big|_0^1=\frac{\pi}{4}-\frac{1}{2}.$$

(7) $\int_0^{\frac{\pi}{2}} e^{2x}\cos x\mathrm{d}x$.

【解】 原式$=\int_0^{\frac{\pi}{2}} e^{2x}\mathrm{d}\sin x=e^{2x}\sin x\Big|_0^{\frac{\pi}{2}}-2\int_0^{\frac{\pi}{2}} e^{2x}\sin x\mathrm{d}x$

$$=e^{\pi}+2\int_0^{\frac{\pi}{2}} e^{2x}\mathrm{d}\cos x=e^{\pi}+2\left(e^{2x}\cos x\Big|_0^{\frac{\pi}{2}}-2\int_0^{\frac{\pi}{2}} e^{2x}\cos x\mathrm{d}x\right)=e^{\pi}-2-4\int_0^{\frac{\pi}{2}} e^{2x}\cos x\mathrm{d}x,$$

所以 原式$=\frac{1}{5}(e^{\pi}-2)$.

(8) $\int_1^2 x\log_2 x\mathrm{d}x$.

【解】 原式$=\int_1^2\log_2 x\mathrm{d}\left(\frac{1}{2}x^2\right)=\frac{1}{2}x^2\log_2 x\Big|_1^2-\int_1^2\frac{1}{2}x^2\cdot\frac{1}{x\ln 2}\mathrm{d}x$

$$=2-\frac{1}{2\ln 2}\int_1^2 x\mathrm{d}x=2-\frac{1}{2\ln 2}\times\frac{1}{2}x^2\Big|_1^2=2-\frac{3}{4\ln 2}.$$

(9) $\int_0^{\pi}(x\sin x)^2\mathrm{d}x$.

【解】 原式 $=\int_0^{\pi}x^2\sin^2x\mathrm{d}x=\int_0^{\pi}x^2\cdot\frac{1-\cos 2x}{2}\mathrm{d}x=\int_0^{\pi}\frac{1}{2}x^2\mathrm{d}x-\frac{1}{4}\int_0^{\pi}x^2\mathrm{d}\sin 2x$

$$=\frac{1}{6}x^3\Big|_0^{\pi}-\frac{1}{4}\left(x^2\sin 2x\Big|_0^{\pi}-\int_0^{\pi}2x\cdot\sin 2x\mathrm{d}x\right)=\frac{1}{6}\pi^3-\frac{1}{4}\int_0^{\pi}x\mathrm{d}\cos 2x$$

$$=\frac{1}{6}\pi^3-\frac{1}{4}\left(x\cos 2x\Big|_0^{\pi}-\int_0^{\pi}\cos 2x\mathrm{d}x\right)=\frac{\pi^3}{6}-\frac{\pi}{4}.$$

(10) $\int_1^{e}\sin(\ln x)\mathrm{d}x$.

【解】 原式 $=x\sin(\ln x)\Big|_1^{e}-\int_1^{e}x\cdot\cos(\ln x)\cdot\frac{1}{x}\mathrm{d}x=e\sin 1-\int_1^{e}\cos(\ln x)\mathrm{d}x$

$$=e\sin 1-\left[x\cos(\ln x)\Big|_1^{e}+\int_1^{e}x\sin(\ln x)\cdot\frac{1}{x}\mathrm{d}x\right]=e\sin 1-e\cos 1+1-\int_1^{e}\sin(\ln x)\mathrm{d}x,$$

所以
$$\text{原式}=\frac{1}{2}(e\sin 1-e\cos 1+1).$$

(11) $\int_{\frac{1}{e}}^{e}|\ln x|\mathrm{d}x$.

【解】 原式 $=\int_{\frac{1}{e}}^{1}-\ln x\mathrm{d}x+\int_1^{e}\ln x\mathrm{d}x=-x\ln x\Big|_{\frac{1}{e}}^{1}+\int_{\frac{1}{e}}^{1}x\cdot\frac{1}{x}\mathrm{d}x+x\ln x\Big|_1^{e}-\int_1^{e}x\cdot\frac{1}{x}\mathrm{d}x$

$$=-\frac{1}{e}+x\Big|_{\frac{1}{e}}^{1}+e-x\Big|_1^{e}=2-\frac{2}{e}.$$

(12) $\int_0^1(1-x^2)^{\frac{m}{2}}\mathrm{d}x\ (m\in\mathbf{N}_+)$.

【解】 设 $x=\sin t$, $\mathrm{d}x=\cos t\mathrm{d}t$, 则

$$\text{原式}=\int_0^{\frac{\pi}{2}}(\cos^2t)^{\frac{m}{2}}\cos t\mathrm{d}t=\int_0^{\frac{\pi}{2}}\cos^{m+1}t\mathrm{d}t=\begin{cases}\dfrac{1\times3\times5\times\cdots\times m}{2\times4\times6\times\cdots\times(m+1)}\cdot\dfrac{\pi}{2}, & m\text{ 为奇数},\\ \dfrac{2\times4\times6\times\cdots\times m}{1\times3\times5\times\cdots\times(m+1)}, & m\text{ 为偶数}.\end{cases}$$

(13) $J_m=\int_0^{\pi}x\sin^m x\mathrm{d}x\quad(m\in\mathbf{N}_+)$.

【解】 设 $x=\pi-t$, $\mathrm{d}x=-\mathrm{d}t$.

$$J_m=\int_{\pi}^{0}(\pi-t)\sin^m(\pi-t)(-\mathrm{d}t)=\int_0^{\pi}(\pi-t)\sin^m t\mathrm{d}t=\pi\int_0^{\pi}\sin^m t\mathrm{d}t-\int_0^{\pi}t\sin^m t\mathrm{d}t=\pi\int_0^{\pi}\sin^m x\mathrm{d}x-J_m.$$

所以
$$J_m=\frac{\pi}{2}\int_0^{\pi}\sin^m x\mathrm{d}x=\begin{cases}\dfrac{1\times3\times5\times\cdots\times(m-1)}{2\times4\times6\times\cdots\times m}\cdot\dfrac{\pi^2}{2}, & m\text{ 为偶数},\\ \dfrac{2\times4\times6\times\cdots\times(m-1)}{1\times3\times5\times\cdots\times m}\pi, & m\text{ 为大于 1 的奇数},\end{cases}$$

$J_1=\pi$.

习题 5-4 反常积分

1. 判定下列各反常积分的收敛性，如果收敛，计算反常积分的值：

(1) $\int_1^{+\infty}\frac{\mathrm{d}x}{x^4}$.

【解】 原式$=-\frac{1}{3x^3}\bigg|_1^{+\infty}=\frac{1}{3}$.

(2) $\int_1^{+\infty}\frac{dx}{\sqrt{x}}$.

【解】 原式$=2\sqrt{x}\,\big|_1^{+\infty}=+\infty$，所以$\int_1^{+\infty}\frac{dx}{\sqrt{x}}$发散.

(3) $\int_0^{+\infty}e^{-ax}dx$ ($a>0$).

【解】 原式$=-\frac{1}{a}e^{-ax}\bigg|_0^{+\infty}=\frac{1}{a}$.

(4) $\int_0^{+\infty}\frac{dx}{(1+x)(1+x^2)}$.

【解】 原式$=\int_0^{+\infty}\frac{1}{2}\left(\frac{1}{1+x}+\frac{1-x}{1+x^2}\right)dx=\left[\frac{1}{4}\ln\frac{(1+x)^2}{1+x^2}+\frac{1}{2}\arctan x\right]\bigg|_0^{+\infty}=\frac{\pi}{4}$.

(5) $\int_0^{+\infty}e^{-pt}\sin\omega t\,dt$ ($p>0$, $\omega>0$).

【解】 原式$=-\frac{1}{\omega}\int_0^{+\infty}e^{-pt}d\cos\omega t=-\frac{1}{\omega}\left[e^{-pt}\cos\omega t\,\bigg|_0^{+\infty}-\int_0^{+\infty}(-pe^{-pt}\cos\omega t)dt\right]$

$$=\frac{1}{\omega}-\frac{p}{\omega^2}\int_0^{+\infty}e^{-pt}d\sin\omega t=\frac{1}{\omega}-\frac{p}{\omega^2}\left(e^{-pt}\sin\omega t\,\bigg|_0^{+\infty}-\int_0^{+\infty}-pe^{-pt}\sin\omega t\,dt\right)$$

$$=\frac{1}{\omega}-\frac{p^2}{\omega^2}\int_0^{+\infty}e^{-pt}\sin\omega t\,dt,$$

所以

$$原式=\frac{1}{\omega}\cdot\frac{1}{1+\frac{p^2}{\omega^2}}=\frac{\omega}{p^2+\omega^2}.$$

(6) $\int_{-\infty}^{+\infty}\frac{dx}{x^2+2x+2}$.

【解】 原式$=\int_{-\infty}^{+\infty}\frac{1}{(x+1)^2+1}d(x+1)=\arctan(x+1)\,\bigg|_{-\infty}^{+\infty}$

$$=\lim_{x\to+\infty}\arctan(x+1)-\lim_{x\to-\infty}\arctan(x+1)=\frac{\pi}{2}-\left(-\frac{\pi}{2}\right)=\pi.$$

(7) $\int_0^1\frac{x\,dx}{\sqrt{1-x^2}}$.

【解】 $x=1$为被积函数的无穷间断点，属于反常积分.

$$原式=-\frac{1}{2}\int_0^1\frac{1}{\sqrt{1-x^2}}d(-x^2+1)=-\sqrt{1-x^2}\,\bigg|_0^1=1.$$

(8) $\int_0^2\frac{dx}{(1-x)^2}$.

【解】 在$x=1$处，函数$f(x)=\frac{1}{(1-x)^2}$无界.

$$原式=\int_0^1\frac{1}{(1-x)^2}dx+\int_1^2\frac{dx}{(1-x)^2}=\frac{1}{1-x}\bigg|_0^1+\frac{1}{1-x}\bigg|_1^2=\lim_{x\to1^-}\frac{1}{1-x}-1-1-\lim_{x\to1^+}\frac{1}{1-x},$$

所以原反常积分发散.

(9) $\int_1^2\frac{x\,dx}{\sqrt{x-1}}$.

【解】 $x=1$ 为间断点.

$$原式=\int_1^2\frac{(x-1)+1}{\sqrt{x-1}}dx=\int_1^2\left(\sqrt{x-1}+\frac{1}{\sqrt{x-1}}\right)d(x-1)=\left[\frac{2}{3}(x-1)^{\frac{3}{2}}+2(x-1)^{\frac{1}{2}}\right]\Bigg|_1^2=2\frac{2}{3}.$$

(10) $\int_1^e\frac{dx}{x\sqrt{1-(\ln x)^2}}$.

【解】 $x=e$ 是函数的无穷间断点.

$$原式=\int_1^e\frac{1}{\sqrt{1-(\ln x)^2}}d\ln x=\arcsin(\ln x)\Big|_1^e=\lim_{x\to e}\arcsin(\ln x)-0=\frac{\pi}{2}.$$

2. 求由曲线 $y=\frac{1}{4x^2-1}$、x 轴和直线 $x=1$ 所围的向右无限延伸的图形的面积.

【解】 记此面积为 A, 则有

$$A=\int_1^{+\infty}\frac{1}{4x^2-1}dx=\frac{1}{2}\int_1^{+\infty}\left(\frac{1}{2x-1}-\frac{1}{2x+1}\right)dx$$

$$=\frac{1}{4}\left[\ln\frac{2x-1}{2x+1}\right]_1^{+\infty}=\frac{1}{4}\left(0-\ln\frac{1}{3}\right)=\frac{1}{4}\ln 3.$$

3. 当 k 为何值时, 反常积分 $\int_2^{+\infty}\frac{dx}{x(\ln x)^k}$ 收敛? 当 k 为何值时, 这反常积分发散? 又当 k 为何值时, 这反常积分取得最小值?

【解】 $\int_2^{+\infty}\frac{dx}{x(\ln x)^k}=\int_2^{+\infty}\frac{1}{(\ln x)^k}d\ln x.$

当 $k=1$ 时,

$$\int_2^{+\infty}\frac{1}{x(\ln x)^k}dx=\ln(\ln x)\Big|_2^{+\infty}=\infty,$$

此反常积分发散;

当 $k<1$ 时,

$$\int_2^{+\infty}\frac{dx}{x(\ln x)^k}=\frac{1}{1-k}(\ln x)^{1-k}\Big|_2^{+\infty}=\infty,$$

此反常积分发散;

当 $k>1$ 时,

$$\int_2^{+\infty}\frac{dx}{x(\ln x)^k}=\frac{1}{1-k}(\ln x)^{-(k-1)}\Big|_2^{+\infty}=\frac{1}{k-1}\frac{1}{(\ln 2)^{k-1}},$$

此反常积分收敛.

当 $k>1$ 时, 记

$$f(k)=\frac{1}{k-1}\left(\frac{1}{\ln 2}\right)^{k-1},$$

$$f'(k)=-\frac{1}{(k-1)^2}\left(\frac{1}{\ln 2}\right)^{k-1}+\frac{1}{k-1}\left(\frac{1}{\ln 2}\right)^{k-1}\ln\left(\frac{1}{\ln 2}\right)=-\frac{1}{k-1}\left(\frac{1}{\ln 2}\right)^{k-1}\left(\frac{1}{k-1}+\ln\ln 2\right).$$

令 $f'(k)=0$, 得驻点 $k=1-\frac{1}{\ln\ln 2}$.

当 $k>1-\frac{1}{\ln\ln 2}$ 时, $f'(k)>0$; 当 $1<k<1-\frac{1}{\ln\ln 2}$ 时, $f'(k)<0$. 因而该驻点是极小值点. 又当 $k>1$, 即 $x\in(1,+\infty)$ 时, $f(k)$ 无边界值可比较. 所以极小值点也就是最小值点, 即 $k=1-\frac{1}{\ln\ln 2}$ 时, 反常积分取得最小值.

4. 利用递推公式计算反常积分 $I_n=\int_0^{+\infty}x^n e^{-x}dx\quad(n\in\mathbf{N})$.

【解】 $I_n=-\int_0^{+\infty}x^n de^{-x}=-\left(x^n e^{-x}\Big|_0^{+\infty}-\int_0^{+\infty}nx^{n-1}e^{-x}dx\right)=-\lim_{x\to+\infty}\frac{x^n}{e^x}+0+nI_{n-1}=nI_{n-1},$

而 $$I_1=\int_0^{+\infty}xe^{-x}dx=-xe^{-x}\Big|_0^{+\infty}+\int_0^{+\infty}e^{-x}dx=-\lim_{x\to+\infty}\frac{x}{e^x}-e^{-x}\Big|_0^{+\infty}=1,$$

故 $$I_n=nI_{n-1}=n(n-1)I_{n-2}=\cdots=n(n-1)\cdot\cdots\cdot 2I_1=n!.$$

5. 计算反常积分 $\int_0^1 \ln x dx$.

【解】 $$\int_0^1 \ln x dx=(x\ln x)\Big|_0^1-\int_0^1 x\cdot\frac{1}{x}dx=0-\lim_{x\to0^+}x\ln x-1=-1.$$

*习题 5-5　反常积分审敛法　Γ 函数

1. 判定下列反常积分的收敛性:

(1) $\int_0^{+\infty}\frac{x^2}{x^4+x^2+1}dx$.

【解】 由于 $$\lim_{x\to+\infty}x^2\cdot\frac{x^2}{x^4+x^2+1}=\lim_{x\to+\infty}\frac{1}{1+\frac{1}{x^2}+\frac{1}{x^4}}=1,$$

根据极限审敛法 1, 所给反常积分收敛.

(2) $\int_1^{+\infty}\frac{dx}{x\sqrt[3]{x^2+1}}$.

【解】 由于 $$0<\frac{1}{x\sqrt[3]{x^2+1}}<\frac{1}{x\sqrt[3]{x^2}}=\frac{1}{x^{\frac{5}{3}}},$$

根据比较审敛法 1, 所给反常积分收敛.

(3) $\int_1^{+\infty}\sin\frac{1}{x^2}dx$.

【解】 由于 $$0<\sin\frac{1}{x^2}<\frac{1}{x^2},$$

根据比较审敛法, 所给反常积分收敛.

(4) $\int_0^{+\infty}\frac{dx}{1+x|\sin x|}$.

【解】 由于 $$\frac{1}{1+x|\sin x|}\geqslant\frac{1}{1+x},$$

根据比较审敛法知, 原反常积分发散.

(5) $\int_1^{+\infty}\frac{x\arctan x}{1+x^3}dx$.

【解】 由于 $$\lim_{x\to+\infty}x^2\cdot\frac{x\arctan x}{1+x^3}=\lim_{x\to+\infty}\frac{1}{\frac{1}{x^3}+1}\cdot\arctan x=\frac{\pi}{2},$$

根据极限审敛法,所给反常积分收敛.

(6) $\int_1^2\frac{dx}{(\ln x)^3}$.

【解】 这里 $x=1$ 是被积函数的瑕点, 由于

$$\lim_{x\to1^+}(x-1)\cdot\frac{1}{(\ln x)^3}=\lim_{x\to1^+}\frac{x}{3\ln^2 x}=+\infty,$$

根据极限审敛法 2,所给反常积分发散.

(7) $\int_0^1 \frac{x^4}{\sqrt{1-x^4}}dx$.

【解】 由于 $$\lim_{x\to 1^-}(1-x)^{\frac{1}{2}}\cdot\frac{x^4}{\sqrt{1-x^4}}=\lim_{x\to 1^-}\frac{x^4}{\sqrt{(1+x)(1+x^2)}}=\frac{1}{2},$$
根据极限审敛法 2,所给反常积分收敛.

(8) $\int_1^2 \frac{dx}{\sqrt[3]{x^2-3x+2}}$.

【解】 这里被积函数有两个瑕点 $x_1=1$, $x_2=2$. 设 $a\in(1,2)$, 则
$$\int_1^2\frac{dx}{\sqrt[3]{x^2-3x+2}}=\int_1^a\frac{dx}{\sqrt[3]{x^2-3x+2}}+\int_a^2\frac{dx}{\sqrt[3]{x^2-3x+2}}.$$
由于
$$\lim_{x\to 1^+}(x-1)^{\frac{1}{3}}\cdot\frac{1}{\sqrt[3]{x^2-3x+2}}=\lim_{x\to 1^+}\frac{1}{\sqrt[3]{x-2}}=-1,\quad \lim_{x\to 2^-}(x-2)^{\frac{1}{3}}\cdot\frac{1}{\sqrt[3]{x^2-3x+2}}=\lim_{x\to 2^-}\frac{1}{\sqrt[3]{x-1}}=1,$$
根据极限审敛法, $0<q=\frac{1}{3}<1$, 所给反常积分收敛.

2. 设反常积分 $\int_1^{+\infty}f^2(x)dx$ 收敛. 证明反常积分 $\int_1^{+\infty}\frac{f(x)}{x}dx$ 绝对收敛.

【证】 因为 $$0\leqslant\left|\frac{f(x)}{x}\right|=|f(x)|\cdot\frac{1}{|x|}\leqslant\frac{f^2(x)+\frac{1}{x^2}}{2}\quad(x\geqslant 1),$$
由题设 $\int_1^{+\infty}f^2(x)dx$ 收敛, 而 $\int_1^{+\infty}\frac{1}{x^2}dx$ 也收敛, 从而 $\int_1^{+\infty}\frac{1}{2}\left[f^2(x)+\frac{1}{x^2}\right]dx$ 也收敛. 由比较审敛法知, 反常积分 $\int_1^{+\infty}\left|\frac{f(x)}{x}\right|dx$ 收敛, 从而 $\int_1^{+\infty}\frac{f(x)}{x}dx$ 绝对收敛.

3. 用 Γ 函数表示下列积分, 并指出这些积分的收敛范围.

(1) $\int_0^{+\infty}e^{-x^n}dx\quad(n>0)$.

【解】 设 $t=x^n$, 则 $x=t^{\frac{1}{n}}$, $dx=\frac{1}{n}t^{\frac{1}{n}-1}dt$.
$$\text{原式}=\int_0^{+\infty}e^{-t}\cdot\frac{1}{n}t^{\frac{1}{n}-1}dt=\frac{1}{n}\int_0^{+\infty}e^{-t}\cdot t^{\frac{1}{n}-1}dt=\frac{1}{n}\Gamma\left(\frac{1}{n}\right),$$
所以, 当 $n>0$ 时, 所给反常积分收敛.

(2) $\int_0^1\left(\ln\frac{1}{x}\right)^p dx$.

【解】 设 $t=\ln\frac{1}{x}$, $x=e^{-t}$, $dx=-e^{-t}dt$.
$$\text{原式}=\int_{+\infty}^0 t^p\cdot(-e^{-t})dt=\int_0^{+\infty}e^{-t}\cdot t^{(p+1)-1}dt=\Gamma(p+1),$$
所以, 当 $p+1>0$ 时, 所给反常积分收敛.

(3) $\int_0^{+\infty}x^m e^{-x^n}dx\quad(n\neq 0)$.

【解】 设 $t=x^n$, 则 $x=t^{\frac{1}{n}}$, $dx=\frac{1}{|n|}t^{\frac{1}{n}-1}dt$.
$$\text{原式}=\int_0^{+\infty}t^{\frac{m}{n}}\cdot e^{-t}\cdot\frac{1}{|n|}t^{\frac{1}{n}-1}dt=\frac{1}{|n|}\int_0^{+\infty}e^{-t}\cdot t^{\frac{m}{n}+\frac{1}{n}-1}dt=\frac{1}{|n|}\Gamma\left(\frac{m+1}{n}\right),$$

所以，当$\frac{m+1}{n}>0$时，所给反常积分收敛.

4. 证明$\Gamma\left(\frac{2k+1}{2}\right)=\frac{1\cdot3\cdot5\cdot\cdots\cdot(2k-1)\sqrt{\pi}}{2^k}$，其中$k\in\mathbf{N}_+$.

【证】 用数学归纳法.

当$k=1$时，由Γ函数的递推公式得

$$左端=\Gamma\left(\frac{1}{2}+1\right)=\frac{1}{2}\Gamma\left(\frac{1}{2}\right)=\frac{1}{2}\cdot\sqrt{\pi}=右端.$$

设$k=n$时，算式成立. 当$k=n+1$时，有

$$左端=\Gamma\left(\frac{2(n+1)+1}{2}\right)=\Gamma\left(\frac{2n+1}{2}+1\right)=\frac{2n+1}{2}\Gamma\left(\frac{2n+1}{2}\right)=\frac{2n+1}{2}\cdot\frac{1\cdot3\cdot5\cdot\cdots\cdot(2n-1)\sqrt{\pi}}{2^n}$$

$$=\frac{1\cdot3\cdot5\cdot\cdots\cdot(2n-1)(2n+1)\sqrt{\pi}}{2^{n+1}}=右端,$$

即当$k=n+1$时，等式也成立. 算式得证.

5. 证明以下各式（其中$n\in\mathbf{N}_+$）：

(1) $2\cdot4\cdot6\cdot\cdots\cdot2n=2^n\Gamma(n+1)$.

【证】 右端$=2^n[n\Gamma(n)]=2^n\cdot n\cdot(n-1)\cdot\Gamma(n-1)=\cdots=2^n\cdot n!=2\cdot4\cdot6\cdot\cdots\cdot2n=$左端.

(2) $1\cdot3\cdot5\cdot\cdots\cdot(2n-1)=\frac{\Gamma(2n)}{2^{n-1}\Gamma(n)}$.

【证】 右端$=\frac{(2n-1)!}{2^{n-1}(n-1)!}=\frac{(2n-1)!!\ (2n-2)!!}{(2n-2)!!}=(2n-1)!!=1\cdot3\cdot5\cdot\cdots\cdot(2n-1)=$左端.

(3) $\sqrt{\pi}\Gamma(2n)=2^{2n-1}\Gamma(n)\Gamma\left(n+\frac{1}{2}\right)$[勒让德(Legendre)倍量公式].

【证】 左端$=\sqrt{\pi}\cdot(2n-1)!$.

又由第4题结论知

$$右端=2^{2n-1}\cdot(n-1)!\cdot\frac{1\cdot3\cdot5\cdot\cdots\cdot(2n-1)\sqrt{\pi}}{2^n}$$

$$=2^{n-1}(n-1)!\cdot1\cdot3\cdot5\cdot\cdots\cdot(2n-1)\sqrt{\pi}=(2n-2)!!\cdot(2n-1)!!\sqrt{\pi}=\sqrt{\pi}(2n-1)!,$$

故左端与右端相等.

总习题五

1. 填空：

(1) 函数$f(x)$在$[a,b]$上有界是$f(x)$在$[a,b]$上可积的______条件，而$f(x)$在$[a,b]$上连续是$f(x)$在$[a,b]$上可积的______条件.

【解】 应填必要，充分.

因为由定积分定义可知，$f(x)$在$[a,b]$上可积，则$f(x)$必有界. 若$f(x)$在$[a,b]$上无界，$f(x)$在$[a,b]$上是反常积分；而连续函数一定可积.

(2) 对$[a,+\infty)$上非负、连续的函数$f(x)$，它的变上限积分$\int_a^x f(t)\,dt$在$[a,+\infty)$上有界是反常积分$\int_a^{+\infty}f(x)\,dx$收敛的______条件.

【解】 应填充分必要.

因为
$$\int_a^{+\infty}f(x)\,dx=\lim_{x\to+\infty}\int_a^x f(t)\,dt,$$

左边反常积分收敛，所以右边极限存在，从而$\int_a^x f(t)\,dt$有界.

反之，$\int_a^x f(t)\,dt$有界，由于$f(x)$连续，所以$\lim\limits_{x\to+\infty}\int_a^x f(t)\,dt$存在，从而左边反常积分收敛.

*(3) 绝对收敛的反常积分$\int_a^{+\infty} f(x)\,dx$一定______.

【解】 应填收敛.

(4) 函数$f(x)$在$[a, b]$上有定义且$|f(x)|$在$[a, b]$上可积，此时积分$\int_a^b f(x)\,dx$ ______存在.

【解】 应填不一定. 举反例如下：

$$f(x)=\begin{cases}1, & x\text{为有理数},\\ -1, & x\text{为无理数}.\end{cases}$$

(5)设函数$f(x)$连续，则$\frac{d}{dx}\int_0^x tf(t^2-x^2)\,dt=$ ________.

【解】 令$u=t^2-x^2$，则当$t=0$时，$u=-x^2$；当$t=x$时，$u=0$. 于是有：

$$\int_0^x t\cdot f(t^2-x^2)\,dt=\frac{1}{2}\int_0^x f(t^2-x^2)\cdot d(t^2-x^2)=\frac{1}{2}\int_{-x^2}^0 f(u)\,du=-\frac{1}{2}\int_0^{-x^2} f(u)\,du,$$

因此
$$\frac{d}{dx}\int_0^x tf(t^2-x^2)\,dt=xf(-x^2).$$

故应填$xf(-x^2)$.

2. 以下两题中给出了四个结论，从中选出一个正确的结论：

(1) 设$I=\int_0^1\frac{x^4}{\sqrt{1+x}}dx$，则估计$I$值的大致范围为(　　).

A. $0\leqslant I\leqslant\frac{\sqrt{2}}{10}$　　B. $\frac{\sqrt{2}}{10}\leqslant I\leqslant\frac{1}{5}$　　C. $\frac{1}{5}<I<1$　　D. $I\geqslant1$

(2)设$F(x)$是连续函数$f(x)$的一个原函数，则必有(　　).

A. $F(x)$是偶函数$\Leftrightarrow f(x)$是奇函数　　B. $F(x)$是奇函数$\Leftrightarrow f(x)$是偶函数

C. $F(x)$是周期函数$\Leftrightarrow f(x)$是周期函数　　D. $F(x)$是单调函数$\Leftrightarrow f(x)$是单调函数

【解】 (1)因为当$0\leqslant x\leqslant1$时，有$\frac{1}{\sqrt{2}}x^4\leqslant\frac{x^4}{\sqrt{1+x}}\leqslant x^4$，所以

$$\frac{\sqrt{2}}{10}=\int_0^1\frac{x^4}{\sqrt{2}}dx\leqslant I=\int_0^1\frac{x^4}{\sqrt{1+x}}dx\leqslant\int_0^1 x^4\,dx=\frac{1}{5},$$

故选B.

(2)设$F_1(x)=\int_0^x f(t)\,dt$，则$F_1(x)$是$f(x)$的一个原函数，且$F_1(x)$是奇(偶)函数$\Leftrightarrow f(x)$是偶(奇)函数.

又$F(x)=F_1(x)+C$,其中C是一个常数，且常数是偶函数，故当$f(x)$是奇函数时，$F(x)$是偶函数，故选A.例如，

① 令$f(x)=x^2$，则$F_1(x)=\int_0^x f(t)\,dt=\int_0^x t^2\,dt=\frac{1}{3}x^3$为奇函数，取$C=1$得$F(x)=F_1(x)+1=\frac{1}{3}x^3+1$不是奇函数，所以选项B不成立，只有取$C=0$时选项B才成立；

② 令$f(x)=1+\cos x$，则$F(x)=\sin x+x+C$不是周期函数，故选项C也不成立；

③令$f(x)=2x$，则$F(x)=x^2+C$不是单调函数，故选项D也不成立.

3. 回答下列问题：

(1) 设函数$f(x)$及$g(x)$在区间$[a, b]$上连续，且$f(x)\geqslant g(x)$，则$\int_a^b[f(x)-g(x)]\,dx$在几何

上表示什么？

【解】 表示由曲线 $y=f(x)$，$y=g(x)$，直线 $x=a$，$x=b$ 所围成的平面图形的面积.

(2) 设函数 $f(x)$ 在区间 $[a, b]$ 上连续，且 $f(x)\geqslant 0$，则 $\int_a^b \pi f^2(x)\mathrm{d}x$ 在几何上表示什么？

【解】 表示由曲线 $y=f(x)$，直线 $x=a$，$x=b$，$y=0$ 所围成的平面图形绕 x 轴旋转一周所得旋转体的体积.

(3) 如果在时刻 t 以 $\varphi(t)$ 的流量(单位时间内流过的流体的体积或质量)向一水池注水，那么 $\int_{t_1}^{t_2}\varphi(t)\mathrm{d}t$ 表示什么？

【解】 表示在时间段 $[t_1, t_2]$ 内向水池注入水之总量.

(4) 如果某国人口增长率为 $u(t)$，那么 $\int_{T_1}^{T_2}u(t)\mathrm{d}t$ 表示什么？

【解】 表示该国在时间段 $[T_1, T_2]$ 内增加的人口总量.

(5) 如果一公司经营某种产品的边际利润函数为 $P'(x)$，那么 $\int_{1000}^{2000}P'(x)\mathrm{d}x$ 表示什么？

【解】 表示从经营第 1000 个产品起直到经营第 2000 个产品所获得的利润总量.

*4. 利用定积分的定义计算下列极限：

(1) $\lim\limits_{n\to\infty}\dfrac{1}{n}\sum\limits_{i=1}^{n}\sqrt{1+\dfrac{i}{n}}$.

【解】 原式 $=\int_0^1\sqrt{1+x}\,\mathrm{d}x=\dfrac{2}{3}(1+x)^{\frac{3}{2}}\Big|_0^1=\dfrac{2}{3}(2\sqrt{2}-1)$.

(2) $\lim\limits_{n\to\infty}\dfrac{1^p+2^p+\cdots+n^p}{n^{p+1}}\quad(p>0)$.

【解】 原式 $=\lim\limits_{n\to\infty}\left[\left(\dfrac{1}{n}\right)^p+\left(\dfrac{2}{n}\right)^p+\cdots+\left(\dfrac{n}{n}\right)^p\right]\cdot\dfrac{1}{n}=\lim\limits_{n\to\infty}\dfrac{1}{n}\sum\limits_{i=1}^{n}\left(\dfrac{i}{n}\right)^p=\int_0^1x^p\mathrm{d}p=\dfrac{1}{p+1}$.

5. 求下列极限：

(1) $\lim\limits_{x\to a}\dfrac{x}{x-a}\int_a^x f(t)\mathrm{d}t$，其中 $f(x)$ 连续.

【解】 原式 $=\lim\limits_{x\to a}\dfrac{\int_a^x f(t)\mathrm{d}t+xf(x)}{1}=af(a)$.

(2) $\lim\limits_{x\to+\infty}\dfrac{\int_0^x(\arctan t)^2\mathrm{d}t}{\sqrt{x^2+1}}$.

【解】 原式 $=\lim\limits_{x\to+\infty}\dfrac{(\arctan x)^2}{\dfrac{x}{\sqrt{x^2+1}}}=\dfrac{\left(\dfrac{\pi}{2}\right)^2}{1}=\dfrac{\pi^2}{4}$.

6. 下列计算是否正确，试说明理由：

(1) $\int_{-1}^{1}\dfrac{\mathrm{d}x}{1+x^2}=-\int_{-1}^{1}\dfrac{\mathrm{d}\left(\dfrac{1}{x}\right)}{1+\left(\dfrac{1}{x}\right)^2}=\left(-\arctan\dfrac{1}{x}\right)\Big|_{-1}^{1}=-\dfrac{\pi}{2}$;

(2) 因为 $\int_{-1}^{1}\dfrac{\mathrm{d}x}{x^2+x+1}\xlongequal{x=\frac{1}{t}}-\int_{-1}^{1}\dfrac{\mathrm{d}t}{t^2+t+1}$，所以

事实上，

$$\int_{-1}^{1}\frac{\mathrm{d}x}{x^2+x+1}=0.$$

【解】(1) 不正确.因为函数$\frac{1}{x}$在 $x=0$ 处无定义，所以$\frac{1}{x}$在$[-1, 1]$上不连续. 不能用牛顿-莱布尼茨公式. $\int_{-1}^{1}\frac{\mathrm{d}x}{1+x^2}=[\ \arctan x\ ]_{-1}^{1}=\frac{\pi}{2}.$

(2) 不正确.因为函数$\frac{1}{t}$在 $x=0$ 处无定义，所以$\frac{1}{t}$在$[-1, 1]$上不连续.事实上，

$$\int_{-1}^{1}\frac{\mathrm{d}x}{x^2+x+1}=\int_{-1}^{1}\frac{1}{\left(x+\frac{1}{2}\right)^2+\left(\frac{\sqrt{3}}{2}\right)^2}\mathrm{d}\left(x+\frac{1}{2}\right)=\left[\frac{2}{\sqrt{3}}\arctan\frac{2x+1}{\sqrt{3}}\right]_{-1}^{1}=\frac{\pi}{\sqrt{3}}.$$

7. 设 $x>0$，证明$\int_0^x\frac{1}{1+t^2}\mathrm{d}t+\int_0^{\frac{1}{x}}\frac{1}{1+t^2}\mathrm{d}t=\frac{\pi}{2}.$

【证】令左端为$f(x)$，则$f'(x)=0$，故$f(x)=C$. 而$f(1)=\frac{\pi}{2}$，故 $C=\frac{\pi}{2}$.

8. 设 $p>0$，证明

$$\frac{p}{p+1}<\int_0^1\frac{\mathrm{d}x}{1+x^p}<1.$$

【证】因为
$$1>\frac{1}{1+x^p}=\frac{(1+x^p)-x^p}{1+x^p}=1-\frac{x^p}{1+x^p}>1-x^p\quad(x\in[0, 1]),$$

所以
$$\int_0^1 1\mathrm{d}x>\int_0^1\frac{1}{1+x^p}\mathrm{d}x>\int_0^1(1-x^p)\mathrm{d}x,$$

而
$$\int_0^1\mathrm{d}x=1,\ \int_0^1(1-x^p)\mathrm{d}x=\left(x-\frac{x^{p+1}}{p+1}\right)\Big|_0^1=1-\frac{1}{p+1}=\frac{p}{p+1},$$

故
$$\frac{p}{p+1}<\int_0^1\frac{1}{x^p+1}\mathrm{d}x<1.$$

9. 设$f(x)$，$g(x)$在区间$[a, b]$上均连续，证明：

(1) $\left[\int_a^b f(x)g(x)\mathrm{d}x\right]^2\leqslant\int_a^b f^2(x)\mathrm{d}x\cdot\int_a^b g^2(x)\mathrm{d}x$ (柯西-施瓦茨不等式).

【证】因为 $[f(x)-\lambda g(x)]^2\geqslant 0$，$\lambda^2 g^2(x)-2\lambda f(x)g(x)+f^2(x)\geqslant 0$，

$$\lambda^2\int_a^b g^2(x)\mathrm{d}x-2\lambda\int_a^b f(x)g(x)\mathrm{d}x+\int_a^b f^2(x)\mathrm{d}x\geqslant 0,$$

不等式的左端可以看成 λ 的二次三项式，对任意 λ，不等式都成立，则

$$\Delta=\left[-2\int_a^b f(x)g(x)\mathrm{d}x\right]^2-4\int_a^b g^2(x)\mathrm{d}x\cdot\int_a^b f^2(x)\mathrm{d}x\leqslant 0,$$

即
$$\left[\int_a^b f(x)g(x)\mathrm{d}x\right]^2\leqslant\int_a^b f^2(x)\mathrm{d}x\cdot\int_a^b g^2(x)\mathrm{d}x.$$

(2) $\left\{\int_a^b[f(x)+g(x)]^2\mathrm{d}x\right\}^{\frac{1}{2}}\leqslant\left[\int_a^b f^2(x)\mathrm{d}x\right]^{\frac{1}{2}}+\left[\int_a^b g^2(x)\mathrm{d}x\right]^{\frac{1}{2}}$ (闵可夫斯基不等式).

【证】
$$\begin{aligned}\int_a^b[f(x)+g(x)]^2\mathrm{d}x&=\int_a^b f^2(x)\mathrm{d}x+\int_a^b g^2(x)\mathrm{d}x+2\int_a^b f(x)g(x)\mathrm{d}x\\&\leqslant\int_a^b f^2(x)\mathrm{d}x+\int_a^b g^2(x)\mathrm{d}x+2\left[\int_a^b f^2(x)\mathrm{d}x\cdot\int_a^b g^2(x)\mathrm{d}x\right]^{\frac{1}{2}}\\&=\left\{\left[\int_a^b f^2(x)\mathrm{d}x\right]^{\frac{1}{2}}+\left[\int_a^b g^2(x)\mathrm{d}x\right]^{\frac{1}{2}}\right\}^2,\end{aligned}$$

故 $$\left\{\int_a^b[f(x)+g(x)]^2\mathrm{d}x\right\}^{\frac{1}{2}}\leqslant\left[\int_a^b f^2(x)\mathrm{d}x\right]^{\frac{1}{2}}+\left[\int_a^b g^2(x)\mathrm{d}x\right]^{\frac{1}{2}}.$$

10. 设$f(x)$在区间$[a,b]$上连续，且$f(x)>0$. 证明
$$\int_a^b f(x)\mathrm{d}x\cdot\int_a^b\frac{\mathrm{d}x}{f(x)}\geqslant(b-a)^2.$$

【证】 由柯西-施瓦茨不等式
$$\int_a^b f(x)\mathrm{d}x\cdot\int_a^b\frac{1}{f(x)}\mathrm{d}x\geqslant\left(\int_a^b\sqrt{f(x)}\cdot\frac{1}{\sqrt{f(x)}}\mathrm{d}x\right)^2=\left(\int_a^b\mathrm{d}x\right)^2=(b-a)^2.$$

11. 计算下列积分：

(1) $\int_0^{\frac{\pi}{2}}\frac{x+\sin x}{1+\cos x}\mathrm{d}x$；　(2) $\int_0^{\frac{\pi}{4}}\ln(1+\tan x)\mathrm{d}x$；　(3) $\int_0^a\frac{\mathrm{d}x}{x+\sqrt{a^2-x^2}}(a>0)$；

(4) $\int_0^{\frac{\pi}{2}}\sqrt{1-\sin 2x}\,\mathrm{d}x$；　(5) $\int_0^{\frac{\pi}{2}}\frac{\mathrm{d}x}{1+\cos^2x}$；　(6) $\int_0^{\pi}x\sqrt{\cos^2x-\cos^4x}\,\mathrm{d}x$；

(7) $\int_0^{\pi}x^2\,|\cos x|\,\mathrm{d}x$；　(8) $\int_0^{+\infty}\frac{\mathrm{d}x}{\mathrm{e}^{x+1}+\mathrm{e}^{3-x}}$；　(9) $\int_{\frac{1}{2}}^{\frac{3}{2}}\frac{\mathrm{d}x}{\sqrt{|x^2-x|}}$；

(10) $\int_0^x\max\{t^3,t^2,1\}\mathrm{d}t$.

【解】 (1) 原式$=\int_0^{\frac{\pi}{2}}\frac{x}{1+\cos x}\mathrm{d}x+\int_0^{\frac{\pi}{2}}\frac{\sin x}{1+\cos x}\mathrm{d}x=\int_0^{\frac{\pi}{2}}\frac{x}{2\cos^2\frac{x}{2}}\mathrm{d}x+\int_0^{\frac{\pi}{2}}\frac{-1}{x+\cos x}\mathrm{d}\cos x$
$$=\int_0^{\frac{\pi}{2}}x\mathrm{d}\tan\frac{x}{2}-\ln|1+\cos x|\Big|_0^{\frac{\pi}{2}}=x\tan\frac{x}{2}\Big|_0^{\frac{\pi}{2}}-\int_0^{\frac{\pi}{2}}\tan\frac{x}{2}\mathrm{d}x+\ln 2$$
$$=\frac{\pi}{2}+2\ln\left|\cos\frac{x}{2}\right|\Big|_0^{\frac{\pi}{2}}+\ln 2=\frac{\pi}{2}+2\ln\frac{\sqrt{2}}{2}+\ln 2=\frac{\pi}{2};$$

(2) 设$x=\frac{\pi}{4}-t$.
$$原式=\int_{\frac{\pi}{4}}^0\ln\left[1+\tan\left(\frac{\pi}{4}-t\right)\right](-\mathrm{d}t)=\int_0^{\frac{\pi}{4}}\ln\left(1+\frac{1-\tan t}{1+\tan t}\right)\mathrm{d}t$$
$$=\int_0^{\frac{\pi}{4}}\ln\frac{2}{1+\tan t}\mathrm{d}t=\int_0^{\frac{\pi}{4}}[\ln 2-\ln(1+\tan t)]\mathrm{d}t=\int_0^{\frac{\pi}{4}}\ln 2\mathrm{d}t-\int_0^{\frac{\pi}{4}}\ln(1+\tan x)\mathrm{d}x,$$
所以 $$原式=\frac{1}{2}\int_0^{\frac{\pi}{4}}\ln 2\mathrm{d}t=\frac{\pi}{8}\ln 2;$$

(3) 当$f(\sin x,\cos x)$连续时，有
$$\int_0^{\frac{\pi}{2}}f(\sin x,\cos x)\mathrm{d}x=\int_0^{\frac{\pi}{2}}f(\cos x,\sin x)\mathrm{d}x.$$
令$x=a\sin t$，则
$$原式=\int_0^{\frac{\pi}{2}}\frac{a\cos t}{a\sin t+a\cos t}\mathrm{d}t=\int_0^{\frac{\pi}{2}}\frac{\cos t}{\sin t+\cos t}\mathrm{d}t=\frac{1}{2}\left(\int_0^{\frac{\pi}{2}}\frac{\cos t}{\sin t+\cos t}\mathrm{d}t+\int_0^{\frac{\pi}{2}}\frac{\sin t}{\cos t+\sin t}\mathrm{d}t\right)=\frac{1}{2}\cdot\frac{\pi}{2}=\frac{\pi}{4}.$$

注：也可令$t=\frac{\pi}{2}-u$来计算$\int_0^{\frac{\pi}{2}}\frac{\cos t}{\sin t+\cos t}\mathrm{d}t$；

(4) 原式$=\int_0^{\frac{\pi}{2}}\sqrt{\sin^2x+\cos^2x-2\sin x\cos x}\,\mathrm{d}x=\int_0^{\frac{\pi}{2}}\sqrt{(\sin x-\cos x)^2}\,\mathrm{d}x=\int_0^{\frac{\pi}{2}}|\sin x-\cos x|\,\mathrm{d}x$

$$=\int_0^{\frac{\pi}{4}}(\cos x-\sin x)\mathrm{d}x+\int_{\frac{\pi}{4}}^{\frac{\pi}{2}}(\sin x-\cos x)\mathrm{d}x=(\sin x+\cos x)\Big|_0^{\frac{\pi}{4}}+(-\cos x-\sin x)\Big|_{\frac{\pi}{4}}^{\frac{\pi}{2}}=2(\sqrt{2}-1);$$

(5) 原式 $=\int_0^{\frac{\pi}{2}}\frac{\mathrm{d}x}{2\cos^2x+\sin^2x}=\int_0^{\frac{\pi}{2}}\frac{\mathrm{d}x}{\cos^2x(2+\tan^2x)}=\int_0^{\frac{\pi}{2}}\frac{1}{2+\tan^2x}\mathrm{d}\tan x=\frac{1}{\sqrt{2}}\arctan\frac{\tan x}{\sqrt{2}}\Big|_0^{\frac{\pi}{2}}=\frac{\pi}{2\sqrt{2}};$

(6) 原式 $=\int_0^{\pi}x|\cos x|\sin x\mathrm{d}x=\frac{\pi}{2}\int_0^{\pi}|\cos x|\sin x\mathrm{d}x=\frac{\pi}{2}\left(\int_0^{\frac{\pi}{2}}\cos x\sin x\mathrm{d}x-\int_{\frac{\pi}{2}}^{\pi}\cos x\sin x\mathrm{d}x\right)=\frac{\pi}{2};$

(7) 原式 $=\int_0^{\frac{\pi}{2}}x^2\cos x\mathrm{d}x-\int_{\frac{\pi}{2}}^{\pi}x^2\cos x\mathrm{d}x$

$$=(x^2\sin x+2x\cos x-2\sin x)\Big|_0^{\frac{\pi}{2}}-(x^2\sin x+2x\cos x-2\sin x)\Big|_{\frac{\pi}{2}}^{\pi}=\frac{\pi^2}{2}+2\pi-4;$$

(8) 原式 $=\frac{1}{\mathrm{e}^2}\int_0^{+\infty}\frac{\mathrm{d}(\mathrm{e}^{x-1})}{\mathrm{e}^{2(x-1)}+1}=\frac{1}{\mathrm{e}^2}[\arctan(\mathrm{e}^{x-1})]\Big|_0^{+\infty}=\frac{1}{\mathrm{e}^2}\left(\frac{\pi}{2}-\arctan\frac{1}{\mathrm{e}}\right);$

(9) $|x^2-x|=\begin{cases}x-x^2, & \frac{1}{2}\leqslant x<1,\\ 0, & x=1,\\ x^2-x, & 1<x\leqslant\frac{3}{2}.\end{cases}$

可见 $x=1$ 是瑕点.

原式 $=\int_{\frac{1}{2}}^{1}\frac{\mathrm{d}x}{\sqrt{x-x^2}}+\int_1^{\frac{3}{2}}\frac{\mathrm{d}x}{\sqrt{x^2-x}}=\lim\limits_{\varepsilon\to0^+}\int_{\frac{1}{2}}^{1-\varepsilon}\frac{\mathrm{d}x}{\sqrt{\frac{1}{4}-\left(x-\frac{1}{2}\right)^2}}+\lim\limits_{\varepsilon\to0^+}\int_{1+\varepsilon}^{\frac{3}{2}}\frac{\mathrm{d}x}{\sqrt{\left(x-\frac{1}{2}\right)^2-\frac{1}{4}}}$

$$=\lim_{\varepsilon\to0^+}\arcsin(2x-1)\Big|_{\frac{1}{2}}^{1-\varepsilon}+\lim_{\varepsilon\to0^+}\ln\left[\left(x-\frac{1}{2}\right)+\sqrt{\left(x-\frac{1}{2}\right)^2-\frac{1}{4}}\right]\Big|_{1+\varepsilon}^{\frac{3}{2}}$$

$$=\frac{\pi}{2}+\ln(2+\sqrt{3});$$

(10) 当 $x<-1$ 时, 原式 $=\int_0^{-1}\mathrm{d}t+\int_{-1}^{x}t^2\mathrm{d}t=\frac{1}{3}x^3-\frac{2}{3};$

当 $-1\leqslant x\leqslant1$ 时, 原式 $=\int_0^x\mathrm{d}t=x;$

当 $x>1$ 时, 原式 $=\int_0^1\mathrm{d}t+\int_1^x t^3\mathrm{d}t=\frac{1}{4}x^4+\frac{3}{4}.$

总之
$$\int_0^x\max\{t^3,t^2,1\}\mathrm{d}t=\begin{cases}\frac{1}{3}x^3-\frac{2}{3}, & x<-1,\\ x, & -1\leqslant x\leqslant1,\\ \frac{1}{4}x^4+\frac{3}{4}, & x>1.\end{cases}$$

12. 设 $f(x)$ 为连续函数, 证明
$$\int_0^x f(t)(x-t)\mathrm{d}t=\int_0^x\left[\int_0^t f(u)\mathrm{d}u\right]\mathrm{d}t.$$

【证法 1】 设

$$F(x)=\int_0^x f(t)(x-t)\mathrm{d}t-\int_0^x\left[\int_0^t f(u)\mathrm{d}u\right]\mathrm{d}t,$$

$$F'(x)=\left[x\int_0^x f(t)\mathrm{d}t\right]'-\left[\int_0^x tf(t)\mathrm{d}t\right]'-\left\{\int_0^x\left[\int_0^t f(u)\mathrm{d}u\right]\mathrm{d}t\right\}'$$

$$= \int_0^x f(t)\,dt + xf(x) - xf(x) - \int_0^x f(u)\,du = 0,$$

故
$$F(x) \equiv C,$$
而
$$F(0) = 0 = C,$$
故
$$\int_0^x f(t)(x-t)\,dt = \int_0^x \left[\int_0^t f(u)\,du\right] dt.$$

【证法 2】 右端 $= t \cdot \int_0^t f(u)\,du \Big|_0^x - \int_0^x t \cdot f(t)\,dt = x\int_0^x f(u)\,du - \int_0^x tf(t)\,dt$

$$= \int_0^x xf(t)\,dt - \int_0^x tf(t)\,dt = \int_0^x f(t)(x-t)\,dt = \text{左端}.$$

13. 设 $f(x)$ 在区间 $[a, b]$ 上连续，且 $f(x)>0$，

$$F(x) = \int_a^x f(t)\,dt + \int_b^x \frac{dt}{f(t)},\quad x \in [a, b].$$

证明：

(1) $F'(x) \geqslant 2$.

【证】 $F'(x) = f(x) + \dfrac{1}{f(x)} \geqslant 2\sqrt{f(x)} \cdot \dfrac{1}{\sqrt{f(x)}} = 2.$

(2) 方程 $F(x)=0$ 在区间 (a, b) 内有且仅有一个根.

【证】 $F(a) = \int_b^a \dfrac{1}{f(t)}dt = -\int_a^b \dfrac{1}{f(t)}dt,\ F(b) = \int_a^b f(t)\,dt.$

因为 $f(x)>0$，故 $\qquad F(a) \cdot F(b) = -\int_a^b \dfrac{1}{f(t)}dt \cdot \int_a^b f(t)\,dt < 0.$

由零点定理，至少存在一点 $\xi \in (a, b)$，使 $F(\xi)=0$.

又因为 $F'(x) \geqslant 2$，则 $F(x)$ 单调增加，故 ξ 是方程 $F(x)=0$ 的唯一实根.

14. 求 $\int_0^2 f(x-1)\,dx$，其中

$$f(x) = \begin{cases} \dfrac{1}{1+x}, & x \geqslant 0, \\[2mm] \dfrac{1}{1+e^x}, & x<0. \end{cases}$$

【解】 令 $x-1=t,\ x=t+1$.

$$\int_0^2 f(x-1)\,dx = \int_{-1}^1 f(x)\,dx = \int_{-1}^1 f(t)\,dt = \int_{-1}^0 \frac{1}{1+e^x}dx + \int_0^1 \frac{1}{1+x}dx = \int_{-1}^0 \frac{e^x}{e^x(e^x+1)}dx + \ln|1+x|\Big|_0^1$$

$$= \int_{-1}^0 \left(\frac{1}{e^x} - \frac{1}{e^x+1}\right) de^x + \ln 2 = [\ln e^x - \ln(e^x+1)]\Big|_{-1}^0 + \ln 2 = -\ln 2 + 1 + \ln(e^{-1}+1) + \ln 2$$

$$= 1 + \ln\frac{e+1}{e} = \ln(e+1).$$

15. 设 $f'(x)$ 在 $[-\pi, \pi]$ 上连续，$a_n = \dfrac{1}{\pi}\int_{-\pi}^{\pi} f(x)\cos nx\,dx\ (n \in \mathbf{N})$. 证明：$\lim\limits_{n\to\infty} a_n = 0$.

【证】 利用分部积分法.

$$a_n = \frac{1}{n\pi}\int_{-\pi}^{\pi} f(x)\,d(\sin nx) = \frac{1}{n\pi}\left[f(x)\sin nx\Big|_{-\pi}^{\pi} - \int_{-\pi}^{\pi} f'(x)\sin nx\,dx\right]$$

$$= \frac{-1}{n\pi}\int_{-\pi}^{\pi} f'(x)\sin nx\,dx.$$

由于 $|f'(x)\sin nx| \leqslant |f'(x)|$，而 $f'(x)$ 在 $[-\pi, \pi]$ 上连续，故 $f'(x)$ 在 $[-\pi, \pi]$ 上有界，即存在 $M>0$，使 $|f'(x)| \leqslant M\ (x \in [-\pi, \pi])$，于是

$$|a_n| = \frac{1}{n\pi}\left|\int_{-\pi}^{\pi} f'(x)\sin nx\,dx\right| \leqslant \frac{1}{n\pi}\int_{-\pi}^{\pi} |f'(x)\sin nx|\,dx \leqslant \frac{1}{n\pi}\int_{-\pi}^{\pi} |f'(x)|\,dx$$

$$\leqslant\frac{M}{n\pi}\int_{-\pi}^{\pi}\mathrm{d}x=\frac{M}{n\pi}\cdot 2\pi=\frac{2M}{n}.$$

当 $n\to\infty$ 时，$\frac{2M}{n}\to 0$，故 $|a_n|\to 0$.从而得 $\lim\limits_{n\to\infty}a_n=0$.

16. 设 $f(x)$ 在区间 $[a, b]$ 上连续，$g(x)$ 在区间 $[a, b]$ 上连续且不变号. 证明至少存在一点 $\xi\in[a, b]$，使下式成立

$$\int_a^b f(x)g(x)\mathrm{d}x=f(\xi)\int_a^b g(x)\mathrm{d}x\quad（积分第一中值定理）.$$

【证】 不妨假定 $g(x)\geqslant 0$，$x\in[a, b]$. 若 $g(x)\equiv 0$，证完. 否则，必有 $x_0\in[a, b]$，使 $g(x_0)>0$. 由连续性，必有 $U(x_0, \delta)$，在此邻域内，$g(x)>0$，于是 $\int_a^b g(x)\mathrm{d}x>0$.

设 m, M 是 $f(x)$ 在 $[a, b]$ 上的最小值与最大值，即 $m\leqslant f(x)\leqslant M$，于是

$$mg(x)\leqslant f(x)g(x)\leqslant Mg(x),$$

积分，得

$$m\int_a^b g(x)\mathrm{d}x\leqslant\int_a^b f(x)g(x)\mathrm{d}x\leqslant M\int_a^b g(x)\mathrm{d}x,\quad m\leqslant\frac{\int_a^b f(x)g(x)\mathrm{d}x}{\int_a^b g(x)\mathrm{d}x}\leqslant M.$$

由介值定理，必有 $\xi\in[a, b]$，使

$$f(\xi)=\frac{\int_a^b f(x)g(x)\mathrm{d}x}{\int_a^b g(x)\mathrm{d}x},$$

即
$$\int_a^b f(x)g(x)\mathrm{d}x=f(\xi)\int_a^b g(x)\mathrm{d}x\quad(\xi\in[a, b]).$$

*17. 证明：$\int_0^{+\infty}x^n\mathrm{e}^{-x^2}\mathrm{d}x=\frac{n-1}{2}\int_0^{+\infty}x^{n-2}\mathrm{e}^{-x^2}\mathrm{d}x$ $(n>1)$，并用它证明

$$\int_0^{+\infty}x^{2n+1}\mathrm{e}^{-x^2}\mathrm{d}x=\frac{1}{2}\Gamma(n+1)\quad(n\in\mathbf{N}).$$

【证】 $\int_0^{+\infty}x^n\mathrm{e}^{-x^2}\mathrm{d}x=-\frac{1}{2}\int_0^{+\infty}x^{n-1}\mathrm{d}(\mathrm{e}^{-x^2})=-\frac{1}{2}x^{n-1}\mathrm{e}^{-x^2}\Big|_0^{+\infty}+\frac{1}{2}\int_0^{+\infty}(n-1)x^{n-2}\mathrm{e}^{-x^2}\mathrm{d}x$

$$=\frac{n-1}{2}\int_0^{+\infty}x^{n-2}\mathrm{e}^{-x^2}\mathrm{d}x.$$

令 $I_n=\int_0^{+\infty}x^n\mathrm{e}^{-x^2}\mathrm{d}x$，由上面等式可知 $I_n=\frac{n-1}{2}I_{n-2}$，则

$$\int_0^{+\infty}x^{2n+1}\mathrm{e}^{-x^2}\mathrm{d}x=\frac{2n+1-1}{2}I_{2n-1+2}=nI_{2n-1}=n\int_0^{+\infty}x^{2n-1}\mathrm{e}^{-x^2}\mathrm{d}x\xlongequal{u=x^2}n\int_0^{+\infty}u^{n-\frac{1}{2}}\mathrm{e}^{-u}\cdot\frac{1}{2\sqrt{u}}\mathrm{d}u$$

$$=\frac{n}{2}\int_0^{+\infty}u^{n-1}\mathrm{e}^{-u}\mathrm{d}u=\frac{n}{2}\Gamma(n)=\frac{1}{2}\Gamma(n+1).$$

*18. 判定下列反常积分的收敛性：

(1) $\int_0^{+\infty}\frac{\sin x}{\sqrt{x^3}}\mathrm{d}x$；　　(2) $\int_2^{+\infty}\frac{\mathrm{d}x}{x\sqrt[3]{x^2-3x+2}}$；

(3) $\int_2^{+\infty}\frac{\cos x}{\ln x}\mathrm{d}x$；　　(4) $\int_0^{+\infty}\frac{\mathrm{d}x}{\sqrt[3]{x^2(x-1)(x-2)}}$.

【解】 (1)由于 $x=0$ 是瑕点，所以

$$\int_0^{+\infty}\frac{\sin x}{\sqrt{x^3}}\mathrm{d}x=\int_0^1\frac{\sin x}{\sqrt{x^3}}\mathrm{d}x+\int_1^{+\infty}\frac{\sin x}{\sqrt{x^3}}\mathrm{d}x.$$

在[0, 1]上，有

$$0<\frac{\sin x}{\sqrt{x^3}}<\frac{x}{\sqrt{x^3}}=\frac{1}{x^{\frac{1}{2}}}.$$

由于$\int_0^1\frac{1}{x^{\frac{1}{2}}}dx$收敛，所以根据比较审敛法，知$\int_0^1\frac{\sin x}{\sqrt{x^3}}dx$收敛.

在[1, +∞)上，有

$$\left|\frac{\sin x}{\sqrt{x^3}}\right|<\frac{1}{x^{\frac{3}{2}}},$$

而$\int_1^{+\infty}\frac{1}{x^{\frac{3}{2}}}dx$收敛，根据比较审敛法，知$\int_1^{+\infty}\frac{\sin x}{\sqrt{x^3}}dx$收敛.

综上所述可知$\int_0^{+\infty}\frac{\sin x}{\sqrt{x^3}}dx$收敛；

(2)由于$x=2$是瑕点，所以

$$\int_2^{+\infty}\frac{dx}{x\sqrt[3]{x^2-3x+2}}=\int_2^3\frac{dx}{x\sqrt[3]{x^2-3x+2}}+\int_3^{+\infty}\frac{dx}{x\sqrt[3]{x^2-3x+2}}.$$

在(2, 3]上，有

$$\lim_{x\to2^+}(x-2)^{\frac{1}{3}}\cdot\frac{1}{x\sqrt[3]{(x-2)(x-1)}}=\lim_{x\to2^+}\frac{1}{x\sqrt[3]{x-1}}=\frac{1}{2},$$

根据比较审敛法，知$\int_2^{+\infty}\frac{dx}{x\sqrt[3]{x^2-3x-2}}$收敛.

在[3, +∞)上，有

$$\lim_{x\to+\infty}x^{\frac{5}{3}}\cdot\frac{dx}{x\sqrt[3]{x^2-3x-2}}=\lim_{x\to+\infty}\sqrt[3]{\frac{x^2}{x^2-3x+2}}=1,$$

根据比较审敛法，知$\int_3^{+\infty}\frac{dx}{x\sqrt[3]{x^2-3x+2}}$收敛.

综上可知所给反常积分收敛；

(3)原式$=\int_2^{+\infty}\frac{d\sin x}{\ln x}=\sin x\cdot\frac{1}{\ln x}\Big|_2^{+\infty}-\int_2^{+\infty}\sin x\cdot\frac{-1}{\ln^2x}\cdot\frac{1}{x}dx=-\frac{\sin 2}{\ln 2}+\int_2^{+\infty}\frac{\sin x}{x\ln^2x}dx.$

因为

$$\left|\frac{\sin x}{x\ln^2x}\right|\leqslant\frac{1}{x\ln^2x},$$

而

$$\int_2^{+\infty}\frac{1}{x\ln^2x}dx=\int_2^{+\infty}\frac{1}{\ln^2x}d\ln x=-\frac{1}{\ln x}\Big|_2^{+\infty}=\frac{1}{\ln 2},$$

所以$\int_2^{+\infty}\frac{1}{x\ln^2x}dx$收敛，从而$\int_2^{+\infty}\left|\frac{\sin x}{x\ln^2x}\right|dx$收敛. 于是$\int_2^{+\infty}\frac{\sin x}{x\ln^2x}dx$收敛，即所给反常积分收敛；

(4)由于$x=0, 1, 2$均为被积函数的瑕点，于是

$$\begin{aligned}&\int_0^{+\infty}\frac{dx}{\sqrt[3]{x^2(x-1)(x-2)}}\\&=\int_0^{\frac{1}{2}}\frac{dx}{\sqrt[3]{x^2(x-1)(x-2)}}+\int_{\frac{1}{2}}^1\frac{dx}{\sqrt[3]{x^2(x-1)(x-2)}}+\int_1^{\frac{3}{2}}\frac{dx}{\sqrt[3]{x^2(x-1)(x-2)}}+\\&\int_{\frac{3}{2}}^2\frac{dx}{\sqrt[3]{x^2(x-1)(x-2)}}+\int_2^3\frac{dx}{\sqrt[3]{x^2(x-1)(x-2)}}+\int_3^{+\infty}\frac{dx}{\sqrt[3]{x^2(x-1)(x-2)}}.\end{aligned}$$

在$\left(0,\frac{1}{2}\right]$上，有

$$\lim_{x\to0^+}x^{\frac{2}{3}}\cdot\frac{1}{\sqrt[3]{x^2(x-1)(x-2)}}=\lim_{x\to0^+}\frac{1}{\sqrt[3]{(x-1)(x-2)}}=\frac{1}{\sqrt[3]{2}},$$

根据极限审敛法，知$\int_0^{\frac{1}{2}}\frac{dx}{\sqrt[3]{x^2(x-1)(x-2)}}$收敛.

同理，可以判定，在$\left[\frac{1}{2},1\right)$，$\left(1,\frac{3}{2}\right]$，$\left[\frac{3}{2},2\right)$，$(2,3]$上，反常积分均收敛.

在$[3,+\infty)$上，有

$$\lim_{x\to+\infty}x^{\frac{4}{3}}\cdot\frac{1}{\sqrt[3]{x^2(x-1)(x-2)}}=\lim_{x\to+\infty}\sqrt[3]{\frac{x^2}{(x-1)(x-2)}}=1,$$

根据极限审敛法，知$\int_3^{+\infty}\frac{dx}{\sqrt[3]{x^2(x-1)(x-2)}}$收敛.

综上所述可知所给反常积分收敛.

*19. 计算下列反常积分：

(1) $\int_0^{\frac{\pi}{2}}\ln\sin x\,dx.$

【解】

$$原式=\int_0^{\frac{\pi}{4}}\ln\sin x\,dx+\int_{\frac{\pi}{4}}^{\frac{\pi}{2}}\ln\sin x\,dx,$$

$$\int_{\frac{\pi}{4}}^{\frac{\pi}{2}}\ln\sin x\,dx\xlongequal{x=\frac{\pi}{2}-t}\int_{\frac{\pi}{4}}^{0}\ln\sin\left(\frac{\pi}{2}-t\right)\cdot(-dt)=\int_0^{\frac{\pi}{4}}\ln\cos t\,dt,$$

所以

$$原式=\int_0^{\frac{\pi}{4}}\ln\sin x\,dx+\int_0^{\frac{\pi}{4}}\ln\cos x\,dx=\int_0^{\frac{\pi}{4}}(\ln\sin x+\ln\cos x)\,dx$$

$$=\int_0^{\frac{\pi}{4}}\ln\frac{\sin2x}{2}dx\xlongequal{2x=t}\int_0^{\frac{\pi}{2}}(\ln\sin t-\ln2)\cdot\frac{1}{2}dt=\frac{1}{2}\int_0^{\frac{\pi}{2}}\ln\sin t\,dt-\frac{\ln2}{2}\int_0^{\frac{\pi}{2}}dt,$$

从而

$$原式=-\ln2\cdot\frac{\pi}{2}=\frac{\pi}{2}\ln2.$$

(2) $\int_0^{+\infty}\frac{dx}{(1+x^2)(1+x^\alpha)}\quad(\alpha\geqslant0).$

【解】 令$x=\frac{1}{u}$，则$dx=-\frac{1}{u^2}dx.$

$$原式=\int_{+\infty}^{0}\frac{1}{\left(1+\frac{1}{u^2}\right)\left(1+\frac{1}{u^\alpha}\right)}\cdot\left(-\frac{1}{u^2}\right)du=\int_0^{+\infty}\frac{u^\alpha}{(1+u^2)(1+u^\alpha)}du$$

$$=\int_0^{+\infty}\frac{(u^\alpha+1)-1}{(1+u^2)(1+u^\alpha)}du=\int_0^{+\infty}\frac{1}{1+u^2}du-\int_0^{+\infty}\frac{1}{(1+u^2)(1+u^\alpha)}du,$$

所以

$$原式=\frac{1}{2}\int_0^{+\infty}\frac{1}{1+u^2}du=\frac{1}{2}\arctan u\Big|_0^{+\infty}=\frac{\pi}{4}.$$

第六章　定积分的应用

一、主要内容

(一) 定积分应用的计算公式

在定积分的应用中，根据微元分析法(亦称元素法)可以建立以下一系列定积分表达式.

1. 平面图形的面积 S

(1) 由曲线 $y=f(x)$ $(f(x)\geqslant 0)$，直线 $x=a$, $x=b$ 与 x 轴围成的图形，则

$$\mathrm{d}S=f(x)\mathrm{d}x,\ S=\int_a^b f(x)\mathrm{d}x.$$

(2) 由曲线 $y=f(x)$, $y=g(x)$ 和直线 $x=a$, $x=b$ 围成的图形，则

$$\mathrm{d}S=|f(x)-g(x)|\mathrm{d}x,\quad S=\int_a^b |f(x)-g(x)|\mathrm{d}x.$$

(3) 由曲线 $r=r(\theta)$ $(r(\theta)\geqslant 0)$ 和 $\theta=\alpha$, $\theta=\beta$ 围成的图形，则

$$\mathrm{d}S=\frac{1}{2}r^2(\theta)\mathrm{d}\theta,\ S=\frac{1}{2}\int_\alpha^\beta r^2(\theta)\mathrm{d}\theta.$$

(4) 由参数方程

$$\begin{cases}x=\varphi(t),\\ y=\psi(t)\end{cases}$$

给出的曲边，t_1 对应起点，t_2 对应终点，$x=\varphi(t)$ 在$[t_1,t_2]$(或$[t_2,t_1]$)上连续可微，$y=\psi(t)$ 在此区间上连续，则曲边梯形的面积为

$$S=\int_{t_1}^{t_2}\psi(t)\varphi'(t)\mathrm{d}t.$$

特别地，参数方程所确定的是封闭无重点曲线，则曲线围成图形的面积为

$$S=\frac{1}{2}\int_{t_1}^{t_2}[\varphi(t)\psi'(t)-\psi(t)\varphi'(t)]\mathrm{d}t,$$

此时要求 $\varphi(t)$, $\psi(t)$ 都连续可微.

2. 平面曲线 l 的长度

(1) 曲线方程为 $y=f(x)(a\leqslant x\leqslant b)$，则

$$\mathrm{d}l=\sqrt{1+f'^2(x)}\mathrm{d}x,\ l=\int_a^b\sqrt{1+f'^2(x)}\mathrm{d}x.$$

(2) 曲线方程为 $x=\varphi(t)$, $y=\psi(t)(\alpha\leqslant t\leqslant\beta)$，则

$$\mathrm{d}l=\sqrt{\varphi'^2(t)+\psi'^2(t)}\mathrm{d}t,\ l=\int_\alpha^\beta\sqrt{\varphi'^2(t)+\psi'^2(t)}\mathrm{d}t.$$

(3) 曲线方程为 $r=r(\theta)$, $\alpha\leqslant\theta\leqslant\beta$，则

$$\mathrm{d}l=\sqrt{r^2(\theta)+r'^2(\theta)}\mathrm{d}\theta,\ l=\int_\alpha^\beta\sqrt{r^2(\theta)+r'^2(\theta)}\mathrm{d}\theta.$$

(4) 空间曲线为 $x=\varphi(t)$, $y=\psi(t)$, $z=\omega(t)$ $(\alpha\leqslant t\leqslant\beta)$，则

$$\mathrm{d}l=\sqrt{\varphi'^2(t)+\psi'^2(t)+\omega'^2(t)}\mathrm{d}t,$$

$$l=\int_\alpha^\beta\sqrt{\varphi'^2(t)+\psi'^2(t)+\omega'^2(t)}\mathrm{d}t.$$

3. 立体体积 V

(1) 立体是由曲面和平面 $x=a$, $x=b$ 围成的, 垂直于 x 轴的截面面积 $S(x)$ 为已知, 则

$$\mathrm{d}V=S(x)\mathrm{d}x,\ V=\int_a^b S(x)\mathrm{d}x\quad (S(x)\ 连续于[a,b]).$$

(2) 由平面连续曲线 $y=f(x)$, 直线 $x=a$, $x=b$ 及 x 轴围成的曲边梯形绕 x 轴旋转一周所得旋转体之体积为 V, 则

$$\mathrm{d}V=\pi y^2(x)\mathrm{d}x,\ V=\pi\int_a^b y^2(x)\mathrm{d}x.$$

4. 变力沿直线所做的功 W

物体在变力 $F(x)$ 的作用下, 沿直线由 $x=a$ 运动到 $x=b$ 所做的功为 W, 则

$$\mathrm{d}W=F(x)\mathrm{d}x,\ W=\int_a^b F(x)\mathrm{d}x.$$

5. 液体对平面板侧压力 P

如图 6-1 所示, 平板垂直地浸入液体中, 设液体密度为 μ, 平板一侧所受液体压力为 P, 则

$$\mathrm{d}P=\mu x f(x)\mathrm{d}x,\ P=\mu\int_a^b xf(x)\mathrm{d}x.$$

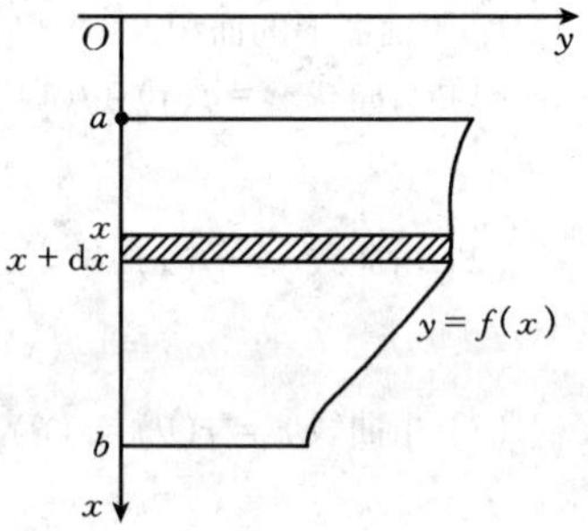

图 6-1

6. 函数 $y=f(x)$ 在 $[a,b]$ 上的平均值为

$$\bar{y}=\frac{1}{b-a}\int_a^b f(x)\mathrm{d}x.$$

注 利用定积分还可计算平面图形及简单空间形体的重心、质点与物体间引力等, 读者可参考后面的例题进行理解.

(二) 结论补充

1. 由直线 $x=a$, $x=b$, $y=0$ 和曲线 $y=f(x)$ 所围成的平面图形绕 y 轴旋转一周所得旋转体的体积为

$$V_y=\int_a^b 2\pi x f(x)\mathrm{d}x,$$

式中 $0\leqslant a<b$.

2. 由连续曲线 $y=f(x)$ $(f(x)\geqslant 0)$, 直线 $x=a$, $x=b$, $y=0$ 所围成的图形绕 x 轴旋转一周所得旋转体的侧面积为

$$A=\int_a^b 2\pi f(x)\sqrt{1+f'^2(x)}\,\mathrm{d}x.$$

3. 设 $r=r(\theta)$ 是极坐标表示的连续曲线方程, 由 $0\leqslant\alpha\leqslant\theta\leqslant\beta\leqslant\pi$, $0\leqslant r\leqslant r(\theta)$ 确定的平面图形绕极轴旋转一周所得立体的体积为

$$V=\frac{2\pi}{3}\int_\alpha^\beta r^3(\theta)\sin\theta\mathrm{d}\theta.$$

4. 古尔金(Guldin)定理: 设 A 为平面图形的面积, $\bar{y}$ 表示 A 的重心到转轴的距离, 则由此平面图形绕转轴旋转一周所得旋转体的体积为

$$V=2\pi\bar{y}A.$$

5. 设 L 为平面曲线弧段的长, $\bar{y}$ 表示此弧段重心到转轴的距离, 则此弧段绕转轴旋转一周所得的曲面面积为

$$S=2\pi\bar{y}\cdot L.$$

二、典型例题

(一) 几何应用

1. 面积问题

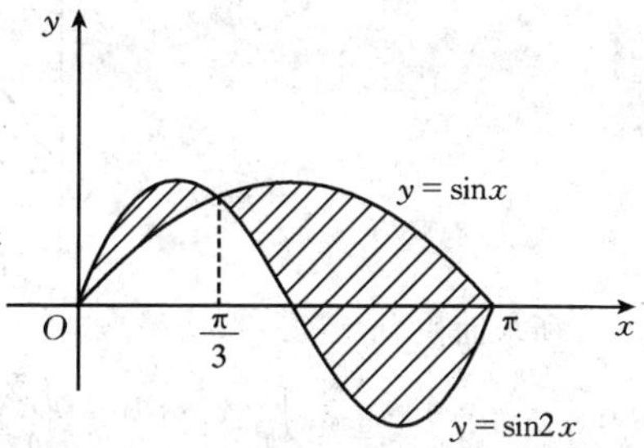

图 6-2

【例 6-1】 求曲线 $y = \sin x$ 与 $y = \sin 2x$ 在 $[0, \pi]$ 上所围成图形的面积.

【解】 所围图形如图 6-2 所示.

所求面积为

$$A = \int_0^{\frac{\pi}{3}} (\sin 2x - \sin x)\,dx + \int_{\frac{\pi}{3}}^{\pi} (\sin x - \sin 2x)\,dx$$

$$= \left(-\frac{1}{2}\cos 2x + \cos x\right)\Bigg|_0^{\frac{\pi}{3}} + \left(-\cos x + \frac{1}{2}\cos 2x\right)\Bigg|_{\frac{\pi}{3}}^{\pi} = \frac{5}{2}.$$

【例 6-2】 直线 $y = x$ 将椭圆 $x^2 + 3y^2 = 6y$ 分成两部分, 求较小一部分图形的面积.

【解】 直线 $y = x$ 与椭圆 $x^2 + 3y^2 = 6y$ 的交点可求得为 $(0, 0)$ 和 $\left(\frac{3}{2}, \frac{3}{2}\right)$.

所围图形如图 6-3 所示.

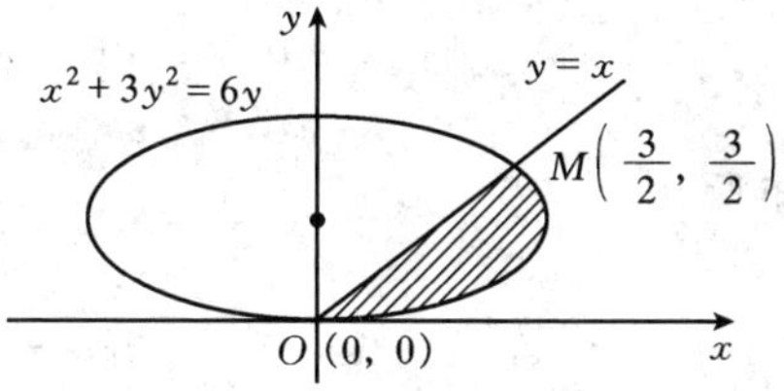

图 6-3

所求面积为

$$A = \int_0^{\frac{3}{2}} (\sqrt{6y - 3y^2} - y)\,dy = \sqrt{3}\int_0^{\frac{3}{2}} \sqrt{1 - (y-1)^2}\,dy - \int_0^{\frac{3}{2}} y\,dy$$

$$= \sqrt{3}\left[\frac{1}{2}(y-1)\sqrt{1-(y-1)^2} + \frac{1}{2}\arcsin(y-1)\right]\Bigg|_0^{\frac{3}{2}} - \left(\frac{1}{2}y^2\right)\Bigg|_0^{\frac{3}{2}} = \frac{\sqrt{3}}{3}\pi - \frac{3}{4}.$$

【例 6-3】 求曲线 $y = e^{-x}\sin x\ (x \geqslant 0)$ 与 x 轴围成图形的面积.

【解】 $\lim\limits_{x\to+\infty} e^{-x}\sin x = 0$, $y = 0$ 为水平渐近线, 所求面积为

$$A = \int_0^{\pi} e^{-x}\sin x\,dx - \int_{\pi}^{2\pi} e^{-x}\sin x\,dx + \int_{2\pi}^{3\pi} e^{-x}\sin x\,dx + \cdots = \sum_{k=0}^{\infty}\int_{k\pi}^{(k+1)\pi}(-1)^k e^{-x}\sin x\,dx,$$

而

$$\int_{k\pi}^{(k+1)\pi} e^{-x}\sin x\,dx = \frac{1}{2}(e^{-x}\cos x + e^{-x}\sin x)\Bigg|_{k\pi}^{(k+1)\pi} = \frac{1}{2}(-1)^k e^{-k\pi}(e^{-\pi} + 1),$$

故

$$A = \sum_{k=0}^{\infty}\frac{1}{2}e^{-k\pi}(e^{-\pi}+1) = \left(\sum_{k=0}^{\infty}e^{-k\pi}\right)\cdot\frac{1}{2}(e^{-\pi}+1) = \frac{1}{2}(e^{-\pi}+1)\cdot\frac{1}{1-e^{-\pi}} = \frac{1}{2}\cdot\frac{e^{\pi}+1}{e^{\pi}-1}.$$

【例 6-4】 求由摆线

$$x = a(t - \sin t),\ y = a(1 - \cos t)\quad (0 \leqslant t \leqslant 2\pi,\ a > 0)$$

与直线 $y=0$ 所围成图形的面积.

【解】 所围图形如图 6-4 所示.

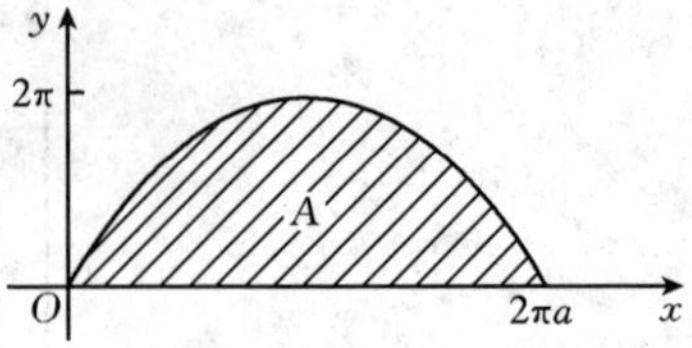

图 6-4

所求面积为

$$A=\int_0^{2\pi a}y(x)\,\mathrm{d}x=\int_0^{2\pi}y(t)x'(t)\,\mathrm{d}t=\int_0^{2\pi}a^2(1-\cos t)^2\,\mathrm{d}t=3\pi a^2.$$

2. 体积问题

【例 6-5】 求曲线 $y=\sin x\ (0\leqslant x\leqslant\pi)$ 及 x 轴所围成的图形绕 y 轴旋转所成的旋转体的体积.

【解法 1】 $V=\pi\int_0^1[(\pi-\arcsin y)^2-(\arcsin y)^2]\,\mathrm{d}y=\pi\int_0^1(\pi^2-2\pi\arcsin y)\,\mathrm{d}y$

$$=\pi^3-2\pi^2\left(y\arcsin y+\sqrt{1-y^2}\right)\Big|_0^1=2\pi^2;$$

【解法 2】 $V=2\pi\int_0^{\pi}x\sin x\,\mathrm{d}x=2\pi(-x\cos x+\sin x)\Big|_0^{\pi}=2\pi^2.$

【例 6-6】 求由曲线 $y=\mathrm{e}^x$, $y=\sin x$, 直线 $x=0$, $x=1$ 所围成的图形绕 x 轴旋转一周所得旋转体的体积.

【解】 平面图形如图 6-5 所示.

所求旋转体的体积为

$$V_x=\pi\int_0^1[(\mathrm{e}^x)^2-(\sin x)^2]\,\mathrm{d}x=\pi\int_0^1\mathrm{e}^{2x}\,\mathrm{d}x-\pi\int_0^1\sin^2x\,\mathrm{d}x$$

$$=\frac{\pi}{2}\mathrm{e}^{2x}\Big|_0^{\pi}-\pi\left(\frac{1}{2}x-\frac{1}{4}\sin 2x\right)\Big|_0^1=\pi\left[\frac{1}{2}\left(\mathrm{e}^2+\frac{1}{2}\sin 2\right)-1\right].$$

【例 6-7】 求由曲线 $y=4-x^2$ 与直线 $y=0$ 所围成的平面图形绕直线 $x=3$ 旋转一周所得旋转体的体积.

【解】 平面图形如图 6-6 所示.

所求体积为

$$V=\int_0^4 S(y)\,\mathrm{d}y=\int_0^4\pi\{[3+x(y)]^2-[3-x(y)]^2\}\,\mathrm{d}y$$

$$=\int_0^4\pi[(3+\sqrt{4-y})^2-(3-\sqrt{4-y})^2]\,\mathrm{d}y=\int_0^4 12\pi\sqrt{4-y}\,\mathrm{d}y=64\pi.$$

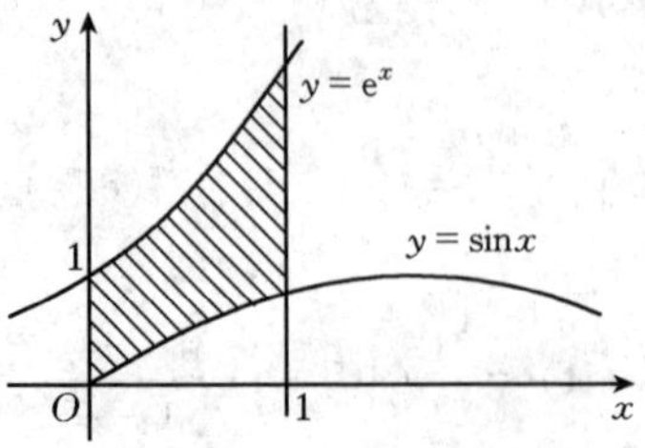

图 6-5

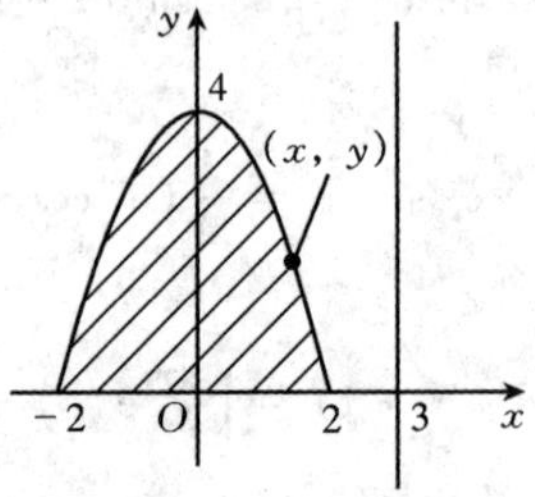

图 6-6

【例6-8】 如图6-7所示之楔形体由抛物柱面$y-4=-x^2$，平面$z=0$及与底面成$\alpha(\alpha>0)$角、过x轴的平面所围成．求此楔形体的体积．

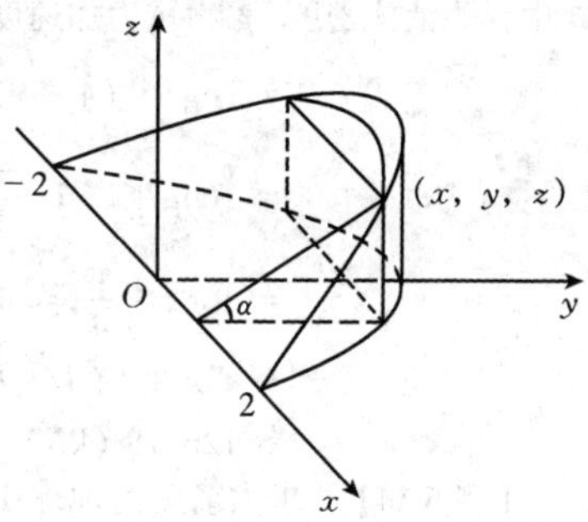

图 6-7

【解】 选x为积分变量，如图6-7所示，则

$$A(x)=\frac{1}{2}y\cdot y\tan\alpha=\frac{1}{2}y^2\tan\alpha=\frac{1}{2}(4-x^2)^2\tan\alpha,$$

$$V=2\int_0^2\frac{1}{2}(4-x^2)^2\tan\alpha\,\mathrm{d}x=\frac{256}{15}\tan\alpha.$$

【例6-9】 求曲线$y=xe^{-x}(x\geqslant0)$绕x轴旋转一周所得延展到无穷远之旋转体的体积．

【解】 $$V=\pi\int_0^{+\infty}(xe^{-x})^2\mathrm{d}x=-\frac{\pi}{2}\int_0^{+\infty}x^2\mathrm{d}e^{-2x}=-\frac{\pi}{2}(x^2e^{-2x})\Big|_0^{+\infty}+\pi\int_0^{+\infty}xe^{-2x}\mathrm{d}x$$

$$=\pi\int_0^{+\infty}xe^{-2x}\mathrm{d}x=-\frac{\pi}{2}\left(xe^{-2x}\Big|_0^{+\infty}-\int_0^{+\infty}e^{-2x}\mathrm{d}x\right)=-\frac{\pi}{4}e^{-2x}\Big|_0^{+\infty}=\frac{\pi}{4}.$$

【例6-10】 求心形线$r=4(1+\cos\theta)$和直线$\theta=0$，$\theta=\frac{\pi}{2}$所围成图形绕极轴旋转一周所得旋转体的体积．

【解】 $x=r\cos\theta=4(1+\cos\theta)\cos\theta$，$y=r\sin\theta=4(1+\cos\theta)\sin\theta$.

$\theta=0$时，$r=8$．所求体积为

$$V=\int_0^8\pi y^2\mathrm{d}x=-\int_{\frac{\pi}{2}}^0\pi[4(1+\cos\theta)\sin\theta]^2[4(1+\cos\theta)\cos\theta]'_\theta\mathrm{d}\theta$$

$$=64\pi\int_0^{\frac{\pi}{2}}(1+\cos\theta)^2\sin^3\theta\cdot(1+2\cos\theta)\mathrm{d}\theta=160\pi.$$

3. 曲线的弧长

【例6-11】 求星形线$x=a\cos^3t$，$y=a\sin^3t$的全长．

【解】 由对称性，星形线的全长为

$$s=4\int_0^{\frac{\pi}{2}}\sqrt{(a\cos^3t)'^2+(a\sin^3t)'^2}\,\mathrm{d}t=4\int_0^{\frac{\pi}{2}}3a\sin t\cos t\mathrm{d}t=6a.$$

【例6-12】 求曲线$y=\int_{-\frac{\pi}{2}}^x\sqrt{\cos t}\,\mathrm{d}t$的全长．

【解】 由于$\cos t\geqslant0$，故$-\frac{\pi}{2}\leqslant t\leqslant\frac{\pi}{2}$，即要求$-\frac{\pi}{2}\leqslant x\leqslant\frac{\pi}{2}$．曲线全长为

$$s=\int_{-\frac{\pi}{2}}^{\frac{\pi}{2}}\sqrt{1+y'^2(x)}\,\mathrm{d}x=2\int_0^{\frac{\pi}{2}}\sqrt{1+(\sqrt{\cos x})^2}\,\mathrm{d}x$$

$$=2\int_0^{\frac{\pi}{2}}\sqrt{1+\cos x}\,\mathrm{d}x=2\sqrt{2}\int_0^{\frac{\pi}{2}}\cos\frac{x}{2}\mathrm{d}x=4\sqrt{2}\sin\frac{x}{2}\Big|_0^{\frac{\pi}{2}}=4.$$

（二）物理应用

【例6-13】 直径为2 m的圆板垂直放在海水中，板中心距离水面4 m，求圆板一侧所受压力(海水密度为$1.03\times10^3\ \mathrm{kg/m^3}$)．

【解】 如图6-8所示，有

$$\mathrm{d}P=2\rho g(4-y)\sqrt{1-y^2}\,\mathrm{d}y,$$

式中ρ为液体密度,g为重力加速度. 因此

$$\begin{aligned}P &= 2\rho g\int_{-1}^{1}(4-y)\sqrt{1-y^2}\,\mathrm{d}y\\ &= 16\rho g\int_0^1\sqrt{1-y^2}\,\mathrm{d}y\\ &= 16\rho g\cdot\frac{\pi}{4} = 4\pi\rho g\\ &\approx 4\times 3.14\times 1.03\times 10^3\times 9.8\\ &\approx 126.78\ (\mathrm{kN}).\end{aligned}$$

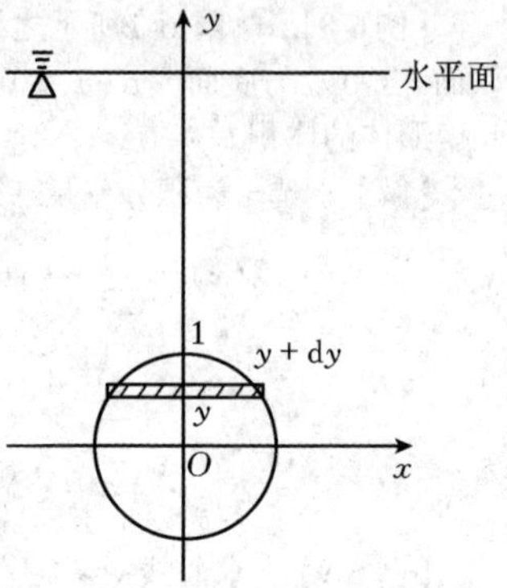

图 6-8

【例 6-14】 求火箭脱离地球引力范围所需初速度(地球半径 $R = 6370$ km).

【解】 如图 6-9 所示,设M为地球质量,m为火箭质量,微功为

$$\mathrm{d}W = k\frac{mM}{r^2}\mathrm{d}r,$$

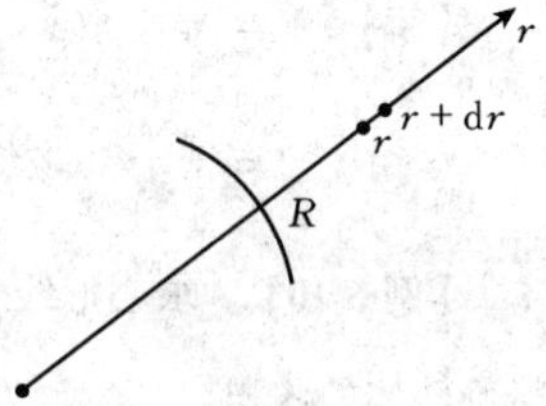

图 6-9

在地面上 $k\cdot\dfrac{mM}{R^2} = mg$,所以 $k = \dfrac{R^2 g}{M}$,于是

$$\mathrm{d}W = \frac{mgR^2}{r^2}\mathrm{d}r,\ W = \int_R^{+\infty}\frac{mgR^2}{r^2}\mathrm{d}r = mgR.$$

令$\dfrac{1}{2}mv_0^2 \geqslant mgR$,则 $v_0 \geqslant 11.2(\mathrm{km/s})$.

【例 6-15】 求面密度为常数μ,两直角边分别为a和b的直角三角形薄片对于长为a一边的转动惯量.

【解】 如图 6-10,直线$\overline{AB}$的方程为 $y = -\dfrac{a}{b}x + a$.

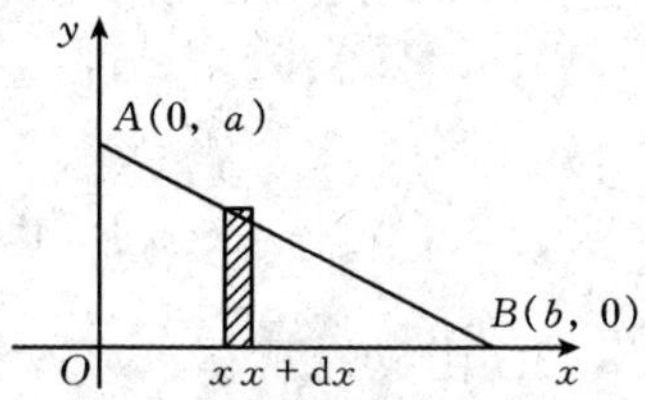

图 6-10

转动惯量微元为

$$\mathrm{d}J = \mu x^2 y\,\mathrm{d}x = \mu x^2\left(\frac{-ax}{b} + a\right)\mathrm{d}x.$$

于是,所求转动惯量为

$$J = \int_0^b \mu x^2\left(-\frac{a}{b}x + a\right)\mathrm{d}x = \frac{\mu}{12}ab^3.$$

【例 6-16】 设有一面密度为常数ρ,半径分别为R_1,$R_2(R_1 < R_2)$的圆环形薄板. 一质量为m的质点P位于过圆心的垂线上,且距圆心为a. 求圆环对质点P的引力.

【解】 如图 6-11 所示,取z轴为过圆心的垂线,圆环置于xOy面上,引力为$\boldsymbol{F} = \{F_x, F_y, F_z\}$,则

$$\mathrm{d}F_z = \frac{k\rho 2\pi r\mathrm{d}r\cdot m}{a^2 + r^2}\cdot\cos\theta = \frac{k\rho m\cdot 2\pi r\mathrm{d}r}{a^2 + r^2}\cdot\frac{a}{\sqrt{a^2 + r^2}} = \frac{2\pi km\rho ar\mathrm{d}r}{(a^2 + r^2)^{3/2}},$$

又

$$F_z = \int_{R_1}^{R_2}\frac{2\pi km\rho ar\mathrm{d}r}{(a^2 + r^2)^{3/2}} = -2\pi km\rho a\int_{R_1}^{R_2}\mathrm{d}\left(\frac{a}{\sqrt{a^2 + r^2}}\right) = 2\pi km\rho a\left(\frac{1}{\sqrt{a^2 + R_1^2}} - \frac{1}{\sqrt{a^2 + R_2^2}}\right),$$

故引力为

$$\boldsymbol{F} = \left[0,\ 0,\ 2\pi km\rho a\left(\frac{1}{\sqrt{a^2 + R_1^2}} - \frac{1}{\sqrt{a^2 + R_2^2}}\right)\right].$$

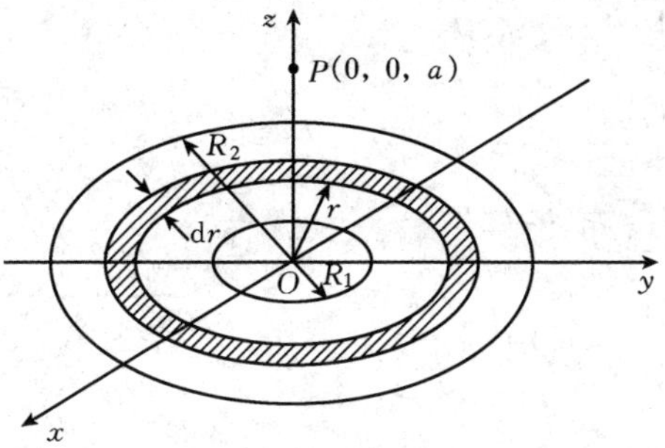

图 6-11

(三) 综合应用

【例 6-17】　在区间[0, 1]上给定函数 $y = x^2$，问当 t 为何值时，图 6-12 阴影部分 S_1 与 S_2 的面积和最小？何时最大？

【解】　A 点坐标为 (t, t^2)，故

$$S_1 = t \cdot t^2 - \int_0^t x^2 dx = \frac{2}{3}t^3,$$

$$S_2 = \int_t^1 x^2 dx - (1-t)t^2 = \frac{1}{3} + \frac{2}{3}t^3 - t^2,$$

$$S = S_1 + S_2 = f(t) = \frac{4}{3}t^3 - t^2 + \frac{1}{3}.$$

令　　$f'(t) = 2t(2t-1) = 0,$

得驻点 $t = \frac{1}{2}$，又 $t = 0$，$t = 1$ 为边界点.

比较 $f(0) = \frac{1}{3}, f\left(\frac{1}{2}\right) = \frac{1}{4}, f(1) = \frac{2}{3}.$

故 $t = \frac{1}{2}$ 时，面积和最小；$t = 1$ 时，面积和最大.

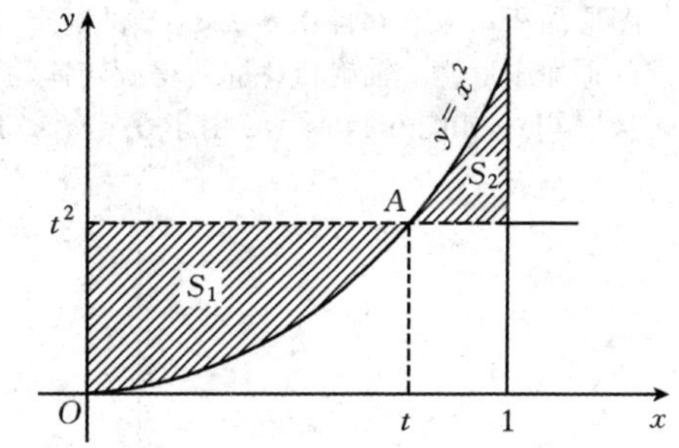

图 6-12

【例 6-18】　在曲线族 $y = a(1-x^2)\ (a > 0)$ 中，试选出一条曲线，使该曲线和它在点(-1, 0)及点(1, 0)处两条法线所围成图形的面积比这族曲线中其他曲线以同样方法所围成图形的面积都小.

【解】　设所求曲线为

$$y = a(1-x^2) \quad (a > 0),$$

则

$$y' = -2ax,$$

过(1, 0)的曲线的法线斜率为

$$k = -\frac{1}{y'}\bigg|_{x=1} = \frac{1}{2a},$$

法线方程为

$$y = \frac{1}{2a}(x-1).$$

设所围面积为 A，则如图 6-13 所示阴影部分面积为 $\frac{1}{2}A$，于是有

$$\frac{1}{2}A = \int_0^1 \left[a(1-x^2) - \frac{1}{2a}(x-1)\right] dx = \frac{2}{3}a + \frac{1}{4a}.$$

设$f(a)=\frac{1}{2}A=\frac{2}{3}a+\frac{1}{4a}\quad(a>0)$, 则

$$f'(a)=\frac{2}{3}-\frac{1}{4a^2}.$$

令$f'(a)=0$, 得　$a=\frac{\sqrt{6}}{4}$,

则　$$f''(a)=\frac{1}{2a^3},f''\left(\frac{\sqrt{6}}{4}\right)>0.$$

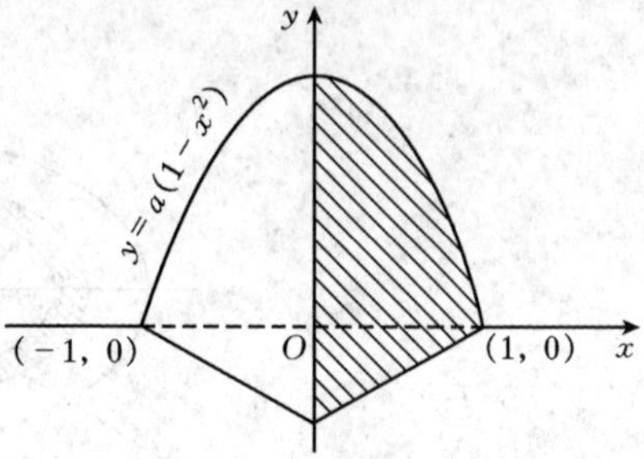

图 6-13

当$a=\frac{\sqrt{6}}{4}$时, $f(a)$ 在$(0,+\infty)$内只有一个极小值 $f\left(\frac{\sqrt{6}}{4}\right)$, 也是最小值. 所求曲线为

$$y=\frac{\sqrt{6}}{4}(1-x^2).$$

【例 6-19】　设直线$y=ax$与抛物线$y=x^2$所围成的图形面积为S_1, 它们与直线$x=1$围成的图形面积为S_2, 并且$0<a<1$, 试确定a的值, 使$S_1+S_2=S$达到最小值, 并求最小值, 进而求此平面图形绕x轴旋转一周所得旋转体的体积.

【解】　如图 6-14 所示, 由于$0<a<1$时,

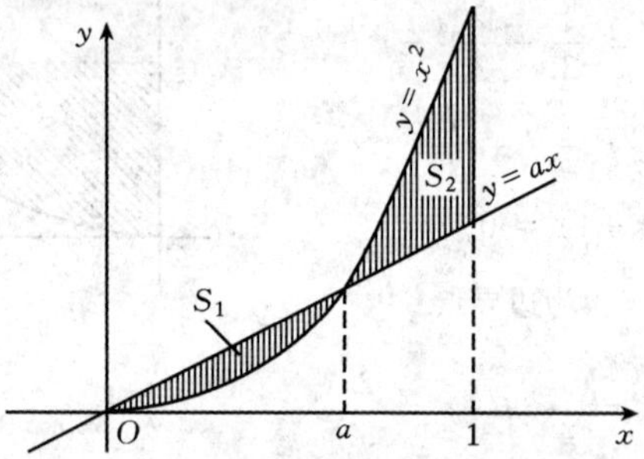

图 6-14

$$S=\int_0^a(ax-x^2)\mathrm{d}x+\int_a^1(x^2-ax)\mathrm{d}x=\frac{a^3}{3}-\frac{a}{2}+\frac{1}{3}.$$

$$S'(a)=a^2-\frac{1}{2}.$$

令$S'(a)=0$, 得　$$a=\frac{1}{\sqrt{2}},S''(a)=2a>0,$$

故$S\left(\frac{1}{\sqrt{2}}\right)=\frac{2-\sqrt{2}}{6}$为最小值. 于是

$$V_x=\pi\int_0^{\frac{1}{\sqrt{2}}}\left[\left(\frac{1}{\sqrt{2}}x\right)^2-(x^2)^2\right]\mathrm{d}x+\pi\int_{\frac{1}{\sqrt{2}}}^1\left[(x^2)^2-\left(\frac{1}{\sqrt{2}}x\right)^2\right]\mathrm{d}x$$

$$=\pi\left(\frac{1}{6}x^3-\frac{x^5}{5}\right)\Big|_0^{\frac{1}{\sqrt{2}}}+\pi\left(\frac{x^5}{5}-\frac{x^3}{6}\right)\Big|_{\frac{1}{\sqrt{2}}}^1=\frac{\sqrt{2}+1}{30}\pi.$$

【例 6-20】　设有一容器, 其形状由抛物线$y=x^2$绕y轴旋转一周而形成, 容积为$2.88\pi\ \mathrm{m}^3$. 现装满了水, 问将水抽出 75% 所做的功是多少?

【解】　如图 6-15 所示, 当深度为h时, 水的体积为

$$V = \int_0^h \pi x^2 \mathrm{d}y = \int_0^h \pi(\sqrt{y})^2 \mathrm{d}y = \frac{\pi}{2}h^2.$$

由 $2.88\pi = \frac{\pi}{2}h^2$，得 $h = 2.4$ m.

当将水抽出 75% 时，剩下水的体积为

$$2.88\pi \times 25\% = 0.72\pi(\mathrm{m}^3).$$

再令 $0.72\pi = \frac{\pi}{2}h_0^2$，得 $h_0 = 1.2$ m，所求的功为

$$W = \int_{1.2}^{2.4} g\pi x^2(2.4 - y)\mathrm{d}y = \int_{1.2}^{2.4} g\pi y(2.4 - y)\mathrm{d}y = 1128.6\pi\ (\mathrm{kJ}).$$

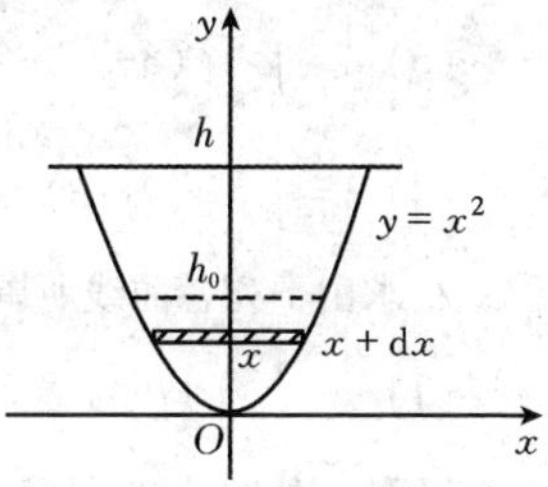

图 6-15

三、习题全解

注　在本章各题详解中，一般都用 A 表示平面图形的面积，V 表示立体的体积，s 表示弧长，P 表示压力，W 表示功，F 表示引力.

习题 6-2　定积分在几何学上的应用

1. 求图 6-16 中各画斜线部分的面积：

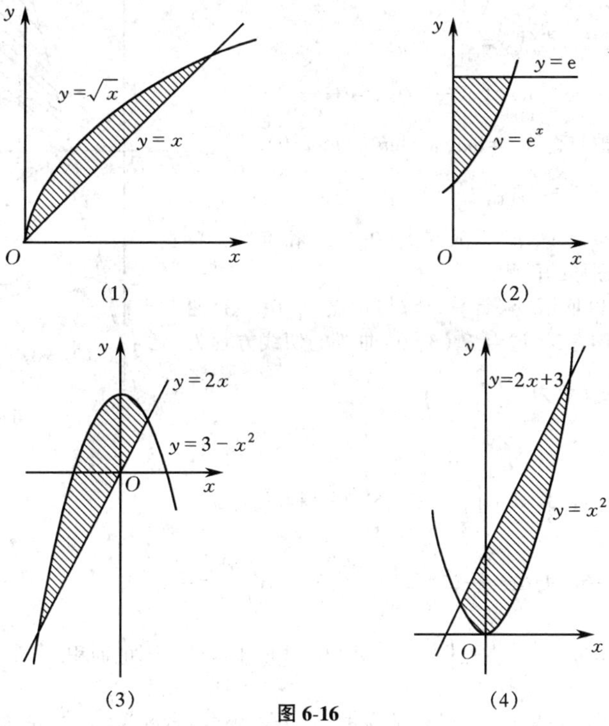

图 6-16

【解】 (1) $A = \int_0^1 (\sqrt{x} - x)\mathrm{d}x = \left(\frac{2}{3}x^{\frac{3}{2}} - \frac{1}{2}x^2\right)\Big|_0^1 = \frac{1}{6}$；

(2) $A = \int_1^{\mathrm{e}} \ln y \mathrm{d}y = (y\ln y - y)\Big|_1^{\mathrm{e}} = 1$；

(3) $A=\int_{-3}^{1}\left[(3-x^2)-2x\right]\mathrm{d}x=\left(3x-\frac{1}{3}x^3-x^2\right)\Big|_{-3}^{1}=\frac{32}{3}$;

(4) $A=\int_{-1}^{3}\left[(2x+3)-x^2\right]\mathrm{d}x=\left(x^2+3x-\frac{1}{3}x^3\right)\Big|_{-1}^{3}=\frac{22}{3}$.

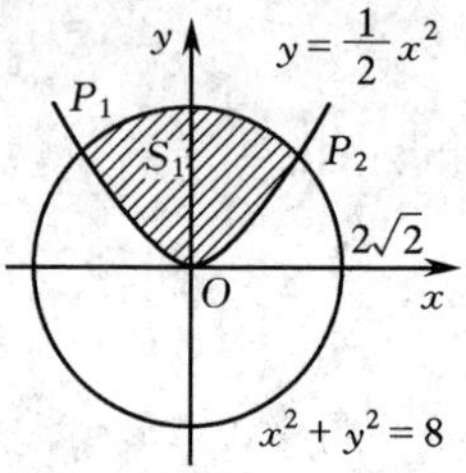

图 6-17

2. 求由下列各曲线所围成的图形的面积:

(1) $y=\frac{1}{2}x^2$ 与 $x^2+y^2=8$(两部分都要计算).

【解】 如图 6-17 所示,两曲线的交点为$P_1(-2,2)$和 $P_2(2,2)$.

较小部分的面积为

$$A_1=2\int_0^2\left(\sqrt{8-x^2}-\frac{1}{2}x^2\right)\mathrm{d}x=2\left[\frac{(2\sqrt{2})^2}{2}\arcsin\frac{x}{2\sqrt{2}}+\frac{1}{2}x\sqrt{8-x^2}-\frac{1}{6}x^3\right]\Bigg|_0^2$$

$$=2\left(\pi+2-\frac{8}{3}\right)=2\pi+\frac{4}{3}.$$

较大部分的面积为

$$A_2=\pi(2\sqrt{2})^2-\left(2\pi+\frac{4}{3}\right)=6\pi-\frac{4}{3}.$$

(2) $y=\frac{1}{x}$与直线 $y=x$ 及 $x=2$.

【解】 $A=\int_1^2\left(x-\frac{1}{x}\right)\mathrm{d}x=\left(\frac{1}{2}x^2-\ln x\right)\Big|_1^2=\frac{3}{2}-\ln 2$.

(3) $y=\mathrm{e}^x$, $y=\mathrm{e}^{-x}$与直线 $x=1$.

【解】 $A=\int_0^1(\mathrm{e}^x-\mathrm{e}^{-x})\mathrm{d}x=(\mathrm{e}^x+\mathrm{e}^{-x})\Big|_0^1=\mathrm{e}+\frac{1}{\mathrm{e}}-2$.

(4) $y=\ln x$, y 轴与直线 $y=\ln a$, $y=\ln b$ $(b>a>0)$.

【解】 $A=\int_{\ln a}^{\ln b}\mathrm{e}^y\mathrm{d}y=\mathrm{e}^y\Big|_{\ln a}^{\ln b}=b-a$.

3. 求抛物线 $y=-x^2+4x-3$ 及其在点$(0,-3)$和点$(3,0)$处的切线所围成的图形的面积.

【解】 如图 6-18 所示,经计算可求得过点 $P_1(0,-3)$曲线的切线方程为 $y=4x-3$,过点 $P_2(3,0)$曲线的切线方程为 $y=-2x+6$. 两切线的交点为$P_3\left(\frac{3}{2},3\right)$.

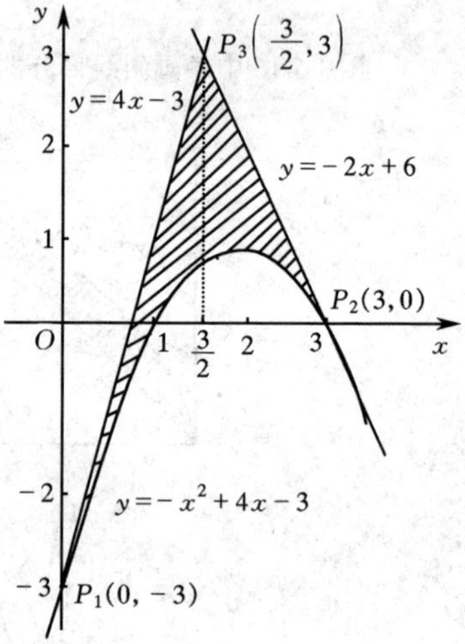

图 6-18

所求面积

$$A=\int_0^{\frac{3}{2}}\left[(4x-3)-(-x^2+4x-3)\right]\mathrm{d}x+\int_{\frac{3}{2}}^{3}\left[(-2x+6)-(-x^2+4x-3)\right]\mathrm{d}x$$

$$=\int_0^{\frac{3}{2}}x^2\mathrm{d}x+\int_{\frac{3}{2}}^{3}(x^2-6x+9)\mathrm{d}x=\frac{1}{3}x^3\Bigg|_0^{\frac{3}{2}}+\left(\frac{1}{3}x^3-3x^2+9x\right)\Bigg|_{\frac{3}{2}}^{3}=\frac{9}{4}.$$

4. 求抛物线 $y^2=2px$ 及其在点$\left(\frac{p}{2},p\right)$处的法线所围成的图形的面积.

【解】 容易求得,过点$\left(\frac{p}{2},p\right)$处抛物线 $y^2=2px$ 的法线方程为 $x=\frac{3p}{2}-y$. 如图 6-19 所示.

所求面积为

$$A=\int_{-3p}^{p}\left[\left(\frac{3p}{2}-y\right)-\frac{y^2}{2p}\right]\mathrm{d}y=\left(\frac{3p}{2}y-\frac{1}{2}y^2-\frac{y^3}{6p}\right)\Bigg|_{-3p}^{p}=\frac{16}{3}p^2.$$

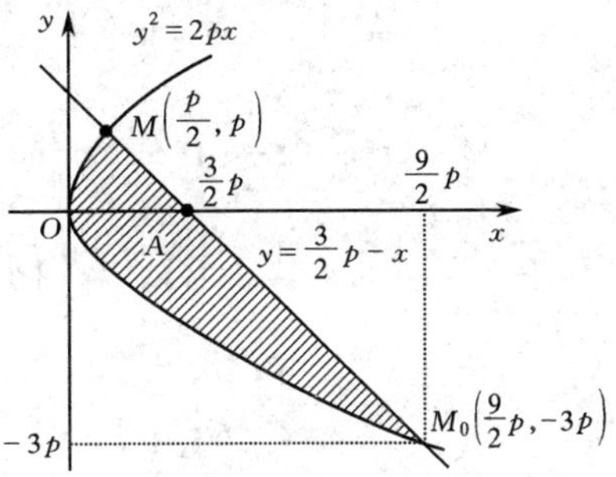

图 6-19

5. 试求 a，b 的值，使得由曲线 $y=\cos x$ $\left(0\leqslant x\leqslant\frac{\pi}{2}\right)$ 与两坐标轴所围成的图形的面积被曲线 $y=a\sin x$ 与 $y=b\sin x$ 三等分.

【解】 如图 6-20，求得 $x_1=\arctan\frac{1}{a}$，

$$A=\int_0^{\arctan\frac{1}{a}}(\cos x-a\sin x)\mathrm{d}x$$

$$=[\sin x+a\cos x]_0^{\arctan\frac{1}{a}}=\sqrt{1+a^2}-a.$$

由假设，$A_1=\frac{1}{3}\int_0^{\frac{\pi}{2}}\cos x\mathrm{d}x=\frac{1}{3}$，即 $\sqrt{1+a^2}-a=\frac{1}{3}$，解得 $a=\frac{4}{3}$.

类似地，

$$A_2=\int_0^{\arctan\frac{1}{b}}b\sin x\mathrm{d}x+\int_{\arctan\frac{1}{b}}^{\frac{\pi}{2}}\cos x\mathrm{d}x=b+1-\sqrt{b^2+1},$$

由题设，$b+1-\sqrt{b^2+1}=\frac{1}{3}$，解得 $b=\frac{5}{12}$.

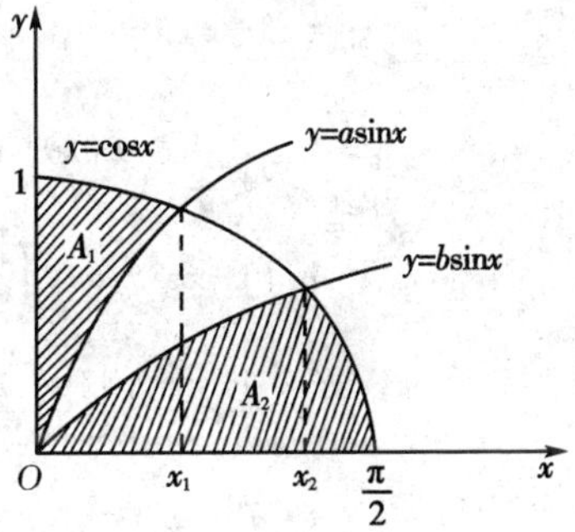

图 6-20

6. 求由下列各曲线所围成的图形的面积：

（1）$\rho=2a\cos\theta$.

【解】

$$A=2\int_0^{\frac{\pi}{2}}\frac{1}{2}(2a\cos\theta)^2\mathrm{d}\theta=4a^2\int_0^{\frac{\pi}{2}}\cos^2\theta\mathrm{d}\theta=4a^2\times\frac{1}{2}\times\frac{\pi}{2}=\pi a^2.$$

（2）$x=a\cos^3t$，$y=a\sin^3t$.

【解】 $A=4\int_0^a y\mathrm{d}x=4\int_{\frac{\pi}{2}}^0(a\sin^3t)\mathrm{d}(a\cos^3t)=4a^2\int_0^{\frac{\pi}{2}}3\cos^2t\sin^4t\mathrm{d}t=12a^2\int_0^{\frac{\pi}{2}}(\sin^4t-\sin^6t)\mathrm{d}t$

$$=12a^2\left(\frac{3}{4}\times\frac{1}{2}\times\frac{\pi}{2}-\frac{5}{6}\times\frac{3}{4}\times\frac{1}{2}\times\frac{\pi}{2}\right)=\frac{3}{8}\pi a^2.$$

（3）$\rho=2a(2+\cos\theta)$.

【解】 $A=2\int_0^{\pi}\frac{1}{2}[2a(2+\cos\theta)]^2\mathrm{d}\theta=\int_0^{\pi}4a^2(4+4\cos\theta+\cos^2\theta)\mathrm{d}\theta$

$$=16\pi a^2+16a^2\int_0^{\pi}\cos\theta\mathrm{d}\theta+4a^2\int_0^{\pi}\cos^2\theta\mathrm{d}\theta=16\pi a^2+0+4a^2\left(\frac{\theta}{2}+\frac{\sin2\theta}{4}\right)\Bigg|_0^{\pi}=18\pi a^2.$$

7. 求由摆线 $x=a(t-\sin t)$，$y=a(1-\cos t)$ 的一拱（$0\leqslant t\leqslant2\pi$）与横轴所围成的图形的面积.

【解】 $A=\int_0^{2\pi a}y\mathrm{d}x=\int_0^{2\pi}a(1-\cos t)\mathrm{d}[a(t-\sin t)]=a^2\int_0^{2\pi}(1-\cos t)^2\mathrm{d}t$

$$=a^2\int_0^{2\pi}\left[1-2\cos t+\frac{1}{2}(1+\cos2t)\right]\mathrm{d}t=a^2\left(t-2\sin t+\frac{1}{2}t+\frac{1}{4}\sin2t\right)\Bigg|_0^{2\pi}=3\pi a^2.$$

8. 求对数螺线 $\rho=a\mathrm{e}^{\theta}(-\pi\leqslant\theta\leqslant\pi)$ 及射线 $\theta=\pi$ 所围成的图形的面积.

【解】 $A=\frac{1}{2}\int_{-\pi}^{\pi}(a\mathrm{e}^{\theta})^2\mathrm{d}\theta=\frac{a^2}{2}\int_{-\pi}^{\pi}\mathrm{e}^{2\theta}\mathrm{d}\theta=\frac{a^2}{4}\cdot\mathrm{e}^{2\theta}\Bigg|_{-\pi}^{\pi}=\frac{a^2}{4}(\mathrm{e}^{2\pi}-\mathrm{e}^{-2\pi}).$

9. 求下列各曲线所围成图形的公共部分的面积：

（1）$\rho=3\cos\theta$ 及 $\rho=1+\cos\theta$.

【解】 两曲线交点的极坐标为 $P\left(\frac{3}{2},\frac{\pi}{3}\right)$. 如图 6-21 所示，所求面积为

$$A_0=2\left[\int_0^{\frac{\pi}{3}}\frac{1}{2}(1+\cos\theta)^2\mathrm{d}\theta+\int_{\frac{\pi}{3}}^{\frac{\pi}{2}}\frac{1}{2}(3\cos\theta)^2\mathrm{d}\theta\right]$$

$$=\int_0^{\frac{\pi}{3}}\left[1+2\cos\theta+\frac{1}{2}(1+\cos2\theta)\right]\mathrm{d}\theta+\frac{9}{2}\int_{\frac{\pi}{3}}^{\frac{\pi}{2}}(1+\cos2\theta)\mathrm{d}\theta$$

$$=\left(\frac{3}{2}\theta+2\sin\theta+\frac{1}{4}\sin2\theta\right)\Big|_0^{\frac{\pi}{3}}+\frac{9}{2}\left(\theta+\frac{1}{2}\sin2\theta\right)\Big|_{\frac{\pi}{3}}^{\frac{\pi}{2}}$$

$$=\frac{\pi}{2}+\sqrt{3}+\frac{\sqrt{3}}{8}+\frac{9}{2}\left(\frac{\pi}{6}-\frac{\sqrt{3}}{4}\right)=\frac{5\pi}{4}.$$

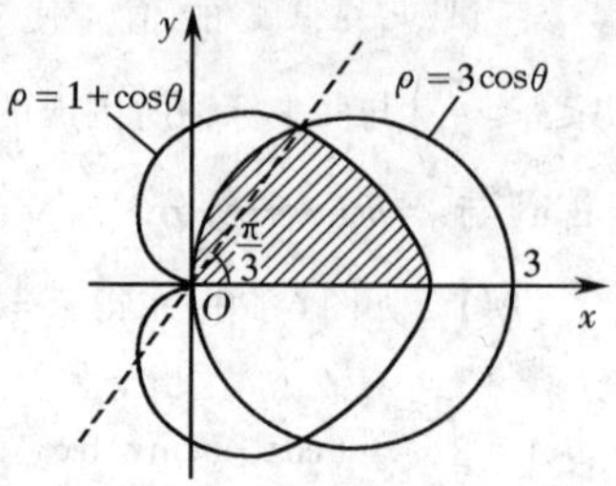

图 6-21

(2) $\rho=\sqrt{2}\sin\theta$ 及 $\rho^2=\cos2\theta$.

【解】 容易求出两曲线交点的极坐标是 $P_1\left(\frac{\sqrt{2}}{2},\frac{5\pi}{6}\right)$ 和 $P_2\left(\frac{\sqrt{2}}{2},\frac{\pi}{6}\right)$. 如图 6-22 所示, 所求面积为

$$A_0=2\left[\int_0^{\frac{\pi}{6}}\frac{1}{2}(\sqrt{2}\sin\theta)^2\mathrm{d}\theta+\int_{\frac{\pi}{6}}^{\frac{\pi}{4}}\frac{1}{2}\cos2\theta\mathrm{d}\theta\right]$$

$$=\int_0^{\frac{\pi}{6}}(1-\cos2\theta)\mathrm{d}\theta+\int_{\frac{\pi}{6}}^{\frac{\pi}{4}}\cos2\theta\mathrm{d}\theta$$

$$=\left(\theta-\frac{1}{2}\sin2\theta\right)\Big|_0^{\frac{\pi}{6}}+\left(\frac{1}{2}\sin2\theta\right)\Big|_{\frac{\pi}{6}}^{\frac{\pi}{4}}$$

$$=\frac{\pi}{6}-\frac{\sqrt{3}}{4}+\frac{1}{2}-\frac{\sqrt{3}}{4}=\frac{\pi}{6}+\frac{1-\sqrt{3}}{2}.$$

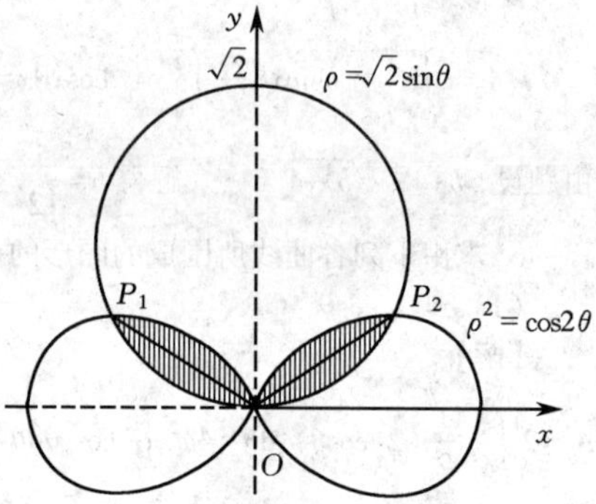

图 6-22

10. 求位于曲线 $y=\mathrm{e}^x$ 下方, 该曲线过原点的切线的左方以及 x 轴上方之间的图形的面积.

【解】 如图 6-23 所示设直线 $y=kx$ 与曲线 $y=\mathrm{e}^x$ 相切于点 $P(x_0,y_0)$, 则应有

$$\begin{cases}y_0=kx_0,\\y_0=\mathrm{e}^{x_0},\\y'(x_0)=\mathrm{e}^{x_0}=k,\end{cases}$$

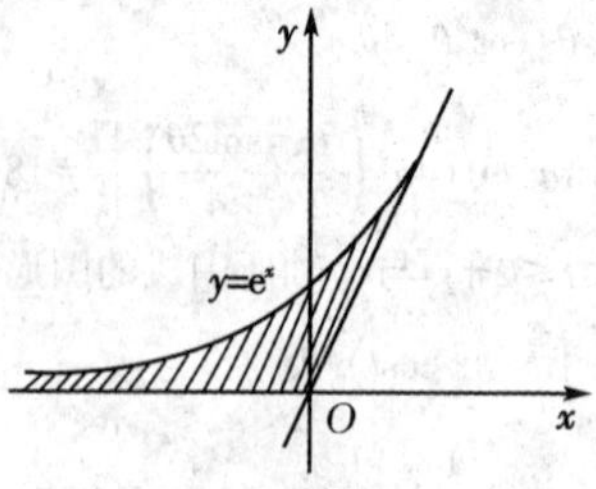

图 6-23

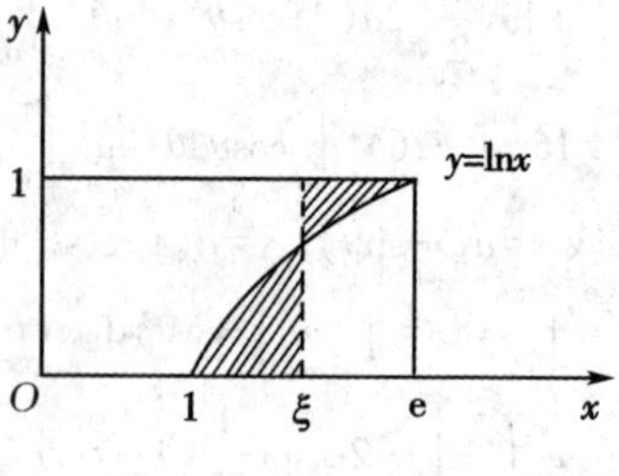

图 6-24

求得

$$x_0=1,\ y_0=\mathrm{e},\ k=\mathrm{e}.$$

$$A=\int_{-\infty}^0\mathrm{e}^x\mathrm{d}x+\int_0^1(\mathrm{e}^x-\mathrm{e}x)\mathrm{d}x=\mathrm{e}^x\Big|_{-\infty}^0+\left(\mathrm{e}^x-\frac{\mathrm{e}}{2}x^2\right)\Big|_0^1=\frac{\mathrm{e}}{2}.$$

11. 在区间 $[1,\mathrm{e}]$ 上求一点 ξ, 使得图 6-24 中所示阴影部分的面积最小.

【解】 阴影部分面积

$$A=\int_1^{\xi}\ln x\mathrm{d}x+\int_{\xi}^{e}(1-\ln x)\mathrm{d}x.$$

由
$$A'(\xi)=\ln\xi-(1-\ln\xi)=2\ln\xi-1,$$

令 $A'(\xi)=0$，得 $\ln\xi=\frac{1}{2}$，$\xi=\sqrt{e}$. 又 $A''(\sqrt{e})=\frac{2}{\xi}\bigg|_{\xi=\sqrt{e}}=\frac{2}{\sqrt{e}}>0$，因此取 $\xi=\sqrt{e}$，得 $A(\sqrt{e})$ 为阴影部分面积的最小值.

12. 已知抛物线 $y=px^2+qx$（其中 $p<0$，$q>0$）在第一象限内与直线 $x+y=5$ 相切，且此抛物线与 x 轴所围成的图形的面积为 A. 问 p 和 q 为何值时，A 达到最大值，并求出此最大值.

【解】 由题设条件知，抛物线如图 6-25 所示，与 x 轴交点的横坐标为 $x_1=0$，$x_2=-\frac{q}{p}$，且

$$A=\int_0^{-\frac{q}{p}}(px^2+qx)\mathrm{d}x=\left(\frac{p}{3}x^3+\frac{q}{2}x^2\right)\bigg|_0^{-\frac{q}{p}}=\frac{q^3}{6p^2}.$$

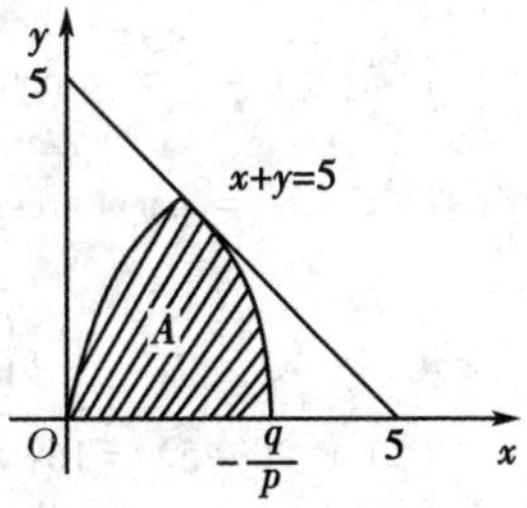

图 6-25

因直线 $x+y=5$ 与抛物线 $y=px^2+qx$ 相切，故它们只有一个交点，由方程组 $\begin{cases}x+y=5,\\ y=px^2+qx\end{cases}$ 得 $px^2+(q+1)x-5=0$，由判别式 $\Delta=(q+1)^2+20p=0$ 得 $p=-\frac{1}{20}(q+1)^2$，于是得面积 A 为 $A(q)=\frac{200q^3}{3(q+1)^4}$，令 $A'(q)=\frac{200q^2\cdot(3-q)}{3(q+1)^5}=0$，得唯一驻点 $q=3$；又当 $0<q<3$ 时，$A'(q)>0$；当 $q>3$ 时，$A'(q)<0$，所以 $q=3$ 是 $A(q)$ 的极大值点，也是最大值点，这时 $p=-\frac{4}{5}$，且 $A(q)$ 的最大值为 $\frac{225}{32}$.

13. 由 $y=x^3$，$x=2$，$y=0$ 所围成的图形，分别绕 x 轴及 y 轴旋转，计算所得两个旋转体的体积.

【解】 $V_x=\int_0^2\pi(x^3)^2\mathrm{d}x=\frac{1}{7}\pi x^7\bigg|_0^2=\frac{128}{7}\pi$，　$V_y=\int_0^2 2\pi x\cdot x^3\mathrm{d}x=2\pi\cdot\frac{1}{5}x^5\bigg|_0^2=\frac{64}{5}\pi.$

14. 把星形线 $x^{2/3}+y^{2/3}=a^{2/3}$ 所围成的图形绕 x 轴旋转（图 6-26），计算所得旋转体的体积.

图 6-26

【解法 1】
$$\begin{aligned}V_x&=\int_0^a 2\pi y^2(x)\mathrm{d}x=2\pi\int_0^a(a^{\frac{2}{3}}-x^{\frac{2}{3}})^3\mathrm{d}x\\&=2\pi\int_0^a(a^2-3a^{\frac{4}{3}}x^{\frac{2}{3}}+3a^{\frac{2}{3}}x^{\frac{4}{3}}-x^2)\mathrm{d}x\\&=2\pi\left(a^2x-\frac{9}{5}a^{\frac{4}{3}}x^{\frac{5}{3}}+\frac{9}{7}a^{\frac{2}{3}}x^{\frac{7}{3}}-\frac{1}{3}x^3\right)\bigg|_0^a=\frac{32}{105}\pi a^3.\end{aligned}$$

【解法 2】
$$\begin{aligned}V_x&=2\pi\int_0^a y^2(x)\mathrm{d}x=2\pi\int_{\frac{\pi}{2}}^0(a\sin^3t)^2\mathrm{d}(a\cos^3t)\\&=6\pi a^3\int_0^{\frac{\pi}{2}}\sin^7t(1-\sin^2t)\mathrm{d}t\\&=6\pi a^3\left(\frac{6}{7}\times\frac{4}{5}\times\frac{2}{3}-\frac{8}{9}\times\frac{6}{7}\times\frac{4}{5}\times\frac{2}{3}\right)=\frac{32}{105}\pi a^3.\end{aligned}$$

15. 用积分法证明图 6-27 中球缺的体积为

$$V=\pi H^2\left(R-\frac{H}{3}\right).$$

【证】 $V_y=\int_{R-H}^{R}\pi x^2(y)\mathrm{d}y=\pi\int_{R-H}^{R}(R^2-y^2)\mathrm{d}y$

$$=\pi\left(R^2y-\frac{1}{3}y^3\right)\Bigg|_{R-H}^{R}=\pi H^2\left(R-\frac{H}{3}\right).$$

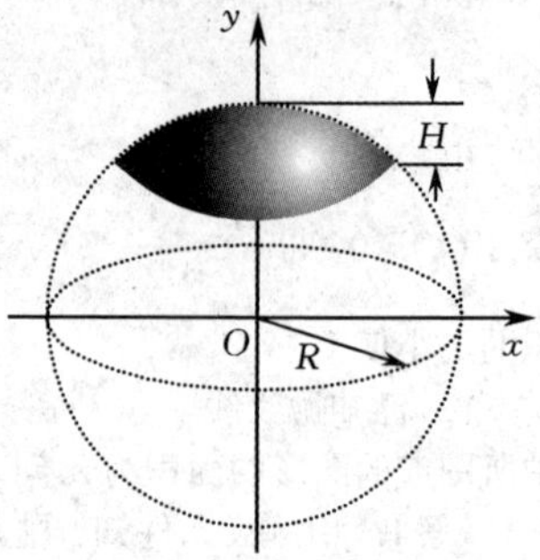

图 6-27

16. 求下列已知曲线所围成的图形按指定的轴旋转所产生的旋转体的体积:

(1) $y=x^2$, $x=y^2$, 绕 y 轴.

【解】 $V_y=\pi\int_0^1(\sqrt{y})^2\mathrm{d}y-\pi\int_0^1(y^2)^2\mathrm{d}y=\pi\int_0^1(y-y^4)\mathrm{d}y$

$$=\pi\left(\frac{1}{2}y^2-\frac{1}{5}y^5\right)\Bigg|_0^1=\frac{3}{10}\pi.$$

(2) $y=\arcsin x$, $x=1$, $y=0$, 绕 x 轴.

【解】 $V=\int_0^1\pi(\arcsin x)^2\mathrm{d}x$

$$=\left[\pi x(\arcsin x)^2\right]_0^1-2\pi\int_0^1\frac{x}{\sqrt{1-x^2}}\arcsin x\mathrm{d}x$$

$$=\frac{\pi^3}{4}-2\pi\left\{\left[-\sqrt{1-x^2}\arcsin x\right]_0^1+\int_0^1\mathrm{d}x\right\}=\frac{\pi^3}{4}-2\pi.$$

(3) $x^2+(y-5)^2=16$, 绕 x 轴.

【解法 1】 $V_x=\pi\int_{-4}^{4}(5+\sqrt{16-x^2})^2\mathrm{d}x-\pi\int_{-4}^{4}(5-\sqrt{16-x^2})^2\mathrm{d}x$

$$=40\pi\int_0^4\sqrt{16-x^2}\mathrm{d}x=40\pi\cdot\pi\cdot4=160\pi^2.$$

【解法 2】 形心到转轴的距离 $\bar{y}=5$, 图形面积 $A=\pi\cdot4^2$. 利用古尔金定理,

$$V_x=2\pi\bar{y}\cdot A=2\pi\cdot5\cdot\pi\cdot4^2=160\pi^2.$$

(4) 摆线 $x=a(t-\sin t)$, $y=a(1-\cos t)$ 的一拱, $y=0$, 绕直线 $y=2a$.

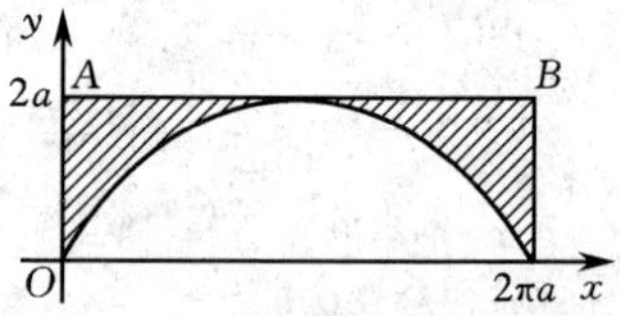

图 6-28

【解】 如图 6-28 所示, 以 $\overline{AB}$ 为中轴线, 以 $2a$ 为半径, 以 $2\pi a$ 为高的圆柱体的体积为

$$V_1=\pi(2a)^2\cdot2\pi a=8\pi^2a^3,$$

图中阴影部分图形绕 $\overline{AB}$ 轴旋转所得旋转体的体积

$$V_2=\pi\int_0^{2\pi a}(2a-y)^2\mathrm{d}x=\pi\int_0^{2\pi}a(1+\cos t)^2\mathrm{d}[a(t-\sin t)]$$

$$=\pi\int_0^{2\pi}a^3(1+\cos t)\sin^2t\mathrm{d}t=\pi^2a^3,$$

所求体积 $$V=V_1-V_2=8\pi^2a^3-\pi^2a^3=7\pi^2a^3.$$

17. 求圆盘 $x^2+y^2\leqslant a^2$ 绕 $x=-b$ ($b>a>0$) 旋转所成旋转体的体积.

【解法 1】 $V=\pi\left[\int_{-a}^{a}(b+\sqrt{a^2-y^2})^2\mathrm{d}y-\int_{-a}^{a}(b-\sqrt{a^2-y^2})^2\mathrm{d}y\right]$

$$=8\pi b\int_0^a\sqrt{a^2-y^2}\mathrm{d}y=8\pi b\cdot\frac{1}{4}\pi a^2=2\pi^2a^2b;$$

【解法 2】 用古尔金定理 $V=2\pi b\cdot\pi a^2=2\pi^2a^2b$.

18. 设有一截锥体, 其高为 h, 上、下底均为椭圆, 椭圆的轴长分别为 $2a$, $2b$ 和 $2A$, $2B$, 求这截锥体的体积.

【解】 如图 6-29 所示.

$$\frac{h-x}{h}=\frac{b_1-b}{B-b}=\frac{a_1-a}{A-a},$$

$$a_1=a+\left(1-\frac{x}{h}\right)(A-a),\ b_1=b+\left(1-\frac{x}{h}\right)(B-b).$$

横截面面积

$$S(x)=\pi\left[a+\left(1-\frac{x}{h}\right)(A-a)\right]\left[b+\left(1-\frac{x}{h}\right)(B-b)\right].$$

所求截锥体的体积为

$$\begin{aligned}V&=\int_0^h S(x)\,dx=\int_0^h\pi\left[a+\left(1-\frac{x}{h}\right)(A-a)\right]\left[b+\left(1-\frac{x}{h}\right)(B-b)\right]dx\\&=\pi\int_0^h\left[ab+a(B-b)+b(A-a)+(A-a)(B-b)+\right.\\&\quad\left.\frac{(A-a)(B-b)}{h^2}x^2-\frac{a(B-b)}{h}x-\frac{b(A-a)x}{h}-\frac{2(A-a)(B-b)}{h}x\right]dx\\&=\frac{1}{6}\pi h[(2A+a)B+(2a+A)b].\end{aligned}$$

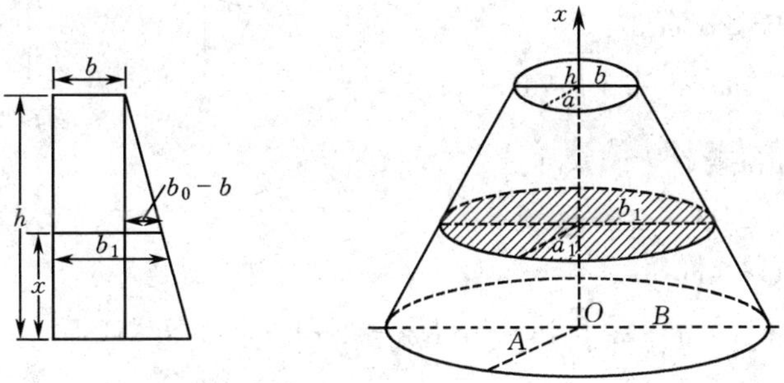

图 6-29

19. 计算底面是半径为 R 的圆，而垂直于底面上一条固定直径的所有截面都是等边三角形的立体体积(图 6-30).

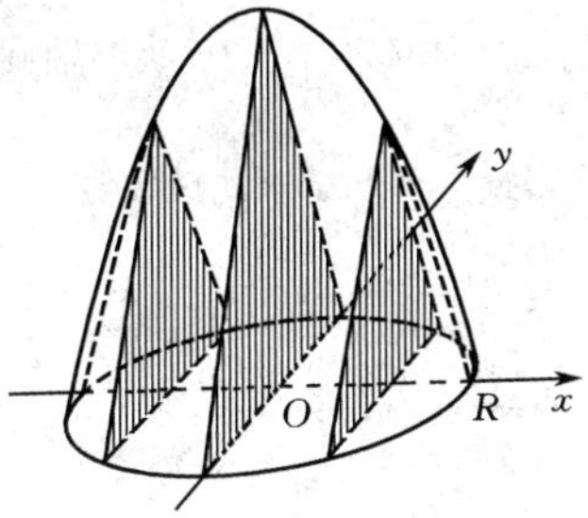

图 6-30

【解】

$$A(x)=\frac{1}{2}\cdot 2\sqrt{R^2-x^2}\cdot\sqrt{3}\cdot\sqrt{R^2-x^2}=\sqrt{3}(R^2-x^2),$$

$$V=2\int_0^R\sqrt{3}(R^2-x^2)\,dx=2\sqrt{3}\left(R^2x-\frac{1}{3}x^3\right)\Big|_0^R=\frac{4\sqrt{3}}{3}R^3.$$

20. 证明：由平面图形 $0\leqslant a\leqslant x\leqslant b$，$0\leqslant y\leqslant f(x)$ 绕 y 轴旋转所成的旋转体的体积为

$$V=2\pi\int_a^b xf(x)\,dx.$$

【证】 如图 6-31 所示.

设 y_m, y_M 分别是 $y=f(x)$ 在 $[x, x+\Delta x]$ 上的最小值与最大值. 设 $\Delta x>0$. ΔV 表示此小片图形绕 y 轴旋转一周所得体积, 则

$$\pi[(x+\Delta x)^2-x^2]y_m\leqslant\Delta V\leqslant\pi[(x+\Delta x)^2-x^2]y_M,$$

$$\frac{\pi[2x\Delta x+(\Delta x)^2]}{\Delta x}y_m\leqslant\frac{\Delta V}{\Delta x}\leqslant\frac{\pi[2x\Delta x+(\Delta x)^2]}{\Delta x}y_M.$$

令 $\Delta x\to0^+$, 得 $\frac{dV}{dx}=2\pi xf(x)$. $\Delta x\to0^-$ 类似有此结果.故

$$dV=2\pi xf(x),$$

最后得

$$V_y=\int_a^b 2\pi xf(x)\,dx.$$

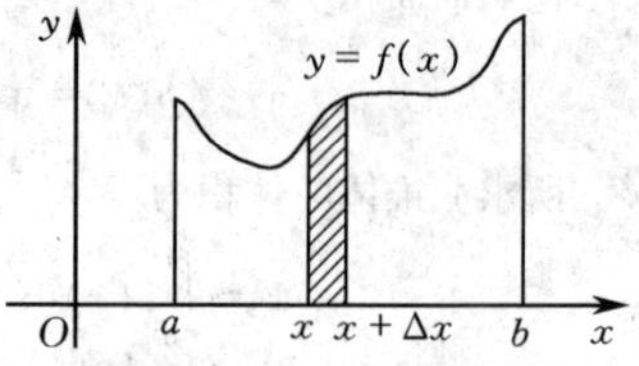

图 6-31

21. 利用题 20 的结论和方法, 计算曲线 $y=\sin x$ $(0\leqslant x\leqslant\pi)$ 和 x 轴所围成的图形(图 6-32)按下列方式所得旋转体的体积:

(1) 绕 y 轴旋转;

(2) 绕直线 $x=-\pi$ 旋转.

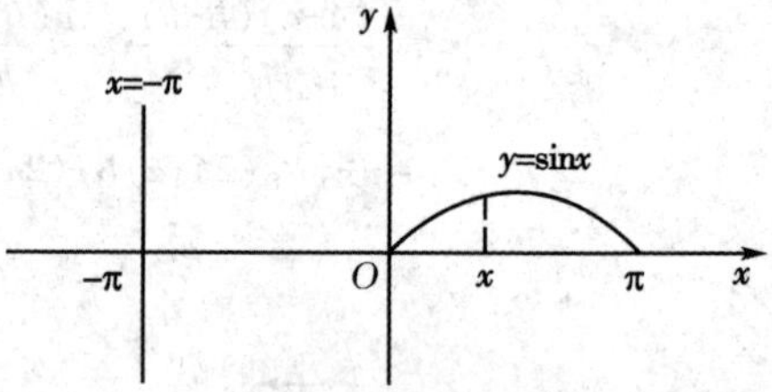

图 6-32

【解】 (1) $dV=2\pi x\sin x\,dx$,

$$V=2\pi\int_0^\pi x\sin x\,dx=-2\pi\int_0^\pi x\,d(\cos x)$$
$$=-2\pi\left(x\cos x\Big|_0^\pi-\int_0^\pi\cos x\,dx\right)$$
$$=-2\pi(-\pi-0)=2\pi^2.$$

(2) $dV=2\pi(x+\pi)\sin x\,dx$,

$$V=2\pi\int_0^\pi(x+\pi)\sin x\,dx=-2\pi\int_0^\pi(x+\pi)\,d(\cos x)$$
$$=-2\pi\left[(x+\pi)\cos x\Big|_0^\pi-\int_0^\pi\cos x\,dx\right]=-2\pi[(-2\pi-\pi)-0]=6\pi^2.$$

22. 设由抛物线 $y=2x^2$ 和直线 $x=a$, $x=2$ 及 $y=0$ 所围成的平面图形为 D_1, 由抛物线 $y=2x^2$ 和直线 $x=a$ 及 $y=0$ 所围成的平面图形为 D_2, 其中 $0<a<2$(图 6-33).

(1)试求 D_1 绕 x 轴旋转而成的旋转体体积 V_1, D_2 绕 y 轴旋转而成的旋转体体积 V_2;

(2)问当 a 为何值时, V_1+V_2 取得最大值? 试求此最大值.

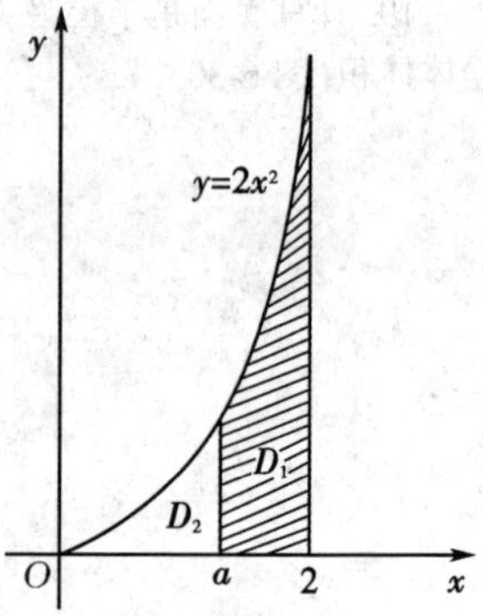

图 6-33

【解】 (1) $V_1=\pi\int_a^2(2x^2)^2dx=\frac{4}{5}\pi(32-a^5)$,

$$V_2=\pi a^2\cdot2a^2-\pi\int_0^{2a^2}\frac{y}{2}dy=2\pi a^4-\pi a^4=\pi a^4;$$

(2)令 $V=V_1+V_2=\frac{4}{5}\pi(32-a^5)+\pi a^4$.

由 $V'=4\pi a^3(1-a)=0$ 得 $a=1$[当 $a\in(0,2)$ 时]. 又当 $0<a<1$ 时, $V'>0$;当 $1<a<2$ 时, $V'<0$, 因此 $a=1$ 是极大值点也是最大值点, 这时 $V_{\max}=\frac{129}{5}\pi$.

23. 计算曲线 $y=\ln x$ 上相应于 $\sqrt{3}\leqslant x\leqslant\sqrt{8}$ 的一段弧的长度.

【解】 $s=\int_{\sqrt3}^{\sqrt8}\sqrt{1+[(\ln x)']^2}\,dx=\int_{\sqrt3}^{\sqrt8}\frac{\sqrt{1+x^2}}{\sqrt{x}}dx\xlongequal{\sqrt{1+x^2}=t}\int_2^3\frac{t}{\sqrt{t^2-1}}\cdot\frac{t}{\sqrt{t^2-1}}dt$

$$=\int_2^3\left(1+\frac{1}{t^2-1}\right)dt=1+\left(\frac{1}{2}\ln\left|\frac{t-1}{t+1}\right|\right)\Big|_2^3=1+\frac{1}{2}\ln\frac{3}{2}.$$

24. 计算半立方抛物线 $y^2=\frac{2}{3}(x-1)^3$ 被抛物线 $y^2=\frac{x}{3}$ 截得的一段弧的长度.

【解】 解方程组
$$\begin{cases} y^2=\frac{2}{3}(x-1)^3, \\ y^2=\frac{x}{3}, \end{cases}$$
得两曲线交点为 $P_1\left(2, \frac{\sqrt{6}}{3}\right)$ 和 $P_2\left(2, -\frac{\sqrt{6}}{3}\right)$，所求曲线弧长为
$$s=2\int_1^2 \sqrt{1+y'^2}\,\mathrm{d}x,$$
$$y^2=\frac{2}{3}(x-1)^3,\ 2yy'=2(x-1)^2,\quad y'=\frac{(x-1)^2}{y},\ y'^2=\frac{(x-1)^4}{y^2}=\frac{(x-1)^4}{\frac{2}{3}(x-1)^3}=\frac{3}{2}(x-1),$$
$$s=2\int_1^2\sqrt{1+\frac{3}{2}(x-1)}\,\mathrm{d}x=\frac{2}{3\sqrt{2}}\int_1^2\sqrt{3x-1}\,\mathrm{d}(3x-1)=\frac{2}{3\sqrt{2}}\times\frac{2}{3}(3x-1)^{\frac{3}{2}}\Big|_1^2=\frac{8}{9}\left[\left(\frac{5}{2}\right)^{\frac{3}{2}}-1\right].$$

25. 计算抛物线 $y^2=2px$ 从顶点到这曲线上的一点 $M(x, y)$ 的弧长.

【解】 $\overset{\frown}{OM}$的弧度
$$s=\int_0^y\sqrt{1+x'^2(y)}\,\mathrm{d}y,\ x=\frac{y^2}{2p},\ x'(y)=\frac{2y}{2p}=\frac{y}{p},$$
$$s=\int_0^y\sqrt{1+\left(\frac{y}{p}\right)^2}\,\mathrm{d}y=\frac{1}{p}\int_0^y\sqrt{p^2+y^2}\,\mathrm{d}y=\frac{1}{p}\cdot\left[\frac{y}{2}\sqrt{p^2+y^2}+\frac{p^2}{2}\ln\left(y+\sqrt{p^2+y^2}\right)\right]\Bigg|_0^y$$
$$=\frac{y}{2p}\sqrt{p^2+y^2}+\frac{p}{2}\ln\frac{y+\sqrt{p^2+y^2}}{p}.$$

26. 计算星形线 $x=a\cos^3 t$, $y=a\sin^3 t$(图 6-34)的全长.

【解】 $s=4\int_0^{\frac{\pi}{2}}\sqrt{(a\cos^3 t)'^2+(a\sin^3 t)'^2}\,\mathrm{d}t=12a\int_0^{\frac{\pi}{2}}\sin t\cos t\mathrm{d}t=12a\cdot\frac{1}{2}\sin^2 t\Big|_0^{\frac{\pi}{2}}=6a.$

27. 将绕在圆(半径为 a)上的细线放开拉直，使细线与圆周始终相切(图 6-35)，细线端点画出的轨迹叫作圆的渐伸线，它的方程为
$$x=a(\cos t+t\sin t),\ y=a(\sin t-t\cos t).$$
算出这曲线上相应于 $0\leqslant t\leqslant\pi$ 的一段弧的长度.

【解】 $s=\int_0^{\pi}\sqrt{[a(\cos t+t\sin t)]'^2+[a(\sin t-t\cos t)]'^2}\,\mathrm{d}t$
$$=\int_0^{\pi}\sqrt{(at\cos t)^2+(at\sin t)^2}\,\mathrm{d}t=a\int_0^{\pi}t\mathrm{d}t=\frac{a}{2}\pi^2.$$

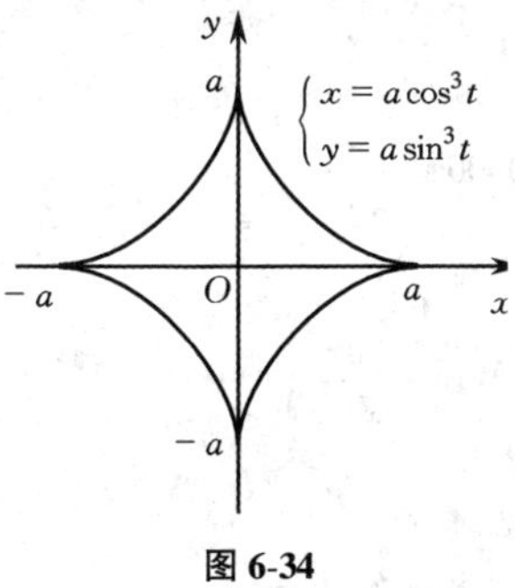

图 6-34

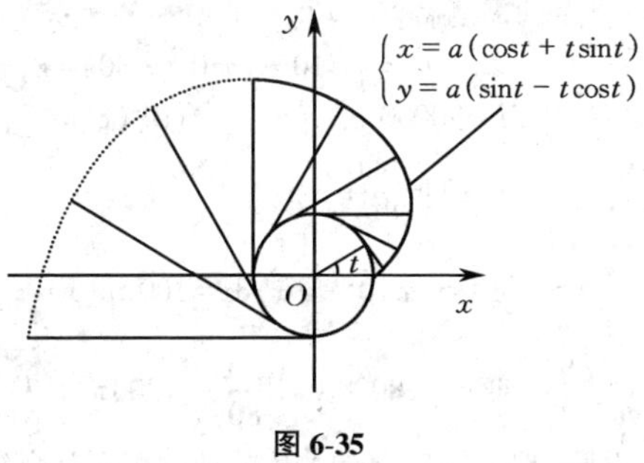

图 6-35

28. 在摆线 $x=a(t-\sin t)$, $y=a(1-\cos t)$ 上求分摆线第一拱成 1 : 3 的点的坐标.

【解】 设 t 从 0 变到 t_0 时摆线第一拱上对应弧长为 $s(t_0)$, 则

$$s(t_0)=\int_0^{t_0}\sqrt{[a(t-\sin t)]'^2+[a(1-\cos t)]'^2}\,dt=\int_0^{t_0}2a\sin\frac{t}{2}dt=4a\left(1-\cos\frac{t_0}{2}\right).$$

令 $t_0=2\pi$, 得 $s(2\pi)=8a$.

令 $4a\left(1-\cos\frac{t_0}{2}\right)=\frac{8a}{4}$, 得 $t_0=\frac{2}{3}\pi$. 此时,

$$x=a\left(\frac{2}{3}\pi-\sin\frac{2\pi}{3}\right)=\left(\frac{2}{3}\pi-\frac{\sqrt{3}}{2}\right)a,\ y=a\left(1-\cos\frac{2}{3}\pi\right)=\frac{3}{2}a.$$

分摆线第一拱为 1 : 3 的点为

$$\left(\frac{2}{3}\pi a-\frac{\sqrt{3}}{2}a,\ \frac{3}{2}a\right).$$

29. 求对数螺线 $\rho=e^{a\theta}$ 相应于 $0\leqslant\theta\leqslant\varphi$ 的一段弧长.

【解】 利用公式 $s=\int_\alpha^\beta\sqrt{r^2(\theta)+r'^2(\theta)}\,d\theta$, 有

$$s=\int_0^\varphi\sqrt{(e^{a\theta})^2+(ae^{a\theta})^2}\,d\theta=\sqrt{1+a^2}\int_0^\varphi e^{a\theta}d\theta=\frac{\sqrt{1+a^2}}{a}(e^{a\varphi}-1).$$

30. 求曲线 $\rho\theta=1$ 相应于 $\frac{3}{4}\leqslant\theta\leqslant\frac{4}{3}$ 的一段弧长.

【解】 $r=\frac{1}{\theta}$, $r'(\theta)=-\frac{1}{\theta^2}$, 所求曲线弧长为

$$s=\int_{\frac{3}{4}}^{\frac{4}{3}}\sqrt{\left(\frac{1}{\theta}\right)^2+\left(-\frac{1}{\theta^2}\right)^2}\,d\theta=\int_{\frac{3}{4}}^{\frac{4}{3}}\frac{1}{\theta^2}\sqrt{1+\theta^2}\,d\theta=-\int_{\frac{3}{4}}^{\frac{4}{3}}\sqrt{1+\theta^2}\,d\left(\frac{1}{\theta}\right)$$

$$=-\left(\frac{1}{\theta}\sqrt{1+\theta^2}\Big|_{\frac{3}{4}}^{\frac{4}{3}}-\int_{\frac{3}{4}}^{\frac{4}{3}}\frac{d\theta}{\sqrt{1+\theta^2}}\right)=-\frac{1}{\theta}\sqrt{1+\theta^2}\Big|_{\frac{3}{4}}^{\frac{4}{3}}+[\ln(\theta+\sqrt{1+\theta^2})]\Big|_{\frac{3}{4}}^{\frac{4}{3}}=\frac{5}{12}+\ln\frac{3}{2}.$$

习题 6-3 定积分在物理学上的应用

1. 由实验知道, 弹簧在拉伸过程中, 需要的力 F(单位: N)与伸长量 s(单位: cm)成正比, 即

$$F=ks\ (k\text{ 是比例常数}).$$

如果把弹簧由原长拉伸 6 cm, 计算所做的功.

【解】 $W=\int_0^6 ks\,ds=\frac{1}{2}ks^2\Big|_0^6=18k=0.18k$ (J).

2. 直径为 20 cm、高为 80 cm 的圆筒内充满压强为 10 N/cm² 的蒸汽. 设温度保持不变, 要使蒸汽体积缩小一半, 问需要做多少功?

【解】

$$pV=k,\ 10\cdot(\pi10^2\cdot80)=k,$$

$$k=80000\pi,\ p(x)\cdot[\pi10^2(80-x)]=80000\pi,$$

$$p(x)=\frac{800}{80-x},$$

$$dW=(\pi10^2)p(x)dx=100\pi p(x)dx=80000\pi\cdot\frac{dx}{80-x},$$

$$W=\int_0^{40}80000\pi\cdot\frac{dx}{80-x}=800\pi(\ln2)\ (J).$$

3. (1) 证明: 把质量为 m 的物体从地球表面升高到 h 处所做的功是

$$W=\frac{mgRh}{R+h},$$

其中 g 是地面上的重力加速度，R 是地球的半径.

【证】 取地球中心为坐标原点，把质量为 m 的物体升高 x 距离所作的微功为

$$\mathrm{d}W=\frac{kMm}{x^2}\mathrm{d}x,$$

所求之功为

$$W=\int_R^{R+h}\frac{kMm}{x^2}\mathrm{d}x=kMm\cdot\left(-\frac{1}{x}\right)\Big|_R^{R+h}=\frac{kmMh}{R(R+h)}.$$

令 $mg=\frac{kMm}{R^2}$，得 $k=\frac{gR^2}{M}$. 于是

$$W=\frac{gR^2mMh}{MR(R+h)}=\frac{mgRh}{R+h}.$$

(2) 一颗人造地球卫星的质量为 173 kg，在高于地面 630 km 处进入轨道. 问把这颗卫星从地面送到 630 km 的高空处，克服地球引力要做多少功？已知 $g=9.8\ \mathrm{m/s^2}$，地球半径 $R=6370$ km.

【解】 将 $m=173$，$g=9.8$，$h=630\times10^3$，$R=6370\times10^3$ 代入(1)中公式

$$W=\frac{mgRh}{R+h},$$

得

$$W=9.72\times10^5\ (\mathrm{kJ}).$$

4. 一物体按规律 $x=ct^3$ 做直线运动，介质的阻力与速度的平方成正比. 计算物体由 $x=0$ 移至 $x=a$ 时，克服介质阻力所做的功.

【解】 速度

$$v(t)=x'(t)=(ct^3)'=3ct^2,$$

阻力

$$f=-kv^2=-9kc^2t^4\quad(k>0).$$

将 $t=\left(\frac{x}{c}\right)^{\frac{1}{3}}$ 代入上式，得

$$f=-9kc^{\frac{2}{3}}x^{\frac{4}{3}}.$$

微功

$$\mathrm{d}W=-f(x)\,\mathrm{d}x=-9kc^{\frac{2}{3}}x^{\frac{4}{3}}\mathrm{d}x,$$

总功

$$W=\int_0^a[-f(x)]\,\mathrm{d}x=\int_0^a 9kc^{\frac{2}{3}}x^{\frac{4}{3}}\mathrm{d}x=9kc^{\frac{2}{3}}\cdot\frac{3}{7}x^{\frac{7}{3}}\Big|_0^a=\frac{27}{7}kc^{\frac{2}{3}}a^{\frac{7}{3}}.$$

5. 用铁锤将一铁钉击入木板，设木板对铁钉的阻力与铁钉击入木板的深度成正比，在击第一次时，将铁钉击入木板 1 cm. 如果铁锤每次打击铁钉所做的功相等，问锤击第二次时，铁钉又击入多少？

【解】 设锤击第二次时，锤钉又击入 h cm，木板对铁钉的阻力 f 与铁钉击入木板深度 x cm 成正比，则

$$f=kx,$$

微功

$$\mathrm{d}W=f\mathrm{d}x=kx\mathrm{d}x,$$

第一次做功

$$W_1=\int_0^1 kx\mathrm{d}x=\frac{1}{2}k,$$

第二次做功

$$W_2=\int_1^{1+h}kx\mathrm{d}x=\frac{1}{2}k(h^2+2h).$$

令

$$\frac{1}{2}k=\frac{1}{2}k(h^2+2h),$$

得 $h=-1\pm\sqrt{2}$，舍去负值，得 $h=\sqrt{2}-1$ (cm).

6. 设一锥形贮水池，深 15 m，口径 20 m，盛满水，今以泵将水吸尽，问要做多少功?

【解】 如图 6-36 所示，AB 的直线方程为 $y=10-\frac{2}{3}x$，

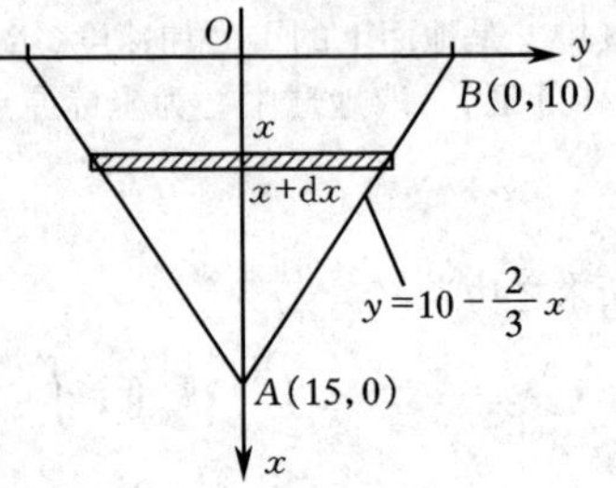

图 6-36

则微功

$$dW=\pi x\left(10-\frac{2}{3}x\right)^2 dx,$$

总功

$$W=\int_0^{15}\pi x\left(10-\frac{2}{3}x\right)^2 dx=\pi\int_0^{15}\left(100x-\frac{40}{3}x^2+\frac{4}{9}x^3\right)dx$$

$$=\pi\left(50x^2-\frac{40}{9}x^3+\frac{1}{9}x^4\right)\Big|_0^{15}=57697.5\ (\text{kJ}).$$

7. 有一铅直放置的矩形闸门，它的顶端与水面相平(图 6-37). 一条对角线将闸门分成两个三角形区域. 试证：其中一个三角形区域上所受的水压力是另一个三角形区域上所受水压力的 2 倍.

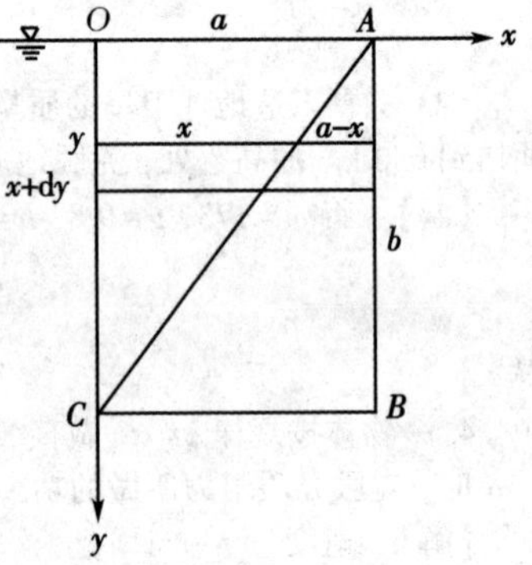

图 6-37

【解】 如图 6-37 建立坐标系，设矩形两边长为 a 和 b，水的密度为 ρ.

对角线 AC 的方程为 $y=-\frac{b}{a}(x-a)$，或 $x=-\frac{a}{b}y+a$.

$\triangle OAC$ 上所受水压力为

$$P_1=\int_0^b \rho gy\cdot x\,dy=\int_0^b \rho gy\left(-\frac{a}{b}y+a\right)dy$$

$$=\rho g\left[-\frac{a}{3b}y^3+\frac{a}{2}y^2\right]_0^b=\frac{\rho g}{6}ab^2.$$

$\triangle ACB$ 上所受水压力为

$$P_2=\int_0^b \rho gy(a-x)\,dy=\int_0^b \rho gy\left(\frac{a}{b}y\right)dy=\frac{\rho ga}{3b}[y^3]_0^b=\frac{\rho g}{3}ab^2.$$

因此有 $P_2=2P_1$.

8. 有一等腰梯形闸门，它的两条底边各长 10 m 和 6 m，高为 20 m. 较长的底边与水面相齐. 计算闸门的一侧所受的水压力.

【解】 如图 6-38 所示，直线 AB 的方程为 $y=5-\frac{x}{10}$，压力微元

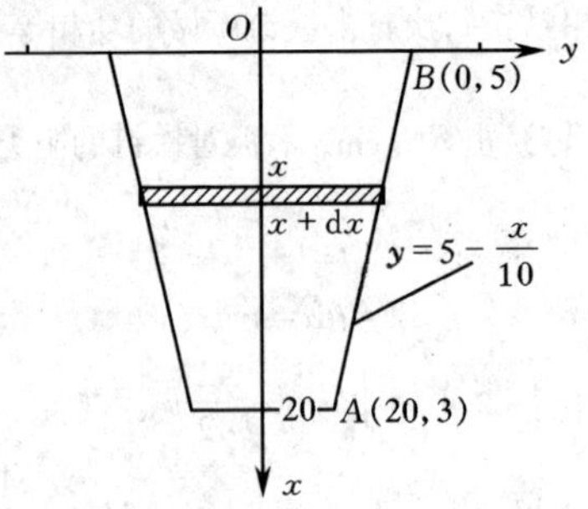

图 6-38

$$dP=2xg\left(5-\frac{x}{10}\right)dx,$$

总压力
$$P=\int_0^{20}2xg\left(5-\frac{x}{10}\right)\mathrm{d}x=14373\ (\mathrm{kN}).$$

9. 一底为 8 cm、高为 6 cm 的等腰三角形片，铅直地沉没在水中，顶在上，底在下且与水面平行，而顶离水面 3 cm，试求它每面所受的压力.

【解】 如图 6-39 选取坐标系，则直线 AB 的方程为 $y=\frac{2}{3}x$，压力微元

$$\mathrm{d}P=g(x+3)\left(2\cdot\frac{2}{3}x\right)\mathrm{d}x=\frac{4}{3}gx(x+3)\mathrm{d}x,$$

总压力
$$P=\int_0^6\frac{4}{3}gx(x+3)\mathrm{d}x=\frac{4}{3}g\left(\frac{1}{3}x^3+\frac{3}{2}x^2\right)\Bigg|_0^6=1.65\ (\mathrm{N}).$$

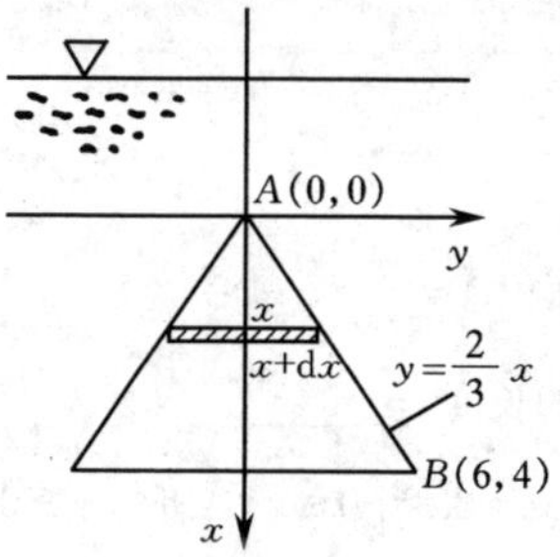

图 6-39

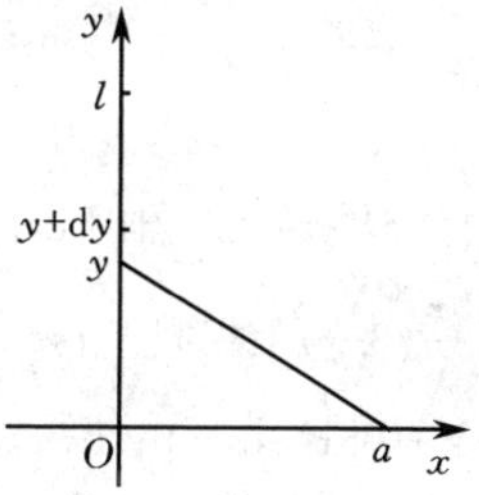

图 6-40

10. 设有一长度为 l、线密度为 μ 的均匀细直棒，在与棒的一端垂直距离为 a 单位处有一质量为 m 的质点 M，试求这细棒对质点 M 的引力.

【解】 如图 6-40 建立坐标系.

$$\mathrm{d}F=G\cdot\frac{m\mu\mathrm{d}y}{a^2+y^2},$$

$$\mathrm{d}F_x=(\mathrm{d}F)\cos\alpha=-\frac{a}{\sqrt{a^2+y^2}}\cdot\mathrm{d}F=-\frac{aGm\mu}{(a^2+y^2)^{3/2}}\mathrm{d}y,$$

$$\mathrm{d}F_y=(\mathrm{d}F)\sin\alpha=\frac{y}{\sqrt{a^2+y^2}}\cdot\mathrm{d}F=\frac{yGm\mu}{(a^2+y^2)^{3/2}}\mathrm{d}y,$$

$$F_x=-aGm\mu\int_0^l(a^2+y^2)^{-\frac{3}{2}}\mathrm{d}y=-aGm\mu\cdot\frac{y}{a^2\sqrt{a^2+y^2}}\Bigg|_0^l=-\frac{Gm\mu l}{a\sqrt{a^2+l^2}},$$

$$F_y=Gm\mu\int_0^l(a^2+y^2)^{-\frac{3}{2}}y\mathrm{d}y=Gm\mu\left(\frac{1}{a}-\frac{1}{\sqrt{a^2+l^2}}\right).$$

最后得棒对质点 M 的引力为

$$\boldsymbol{F}=-\frac{Gm\mu l}{a\sqrt{a^2+l^2}}\boldsymbol{i}+Gm\mu\left(\frac{1}{a}-\frac{1}{\sqrt{a^2+l^2}}\right)\boldsymbol{j}.$$

11. 设有一半径为 R、中心角为 φ 的圆弧形细棒，其线密度为常数 μ，在圆心处有一质量为 m 的质点 M，试求这细棒对质点 M 的引力.

【解】 如图 6-41 选取坐标系，则

$$\mathrm{d}F=\frac{Gm\mu\mathrm{d}s}{R^2}=\frac{Gm\mu}{R^2}\cdot R\mathrm{d}\theta=\frac{Gm\mu}{R}\cdot\mathrm{d}\theta,$$

$$\mathrm{d}F_x=(\mathrm{d}F)\cos\theta=\frac{Gm\mu}{R}\cos\theta\mathrm{d}\theta,$$

$$F_x=\int_{-\frac{\varphi}{2}}^{\frac{\varphi}{2}}\frac{Gm\mu}{R}\cos\theta\mathrm{d}\theta=\frac{2Gm\mu}{R}\cdot\sin\frac{\varphi}{2}.$$

由对称性得

$$F_y=0.$$

总之，引力大小为$\frac{2Gm\mu}{R}\cdot\sin\frac{\varphi}{2}$，方向自 M 点起指向圆弧中心，或写成

$$\boldsymbol{F}=\left(\frac{2Gm\mu}{R}\cdot\sin\frac{\varphi}{2}\right)\boldsymbol{i}+0\boldsymbol{j}.$$

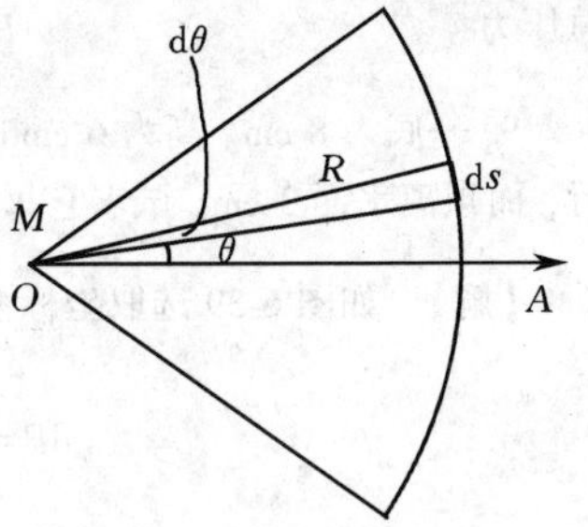

图 6-41

总习题六

1. 填空：

(1)曲线 $y=x^3-5x^2+6x$ 与 x 轴所围成的图形的面积 $A=$________；

(2)曲线 $y=\frac{\sqrt{x}}{3}(3-x)$ 上相应于 $1\leqslant x\leqslant 3$ 一段弧的长度 $s=$________.

【解】 (1)令 $x^3-5x^2+6x=0$，得 $x_1=0$，$x_2=2$，$x_3=3$. 当 $0\leqslant x\leqslant 2$ 时，$y\geqslant 0$；当 $2\leqslant x\leqslant 3$ 时，$y\leqslant 0$，于是 $A=\int_0^2(x^3-5x^2+6x)\mathrm{d}x-\int_2^3(x^3-5x^2+6x)\mathrm{d}x=\frac{37}{12}$.故填$\frac{37}{12}$；

(2)$s=\int_1^3\sqrt{1+[y'(x)]^2}\cdot\mathrm{d}x=\int_1^3\frac{1+x}{2\sqrt{x}}\mathrm{d}x=2\sqrt{3}-\frac{4}{3}$．故填 $2\sqrt{3}-\frac{4}{3}$.

2. 以下三题中给出了四个结论，从中选出一个正确的结论：

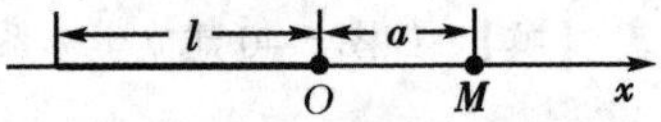

图 6-42

(1)设 x 轴上有一长度为 l、线密度为常数 μ 的细棒，在与细棒右端的距离为 a 处有一质量为 m 的质点 M(图 6-42)，已知万有引力常量为 G，则质点 M 与细棒之间的引力的大小为(　　)；

(A) $\int_{-l}^0\frac{Gm\mu}{(a-x)^2}\mathrm{d}x$；　　(B) $\int_0^l\frac{Gm\mu}{(a-x)^2}\mathrm{d}x$；

(C) $2\int_{-\frac{l}{2}}^0\frac{Gm\mu}{(a+x)^2}\mathrm{d}x$；　　(D) $2\int_0^{\frac{l}{2}}\frac{Gm\mu}{(a+x)^2}\mathrm{d}x$

(2)设在区间$[a,b]$上，$f(x)>0$，$f'(x)>0$，$f''(x)<0$.令 $A_1=\int_a^b f(x)\mathrm{d}x$，$A_2=f(a)(b-a)$，$A_3=\frac{1}{2}[f(a)+f(b)](b-a)$，则有(　　).

(A) $A_1<A_2<A_3$　　(B) $A_2<A_1<A_3$

(C) $A_3<A_1<A_2$　　(D) $A_2<A_3<A_1$

(3) 有半径不相等的两个木质球体，分别在中间钻出一个以球体直径为轴的圆柱形洞，使得剩下的两个环状立体的高都等于 h(图 6-43).假设对应木质球半径放大的环状立体为 P，另一个为 Q.通过计算，正确的结论是(　　).

(A) P 的体积大于 Q 的体积

(B) P 的体积等于 Q 的体积

(C) P 的体积小于 Q 的体积

(D)在 h 的不同取值范围，P 与 Q 的体积有不同的大小关系

【解】 (1)由题设条件知应选 A;

(2)由于$f'(x)>0$, $x\in[a,b]$, 所以$f(x)$在$[a,b]$上单调增加;又因为$f''(x)<0$, 所以曲线$y=f(x)$在$[a,b]$上是向上凸的, 如图 6-44 所示, 由几何意义知:

矩形面积<梯形面积<曲边梯形面积.

故选 D.

(3)如图 6-43, 设球半径为R, 圆柱形洞的半径为r, 环状立体的高为$h(0<h<2R)$.利用习题 6-2 第 20 题的方法, 可求得剩下的环状立体的体积为

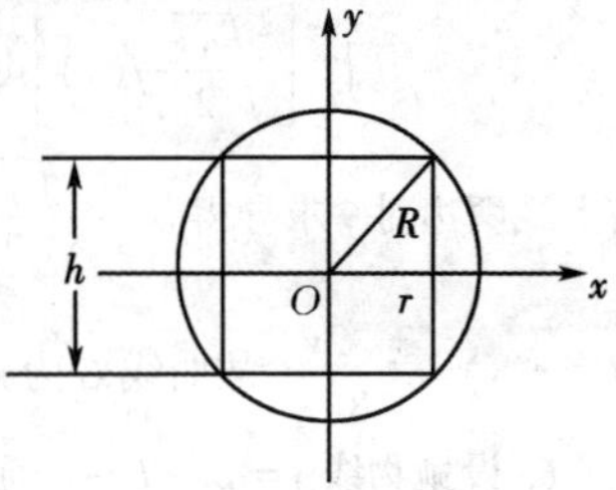

图 6-43

$$V=\int_r^R 2\pi x\cdot 2\sqrt{R^2-x^2}\,dx=-2\pi\int_r^R (R^2-x^2)^{\frac{1}{2}}d(R^2-x^2)$$

$$=-\frac{4\pi}{3}\left[(R^2-x^2)^{\frac{3}{2}}\right]_r^R=\frac{4\pi}{3}(R^2-r^2)^{\frac{3}{2}}=\frac{4\pi}{3}\left(\frac{h^2}{4}\right)^{\frac{3}{2}}=\frac{\pi}{6}h^3.$$

可见环状立体的体积仅与h有关, 而与球半径R无关.因此题中的两个环状立体P与Q的体积相等, 应选 B.

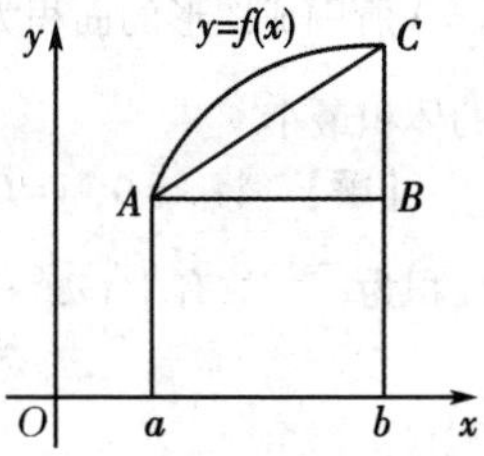

图 6-44

3. 一金属棒长3 m, 离棒左端x m处的线密度为$\rho(x)=\frac{1}{\sqrt{x+1}}$ (kg/m). 问x为何值时, $[0,x]$一段的质量为全棒质量的一半.

【解】 取如图 6-45 所示坐标, 依题意, 应有

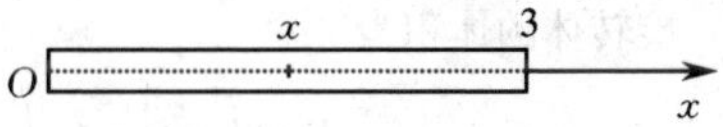

图 6-45

$$\int_0^x \frac{dt}{\sqrt{1+t}}=\frac{1}{2}\int_0^3\frac{dt}{\sqrt{1+t}},\quad 2(\sqrt{1+x}-1)=\sqrt{1+3}-1,$$

$$x=\frac{5}{4}\ (\mathrm{m}).$$

4. 求由曲线$\rho=a\sin\theta$, $\rho=a(\cos\theta+\sin\theta)$ $(a>0)$ 所围成图形公共部分的面积.

【解】 $r=a\sin\theta$在直角坐标下, 应为$x^2+y^2=ay$, 这是半径为$\frac{a}{2}$, 圆心在$O_1\left(0,\frac{a}{2}\right)$的圆; $r=a(\sin\theta+\cos\theta)$在直角坐标系下, 应为$\left(x-\frac{a}{2}\right)^2+\left(y-\frac{a}{2}\right)^2=\left(\frac{a}{\sqrt{2}}\right)^2$, 这是半径为$\frac{a}{\sqrt{2}}$, 圆心在$O_2\left(\frac{a}{2},\frac{a}{2}\right)$处的圆. 所求面积即图 6-46 中阴影部分的面积.

$$A=\frac{1}{2}\cdot\pi\left(\frac{a}{2}\right)^2+\frac{1}{2}\int_{\frac{\pi}{2}}^{\frac{3\pi}{4}} a^2(\cos\theta+\sin\theta)^2 d\theta$$

$$=\frac{\pi a^2}{8}+\frac{a^2}{2}\int_{\frac{\pi}{2}}^{\frac{3\pi}{4}}(1+\sin 2\theta)\,d\theta=\frac{\pi a^2}{8}+\frac{a^2}{2}\left(\theta-\frac{1}{2}\cos 2\theta\right)\Bigg|_{\frac{\pi}{2}}^{\frac{3\pi}{4}}$$

$$=\frac{\pi-1}{4}a^2.$$

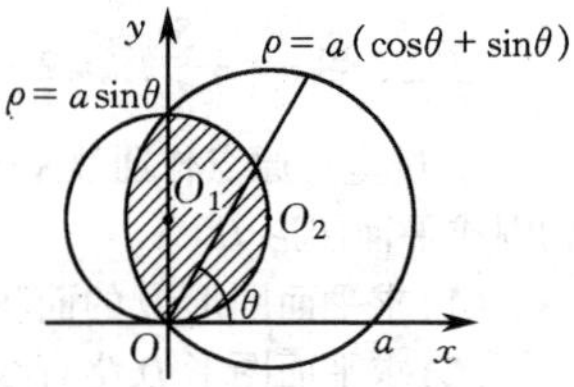

图 6-46

5. 如图 6-47 所示, 从下到上依次有三条曲线: $y=x^2$, $y=2x^2$ 和C. 假设对曲线$y=2x^2$上的任一点P, 所对应的面积A和B恒相等, 求曲线C的方程.

【解】 令曲线C的方程为$x=f(y)$, P点坐标为$\left(\frac{\sqrt{y}}{2},y\right)$, 则

$$A=\int_0^y\left(\sqrt{\frac{y}{2}}-f(y)\right)dy,\quad B=\int_0^{\sqrt{\frac{y}{2}}}(2x^2-x^2)\,dx.$$

由题设条件知当$y\geqslant 0$时有$A=B$, 即

$$\int_0^y\left[\sqrt{\frac{y}{2}}-f(y)\right]dy=\int_0^{\sqrt{\frac{y}{2}}}(2x^2-x^2)\,dx,$$

将上式两边对 y 求导得 $\sqrt{\frac{y}{2}}-f(y)=\frac{y}{2}\cdot\frac{1}{2\sqrt{2y}},$

解得 $f(y)=\frac{3\sqrt{2y}}{8}$，故曲线 C 为 $x=\frac{3\sqrt{2y}}{8}$ 或 $y=\frac{32}{9}x^2(x\geqslant0)$.

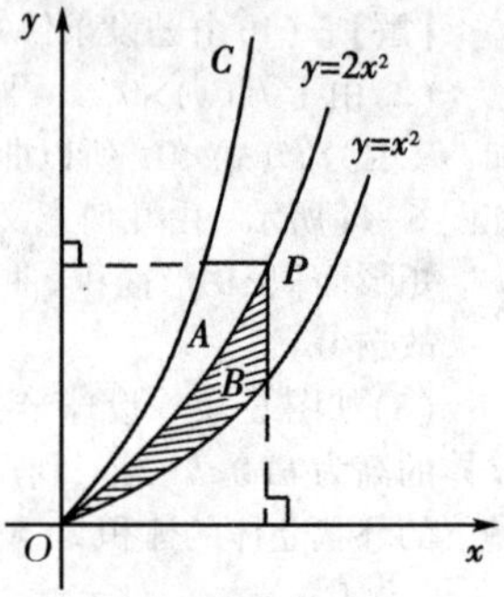

图 6-47

6. 设抛物线 $y=ax^2+bx+c$ 通过点(0, 0)，且当 $x\in[0,1]$ 时，$y\geqslant0$. 试确定 a，b，c 的值，使得抛物线 $y=ax^2+bx+c$ 与直线 $x=1$，$y=0$ 所围成图形的面积为 $\frac{4}{9}$，且使该图形绕 x 轴旋转而成的旋转体的体积最小.

【解】 将 $x=0$，$y=0$ 代入 $y=ax^2+bx+c$ 中，得 $c=0$，又抛物线与直线 $x=1$，$y=0$ 所围成图形的面积为 $\frac{4}{9}$，故有 $\int_0^1(ax^2+bx)\,dx=\frac{4}{9}$，即

$$\frac{1}{3}a+\frac{b}{2}=\frac{4}{9},$$

于是

$$b=\frac{8}{9}-\frac{2}{3}a.$$

旋转体的体积为

$$V=\int_0^1\pi\left[ax^2+\left(\frac{8}{9}-\frac{2}{3}a\right)x\right]^2dx=\pi\left(\frac{2}{135}a^2+\frac{4}{81}a+\frac{64}{243}\right),$$

$$\frac{dV}{da}=\pi\left(\frac{4}{135}a+\frac{4}{81}\right).$$

令 $\frac{dV}{da}=0$，即

$$\pi\left(\frac{4}{135}a+\frac{4}{81}\right)=0,$$

得

$$a=-\frac{5}{3},$$

从而

$$b=\frac{8}{9}-\frac{2}{3}\left(-\frac{5}{3}\right)=2.$$

总之，当 $a=-\frac{5}{3}$，$b=2$，$c=0$ 时，图形绕 x 轴旋转而成的旋转体的体积最小.

7. 过坐标原点作曲线 $y=\ln x$ 的切线，该切线与曲线 $y=\ln x$ 及 x 轴围成平面图形 D.

(1)求平面图形 D 的面积 A；

(2)求平面图形 D 绕直线 $x=e$ 旋转一周所得旋转体的体积 V.

【解】 (1)如图 6-48 所示，设切点的横坐标为 x_0，则曲线 $y=\ln x$ 在点 $(x_0,\ln x_0)$ 处的切线方程是 $y_{切}=\ln x_0+\frac{1}{x_0}(x-x_0)$.

由该切线过原点知 $\ln x_0-1=0$，从而 $x_0=e$，所以该切线的方程为 $y_{切}=\frac{1}{e}x$.

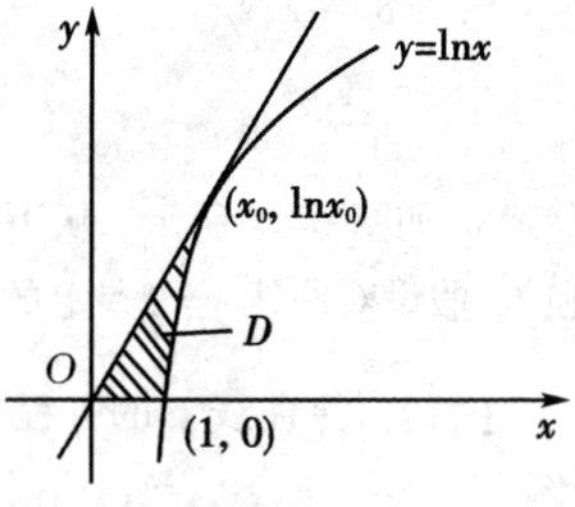

图 6-48

平面图形 D 的面积 $A=\int_0^1(e^y-ey)dy=\frac{1}{2}e-1$.

(2)$y_{切}$ $y=\frac{1}{e}x$ 与 x 轴及直线 $x=e$ 所围成的三角形绕直线 $x=e$ 旋转所得的圆锥体积为 $V_1=\frac{1}{3}\pi e^2$.

曲线 $y=\ln x$ 与 x 轴及直线 $x=e$ 所围成的图形绕直线 $x=e$ 旋转所得的旋转体体积为 $V_2=\int_0^1\pi(e-e^y)^2dy$.

因此所求旋转体的体积为　$V=V_1-V_2=\frac{1}{3}\pi e^2-\int_0^1\pi(e-e^y)^2dy=\frac{\pi}{6}(5e^2-12e+3)$.

也可以直接计算　$V=\int_0^1\pi[(e-ey)^2-(e-e^y)^2]dy=\frac{\pi}{6}(5e^2-12e+3)$.

8. 设曲线 C 为函数 $y=xe^{-x}$ $(x\geqslant 0)$ 的图形，$M(x_0, y_0)$ 为 C 上的一个拐点.MT 为曲线 C 在点 M 处的切线(图 6-49).求由曲线 C、切线 MT 和 x 轴所围的向右无限延伸的平面图形的面积.

【解】 $y'=(1-x)e^{-x}$, $y''=(x-2)e^{-x}$.

令 $y''=0$ 解得 $x=2$.当 $x<2$ 时，$y''<0$；当 $x>2$ 时，$y''>0$，故拐点 M 的坐标为$\left(2,\frac{2}{e^2}\right)$.

$$y'|_{x=2}=(1-x)e^{-x}|_{x=2}=-\frac{1}{e^2}.$$

切线 MT 的方程为 $y-\frac{2}{e^x}=-\frac{1}{e^2}(x-2)$，即

$$y=-\frac{x}{e^2}+\frac{4}{e^2}.$$

所求面积为

$$A=\int_2^{+\infty}xe^{-x}dx-\frac{1}{2}(4-2)\cdot\frac{2}{e^2}=-[xe^{-x}+e^{-x}]_2^{+\infty}-\frac{2}{e^2}=\frac{3}{e^2}-\frac{2}{e^2}=\frac{1}{e^2}.$$

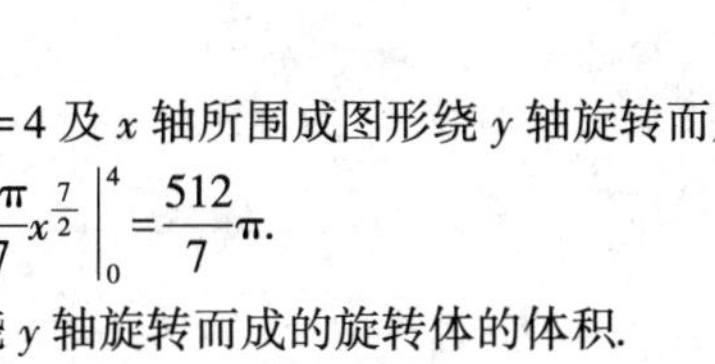

图 6-49

9. 求由曲线 $y=x^{\frac{3}{2}}$ 与直线 $x=4$ 及 x 轴所围成图形绕 y 轴旋转而成的旋转体的体积.

【解】 $V=\int_0^4 2\pi x\cdot x^{\frac{3}{2}}dx=\frac{4\pi}{7}x^{\frac{7}{2}}\Big|_0^4=\frac{512}{7}\pi$.

10. 求圆盘 $(x-2)^2+y^2\leqslant 1$ 绕 y 轴旋转而成的旋转体的体积.

【解】 圆盘形心在(2, 0)，圆盘面积为 $A=\pi$，圆盘到转轴的距离 $\bar{y}=2$. 由古尔金定理，所求旋转体的体积为 $V=2\pi\bar{y}A=2\pi\cdot 2\pi=4\pi^2$.

11. 求抛物线 $y=\frac{1}{2}x^2$ 被圆 $x^2+y^2=3$ 所截下的有限部分的弧长.

【解】 由$\begin{cases}y=\dfrac{1}{2}x^2\\ x^2+y^2=3\end{cases}$解出交点为$(-\sqrt{2},1)$和$(\sqrt{2},1)$. 所求弧长为

$$s=2\int_0^{\sqrt{2}}\sqrt{1+\left(\frac{1}{2}x^2\right)'^2}\,\mathrm{d}x=2\int_0^{\sqrt{2}}\sqrt{1+x^2}\,\mathrm{d}x=2\left[\frac{x}{2}\sqrt{1+x^2}+\frac{1}{2}\ln(x+\sqrt{1+x^2})\right]\Bigg|_0^{\sqrt{2}}=\sqrt{6}+\ln(\sqrt{2}+\sqrt{3}).$$

12. 半径为 r 的球沉入水中，球的上部与水面相切，球的密度与水相同，现将球从水中取出，需做多少功?

【解】 如图 6-50 建立坐标系.

$$\mathrm{d}W=g\pi(r-x)(r^2-x^2)\,\mathrm{d}x,$$

$$W=\pi g\int_{-r}^{r}(r-x)(r^2-x^2)\,\mathrm{d}x=2\pi gr\int_0^r(r^2-x^2)\,\mathrm{d}x$$

$$=\frac{4}{3}\pi r^4g.$$

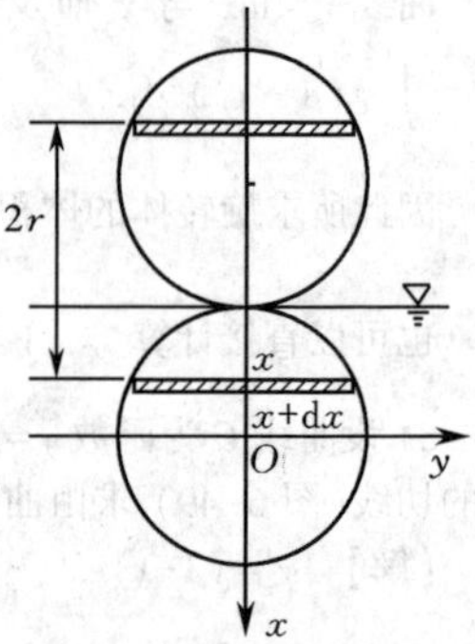

图 6-50

13. 边长为 a 和 b 的矩形薄板，与液面成 α 角斜沉于液体内，长边平行于液面而位于深 h 处，设 $a>b$，液体的密度为 ρ，试求薄板每面所受的压力.

【解】 如图 6-51 建立坐标系，则

$$\mathrm{d}P=\rho g(h+x\sin\alpha)\,\mathrm{d}x,$$

$$P=\int_0^b\rho g(h+x\sin\alpha)a\,\mathrm{d}x=\frac{\rho}{2}abg(2h+b\sin\alpha).$$

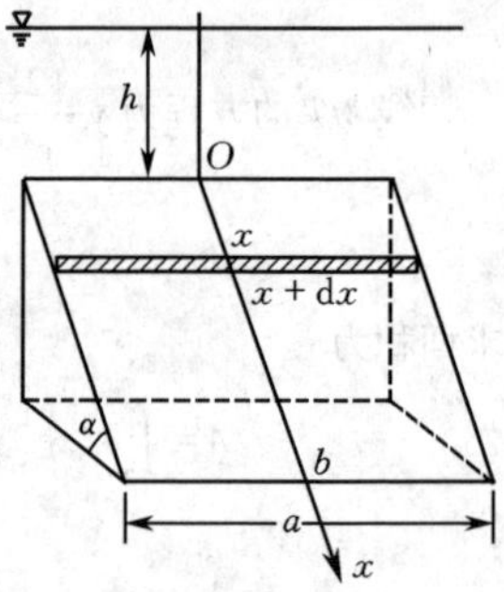

图 6-51

14. 设星形线 $x=a\cos^3t$，$y=a\sin^3t$ 上每一点处的线密度的大小等于该点到原点距离的立方，在原点 O 处有一单位质点，求星形线在第一象限的弧段对这质点的引力.

【解】 取弧微分 $\mathrm{d}s$ 为质点，则其质量微元为 $\mathrm{d}m=(x^2+y^2)^{\frac{3}{2}}\mathrm{d}s$.

设引力为 $\boldsymbol{F}=F_x\boldsymbol{i}+F_y\boldsymbol{j}$，则

$$\mathrm{d}F_x=G\cdot\frac{1\cdot(x^2+y^2)^{\frac{3}{2}}\mathrm{d}s}{x^2+y^2}\cdot\frac{x}{\sqrt{x^2+y^2}}=Gx\mathrm{d}s,$$

$$\mathrm{d}F_y=Gy\mathrm{d}s,$$

$$\mathrm{d}s=\sqrt{(a\cos^3t)'^2+(a\sin^3t)'^2}\,\mathrm{d}t=3a\sin t\cos t\mathrm{d}t,$$

$$F_x=3Ga^2\int_0^{\frac{\pi}{2}}\cos^4t\sin t\mathrm{d}t=\frac{3}{5}Ga^2.$$

类似地，有

$$F_y=\frac{3}{5}Ga^2.$$

所求引力

$$\boldsymbol{F}=\frac{3}{5}Ga^2\boldsymbol{i}+\frac{3}{5}Ga^2\boldsymbol{j}.$$

15. 某建筑工程打地基时，需用汽锤将桩打进土层. 汽锤每次击打，都要克服土层对桩的阻力做功. 设土层对桩的阻力的大小与桩被打进地下的深度成正比(比例系数为 k, $k>0$). 汽锤第一次击打将桩打进地下 a m. 根据设计方案，要求汽锤每次击打桩时所做的功与前一次击打时所做的功之比为常数 $r(0<r<1)$. 问

(1)汽锤击打桩 3 次后，可将桩打进地下多深?

(2)若击打次数不限，则汽锤至多能将桩打进地下多深?

【解】 (1)设第 n 次击打后，桩被打进地下 x_n，第 n 次击打时，汽锤所做的功为 $W_n(n=1,2,3,\cdots)$. 由题设,当桩被打进地下的深度为 x 时，土层对桩的阻力的大小为 kx，所以

$$W_1=\int_0^{x_1}kx\mathrm{d}x=\frac{k}{2}x_1^2=\frac{k}{2}a^2,$$

$$W_2=\int_{x_1}^{x_2}kx\mathrm{d}x=\frac{k}{2}(x_2^2-x_1^2)=\frac{k}{2}(x_2^2-a^2).$$

由 $W_2=rW_1$ 可得 $x_2^2-a^2=ra^2$，即 $x_2^2=(1+r)a^2$，

$$W_3=\int_{x_2}^{x_3}kx\mathrm{d}x=\frac{k}{2}(x_3^2-x_2^2)=\frac{k}{2}[x_3^2-(1+r)a^2].$$

由 $W_3=rW_2=r^2W_1$ 可得 $x_3^2-(1+r)a^2=r^2a^2$，从而 $x_3=\sqrt{1+r+r^2}\,a$，即汽锤击打 3 次后，可将柱打进地下 $\sqrt{1+r+r^2}\,a(\mathrm{m})$.

(2)由归纳法可设 $x_n=\sqrt{1+r+\cdots+r^{n-1}}\,a$，则

$$W_{n+1}=\int_{x_n}^{x_{n+1}}kx\mathrm{d}x=\frac{k}{2}(x_{n+1}^2-x_n^2)=\frac{k}{2}[x_{n+1}^2-(1+r+\cdots+r^{n-1})a^2].$$

由于 $W_{n+1}=rW_n=r^2W_{n-1}=\cdots=r^nW_1$，故得　　$x_{n+1}^2-(1+r+\cdots+r^{n-1})a^2=r^na^2$，

从而 $x_{n+1}=\sqrt{1+r+\cdots+r^n}\,a=\sqrt{\frac{1-r^{n+1}}{1-r}}\,a$. 于是 $\lim\limits_{n\to\infty}x_{n+1}=\sqrt{\frac{1}{1-r}}\,a$，即若不限击打次数，汽锤至多能将桩打进地下 $\sqrt{\frac{1}{1-r}}\,a(\mathrm{m})$.

第七章　微分方程

一、主要内容

(一) 主要定义

1. 微分方程及微分方程的阶

含有自变量、未知函数以及未知函数的导数或微分的方程叫作微分方程, 未知函数是一元函数的微分方程叫常微分方程, 未知函数是多元函数的微分方程叫作偏微分方程 .

微分方程中出现的未知函数导数的最高阶数叫作微分方程的阶, 本章只限于讨论常微分方程.

2. 微分方程的解

若将函数 $y = y(x)$ 代入微分方程使其变成恒等式, 则称 $y = y(x)$ 为该方程的一个解 . 根据 $y = y(x)$ 是显函数还是隐函数分别称之为显式解与隐式解, 不被通解包含的解称为奇异解;若解中含有任意常数, 当独立的任意常数的个数正好与方程的阶数相等时该解叫作通解(或一般解); 不含有任意常数而能被通解包含的解叫特解 .

3. 定解条件

用来确定通解中任意常数的条件称为定解条件, 最常见的定解条件是初始条件 .

(二) 主要结论

1. 若函数 y_1 与 y_2 是二阶齐次线性方程

$$y'' + P(x)y' + Q(x)y = 0$$

的两个解, 则 $y = C_1y_1 + C_2y_2$ 也是它的解, 其中 C_1, C_2 是任意常数 .

2. 若 y_1 与 y_2 是 1 中方程的两个线性无关解, 则

$$y = C_1y_1 + C_2y_2$$

就是该方程的通解 .

3. 若 y^* 是二阶非齐次线性方程

$$y'' + P(x)y' + Q(x)y = f(x)$$

的一个特解, 而 Y 是它对应的齐次方程的通解, 则

$$y = y^* + Y$$

就是该非齐次方程的通解 .

4. 若 3 中的方程右边是几个函数的和, 如 $f(x) = f_1(x) + f_2(x)$, 且 y_1^* 与 y_2^* 分别是非齐次方程

$$y'' + P(x)y' + Q(x)y = f_1(x)$$

与

$$y'' + P(x)y' + Q(x)y = f_2(x)$$

的特解, 则 $y^* = y_1^* + y_2^*$ 就是原方程的特解 .

对于高阶线性方程也有与上述定理相对应的定理 .

5. 可分离变量的方程

$$M_1(x)M_2(y)\mathrm{d}x + N_1(x)N_2(y)\mathrm{d}y = 0,$$

$$\int\frac{M_1(x)}{N_1(x)}\mathrm{d}x = -\int\frac{N_2(y)}{M_2(y)}\mathrm{d}y + C,$$

其中 $N_1(x)$, $M_2(y) \neq 0$.

6. 齐次方程

$$\frac{dy}{dx}=\varphi\left(\frac{y}{x}\right)$$

的通解为

$$\int\frac{du}{\varphi(u)-u}=\ln x+C,$$

其中 $u=\frac{y}{x}$.

7. 一阶非齐次线性微分方程

$$\frac{dy}{dx}+P(x)y=Q(x)$$

的通解为

$$y=e^{-\int P(x)dx}\left[\int Q(x)e^{\int P(x)dx}dx+C\right].$$

8. 伯努利方程

$$\frac{dy}{dx}+P(x)y=Q(x)y^n\quad(n\neq 0,\ 1)$$

的通解为

$$y^{1-n}=e^{(n-1)\int P(x)dx}\left[\int(1-n)Q(x)e^{(1-n)\int P(x)dx}dx+C\right].$$

9. 可降阶的高阶方程及其通解

(1) $y^{(n)}=f(x)$.

对方程两边连续积分 n 次，便可得到其含有 n 个任意常数的通解.

(2) 不显含 y 的二阶方程

$$y''=f(x,\ y').$$

令 $y'=p(x)$，则 $y''=\frac{dp}{dx}$，代入方程得

$$p'=f(x,\ p),$$

积分后得通解

$$p=\varphi(x,\ C_1).$$

再积分

$$\frac{dy}{dx}=\varphi(x,\ C_1),$$

得原方程的通解为

$$y=\int\varphi(x,\ C_1)dx+C_2.$$

(3) 不显含 x 的二阶方程

$$y''=f(y,\ y').$$

令 $y'=p$，则

$$y''=\frac{dp}{dy}\frac{dy}{dx}=p\frac{dp}{dy}.$$

代入方程得

$$p\frac{dp}{dy}=f(y,\ p),$$

得通解 $p=\varphi(y,\ C_1)$，再积分 $\frac{dy}{dx}=\varphi(y,\ C_1)$,

得原方程的通解为

$$\int \frac{\mathrm{d}y}{\varphi(y,\ C_1)} = x + C_2.$$

10. 二阶常系数线性方程

(1) 二阶常系数齐次线性方程

$$y'' + py' + qy = 0.$$

特征方程 $r^2 + pr + q = 0$ 的两个根 r_1, r_2	方程 $y'' + py' + qy = 0$ 的通解形式
两个不相等的实根 $r_1 \neq r_2$	$y = C_1 e^{r_1 x} + C_2 e^{r_2 x}$
两个相等的实根 $r_1 = r_2$	$y = (C_1 + C_2 x) e^{r_1 x}$
一对共轭复根 $r_{1,2} = \alpha \pm i\beta$	$y = e^{\alpha x}(C_1 \cos\beta x + C_2 \sin\beta x)$

(2) n 阶常系数齐次线性方程

$$y^{(n)} + p_1 y^{(n-1)} + p_2 y^{(n-2)} + \cdots + p_{n-1} y' + p_n y = 0.$$

根据特征方程的根，可按下表写出其通解的形式：

特征方程的根	微分方程通解中所对应的项
单实根 r	Ce^{rx}
$r_{1,2} = \alpha \pm i\beta$	$e^{\alpha x}(C_1 \cos\beta x + C_2 \sin\beta x)$
k 重实根 r	$e^{rx}(C_1 + C_2 x + \cdots + C_k x^{k-1})$
一对 k 重复根 $r_{1,2} = \alpha \pm i\beta$	$e^{\alpha x}[(C_1 + C_2 x + \cdots + C_k x^{k-1})\cos\beta x + (D_1 + D_2 x + \cdots + D_k x^{k-1})\sin\beta x]$

(3) 二阶常系数非齐次线性方程及其特解的形式

设 y^* 是方程

$$y'' + py' + qy = f(x)$$

的一个特解，Y 为其对应的齐次方程的通解，则

$$y = y^* + Y$$

是它的通解，下面给出上述非齐次线性方程的特解的形式.

① $f(x) = e^{\lambda x} P_m(x)$ 型

特征方程 $r^2 + pr + q = 0$ 的两个根 r_1, r_2	方程 $y'' + py' + qy = e^{\lambda x} P_m(x)$ 的特解的形式
$\lambda \neq r_1, r_2$	$y^* = Q_m(x) e^{\lambda x}$
$\lambda = r_1$ 但 $\lambda \neq r_2$	$y^* = x Q_m(x) e^{\lambda x}$
$\lambda = r_1 = r_2$	$y^* = x^2 Q_m(x) e^{\lambda x}$

注 记 $Q(x) = x^k Q_m(x)$，可将 $Q(x)$ 代入 $Q''(x) + Q'(x)R'(x) + Q(x)R(\lambda) = 0$ 中，确定 $Q(x)$. 其中，$R(r) = r^2 + pr + q$.

② $f(x) = e^{\lambda x}[P_l(x)\cos\omega x + P_n(x)\sin\omega x]$ 型

特征方程 $r^2 + pr + q = 0$ 的根 r_1, r_2	方程 $y'' + py' + qy = e^{\lambda x}[P_l(x)\cos\omega x + P_n(x)\sin\omega x]$ 的特解的形式
$r_{1,2} \neq \lambda \pm i\omega$	$y^* = e^{\lambda x}[R_m^{(1)}(x)\cos\omega x + R_m^{(2)}(x)\sin\omega x]$
$r_{1,2} = \lambda \pm i\omega$	$y^* = x e^{\lambda x}[R_m^{(1)}(x)\cos\omega x + R_m^{(2)}(x)\sin\omega x]$

其中 $m = \max\{l, n\}$.

（三）结论补充

1. $\dfrac{dx}{dy} + P(y)x = Q(y)$ 的通解为

$$x = e^{-\int P(y)dy}\left[\int Q(y)e^{\int P(y)dy}dy + C\right].$$

2. 欧拉方程

$$x^n y^{(n)} + p_1 x^{n-1} y^{(n-1)} + \cdots + p_{n-1}xy' + p_n y = f(x).$$

可通过代换 $x = e^t$ 将方程写成算子形式，D 表示 $\dfrac{d}{dt}$，则

$$x^k f^{(k)} = D(D-1)\cdots(D-k+1)y.$$

3. 简单的常系数线性方程组的求解步骤

(1) 消去方程组中一些未知函数及其导数，得到只含有一个未知函数的高阶常系数线性微分方程；

(2) 解上述高阶方程，得到满足该方程的未知函数；

(3) 把得到的函数代入原方程组中，求出其余的未知函数 .

4. 准齐次方程 $\dfrac{dy}{dx} = f\left(\dfrac{ax + by + c}{a_1x + b_1y + c_1}\right)$.

当 $c = c_1 = 0$ 时，就是齐次方程；当 c，c_1 中至少有一个不为零时，总可作适当变换，使之化为齐次方程 . 当 $ab_1 - a_1b \neq 0$ 时，令 $x = \xi + \alpha$，$y = \eta + \beta$；当 $ab_1 + a_1b = 0$ 时，令 $z = ax + by$.

5. 若 $y'' + p(x)y' + q(x)y = 0$ 中的 $p(x)$ 与 $q(x)$ 在区间 $(-R, R)(R > 0)$ 内可展成幂级数，则该方程在此区间上有幂级数解

$$y(x) = a_0 + a_1x + a_2x^2 + \cdots + a_nx^n + \cdots \quad x \in (-R, R).$$

其中系数 $a_0, a_1, a_2, \cdots, a_n, \cdots$ 可通过待定系数法求出 .

6. 设 $f(x, y)$，$f_y(x, y)$ 在 $P_0(x_0, y_0)$ 的某邻域内连续，则存在 x_0 的一个邻域，在该邻域内，定解问题

$$\begin{cases} y' = f(x, y), \\ y(x_0) = y_0 \end{cases}$$

存在唯一的解 .

注　此结论被称为柯西 – 毕卡(Cauchy-Picard) 定理 .

7. 若 $y_1 = \varphi(x)$ 是微分方程

$$y'' + P(x)y' + Q(x)y = 0$$

的一个解，则该微分方程的通解为

$$y = \varphi(x)\left[C_1 + C_2\int \frac{e^{-\int P(x)dx}}{\varphi^2(x)}dx\right].$$

二、典型例题

（一）可分离变量的微分方程

【例 7-1】　求微分方程 $\dfrac{dy}{dx} = 2xy + xy^2$ 的通解 .

【解】　分离变量，得

$$\frac{dy}{3y + y^2} = xdx,$$

两边积分，得
$$\int \frac{\mathrm{d}y}{(3+y)y} = \int x\mathrm{d}x,$$
得
$$\frac{1}{3}(\ln|y| - \ln|3+y|) = \frac{1}{2}x^2 + C_1,\quad \left|\frac{y}{3+y}\right| = \mathrm{e}^{3C_1}\mathrm{e}^{\frac{3}{2}x^2}.$$
记 $C = \pm\mathrm{e}^{3C_1}$，得通解为
$$\frac{y}{3+y} = C\mathrm{e}^{\frac{3}{2}x^2}.$$

【例 7-2】 求满足方程 $(x^2y^2+1)\mathrm{d}x + 2x^2\mathrm{d}y = 0$，且过点 $(1, 2)$ 的积分曲线．

【解】 先求方程的通解，为化成可分离变量型的方程，令 $xy = u$，则 $\mathrm{d}u = y\mathrm{d}x + x\mathrm{d}y$. 原方程化为
$$(u^2+1)\mathrm{d}x + 2x\left(\mathrm{d}u - \frac{u}{x}\mathrm{d}x\right) = 0,$$
即
$$\frac{\mathrm{d}u}{(u-1)^2} = -\frac{\mathrm{d}x}{2x},$$
积分，得
$$-\frac{1}{u-1} = -\frac{1}{2}\ln x + C,$$
即
$$\frac{1}{2}\ln x - \frac{1}{xy-1} = C.$$
这就是方程的通解．再代入 $x = 1$，$y = 2$，得
$$C = -1.$$
故所求积分曲线为
$$\frac{1}{2}\ln x - \frac{1}{xy-1} = -1.$$

【例 7-3】 求 $x\dfrac{\mathrm{d}y}{\mathrm{d}x} = y\ln\dfrac{y}{x}$ 的通解．

【解】 方程写成 $\dfrac{\mathrm{d}y}{\mathrm{d}x} = \dfrac{y}{x}\ln\dfrac{y}{x}$，这是齐次微分方程，令 $u = \dfrac{y}{x}$，则
$$y = xu,\ \frac{\mathrm{d}y}{\mathrm{d}x} = u + x\frac{\mathrm{d}u}{\mathrm{d}x},$$
方程进一步化成
$$\frac{\mathrm{d}x}{x} = \frac{\mathrm{d}u}{u(\ln u - 1)},$$
这是变量可分离型方程，积分得
$$\ln x + \ln C = \ln(\ln u - 1),\ Cx = \ln u - 1,\ u = \mathrm{e}^{1+Cx},$$
通解即为
$$y = x\mathrm{e}^{Cx+1}.$$

【例 7-4】 求 $(y + \sqrt{x^2+y^2})\mathrm{d}x - x\mathrm{d}y = 0$ 满足 $y(1) = 0$ 的特解．

【解】 方程化为
$$\frac{\mathrm{d}y}{\mathrm{d}x} = \frac{y}{x} + \sqrt{1 + \left(\frac{y}{x}\right)^2}.$$
令 $u = \dfrac{y}{x}$，有
$$\frac{\mathrm{d}u}{\sqrt{1+u^2}} = \frac{\mathrm{d}x}{x},$$
积分，得
$$u + \sqrt{1+u^2} = Cx,$$
即
$$\frac{y}{x} + \sqrt{1+\left(\frac{y}{x}\right)^2} = Cx.$$
由 $y(1) = 0$，定出 $C = 1$，最后得特解 $y = \dfrac{1}{2}(x^2 - 1)$.

【例 7-5】 设函数 $f(x)$ 在正实轴上连续，且等式

$$\int_1^{xy} f(t)\,dt = y\int_1^x f(t)\,dt + x\int_1^y f(t)\,dt$$

对任何 $x > 0$，$y > 0$ 均成立，且 $f(1) = 3$，求 $f(x)$.

【解】 固定 x，对 y 求导，得

$$xf(xy) = \int_1^x f(t)\,dt + xf(y),$$

令 $y = 1$，又因为 $f(1) = 3$，故有 $xf(x) = \int_1^x f(t)\,dt + 3x$. 再对 x 求导，得

$$xf'(x) + f(x) = f(x) + 3,$$

化简得
$$f'(x) = \frac{3}{x}.$$

容易求得其通解为
$$f(x) = 3\ln x + C_1,$$

又 $f(1) = 3$，故 $C = 3$，从而

$$f(x) = 3(1 + \ln x).$$

（二）一阶非齐次线性微分方程

【例 7-6】 求微分方程 $xy'\ln x - y = 1 + \ln^2 x$ 的通解.

【解】 由于 $x > 0$，将方程改写成

$$y' - \frac{1}{x\ln x}y = \frac{1 + \ln^2 x}{x\ln x}.$$

通解为

$$y = e^{\int\frac{1}{x\ln x}dx}\left(\int\frac{1 + \ln^2 x}{x\ln x}\cdot e^{-\int\frac{dx}{x\ln x}}dx + C\right) = e^{\ln|\ln x|}\left(\int\frac{1 + \ln^2 x}{x\ln x}\cdot e^{-\ln|\ln x|}dx + C_1\right)$$

$$= |\ln x|\left(\int\frac{1 + \ln^2 x}{x\ln x\cdot|\ln x|}dx + C_1\right) = \pm\ln x\left(\pm\int\frac{dx}{x\ln x} \pm\int\frac{dx}{x} + C_1\right)$$

$$= \pm\ln x\left(\pm\frac{1}{\ln x} \pm\ln x + C_1\right) = -1 + \ln^2 x + C\ln x \quad (C = \pm C_1),$$

即
$$y = C\ln x + \ln^2 x - 1.$$

【例 7-7】 求方程 $y^2 dx = (x + y^2 e^{y-\frac{1}{y}})dy$ 满足条件 $y(0) = 1$ 的特解.

【解】 此方程关于 y 为未知数是非线性的，但关于 x 为未知数是线性的. 把原方程化为

$$\frac{dx}{dy} - \frac{1}{y^2}x = e^{y-\frac{1}{y}},$$

则
$$x = e^{\int\frac{1}{y^2}dy}\left(\int e^{y-\frac{1}{y}}\cdot e^{-\int\frac{1}{y^2}dy}dy + C\right) = e^{-\frac{1}{y}}\left(\int e^{y-\frac{1}{y}}\cdot e^{\frac{1}{y}}dy + C\right) = e^{-\frac{1}{y}}(e^y + C).$$

方程的通解为
$$x = e^{-\frac{1}{y}}(e^y + C).$$

将 $y(0) = 1$ 代入通解，得 $C = -e$. 故所求特解为 $x = e^{-\frac{1}{y}}(e^y - e)$.

【例 7-8】 求 $\dfrac{dy}{dx} + \dfrac{1}{x}y = x^2y^6$ 的通解.

【解】 这是伯努利方程，两边除以 y^6，得

$$y^{-6}\frac{dy}{dx} + \frac{1}{x}y^{-5} = x^2.$$

令 $z = y^{-5}$，则
$$\frac{dz}{dx} = -5y^{-6}\frac{dy}{dx},$$

方程成为
$$\frac{dz}{dx}-\frac{5}{x}z=-5x^2.$$
这是一阶线性微分方程
$$z=e^{\int\frac{5}{x}dx}\left[\int(-5x^2)e^{-\int\frac{5}{x}dx}dx+C\right]=Cx^5+\frac{5}{2}x^3,$$
即通解为
$$y^{-5}=Cx^5+\frac{5}{2}x^3.$$

【例 7-9】 设 $y=e^x$ 是微分方程 $xy'+p(x)y=x$ 的一个解, 求满足 $y(\ln 2)=0$ 的特解.

【解】 首先, 求出未知函数 $p(x)$. 将 $y=e^x$ 代入原方程中, 得到 $p(x)=x(e^{-x}-1)$, 这时原方程化为一阶线性方程, 有
$$y'+(e^{-x}-1)y=1. \qquad (*)$$
然后, 求出齐次方程 $y'+(e^{-x}-1)y=0$ 的通解为 $y(x)=C\exp(x+e^{-x})$, 从而非齐次方程(*)的通解为
$$y(x)=C\exp(x+e^{-x})+e^x.$$
由条件 $y(\ln 2)=0$ 知, 常数 $C=-e^{-\frac{1}{2}}$, 所求特解为 $y=e^x-e^{e^{-x}+x-\frac{1}{2}}$.

【例 7-10】 已知 $\int_0^1 f(ux)du=\frac{1}{2}f(x)+1$, 求 $f(x)$.

【解】 令 $ux=t$, 则 $du=\frac{1}{x}dt$. 当 $u=0$ 时, $t=0$; $u=1$ 时, $t=x$. 有
$$\int_0^x f(t)\frac{1}{x}dt=\frac{1}{2}f(x)+1,$$
即
$$\int_0^x f(t)dt=\frac{1}{2}xf(x)+x,$$
求导, 得
$$f'(x)=\frac{1}{x}f(x)-\frac{2}{x},$$
这是一阶非齐次线性方程. 所以
$$f(x)=e^{\int\frac{1}{x}dx}\left[\int e^{-\int\frac{1}{x}dx}\cdot\left(-\frac{2}{x}\right)dx+C\right]=2+Cx.$$

【例 7-11】 设 $f(x)$ 在 $[0,+\infty)$ 上连续, 且
$$\lim_{x\to+\infty}f(x)=b>0,$$
又 $a>0$, 求证方程 $\frac{dy}{dx}+ay=f(x)$ 的一切解 $y(x)$ 均有 $\lim\limits_{x\to+\infty}y(x)=\frac{b}{a}$.

【证】 解一阶非齐次线性方程 $\frac{dy}{dx}+ay=f(x)$, 得
$$y(x)=e^{-ax}\left[C+\int_0^x f(t)e^{at}dt\right],$$
$$\lim_{x\to+\infty}y(x)=\lim_{x\to+\infty}\frac{C+\int_0^x f(t)e^{at}dt}{e^{ax}}=\lim_{x\to+\infty}\frac{f(x)e^{ax}}{ae^{ax}}=\frac{b}{a}.$$

【例 7-12】 已知曲线过 $N(1,1)$ 点, 曲线上任一点 $P(x,y)$ 处的切线与 Oy 轴交于 Q, 经 PQ 为直径作的圆经过 $A(1,0)$, 求此曲线方程.

【解】 如图 7-1 所示, 过 $P(x,y)$ 的切线方程为
$$Y-y=y'(X-x).$$
曲线设为 $y=f(x)$. 令 $x=0$, 得 $Y=y-xy'$. 故 Q 点坐标为 $Q(0,y-xy')$, $\overline{PQ}$ 中点坐标为

$M\left(\frac{x}{2}, y-\frac{xy'}{2}\right)$，依题意应有$\overline{MQ}=\overline{MA}$，即

$$\left(0-\frac{x}{2}\right)^2+\left[(y-xy')-\left(y-\frac{xy'}{2}\right)\right]^2=\left(1-\frac{x}{2}\right)^2+\left[0-\left(y-\frac{xy'}{2}\right)\right]^2.$$

整理后，得 $yy'=\frac{1}{x}y^2-1+\frac{1}{x}$，

标准形式为 $\begin{cases} y'-\frac{1}{x}y=\left(\frac{1}{x}-1\right)y^{-1}, \\ y(1)=1, \end{cases}$

这是具有初始条件的伯努利方程．

令 $z=y^2$，则 $\frac{dz}{dx}-\frac{2}{x}z=\frac{2}{x}-2$，

解出 $z=Cx^2+2x-1$，

即 $y^2=Cx^2+2x-1$.

代入 $y(1)=1$，得 $C=0$，所求曲线为 $y^2=2x-1$.

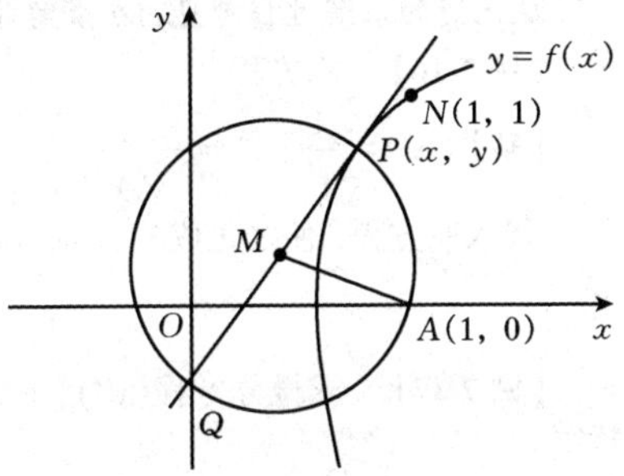

图 7-1

(三) 特殊的高阶微分方程

【例 7-13】 试求方程 $y'''=\frac{\ln x}{x^2}$ 满足初始条件 $y|_{x=1}=0$, $y'|_{x=1}=1$, $y''|_{x=1}=2$ 的解．

【解】 $y'''=\frac{\ln x}{x^2}$，写成$\frac{dy''}{dx}=\frac{\ln x}{x^2}$，即 $dy''=\frac{\ln x}{x^2}dx$，故

$$y''=\int\frac{\ln x}{x^2}dx=-\frac{\ln x}{x}-\frac{1}{x}+C_1.$$

代入条件 $y''|_{x=1}=2$，得 $C_1=3$，从而

$$y'=\int\left(3-\frac{\ln x}{x}-\frac{1}{x}\right)dx=3x-\frac{1}{2}\ln^2 x-\ln x+C_2.$$

代入条件 $y'|_{x=1}=1$，得 $C_2=-2$，则

$$y=\int\left(3x-\frac{1}{2}\ln^2 x-\ln x-2\right)dx=\frac{3}{2}x^2-2x-\frac{x}{2}\ln^2 x+C_3.$$

代入条件 $y|_{x=1}=0$，得 $C_3=\frac{1}{2}$，

最后得到满足条件的特解 $y=\frac{3}{2}x^2-2x-\frac{x}{2}\ln^2 x+\frac{1}{2}.$

【例 7-14】 求方程$(1+x^2)y''=2xy'$ 的通解．

【解】 设 $y'=p$，则原方程化为

$$\frac{dp}{p}=\frac{2x}{1+x^2}dx,$$

积分，得 $\ln p=\ln(1+x^2)+\ln C_1$，$y'=C_1(1+x^2)$，

再积分一次，得 $y=C_1x+\frac{C_1}{3}x^3+C_2$，

这就是原方程的通解．

【例 7-15】 求 $yy''-y'^2=y^2\ln y$ 的通解．

【解】 因为

$$\frac{yy''-y'^2}{y^2}=\left(\frac{y'}{y}\right)'=(\ln y)'',$$

原方程化为$(\ln y)'' = \ln y$，记$z = \ln y$，则得常系数线性方程$z'' = z$，其特征方程为$r^2 = 1$. 特征根为$r = \pm 1$，故

$$z = C_1 e^{x} + C_2 e^{-x}.$$

原方程之通解即为

$$\ln y = C_1 e^{x} + C_2 e^{-x}.$$

从此题的求解过程可见，在求解非线性方程时要注意解题的灵活性．

【例 7-16】 求方程$x'' + (4y + e^{2x})(x')^3 = 0$的通解．

【解】 $x' = \frac{1}{y'}$，$x'' = -\frac{1}{(y')^2}$，$y'' \cdot \frac{1}{y'} = -\frac{y''}{(y')^3}$.

代入原方程，使之化成$y'' - 4y = e^{2x}$，解此微分方程，得原方程之通解为

$$y = C_1 e^{-2x} + C_2 e^{2x} + \frac{1}{4} x e^{2x}.$$

【例 7-17】 求微分方程$(y''')^2 + (y'')^2 = 1$满足初始条件$y(0) = 0, y'(0) = 1, y''(0) = 0$的特解．

【解】 令$p(x) = y''(x)$，则原方程化为$p' = \pm\sqrt{1 - p^2}$，积分，得

$$\arcsin p = \pm x + C_1.$$

据$p(0) = y''(0) = 0$，得$C_1 = 0$，从而$y'' = \pm \sin x$，再积分两次，得

$$y = \pm \sin x + C_2 x + C_3.$$

再由$y(0) = 0$，$y'(0) = 1$，得$y = 2x - \sin x$或$y = \sin x$.

【例 7-18】 设物体A从点$(0, 1)$出发以常速度v沿y轴正向运动，物体B以常速度$2v$从点$(-1, 0)$与A同时出发，方向始终指向A. 试建立物体B运动轨迹所满足的微分方程．

【解】 在时刻t，物体B位于$P(x, y)$，如图 7-2 所示，$y = y(x)$为轨迹方程，则A的位置在$Q(0, vt + 1)$，过$P(x, y)$的切线方程为

$$Y - y = y'(X - x).$$

将Q点坐标代入，得$vt + 1 - y = y'(0 - x)$，即$vt = y - 1 - xy'$.

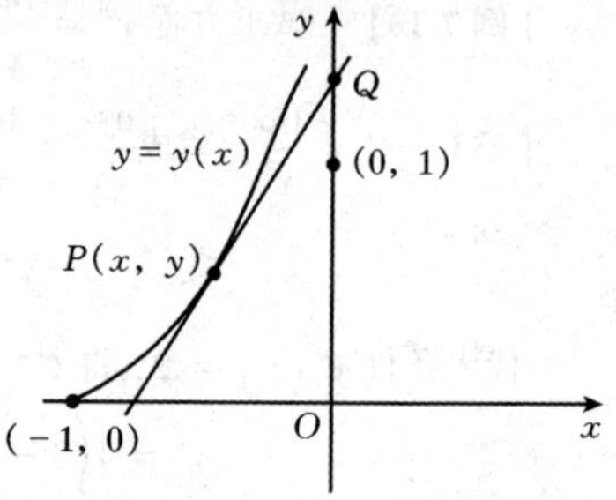

图 7-2

又

$$2vt = \int_{-1}^{x} \sqrt{1 + y'^2}\,dx,$$

故

$$2(y - 1 - xy') = \int_{-1}^{x} \sqrt{1 + y'^2}\,dx.$$

两边对x求导，得

$$2xy'' + \sqrt{1 + y'^2} = 0.$$

所建立的方程是

$$\begin{cases} 2xy'' + \sqrt{1 + y'^2} = 0, \\ y(-1) = 0, \\ y'(-1) = 1. \end{cases}$$

(四) 高阶线性微分方程

【例 7-19】 求方程$\begin{cases} y'' - 3y' - 4y = 0, \\ y|_{x=0} = 0, \\ y'|_{x=0} = -5 \end{cases}$的解．

【解】 特征方程为$r^2 - 3r - 4 = 0$，其特征根为$r_{1,2} = -1, 4$，故通解为$y_1 = C_1 e^{-x} + C_2 e^{4x}$，而$y' = -C_1 e^{x} + 4C_2 e^{4x}$，代入初始条件，有

$$\begin{cases} 0 = y|_{x=0} = C_1 + C_2, \\ -5 = y'|_{x=0} = -C_1 + 4C_2. \end{cases}$$

解出

$$\begin{cases} C_1 = 1, \\ C_2 = -1. \end{cases}$$

故所求特解为

$$y = e^{-x} - e^{4x}.$$

【例 7-20】 求方程 $y''-7y'+6y=\sin x$ 的解.

【解】 特征方程为 $r^2-7r+6=0$，其特征根为 $r_{1,2}=1,6$，对应的齐次方程的通解为

$$\bar{y}=C_1e^x+C_2e^{6x}.$$

非齐次项呈 $f(x)=\sin x=e^{0x}(0\cdot\cos x+1\cdot\sin x)$ 型，此处 $\alpha=0,\beta=1,\alpha+i\beta=0+i\cdot 1=i$，而 i 不是特征根，故令特解

$$y^*=A\sin x+B\cos x.$$

于是
$$y^{*\prime}=A\cos x-B\sin x,\ y^{*\prime\prime}=-A\sin x-B\cos x,$$

代回原方程，有

$$(-5A+7B)\sin x+(-7A+5B)\cos x=\sin x.$$

$$\begin{cases}-5A+7B=1,\\-7A+5B=0.\end{cases}$$

解出
$$\begin{cases}A=\dfrac{5}{74},\\B=\dfrac{7}{74},\end{cases}$$

即
$$y^*=\frac{5}{74}\sin x+\frac{7}{74}\cos x.$$

故原方程之通解为

$$y=C_1e^x+C_2e^{6x}+\frac{5}{74}\sin x+\frac{7}{74}\cos x.$$

【例 7-21】 求方程 $y''-4y'+4y=8x^2+e^{2x}+\sin 2x$ 的通解.

【解】 特征方程的 $r^2-4r+4=0$，特征根为 $r_{1,2}=2,2$.

$$f_1(x)=8x^2=(8x^2+0\cdot x+0)e^{0x},$$

$\alpha=0$ 不是特征根，可令

$$y_1^*=Ax^2+Bx+C;$$

$$f_2(x)=e^{2x}=1\cdot e^{2x},$$

$\alpha=2$ 是重特征根，故令

$$y_2^*=Dx^2e^{2x};$$

$$f_3(x)=\sin 2x=e^{0x}(1\cdot\sin 2x+0\cdot\cos 2x),$$

而 $0+2i$ 不是特征根，故可令

$$y_3^*=E\cos 2x+F\sin 2x.$$

总之，可令原方程的特解为

$$y^*=Ax^2+Bx+C+Dx^2e^{2x}+E\cos 2x+F\sin 2x,$$

则
$$y^{*\prime}=2Ax+B+2Dxe^{2x}+2Dx^2e^{2x}-2E\sin 2x+2F\cos 2x,$$
$$y^{*\prime\prime}=2A+2De^{2x}+8Dxe^{2x}+4Dx^2e^{2x}-4E\cos 2x-4F\sin 2x.$$

代入方程比较系数，有

$$\begin{cases}4D-4\cdot 2D+4D=0,\\8D-4\cdot 2D+4\times 0=0,\\2D-4\cdot 0+4\times 0=1,\\-4E-4\cdot 2F+4E=0,\\-4F-4\cdot(-2E)+4\cdot F=1,\\4A=8,\\-4\cdot 2A+4\cdot B=0,\\2A-4\cdot B+4\cdot C=0.\end{cases}$$

解出

$$\begin{cases} A = 2, \\ B = 4, \\ C = 3, \\ D = \dfrac{1}{2}, \\ E = \dfrac{1}{8}, \\ F = 0. \end{cases}$$

$$y^* = 2x^2 + 4x + 3 + \frac{x^2}{2}e^{2x} + \frac{1}{8}\cos 2x.$$

原方程的通解为

$$y = e^{2x}(C_1 + C_2 x) + (2x^2 + 4x + 3) + \frac{x^2}{2}e^{2x} + \frac{1}{8}\cos 2x.$$

【例 7-22】 设 $y = \varphi(x)$ 是方程 $y'' + P(x)y' + Q(x)y = 0$ 的一个解，试令 $y_2 = y_1 u(x)$，求出此方程的另一个与 y_1 线性无关的解，并写出所给方程的通解.

【解】 $y_2 = y_1 u(x) = \varphi(x)u(x)$，则

$$y'_2 = \varphi'(x)u(x) + \varphi(x)u'(x),$$
$$y''_2 = \varphi''(x)u(x) + 2\varphi'(x)u'(x) + \varphi(x)u''(x).$$

将上面各式代入方程，解得

$$\varphi u'' + (2\varphi' + P\varphi)u' + (\varphi'' + P\varphi' + Q\varphi)u = 0.$$

由假设 $y = \varphi(x)$ 是方程的一个解，故 $\varphi'' + P\varphi' + Q\varphi = 0$，于是

$$\varphi u'' + (2\varphi' + P\varphi)u' = 0,\ \frac{du'}{u'} = \left(-P - \frac{2\varphi'}{\varphi}\right)dx,\ u' = \frac{C_1 e^{-\int P dx}}{\varphi^2},\quad u = C_1\int\frac{e^{-\int P dx}}{\varphi^2}dx + C_2.$$

取 $C_1 = 1, C_2 = 0$，得 $y_2 = \varphi\int\frac{e^{-\int P dx}}{\varphi^2}dx$ 是与 $y_1 = \varphi(x)$ 线性无关的解，原方程之通解应为

$$y = \varphi\left(C_1 + C_2\int\frac{e^{-\int P dx}}{\varphi^2}dx\right).$$

(五) 综合问题

【例 7-23】 设 $y(x)$ 是 x 的连续可微函数，且满足 $x\int_0^x y(t)dt = (x+1)\int_0^x ty(t)dt$，求 $y(x)$.

【解】 $x\int_0^x y(t)dt = (x+1)\int_0^x ty(t)dt$，两边对 x 求导，得

$$xy(x) + \int_0^x y(t)dt = (x+1)xy(x) + \int_0^x ty(t)dt.$$

再求导，得

$$y(x) + xy'(x) + y(x) = xy(x) + (2x+1)y(x) + (x^2+x)y'(x).$$

整理得微分方程为

$$\frac{dy}{y} = \frac{1-3x}{x^2}dx.$$

积分，得

$$\ln y = -\frac{1}{x} - 3\ln x + \ln C,$$

即

$$y = \frac{C}{x^3}e^{-\frac{1}{x}}.$$

由 $\lim\limits_{x\to+0}y(x)=0$，得
$$y(x)=\begin{cases}\dfrac{C}{x^3}e^{-\frac{1}{x}}, & x\neq 0,\\ 0, & x=0.\end{cases}$$

【例 7-24】 设函数 $f(x)$ 满足 $xf'(x)-3f(x)=-6x^2$，求由曲线 $y=f(x)$，之与直线 $x=1$ 与 x 轴所围成的平面图形 D 绕 x 轴旋转一周所得旋转体的体积最小．

【解】 $xf'(x)-3f(x)=-6x^2$，化为 $f'(x)-\dfrac{3}{x}f(x)=-6x$. 通解为
$$y=e^{\int\frac{3}{x}dx}\left[\int(-6x)e^{-\int\frac{3}{x}dx}dx+C\right]=Cx^3+6x^2.$$

旋转体体积为
$$V(C)=\pi\int_0^1 y^2(x)dx,$$

故
$$V(C)=\pi\int_0^1(Cx^3+6x^2)^2dx=\pi\left(\frac{C^2}{7}+2C+\frac{36}{5}\right),V'(C)=\pi\left(\frac{2}{7}C+2\right).$$

令 $V'(C)=0$，得 $C=-7$. 故 $V''(C)=\dfrac{2\pi}{7}>0$，$V(C)$ 在唯一驻点 C 处取最小值，此时所求函数为
$$f(x)=6x^2-7x^3.$$

【例 7-25】 设 $f(x)$ 可微，$f'(0)=2$，对任何 x,y，有 $f(x+y)=e^xf(y)+e^yf(x)$，求 $f(x)$.

【解】 令 $y=0$，得 $f(x)=e^xf(0)+f(x)$，从而 $f(0)=0$.
$$f'(x)=\lim_{h\to0}\frac{f(x+h)-f(x)}{h}=\lim_{h\to0}\frac{e^xf(h)+e^hf(x)-f(x)}{h}$$
$$=\lim_{h\to0}e^x\frac{f(h)-f(0)}{h}+f(x)\lim_{h\to0}\frac{e^h-1}{h}=e^xf'(0)+f(x)=2e^x+f(x).$$

解微分方程
$$f'(x)-f(x)=2e^x,$$
得通解
$$f(x)=2xe^x+Ce^x,$$
代入 $f(0)=0$，得 $C=0$. 最后得
$$f(x)=2xe^x.$$

【例 7-26】 已知 $y_1=xe^x+e^{2x}$，$y_2=xe^x+e^{-x}$，$y_3=xe^x+e^{2x}-e^{-x}$ 是某二阶非齐次线性微分方程的三个解，求此微分方程．

【解】 设 $\dfrac{d^2y}{dx^2}+P(x)\dfrac{dy}{dx}+Q(x)y=f(x)$ 是所求微分方程．又设 $L=\dfrac{d^2}{dx^2}+P(x)\dfrac{d}{dx}+Q(x)$，则方程可简记为
$$L(y)=f(x).$$

由题设：$L(y_1)=f(x)$，$L(y_2)=f(x)$，$L(y_3)=f(x)$，即
$$\begin{cases}L(xe^x)+L(e^{2x})=f(x), & ①\\ L(xe^x)+L(e^{-x})=f(x), & ②\\ L(xe^x)+L(e^{2x})-L(e^{-x})=f(x). & ③\end{cases}$$

式①减式③，得
$$L(e^{-x})=0,$$
表明 e^{-x} 是齐次方程的一个解．

式①减式②，得
$$L(e^{2x})-L(e^{-x})=0\Rightarrow L(e^{2x})=0,$$
表明 e^{2x} 是齐次方程的另一个解．

由特解 e^{-x} 和 e^{2x} 所确定的齐次方程是
$$y''-y'-2y=0 \quad (\text{因为特征方程的根是 }-1\text{ 和 }2),$$

由 $L(e^{2x})=0$ 和式①可得
$$L(xe^x)=f(x),$$

于是 $$f(x) = (xe^x)'' - (xe^x)' - 2xe^x = e^x - 2xe^x.$$
故所求方程为 $$y'' - y' - 2y = e^x - 2xe^x.$$

【例 7-27】 设$f(x) = \sin x - \int_0^x (x-t)f(t)\,dt$，其中$f(x)$为连续函数，求$f(x)$.

【解】 将$f(x) = \sin x - \int_0^x (x-t)f(t)\,dt$改写成

$$f(x) = \sin x - x\int_0^x f(t)\,dt + \int_0^x tf(t)\,dt.$$

对x求导，得 $$f'(x) = \cos x - \int_0^x f(t)\,dt.$$
再求导，得 $$f''(x) + f(x) = -\sin x.$$
注意$f(0) = 0, f'(0) = 1$，记$y = f(x)$. 相应的齐次方程的通解为
$$Y = C_1\sin x + C_2\cos x.$$
令$y^* = x(a\sin x + b\cos x)$，代入$f''(x) + f(x) = -\sin x$，对比系数，得$a = 0$，$b = \frac{1}{2}$. 故

$$y^* = \frac{x}{2}\cos x.$$

非齐次方程$f''(x) + f(x) = -\sin x$的通解为$y = C_1\sin x + C_2\cos x + \frac{x}{2}\cos x$. 故

$$y' = C_1\cos x - C_2\sin x + \frac{1}{2}\cos x - \frac{x}{2}\sin x.$$

由$y(0) = 0$，$y'(0) = 1$，定出$C_1 = \frac{1}{2}$，$C_2 = 0$. 最后得$f(x) = \frac{1}{2}\sin x + \frac{x}{2}\cos x$.

【例 7-28】 设函数$f(x)$在$[1, +\infty)$上连续，由曲线$y = f(x)$，直线$x = 1$，$x = t\ (t > 1)$与x轴所围成平面图形绕x轴旋转一周形成旋转体的体积为

$$V(t) = \frac{\pi}{3}[t^2f(t) - f(1)],$$

求$y = f(x)$，已知$f(2) = \frac{2}{9}$.

【解】 一方面，由已知得

$$V(t) = \frac{\pi}{3}[t^2f(t) - f(1)],$$

另一方面 $$V(t) = \pi\int_1^t f^2(x)\,dx,$$

所以 $$3\int_1^t f^2(x)\,dx = t^2f(t) - f(1).$$

求导，得 $$3f^2(t) = 2tf(t) + t^2f'(t),$$
即 $$x^2y' = 3y^2 - 2xy,$$

得微分方程 $$\begin{cases} \dfrac{dy}{dx} = 3\left(\dfrac{y}{x}\right)^2 - 2\dfrac{y}{x}, \\ y(2) = \dfrac{2}{9}. \end{cases}$$

令$u = \frac{y}{x}$，得

$$x\frac{du}{dx} = 3u(u-1).$$

当$u \neq 0$，$u \neq 1$时，积分，得

$$1-\frac{1}{u}=Cx^3,\ 即\ y-x=Cx^3y.$$

代入已知条件，得 $C=-1$，所求特解为

$$y-x=-x^3y,\ 即\ y=\frac{x}{1+x^3}.$$

三、习题全解

习题 7-1　微分方程的基本概念

1. 试说出下列各微分方程的阶数：

(1) $x(y')^2-2yy'+x=0$；

(2) $x^2y''-xy'+y=0$；

(3) $xy'''+2y''+x^2y=0$；

(4) $(7x-6y)\mathrm{d}x+(x+y)\mathrm{d}y=0$；

(5) $L\frac{\mathrm{d}^2Q}{\mathrm{d}t^2}+R\frac{\mathrm{d}Q}{\mathrm{d}t}+\frac{Q}{C}=0$；

(6) $\frac{\mathrm{d}\rho}{\mathrm{d}\theta}+\rho=\sin^2\theta$.

【解】 (1) 一阶；(2) 二阶；(3) 三阶；(4) 一阶；(5) 二阶；(6) 一阶.

2. 指出下列各题中的函数是否为所给微分方程的解：

(1) $xy'=2y$，$y=5x^2$；

(2) $y''+y=0$，$y=3\sin x-4\cos x$；

(3) $y''-2y'+y=0$，$y=x^2\mathrm{e}^x$；

(4) $y''-(\lambda_1+\lambda_2)y'+\lambda_1\lambda_2y=0$，$y=C_1\mathrm{e}^{\lambda_1x}+C_2\mathrm{e}^{\lambda_2x}$.

【解】 只需将所给函数代入微分方程之中即可得出结论.

(1) 是；(2) 是；(3) 不是；(4) 是.

3. 在下列各题中，验证所给二元方程所确定的函数为所给微分方程的解：

(1) $(x-2y)y'=2x-y$，$x^2-xy+y^2=C$.

【证】 在 $x^2-xy+y^2=C$ 两边对 x 求导，得

$$2x-y-xy'+2yy'=0,$$

化成

$$(x-2y)y'=2x-y.$$

(2) $(xy-x)y''+xy'^2+yy'-2y'=0$，$y=\ln(xy)$.

【证】 在 $y=\ln(xy)$ 两边对 x 求导，得 $y'=\frac{1}{x}+\frac{1}{y}y'$，即

$$y'=\frac{y}{xy-x},$$

对上式再求导，得

$$y''=\frac{-xy^3+2xy^2-2xy}{(xy-x)^3}.$$

代入微分方程左端，再经计算，得

$$(xy-x)\cdot\frac{-xy^3+2xy^2-2xy}{(xy-x)^3}+x\cdot\frac{y^2}{(xy-x)^2}+y\cdot\frac{y}{xy-x}-2\cdot\frac{y}{xy-x}=0.$$

4. 在下列各题中，确定函数关系式中所含的参数，使函数满足所给的初始条件：

(1) $x^2-y^2=C$，$y\big|_{x=0}=5$.

【解】 $y(0)=5$，$C=0-5^2=-25$，$y^2-x^2=25$ 即为所求.

(2) $y=(C_1+C_2x)\mathrm{e}^{2x}$，$y\big|_{x=0}=0$，$y'\big|_{x=0}=1$.

【解】 $y'=C_2\mathrm{e}^{2x}+2(C_1+C_2x)\mathrm{e}^{2x}$，代入 $y(0)=0$，$y'(0)=1$ 得 $C_1=0$，$C_2=1$. $y=x\mathrm{e}^{2x}$ 即为所求.

(3) $y=C_1\sin(x-C_2)$, $y\big|_{x=\pi}=1$, $y'\big|_{x=\pi}=0$.

【解】 $y'=C_1\cos(x-C_2)$, 代入 $y(\pi)=1$, $y'(\pi)=0$ 得 $C_1=1$, $C_2=\frac{\pi}{2}$. $y=\sin\left(x-\frac{\pi}{2}\right)$, 即 $y=-\cos x$ 为所求.

5. 写出由下列条件确定的曲线所满足的微分方程:

(1) 曲线在点(x, y)处的切线的斜率等于该点横坐标的平方;

(2) 曲线上点$P(x, y)$处的法线与x轴的交点为Q, 且线段PQ被y轴平分;

(3) 曲线上点$P(x, y)$处的切线与y轴的交点为Q, 线段PQ的长度为a, 且曲线通过点$(a, 0)$.

【解】 (1)设曲线方程为$y=y(x)$, 它在点(x, y)处的切线斜率为y', 依条件, 有

$$y'=x^2,$$

此为曲线方程所满足的微分方程.

(2)设曲线方程为$y=y(x)$, 因它在点$P(x, y)$处的切线斜率为y', 故该点处法线斜率为$-\frac{1}{y'}$.

由条件知PQ之中点位于y轴上, 故点Q的坐标是$(-x, 0)$, 于是有

$$\frac{y-0}{x-(-x)}=-\frac{1}{y'},$$

即微分方程为 $yy'+2x=0$.

(3)曲线上点$P(x,y)$处的切线方程为$\eta-y=y'(\xi-x)$, 令$\xi=0$, 求得Q的坐标为$(0, y-xy')$.因为$|PQ|=a$, 即$\sqrt{x^2+(xy')^2}=a$, 且曲线通过点$(a, 0)$, 故得

$$\begin{cases}x^2(1+y'^2)=a^2,\\ y\big|_{x=a}=0.\end{cases}$$

6. 用微分方程表示一物理命题: 某种气体的压强p对于温度T的变化率与压强成正比, 与温度的平方成反比.

【解】 $\frac{\mathrm{d}p}{\mathrm{d}t}=k\cdot\frac{p}{T^2}$ (k为比例系数).

7. 一个半球体形状的雪堆, 其体积融化率与半球面面积A成正比, 比例函数$k>0$. 假设在融化过程中雪堆始终保持半球体形状, 已知半径为r_0的雪堆在开始融化的3 h内, 融化了其体积的$\frac{7}{8}$. 问雪堆全部融化需要多少时间?

【解】 设雪堆在时刻t的体积为$V=\frac{2}{3}\pi r^3$, 半球面面积为$S=2\pi r^2$. 由题设知:

$$\frac{\mathrm{d}V}{\mathrm{d}t}=2\pi r^2\frac{\mathrm{d}r}{\mathrm{d}t}=-kS=-2\pi kr^2.$$

于是$\frac{\mathrm{d}r}{\mathrm{d}t}=-k$, 积分得 $r=-kt+C$.

由 $r\big|_{t=0}=r_0$, 得 $C=r_0$, $r=r_0-kt$.

又 $V\big|_{t=3}=\frac{1}{8}V\big|_{t=0}$, 即

$$\frac{2}{3}\pi(r_0-3k)^3=\frac{1}{8}\times\frac{2}{3}\pi r_0^3,$$

得 $k=\frac{1}{6}r_0$.于是 $r=r_0-\frac{1}{6}r_0t$. 令 $r=0$,得 $t=6$.雪堆全部融化需要 6 h.

习题 7-2　可分离变量的微分方程

1. 求下列微分方程的通解:

(1) $xy'-y\ln y=0$.

【解】 分离变量, 得
$$\frac{dy}{y\ln y}=\frac{dx}{x},$$
积分
$$\int\frac{dy}{y\ln y}=\int\frac{dx}{x},\quad \ln\ln y=\ln x+\ln C,$$
化简为
$$\ln y=Cx \text{ 或 } y=e^{Cx}.$$

(2) $3x^2+5x-5y'=0$.

【解】 分离变量, 得
$$5dy=(3x^2+5x)dx,$$
积分得
$$y=\frac{1}{5}x^3+\frac{5}{2}x^2+C.$$

(3) $\sqrt{1-x^2}\,y'=\sqrt{1-y^2}$.

【解】 分离变量, 得
$$\frac{dy}{\sqrt{1-y^2}}=\frac{dx}{\sqrt{1-x^2}},$$
积分得
$$\arcsin y=\arcsin x+C.$$

(4) $y'-xy'=a(y^2+y')$.

【解】 分离变量, 得
$$\frac{dy}{ay^2}=\frac{dx}{1-a-x},$$
积分得
$$-\frac{1}{ay}=-\ln(1-a-x)-C_1.$$
记 $C=aC_1$, 有
$$y=\frac{1}{C+a\ln(1-a-x)}.$$

(5) $\sec^2x\tan y\,dx+\sec^2y\tan x\,dy=0$.

【解】 分离变量, 得
$$\frac{\sec^2y}{\tan y}dy=-\frac{\sec^2x}{\tan x}dx,$$
积分得
$$\ln(\tan x\cdot\tan y)=\ln C,$$
通解为
$$\tan x\cdot\tan y=C.$$

(6) $\frac{dy}{dx}=10^{x+y}$.

【解】 分离变量, 得
$$10^{-y}dy=10^{x}dx,$$
积分得
$$10^{-y}=-10^{x}+C_1\ln 10,$$
记 $C=-C_1\ln 10$, 得
$$y=-\lg(-10^{x}+C).$$

(7) $(e^{x+y}-e^{x})dx+(e^{x+y}+e^{y})dy=0$.

【解】 分离变量, 得
$$\frac{e^{y}dy}{1-e^{y}}=\frac{e^{x}}{1+e^{x}}dx,$$
积分后整理, 得通解为
$$(e^{x}+1)(e^{y}-1)=C.$$

(8) $\cos x\sin y\,dx+\sin x\cos y\,dy=0$.

【解】 分离变量, 得
$$\frac{\cos y}{\sin y}dy=-\frac{\cos x}{\sin x}dx,$$
积分后整理, 得通解为
$$\sin x\sin y=C.$$

(9) $(y+1)^2\frac{dy}{dx}+x^3=0.$

【解】 分离变量，得 $$(y+1)^2dy=-x^3dx,$$

积分得 $$\frac{1}{3}(y+1)^3=-\frac{1}{4}x^4+C_1,$$

记 $C=12C_1$，有 $$4(y+1)^3+3x^4=C.$$

(10) $ydx+(x^2-4x)dy=0.$

【解】 分离变量，得 $$\frac{dx}{4x-x^2}=\frac{dy}{y},$$

积分得 $$y^4(4-x)=Cx.$$

2. 求下列微分方程满足所给初始条件的特解：

(1) $y'=e^{2x-y},\ y\big|_{x=0}=0.$

【解】 分离变量，得 $e^ydy=e^{2x}dx$，积分得通解 $$y=\ln\left(\frac{1}{2}e^{2x}+C\right).$$

由 $y(0)=0$ 确定 $C=\frac{1}{2}$，故特解为 $$y=\ln\left[\frac{1}{2}(e^{2x}+1)\right].$$

(2) $\cos x\sin ydy=\cos y\sin xdx,\ y\big|_{x=0}=\frac{\pi}{4}.$

【解】 分离变量后积分，得通解为 $\cos y=C\cos x$. 代入 $y(0)=\frac{\pi}{4}$，得 $C=\frac{1}{\sqrt{2}}$，特解为

$$\sqrt{2}\cos y=\cos x.$$

(3) $y'\sin x=y\ln y,\ y\big|_{x=\frac{\pi}{2}}=e.$

【解】 容易求其通解为 $y=e^{C\tan\frac{x}{2}}$，代入 $y\left(\frac{\pi}{2}\right)=e$，得 $C=1$.特解为 $y=e^{\tan\frac{x}{2}}$.

(4) $\cos ydx+(1+e^{-x})\sin ydy=0,\ y\big|_{x=0}=\frac{\pi}{4}.$

【解】 通解为 $e^x+1=C\cos y$.代入 $y(0)=\frac{\pi}{4}$，得 $C=2\sqrt{2}$，特解为 $e^x+1=2\sqrt{2}\cos y$.

(5) $xdy+2ydx=0,\ y\big|_{x=2}=1.$

【解】 通解为 $\frac{1}{2}\ln y=C-\ln x$，代入 $y(2)=1$，得 $C=\ln 2$，所求特解为 $y=\frac{4}{x^2}$.

(6) $\frac{1}{\rho}\frac{d\rho}{d\theta}+\frac{\rho^2+1}{\rho^2-1}\cot\theta=0,\ \rho\big|_{\theta=\frac{\pi}{6}}=3.$

【解】 分离变量，得到

$$\frac{1}{\rho}\cdot\frac{\rho^2-1}{\rho^2+1}d\rho=-\cot\theta d\theta,$$

等式两端积分,得

$$\int\frac{1}{\rho}\cdot\frac{\rho^2-1}{\rho^2+1}d\rho=\frac{1}{2}\int\frac{\rho^2-1}{\rho^2(\rho^2+1)}d\rho^2=\frac{1}{2}\int\left(\frac{2}{\rho^2+1}-\frac{1}{\rho^2}\right)d\rho^2$$

$$=\ln(\rho^2+1)-\frac{1}{2}\ln\rho^2+\ln C_1=\ln\left(\rho+\frac{1}{\rho}\right)+\ln C_1,$$

$$\int(-\cot\theta)d\theta=\int\left(-\frac{\cos\theta}{\sin\theta}\right)d\theta=-\ln\sin\theta+\ln C_2,$$

故有

$$\ln\left(\rho+\frac{1}{\rho}\right)=-\ln\sin\theta+\ln C,$$

记 $\ln C=\ln C_2-\ln C_1$，则有

$$\rho+\frac{1}{\rho}=\frac{C}{\sin\theta}.$$

代入初始条件 $\theta=\frac{\pi}{6}$，$\rho=3$，得 $C=\frac{5}{3}$，故所求特解为

$$\rho+\frac{1}{\rho}=\frac{5}{3\sin\theta}.$$

(7) $x^2(1+y'^2)=a^2$，$y\big|_{x=a}=0\ (a>0)$.

【解】 根据所给方程 $x^2(1+y'^2)=a^2$ 可知 $|x|\leqslant a$ 且 $x\neq 0$，由所给的初始条件发生在 $x=a$ 处，故只需对 $0<x\leqslant a$ 讨论问题.

方程 $x^2(1+y'^2)=a^2$ 等价于 $y'=\pm\frac{\sqrt{a^2-x^2}}{x}$，故通解为

$$\begin{aligned}y&=\pm\int\frac{\sqrt{a^2-x^2}}{x}\mathrm{d}x\xlongequal{x=a\sin t}\pm a\int\frac{\cos^2 t}{\sin t}\mathrm{d}t=\pm a\left(\int\csc t\mathrm{d}t-\int\sin t\mathrm{d}t\right)\\&=\pm[a\ln(\csc t-\cot t)+a\cos t+C]\\&=\pm\left(a\ln\frac{a-\sqrt{a^2-x^2}}{x}+\sqrt{a^2-x^2}+C\right),\end{aligned}$$

代入初始条件 $y\big|_{x=a}=0$，得 $C=0$，故所求特解为

$$y=\pm\left(\sqrt{a^2-x^2}+a\ln\frac{a-\sqrt{a^2-x^2}}{x}\right).$$

3. 有一盛满了水的圆锥形漏斗，高为 10 cm，顶角为 60°，漏斗下面有面积为 0.5 cm² 的孔，求水面高度变化的规律及水流完所需的时间.

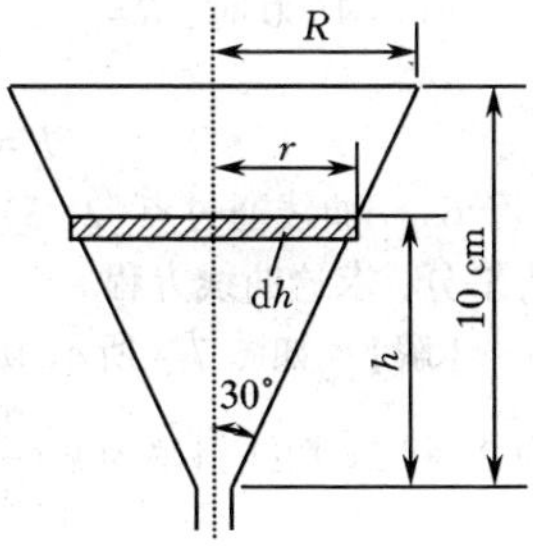

图 7-3

【解】 如图 7-3 所示，设 V 是通过孔口横截面的水的体积，则有

$$\frac{\mathrm{d}V}{\mathrm{d}t}=0.62\times0.5\times\sqrt{2\times980h},\ \mathrm{d}V=0.62\times0.5\times\sqrt{2\times980}h\mathrm{d}t,$$

而
$$\frac{r}{h}=\frac{R}{10}=\frac{10\cdot\tan30°}{10}=\frac{1}{\sqrt{3}},$$

得
$$r=\frac{h}{\sqrt{3}},$$

于是
$$\mathrm{d}V=-\pi r^2\mathrm{d}h=-\frac{\pi}{3}h^2\mathrm{d}h,$$

从而
$$0.62\times0.5\times\sqrt{2\times980}\times\sqrt{h}\,\mathrm{d}t=-\frac{\pi}{3}h^2\mathrm{d}h,$$

$$\mathrm{d}t=\frac{\pi}{3\times0.62\times0.5\times\sqrt{2\times980}}h^{\frac{3}{2}}\mathrm{d}h,\quad t=\frac{-2\pi}{3\times0.62\times0.5\times\sqrt{2\times980}}h^{\frac{5}{2}}+C.$$

当 $t=0$ 时，$h=10$，

$$C=\frac{\pi}{3\times5\times0.62\times0.5\times\sqrt{2\times980}}10^{\frac{5}{2}},$$

于是得水从小孔流出的规律为

$$t=\frac{2\pi}{3\times5\times0.62\times0.5\times\sqrt{2\times980}}(10^{\frac{5}{2}}-h^{\frac{5}{2}})=0.030\ 5(10^{\frac{5}{2}}-h^{\frac{5}{2}})=-0.030\ 5h^{\frac{5}{2}}+9.645.$$

当 $h=0$ 时，得水流完所需时间约为 10 s.

4. 质量为 1 g 的质点受外力作用做直线运动，这外力和时间成正比，和质点运动的速度成反比. 在 $t=10$ s 时，速度等于 50 cm/s，外力为 4 g · cm/s²，问从运动开始经过了 1 min 后的速度是多少?

【解】 设外力大小为 F，质点运动速度为 v，则有 $F=k\cdot\frac{t}{v}$.

当 $t=10$ s 时，$v=50$ cm/s，$F=4$ g · cm/s²，定出 $k=20$，从而

$$F=20\cdot\frac{t}{v}.$$

又 $F=ma=1\cdot\frac{dv}{dt}$，得微分方程 $vdv=20tdt$，积分得

$$\frac{1}{2}v^2=10t^2+C.$$

再代入 $v(10)=50$，得 $C=250$，于是

$$v=\sqrt{20t^2+500}.$$

当 $t=60$ s 时，$v=269.3$ cm/s.

5. 镭的衰变有如下的规律：镭的衰变速度与它的现存量 R 成正比. 由经验材料得知，镭经过 1600 年后，只余原始量 R_0 的一半. 试求镭的量 R 与时间 t 的函数关系.

【解】 $\frac{dR}{dt}=-\lambda R$，$R=Ce^{-\lambda t}$.

当 $t=0$ 时，$R=R_0$，$R_0=Ce^0=C$，从而 $R=R_0e^{-\lambda t}$.

当 $t=1600$ 时，$R=\frac{R_0}{2}$，$\frac{R_0}{2}=R_0e^{-1600\lambda}$，得 $\lambda=\frac{\ln2}{1600}$，最后得

$$R=R_0e^{-\frac{\ln2}{1600}}=R_0e^{-0.000433t}.$$

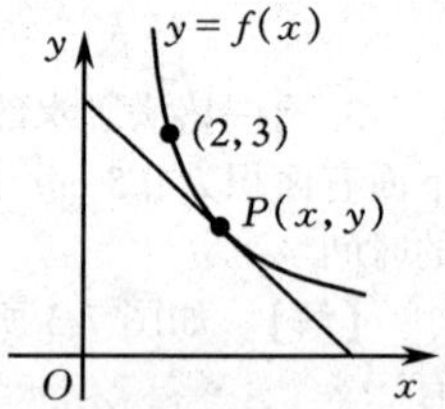

图 7-4

6. 一曲线通过点(2, 3)，它在两坐标轴间的任一切线线段均被切点所平分，求这曲线方程.

【解】 如图 7-4 所示. 切点为 $P(x, y)$，切线在 x 轴与 y 轴上的截距为 $2x$ 和 $2y$. 切线斜率为 $k=\frac{2y-0}{0-2x}$，即 $k=-\frac{y}{x}$. 依题意得微分方程

$$\begin{cases}\frac{dy}{dx}=-\frac{y}{x},\\ y(2)=3,\end{cases}$$

解出通解 $xy=C$，由定解条件 $y(2)=3$ 确定 $C=6$. 所求曲线方程为 $xy=6$.

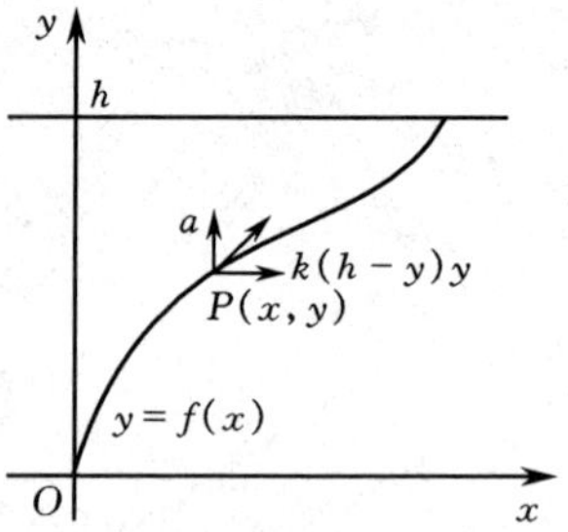

图 7-5

7. 小船从河边点 O 处出发驶向对岸(两岸为平行直线). 设船速为 a，船行方向始终与河岸垂直，又设河宽为 h，河中任一点处的水流速度与该点到两岸距离的乘积成正比(比例系数为 k). 求小船的航行路线.

【解】 如图 7-5 所示，设航行路线为 $y=f(x)$，则

$$\frac{dy}{dx}=\frac{a}{k(h-y)y},$$

积分得
$$x=\frac{k}{a}\left(\frac{h}{2}y^2-\frac{1}{3}y^3\right).$$

习题 7-3　齐次方程

1. 求下列齐次方程的通解：

(1) $xy'-y-\sqrt{y^2-x^2}=0$.

【解】 将原方程改写成
$$\frac{dy}{dx}=\frac{y}{x}+\sqrt{\left(\frac{y}{x}\right)^2-1}.$$

令 $\frac{y}{x}=u$，则
$$\frac{dy}{dx}=u+x\frac{du}{dx},$$

方程变成
$$\frac{du}{\sqrt{u^2-1}}=\frac{dx}{x},$$

积分得
$$u+\sqrt{u^2-1}=Cx,$$

即
$$\frac{y}{x}+\sqrt{\left(\frac{y}{x}\right)^2-1}=Cx,$$

也可写成
$$y+\sqrt{y^2-x^2}=Cx^2.$$

(2) $x\frac{dy}{dx}=y\ln\frac{y}{x}$.

【解】 将原方程改写成
$$\frac{dy}{dx}=\frac{y}{x}\ln\frac{y}{x}.$$

令 $\frac{y}{x}=u$，则
$$\frac{dy}{dx}=u+x\frac{du}{dx},$$

方程化为
$$\frac{du}{u(\ln u-1)}=\frac{dx}{x},$$

积分得
$$\ln(\ln u-1)=\ln x+C_1,$$

即
$$u=e^{Cx+1}\quad(C=e^{C_1}),$$

最后得
$$y=xe^{Cx+1}.$$

(3) $(x^2+y^2)dx-xydy=0$.

【解】 将原方程改写成
$$\frac{dy}{dx}=\frac{1+\left(\frac{y}{x}\right)^2}{\frac{y}{x}}.$$

令 $u=\frac{y}{x}$，则
$$\frac{dy}{dx}=u+x\frac{du}{dx},$$

方程化为
$$udu=\frac{dx}{x},$$

通解为
$$\frac{1}{2}u^2=\ln x+\ln C_1,$$

即
$$\frac{y^2}{x^2}=2\ln x+2\ln C_1$$

或写成
$$y^2=x^2\ln(Cx^2)\quad(C=C_1^2).$$

(4) $(x^3+y^3)\mathrm{d}x-3xy^2\mathrm{d}y=0$.

【解】 将原方程改写成
$$\frac{\mathrm{d}y}{\mathrm{d}x}=\frac{1+\left(\frac{y}{x}\right)^3}{3\left(\frac{y}{x}\right)^3}.$$

令$\frac{y}{x}=u$, 则
$$\frac{\mathrm{d}y}{\mathrm{d}x}=u+x\frac{\mathrm{d}u}{\mathrm{d}x},$$
方程化为
$$\frac{3u^2}{1-2u^3}\mathrm{d}u=\frac{1}{x}\mathrm{d}x,$$
积分得
$$2u^3=1-\frac{C}{x^2}.$$
将$u=\frac{y}{x}$代入, 得
$$x^3-2y^3=Cx.$$

(5) $\left(2x\sin\frac{y}{x}+3y\cos\frac{y}{x}\right)\mathrm{d}x-3x\cos\frac{y}{x}\mathrm{d}y=0$.

【解】 将原方程改写成
$$\frac{2}{3}\tan\frac{y}{x}+\frac{y}{x}-\frac{\mathrm{d}y}{\mathrm{d}x}=0.$$
令$u=\frac{y}{x}$, 则有
$$\frac{2}{3}\tan u+u-\left(u+x\frac{\mathrm{d}y}{\mathrm{d}x}\right)=0,$$
即
$$\frac{3}{2}\cdot\frac{\mathrm{d}u}{\tan u}=\frac{\mathrm{d}x}{x},$$
积分, 得
$$\frac{3}{2}\ln|\sin u|=\ln|x|+\ln C_1,$$
代入$u=\frac{y}{x}$, 得
$$\sin^3\frac{y}{x}=Cx^2\quad(C=\pm C_1).$$

(6) $(1+2\mathrm{e}^{\frac{x}{y}})\mathrm{d}x+2\mathrm{e}^{\frac{x}{y}}\left(1-\frac{x}{y}\right)\mathrm{d}y=0$.

【解】 将原方程改写成
$$\frac{\mathrm{d}x}{\mathrm{d}y}=\frac{\left(\frac{x}{y}-1\right)\cdot 2\mathrm{e}^{\frac{x}{y}}}{1+\mathrm{e}^{\frac{x}{y}}}.$$
令$\frac{x}{y}=u$, 则
$$\frac{\mathrm{d}x}{\mathrm{d}y}=u+y\frac{\mathrm{d}u}{\mathrm{d}y},$$
方程化为
$$\frac{(1+2\mathrm{e}^u)\mathrm{d}u}{1+2\mathrm{e}^u}=-\frac{\mathrm{d}y}{y},$$
积分得
$$y(u+2\mathrm{e}^u)=C,$$
代入$u=\frac{x}{y}$, 得
$$x+2y\mathrm{e}^{\frac{x}{y}}=C.$$

2.求下列齐次方程满足所给初始条件的特解:

(1) $(y^2-3x^2)\mathrm{d}y+2xy\mathrm{d}x=0$, $y\Big|_{x=0}=1$.

【解】 将原方程改写成
$$\frac{\mathrm{d}y}{\mathrm{d}x}=\frac{2\cdot\frac{y}{x}}{3-\left(\frac{y}{x}\right)^2}.$$
令$u=\frac{y}{x}$, 则
$$\frac{\mathrm{d}y}{\mathrm{d}x}=u+x\frac{\mathrm{d}u}{\mathrm{d}x},$$

方程化为
$$\frac{u^2-3}{u-u^3}du=\frac{dx}{x},$$
两端积分，注意到
$$\int\frac{u^2-3}{u-u^3}du=\int\left(-\frac{3}{u}+\frac{1}{u-1}+\frac{1}{u+1}\right)du=-\ln u^3+\ln(u-1)+\ln(u+1)+C,$$
得通解
$$\ln\left(\frac{u^2-1}{u^3x}\right)=\ln C,$$
代入 $u=\frac{y}{x}$，得$\frac{y^2-x^2}{y^3}=C$.由 $y(0)=1$ 确定 $C=1$，最后得特解
$$y^2-x^2=y^3.$$

(2) $y'=\frac{x}{y}+\frac{y}{x}$，$y\Big|_{x=1}=2$.

【解】 令$\frac{y}{x}=u$，则
$$\frac{dy}{dx}=u+x\frac{du}{dx},$$
方程化为
$$udu=\frac{dx}{x},$$
通解为
$$\frac{1}{2}u^2=\ln x+C,$$
将 $u=\frac{y}{x}$代入，得 $y^2=2x^2(C+\ln x)$.由 $y(1)=2$ 确定 $C=2$.最后得所求特解为
$$y^2=2x^2(C+\ln x).$$

(3) $(x^2+2xy-y^2)dx+(y^2+2xy-x^2)dy=0$，$y\Big|_{x=1}=1$.

【解】 将原方程改写成
$$\frac{dy}{dx}=\frac{\left(\frac{y}{x}\right)^2-2\cdot\left(\frac{y}{x}\right)-1}{\left(\frac{y}{x}\right)^2+2\cdot\left(\frac{y}{x}\right)-1}.$$
令$\frac{y}{x}=u$，则
$$\frac{dy}{dx}=u+x\frac{du}{dx},$$
方程化成
$$\frac{1-u^2-2u}{u^3+u^2+u+1}du=\frac{dx}{x},$$
注意到
$$-\int\frac{u^2+2u-1}{u^3+u^2+u+1}du=\int\left(\frac{1}{u+1}-\frac{2u}{u^2+1}\right)du=\ln\frac{u+1}{u^2+1}+C_1,$$
得
$$\ln\frac{u+1}{u^2+1}+C_1=\ln x,$$
代入 $u=\frac{y}{x}$，得 $\ln\frac{\frac{y}{x}+1}{\left(\frac{y}{x}\right)^2+1}+C=\ln x$.代入 $y(1)=1$，得 $C=0$，特解为
$$x^2+y^2=x+y.$$

(4) $x\frac{dy}{dx}=y+x\sec\frac{y}{x}$，$y\Big|_{x=1}=\frac{\pi}{4}$.

【解】 原方程等价于$\frac{dy}{dx}=\frac{y}{x}+\sec\frac{y}{x}$，令 $u=\frac{y}{x}$，即 $y=xu$，有$\frac{dy}{dx}=u+x\frac{du}{dx}$，于是方程变形为 $u+$

$x\frac{du}{dx}=u+\sec u$，即 $\cos u du=\frac{1}{x}dx$，积分得 $\sin u=\ln x+C$，即

$$\sin\frac{y}{x}=\ln x+C,$$

代入初始条件 $x=1$，$y=\frac{\pi}{4}$，得 $C=\frac{\sqrt{2}}{2}$，故所求特解为 $\sin\frac{y}{x}=\ln x+\frac{\sqrt{2}}{2}$.

3. 设有连接点 $O(0,0)$ 和 $A(1,1)$ 的一段向上凸的曲线弧 $\overset{\frown}{OA}$，对于 $\overset{\frown}{OA}$ 上任一点 $P(x,y)$，曲线弧 $\overset{\frown}{OP}$ 与直线段 $\overline{OP}$ 所围图形的面积为 x^2，求曲线弧 $\overset{\frown}{OA}$ 的方程.

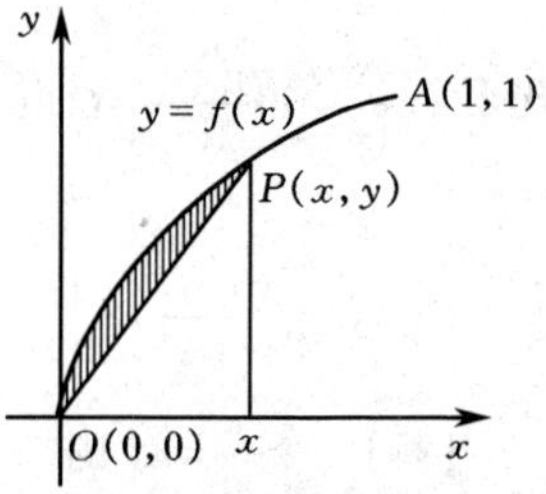

图 7-6

【解】 当 $0<x\leqslant 1$ 时，设曲线方程为 $y=f(x)$，如图 7-6 所示，依题意，有

$$\int_0^x f(t)\,dt-\frac{1}{2}xf(x)=x^2,$$

求导，得

$$f'(x)-\frac{1}{x}f(x)=-4,$$

考虑 $f(1)=1$，得

$$\begin{cases}f'(x)-\frac{1}{x}f(x)=-4,\\ f(1)=1,\end{cases}$$

解得 $f(x)=x(1-4\ln x)$. 又

$$\lim_{x\to0+}f(x)=\lim_{x\to0+}x(1-4\ln x)=\lim_{x\to0+}\frac{1-4\ln x}{\frac{1}{x}}=\lim_{x\to0+}\frac{-4\cdot\frac{1}{x}}{-\frac{1}{x^2}}=0,$$

最后得曲线 $\overset{\frown}{OA}$ 的方程为

$$\tilde{f}(x)=\begin{cases}x(1-4\ln x), & 0<x\leqslant1,\\ 0, & x=0.\end{cases}$$

*4. 化下列方程为齐次方程，并求出通解：

(1) $(2x-5y+3)dx-(2x+4y-6)dy=0$.

【解】 令 $x=X+h$，$y=Y+k$，则 $dx=dX$，$dy=dY$，从而原方程化为

$$(2X-5Y+2h-5k+3)dX-(2X+4Y+2h+4k-6)dY=0,$$

解方程组

$$\begin{cases}2h-5k+3=0,\\ 2h+4k-6=0,\end{cases}$$

得 $h=1$，$k=1$. 故令 $x=X+1$，$y=Y+1$ 时，原方程化为

$$(2X-5Y)dX-(2X+4Y)dY=0,$$

解齐次方程

$$\frac{dY}{dX}=\frac{2-5\frac{Y}{X}}{2+5\frac{Y}{X}}.$$

令 $u=\frac{Y}{X}$，则

$$Y=uX,\ \frac{dY}{dX}=u+X\frac{du}{dX},$$

得

$$X\frac{du}{dX}=\frac{2-5u}{2+4u}-u=\frac{2-7u-4u^2}{2+4u},\ -\frac{4u+2}{4u^2+7u-2}du=\frac{dX}{X},$$

$$\ln X=-\frac{1}{2}\int\frac{8u+7-3}{4u^2+7u-2}du=-\frac{1}{2}\int\frac{d(4u^2+7u-2)}{4u^2+7u-2}+\frac{3}{2}\int\frac{du}{4u^2+7u-2}$$

$$=-\frac{1}{2}\ln(4u^2+7u-2)+\frac{1}{6}\ln\left(\frac{4u-1}{u+2}\right)+\ln C_1,$$

$$6\ln X+3\ln(4u^2+7u-2)-\ln\left(\frac{4u-1}{u+2}\right)=\ln C_2\quad (C_2=C_1^6),$$

得　$X^6(4u^2+7u-2)^3\,\frac{u+2}{4u-1}=C_2$, $X^6(4u-1)^3(u+2)^3\,\frac{u+2}{4u-1}=C_2$, $X^6(4u-1)^2(u+2)^4=C_2$.

代回得
$$(x-1)^6\left(4\,\frac{y-1}{x-1}-1\right)^2\left(\frac{y-1}{x-1}+2\right)^4=C_2,$$

整理得
$$(4y-x-3)^2(y+2x-3)^4=C_2,$$

即
$$(4y-x-3)(y+2x-3)^2=C\quad (C=\sqrt{C_2}).$$

(2) $(x-y-1)\mathrm{d}x+(4y+x-1)\mathrm{d}y=0$.

【解】 原方程可写成
$$\frac{\mathrm{d}y}{\mathrm{d}x}=\frac{-x+y+1}{4y+x-1}=\frac{-(x-1)+y}{(x-1)+4y}.$$

令$\begin{cases}x=1-X,\\ y=Y,\end{cases}$则原方程变为齐次方程

$$\frac{\mathrm{d}Y}{\mathrm{d}X}=\frac{-1+\dfrac{Y}{X}}{1+4\,\dfrac{Y}{X}}.$$

再令$\frac{Y}{X}=u$，原方程变为
$$u+X\,\frac{\mathrm{d}u}{\mathrm{d}x}=\frac{-1+u}{1+4u},$$

即
$$X\,\frac{\mathrm{d}u}{\mathrm{d}X}=\frac{-1-4u^2}{1+4u}.$$

分离变量并积分，得
$$\int\frac{4u+1}{4u^2+1}\mathrm{d}u=-\int\frac{\mathrm{d}X}{X},$$

即
$$\int\frac{4u}{4u^2+1}\mathrm{d}u+\int\frac{1}{1+4u^2}\mathrm{d}u=-\int\frac{\mathrm{d}x}{X},$$

亦即
$$\frac{1}{2}\ln(4u^2+1)+\frac{1}{2}\arctan(2u)=-\ln X+C_1,$$
$$\ln x^2(4u^2+1)+\arctan(2u)=C,$$

其中 $C=2C_1$.

将 $X=x-1$, $u=\frac{Y}{X}=\frac{y}{x-1}$代入上式，得原方程的通解为

$$\ln[4y^2+(x-1)^2]+\arctan\frac{2y}{x-1}=C.$$

(3) $(3y-7x+7)\mathrm{d}x+(7y-3x+3)\mathrm{d}y=0$.

【解】 原方程可写成
$$\frac{\mathrm{d}y}{\mathrm{d}x}=\frac{7x-3y-7}{-3x+7y+3}.$$

令 $x=X+h$, $y=Y+k$，代入上式，得
$$\frac{\mathrm{d}Y}{\mathrm{d}X}=\frac{7X-3Y+7h-3k-7}{-3X+7Y-3h+7k+3}.$$

解方程组
$$\begin{cases}7h-3k-7=0,\\ -3h+7k+3=0,\end{cases}$$

得
$$\begin{cases}h=1,\\ k=0.\end{cases}$$

于是，令 $x=X$, $y=Y$，原方程变为齐次方程
$$\frac{\mathrm{d}Y}{\mathrm{d}X}=\frac{7-3\,\dfrac{Y}{X}}{-3+7\,\dfrac{Y}{X}}.$$

再令$\frac{Y}{X}=u$，原方程变为 $u+X\frac{du}{dX}=\frac{7-3u}{-3+7u}$，即

$$X\frac{du}{dX}=\frac{7-7u^2}{-3+7u}.$$

分离变量，得
$$\frac{7u-3}{u^2-1}du=\frac{-7}{X}dX,$$

两边积分，得
$$\int\frac{7u-3}{u^2-1}du=\int\frac{-7}{X}dX,$$

即
$$\int\frac{2}{u-1}du+\int\frac{5}{u+1}du=\int\frac{-7}{X}dX,$$

亦即
$$2\ln(u-1)+5\ln(u+1)=-7\ln X+C_1,$$

上式可进一步整理成

$$X^7(u-1)^2(u+1)^5=C\ (C=e^{C_1}).$$

将$X=x-1$，$u=\frac{y}{x-1}$代入上式，得原方程的通解为$(y-x+1)^2(y+x-1)^5=C$.

(4) $(x+y)dx+(3x+3y-4)dy=0$.

【解】 原方程可写成
$$\frac{dy}{dx}=\frac{-(x+y)}{3(x+y)-4}.$$

令$x+y=u$，则$y=u-x$，$\frac{dy}{dx}=\frac{du}{dx}-1$，原方程变为$\frac{du}{dx}-1=\frac{-u}{3u-4}$，即

$$\frac{du}{dx}=\frac{2u-4}{3u-4}.$$

分离变量并两边积分，得
$$\int\frac{3u-4}{u-2}du=\int 2dx,$$

即
$$\int 3du+\int\frac{2}{u-2}du=\int 2dx,$$

亦即
$$3u+2\ln(u-2)=2x+C.$$

将$u=x+y$代入上式，得原方程的通解为$x+3y+2\ln(2-x-y)=C$.

习题 7-4 一阶线性微分方程

1. 求下列微分方程的通解.

(1) $\frac{dy}{dx}+y=e^{-x}$.

【解】 $y=e^{-\int dx}\left(\int e^{\int dx}\cdot e^{-x}dx+C\right)=e^{-x}\left(\int e^{x}\cdot e^{-x}dx+C\right)=e^{-x}(x+C)$.

(2) $xy'+y=x^2+3x+2$.

【解】 方程改写成$y'+\frac{1}{x}y=x+\frac{2}{x}+3$，则

$$y=e^{-\int\frac{1}{x}dx}\left[\int e^{\int\frac{1}{x}dx}\cdot\left(x+\frac{2}{x}+3\right)dx+C\right]$$
$$=\frac{1}{x}\left(\int(x^2+3x+2)dx+C\right)=\frac{1}{3}x^2+\frac{3}{2}x+\frac{C}{x}+2.$$

(3) $y'+y\cos x=e^{-\sin x}$.

【解】 $y=e^{-\int\cos xdx}\left(\int e^{\int\cos xdx}\cdot e^{-\sin x}dx+C\right)=e^{-\sin x}\left(\int e^{\sin x}\cdot e^{-\sin x}dx+C\right)=e^{-\sin x}(x+C)$.

(4) $y'+y\tan x=\sin 2x$.

【解】 $y=e^{-\int\tan x\mathrm{d}x}\left(\int\sin 2x\cdot e^{\int\tan x}\mathrm{d}x+C\right)=\cos x\left(\int\frac{\sin 3x}{\cos x}\mathrm{d}x+C\right)=C\cdot\cos x-2\cos^2 x$.

(5) $(x^2-1)y'+2xy-\cos x=0$.

【解】 方程改写成 $y'+\frac{2x}{x^2-1}y=\frac{\cos x}{x^2-1}$，则

$$y=e^{\int\frac{2x}{x^2-1}\mathrm{d}x}\left(\int\frac{\cos x}{x^2-1}\cdot e^{\int\frac{2x}{x^2-1}\mathrm{d}x}\mathrm{d}x+C\right)=\frac{1}{x^2-1}(\cos x\mathrm{d}x+C)=\frac{\sin x+C}{x^2-1}.$$

(6) $\frac{\mathrm{d}\rho}{\mathrm{d}\theta}+3\rho=2$.

【解】 $\rho=e^{-\int 3\mathrm{d}\theta}\left(\int 2e^{\int 3\mathrm{d}\theta}\mathrm{d}\theta+C\right)=e^{-3\theta}\left(\int 2e^{3\theta}\mathrm{d}\theta+C\right)=\frac{2}{3}+Ce^{-3\theta}$.

(7) $\frac{\mathrm{d}y}{\mathrm{d}x}+2xy=4x$.

【解】 $y=e^{-\int 2x\mathrm{d}x}\left(\int 4xe^{\int 2x\mathrm{d}x}\mathrm{d}x+C\right)=e^{-x^2}\left(\int 4xe^{x^2}\mathrm{d}x+C\right)=2+Ce^{-x^2}$.

(8) $y\ln y\mathrm{d}x+(x-\ln y)\mathrm{d}y=0$.

【解】 方程改写成$\frac{\mathrm{d}x}{\mathrm{d}y}+\frac{1}{y\ln y}\cdot x=\frac{1}{y}$，则

$$x=e^{-\int\frac{\mathrm{d}y}{y\ln y}}\left(\int\frac{1}{y}e^{\int\frac{\mathrm{d}y}{y\ln y}}\mathrm{d}y+C_1\right)=\frac{1}{\ln y}\left(\int\frac{1}{y}\ln y\mathrm{d}y+C_1\right)=\frac{1}{\ln y}\left(\frac{1}{2}\ln^2 y+C_1\right)$$

或写成 $2x\ln y=\ln^2 y+C\quad(C=2C_1)$.

(9) $(x-2)\frac{\mathrm{d}y}{\mathrm{d}x}=y+2(x-2)^3$.

【解】 原方程改写成$\frac{\mathrm{d}y}{\mathrm{d}x}+\frac{1}{2-x}y=2(x-2)^2$，则

$$y=e^{\int\frac{1}{x-2}\mathrm{d}x}\left[\int 2(x-2)^2e^{\int\frac{1}{2-x}\mathrm{d}x}\mathrm{d}x+C\right]=(x-2)\left[\int 2(x-2)\mathrm{d}x+C\right]=(x-2)^2+C(x-2).$$

(10) $(y^2-6x)\frac{\mathrm{d}y}{\mathrm{d}x}+2y=0$.

【解】 原方程改写成$\frac{\mathrm{d}x}{\mathrm{d}y}-\frac{3}{y}x=-\frac{y}{2}$，则

$$x=e^{\int\frac{3}{y}\mathrm{d}y}\left[\int e^{-\int\frac{3}{y}\mathrm{d}y}\cdot\left(-\frac{y}{2}\right)\mathrm{d}y+C\right]=y^3\left[\int\left(-\frac{1}{2y^2}\right)\mathrm{d}y+C\right]=y^3\left(\frac{1}{2y}+C\right)=\frac{1}{2}y^2+Cy^3.$$

2. 求下列微分方程满足所给初始条件的特解：

(1) $\frac{\mathrm{d}y}{\mathrm{d}x}-y\tan x=\sec x$，$y\big|_{x=0}=0$.

【解】 方程的通解为

$$y=e^{\int\tan x\mathrm{d}x}(\sec xe^{-\int\tan x\mathrm{d}x}\mathrm{d}x+C)=\frac{1}{\cos x}\left(\int\sec x\cos x\mathrm{d}x+C\right)=\frac{1}{\cos x}(x+C).$$

代入 $y(0)=0$，得 $C=0$.所求特解为 $y=\frac{x}{\cos x}$.

(2) $\frac{\mathrm{d}y}{\mathrm{d}x}+\frac{y}{x}=\frac{\sin x}{x}$，$y\big|_{x=\pi}=1$.

【解】 方程的通解为

$$y=e^{-\int\frac{1}{x}\mathrm{d}x}\left(\int\frac{\sin x}{x}e^{\int\frac{1}{x}\mathrm{d}x}\mathrm{d}x+C\right)=\frac{1}{x}\left(\int\sin x\mathrm{d}x+C\right)=\frac{1}{x}(C-\cos x).$$

代入 $y(\pi)=1$，得 $C=\pi-1$.所求特解为 $y=\frac{1}{x}(\pi-1-\cos x)$.

(3) $\frac{\mathrm{d}y}{\mathrm{d}x}+y\cot x=5\mathrm{e}^{\cos x}$，$y\Big|_{x=\frac{\pi}{2}}=-4$.

【解】 方程的通解为

$$y=\mathrm{e}^{-\int\cot x\mathrm{d}x}\left(\int 5\mathrm{e}^{\cos x}\mathrm{e}^{\int\cot x\mathrm{d}x}\mathrm{d}x+C\right)=\frac{1}{\sin x}\left(\int 5\mathrm{e}^{\cos x}\sin x\mathrm{d}x+C\right)=\frac{1}{\sin x}(C-5\mathrm{e}^{\cos x}).$$

代入 $y\left(\frac{\pi}{2}\right)=-4$，得 $C=1$.所求特解为 $y=\frac{1}{\sin x}(1-5\mathrm{e}^{\cos x})$.

(4) $\frac{\mathrm{d}y}{\mathrm{d}x}+3y=8$，$y\Big|_{x=0}=2$.

【解】 方程的通解为

$$y=\mathrm{e}^{-\int 3\mathrm{d}x}\left(\int 8\mathrm{e}^{\int 3\mathrm{d}x}\mathrm{d}x+C\right)=\frac{8}{3}+C\mathrm{e}^{-3x}.$$

代入 $y(0)=2$，得 $C=-\frac{2}{3}$.所求特解为 $y=\frac{2}{3}(4-\mathrm{e}^{-3x})$.

(5) $\frac{\mathrm{d}y}{\mathrm{d}x}+\frac{2-3x^2}{x^3}y=1$，$y\Big|_{x=1}=0$.

【解】 方程的通解为

$$y=\mathrm{e}^{\int\frac{3x^2-2}{x^3}\mathrm{d}x}\left(\int\mathrm{e}^{\int\frac{2-3x^2}{x^3}\mathrm{d}x}\mathrm{d}x+C\right)=\mathrm{e}^{\frac{1}{x^2}+3\ln x}\left(\int\mathrm{e}^{-\frac{1}{x^2}-3\ln x}\mathrm{d}x+C\right)=x^3\mathrm{e}^{\frac{1}{x^2}}\left(\frac{1}{2}\cdot\mathrm{e}^{-\frac{1}{x^2}}+C\right).$$

代入 $y(1)=0$，得 $C=-\frac{1}{2}\mathrm{e}^{-1}$.所求特解为 $y=x^3-x^3\mathrm{e}^{\frac{1}{x^2}-1}$.

(6) $x(1+x^2)y'+y=1+x^2$，$y\Big|_{x=1}=0$.

【解】 把方程变形为一阶线性微分方程的标准形式 $y'+\frac{1}{x(1+x^2)}y=\frac{1}{x}$，于是根据一阶线性微分方程的通解公式得

$$y=\mathrm{e}^{-\int\frac{1}{x(1+x^2)}\mathrm{d}x}\left[\int\frac{1}{x}\mathrm{e}^{\int\frac{1}{x(1+x^2)}\mathrm{d}x}\mathrm{d}x+C\right]=\mathrm{e}^{-\ln\frac{x}{\sqrt{1+x^2}}}\left(\int\frac{1}{x}\mathrm{e}^{\ln\frac{x}{\sqrt{1+x^2}}}\mathrm{d}x+C\right)$$

$$=\frac{\sqrt{1+x^2}}{x}\left(\int\frac{1}{\sqrt{1+x^2}}\mathrm{d}x+C\right)=\frac{\sqrt{1+x^2}}{x}[\ln(x+\sqrt{1+x^2}+C].$$

代入初始条件 $x=1$，$y=0$，得 $C=-\ln(1+\sqrt{2})$，故所求特解为

$$y=\frac{\sqrt{1+x^2}}{x}\ln\frac{x+\sqrt{1+x^2}}{1+\sqrt{2}}.$$

3. 若曲线通过原点，并且它在点(x,y)处的切线斜率等于 $2x+y$，求这曲线的方程.

【解】 依题意，有
$$\begin{cases}\frac{\mathrm{d}y}{\mathrm{d}x}=2x+y,\\ y(0)=0.\end{cases}$$

解此微分方程，得所求曲线为 $y=2(\mathrm{e}^x-x-1)$.

4. 设有一质量为 m 的质点做直线运动. 从速度等于零的时刻起，有一个与运动方向一致、大小与时间成正比(比例系数为 k_1)的力作用于它，此外还受一与速度成正比(比例系数为 k_2)的阻力作用.求质点运动的速度与时间的函数关系.

【解】 $F=ma=m\frac{\mathrm{d}v}{\mathrm{d}t}=k_1t-k_2v$，即

$$\begin{cases}\dfrac{\mathrm{d}v}{\mathrm{d}t}+\dfrac{k_2}{m}v=\dfrac{k_1}{m}t,\\ v(0)=0.\end{cases}$$

$$v=\mathrm{e}^{-\int\frac{k_2}{m}\mathrm{d}t}\left(\int\frac{k_1}{m}t\mathrm{e}^{\int\frac{k_2}{m}\mathrm{d}t}\mathrm{d}t+C\right)=\mathrm{e}^{-\frac{k_1}{m}t}\left(\frac{k_1}{k_2}t\mathrm{e}^{\frac{k_2}{m}t}-\frac{k_1m}{k_2^2}\mathrm{e}^{\frac{k_2}{m}t}+C\right).$$

代入 $v(0)=0$，得 $C=\dfrac{k_1m}{k_2^2}$.速度与时间的函数关系为

$$v=\mathrm{e}^{-\frac{k_2}{m}t}+\left(\frac{k_1}{k_2}t\mathrm{e}^{\frac{k_2}{m}t}-\frac{k_1m}{k_2^2}\mathrm{e}^{\frac{k_2}{m}t}+\frac{k_1m}{k_2^2}\right)=\frac{k_1}{k_2}t-\frac{k_1m}{k_2^2}\left(1-\mathrm{e}^{-\frac{k_2}{m}t}\right).$$

5. 设有一个由电阻 $R=10\ \Omega$、电感 $L=2$ H 和电源电压 $E=20\sin5t$ V 串联组成的电路. 开关 S 合上后，电路中有电流通过. 求电流 i 与时间 t 的函数关系.

【解】 由基尔霍夫定律
$$\frac{\mathrm{d}i}{\mathrm{d}t}+\frac{R}{L}i=\frac{E}{L},$$
因此处 $R=10$，$L=2$，$E=20\sin5t$，故
$$\frac{\mathrm{d}i}{\mathrm{d}t}+5i=10\sin5t,$$
$$i=\mathrm{e}^{-\int5\mathrm{d}t}\left[\int(10\sin5t)\cdot\mathrm{e}^{\int5\mathrm{d}t}\mathrm{d}t+C\right]=\mathrm{e}^{-5t}\left(\int10\mathrm{e}^{5t}\sin5t\mathrm{d}t+C\right)=\sin5t-\cos5t+C\mathrm{e}^{-5t}.$$

代入 $i(0)=0$，得 $C=1$，所求关系式为
$$i=\sin5t-\cos5t+\mathrm{e}^{-5t}\ (\mathrm{A}),$$
亦可写成
$$i=\mathrm{e}^{-5t}+\sqrt{2}\sin\left(5t-\frac{\pi}{4}\right)\ (\mathrm{A}).$$

6. 验证形如 $yf(xy)\mathrm{d}x+xg(xy)\mathrm{d}y=0$ 的微分方程可经变量代换 $v=xy$ 化为可分离变量的方程，并求其通解.

【解】 先将原方程写成
$$\frac{\mathrm{d}y}{\mathrm{d}x}=\frac{-yf(xy)}{xg(xy)}.$$
令 $v=xy$，则
$$\frac{\mathrm{d}v}{\mathrm{d}x}=y+x\frac{\mathrm{d}y}{\mathrm{d}x},$$
原方程又化为
$$\frac{1}{x}\frac{\mathrm{d}v}{\mathrm{d}x}-\frac{v}{x^2}=-\frac{vf(v)}{x^2g(v)},$$
即
$$\frac{\mathrm{d}v}{\mathrm{d}x}=\frac{1}{x}\left[\frac{vg(v)-vf(v)}{g(v)}\right].$$
可分离变量，有
$$\frac{\mathrm{d}x}{x}=\frac{g(v)\mathrm{d}v}{v[g(v)-f(v)]},$$
通解为
$$\ln x+\int\frac{g(v)\mathrm{d}v}{v[f(v)-g(v)]}=C\quad(v=xy).$$

7. 用适当的变量代换将下列方程化为可分离变量的方程，然后求出通解：

(1) $\dfrac{\mathrm{d}y}{\mathrm{d}x}=(x+y)^2$.

【解】 令 $v=x+y$，则方程化为 $\dfrac{\mathrm{d}v}{\mathrm{d}x}=1+v^2$，通解为
$$x=\arctan v-C,$$
即
$$x+C=\arctan(x+y)\ 或\ y=-x+\tan(x+C).$$

(2) $\dfrac{\mathrm{d}y}{\mathrm{d}x}=\dfrac{1}{x-y}+1$.

【解】 令 $v=x-y$, 则 $$\frac{dv}{dx}=1-\frac{dy}{dx},$$

方程化为 $$dx+vdv=0,$$

其通解为 $$x+\frac{1}{2}v^2=C,$$

即 $$x+\frac{1}{2}(x-y)^2=C.$$

(3) $xy'+y=y(\ln x+\ln y)$.

【解】 令 $v=xy$, 则 $$\frac{dv}{dx}=y+x\frac{dy}{dx},$$

方程化为 $$\frac{dx}{x}=\frac{dv}{v\ln v},$$

通解为 $v=e^{Cx}$, 即 $$y=\frac{1}{x}e^{Cx}.$$

(4) $y'=y^2+2(\sin x-1)y+\sin^2x-2\sin x-\cos x+1$.

【解】 将方程变形为 $y'=(y+\sin x-1)^2-\cos x$. 令 $v=y+\sin x-1$, 则
$$\frac{dv}{dx}=\frac{dy}{dx}+\cos x,$$

原方程简化成 $$\frac{dv}{dx}=v^2,$$

其通解为 $$x+C=-\frac{1}{v},$$

即 $$y=1-\sin x-\frac{1}{x+C}.$$

(5) $y(xy+1)dx+x(1+xy+x^2y^2)dy=0$.

【解】 将原方程变形为 $$\frac{dy}{dx}=-\frac{y(xy+1)}{x(1+xy+x^2y^2)}.$$

令 $v=xy$, $y=\frac{v}{x}$, $\frac{dy}{dx}=\frac{1}{x}\frac{dv}{dx}-\frac{v}{x^2}$, 得

$$\frac{1}{x}\frac{dv}{dx}-\frac{v}{x^2}=-\frac{v}{x^2}\frac{1+v}{1+v+v^2},\ \frac{1}{x}\frac{dv}{dx}=\frac{v}{x^2}\cdot\frac{v^2}{1+v+v^2}=\frac{v^3}{(1+v+v^2)x^2},\ \frac{dx}{x}=\frac{1+v+v^2}{v^3}dv=\frac{1}{v^3}dv+\frac{1}{v^2}dv+\frac{1}{v}dv,$$

$$C_1+\ln x=-\frac{1}{2}v^2-v^{-1}+\ln v,\quad C_1=\ln y-\frac{1}{2}\cdot\frac{1}{x^2y^2}-\frac{1}{xy},\quad 2C_1x^2y^2=2x^2y^2\ln y-1-2xy,$$

即 $$2x^2y^2\ln y-2xy-1=Cx^2y^2\quad(C=2C_1).$$

*8. 求下列伯努利方程的通解:

(1) $\frac{dy}{dx}+y=y^2(\cos x-\sin x)$.

【解】 令 $z=y^{1-2}$, 则 $$\frac{dz}{dx}=(1-2)y^{-2}\frac{dy}{dx},$$

原方程化为 $$\frac{dz}{dx}-z=\sin x-\cos x,$$

其通解为 $z=e^{\int dx}\left[\int(\sin x-\cos x)e^{-\int dx}dx+C\right]=e^x\left[\int(\sin x-\cos x)e^{-x}dx+C\right]=Ce^x-\sin x$,

即 $$\frac{1}{y}=Ce^x-\sin x.$$

(2) $\frac{dy}{dx}-3xy=xy^2$.

【解】 令 $z=y^{1-2}$，则$\frac{dz}{dx}=(1-2)y^{-2}\frac{dy}{dx}$，原方程化为

$$\frac{dz}{dx}+3xz=-x,$$

其通解为 $$z=e^{-\int 3x dx}\left[\int(-x)e^{\int 3x dx}dx+C_1\right]=e^{-\frac{3}{2}x^2}\left(C_1-\frac{1}{3}e^{\frac{3}{2}x^2}\right),$$

即 $$\frac{1}{y}=e^{-\frac{3}{2}x^2}\left(C_1-\frac{1}{3}e^{\frac{3}{2}x^2}\right).$$

若记 $C=3C_1$，则得 $$\left(1+\frac{3}{y}\right)e^{\frac{3}{2}x^2}=C.$$

(3) $\frac{dy}{dx}+\frac{1}{3}y=\frac{1}{3}(1-2x)y^4$.

【解】 令 $z=y^{1-4}$，则$\frac{dz}{dx}=(1-4)y^{-4}\frac{dy}{dx}$，原方程化为

$$\frac{dz}{dx}-z=2x-1,$$

其通解为 $$z=e^{\int dx}\left[\int(2x-1)e^{-\int dx}dx+C\right]=-2x-1+Ce^x,$$

即 $$\frac{1}{y^3}=Ce^x-2x-1.$$

(4) $\frac{dy}{dx}-y=xy^5$.

【解】 令 $z=y^{1-5}$，则$\frac{dz}{dx}=(1-5)y^{-5}\frac{dy}{dx}$，原方程化为

$$\frac{dz}{dx}+4z=-4x,$$

其通解为 $$z=e^{-\int 4dx}\left[\int(-4x)e^{\int 4dx}dx+C\right]=-x+\frac{1}{4}+Ce^{-4x},$$

即 $$\frac{1}{y^4}=\frac{1}{4}-x+Ce^{-4x}.$$

(5) $xdy-[y+xy^3(1+\ln x)]dx=0$.

【解】 将原方程改写成 $$\frac{dy}{dx}-\frac{1}{x}y=(1+\ln x)y^3.$$

令 $z=y^{1-3}$，则 $$\frac{dz}{dx}=(1-3)y^{-3}\frac{dy}{dx},$$

方程化为 $$\frac{dz}{dx}+\frac{2}{x}z=-2(1+\ln x),$$

其通解为

$$z=e^{-\int\frac{2}{x}dx}\left\{\int[-2(1+\ln x)]e^{\int\frac{2}{x}dx}dx+C\right\}=x^{-2}\left[C-2\int(1+\ln x)x^2dx\right]=\frac{C}{x^2}-\frac{2}{3}x\ln x-\frac{4}{9}x,$$

即 $$\frac{1}{y^2}=\frac{C}{x^2}-\frac{2}{3}x\ln x-\frac{4}{9}x.$$

习题 7-5　可降阶的高阶微分方程

1. 求下列各微分方程的通解:

(1) $y''=x+\sin x$.

【解】 $y'=\int(x+\sin x)\mathrm{d}x=\frac{x^2}{2}-\cos x+C_1$,

$$y=\int\left(\frac{x^2}{2}-\cos x+C_1\right)\mathrm{d}x=\frac{x^3}{6}-\sin x+C_1x+C_2.$$

(2) $y'''=xe^x$.

【解】 $y''=\int xe^x\mathrm{d}x=xe^x-e^x+C_1$,

$$y'=\int(xe^x-e^x+\widetilde{C_1})\mathrm{d}x=xe^x-2e^x+\widetilde{C_1}x+C_2,$$

$$y=\int(xe^x-2e^x+\widetilde{C_1}x+C_2)\mathrm{d}x=xe^x-3e^x+C_1x^2+C_2x+C_3\quad\left(C_1=\frac{1}{2}\widetilde{C_1}\right).$$

(3) $y''=\frac{1}{1+x^2}$.

【解】 $y'=\int\frac{\mathrm{d}x}{1+x^2}=\arctan x+C_1$,

$$y=\int(\arctan x+C_1)\mathrm{d}x=x\arctan x-\ln\sqrt{1+x^2}+C_1x+C_2.$$

(4) $y''=1+y'^2$.

【解】 令 $y'=p$, 则 $y''=\frac{\mathrm{d}p}{\mathrm{d}x}$, 原方程化为$\frac{\mathrm{d}p}{\mathrm{d}x}=1+p^2$, 其通解为 $\arctan p=x+C_1$, 即

$$y'=\tan(x+C_1),$$

从而

$$y=\int\tan(x+C_1)\mathrm{d}x=-\ln\cos(x+C_1)+C_2.$$

(5) $y''=y'+x$.

【解】 $(y')'-y'=x$,

$$y'=e^{\int\mathrm{d}x}\left(\int xe^{-\int\mathrm{d}x}\mathrm{d}x+C_1\right)=e^x\left(\int xe^{-x}\mathrm{d}x+C_1\right)=C_1e^x-x-1.$$

$$y=\int(C_1e^x-x-1)\mathrm{d}x=C_1e^x-\frac{x^2}{2}-x+C_2.$$

通解为

$$y=C_1e^x-\frac{1}{2}x^2-x+C_2.$$

(6) $xy''+y'=0$.

【解】 $y''=-\frac{y'}{x}$, $\frac{(y')'}{y'}=-\frac{1}{x}$, $\ln y'=-\ln|x|-\ln\widetilde{C}_1.y'=\frac{1}{\widetilde{C}_1.x}$.

$$y=\frac{1}{\widetilde{C}_1}\ln|x|+C_2 \text{ 或 } y=C_1\ln|x|+C_2\quad\left(C_1=\frac{1}{\widetilde{C}_1}\right).$$

(7) $yy''+2y'^2=0$.

【解】 令 $y'=p$, 则 $y''=p\frac{\mathrm{d}p}{\mathrm{d}y}$, 原方程化为$\frac{\mathrm{d}p}{p}=-2\frac{\mathrm{d}y}{y}$. 解之, 得

$$p=\frac{C_0}{y^2}, \text{ 即 } y'=\frac{C_0}{y^2},$$

从而 $$y^3=3C_0x+C_2,$$
记 $3C_0=C_1$，通解为 $$y^3=C_1x+C_2.$$

(8) $y^3y''-1=0.$

【解】 令 $p=y'$，则 $y''=p\dfrac{dp}{dy}$，方程化为 $pdp=y^{-3}dy$. 于是解出 $p^2=C_1-y^{-2}$，亦即

$$\int\frac{ydy}{\sqrt{C_1y^2-1}}=\int dx.$$

解出 $$\pm\sqrt{C_1y^2-1}=C_1x+C_2,$$
或写成 $$C_1y^2-1=(C_1x+C_2)^2.$$

(9) $y''=\dfrac{1}{\sqrt{y}}.$

【解】 令 $p=y'$，则 $y''=p\dfrac{dp}{dy}$，方程化为 $pdp=\dfrac{dy}{\sqrt{y}}$. 解出 $\dfrac{p^2}{2}=2\sqrt{y}+2C_1$，即

$$\frac{dy}{dx}=\pm2\sqrt{\sqrt{y}+C_1},\ x+C_2=\pm\int\frac{dy}{2\sqrt{\sqrt{y}+C_1}},\ x+C_2=\pm\int\frac{2\sqrt{y}\,d\sqrt{y}}{2\sqrt{\sqrt{y}+C_1}},$$

$$x+C_2=\left[\frac{2}{3}(\sqrt{y}+C_1)^{\frac{3}{2}}-2C_1\sqrt{\sqrt{y}+C_1}\right].$$

(10) $y''=y'^3+y'.$

【解】 令 $p=y'$，则 $y''=p\dfrac{dp}{dy}$，方程化为 $\dfrac{dp}{dy}=p^2+1$，$y=C$ 也是解.

$$\arctan p=y-C_1,\ p=\tan(y-C_1),$$
$$\frac{dy}{dx}=\tan(y-C_1),\ x+C_2=\int\frac{dy}{\tan(y-C_1)},$$
$$x+C_2=\ln\sin(y-C_1),\ y-C_1=\arcsin(e^{x+C_2}).$$

2. 设 $f(x)$ 具有二阶连续导数，满足

$$f'^2(x)=f(x)+\int_0^x[f'(t)]^3dt,$$

且 $f'(0)=1$，求 $f(x)$.

【解】 记 $f(x)=y$，方程两端对 x 求导，得微分方程 $2y'\cdot y''=y'+y'^3$. 由于 $y'\big|_{x=0}=1$，故 $y'\neq0$，即等价的微分方程是

$$y''=\frac{1}{2}(1+y'^2),$$

并有初始条件 $y\big|_{x=0}=1$，$y'\big|_{x=0}=1$.

令 $y'=u$，则 $y''=u'$，方程降价为 $u'=\dfrac{1}{2}(1+u^2)$，分离变量后为 $\dfrac{du}{1+u^2}=\dfrac{1}{2}dx$，两端积分得

$$\arctan u=\frac{x}{2}+C_1,$$

代入初始条件 $x=0$，$u=1$，得 $C_1=\dfrac{\pi}{4}$，于是得

$$y'=u=\tan\left(\frac{x}{2}+\frac{\pi}{4}\right),$$

因此

$$y=\int\tan\left(\frac{x}{2}+\frac{\pi}{4}\right)dx=2\ln\sec\left(\frac{x}{2}+\frac{\pi}{4}\right)+C_2,$$

代入初始条件 $x=0$，$y=1$，得 $C_2=1-\ln 2$，故所求函数为

$$f(x)=2\ln\sec\left(\frac{x}{2}+\frac{\pi}{4}\right)+1-\ln 2.$$

3. 求下列各微分方程满足所给初始条件的特解：

(1) $y^3y''+1=0$，$y\Big|_{x=1}=1$，$y'\Big|_{x=1}=0$.

【解】 $y''=-\frac{1}{y^3}$，$2y'y''=\frac{2y'}{-y'^3}$，$\mathrm{d}(y'^2)=\mathrm{d}\left(\frac{1}{y^2}\right)$. 积分得

$$y'^2=\frac{1}{y^2}+C_1.$$

代入 $y(1)=1$，$y'(1)=0$，得 $C_1=-1$. 于是

$$y'^2=\frac{1}{y^2}-1,\ y'=\pm\frac{1}{y}\sqrt{1-y^2},$$

即

$$\frac{y}{\sqrt{1-y^2}}\mathrm{d}y=\pm\mathrm{d}x,$$

解出

$$-\sqrt{1-y^2}=\pm x+C_2.$$

再代入 $y(1)=1$，得 $C_2=\pm1$.最后得 $1-y^2=(x-1)^2$，即

$$(x-1)^2+y^2=1.$$

(2) $y''-ay'^2=0$，$y\Big|_{x=0}=0$，$y'\Big|_{x=0}=-1$.

【解】 令 $p=y'$，则 $y''=\frac{\mathrm{d}p}{\mathrm{d}x}$，方程化为 $\frac{\mathrm{d}p}{p^2}=a\mathrm{d}x$. 积分得

$$-\frac{1}{p}=ax+C_1.$$

代入 $p(0)=-1$，得 $C_1=1$，再解 $y'=-\frac{1}{ax+1}$，得

$$y=-\frac{1}{a}\ln(ax+1)+C_2.$$

再代入 $y(0)=0$，得 $C_2=0$.最后得

$$y=-\frac{1}{a}\ln(ax+1).$$

(3) $y'''=\mathrm{e}^{ax}$，$y\Big|_{x=1}=y'\Big|_{x=1}=y''\Big|_{x=1}=0$.

【解】 $y''=\int\mathrm{e}^{ax}\mathrm{d}x=\frac{1}{a}\mathrm{e}^{ax}+C_1$. 代入 $y''(1)=0$，得 $C_1=-\frac{1}{a}\mathrm{e}^{a}$，故

$$y''=\frac{1}{a}\mathrm{e}^{ax}-\frac{1}{a}\mathrm{e}^{a}.$$

再积分得

$$y'=\frac{1}{a^2}\mathrm{e}^{ax}-\frac{1}{a}\mathrm{e}^{a}\cdot x+C_2.$$

代入 $y'(1)=0$，得

$$C_2=\frac{1}{a}\mathrm{e}^{a}-\frac{1}{a^2}\mathrm{e}^{ax},$$

故

$$y'=\frac{1}{a^2}\mathrm{e}^{ax}-\frac{1}{a}\mathrm{e}^{a}x+\frac{1}{a}\mathrm{e}^{a}-\frac{1}{a^2}\mathrm{e}^{a}.$$

再积分得

$$y=\frac{1}{a^3}\mathrm{e}^{ax}-\frac{1}{2a}\mathrm{e}^{a}x^2+\frac{1}{a}\mathrm{e}^{a}x-\frac{1}{a^2}\mathrm{e}^{a}x+C_3.$$

代入 $y(1)=0$，得 $$C_3=\frac{1}{a^2}e^a-\frac{1}{a}e^a+\frac{1}{2a}e^a-\frac{1}{a^3}e^a.$$

最后得 $$y=\frac{1}{a^3}e^{ax}-\frac{e^a}{2a}x^2+\frac{e^a}{a^2}(a-1)x+\frac{e^a}{2a^3}(2a-a^2-2).$$

(4) $y''=e^{2y}$，$y\Big|_{x=0}=y'\Big|_{x=0}=0$.

【解】 $2y'y''=2y'e^{2y}$，$d(y'^2)=2e^{2y}\cdot dy$，$y'^2=e^{2y}+C_1$.

当 $x=0$ 时，$y=0$，$y''=0$，得 $C_1=-1$.

$$y'^2=e^{2y}-1,\ y'=\pm(e^{2y}-1)^{\frac{1}{2}},$$

即 $$\int\frac{1}{\sqrt{e^{2y}-1}}dy=\pm\int dx,\ \int\frac{d(e^{-y})}{\sqrt{1-e^{-2y}}}=\pm\int dx,\quad \arcsin(e^{-y})=\pm x+C_2.$$

当 $x=0$ 时，$y=0$，得 $C_2=\frac{\pi}{2}$.于是

$$\arcsin(e^{-y})=\pm x+\frac{\pi}{2},\quad e^{-y}=\sin\left(\frac{\pi}{2}\pm x\right)=\cos x,\quad -y=\ln(\cos x),$$

故 $y=\ln(\sec x)$.

(5) $y''=3\sqrt{y}$，$y\Big|_{x=0}=1$，$y'\Big|_{x=0}=2$.

【解】 设 $p=y'$，则 $y''=p\frac{dp}{dy}$，得 $p\frac{dp}{dy}=3y^{\frac{1}{2}}$，$pdp=3\sqrt{y}dy$，积分得

$$\frac{1}{2}p^2=2y^{\frac{3}{2}}+C_1.$$

当 $x=0$ 时，$y=1$，$p=y'=2$，得 $C_1=0$，

$$y'=p=\pm2y^{\frac{3}{4}}.$$

又 $y''=3\sqrt{y}>0$，可知 $y'=2y^{\frac{3}{4}}$，即$\frac{dy}{y^{\frac{3}{4}}}=2dx$，积分得

$$4y^{\frac{1}{4}}=2x+C_2.$$

当 $x=0$ 时，$y=1$，得 $C_2=4$，$y^{\frac{1}{4}}=\frac{1}{2}x+1$，即

$$y=\left(\frac{1}{2}x+1\right)^4.$$

(6) $y''+y'^2=1$，$y\Big|_{x=0}=0$，$y'\Big|_{x=0}=0$.

【解】 设 $p=y'$，则 $y''=p\frac{dp}{dy}$，得 $p\frac{dp}{dy}+p^2=1$，$\frac{pdp}{1-p^2}=dy$，有

$$\frac{1}{2}\ln(p^2-1)=-y+C,$$

从而 $$\ln(p^2-1)=-2y+2C,\ p^2-1=C_1e^{-2y}.$$

当 $x=0$ 时，$y=0$，$y'=0$，得 $C_1=-1$，

$$p^2=1-e^{-2y},\ p=\pm\sqrt{1-e^{-2y}},\frac{dy}{\sqrt{1-e^{-2y}}}=\pm dx,$$

解出 $$\pm x+C_2=\ln(e^y+\sqrt{e^{2y}-1}).$$

代入 $y(0)=0$，得 $C_2=0$. $e^{\pm x}=e^y+\sqrt{e^{2y}-1}$，$y=\ln\operatorname{ch}x$.

4. 试求 $y''=x$ 的经过点 $M(0,1)$ 且在此点与直线 $y=\frac{x}{2}+1$ 相切的积分曲线.

【解】 $y''=x$, $y'=\frac{1}{2}x^2+C_1$, $y=\frac{1}{6}x^3+C_1x+C_2$.

代入 $y'(0)=\frac{1}{2}$，得 $C_1=\frac{1}{2}$；再代入 $y(0)=1$，得 $C_2=1$.最后得积分曲线为 $y=\frac{1}{6}x^3+\frac{1}{2}x+1$.

5. 设有一质量为 m 的物体在空中由静止开始下落，如果空气阻力 $R=cv$(其中 c 为常数，v 为物体运动的速度)，试求物体下落的距离 s 与时间 t 的函数关系.

【解】 由牛顿第二定律有

$$\begin{cases} m\dfrac{\mathrm{d}^2s}{\mathrm{d}t^2}=mg-c\dfrac{\mathrm{d}s}{\mathrm{d}t}, \\ s(0)=0, \\ \left.\dfrac{\mathrm{d}s}{\mathrm{d}t}\right|_{t=0}=0. \end{cases}$$

令 $\frac{\mathrm{d}s}{\mathrm{d}t}=v$，有 $\frac{\mathrm{d}v}{\mathrm{d}t}=g-\frac{c}{m}v$. 分离变量再积分，得

$$\ln\left(g-\frac{c}{m}v\right)=-\frac{c}{m}t+C_1.$$

代入 $v(0)=0$，得 $C_1=\ln g$，

$$\frac{\mathrm{d}s}{\mathrm{d}t}=\frac{mg}{c}(1-\mathrm{e}^{-\frac{c}{m}t}).$$

积分得

$$s=\frac{mg}{c}\left(t+\frac{m}{c}\mathrm{e}^{-\frac{c}{m}t}\right)+C_2.$$

由 $s(0)=0$，得 $C_2=-\frac{m^2g}{c^2}$，

$$s=\frac{mg}{c}\left(t+\frac{m}{c}\mathrm{e}^{-\frac{c}{m}t}-\frac{m}{c}\right)=\frac{mg}{c}t+\frac{m^2g}{c^2}(\mathrm{e}^{-\frac{c}{m}t}-1).$$

习题 7-6 高阶线性微分方程

1. 下列函数组在其定义区间内哪些是线性无关的？

(1) x, x^2；　　(2) x, $2x$；

(3) e^{2x}, $3\mathrm{e}^{2x}$；　　(4) e^{-x}, e^{x}；

(5) $\cos2x$, $\sin2x$；　　(6) e^{x^2}, $x\mathrm{e}^{x^2}$；

(7) $\sin2x$, $\cos x\sin x$；　　(8) $\mathrm{e}^x\cos2x$, $\mathrm{e}^x\sin2x$；

(9) $\ln x$, $x\ln x$；　　(10) e^{ax}, $\mathrm{e}^{bx}(a\neq b)$.

【解】 对于由两个函数组成的函数组，判断其线性相关性，只需看 $\frac{y_1(x)}{y_2(x)}$ 是否恒为常数.

例如：(3) $y_1=\mathrm{e}^{2x}$, $y_2=3\mathrm{e}^{2x}$.由于 $\frac{y_1}{y_2}=\frac{\mathrm{e}^{2x}}{3\mathrm{e}^{2x}}=\frac{1}{3}$，于是，可以断定 y_1, y_2 在整个实轴上线性相关.

对于(8)，$y_1=\mathrm{e}^x\cos2x$，$y_2=\mathrm{e}^x\sin2x$，$\frac{y_1}{y_2}=\frac{\mathrm{e}^x\cos2x}{\mathrm{e}^x\sin2x}=\cot2x$.那么，$y_1(x)$，$y_2(x)$ $\left(x\neq0, \pm\frac{\pi}{2}, \pm\pi, \pm\frac{3\pi}{2}, \cdots\right)$线性无关.

由于此类题目比较简单，故不再逐一演算.

(1)，(4)，(6)，(9)，(10)在其定义区间上线性无关. (5)和(8)在 $x\in(-\infty,+\infty)$，但 $x\neq\pm\frac{n\pi}{2}$ 区间上线性无关.

(2)，(3)，(7)在其定义区间上线性相关.

值得注意的是，(5)和(8)中函数定义域是整个实轴，但是，其线性无关的区间应该去掉 $x=\pm\frac{n\pi}{2}$.

2. 验证 $y_1=\cos\omega x$ 及 $y_2=\sin\omega x$ 都是方程 $y''+\omega^2y=0$ 的解，并写出该方程的通解.

【解】 将 $y_1=\cos\omega x$，$y_2=\sin\omega x$ 分别代入微分方程中，成立，故 y_1，y_2 是解. 又 $\frac{y_1}{y_2}=\cot\omega x$，当 $x\neq\frac{n\pi}{\omega}$ $(n=0,1,2,\cdots)$ 时，y_1，y_2 线性无关.方程的通解为

$$y=C_1\cos\omega x+C_2\sin\omega x,\ x\neq\frac{n\pi}{\omega}\quad(n=0,1,2,\cdots).$$

3. 验证 $y_1=e^{x^2}$ 及 $y_2=xe^{x^2}$ 都是方程 $y''-4xy'+(4x^2-2)y=0$ 的解，并写出该方程的通解.

【解】 方法同 2，方程的通解为 $y=(C_1+C_2x)e^{x^2}$.

4. 验证：

(1) $y=C_1e^x+C_2e^{2x}+\frac{1}{12}e^{5x}$ (C_1，C_2 是任意常数)是方程 $y''-3y'+2y=e^{5x}$ 的通解.

【证】 记 $y_1=e^x$，$y_2=e^{2x}$，$y^*=\frac{1}{12}e^{5x}$，则

$$y_1''-3y_1'+2y_1=e^x-3e^x+2e^x=0,\quad y_2''-3y_2'+2y_2=4e^{2x}-3\times2e^{2x}+2e^{2x}=0,$$

$$\frac{y_1}{y_2}=e^{-x}\neq\text{常数},$$

所以 y_1 和 y_2 是齐次方程 $y''-3y'+2y=0$ 的解，且线性无关，因而 $Y=C_1e^x+C_2e^{2x}$ 是齐次方程 $y''-3y'+2y=0$ 的通解. 又由于

$$y^{*\prime\prime}-3y^{*\prime}+2y^*=\frac{25}{12}e^{5x}-3\cdot\frac{5}{12}e^{5x}+2\cdot\frac{1}{12}e^{5x}=e^{5x},$$

y^* 是所给方程的特解，所以

$$y=C_1e^x+C_2e^{2x}+\frac{1}{12}e^{5x}$$

是方程 $y''-3y'+2y=e^{5x}$ 的通解.

(2) $y=C_1\cos3x+C_2\sin3x+\frac{1}{32}(4x\cos x+\sin x)$ (C_1，C_2 是任意常数)是方程 $y''+9y=x\cos x$ 的通解.

【证】 记 $y_1=\cos3x$，$y_2=\sin3x$，$y^*=\frac{1}{32}(4x\cos x+\sin x)$，则

$$y_2''+9y_2=-9\sin3x+9\sin3x=0,\ \frac{y_1}{y_2}=\cot3x\neq\text{常数},$$

所以 y_1 和 y_2 是齐次方程 $y''+9y=0$ 的两个线性无关解. 又由于

$$y^{*\prime}=\frac{1}{32}(5\cos x-4x\sin x),\ y^{*\prime\prime}=\frac{1}{32}(-9\sin x-4x\cos x),$$

$$y^{*\prime\prime}+9y^*=\frac{1}{32}(-9\sin x-4x\cos x)+\frac{9}{32}(4x\cos x+\sin x)=x\cos x,$$

所以 y^* 是非齐次方程 $y''+9y=x\cos x$ 的一个特解. 因而所给函数是所给方程的通解.

(3) $y=C_1x^2+C_2x^2\ln x$ (C_1，C_2 是任意常数)是方程 $x^2y''-3xy'+4y=0$ 的通解.

【证】 对于
$$y_1=x^2,\ y_1'=2x,\ y_1''=2,$$
$$x^2y_1''-3xy_1'+4y_1=2x^2-6x^2+4x^2=0,$$
故 $y_1=x^2$ 是 $x^2y''-3xy'+4y=0$ 的解.于是，对于
$$y_2=x^2\ln x,\ y_2'=2x\ln x+x,\ y_2''=2\ln x+3,$$
有
$$x^2y_2''-3xy_2'+4y_2=2x^2\ln x+3x^2-6x^2\ln x-3x^2+4x^2\ln x=0,$$
故 $y_2=x^2\ln x$ 是方程 $x^2y''-3xy'+4y=0$ 的解. 又
$$\frac{y_1}{y_2}=\frac{x^2}{x^2\ln x}=\frac{1}{\ln x}\neq 常数,$$
故 $y=C_1x^2+C_2x^2\ln x$ 是方程 $x^2y''-3xy'+4y=0$ 的通解.

(4) $y=C_1x^5+\frac{C_2}{x}-\frac{x^2}{9}\ln x$（$C_1$，$C_2$ 是任意常数）是方程 $x^2y''-3xy'-5y=x^2\ln x$ 的通解.

【证】 记 $y_1=x^5$，$y_2=\frac{1}{x}$，$y^*=-\frac{x^2}{9}\ln x$，因为
$$x^2y_1''-3xy_1'-5y_1=x^2\cdot 20x^3-3x\cdot 5x^4-5\times x^5=0,$$
$$x^2y_2''-3xy_2'-5y_2=x^2\cdot\frac{2}{x^3}-3x\cdot\left(-\frac{1}{x^2}\right)-5\cdot\frac{1}{x}=0,$$
$$\frac{y_1}{y_2}=x^6\neq 常数,$$
所以 $y_1=x^5$ 和 $y_2=\frac{1}{x}$ 是齐次方程 $x^2y''-3xy'-5y=0$ 的两个线性无关解，$Y=C_1x^5+C_2\frac{1}{x}$ 是齐次方程 $x^2y''-3xy'-5y=0$ 的通解. 又因为
$$x^2y^{*}{''}-3xy^{*}{'}-5y^*=x^2\left(-\frac{2}{9}\ln x-\frac{1}{3}\right)-3x\left(-\frac{2x}{9}\ln x-\frac{x}{9}\right)-5\left(-\frac{x^2}{9}\ln x\right)=x^2\ln x,$$
y^* 是 $x^2y''-3xy'-5y=x^2\ln x$ 的一个特解，所以 $y=C_1x^5+\frac{C_2}{x}-\frac{x^2}{9}\ln x$ 是所给微分方程的通解.

(5) $y=\frac{1}{x}(C_1e^x+C_2e^{-x})+\frac{e^x}{2}$（$C_1$，$C_2$ 是任意常数）是方程 $xy''+2y'-xy=e^x$ 的通解.

【证】 容易验证 $y_1=\frac{e^x}{x}$，$y_2=\frac{e^{-x}}{x}$都是 $xy''+2y'-xy=0$ 的解，它们又线性无关，故 $Y=C_1y_1+C_2y_2=\frac{1}{x}(C_1e^x+C_2e^{-x})$是对应的齐次方程的通解. 将 $y^*=\frac{e^x}{2}$代入 $xy''+2y'-xy=e^x$ 成立.它是非齐次方程的一个特解. 故方程的通解为 $y=(C_1e^x+C_2e^{-x}))\frac{1}{x}+\frac{e^x}{2}$.

(6) $y=C_1e^x+C_2e^{-x}+C_3\cos x+C_4\sin x-x^2$（$C_1$，$C_2$，$C_3$，$C_4$ 是任意常数）是方程 $y^{(4)}-y=x^2$ 的通解.

【证】 容易验证 $y_1=e^x$，$y_2=e^{-x}$，$y_3=\cos x$，$y_4=\sin x$ 都是齐次方程 $y^{(4)}-y=0$ 的解. 设
$$k_1e^x+k_2e^{-x}+k_3\cos x+k_4\sin x=0,$$
必有
$$k_1=k_2=k_3=k_4=0.$$

函数组 e^x，e^{-x}，$\cos x$，$\sin x$ 线性无关，因此，$Y=C_1e^x+C_2e^{-x}+C_3\cos x+C_4\sin x$（$C_1$，$C_2$，$C_3$，$C_4$ 为任意常数）是 $y^{(4)}-y=0$ 的通解.

令 $y^*=-x^2$，则 $y'=-2x$，$y''=-2$，$y'''=0$，$y^{(4)}=0$，显然，$y^*=-x^2$ 是非齐次方程 $y^{(4)}-y=x^2$ 的一个特解.

综上所述，由非齐次方程解的结构可知，
$$y=C_1e^x+C_2e^{-x}+C_3\cos x+C_4\sin x\quad (C_1,\ C_2,\ C_3,\ C_4 为任意常数),$$
它是 $y^{(4)}-y=x^2$ 的通解.

*5.已知 $y_1(x)=e^x$ 是齐次线性方程 $(2x-1)y''-(2x+1)y'+2y=0$ 的一个解，求此方程的通解.

【解】 设 $y_2(x)=y_1(x)u(x)=e^x u(x)$ 为该方程的解，则

$$y_2'=e^x u(x)+e^x u'(x)=e^x[u(x)+u'(x)],$$

$$y_2''=e^x[u(x)+u'(x)]+e^x[u'(x)+u''(x)]=e^x[u(x)+2u'(x)+u''(x)],$$

将 y_2 代入原方程，得

$$(2x-1)e^x[u(x)+2u'(x)+u''(x)]-(2x+1)e^x[u(x)+u'(x)]+2e^x u(x)=0,$$

即

$$(2x-1)u''(x)+(2x-3)u'(x)=0.$$

令 $p=u'(x)$，则 $u''(x)=\frac{dp}{dx}$，得

$$(2x-1)\frac{dp}{dx}+(2x-3)p=0,\ \frac{dp}{p}=-\frac{2x-3}{2x-1}dx,$$

所以

$$\ln p=-x+\ln(2x-1)+\ln C_1,$$

即

$$u=C_1\int(2x-1)e^{-x}dx=-C_1\int(2x-1)d(e^{-x})=-C_1[(2x-1)e^{-x}+2e^{-x}+C_2],$$

所以

$$y_2(x)=e^x u(x)=-C_1(2x+1)+C_2 e^x.$$

令 $C_1=-1$，$C_2=0$，则 $y_2(x)=2x+1$ 为该方程的一个特解，且与 $y_1(x)$ 线性无关，所以该方程的通解为

$$y=C_1^*(2x+1)+C_2^* e^x.$$

*6.已知 $y_1(x)=x$ 是齐次线性方程 $x^2y''-2xy'+2y=0$ 的一个解，求非齐次线性方程 $x^2y''-2xy'+2y=2x^3$ 的通解.

【解】 首先求 $x^2y''-2xy'+2y=0$ 的通解. 令 $y_2(x)=y_1(x)u(x)=xu(x)$ 为齐次方程的一个解，

$$y_2'=u(x)+xu'(x),\ y_2''=2u'(x)+xu''(x),$$

于是

$$x^2[2u'(x)+xu''(x)]-2x[u(x)+xu'(x)]+2xu(x)=0,$$

即 $u''(x)=0$，从而 $u(x)=Cx-C^*$. 不妨取 $u(x)=x$，则 $y_2(x)=x^2$，于是得齐次方程的通解为

$$Y=C_1x+C_2x^2.$$

再将非齐次方程化为标准形式，得

$$y''-2\cdot\frac{1}{x}y'+2\cdot\frac{1}{x^2}y=2x,$$

由教材中的公式，得非齐次方程的通解

$$y=C_1x+C_2x^2-y_1\int\frac{y_2f}{w}dx+y_2\int\frac{y_1f}{w}dx,$$

其中

$$f=2x,\ w=y_1y_2'-y_1'y_2=x^2,$$

所以

$$y=C_1x+C_2x^2-x\int\frac{2x^3}{x^2}dx+x^2\int\frac{2x^2}{x^2}dx=C_1x+C_2x^2+x^3.$$

*7.已知齐次线性方程 $y''+y=0$ 的通解为 $Y(x)=C_1\cos x+C_2\sin x$，求非齐次线性方程 $y''+y=\sec x$ 的通解.

【解】 由于 $y_1=\cos x$，$y_2=\sin x$ 是 $y''+y=0$ 两个线性无关的解，故 $y''+y=\sec x$ 的通解为

$$y=C_1\cos x+C_2\sin x-y_1\int\frac{y_2f}{w}dx+\int y_2\frac{y_1f}{w}dx,$$

式中

$$w=\begin{vmatrix}\cos x & \sin x\\ (\cos x)' & (\sin x)'\end{vmatrix}=1,\ f=\sec x,$$

从而

$$\begin{aligned}y&=C_1\cos x+C_2\sin x-\cos x\cdot\int\frac{\sin x}{\cos x}dx+\sin x\cdot\int\frac{\cos x}{\cos x}dx\\&=C_1\cos x+C_2\sin x+\cos x\cdot\ln|\cos x|+x\sin x.\end{aligned}$$

*8. 已知齐次线性方程 $x^2y''-xy'+y=0$ 的通解为 $Y(x)=C_1x+C_2x\ln|x|$，求非齐次线性方程 $x^2y''-xy'+y=x$ 的通解.

【解】 显然 $y_1=x$，$y_2=x\ln|x|$是齐次线性方程两个线性无关的解.将非齐次线性方程写成

$$y''-\frac{1}{x}y'+\frac{1}{x^2}y=\frac{1}{x},$$

则其通解为
$$y=C_1y_1+C_2y_2-y_1\int\frac{y_2f}{w}\mathrm{d}x+y_2\int\frac{y_1f}{w}\mathrm{d}x,$$

其中
$$f=\frac{1}{x},\ w=\begin{vmatrix}y_1 & y_2\\ y_1' & y_2'\end{vmatrix}=\begin{vmatrix}x & x\ln|x|\\ 1 & 1+\ln|x|\end{vmatrix}=x,$$

由于
$$\int\frac{y_2f}{w}\mathrm{d}x=\int\frac{\ln|x|}{x}\mathrm{d}x=\frac{1}{2}\ln^2|x|,\int\frac{y_1f}{w}\mathrm{d}x=\int\frac{1}{x}\mathrm{d}x=\ln|x|,$$

故非齐次线性方程的通解为

$$y=C_1x+C_2x\cdot\ln|x|-x\cdot\frac{1}{2}\ln^2|x|+x\ln|x|\cdot\ln|x|=C_1x+C_2x\ln|x|+\frac{x}{2}\ln^2|x|.$$

习题 7-7 常系数齐次线性方程

1. 以下题中给出了四个结论，从中选一个正确的结论：

在下列微分方程中，以 $y=C_1\mathrm{e}^{-x}+C_2\cos x+C_3\sin x$（$C_1$，$C_2$，$C_3$ 为任意常数）为通解的常系数齐次线性微分方程是(　　).

(A) $y'''+y''-y'-y=0$　　(B) $y'''+y''+y'+y=0$

(C) $y'''-y''-y'+y=0$　　(D) $y'''-y''-y'-y=0$

【解】 由通解 $y=C_1\mathrm{e}^{-x}+C_2\cos x+C_3\sin x$ 的形式可知，常系数齐次线性微分方程的特征方程的根为

$$r_1=-1,\ r_{2,3}=\pm\mathrm{i},$$

故对应的特征方程为

$$(r+1)(r+\mathrm{i})(r-\mathrm{i})=(r+1)(r^2+1)=r^3+r^2+r+1=0,$$

所以微分方程为 $y'''+y''+y'+y=0$，故选 B.

2. 求下列微分方程的通解：

(1) $y''+y'-2y=0$.

【解】 特征方程为 $r^2+r-2=0$，特征根为 $r_1=1$，$r_2=-2$.通解为 $y=C_1\mathrm{e}^x+C_2\mathrm{e}^{-2x}$.

(2) $y''-4y'=0$.

【解】 特征方程为 $r^2-4r=0$，特征根为 $r_1=0$，$r_2=4$. 通解为 $y=C_1+C_2\mathrm{e}^{4x}$.

(3) $y''+y=0$.

【解】 特征方程为 $r^2+1=0$，特征根为 $r_1=\mathrm{i}$，$r_2=-\mathrm{i}$. 通解为 $y=C_1\cos x+C_2\sin x$.

(4) $y''+6y'+13y=0$.

【解】 特征方程为 $r^2+6r+13=0$，特征根为 $r_{1,2}=-3\pm2\mathrm{i}$. 通解为 $y=\mathrm{e}^{-3x}(C_1\cos2x+C_2\sin2x)$.

(5) $4\dfrac{\mathrm{d}^2x}{\mathrm{d}t^2}-20\dfrac{\mathrm{d}x}{\mathrm{d}t}+25x=0$.

【解】 特征方程为 $4r^2-20r+25=0$，特征根为 $r_1=r_2=\dfrac{5}{2}$. 通解为 $x=(C_1+C_2t)\mathrm{e}^{\frac{5}{2}t}$.

(6) $y''-4y'+5y=0$.

【解】 特征方程为 $r^2-4r+5=0$，特征根为 $r_{1,2}=2\pm\mathrm{i}$. 通解为 $y=\mathrm{e}^{2x}(C_1\cos x+C_2\sin x)$.

(7) $y^{(4)}-y=0$.

【解】 特征方程为 $r^4-1=0$, 特征根为 $r_1=1$, $r_2=-1$, $r_3=\mathrm{i}$, $r_4=-\mathrm{i}$. 通解为

$$y=C_1\mathrm{e}^x+C_2\mathrm{e}^{-x}+C_3\cos x+C_4\sin x.$$

(8) $y^{(4)}+2y''+y=0$.

【解】 特征方程为 $r^4+2r^2+1=0$, 特征根为 $r_1=r_2=\mathrm{i}$, $r_3=r_4=-\mathrm{i}$. 通解为

$$y=(C_1+C_2x)\cos x+(C_3+C_4x)\sin x.$$

(9) $y^{(4)}-2y'''+y''=0$.

【解】 特征方程为 $r^4-2r^3+r^2=0$, 特征根为 $r_1=r_2=0$, $r_3=r_4=1$. 通解为 $y=C_1+C_2x+(C_3+C_4x)\mathrm{e}^x$.

(10) $y^{(4)}+5y''-36y=0$.

【解】 特征方程为 $r^4+5r^2-36=0$, 特征根为 $r_1=2$, $r_2=-2$, $r_3=3\mathrm{i}$, $r_4=-3\mathrm{i}$. 通解为

$$y=C_1\mathrm{e}^{2x}+C_2\mathrm{e}^{-2x}+C_3\cos 3x+C_4\sin 3x.$$

3. 求下列微分方程满足所给初始条件的特解:

(1) $y''-4y'+3y=0$, $y\Big|_{x=0}=6$, $y'\Big|_{x=0}=10$.

【解】 特征方程为 $r^2-4r+3=0$, 特征根为 $r_1=1$, $r_2=3$. 通解为 $y=C_1\mathrm{e}^x+C_2\mathrm{e}^{3x}$.

利用 $y(0)=6$, $y'(0)=10$ 定出 $C_1=4$, $C_2=2$.所求特解为 $y=4\mathrm{e}^x+2\mathrm{e}^{3x}$.

(2) $4y''+4y'+y=0$, $y\Big|_{x=0}=2$, $y'\Big|_{x=0}=0$.

【解】 特征方程为 $4r^2+r+1=0$, 特征根为 $r_1=r_2=-\dfrac{1}{2}$. 通解为 $y=\mathrm{e}^{-\frac{x}{2}}(C_1+C_2x)$.

利用 $y(0)=2$, $y'(0)=0$ 定出 $C_1=2$, $C_2=1$. 方程的特解为 $y=\mathrm{e}^{-\frac{x}{2}}(2+x)$.

(3) $y''-3y'-4y=0$, $y\Big|_{x=0}=0$, $y'\Big|_{x=0}=-5$.

【解】 特征方程为 $r^2-3r-4=0$, 特征根为 $r_1=-1$, $r_2=4$. 通解为 $y=C_1\mathrm{e}^{-x}+C_2\mathrm{e}^{4x}$.

利用 $y(0)=0$, $y'(0)=-5$ 定出 $C_1=1$, $C_2=-1$.方程的特解为 $y=\mathrm{e}^{-x}-\mathrm{e}^{4x}$.

(4) $y''+4y'+29y=0$, $y\Big|_{x=0}=0$, $y'\Big|_{x=0}=15$.

【解】 特征方程为 $r^2+4r+29=0$, 特征根为 $r_{1,2}=-2\pm5\mathrm{i}$. 通解为 $y=\mathrm{e}^{-2x}(C_1\cos 5x+C_2\sin 5x)$.

利用 $y(0)=0$, $y'(0)=15$ 定出 $C_1=0$, $C_2=3$. 方程的特解为 $y=3\mathrm{e}^{-2x}\sin 5x$.

(5) $y''+25y=0$, $y\Big|_{x=0}=2$, $y'\Big|_{x=0}=5$.

【解】 特征方程为 $r^2+25=0$, 特征根为 $r_{1,2}=\pm5\mathrm{i}$. 通解为 $y=C_1\cos 5x+C_2\sin 5x$.

利用 $y(0)=2$, $y'(0)=5$ 定出 $C_1=2$, $C_2=1$. 方程的特解为 $y=2\cos 5x+\sin 5x$.

(6) $y''-4y'+13y=0$, $y\Big|_{x=0}=0$, $y'\Big|_{x=0}=3$.

【解】 特征方程为 $r^2-4r+13=0$, 特征根为 $r_{1,2}=2\pm3\mathrm{i}$. 通解为 $y=\mathrm{e}^{2x}(C_1\cos 3x+C_2\sin 3x)$.

利用 $y(0)=0$, $y'(0)=3$ 定出 $C_1=0$, $C_2=1$.方程的特解为 $y=\mathrm{e}^{2x}\sin 3x$.

4. 一个单位质量的质点在数轴上运动, 开始时质点在原点 O 处且速度为 v_0, 在运动过程中, 它受到一个力的作用, 这个力的大小与质点到原点的距离成正比(比例系数 $k_1>0$)而方向与速度一致.又介质的阻力与速度成正比(比例系数 $k_2>0$). 求反映这质点的运动规律的函数.

【解】 设质点到原点的距离为 $x(t)$, 依题意, 得具有初始条件的微分方程

$$\begin{cases}x''(t)=k_1x(t)-k_2x'(t),\\ x(0)=0,\\ x'(0)=v_0,\end{cases}$$

特征方程为 $r^2+k_2r-k_1=0$, 特征根为

$$r_{1,2}=\frac{-k_2\pm\sqrt{k_2^2+4k_1}}{2}.$$

通解为

$$x=C_1\exp\left[\frac{-k_2+\sqrt{k_2^2+4k_1}}{2}t\right]+C_2\exp\left[\frac{-k_2-\sqrt{k_2^2+4k_1}}{2}t\right].$$

利用初始条件 $x(0)=0$, $x'(0)=v_0$ 定出

$$C_1=\frac{v_0}{\sqrt{k_2^2+4k_1}},\ C_2=\frac{v_0}{\sqrt{k_2^2+4k_1}},$$

最后得质点的运动方程为

$$x=\frac{v_0}{\sqrt{k_2^2+4k_1}}\cdot\left(1-e^{-\sqrt{k_2^2+4k_1}\,t}\right)e^{\left(-\frac{k_2}{2}+\frac{\sqrt{k_2^2+4k_1}}{2}\right)t}.$$

5. 在图 7-7 所示的电路中，先将开关 S 拨向 A，达到稳定状态后，再将开关 S 拨向 B，求电压 $u_C(t)$ 及电流 $i(t)$. 已知 $E=20$ V, $C=0.5\times10^{-6}$ F, $L=0.1$ H, $R=2000\ \Omega$.

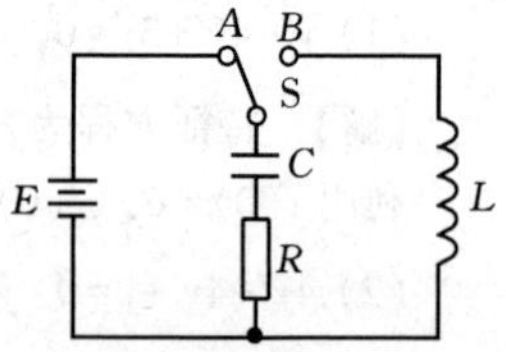

图 7-7

【解】 由回路电压定律得 $E-L\frac{di}{dt}-\frac{q}{c}-Ri=0$, 由于

$$q=Cu_C,\ i=\frac{dq}{dt}=Cu_C',\ \frac{di}{dt}=Cu_C'',$$

故
$$-LCu_C''-u_C-RCu_C'=0,$$

即
$$u_C''+\frac{R}{L}u_C'+\frac{1}{LC}u_C=0.$$

已知 $\frac{R}{L}=\frac{2000}{0.1}=2\times10^4$, $\frac{1}{LC}=\frac{1}{0.1\times0.5\times10^{-6}}=\frac{1}{5}\times10^8$, $u_C''+2\times10^4u_C'+\frac{1}{5}+10^8u_C=0$,

特征方程为
$$r^2+2\times10^5r+\frac{1}{5}\times10^8=0,$$

解得
$$r_1=-1.9\times10^4,\ r_2=-10^3,\ u_C=C_1e^{-1.9\times10^4t}+C_2e^{-10^3t},$$
$$u_C'=-1.9\times10^4\cdot C_1e^{-1.9\times10^4t}-10^3C_2e^{-10^3t}.$$

当 $t=0$ 时, $u_C=20$ V, $u_C'=0$,

$$C_1+C_2=20\text{ V},\ -1.9\times10^4C_1-10^3C_2=0,\ C_1=-\frac{10}{9},\ C_2=\frac{190}{9},$$

$$u_C(t)=\frac{10}{9}(19e^{-10^3t}-e^{-1.9\times10^4t})\text{ V},\quad i(t)=\frac{19}{18}\times10^{-2}(e^{-1.9\times10^4t}-e^{-10^3t})\text{ A}.$$

6.设圆柱形浮筒的底面直径为 0.5 m,铅直放在水中，当稍向下压后突然放开，浮筒在水中上下振动的周期为 2 s,求浮筒的质量.

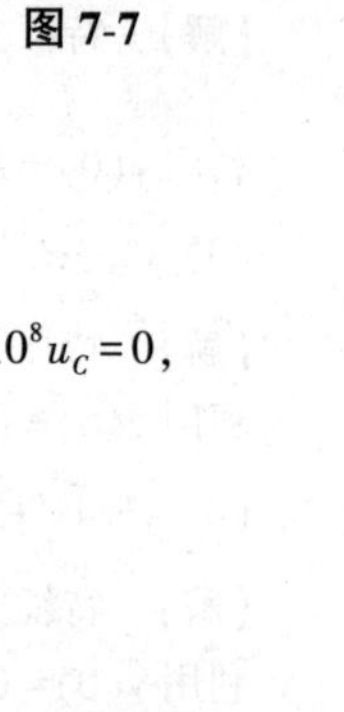

图 7-8

【解】 设 μ 为水的密度, S 为浮筒的横截面积, D 为浮筒的直径, 且设压下的位移为 x(如图 7-8 所示), 则有

$$f=-\mu gS\cdot x.$$

又
$$f=ma=m\frac{d^2x}{dt^2},$$

故
$$-\mu gS\cdot x=m\frac{d^2x}{dt^2},$$

即
$$m\frac{d^2x}{dt^2}+\mu gS\cdot x=0.$$

此方程的特征方程为 $mr^2+\mu gS=0$，得

$$r_{1,2}=\pm\sqrt{\frac{\mu gS}{m}}\mathrm{i}.$$

$$x=C_1\cos\sqrt{\frac{\mu gS}{m}}t+C_2\sin\sqrt{\frac{\mu gS}{m}}t=A\sin\left(\sqrt{\frac{\mu gS}{m}}t+\varphi\right).$$

振动的频率
$$\omega=\sqrt{\frac{\mu gS}{m}},$$

周期
$$T=\frac{2\pi}{\omega}=2\pi\sqrt{\frac{m}{\mu gS}},$$

已知 $T=2$，

$$2=2\pi\sqrt{\frac{m}{\mu gS}},\ 1=\frac{\pi^2 m}{\mu gS},\ m=\frac{\mu gS}{\pi^2},$$

而 $\mu=1000\ \mathrm{kg/m^3}$，$g=9.8\ \mathrm{m/s^2}$，$D=0.5\ \mathrm{m}$，故

$$m=\frac{\mu gS}{\pi^2}=\frac{1000\times9.8\times0.5^2}{4\pi}=195\ \mathrm{kg}.$$

习题 7-8 常系数非齐次线性微分方程

1. 求下列各微分方程的通解：

（1）$2y''+y'-y=2\mathrm{e}^x$.

【解】 特征方程为 $2r^2+r-1=0$，特征根为 $r_1=\frac{1}{2}$，$r_2=-1$.对应的齐次方程的通解为

$$Y=C_1\mathrm{e}^{\frac{x}{2}}+C_2\mathrm{e}^{-x}.$$

令 $y^*=b\mathrm{e}^x$，代入原方程，得 $b=1$，非齐次方程的特解为 $y^*=\mathrm{e}^x$. 原方程的通解为

$$y=C_1\mathrm{e}^{\frac{x}{2}}+C_2\mathrm{e}^{-x}+\mathrm{e}^x.$$

（2）$y''+a^2y=\mathrm{e}^x$.

【解】 特征方程为 $r^2+a^2=0$，特征根为 $r_{1,2}=\pm ai$，对应的齐次方程的通解为

$$Y=C_1\cos ax+C_2\sin ax.$$

令 $y^*=C\mathrm{e}^x$，代入原方程，得 $C=\frac{1}{1+a^2}$，得 $y^*=\frac{1}{1+a^2}\mathrm{e}^x$. 原方程的通解为

$$y=C_1\cos ax+C_2\sin ax+\frac{1}{1+a^2}\cdot\mathrm{e}^x.$$

（3）$2y''+5y'=5x^2-2x-1$.

【解】 特征方程为 $2r^2+5r=0$，特征根为 $r_1=0$，$r_2=-\frac{5}{2}$.齐次方程的通解为 $Y=C_1+C_2\mathrm{e}^{-\frac{5}{2}x}$.

令 $y^*=x(b_0x^2+b_1x+b_2)$，代入原方程，求出 $b_0=\frac{1}{3}$，$b_1=-\frac{3}{5}$，$b_2=\frac{7}{25}$，得

$$y^*=\frac{1}{3}x^3-\frac{2}{5}x^2+\frac{7}{25}x.$$

原方程的通解为
$$y=C_1+C_2\mathrm{e}^{-\frac{5}{2}x}+\frac{1}{3}x^3-\frac{3}{5}x^2+\frac{7}{25}x.$$

（4）$y''+3y'+2y=3x\mathrm{e}^{-x}$.

【解】 特征方程为 $r^2+3r+2=0$，特征根为 $r_1=-1$，$r_2=-2$.齐次方程的通解为 $Y=C_1\mathrm{e}^{-x}+C_2\mathrm{e}^{-2x}$.

令 $y^* = xe^{-x}(Ax+B)$，代入原方程，得 $A=\frac{3}{2}$，$B=-3$，得 $y^* = e^{-x}\left(\frac{3}{2}x^2-3x\right)$.

原方程的通解为 $$y=C_1e^{-x}+C_2e^{-2x}+\left(\frac{3}{2}x^2-3x\right)\cdot e^{-x}.$$

(5) $y''-2y'+5y=e^x\sin 2x$.

【解】 特征方程为 $r^2-2r+5=0$，特征根为 $r_{1,2}=1\pm 2i$. 齐次方程的通解为 $Y=e^x(C_1\cos 2x+C_2\sin 2x)$.

令 $y^* = xe^x(A\cos 2x+B\sin 2x)$，代入原方程，得
$$A=-\frac{1}{4},\ B=0,\ y^* = -\frac{1}{4}xe^x\cos 2x.$$

原方程的通解为 $$y=e^x(C_1\cos 2x+C_2\sin 2x)-\frac{1}{4}xe^x\cos 2x.$$

(6) $y''-6y'+9y=(x+1)e^{2x}$.

【解】 特征方程为 $r^2-6r+9=0$，特征根为 $r_1=r_2=3$. 齐次方程的通解为
$$Y=e^{3x}(C_1+C_2x).$$

令 $y^* = e^{2x}(Ax+B)$，代入原方程，得
$$A=1,\ B=3.\ y^* = e^{2x}(x+3).$$

原方程的通解为 $$y=(C_1+C_2x)e^{3x}+(x+3)e^{2x}.$$

(7) $y''+5y'+4y=3-2x$.

【解】 特征方程为 $r^2+5r+4=0$，特征根为 $r_1=-1$，$r_2=-4$. 齐次方程的通解为
$$Y=C_1e^{-x}+C_2e^{-4x}.$$

令 $y^* = Ax+B$，代入原方程，得
$$A=-\frac{1}{2},\ B=\frac{11}{8}.\quad y^* = -\frac{1}{2}x+\frac{11}{8}.$$

原方程的通解为 $$y=C_1e^{-x}+C_2e^{-4x}-\frac{1}{2}x+\frac{11}{8}.$$

(8) $y''+4y=x\cos x$.

【解】 特征方程为 $r^2+4=0$，特征根为 $r_{1,2}=\pm 2i$. 齐次方程的通解为
$$Y=C_1\cos 2x+C_2\sin 2x.$$

令 $y^* = (Ax+B)\cos x+(Cx+D)\sin x$，代入原方程，得
$$A=\frac{1}{3},\ B=0,\ C=0,\ D=\frac{2}{9}.\quad y^* = \frac{1}{3}x\cos x+\frac{2}{9}\sin x.$$

原方程的通解为 $$y=C_1\cos 2x+C_2\sin 2x+\frac{1}{3}x\cos x+\frac{2}{9}\sin x.$$

(9) $y''+y=e^x+\cos x$.

【解】 特征方程为 $r^2+1=0$，特征根为 $r_{1,2}=\pm i$. 齐次方程的通解为
$$Y=C_1\cos x+C_2\sin x.$$

令 $y^* = Ae^x+x(B\cos x+C\sin x)$，代入原方程，得
$$A=\frac{1}{2},\ C=\frac{1}{2},\ B=0.\ y^* = \frac{1}{2}e^x+\frac{1}{2}x\sin x.$$

原方程的通解为 $$y=(C_1\cos x+C_2\sin x)+\frac{1}{2}e^x+\frac{1}{2}x\sin x.$$

(10) $y''-y=\sin^2 x$.

【解】 特征方程为 $r^2-1=0$，特征根为 $r_1=1$，$r_2=-1$. 齐次方程的通解为
$$Y=C_1e^x+C_2e^{-x}.$$

令 $y^*=A+B\cos 2x+C\sin 2x$，代入原方程，得

$$A=-\frac{1}{2},\ B=\frac{1}{10},\ C=0.\ y^*=-\frac{1}{2}+\frac{1}{10}\cos 2x.$$

原方程的通解为
$$y=C_1\mathrm{e}^{x}+C_2\mathrm{e}^{-x}+\frac{1}{10}\cos 2x-\frac{1}{2}.$$

2. 求下列各微分方程满足已给初始条件的特解：

(1) $y''+y+\sin 2x=0,\ y\Big|_{x=\pi}=1,\ y'\Big|_{x=\pi}=1.$

【解】 特征方程为 $r^2+1=0$，特征根为 $r_{1,2}=\pm\mathrm{i}$. 齐次方程的通解为
$$Y=C_1\cos x+C_2\sin x.$$

令 $y^*=A\cos 2x+B\sin 2x$，代入原方程，得 $A=0$，$B=\frac{1}{3}$，则 $y^*=\frac{1}{3}\sin 2x$.

原方程的通解为
$$y=C_1\cos x+C_2\sin x+\frac{1}{3}\sin 2x.$$

利用条件 $y(\pi)=1$，$y'(\pi)=1$ 定出 $C_1=-1$，$C_2=-\frac{1}{3}$. 最后得到特解为
$$y=-\cos x-\frac{1}{3}\sin x+\frac{1}{3}\sin 2x.$$

(2) $y''-3y'+2y=5,\ y\Big|_{x=0}=1,\ y'\Big|_{x=0}=2.$

【解】 特征方程为 $r^2-3r+2=0$，特征根为 $r_1=1$，$r_2=2$. 齐次方程的通解为
$$Y=C_1\mathrm{e}^{x}+C_2\mathrm{e}^{2x}.$$

令 $y^*=A$，代入原方程，得 $A=\frac{5}{2}$，则 $y^*=\frac{5}{2}$.

原方程的通解为
$$y=C_1\mathrm{e}^{x}+C_2\mathrm{e}^{2x}+\frac{5}{2}.$$

利用条件 $y(0)=1$，$y'(0)=2$，定出 $C_1=-5$，$C_2=\frac{7}{2}$. 最后得特解 $y=-5\mathrm{e}^{x}+\frac{7}{2}\mathrm{e}^{2x}+\frac{5}{2}$.

(3) $y''-10y'+9y=\mathrm{e}^{2x},\ y\Big|_{x=0}=\frac{6}{7},\ y'\Big|_{x=0}=\frac{33}{7}.$

【解】 特征方程为 $r^2-10r+9=0$，特征根为 $r_1=1$，$r_2=9$. 齐次方程的通解为
$$Y=C_1\mathrm{e}^{x}+C_2\mathrm{e}^{9x}.$$

令 $y^*=A\mathrm{e}^{2x}$，代入原方程，得 $A=-\frac{1}{7}$，则 $y^*=-\frac{1}{7}\mathrm{e}^{2x}$. 原方程的通解为
$$y=C_1\mathrm{e}^{x}+C_2\mathrm{e}^{9x}-\frac{1}{7}\mathrm{e}^{2x}.$$

再利用条件 $y(0)=\frac{6}{7}$，$y'(0)=\frac{33}{7}$，得 $C_1=\frac{1}{2}$，$C_2=\frac{1}{2}$. 最后得所求特解为
$$y=\frac{1}{2}(\mathrm{e}^{x}+\mathrm{e}^{9x})-\frac{1}{7}\mathrm{e}^{2x}.$$

(4) $y''-y=4x\mathrm{e}^{x},\ y\Big|_{x=0}=0,\ y'\Big|_{x=0}=1.$

【解】 特征方程为 $r^2-1=0$，特征根为 $r_1=1$，$r_2=-1$. 齐次方程的通解为
$$Y=C_1\mathrm{e}^{x}+C_2\mathrm{e}^{-x}.$$

令 $y^*=x(Ax+B)\mathrm{e}^{x}$，代入原方程，得 $A=1$，$B=-1$，则 $y^*=\mathrm{e}^{x}(x^2-x)$. 原方程的通解为
$$y=C_1\mathrm{e}^{x}+C_2\mathrm{e}^{-x}+(x^2-x)\mathrm{e}^{x}.$$

利用条件 $y(0)=0$, $y'(0)=1$ 定出 $C_1=1$, $C_2=-1$. 最后得特解为 $y=e^x-e^{-x}+(x^2-x)e^x$.

(5) $y''-4y'=5$, $y\Big|_{x=0}=1$, $y'\Big|_{x=0}=0$.

【解】 特征方程为 $r^2-4r=0$, 特征根为 $r_1=0$, $r_2=4$. 齐次方程的通解为 $Y=C_1+C_2e^{4x}$.

令 $y^*=Ax$, 代入原方程, 得 $A=-\dfrac{5}{4}$, 则 $y^*=-\dfrac{5}{4}x$.

再利用条件 $y(0)=1$, $y'(0)=0$ 定出 $C_1=\dfrac{11}{16}$, $C_2=\dfrac{5}{16}$. 最后得特解为 $y=\dfrac{1}{16}(11+5e^{4x})-\dfrac{5}{4}x$.

3. 已知二阶常系数齐次线性微分方程 $y''+my'+ny=0$ 的通解为 $y=(C_1+C_2x)e^x$, 求 m, n 的值, 并求非齐次方程 $y''+my'+ny=x$ 满足初始条件 $y(0)=2$, $y'(0)=0$ 的特解.

【解法 1】 由于常系数齐次线性微分方程 $y''+my'+ny=0$ 的通解为 $y=(C_1+C_2x)e^x$, 其中 $y_1=e^x$, $y_2=xe^x$ 是该齐次微分方程的两个线性无关的解, 由此可见该齐次线性微分方程的特征方程是 $(r-1)^2=r^2-2r+1=0$, 故该齐次线性微分方程为 $y''-2y'+y=0$, 即 $m=-2$, $n=1$.

设非齐次方程 $y''-2y'+y=x$ 的特解为 $y''=Ax+B$, 代入方程 $y''-2y'+y=x$, 解得 $A=1$, $B=2$, 即 $y''=x+2$.故 $y''-2y'+y=x$ 的通解为

$$y=(C_1+C_2x)e^x+x+2,$$

代入初始条件 $y(0)=2$, $y'(0)=0$, 得 $C_1=0$, $C_2=-1$.

因此所求特解为 $y=-xe^x+x+2$.

【解法 2】 由于常系数齐次线性微分方程 $y''+my'+ny=0$ 的通解为 $y=(C_1+C_2x)e^x$, 取 $y_1=e^x$ 代入微分方程, 得 $1+m+n=0$; 再取 $y_2=xe^x$ 代入微分方程, 得 $x+2+m(x+1)+nx=0$, 令 $x=0$, 得 $m=-2$, 于是得 $n=1$.

以下同解法 1.

4. 大炮以仰角 α、初速 v_0 发射炮弹, 若不计空气阻力, 求弹道曲线.

【解】 如图 7-9 所示, 取炮口为坐标原点, 炮弹前进水平方向为 x 轴, 垂直向上为 y 轴, 则弹道方程和初始条件分别为

$$\begin{cases}\dfrac{dx}{dt}=v_0\cos\alpha,\\ \dfrac{dy}{dt}=v_0\sin\alpha-gt,\end{cases}\qquad \begin{cases}y(0)=0,\ y'(0)=v_0\sin\alpha,\\ x(0)=0,\ x'(0)=v_0\cos\alpha.\end{cases}$$

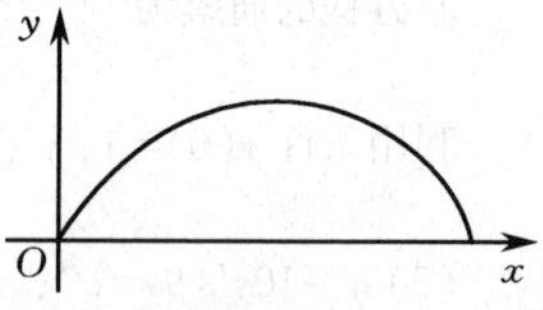

图 7-9

不难解出弹道曲线为

$$\begin{cases}x=v_0t\cos\alpha,\\ y=v_0t\sin\alpha-\dfrac{1}{2}gt^2.\end{cases}$$

5. 在 RLC 含源串联电路中, 电动势为 E 的电源对电容器 C 充电. 已知 $E=20$ V, $C=0.2$ μF, $L=0.1$ H, $R=1000$ Ω, 试求合上开关 S 后的电流 $i(t)$ 及电压 $u_C(t)$.

【解】 由回路电压定律有

$$\begin{cases}\dfrac{d^2u_C}{dt^2}+\dfrac{R}{L}\dfrac{du_C}{dt}+\dfrac{u_C}{LC}=\dfrac{E}{LC},\\ u_C(0)=0,\ u_C'(0)=0.\end{cases}$$

式中 $R=1000$ Ω, $L=0.1$ H, $C=0.2$ μF, 将数值代入后整理, 得

$$u_C''+10^4u_C'+5\times10^7u_C=10^9,$$

特征方程为 $$r^2+10^4r+5\times10^7=0,$$

特征根为 $$r_{1,2}=-5\times10^3\pm(5\times10^3)i,$$

齐次方程的通解为 $$u_C=e^{-5\times10^3t}[C_1\cos(5\times10^3)t+C_2\sin(5\times10^3)t].$$

令 $u_C^*=A$，代入原方程，得 $A=2.0$，$u_C^*=20$. 原方程的通解为

$$u_C=e^{-5\times10^3t}[C_1\cos(5\times10^3)t+C_2\sin(5\times10^3)t]+20.$$

利用初始条件 $u_C(0)=0$，$u_C{}'=0$ 定出　　$C_1=-20$，$C_2=-20$.

最后得：

电压　　$u_C(t)=20-20e^{-5\times10^3t}[\cos(5\times10^3)t+\sin(5\times10^3)t]$ V；

电流　　$i(t)=Cu_C{}'(t)=0.2\times10^{-6}u_C{}'=4\times10^{-2}\cdot e^{-5\times10^3t}\sin(5\times10^3)t$ A.

6. 设函数 $\varphi(x)$ 连续，且满足

$$\varphi(x)=e^x+\int_0^x t\varphi(t)dt-x\int_0^x\varphi(t)dt,$$

求 $\varphi(x)$.

【解】　$\varphi'(x)=e^x-\int_0^x\varphi(t)dt$，$\varphi'(0)=1$，$\varphi(0)=1$，$\varphi''(x)=e^x-\varphi(x)$，得微分方程

$$\begin{cases}\varphi''(x)+\varphi(x)=e^x,\\ \varphi(0)=\varphi'(0)=1.\end{cases}$$

这是具有初始条件的二阶常系数线性非齐次方程.

特征方程为 $r^2+1=0$，特征根为 $r_{1,2}=\pm i$. 齐次方程的通解为

$$\varphi(x)=C_1\cos x+C_2\sin x.$$

令 $\varphi^*(x)=Ae^x$，代入原方程，得 $A=\frac{1}{2}$，于是，$\varphi^*=\frac{1}{2}e^x$.

原方程的通解为　　$\varphi(x)=C_1\cos x+C_2\sin x+\frac{1}{2}e^x$.

利用条件 $\varphi(0)=1$，$\varphi'(0)=1$ 定出 $C_1=\frac{1}{2}$，$C_2=\frac{1}{2}$. 最后得到所求

$$\varphi(x)=\frac{1}{2}(\cos x+\sin x+e^x).$$

*习题 7-9　欧拉方程

求下列欧拉方程的通解：

1. $x^2y''+xy'-y=0$.

【解】　作变换 $x=e^t$，即 $t=\ln x$，则

$$\frac{dy}{dx}=\frac{dy}{dt}\cdot\frac{dt}{dx}=\frac{1}{x}\frac{dy}{dt},\quad \frac{d^2y}{dx^2}=\frac{d}{dx}\left(\frac{dy}{dx}\right)=-\frac{1}{x^2}\frac{dy}{dt}+\frac{1}{x}\frac{d^2y}{dt^2}\cdot\frac{dt}{dx}=\frac{1}{x^2}\left(\frac{d^2y}{dt^2}-\frac{dy}{dt}\right).$$

原方程化为 $y''_t-y=0$,方程的特征方程为

$$r^2-1=0,$$

解得特征根为　　$r_1=1$，$r_2=-1$.

于是，新方程的通解为　　$y=C_1e^t+C_2e^{-t}$，

将 $t=\ln x$ 代入上式，得原方程的通解为

$$y=C_1x+\frac{C_2}{x}.$$

2. $y''-\frac{y'}{x}+\frac{y}{x^2}=\frac{2}{x}$.

【解】　先将方程化为标准形式，即 $x^2y''-xy'+y=2x$. 令 $t=\ln x$，则

$$\frac{dy}{dx}=\frac{dy}{dt}\cdot\frac{dt}{dx}=\frac{1}{x}\frac{dy}{dt},\quad \frac{d^2y}{dx^2}=\frac{1}{x^2}\cdot\left(\frac{d^2y}{dt^2}-\frac{dy}{dt}\right),$$

于是原方程可化为 $$y''_t-2y_t'+y=2e^t,$$
对应的齐次方程的特征方程为 $$r^2-2r+1=0,$$
解得特征根为 $r_{1,2}=1$. 故对应的齐次方程的通解为
$$Y=(C_1+C_2t)e^t.$$
因为 $f(t)=2e^t$, $\lambda=1$ 为特征方程的二重根, 所以设 $y^*=Ae^t\cdot t^2$, 那么
$$(y^*)'=A(t^2+2t)e^t, (y^*)''=A(t^2+4t+2)e^t,$$
代入方程得 $A=1$, 从而
$$y^*=t^2e^t.$$
新方程的通解为 $$y=(C_1+C_2t)e^t+t^2e^t,$$
故原方程的通解为 $$y=x(C_1+C_2\ln x)+x\ln^2x.$$

3. $x^3y'''+3x^2y''-2xy'+2y=0$.

【解】 作变换 $x=e^t$, 即 $t=\ln x$, 则原方程化为 $D(D-1)(D-2)y+3D(D-1)y-2Dy+2y=0$, 即
$$D^3y-3Dy+2y=0,$$
亦即 $$y'''_t-3y_t'+2y=0.$$
方程的特征方程为 $$r^3-3r+2=0,$$
解得特征根为 $r_1=r_2=1$, $r_3=-2$. 于是, 新方程的通解为
$$y=(C_1+C_2t)e^t+C_3e^{-2t}.$$
将 $t=\ln x$ 代入上式, 得原方程的通解为
$$y=C_1x+C_2x\ln x+\frac{C_3}{x^2}.$$

4. $x^2y''-2xy'+2y=\ln^2x-2\ln x$.

【解】 令 $t=\ln x$, 则
$$\frac{dy}{dx}=\frac{dy}{dt}\cdot\frac{dt}{dx}=\frac{1}{x}\frac{dy}{dt}=\frac{1}{x}y_t', \quad \frac{d^2y}{dx^2}=-\frac{1}{x^2}\frac{dy}{dt}+\frac{1}{x}\frac{d^2y}{dt^2}\cdot\frac{dt}{dx}=\frac{1}{x^2}(y_t''-y_t'),$$
于是, 原方程化为 $$y_t''-3y_t'+2y=t^2-2t,$$
对应的齐次方程的特征方程为 $$r^3-2r+2=0,$$
解得特征根为 $r_1=1$, $r_2=2$.

对应的齐次方程的通解为 $$Y=C_1e^t+C_2e^{2t}.$$
因为 $f(t)=t^2-2t$, $\lambda=0$ 不是特征根, 所以设
$$y^*=At^2+Bt+C,$$
那么 $$(y^*)'=2At+B, (y^*)''=2A,$$
代入方程, 得 $$A=\frac{1}{2}, B=\frac{1}{2}, C=\frac{1}{4},$$
所以 $$y^*=\frac{1}{2}t^2+\frac{1}{2}t+\frac{1}{4}.$$
新方程的通解为 $$y=C_1e^t+C_2e^{2t}+\frac{1}{2}t^2+\frac{1}{2}t+\frac{1}{4},$$
故原方程的通解为 $$y=C_1x+C_2x^2+\frac{1}{2}(\ln^2x+\ln x)+\frac{1}{4}.$$

5. $x^2y''+xy'-4y=x^3$.

【解】 作变换 $x=e^t$, 即 $t=\ln x$, 则原方程化为 $D(D-1)y+Dy-4y=e^{3t}$, 即
$$D^2y-4y=e^{3t},$$
亦即 $$y_t''-4y=e^{3t}.$$
方程对应的齐次方程的特征方程为 $$r^2-4=0,$$

解得特征根为 $r_1=2$，$r_2=-2$. 于是,方程对应的齐次方程的通解为 $Y=C_1e^{2t}+C_2e^{-2t}$，
设 $y^*=Ae^{3t}$ 为方程的解，代入方程，得 $(9A-4A)e^{3t}=e^{3t}$，
故 $A=\frac{1}{5}$，$y^*=\frac{1}{5}e^{3t}$ 为方程的一个特解，因而新方程的通解为

$$y=C_1e^{2t}+C_2e^{-2t}+\frac{1}{5}e^{3t}.$$

将 $t=\ln x$ 代入上式，得原方程的通解为 $y=C_1x^2+\frac{C_2}{x^2}+\frac{1}{5}x^3$.

6. $x^2y''-xy'+4y=x\sin(\ln x)$.

【解】 令 $t=\ln x$，则 $$\frac{dy}{dx}=\frac{dy}{dt}\cdot\frac{dt}{dx}=\frac{1}{x}\frac{dy}{dt},$$

即 $$y'=\frac{1}{x}y_t',\ y''=\frac{1}{x^2}(y_t''-y_t'),$$

于是原方程化为 $$y_t''-2y_t'+4y=e^t\sin t,$$

对应的齐次方程的特征方程为 $$r^2-2r+4=0.$$

解得 $$r_1=1+\sqrt{3}i,\ r_2=1-\sqrt{3}i,$$

对应的齐次方程的通解为 $$Y=e^t(C_1\cos\sqrt{3}+C_2\sin\sqrt{3}t).$$

因为 $f(t)=e^t\sin t$，$\lambda+\omega i=1+i$ 不是特征根，所以设 $y^*=e^t(A\cos t+B\sin t)$，则

$$(y^*)'=e^t[(A+B)\cos t+(B+A)\sin t],\ (y^*)''=e^t(2B\cos t+2A\sin t),$$

代入新方程，得 $$A=0,\ B=\frac{1}{2},\ y^*=\frac{1}{2}e^t\sin t,$$

新方程的通解为 $$y=e^t(C_1\cos\sqrt{3}t+C_2\sin\sqrt{3}t)+\frac{1}{2}e^t\sin t,$$

故原方程的通解为

$$y=x[C_1\cos(\sqrt{3}\ln x)+C_2\sin(\sqrt{3}\ln x)]+\frac{1}{2}x\sin(\ln x).$$

7. $x^2y''-3xy'+4y=x+x^2\ln x$.

【解】 作变换 $x=e^t$，即 $t=\ln x$，则原方程化为 $D(D-1)y-3Dy+4y=e^t+te^{2t}$，即

$$D^2y-4Dy+4y=e^t+te^{2t},$$

亦即 $$y_t''-4y_t'+4y=e^t+te^{2t}.$$

方程对应的齐次方程的特征方程为 $r^2-4r+4=0$，解得 $r_1=r_2=2$.

于是，方程对应的齐次方程的通解为 $Y=(C_1+C_2t)e^{2t}$.

由于 $\lambda_1=1$ 不是特征方程的根，$\lambda_2=2$ 是特征方程的根，所以方程 $y_t''-4y_t'+4y=e^t$ 有形如 Ae^t 的特解，$y_t''-4y_t'+4y=te^{2t}$ 有形如 $t^2(Bt+C)e^{2t}$ 的特解，因而设

$$y^*=Ae^t+t^2(Bt+C)e^{2t}$$

为方程的特解，代入新方程，得 $Ae^t+(6Bt+2C)e^{2t}=e^t+te^{2t}$. 比较系数，得

$$A=1,\ B=\frac{1}{6},\ C=0.$$

于是，求得方程的一个特解 $$y^*=e^t+\frac{1}{6}t^3e^{2t},$$

因而新方程的通解为 $$y=(C_1+C_2t)e^{2t}+e^t+\frac{1}{6}t^3e^{2t}.$$

将 $t=\ln x$ 代入上式，得原方程的通解为

$$y=C_1x^2+C_2x^2\ln x+C+\frac{1}{6}x^2\ln^3x.$$

8. $x^3y'''+2xy'-2y=x^2\ln x+3x$.

【解】 令 $t=\ln x$，则原方程化为

$$y_t'''-3y_t''+4y_t'-2y=te^{2t}+3e^t,$$

和方程对应的齐次方程的特征方程为

$$r^3-3r^2+4r-2=0,$$

即 $$(r-1)(r^2-2r+2)=0,$$

解得 $$r_1=1,\ r_{2,3}=1\pm i.$$

对应的齐次方程的通解为 $Y=C_1e^t+e^t(C_2\cos t+C_3\sin t)$.

设y_1^*是 $y_t'''-3y_t''+4y_t'-2y=te^{2t}$ 的一个特解；

y_2^*是 $y_t'''-3y_t''+4y_t'-2y=3e^t$ 的一个特解.

前者，$f(t)=te^{2t}$，$\lambda=2$ 不是特征根，故设

$$y_1^*=(At+B)e^{2t},$$

$$(y_1^*)'=e^{2t}(2At+2B+A),\ (y_1^*)''=e^{2t}(4At+4B+4A),\ (y_1^*)'''=e^{2t}(8At+8B+12A),$$

代入方程，得 $$A=\frac{1}{2},\ B=-1,$$

故 $$y_1^*=\left(\frac{1}{2}t-1\right)e^{2t}.$$

后者，$f_2(t)=3e^t$，$\lambda=1$ 是特征方程的实单根.故设

$$y_2^*=Et\cdot e^t,$$

那么 $$(y_2^*)'=(E+Et)e^t,\ (y_2^*)''=(2E+Et)e^t,\ (y_2^*)'''=(3E+Et)e^t,$$

代入方程,得 $E=3$，故 $$y_2^*=3te^t.$$

从而新方程的通解为 $y=C_1e^t+e^t(C_2\cos t+C_3\sin t)+\left(\frac{1}{2}t-1\right)e^{2t}+3te^t$，故原方程的通解为

$$y=C_1x+x\,[C_2\cos(\ln x)+C_3\sin(\ln x)]+\left(\frac{1}{2}\ln x-1\right)x^2+3x\ln x.$$

* 习题 7-10　常系数线性微分方程组解法举例

1.求下列微分方程组的通解:

(1) $$\begin{cases}\dfrac{dy}{dx}=z,\\ \dfrac{dz}{dx}=y.\end{cases}$$

【解】 将$\frac{dz}{dx}=y$ 两边对 x 求导，得 $$\frac{d^2z}{dx^2}=z, \qquad ①$$

它的特征方程为 $r^2-1=0$，解得 $r_1=1$，$r_2=-1$.方程①的通解为 $z=C_1e^x-C_2e^x$，

于是 $$y=\frac{dz}{dx}=C_1e^x+C_2e^{-x},$$

故通解为 $$\begin{cases}y=C_1e^x+C_2e^{-x},\\ z=C_1e^x-C_2e^{-x}.\end{cases}$$

(2) $$\begin{cases}\dfrac{d^2x}{dt^2}=y,\\ \dfrac{d^2y}{dt^2}=x.\end{cases}$$

【解】 用记号 D 表示$\frac{d}{dt}$，由题设得 $D^4x=x$，故特征方程为

$$r^4-1=0,$$

特征根为 $$r_1=1,\ r_2=-1,\ r_3=i,\ r_4=-i,$$

故$x=C_1e^t+C_2e^{-t}+C_3\cos t+C_4\sin t$， $x'=C_1e^t-C_2e^{-t}-C_3\sin t+C_4\cos t$， $y=x''=C_1e^t+C_2e^{-t}+C_3\cos t-C_4\sin t$，

故通解为 $$\begin{cases}x=C_1e^t+C_2e^{-t}+C_3\cos t+C_4\sin t,\\ y=C_1e^t+C_2e^{-t}-C_3\cos t-C_4\sin t.\end{cases}$$

（3）$\begin{cases}\dfrac{dx}{dt}+\dfrac{dy}{dt}=-x+y+3,\\ \dfrac{dx}{dt}-\dfrac{dy}{dt}=x+y-3.\end{cases}$

【解】 用记号 D 表示$\frac{d}{dt}$，则方程组可记作$\begin{cases}Dx+Dy=-x+y+3,\\ Dx-Dy=x+y-3,\end{cases}$ 即

$$\begin{cases}(D+1)x+(D-1)y=3, & ①\\ (D-1)x-(D+1)y=-3, & ②\end{cases}$$

①+②，得 $$2Dx-2y=0, \quad ③$$

①×$(D+1)$+②×$(D-1)$，得$[(D+1)^2+(D-1)^2]x=(D+1)3-(D-1)3$，即

$$2D^2x+2x=6, \quad ④$$

方程④对应的齐次方程的特征方程为 $r^2+1=0$，

解得 $r_{1,2}=\pm i$，于是方程④对应的齐次方程的通解为

$$X=C_1\cos t+C_2\sin t.$$

设 $x^*=A$ 为方程④的特解，代入方程④，得 $A=3$，所以 $x^3=3$. 因而方程④的通解为

$$x=C_1\cos t+C_2\sin t+3,$$

由方程③，得 $$y=Dx=-C_1\sin t+C_2\cos t,$$

故原方程组的通解为 $$\begin{cases}x=C_1\cos t+C_2\sin t+3,\\ y=-C_1\sin t+C_2\cos t.\end{cases}$$

（4）$\begin{cases}\dfrac{dx}{dt}+5x+y=e^t,\\ \dfrac{dy}{dt}-x-3y=e^{2t}.\end{cases}$

【解】 原方程组为 $$\begin{cases}(D+5)x+y=e^t,\\ -x+(D-3)y=e^{2t},\end{cases}$$

故 $$\begin{vmatrix}D+5 & 1\\ -1 & D-3\end{vmatrix}x=\begin{vmatrix}e^t & 1\\ e^{2t} & D-3\end{vmatrix},$$

即 $$(D^2+2D-14)x=-2e^t-e^{2t}. \quad ①$$

特征方程为 $r^2+2r-14=0$，特征根 $r_{1,2}=-1\pm\sqrt{15}$，从而，对应方程①的齐次方程的通解为

$$X=C_1e^{(-1+\sqrt{15})t}+C_2e^{(-1-\sqrt{15})t}.$$

在方程$(D^2+2D-14)x=-2e^t$ 中，

$$f_1(t)=-2e^t,$$

设其一个特解为 $x_1^*=Ae^t$，从而 $x_1^{*\prime}=Ae^t$，$x_1^{*\prime\prime}=Ae^t$，所以

$$A+2A-14A=-2,\ A=\frac{2}{11},\ x_1^*=\frac{2}{11}e^t.$$

在方程$(D^2+2D-14)x=-e^{2t}$中，$f_2(t)=-e^{2t}$，设其一个特解为 $x_2^*=Be^{2t}$，从而

$$x_2^{*\prime}=2Be^{2t},\ x_2^{*\prime\prime}=4Be^{2t},$$

所以 $$4B+4B-14B=-1,\ B=\frac{1}{6},\ x_2^*=\frac{1}{6}e^{2t}.$$

方程①的一个特解为 $$x^*=\frac{2}{11}e^t+\frac{1}{6}e^{2t},$$

故 $$X=C_1e^{(-1+\sqrt{15})t}+C_2e^{(-1-\sqrt{15})t}+\frac{2}{11}e^t+\frac{1}{6}e^{2t},$$

$$y=e^t-Dx-5x=(-4-\sqrt{15})C_1e^{(-1+\sqrt{15})t}-(4-\sqrt{15})C_2e^{(-1-\sqrt{15})t}-\frac{e^t}{11}-\frac{7}{6}e^{2t}.$$

(5) $\begin{cases}\dfrac{dx}{dt}+2x+\dfrac{dy}{dt}+y=t,\\ 5x+\dfrac{dy}{dt}+3y=t^2.\end{cases}$

【解】 用记号 D 表示 $\dfrac{d}{dt}$,则方程组可记作

$$\begin{cases}(D+2)x+(D+1)y=t, & ①\\ 5x+(D+3)y=t^2, & ②\end{cases}$$

②×$(D+2)$-①×5,得

$$[(D+2)(D+3)-5(D+1)]y=(D+2)t^2-5t,$$

即 $$D^2y+y=2t^2-3t. \qquad ③$$

方程③对应的齐次方程的特征方程为 $r^2+1=0$,解得 $r_{1,2}=\pm i$.

于是,方程③对应的齐次方程的通解为

$$Y=C_1\cos t+C_2\sin t,$$

设方程③有特解 $y^*=a_0t^2+a_1t+a_2$,代入方程③,得

$$2a_0+a_0t^2+a_1t+a_2=2t^2-3t,$$

比较系数,得 $$a_0=2,\ a_1=-3,\ a_2=-2a_0=-4,$$

所以 $$y^*=2t^2-3t-4.$$

方程③的通解为 $$y=C_1\cos t+C_2\sin t+2t^2-3t-4.$$

由方程②得

$$x=-\frac{1}{5}(D+3)y-\frac{1}{5}t^2=-\frac{3C_1+C_2}{5}\cos t+\frac{C_1-3C_2}{5}\sin t-t^2+t+3,$$

故原方程组的通解为

$$\begin{cases}x=-\dfrac{3C_1+C_2}{5}\cos t+\dfrac{C_1-3C_2}{5}\sin t-t^2+t+3,\\ y=C_1\cos t+C_2\sin t+2t^2-3t-4.\end{cases}$$

(6) $\begin{cases}\dfrac{dx}{dt}-3x+2\dfrac{dy}{dt}+4y=2\sin t,\\ 2\dfrac{dx}{dt}+2x+\dfrac{dy}{dt}-y=\cos t.\end{cases}$

【解】 原方程组即为

$$\begin{cases}(D-3)x+(2D+4)y=2\sin t,\\ (2D+2)x+(D-1)y=\cos t,\end{cases}\quad \begin{vmatrix}D-3 & 2D+4\\ 2D+2 & D-1\end{vmatrix}x=\begin{vmatrix}2\sin t & 2D+4\\ \cos t & D-1\end{vmatrix},$$

即

$$(3D^2+16D+5)x=2\cos t, \qquad ①$$

方程①的特征方程为 $$3r^2+16r+5=0,$$

解得 $$r_1=-5,\ r_2=-\frac{1}{3}.$$

方程①对应的齐次方程的通解为

$$X=C_1e^{-5x}+C_2e^{-\frac{1}{3}t},$$

在方程①中，$f(t)=2\cos t$，设方程①的一个特解为

$$x^*=A\cos t+B\sin t,\ x^{*\prime}=-A\sin t+B\cos t,\ x^{*\prime\prime}=-A\cos t-b\sin t,$$

代入方程①，得

$$(2A+16B)\cos t+(2B-16A)\sin t=2\cos t,\ A=\frac{1}{65},\ B=\frac{8}{65},$$

于是
$$x^*=\frac{8\sin t+\cos t}{65},$$

故
$$x=C_1e^{-5t}+C_2e^{-\frac{1}{3}t}+\frac{8\sin t+\cos t}{65}.$$

又由原方程组可得

$$3Dx+7x-6y=2\cos t-2\sin t, \tag{②}$$

将方程①的解 x 代入方程②，可得

$$y=-\frac{4}{3}C_1e^{-5t}+C_2e^{-\frac{1}{3}t}+\frac{61\sin t-33\cos t}{130}.$$

2.求下列微分方程组满足所给初始条件的特解：

(1) $\begin{cases}\dfrac{dx}{dt}=y,\ x\Big|_{t=0}=0,\\ \dfrac{dy}{dt}=-x,\ y\Big|_{t=0}=1.\end{cases}$

【解】 原方程组即为

$$\begin{cases}Dx-y=0,\\ x+Dy=0,\end{cases}$$

$$D^2x+x=0, \tag{①}$$

方程①的特征方程为 $r^2+1=0$，解得 $r_{1,2}=\pm i$.

方程①的通解为

$$X=C_1\cos t+C_2\sin t,\ y=Dx=-C_1\sin t+C_2\cos t.$$

将初始条件代入，得 $C_1=0$，$C_2=1$，故方程组的特解为

$$\begin{cases}x=\sin t,\\ y=\cos t.\end{cases}$$

(2) $\begin{cases}\dfrac{d^2x}{dt^2}+2\dfrac{dy}{dt}-x=0, & x\Big|_{t=0}=1,\\ \dfrac{dx}{dt}+y=0, & y\Big|_{t=0}=0.\end{cases}$

【解】 由第二个方程，得 $y=-\dfrac{dx}{dt}$，代入第一个方程，得

$$\frac{d^2x}{dt^2}+x=0,$$

它的特征方程为 $r^2+1=0$，特征根为 $r_{1,2}=\pm i$，它的通解为

$$x=C_1\cos t+C_2\sin t,$$

于是
$$y=-\frac{dx}{dt}=C_1\sin t-C_2\cos t,$$

因而原方程组的通解为
$$\begin{cases}x=C_1\cos t+C_2\sin t,\\ y=C_1\sin t-C_2\cos t.\end{cases}$$

代入初始条件，得 $\begin{cases}C_1=1,\\C_2=0,\end{cases}$

故满足初始条件的特解为 $\begin{cases}x=\cos t,\\y=\sin t.\end{cases}$

(3) $\begin{cases}\dfrac{dx}{dt}+3x-y=0,\ x\Big|_{t=0}=1,\\ \dfrac{dy}{dt}-8x+y=0,\ y\Big|_{t=0}=4.\end{cases}$

【解】 方程组即为 $\begin{cases}Dx+3x-y=0,\\Dy-8x+y=0,\end{cases}$

即 $\begin{cases}(D+3)x-y=0,\\-8x+(D+1)y=0,\end{cases}\begin{vmatrix}D+3&-1\\-8&D+1\end{vmatrix}x=\begin{vmatrix}0&-1\\0&D+1\end{vmatrix},$

即 $$(D^2+4D-5)x=0. \qquad ①$$

方程①的特征方程为 $r^2+4r-5=0$，解得 $r_1=1$，$r_2=-5$.

方程①的通解为 $X=C_1e^t+C_2e^{-5t}$，

又由原方程组可得 $y=Dx+3x.$

方程组的通解为 $x=C_1e^t+C_2e^{-5t}$，$y=4C_1e^t-2C_2e^{-5t}$，

将初始条件代入，得 $C_1=1$，$C_2=0$，于是方程组的特解为

$$\begin{cases}x=e^t,\\y=4e^t.\end{cases}$$

(4) $\begin{cases}2\dfrac{dx}{dt}-4x+\dfrac{dy}{dt}-y=e^t,\quad x\Big|_{t=0}=\dfrac{3}{2},\\ \dfrac{dx}{dt}+3x+y=0,\quad y\Big|_{t=0}=0.\end{cases}$

【解】 原方程组可写成

$$\begin{cases}(2D-4)x+(D-1)y=e^t, & ①\\(D+3)x+y=0, & ②\end{cases}$$

②×$(D-1)$-①，得

$$D^2x+x=-e^t, \qquad ③$$

方程③对应的齐次方程的特征方程为 $r^2+1=0$，解得 $r_{1,2}=\pm i$.

于是，方程③对应的齐次方程的通解为

$$X=C_1\cos t+C_2\sin t.$$

设方程③有特解 $x^*=Ae^t$. 代入方程③，得 $2Ae^t=-e^t$，所以

$$A=-\frac{1}{2},\ x^*=-\frac{1}{2}e^t.$$

因而方程③的通解为 $x=C_1\cos t+C_2\sin t-\dfrac{1}{2}e^t.$

由方程②得 $y=-(D+3)x=(C_1-3C_2)\sin t-(3C_1+C_2)\cos t+2e^t.$

于是，原方程组的通解为

$$\begin{cases}x=C_1\cos t+C_2\sin t-\dfrac{1}{2}e^t,\\y=(C_1-3C_2)\sin t-(3C_1+C_2)\cos t+2e^t,\end{cases}$$

代入初始条件，得

$$\begin{cases}C_1-\dfrac{1}{2}=\dfrac{3}{2},\\-3C_1+C_2+2=0,\end{cases}$$

所以
$$\begin{cases}C_1=2,\\C_2=-4,\end{cases}$$

故满足初始条件的特解为
$$\begin{cases}x=2\cos t-4\sin t-\dfrac{1}{2}e^t,\\y=14\sin t-2\cos t+2e^t.\end{cases}$$

(5) $\begin{cases}\dfrac{dx}{dt}+2x-\dfrac{dy}{dt}=10\cos t, & x\Big|_{t=0}=2,\\\dfrac{dx}{dt}+\dfrac{dy}{dt}+2y=4e^{-2t}, & y\Big|_{t=0}=0.\end{cases}$

【解】 原方程组即为

$$\begin{cases}(D+2)x+(-Dy)=10\cos t,\\Dx+(D+2)y=4e^{-2t},\end{cases}\quad \begin{vmatrix}D+2 & -D\\D & D+2\end{vmatrix}y=\begin{vmatrix}D+2 & 10\cos t\\D & 4e^{-2t}\end{vmatrix},$$

即

$$(D^2+2D+2)y=5\sin t, \qquad ①$$

方程①的特征方程为 $r^2+2r+2=0$，解得 $r_{1,2}=-1\pm i$.和方程①对应的齐次方程的通解为
$$Y=e^{-t}(C_1\cos t+C_2\sin t),$$
又方程①中，$f(t)=5\sin t$，设方程①的一个特解为 $y^*=A\cos t+B\sin t$，那么
$$y^{*\prime}=-A\sin t+B\cos t,\ y^{*\prime\prime}=-A\cos t-B\sin t,$$
代入方程①，得
$$(A+2B)\cos t+(B-2A)\sin t=5\sin t,$$
$$A=-2,\ B=1,\ y^*=-2\cos t+\sin t.$$

方程①的通解为 $y=e^{-t}(C_1\cos t+C_2\sin t)+\sin t-2\cos t$，由原方程组又可得
$$x=Dy+y+5\cos t-2e^{-2t}=e^{-t}(C_2\cos t-C_1\sin t)+4\cos t+3\sin t-2e^{-2t},$$
代入初始条件，得 $C_1=2$，$C_2=0$.方程组的特解为
$$\begin{cases}x=4\cos t+3\sin t-2e^{-2t}-2e^{-t}\sin t,\\y=\sin t-2\cos t+2e^{-t}\cos t.\end{cases}$$

(6) $\begin{cases}\dfrac{dx}{dt}-x+\dfrac{dy}{dt}+3y=e^{-t}-1, & x\Big|_{t=0}=\dfrac{48}{49},\\\dfrac{dx}{dt}+2x+\dfrac{dy}{dt}+y=e^{2t}+t, & y\Big|_{t=0}=\dfrac{95}{98}.\end{cases}$

【解】 此题可用解(5)的方法进行.为开拓解题思路，现采用另一种方法求解.

两式相减，得

$$y=\frac{3}{2}x+\frac{1}{2}e^{-t}-\frac{1}{2}e^{2t}-\frac{1}{2}(1+t), \qquad ①$$

从而
$$y'(t)=\frac{3}{2}x'(t)-\frac{1}{2}e^{-1}-e^{2t}-\frac{1}{2},$$

代入第二个方程，得
$$x'(t)+\frac{7}{5}x(t)=e^{2t}+\frac{3}{5}t+\frac{2}{5},$$

这是一阶线性非齐次方程

$$x(t)=e^{-\int\frac{7}{5}dt}\left[C_1+\int\left(e^{2t}+\frac{3}{5}t+\frac{2}{5}\right)e^{\frac{7}{5}t}dt\right]=C_1e^{-\frac{7}{5}t}+\frac{5}{17}e^{2t}+\frac{3}{7}t-\frac{1}{49}.$$

代入 $x(0)=\dfrac{48}{49}$ 得 $C_1=\dfrac{12}{17}$，故特解为

$$x(t)=\frac{12}{17}e^{-\frac{7}{5}t}+\frac{5}{17}e^{2t}+\frac{3}{7}t-\frac{1}{49}.$$

将 $x=C_1\mathrm{e}^{-\frac{7}{5}}+\frac{5}{17}\mathrm{e}^{2t}+\frac{3}{7}t-\frac{1}{49}$代入方程①，并利用 $y(0)=\frac{95}{98}$可得特解

$$y(t)=\frac{18}{17}\mathrm{e}^{-\frac{7}{5}t}-\frac{1}{17}\mathrm{e}^{2t}+\frac{\mathrm{e}^{-t}}{2}+\frac{t}{7}-\frac{26}{49}.$$

总习题七

1. 填空：

(1) $xy'''+2x^2y'^2+x^3y=x^4+1$ 是______阶微分方程；

(2) 一阶线性微分方程 $y'+P(x)y=Q(x)$ 的通解为______；

(3) 与积分方程 $y=\int_{x_0}^{x}f(x,y)\mathrm{d}x$ 等价的微分方程初值问题是______；

(4) 已知 $y=1$，$y=x$，$y=x^2$ 是某二阶非齐次线性微分方程的三个解，则该方程的通解为______.

【解】 (1) 应填3；

(2) 应填 $y=\mathrm{e}^{-\int P(x)\mathrm{d}x}\left[\int Q(x)\mathrm{e}^{\int P(x)\mathrm{d}x}\mathrm{d}x+C\right]$；

(3) 应填 $y'=f(x,y)$，$y(x_0)=0$；

(4) 应填 $y=C_1(x-1)+C_2(x^2-1)+1$.

2. 以下两题中给出了四个结论，从中选出一个正确的结论：

(1)设非齐次线性微分方程 $y'+P(x)y=Q(x)$有两个不同的解：$y_1(x)$与 $y_2(x)$，C 为任意常数，则该方程的通解是(　　)；

A. $C[y_1(x)-y_2(x)]$　　B. $y_1(x)+C[y_1(x)-y_2(x)]$

C. $C[y_1(x)+y_2(x)]$　　D. $y_1(x)+C[y_1(x)+y_2(x)]$

(2)具有特解 $y_1=\mathrm{e}^{-x}$，$y_2=2x\mathrm{e}^{-x}$，$y_3=3\mathrm{e}^{x}$ 的三阶常系数齐次线性微分方程是(　　).

A. $y'''-y''-y'+y=0$　　B. $y'''+y''-y'-y=0$

C. $y'''-6y''+11y'-6y=0$　　D. $y'''-2y''-y'+2y=0$

【解】 (1)由题设条件及解的性质得：$C[y_1(x)-y_2(x)]$是齐次方程的通解，而 $y_1(x)+C[y_1(x)-y_2(x)]$为原方程的通解，故选 B；

(2)由题意知 $r_1=r_2=-1$，$r_3=1$ 为齐次方程对应的特征方程的 3 个根，从而有$(r+1)^2(r-1)=r^3+r^2-r-1$，根据特征方程与齐次方程的关系得所求方程为 $y'''+y''-y'-y=0$，故选 B.

3. 求以下列各式所表示的函数为通解的微分方程：

(1) $(x+C)^2+y^2=1$ (其中 C 为任意常数).

【解】 将$(x+C)^2+y^2=1$ 两边对 x 求导，得

$$2(x+C)+2yy'=0.$$

解出 $C=-x-xy'$，代入原方程，得

$$y^2(1+y'^2)=1.$$

(2) $y=C_1\mathrm{e}^{x}+C_2\mathrm{e}^{2x}$ (其中 C_1，C_2 为任意常数).

【解】 $y=C_1\mathrm{e}^{x}+C_2\mathrm{e}^{2x}$，$y'=C_1\mathrm{e}^{x}+2C_2\mathrm{e}^{2x}$，$y''=C_1\mathrm{e}^{x}+4C_2\mathrm{e}^{2x}$，$2C_2\mathrm{e}^{2x}=y''-y'$，

$$C_2=\frac{1}{2}(y''-y')\mathrm{e}^{-2x},\ 2y'-y''=C_1\mathrm{e}^{x},\quad C_1=(2y'-y'')\mathrm{e}^{-x}.$$

将 C_1 与 C_2 的表达式代回原方程，得　　$y''-3y'+2y=0.$

4. 求下列微分方程的通解：

(1) $xy'+y=2\sqrt{xy}$.

【解】 将原方程改写成伯努利方程

$$y'+\frac{1}{x}y=2x^{-\frac{1}{2}}y^{\frac{1}{2}}.$$

令 $z=y^{1-\frac{1}{2}}$，方程化为$\frac{dz}{dx}+\frac{1}{2x}z=x^{-\frac{1}{2}}$，则

$$z=e^{-\int\frac{1}{2x}dx}\left(\int x^{-\frac{1}{2}}e^{\int\frac{dx}{2x}}dx+C\right)=x^{-\frac{1}{2}}(x+C),$$

即
$$y^{\frac{1}{2}}=x^{-\frac{1}{2}}(x+C)$$
或
$$\sqrt{xy}=x+C.$$

(2) $xy'\ln x+y=ax(\ln x+1)$.

【解】 将原方程改写成 $y'+\frac{1}{x\ln x}y=a\left(1+\frac{1}{\ln x}\right)$，则

$$y=e^{-\int\frac{dx}{x\ln x}}\left[\int a\left(1+\frac{1}{\ln x}\right)e^{\int\frac{dx}{x\ln x}}dx+C\right]=\frac{1}{\ln x}\left[\int a(1+\ln x)\,dx+C\right]=ax+\frac{C}{\ln x},$$

通解为
$$y=ax+\frac{C}{\ln x}.$$

(3) $\frac{dy}{dx}=\frac{y}{2(\ln y-x)}$.

【解】 将原方程改写成以 y 为自变量的微分方程$\frac{dx}{dy}+\frac{2}{y}x=\frac{2}{y}\ln y$，则

$$y=e^{-\int\frac{2}{y}dy}\left[\int\left(\frac{2}{y}\ln y\right)e^{\int\frac{2}{y}dy}dy+C\right]=\frac{1}{y^2}\left(\int 2y\ln y\,dy+C\right)=\ln y-\frac{1}{2}+\frac{C}{y^2},$$

通解为
$$x=\ln y-\frac{1}{2}+\frac{C}{y^2}.$$

*(4) $\frac{dy}{dx}+xy-x^3y^3=0$.

【解】 将原方程改写成标准的伯努利方程$\frac{dy}{dx}+xy=x^3y^3$. 令 $z=y^{1-3}$，方程化为

$$\frac{dz}{dx}-2xz=-2x^3,$$

则
$$z=e^{\int 2x dx}\left[\int(-2x^3)e^{-\int 2x dx}dx+C\right]=e^{x^2}(x^2e^{-x^2}+e^{-x^2}+C),$$

即
$$y^{-2}=e^{x^2}(x^2e^{-x^2}+e^{-x^2}+C)$$
或
$$y^{-2}=x^2+1+Ce^{x^2}.$$

(5) $y''+y'^2+1=0$.

【解】 令 $y'=p$，则 $y''=p'$，方程化为 $p'+p^2+1=0$，

$$\int\frac{dp}{1+p^2}=-\int dx.$$

积分得
$$\arctan p=-x+C_1,$$

即
$$y'=\tan(C_1-x),\quad y=\ln|\cos(x-C_1)|+C_2$$
或
$$y=\ln|\cos(x+C_1)|+C_2.$$

(6) $yy''-y'^2-1=0$.

【解】 令 $y'=p$，则 $y''=p\frac{dp}{dy}$，原方程化为 $yp\frac{dp}{dy}-p^2-1=0$，即

$$\frac{pdp}{p^2+1}=\frac{dy}{y},$$

有 $$\frac{1}{2}\ln(p^2+1)=\ln y+C.$$

记 $C_1=e^C$, 有 $$p=\pm\sqrt{(C_1y)^2-1}.$$

对于 $p=\sqrt{(C_1y)^2-1}$, 即 $y'=\sqrt{(C_1y)^2-1}$, 有

$$\int\frac{d(C_1y)}{\sqrt{(C_1y)^2-1}}=\int C_1dx,$$

则 $$\ln[C_1y+\sqrt{(C_1y)^2-1}]=C_1x+C_2,$$

即

$$C_1y+\sqrt{(C_1y)^2-1}=e^{C_1x+C_2}, \quad ①$$

注意到 $$C_1y-\sqrt{(C_1y)^2-1}=\frac{1}{C_1y+\sqrt{(C_1y)^2-1}},$$

故

$$C_1y-\sqrt{(C_1y)^2-1}=e^{-(C_1x+C_2)}. \quad ②$$

结合式①和式②, 得

$$C_1y=\frac{1}{2}[e^{C_1x+C_2}-e^{-(C_1x+C_2)}]=\mathrm{ch}(C_1x+C_2),\quad y=\frac{1}{C_1}\mathrm{ch}(C_1x+C_2).$$

对于 $y'=-\sqrt{(C_1y)^2-1}$, 类似可得 $y=\frac{1}{C_1}\mathrm{ch}(C_1x+C_2)$.总之, 原方程的通解为

$$y=\frac{1}{C_1}\mathrm{ch}(C_1x+C_2).$$

(7) $y''+2y'+5y=\sin 2x$.

【解】 特征方程为 $r^2+2r+5=0$, 特征根为 $r_{1,2}=-1\pm 2i$. 齐次方程的通解为

$$Y=e^{-x}(C_1\cos 2x+C_2\sin 2x).$$

令 $y^*=A\cos 2x+B\sin 2x$, 代入原方程, 得

$$A=-\frac{4}{17},\ B=\frac{1}{17}.\ y^*=-\frac{4}{17}\cos 2x+\frac{1}{17}\sin 2x.$$

原方程的通解为 $$y=e^{-x}(C_1\cos 2x+C_2\sin 2x)-\frac{4}{17}\cos 2x+\frac{1}{17}\sin 2x.$$

(8) $y'''+y''-2y'=x(e^x+4)$.

【解】 特征方程为 $r^3+r^2-2r=0$, 特征根为 $r_1=0$, $r_2=1$, $r_3=-2$. 齐次方程的通解为

$$Y=C_1+C_2e^x+C_3e^{-2x}.$$

对于方程

$$y'''+2y''-2y'=xe^x, \quad ①$$

令 $y^*=x(A_1x+B_1)e^x$, 代入式①, 得 $A_1=\frac{1}{6}$, $A_2=-\frac{4}{9}$. $y_1^*=x\left(\frac{1}{6}x-\frac{4}{9}\right)e^x$.

对于方程

$$y'''+2y''-2y'=4x, \quad ②$$

令 $y_2^*=x(A_2x+B_2)$, 代入式②, 得 $A_2=-1$, $B_2=-1$.$y_2^*=-x^2-x$.

原方程的通解为 $$y=C_1+C_2e^x+C_3e^{-2x}+x\left(\frac{1}{6}x-\frac{4}{9}\right)e^x-x^2-x.$$

*(9) $(y^4-3x^2)dy+xydx=0$.

【解】 将原方程改写成以 y 为自变量的伯努利方程

$$\frac{dx}{dy}-\frac{3}{y}x=-y^3x^{-1}.$$

令 $z=x^{1-(-1)}=x^2$，方程可化为

$$\frac{dz}{dy}-\frac{6}{y}z=-2y^3,$$

于是
$$z=e^{\int\frac{6}{y}dy}\left[\int(-2y^3)e^{-\int\frac{6}{y}dy}dy+C\right]=y^4+Cy^6.$$

原方程的通解为 $x^2=y^4+Cy^6$.

(10) $y'+x=\sqrt{x^2+y}$.

【解】 令 $u=\sqrt{x^2+y}$，则 $\frac{dy}{dx}=2u\frac{du}{dx}-2x$，原方程化为

$$\frac{du}{dx}=\frac{1}{2}\left(\frac{x}{u}\right)+\frac{1}{2}.$$

令 $z=\frac{u}{x}$，则 $u=xz$，$\frac{du}{dx}=z+x\frac{dz}{dx}$，方程进一步化为

$$x\frac{dz}{dx}=-\frac{1}{2}\left(2z-\frac{1}{z}-1\right),$$

有
$$\int\frac{zdz}{2z^2-z-1}=-\frac{1}{2}\int\frac{dx}{x},$$

$$\frac{1}{3}\left[\ln(z-1)+\frac{1}{2}\ln(2z+1)\right]=-\frac{1}{2}\ln x+C_1,\quad 2z^3-3z^2+1=Cx^{-3}\quad(C=e^{6C_1}),$$

$$\left(\frac{u}{x}\right)^3-3\left(\frac{u}{x}\right)^2+1=Cx^{-3},\quad\left(\frac{\sqrt{x^2+y}}{x}\right)^3-3\left(\frac{\sqrt{x^2+y}}{x}\right)^2+1=Cx^{-3},$$

化简为
$$2\sqrt{(x^2+y)^3}-2x^3-3xy=C,$$

这就是原方程的通解.

5. 求下列微分方程满足所给初始条件的特解：

*(1) $y^3dx+2(x^2-xy^2)dy=0$，$x=1$ 时 $y=1$.

【解】 将原方程改写成以 y 为自变量的伯努利方程

$$\frac{dx}{dy}-\frac{2}{y}x=-\frac{2}{y^3}x^2.$$

令 $z=x^{1-2}$，则方程进一步化成

$$\frac{dz}{dy}+\frac{2}{y}z=\frac{2}{y^3}.$$

$$z=e^{-\int\frac{2}{y}dy}\left(\int\frac{2}{y^3}e^{\int\frac{2}{y}dy}dy+C\right)=\frac{1}{y^2}\left(\int\frac{2}{y}dy+C\right)=\frac{1}{y^2}(2\ln y+C),$$

即
$$\frac{1}{x}=\frac{1}{y^2}(2\ln y+C)$$

或
$$y^2=x(2\ln y+C),$$

这就是原方程的通解.

(2) $y''-ay'^2=0$，$x=0$ 时 $y=0$，$y'=-1$.

【解】 令 $y'=p$，则原方程化为 $\frac{dp}{p^2}=adx$，积分得

$$-\frac{1}{p}=ax+C_1,$$

即
$$y'=-\frac{1}{ax+C_1}.$$

代入 $y'(0)=-1$，得 $C_1=1$，于是

$$\mathrm{d}y=-\frac{\mathrm{d}x}{ax+1},\ y=-\frac{1}{a}\ln(ax+1)+C_2.$$

代入 $y(0)=0$，得 $C_2=0$，

$$y=-\frac{1}{a}\ln(ax+1).$$

(3) $2y''-\sin 2y=0$，$x=0$ 时 $y=\frac{\pi}{2}$，$y'=1$.

【解】 令 $y'=p$，则 $y''=p\frac{\mathrm{d}p}{\mathrm{d}y}$，原方程化为 $2p\frac{\mathrm{d}p}{\mathrm{d}y}-\sin 2y=0$，解出

$$p^2=-\frac{1}{2}\cos 2y+C_1.$$

代入 $p(0)=-1$，得 $C_1=\frac{1}{2}$，于是，有

$$y'^2=\frac{1}{2}-\frac{1}{2}\cos 2y,$$

即 $$y'=\sin y,$$

解出 $$\ln\left(\tan\frac{y}{2}\right)=x+C_2.$$

代入 $y(0)=0$，得 $C_2=0$.于是

$$\ln\left(\tan\frac{y}{2}\right)=x,$$

即 $y=2\arctan e^x$ 为原方程的通解.

(4) $y''+2y'+y=\cos x$，$x=0$ 时 $y=0$，$y'=\frac{3}{2}$.

【解】 特征方程为 $r^2+2r+1=0$，特征根为 $r_1=-1$，$r_2=-1$. 齐次方程的通解为

$$Y=(C_1+C_2x)e^{-x}.$$

令 $y^*=A\cos x+B\sin x$，代入原方程，得 $A=0$，$B=\frac{1}{2}$.于是

$$y^*=\frac{1}{2}\sin x,$$

原方程的通解为 $$y=(C_1+C_2x)e^{-x}+\frac{1}{2}\sin x.$$

6. 已知某曲线经过点(1,1)，它的切线在纵轴上的截距等于切点的横坐标，求它的方程.

【解】 如图 7-10 所示，设 $P(x,y)$ 为曲线上任一点，则过此点的切线方程为

$$Y-y=y'(X-x),$$

它在纵轴上的截距为 $y-xy'$.

依题意，有

$$\begin{cases}y-xy'=x,\\ y(1)=1,\end{cases}$$

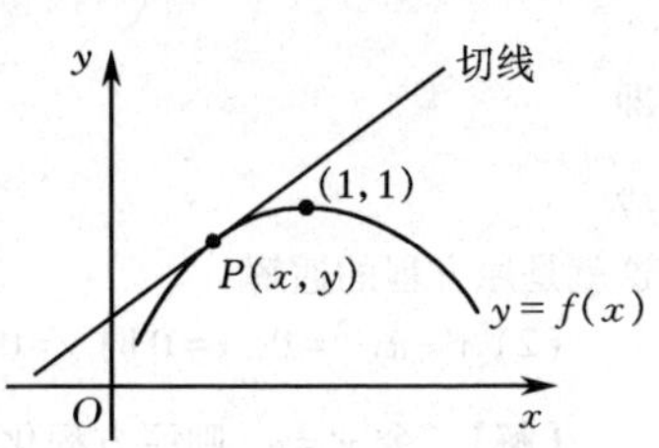

图 7-10

解该齐次方程，得通解

$$y=x(C-\ln x).$$

代入 $y(1)=1$，得 $C=1$.所求曲线方程为 $y=x(1-\ln x)$.

7. 已知某车间的容积为 5400 m^3，其中的空气含 0.12%的 CO_2(以容积计算). 现以含 CO_2 0.04%的新鲜空气输入，问每分钟应输入多少，才能在 30 min 后使车间空气中 CO_2 的含量不超过 0.

06%？(假定输入的新鲜空气与原有空气很快混合均匀后，以相同的流量排出)

【解】 设每分钟输入新鲜空气 a m^3，在 t 时刻车间内 CO_2 的浓度为 $x(t)$，则车间内 CO_2 含量经 dt 时间，改变量为

$$5400\mathrm{d}x=0.0004a\mathrm{d}t-ax\mathrm{d}t,$$

分离变量后，得微分方程
$$\frac{1}{x-0.0004}\mathrm{d}x=-\frac{a}{5400}\mathrm{d}t,$$

两边积分，得
$$\ln(x-0.0004)=-\frac{a}{5400}t+C_1,$$

即
$$x=0.0004+C\mathrm{e}^{-\frac{a}{5400}t}.$$

代入 $x(0)=0.0012$，得 $C=0.0008$，于是

$$x=0.0004+0.0008\mathrm{e}^{-\frac{a}{5400}t}.$$

代入 $t=30$，$x=0.0006$，得 $a=180\ln4\approx250$.

当 $a\geqslant250$ m^3 时，可保证车间内 CO_2 含量不超过 0.06%.

8. 设可导函数 $\varphi(x)$ 满足 $\varphi(x)\cos x+2\int_0^x\varphi(t)\sin t\mathrm{d}t=x+1$，求 $\varphi(x)$.

【解】 $\varphi(x)\cos x+2\int_0^x\varphi(t)\sin t\mathrm{d}t=x+1$，两边对 x 求导，得 $\varphi'(x)\cos x+\varphi(x)\sin x=1$，即

$$\varphi'(x)+(\tan x)\varphi(x)=\sec x,$$

$$\varphi(x)=\mathrm{e}^{-\int\tan x\mathrm{d}x}\left[\int(\sec x)\mathrm{e}^{\int\tan x\mathrm{d}x}\mathrm{d}x+C\right]=(\cos x)\left(\int\sec^2x\mathrm{d}x+C\right)=(\cos x)(\tan x+C)=\sin x+C\cos x.$$

代入 $\varphi(0)=1$，得 $C=1$.最后得 $\varphi(x)=\sin x+\cos x$.

9. 设光滑曲线 $y=\varphi(x)$ 过原点，且当 $x>0$ 时 $\varphi(x)>0$，对应于 $[0,x]$ 一段曲线弧长为 e^x-1，求 $\varphi(x)$.

【解】
$$\begin{cases}\int_0^x\sqrt{1+y'^2}\mathrm{d}x=\mathrm{e}^x-1,\\ y(0)=0,\end{cases}$$

即
$$\begin{cases}\sqrt{1+y'^2}=\mathrm{e}^x,\\ y(0)=0,\end{cases}\quad y'=\pm\sqrt{\mathrm{e}^{2x}-1}.$$

取
$$y'=\sqrt{\mathrm{e}^{2x}-1},$$

积分，得
$$y=\sqrt{\mathrm{e}^{2x}-1}-\arctan\sqrt{\mathrm{e}^{2x}-1}+C,$$

代入 $y(0)=0$，得 $C=0$，故

$$\varphi(x)=\sqrt{\mathrm{e}^{2x}-1}-\arctan\sqrt{\mathrm{e}^{2x}-1}.$$

10. 设 $y_1(x)$，$y_2(x)$ 是二阶齐次线性方程 $y''+p(x)y'+q(x)y=0$ 的两个解，令

$$W(x)=\begin{vmatrix}y_1(x)&y_2(x)\\y'_1(x)&y'_2(x)\end{vmatrix}=y_1(x)y'_2(x)-y'_1(x)y_2(x),$$

证明：(1) $W(x)$ 满足方程 $W'+p(x)W=0$；(2) $W(x)=W(x_0)\mathrm{e}^{-\int_{x_0}^x p(t)\mathrm{d}t}$.

【证】 (1) 因为 $y_1(x)$，$y_2(x)$ 都是原方程的解，故有

$$y_1''+p(x)y_1'+q(x)y_1=0,\ y_2''+p(x)y_2'+q(x)y_2=0,$$

$$\begin{aligned}W'(x)+p(x)W(x)&=(y_1'y_2'+y_1y_2''-y_1''y_2-y_1'y_2')+p(x)(y_1y_2'-y_1'y_2)\\&=y_1[y_2''+p(x)y_2']-y_2[y_1''+p(x)y_1']=y_1[-q(x)y_2]-y_2[-q(x)y_1]=0,\end{aligned}$$

故 $W(x)$ 满足方程 $W'(x)+p(x)W(x)=0$；

(2) $W'(x)+p(x)W(x)=0$，$\frac{\mathrm{d}W}{W}=-p(x)\mathrm{d}x$，$\int_{x_0}^x\frac{\mathrm{d}W}{W}=\int_{x_0}^x[-p(x)]\mathrm{d}x$，

$$\ln W(x)-\ln W(x_0)=-\int_{x_0}^{x}p(x)\mathrm{d}x,\ W(x)=W(x_0)\mathrm{e}^{-\int_{x_0}^{x}p(x)\mathrm{d}x}.$$

*11.求下列欧拉方程的通解:

(1) $x^2y''+3xy'+y=0$.

【解】 作变换 $x=\mathrm{e}^t$, 即 $t=\ln x$, 原方程化为 $D(D-1)y+3Dy+y=0$, 即

$$D^2y+2Dy+y=0,$$

亦即

$$y''_t+2y_t'+y=0. \quad ①$$

方程①的特征方程为 $r^2+2r+1=0$,解得 $r_1=r_2=-1$.于是, 方程①的通解为

$$y=(C_1+C_2t)\mathrm{e}^{-t},$$

将 $t=\ln x$ 代入上式, 得原方程的通解为

$$y=\frac{C_1+C_2\ln x}{x}.$$

(2) $x^2y''-4xy'+6y=x$.

【解】 作变换 $x=\mathrm{e}^t$, 即 $t=\ln x$, 原方程化为 $D(D-1)y-4Dy+6y=\mathrm{e}^t$, 即

$$D^2y-5Dy+6y=\mathrm{e}^t,$$

亦即

$$y''_t-5y_t'+6y=\mathrm{e}^t. \quad ①$$

方程①对应的齐次方程的特征方程为 $r^2-5r+6=0$, 解得 $r_1=2$, $r_2=3$.

于是, 方程①对应的齐次方程的通解为 $Y=C_1\mathrm{e}^{2t}+C_2\mathrm{e}^{3t}$.

由于 $f(t)=\mathrm{e}^t$, $\lambda=1$ 不是特征根, 所以设方程①有特解 $y^*=A\mathrm{e}^t$, 代入方程①, 得

$$2A\mathrm{e}^t=\mathrm{e}^t,\ A=\frac{1}{2},$$

因而

$$y^*=\frac{1}{2}\mathrm{e}^t,$$

方程①的通解为

$$y=C_1\mathrm{e}^{2t}+C_2\mathrm{e}^{3t}+\frac{1}{2}\mathrm{e}^t.$$

将 $t=\ln x$ 代入上式, 得原方程的通解为 $y=C_1x^2+C_2x^3+\dfrac{x}{2}$.

*12.求下列常系数线性微分方程组的通解:

(1) $\begin{cases}\dfrac{\mathrm{d}x}{\mathrm{d}t}+2\dfrac{\mathrm{d}y}{\mathrm{d}t}+y=0,\\ 3\dfrac{\mathrm{d}x}{\mathrm{d}t}+2x+4\dfrac{\mathrm{d}y}{\mathrm{d}t}+3y=t;\end{cases}$ (2) $\begin{cases}\dfrac{\mathrm{d}^2x}{\mathrm{d}t^2}+2\dfrac{\mathrm{d}x}{\mathrm{d}t}+x+\dfrac{\mathrm{d}y}{\mathrm{d}t}+y=0,\\ \dfrac{\mathrm{d}x}{\mathrm{d}t}+x+\dfrac{\mathrm{d}^2y}{\mathrm{d}t^2}+2\dfrac{\mathrm{d}y}{\mathrm{d}t}+y=\mathrm{e}^t.\end{cases}$

【解】 (1)该方程组可表示成

$$\begin{cases}Dx+(2D+1)y=0, & ①\\ (3D+2)x+(4D+3)y=t, & ②\end{cases}$$

①×$(3D+2)$-②×D, 得$(2D^2+4D+2)y=-1$,即

$$2y''+4y'+2y=-1, \quad ③$$

方程③对应的齐次方程的特征方程为 $2r^2+4r+2=0$, 解得特征根为 $r_1=r_2=-1$.

于是, 方程③对应的齐次方程的通解为 $Y=(C_1+C_2t)\mathrm{e}^{-t}$.

由于 $f(t)=-1$, 0 不是特征根, 所以设方程③有特解 $y^*=A$, 代入方程③, 得

$$2A=-1,$$

因而

$$A=-\frac{1}{2},\ y^*=-\frac{1}{2},$$

方程③的通解为

$$y=(C_1+C_2t)\mathrm{e}^{-t}-\frac{1}{2}.$$

②-①×3，得
$$2x-2Dy=t,$$
$$x=Dy+\frac{1}{2}t=C_2e^{-t}+(C_1+C_2t)e^{-t}\cdot(-1)+\frac{1}{2}t=(-C_1+C_2-C_2t)e^{-t}+\frac{1}{2}t,$$
原方程组的通解为
$$\begin{cases}x=(-C_1+C_2-C_2t)e^{-t}+\dfrac{1}{2}t,\\ y=(C_1+C_2t)e^{-t}-\dfrac{1}{2}.\end{cases}$$

(2)该方程可表示成$\begin{cases}(D^2+2D+1)x+(D+1)t=0,\\(D+1)x+(D^2+2D+1)y=e^t,\end{cases}$即
$$\begin{cases}(D+1)^2x+(D+1)y=0, & ①\\ (D+1)x+(D+1)^2y=e^t, & ②\end{cases}$$
①×$(D+1)$-②，得
$$(D^3+3D^2+2D)x=-e^t, \quad ③$$
方程③对应的齐次方程的特征方程为
$$r^3+3r^2+2r=0,$$
解得特征根$r_1=0$，$r_2=-1$，$r_3=-2$.于是，方程③对应的齐次方程的通解为
$$x=C_1+C_2e^{-t}+C_3e^{-2t},$$
由于$f(t)=-e^t$，$\lambda=1$不是特征根，所以设方程③有特解$x^*=Ae^t$，代入方程③，得
$$6Ae^t=-e^t,$$
因而
$$A=-\frac{1}{6},\ x^*=-\frac{1}{6}e^t,$$
方程③的通解为
$$x=C_1+C_2e^{-t}+C_3e^{-2t}-\frac{1}{6}e^t,$$
由方程组中的第一个方程得
$$\frac{dy}{dt}+y=-\frac{d^2x}{dt^2}-2\frac{dx}{dt}-x=-\left(C_2e^{-t}+4C_3e^{-2t}-\frac{1}{6}e^t\right)-2\left(-C_2e^{-t}-2C_3e^{-2t}-\frac{1}{6}e^t\right)-\left(C_1+C_2e^{-t}+C_3e^{-2t}-\frac{1}{6}e^t\right)$$
$$=-C_1-C_3e^{-2t}+\frac{2}{3}e^t,$$
即
$$\frac{dy}{dt}+y=-C_1-C_3e^{-2t}+\frac{2}{3}e^t,$$
$$y=e^{-\int dt}\left[\int\left(-C_1-C_3e^{-2t}+\frac{2}{3}e^t\right)e^{\int dt}dt+C_4\right]=e^{-t}\left[\int\left(-C_1e^t-C_3e^{-t}+\frac{2}{3}e^{2t}\right)dt+C_4\right]$$
$$=e^{-t}\left(-C_1e^t+C_3e^{-t}+\frac{1}{3}e^{2t}+C_4\right)=-C_1+C_3e^{-2t}+\frac{1}{3}e^t+C_4e^{-t},$$
故原方程的通解为
$$\begin{cases}x=C_1+C_2e^{-t}+C_3e^{-2t}-\dfrac{1}{6}e^t,\\ y=-C_1+C_3e^{-2t}+C_4e^{-t}+\dfrac{1}{3}e^t.\end{cases}$$

上学期期末测试模拟试题

第一套

一、填空题(3 分×4=12 分)

1. 设$f(x)$为连续函数，且$f(2)=3$，则$\lim\limits_{x\to 0}\dfrac{\sin 3x}{x}f\left(\dfrac{\sin 2x}{x}\right)=$______.

2. 函数$f(x)=2x^3-9x^2+12x-3$在闭区间______单调减少.

3. $\int \tan^2 x\mathrm{d}x=$______.

4. 设二阶常系数非齐次线性微分方程的三个特解为$y_1=x$，$y_2=x+\sin x$，$y_3=x+\cos x$，则该微分方程的通解为______.

二、选择题(4 分×4=16 分)

1. $f(x)=x(\mathrm{e}^x-\mathrm{e}^{-x})$在其定义域$(-\infty,+\infty)$内是(　　).

A. 有界函数　B. 单调函数　C. 奇函数　D. 偶函数

2. 设$f(x)=x(x-1)(x+2)(x-3)(x+4)\cdots(x+100)$，则$f'(1)$的值等于(　　).

A. $101!$　B. $-100!$　C. $-\dfrac{101!}{100}$　D. $\dfrac{100!}{99}$

3. 定积分$\int_0^{\frac{3}{4}\pi}|\sin 2x|\mathrm{d}x$的值是(　　).

A. $\dfrac{1}{2}$　B. $\dfrac{3}{2}$　C. $-\dfrac{1}{2}$　D. $-\dfrac{3}{2}$

4. 微分方程$y''-6y'+9y=0$的通解是(　　).

A. $y=C_1\mathrm{e}^{3x}+C_2\mathrm{e}^{-3x}$　B. $y=(C_1+C_2x)\mathrm{e}^{3x}$

C. $y=(C_1+C_2x)\mathrm{e}^{-3x}$　D. $y=C_1\mathrm{e}^{x}+C_2\mathrm{e}^{9x}$

三、计算题(6 分×6=36 分)

1. 求极限$\lim\limits_{x\to 0}\dfrac{\mathrm{e}^{x^2}-1-x^2}{x^2(\mathrm{e}^{x^2}-1)}$.

2. 设$y=\cos^2 x\ln x$，求$\dfrac{\mathrm{d}^2y}{\mathrm{d}x^2}$.

3. 设$y=y(x)$由方程$\ln\sqrt{x^2+y^2}=\arctan\dfrac{y}{x}$所确定$(x\neq 0,y\neq 0)$，求$\mathrm{d}y$.

4. 设$\begin{cases}x=\int_0^t \mathrm{e}^u\cos u\mathrm{d}u,\\ y=\int_0^t \mathrm{e}^u\sin u\mathrm{d}u,\end{cases}$求$\dfrac{\mathrm{d}^2y}{\mathrm{d}x^2}$. 其中$-\dfrac{\pi}{2}<t<\dfrac{\pi}{2}$.

5. 求$\int x^2\mathrm{e}^x\mathrm{d}x$.

6. 计算$\int_0^a x^2\sqrt{a^2-x^2}\mathrm{d}x\quad(a>0)$.

四、(6 分)　设$f(x)=\begin{cases}\mathrm{e}^{\frac{1}{x-1}}, & x>0,\\ \ln(1+x), & -1<x\leqslant 0,\end{cases}$求$f(x)$的间断点，并说明间断点所属的类型.

五、(8分)　求微分方程$(1+x^2)y''=2xy'$满足初始条件$y(0)=1$, $y'(0)=3$的特解.

六、(8分)　求由曲线$y=x^3$与$y=2x-x^2$所围成的平面图形的面积.

七、(8分)　曲线$y=\frac{1}{3}x^6(x>0)$上哪一点的法线在y轴上的截距最小?

八、(6分)　设$f(x)$在$[a, b]$上连续, 在(a, b)内二阶可导, 且$f(a)=f(b)\geqslant 0$, 又有$f(c)<0$ $(a<c<b)$. 试证: 在(a, b)内至少存在两点ξ_1, ξ_2, 使$f''(\xi_1)>0$, $f''(\xi_2)>0$.

第二套

一、填空题(3分×4=12分)

1. $\lim\limits_{x\to\infty}x^2\left(1-\cos\frac{1}{x}\right)=$______.

2. 设$f'(x_0)=2$, 则$\lim\limits_{h\to 0}\frac{f(x_0-2h)-f(x_0+3h)}{h}=$______.

3. 广义积分$\int_1^{+\infty}x^p\mathrm{d}x$, 当______时收敛.

4. 曲线族$y=Cx^2$所满足的一阶微分方程是______.

二、选择题(4分×4=16分)

1. 当$x\to 0$时, $f(x)$为无穷小, 且$f(x)$是x^2的高阶无穷小, 则$\lim\limits_{x\to 0}\frac{f(x)}{\sin^2 x}=$(　　).

A. 0　　B. 1　　C. ∞　　D. $\frac{1}{2}$

2. 曲线$y=x\arctan x$的图形应为(　　).

A. 在$(-\infty, +\infty)$内凸　　B. 在$(-\infty, +\infty)$内凹

C. 在$(-\infty, +\infty)$内上升　　D. 在$(-\infty, +\infty)$内下降

3. 设$f(x)$为连续的偶函数, 则$f(x)$的原函数中(　　).

A. 都是奇函数　　B. 都是偶函数

C. 有奇函数　　D. 有偶函数

4. $\frac{\mathrm{d}}{\mathrm{d}x}\int_x^b \mathrm{e}^{t^2}\mathrm{d}t$的结果是(　　).

A. e^{x^2}　　B. $-2x\mathrm{e}^{x^2}$　　C. $\mathrm{e}^{b^2}-\mathrm{e}^{x^2}$　　D. $-\mathrm{e}^{x^2}$

三、计算题(7分×4=28分)

1. 求$\lim\limits_{x\to+\infty}\left(\cos\frac{\pi}{\sqrt{x}}\right)^x$.

2. 已知$\begin{cases}x=2t-t^2,\\ y=3t-t^3,\end{cases}$求$\frac{\mathrm{d}^3y}{\mathrm{d}x^3}$.

3. 已知$F'(x)=\frac{x\ln(1+\sqrt{1+x^2})}{\sqrt{1+x^2}}$, 求$F(x)$.

4. 设$f(x)=\begin{cases}x\mathrm{e}^{-x^2}, & x\geqslant 0,\\ \frac{1}{\sqrt{1-x^2}}, & -1<x<0,\end{cases}$ 求$\int_{\frac{5}{2}}^{5}f(x-3)\mathrm{d}x$.

四、(8分)　求曲线$y=\ln x$的最小曲率半径.

五、(10分)　抛物线$y=x(x-a)$在横坐标$x=0$和$x=c$ $(0<a<c)$之间部分与$y=0$及$x=c$两直

线所围平面图形绕 x 轴旋转一周，则

(1) 求旋转体的体积;(如图 8-1 所示)

(2) 问 c 取何值时，上面所求体积等于三角形 OPC 绕 x 轴旋转而成的旋转体的体积.

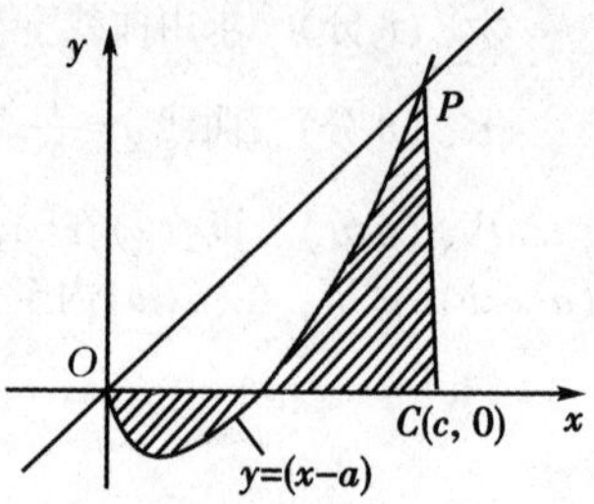

图 8-1

六、(9 分) 设 $f(x)=\begin{cases} x^{\alpha}\sin\dfrac{1}{x}, & x>0, \\ e^{x}+\beta, & x\leqslant 0, \end{cases}$ 试根据 α 和 β 的不同情况，讨论 $f(x)$ 在 $x=0$ 处的连续性，并指出何时 $f(x)$ 在 $x=0$ 处可导.

七、(9 分) 求微分方程 $y''-2y'+5y=e^{x}\sin 2x$ 的通解.

八、(8 分) 设函数 $f(x)$ 一阶连续可导，$a>0$，$x=a$ 是 $F(x)=\int_0^x (x^2-t^2)f'(t)\,dt$ 的驻点. 试证：在 $(0, a)$ 内至少存在一点 ξ，使 $f'(\xi)=0$.

第三套

一、填空题(3 分×4=12 分)

1. $\lim\limits_{x\to\infty}\left(\dfrac{x+3}{x+1}\right)^{3x+1}=$______.

2. $y=\ln(1+x)$，则 $y^{(n)}=$______.

3. $\int_0^4 \dfrac{x+2}{\sqrt{2x+1}}dx=$______.

4. 微分方程 $y^{(4)}-2y'''+5y''=0$ 的通解是______.

二、选择题(4 分×4=16 分)

1. 设 $f(x)=\begin{cases} 3-x^2, & 0\leqslant x\leqslant 1, \\ \dfrac{2}{x}, & 1<x\leqslant 2, \end{cases}$ 则在 $(0, 2)$ 内适合 $f(2)-f(0)=f'(\xi)\cdot 2$ 的 ξ 值(　　).

A. 只有一个　　B. 不存在　　C. 只有两个　　D. 有三个

2. 已知 $f(x)=x^3+ax^2+bx$ 在 $x=1$ 处取极小值 -2，则必有(　　).

A. $a=1$, $b=2$　　B. $a=0$, $b=-3$

C. $a=2$, $b=2$　　D. $a=-3$, $b=0$

3. 设 $f(x)$ 为连续函数，而 $I=t\int_0^{\frac{s}{t}} f(tx)\,dx$，其中 $t>0$，$s>0$，则 I 的值(　　).

A. 依赖于 s 和 t　　B. 依赖于 s, t, x

C. 与 s 无关　　D. 仅依赖于 s

4. 以 $y_1=e^{-x}$, $y_2=2xe^{-x}$, $y_3=3e^{x}$ 为特解的微分方程是(　　).

A. $y'''+y''-y'+y=0$　　B. $y'''-y''+y'+y=0$

C. $y'''-y''+y'-y=0$　　D. $y'''+y''-y'-y=0$

三、计算题(7 分×4=28 分)

1. 设 $f(x)=\begin{cases} \dfrac{\sin x}{x}, & x\neq 0, \\ 1, & x=0, \end{cases}$ 求 $f''(0)$.

2. 求 $\int \dfrac{x\ln x}{(1+x^2)^{3/2}}dx$.

3. 求 $\int_1^2 \left[\dfrac{1}{x\ln^2 x}-\dfrac{1}{(x-1)^2}\right]dx$.

4. 设 $y\neq0$，$y'\neq0$，求微分方程 $yy''-y'^2=0$ 的通解.

四、(8 分)　设 $f(x)=\begin{cases}x^2, & x\leqslant1,\\ ax+b, & x>1,\end{cases}$ 试确定 a，b 的值，使 $f(x)$ 成为可导函数.

五、(9 分)　在曲线 $y=1-x^2(x>0)$ 上求一点 P，使曲线在该点处切线与两坐标轴所围成的三角形面积最小.

六、(8 分)　试证：当 $f(x)$ 为 $[-a, a]$ 上的连续函数时，必有

$$\int_{-a}^{a} f(x)\,\mathrm{d}x = \int_{0}^{a}[f(x)+f(-x)]\,\mathrm{d}x,$$

并用此公式计算 $\int_{-\frac{\pi}{4}}^{\frac{\pi}{4}} \frac{\sin^2 x}{1+\mathrm{e}^{-x}}\mathrm{d}x$ 的值.

七、(9 分)　求函数 $y=x\mathrm{e}^{-x}$ 的最大值和曲线 $y=x\mathrm{e}^{-x}$ 的拐点并求出当 $x\geqslant0$ 时,曲线与 x 轴所围成图形绕 x 轴旋转一周所得旋转体的体积.

八、证明题(5 分×2=10 分)

1. 设 $f(x)$ 在 $[a, b]$ 上连续，且 $f(a)<a$，$f(b)>b$，则至少存在一点 $\xi\in(a, b)$，使 $f(\xi)=\xi$.

2. 设 $f(x)$ 在 $[a, b]$ 上连续 $(a>0)$，在 (a, b) 内可导，则存在 ξ，$\eta\in(a, b)$，使

$$f'(\xi)=\frac{a+b}{2\eta}f'(\eta).$$

第四套

一、填空题(4 分×4=16 分)

1. $f(x)=\dfrac{1}{1-\mathrm{e}^{\frac{x}{x-1}}}$ 的跳跃间断点是 $x=$______.

2. $\lim\limits_{x\to\infty}\left(\dfrac{x+3}{x-1}\right)^{2x+5}=$______.

3. $\begin{cases}x=t-\arctan t,\\ y=\ln(1+t^2)\end{cases}$，则 $\dfrac{\mathrm{d}^2x}{\mathrm{d}y^2}=$______.

4. $\displaystyle\int\frac{1+\ln x}{2+(x\ln x)^2}\mathrm{d}x=$______.

二、选择题(4 分×4=16 分)

1. 当 $x\to0$ 时，下列各函数与 $\ln(1+2x)$ 等价的是(　　).

A. $\tan3x$　　B. $x(1-\cos x)$

C. $\mathrm{e}^{2x}-1$　　D. $\sqrt{1+2x}-1$

2. 设 $f(x)$ 对任意 x 都满足 $f(1+x)=af(x)$ $(a\neq0)$，且 $f'(0)=b$，则必有(　　).

A. $f'(1)$ 不存在　　B. $f'(1)=ab$

C. $f'(1)=a$　　D. $f'(1)=b$

3. 下列各广义积分中，收敛者为(　　).

A. $\displaystyle\int_{\mathrm{e}}^{+\infty}\frac{\ln x}{x}\mathrm{d}x$　　B. $\displaystyle\int_{\mathrm{e}}^{+\infty}\frac{\mathrm{d}x}{x\ln x}$

C. $\displaystyle\int_{\mathrm{e}}^{+\infty}\frac{\mathrm{d}x}{x(\ln x)^{\frac{1}{2}}}$　　D. $\displaystyle\int_{\mathrm{e}}^{+\infty}\frac{\mathrm{d}x}{x(\ln x)^2}$

4. 设 y_1，y_2 是 $y''+P(x)y'+Q(x)y=0$ 的解，而 $y=C_1y_1+C_2y_2$ 是方程的通解，则必有(　　).

A. $y'_1y_2+y_1y'_2=0$　　B. $y'_1y_2+y_1y'_2\neq0$

C. $y'_1y_2-y_1y'_2=0$　　D. $y'_1y_2-y_1y'_2\neq0$

三、计算题(8 分×4=32 分)

1. 求 $\lim\limits_{x\to+\infty}\left(\dfrac{a_1^{\frac{1}{x}}+a_2^{\frac{1}{x}}+\cdots+a_n^{\frac{1}{x}}}{n}\right)^{nx}$，其中 $a_1, a_2, \cdots, a_n$ 为大于 1 的常数.

2. 求 $\int_0^{\sqrt{\ln 2}} x^3 e^{x^2} dx$.

3. 求微分方程 $xy'=xe^{\frac{y}{x}}+y$ 的通解.

4. $y=1+xe^y$，求 $\dfrac{d^2y}{dx^2}$.

四、(8 分)　设 $f(x)=\int_0^x e^{-\frac{1}{2}t^2}dt$，讨论 $f(x)$ 的单调性、凹凸性、奇偶性和水平渐近线.

五、(8 分)　求星形线 $x^{\frac{2}{3}}+y^{\frac{2}{3}}=a^{\frac{2}{3}}$　$(a>0)$所围成图形的面积以及此图形绕 x 轴旋转一周所形成立体的体积.

六、(8 分)　求微分方程 $y''-y'-2y=3e^{-x}$ 的积分曲线中在原点与直线 $y=x$ 相切的积分曲线.

七、(6 分)　设 $f(x)$ 在[0, 1]上连续，试证

$$\int_0^1\left[\int_0^x f(t)\,dt\right]dx=\int_0^1(1-x)f(x)\,dx.$$

八、(6 分)　$f(x)$ 在[0, 2a]上连续，且 $f(0)=f(2a)$，试证 $\exists\xi\in(0, a)$，使

$$f(\xi)=f(\xi+a).$$

第五套

一、填空题(4 分×4=16 分)

1. $\lim\limits_{x\to 0}(1+\sin 3x)^{\frac{1}{2x}}=$______.

2. 方程 $x^5-5x-1=0$ 在(1, 2)内共有______个根.

3. $\int_{-\frac{\pi}{2}}^{\frac{\pi}{2}}[\ln(x+\sqrt{x^2+1})+1]\sin^2 x dx=$______.

4. 微分方程 $y''+2y'-3y=0$ 的通解是 $y=$______.

二、选择题(4 分×4=16 分)

1. 设

$$f(x)=\begin{cases} e^{\frac{1}{x}}+1, & x<0,\\ 2, & x=0,\\ 1+x\sin\dfrac{1}{x}, & x>0,\end{cases}$$

则 $x=0$ 是 $f(x)$ 的(　　).

A. 可去间断点　　B. 跳跃间断点

C. 无穷间断点　　D. 连续点

2. 设 x 在点 x_0 处有增量 Δx，函数 $y=f(x)$ 在 x_0 处有增量 Δy，又 $f'(x_0)$ 存在且不为零，则当 $\Delta x\to 0$ 时，Δy 是该点微分 dy 的(　　).

A. 高阶无穷小　　B. 等价无穷小

C. 低阶无穷小　　D. 同阶但不等价无穷小

3. 设 $f(x)$ 在 $(-\infty, +\infty)$ 内二阶可导，且为奇函数，又在 $(0, +\infty)$ 内 $f'(x)>0$，$f''(x)>0$，则在 $(-\infty, 0)$ 内必有(　　).

A. $f'(x)<0$, $f''(x)<0$　　B. $f'(x)>0$, $f''(x)>0$

C. $f'(x)<0,\ f''(x)>0$　　　　D. $f'(x)>0,\ f''(x)<0$

4. $\alpha=\int_0^1\sqrt{x}\,dx,\ \beta=\int_0^1 x^2dx,\ \gamma=\int_0^1\sqrt{2x-x^2}\,dx$，则有关系式(　　)成立.

A. $\gamma>\alpha>\beta$　　　　B. $\alpha>\gamma>\beta$

C. $\gamma>\beta>\alpha$　　　　D. $\beta>\alpha>\gamma$

三、计算题(6 分×4=24 分)

1. $\begin{cases}x=\ln t,\\ y=t^3,\end{cases}$ 求 $\left.\dfrac{d^2y}{dx^2}\right|_{t=1}$.

2. 求 $\lim\limits_{x\to0}\left(\dfrac{1}{x^2}-\dfrac{1}{x\tan x}\right)$.

3. 求 $\int\dfrac{x^2}{\sqrt{4-x^2}}dx$.

4. 求微分方程 $(x-y)y\,dx-x^2dy=0$ 的通解.

四、(9 分)　在[0, 1]上给定函数 $y=x^2$，问 t 为何值时，如图 8-2 所示的阴影部分面积 S_1 与 S_2 的和最小？求此时两图形绕 x 轴旋转一周所得的旋转体的体积.

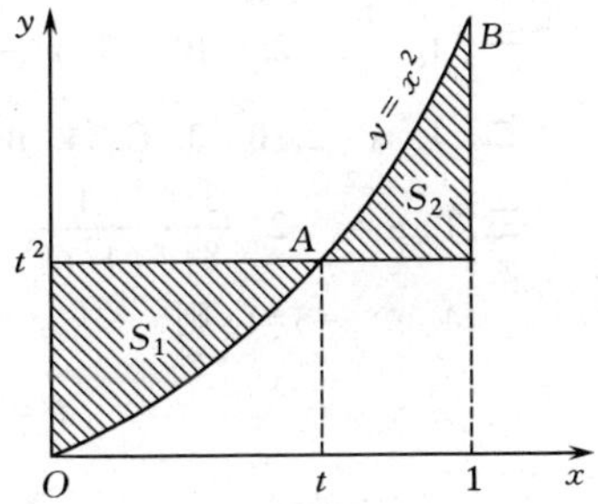

图 8-2

五、(9 分)　设曲线上任一点 $M(x,y)$ 处的切线在 y 轴上的截距为 $2xy^2$，且曲线经过点 $M_0(1,2)$，求此曲线的方程.

六、(9 分)　设 $f(x)=\begin{cases}x^2, & x\leqslant1,\\ ax+b, & x>1,\end{cases}$ 适当选取 a，b 的值，使 $f(x)$ 成为可导函数. 令 $\varphi(x)=\int_0^x f(t)\,dt$，并求出 $\varphi(x)$ 的表达式.

七、(9 分)　求曲线 $y=x^3-6x^2+12x+4$ 的升降区间、凹凸区间及拐点.

八、(8 分)　设 $f(x)$ 具有二阶连续导数，且 $f(a)=f(b)$，$f'(a)>0$，$f'(b)>0$. 试证：$\exists\xi\in(a,b)$，使 $f''(\xi)=0$.

上学期期末测试模拟试题参考答案

第一套

一、1. 9.　2. [1, 2].　3. $\tan x-x+C$.　4. $y=C_1\cos x+C_2\sin x+x$.

二、1. D　2. C　3. B　4. B

三、1. 原式 $=\lim\limits_{x\to0}\dfrac{e^{x^2}-1-x^2}{x^4}=\lim\limits_{x\to0}\dfrac{2xe^{x^2}-2x}{4x^3}=\lim\limits_{x\to0}\dfrac{e^{x^2}-1}{2x^2}=\dfrac{1}{2}$.

2. $-2(\cos2x)\cdot\ln x-\dfrac{2\sin2x}{x}-\dfrac{\cos^2x}{x^2}$.

3. $\dfrac{x+y}{x-y}dx$.

4. $e^{-t}\sec^3t$.

5. $x^2e^x-2xe^x+2e^x+C$.

6. 令 $x=a\sin t$，则

$$I=\int_0^{\frac{\pi}{2}}a^4\sin^2t\cos^2t\,dt=a^4\left(\int_0^{\frac{\pi}{2}}\sin^2t\,dt-\int_0^{\frac{\pi}{2}}\sin^4t\,dt\right)=\frac{\pi}{16}a^4.$$

四、$x=1$ 是第二类间断点；$x=0$ 是第一类间断点中的跳跃间断点.

五、方程化为$\frac{\mathrm{d}y'}{y'}=\frac{2x}{1+x^2}\mathrm{d}x$，则$y'=C_1(1+x^2)$，再积分，然后确定常数，得$y=x^3+3x+1$.

六、面积$A=\int_{-2}^{0}[x^3-(2x-x^2)]\mathrm{d}x+\int_0^1[(2x-x^2)-x^3]\mathrm{d}x=\frac{37}{12}$.

七、可求出法线在y轴上的截距为$B(x)=\frac{1}{3}x^6+\frac{1}{2x^4}$，$x=1$是最小值点，所求点为$\left(1,\frac{1}{3}\right)$.

八、必有$x_1\in[a,c]$，使$f(x_1)=0$；$x_2\in[c,b]$，使$f(x_2)=0$. $\exists\eta_1\in(x_1,c)$，使$f(c)-f(x_1)=f'(\eta_1)(c-x_1)$，故$f'(\eta_1)<0$. 类似地有$\eta_2\in(c,x_2)$，使$f'(\eta_2)>0$. 必有$\eta_0\in(\eta_1,\eta_2)$，使$f'(\eta_0)=0$.

$\exists\xi_1\in(\eta_1,\eta_0)$，使$f'(\eta_0)-f'(\eta_1)=f''(\xi_1)(\eta_0-\eta_1)$，故$f''(\xi_1)>0$；

$\exists\xi_2\in(\eta_0,\eta_2)$，使$f'(\eta_2)-f'(\eta_0)=f''(\xi_2)(\eta_2-\eta_0)$，故$f''(\xi_2)>0$.

第二套

一、1. $\frac{1}{2}$. 2. -10. 3. $p<-1$. 4. $xy'=2y$.

二、1. A 2. B 3. C 4. B

三、1. $e^{-\frac{\pi^2}{2}}$. 2. $\frac{3}{8}\cdot\frac{1}{(1-t)^3}$. 3. $(1+\sqrt{1+x^2})\ln(1+\sqrt{1+x^2})-\sqrt{1+x^2}+C$.

4. 令$x-3=t$，则

$$I=\int_{-\frac{1}{2}}^{0}\frac{\mathrm{d}t}{\sqrt{1-t^2}}+\int_0^2 t\mathrm{e}^{-t^2}\mathrm{d}t=\frac{\pi}{6}+\frac{1}{2}(1-\mathrm{e}^{-4}).$$

四、可求出曲线在点(x,y)处的曲率半径为$\rho(x)=\frac{(1+x^2)^{\frac{3}{2}}}{x}$，$x=\frac{1}{\sqrt{2}}$为唯一驻点. 最小曲率半径为$\rho\left(\frac{1}{\sqrt{2}}\right)=\frac{3}{2}\sqrt{3}$.

五、$V=\int_0^c\pi x^2(x-a)^2\mathrm{d}x=\pi c^3\left(\frac{c^2}{5}-\frac{ac}{2}+\frac{a^2}{3}\right)$. $\triangle OPC$绕x轴旋转所得旋转体的体积$V_1=\frac{\pi}{3}(c-a)^2c^3$. 令$V=V_1$，得$c=\frac{5}{4}a$.

六、$\alpha>0$，$\beta=-1$时，$f(x)$在$x=0$处连续；$\alpha>0$，$\beta\neq-1$时，$f(x)$在$x=0$处间断；$\alpha<0$，β为任意实数时，$f(x)$在$x=0$处间断.（α为整数）

七、齐次方程的通解为$Y=\mathrm{e}^x(C_1\cos2x+C_2\sin2x)$. 令$y^*=x\mathrm{e}^x(A\cos2x+B\sin2x)$，求出$A=-\frac{1}{4}$，$B=0$，故$y^*=-\frac{1}{4}x\mathrm{e}^x\cos2x$. 最后得所求通解为

$$y=C_1\cos2x+C_2\sin2x-\frac{1}{4}x\mathrm{e}^x\cos2x.$$

八、$F(x)=x^2\int_0^x f'(t)\mathrm{d}t-\int_0^x t^2f'(t)\mathrm{d}t$，$F'(x)=2x\int_0^x f'(t)\mathrm{d}t=2x[f(x)-f(0)]$. 由于$F'(0)=0$，故$f(0)=f(a)$. 由介值定理，$\exists\xi\in(0,a)$，使$f'(\xi)=0$.

第三套

一、1. e^6. 2. $(-1)^{n-1}\frac{(n-1)!}{(1+x)^n}$. 3. $\frac{22}{3}$. 4. $y=C_1+C_2x+\mathrm{e}^x(C_3\cos2x+C_4\sin2x)$.

二、1. C 2. B 3. D 4. D

三、1. $f'(0)=0$, $f''(0)=-\frac{1}{3}$.

2. $-\frac{\ln x}{\sqrt{1+x^2}}-\ln\left(\frac{1}{x}+\sqrt{1+\frac{1}{x^2}}\right)+C$.

3. $\frac{3}{2}-\frac{1}{\ln 2}$. 4. $y=C_2e^{C_1x}$.

四、$a=2$, $b=-1$.

五、$P\left(\frac{1}{\sqrt{3}}, \frac{2}{3}\right)$为所求点.

六、$\int_{-a}^{a}f(x)\mathrm{d}x = \int_{-a}^{0}f(x)\mathrm{d}x + \int_{0}^{a}f(x)\mathrm{d}x$. 令 $x=-t$, 则

$$\int_{-a}^{0}f(x)\mathrm{d}x = \int_{a}^{0}f(-t)\mathrm{d}(-t) = \int_{0}^{a}f(-t)\mathrm{d}t = \int_{0}^{a}f(-x)\mathrm{d}x,$$

故

$$\int_{-a}^{a}f(x)\mathrm{d}x = \int_{0}^{a}[f(x)+f(-x)]\mathrm{d}x.$$

$$\int_{-\frac{\pi}{4}}^{\frac{\pi}{4}}\frac{\sin^2 x}{1+e^{-x}}\mathrm{d}x=\int_{0}^{\frac{\pi}{4}}\left(\frac{\sin^2 x}{1+e^{-x}}+\frac{\sin^2 x}{1+e^{x}}\right)\mathrm{d}x=\int_{0}^{\frac{\pi}{2}}\sin^2 x\mathrm{d}x=\frac{\pi}{8}-\frac{1}{4}.$$

七、最大值 $y(1)=\frac{1}{e}$. 拐点$\left(2, \frac{2}{e^2}\right)$. 旋转体体积为

$$V=\pi\int_{0}^{+\infty}(xe^{-x})^2\mathrm{d}x=\frac{\pi}{4}.$$

八、1. 令 $\varphi(x)=f(x)-x$, 则 $\varphi(a)=f(a)-a<0$, $\varphi(b)=f(b)-b>0$. $\exists\xi\in(a, b)$, 使 $\varphi(\xi)=0$. 即 $\exists\xi\in(a, b)$, 使 $f(\xi)=\xi$.

2. $\exists\eta\in(a, b)$, 使 $\frac{f(b)-f(a)}{b^2-a^2}=\frac{f'(\eta)}{2\eta}$, 即 $\exists\eta\in(a, b)$, 使

$$\frac{f(b)-f(a)}{b-a}=\frac{f'(\eta)}{2\eta}(a+b).$$

$\exists\xi\in(a, b)$, 使

$$\frac{f(b)-f(a)}{b-a}=f'(\xi).$$

总之, $\exists\xi, \eta\in(a, b)$, 使

$$f'(\xi)=\frac{a+b}{2\eta}f'(\eta).$$

第四套

一、1. 1. 2. e^8. 3. $\frac{1}{4}\left(\frac{1}{t}+t\right)$. 4. $\frac{1}{\sqrt{2}}\arctan\left(\frac{1}{\sqrt{2}}x\ln x\right)+C$.

二、1. C 2. B 3. D 4. D

三、1. $a_1a_2\cdots a_n$. 2. $\ln 2-\frac{1}{2}$. 3. $e^{-\frac{y}{x}}+\ln|x|+C$. 4. $\frac{e^{2y}(3-y)}{(2-y)^3}$.

四、$f(x)$在$(-\infty, +\infty)$内单调增加, 它是奇函数. 曲线在$(0, +\infty)$内凸,在$(-\infty, 0)$内凹. $y=\sqrt{\frac{\pi}{2}}$是水平渐近线.

五、面积 $A=\frac{3}{8}\pi a^2$. 体积 $V=\frac{32}{105}\pi a^3$.

六、问题化为求微分方程$\begin{cases}y''-y'-2y=3e^{-x},\\y(0)=0,\\y'(0)=1\end{cases}$的特解.

$$y=\frac{2}{3}e^{2x}-\frac{2}{3}e^{-x}-xe^{-x}.$$

七、令 $F(x)=\int_0^x f(t)\,dt$, 则

$$\int_0^1\left(\int_0^x f(t)\,dt\right)dx=\int_0^1 F(x)\,dx=xF(x)\Big|_0^1-\int_0^1 xF'(x)\,dx$$

$$=F(1)-\int_0^1 xf(x)\,dx=\int_0^1 f(x)\,dx-\int_0^1 xf(x)\,dx=\int_0^1(1-x)f(x)\,dx.$$

八、令 $F(x)=f(x)-f(x+a)$, 则 $F(0)=f(0)-f(a)$, $F(a)=f(a)-f(2a)$. 于是

$$F(0)F(a)=[f(0)-f(a)][f(a)-f(2a)]=-[f(0)-f(a)]^2\leqslant 0.$$

若 $f(0)-f(a)=0$, 即 $f(0)=f(0+a)$, $\xi=0$ 就是所求的点. 否则 $F(0)F(a)<0$. 由介值定理, $\exists\xi\in(0,a)$, 使 $F(\xi)=0$, 即 $f(\xi)=f(\xi+a)$, $\xi\in(0,a)$.

第五套

一、1. $e^{\frac{3}{2}}$. 2. 1. 3. $\frac{\pi}{2}$. 4. $C_1e^x+C_2e^{-3x}$.

二、1. A 2. B 3. D 4. A

三、1. 9. 2. $\frac{1}{3}$. 3. $2\arcsin\frac{x}{2}-\frac{1}{2}x\sqrt{4-x^2}+C$.

4. 方程化为 $\frac{dy}{dx}=\frac{y}{x}-\left(\frac{y}{x}\right)^2$. $y=\frac{x}{\ln\frac{x}{C}}$.

四、A 点坐标为 $A(t,t^2)$. $S_1=\frac{2}{3}t^3$, $S_2=\frac{1}{3}+\frac{2}{3}t^3-t^2$, $S=S_1+S_2=\frac{4}{3}t^3-t^2+\frac{1}{3}$.

$t=\frac{1}{2}$ 时 S 最小, $V=\frac{3}{16}\pi$.

五、问题转化为求解 $\begin{cases}y-xy'=2xy^2,\\ y(1)=2.\end{cases}$ $y=\frac{2x}{2x^2-1}$.

六、$f(x)=\begin{cases}x^2, & x\leqslant 1,\\ 2x-1, & x>1.\end{cases}$ $\varphi(x)=\begin{cases}\frac{1}{3}x^3, & x\leqslant 1,\\ x^2-x+\frac{1}{3}, & x>1.\end{cases}$

七、上升区间:$(-\infty,+\infty)$; 凸区间:$(-\infty,2]$; 凹区间:$(2,+\infty)$; 拐点:$(2,12)$.

八、$f(x)$ 在 $[a,b]$ 上满足 Rolle 定理的条件, $\exists\eta\in(a,b)$, 使 $f'(\eta)=0$.

对 $f'(x)$ 于 $[a,\eta]$ 和 $[\eta,b]$ 上分别使用 Lagrange 中值定理. $\exists\xi_1\in(a,\eta)$, $\xi_2\in(\eta,b)$, 使

$$f''(\xi_1)=\frac{f'(\eta)-f'(a)}{\eta-a},\quad f''(\xi_2)=\frac{f'(b)-f'(\eta)}{b-\eta}.$$

可见 $f''(\xi_1)<0$, $f''(\xi_2)>0$. 由此可见, $f''(x)$ 于 $[\xi_1,\xi_2]$ 上满足零点定理的条件, $\exists\xi\in(\xi_1,\xi_2)\subset(a,b)$, 使 $f''(\xi)=0$.